HARVARD

VE RI TAS

经典

哈佛情商课
哈佛智商课
哈佛财商课

姜睿焘◎主编

汕头大学出版社

图书在版编目(CIP)数据

经典哈佛情商课　哈佛智商课　哈佛财商课／姜睿焘主编.—汕头:汕头大学出版社,2014.6(2015.4 重印)

ISBN 978-7-5658-1367-2

Ⅰ.①经…　Ⅱ.①姜…　Ⅲ.①情商-通俗读物②智商-通俗读物③商业经营-通俗读物　Ⅳ.①B842.6-49 ②B841.7-49 ③F715-49

中国版本图书馆 CIP 数据核字(2014)第 101614 号

经典哈佛情商课　哈佛智商课　哈佛财商课

JINGDIAN HAFO QINGSHANGKE　HAFO ZHISHANGKE　HAFO CAISHANGKE

总 策 划:杨建峰
主　　编:姜睿焘
责任编辑:宋倩倩
责任技编:黄东生
装帧设计:松雪图文　王　进
印刷监制:高　峰　苏画眉
出版发行:汕头大学出版社
　　　　　广东省汕头市大学路 243 号汕头大学校园内　邮政编码:515063
电　　话:0754-82904613
印　　刷:北京鹏润伟业印刷有限公司
开　　本:889mm×1194mm　1/16
印　　张:27.5
字　　数:680 千字
版　　次:2014 年 6 月第 1 版
印　　次:2015 年 4 月第 2 次印刷
定　　价:59.00 元
ISBN 978-7-5658-1367-2

发行/广州发行中心　通讯邮购地址/广州市越秀区水荫路 56 号 3 栋 9A 室　邮政编码/510075
电话/020-37613848　传真/020-37637050

敬启

本书在编写过程中,参阅和使用了一些报刊、著述和图片。由于联系上的困难,我们未能和部分作品的作者(或译者)取得联系,对此谨致深深的歉意。敬请原作者(或译者)见到本书后,及时与我们联系相关事宜。联系电话:010-84853028 联系人:松雪

前言

PREFACE

创立于1636年的哈佛大学,300多年来造就了难以计数的精英人物,其中包括8位美国总统、40位诺贝尔奖得主和32位普利策奖获奖者。此外,哈佛大学是全球造就亿万富豪最多的大学,它的商学院被喻为“总经理摇篮”,培养了微软、IBM等一个个商业神话的缔造者。哈佛大学之所以能在文学、思想、政治、科研、商业等方面都培养出灿若群星的杰出人才,是因为它在培养和提高学生的情商、智商及财商方面有着一套独特的方法。

情商、智商、财商是一个人获取成功的三大基本素质,哈佛大学对于学生在这三方面的训练给予了高度的重视,把它们并列为学生不可或缺的“三商”,置其于教授具体的知识技能之前。哈佛大学的理念:情商是开启心智的钥匙,是激发潜能的要诀,是获得成功的力量源泉,它决定着人其他心智能力的表现,也决定着人一生的走向与成就,一个人若没有良好的情商,即使再聪明,也不会有大的发展;智商是人们认识客观事物并运用知识解决实际问题的能力,其核心是思维能力,提高智商最有效的途径是学会最高效的思考方法;财商是人们获取财富的关键。智商能令人聪明,但不能使人富有,情商可帮助人寻找财富,赚取人生的第一桶金,只有财商才能保存这第一桶金,并且让它不断地增值。

情商是指人在情绪、情感、意志、耐受挫折等方面的品质。《经典哈佛情商课 哈佛智商课 哈佛财商课》以哈佛大学在情商方面的成功教学案例为基础,系统而深入地阐述了情商的相关理论,提出了很多可以帮助读者提高情商的具体措施,让读者在轻松的阅读中,犹如徜徉在哈佛大学的文化殿堂,切身感受到情商带给自己的深刻体悟与巨大能量,从而更好地驾驭自己的情绪,把握自己的命运,成就美好的未来。

智商是人们认识客观事物并运用知识解决实际问题的能力,包括观察力、注意力、想象力、思维力和记忆力五个基本要素,其中以思维力为核心。哈佛大学一直将培养青年学子超常的思维能力放在教授具体的知识技能之前。《经典哈佛情商课 哈佛智商课 哈佛财商课》重点介绍了发散性思考法、水平思考法、灵感思考法、转换思考法、类比思考法、倒转思考法、形象思考法、图解思考法这八种哈佛大学用以训练学生思维能力的思考方法。掌握这些思考方法能极大地提高你的智商,让你高效地思考的,在工作和生活中快速找出解决问题的突破口,迈向成功。

财商是指一个人在财务方面的智力,即理财的智慧。《经典哈佛情商课 哈佛智商课 哈佛财商课》以哈佛的财富思想对你的财商进行教育、训练,让你的财商思维与哈佛理念同步,学会富人的思维方式、理财方式、赚钱方式,掌握提高财商的基本方法;提升你的商机洞察力、综合理财力,让你获得正确认识和运用金钱及金钱规律的能力,洞悉多种投资致富途径的玄妙,学会架构自己的投资策略体系,掌握实用的投资方法等。实践证明,只要具备了较高的财商,就能在今后的事业中游刃有余,机会自然也就接踵而来,对财富的渴望也就会变成现实。

《经典哈佛情商课 哈佛智商课 哈佛财商课》浓缩了百年哈佛在情商、智商和财商方面的精彩教学课程,让广大未能进入哈佛学习的朋友也能领略名校的成功智慧,用世界上最先进、最有效的方法快速提升自己的情商、智商和财商,成为社会精英人物,成就卓越人生。

听哈佛情商课,让你有效管理自我情绪,充分发挥组织协调能力,成为你所在行业中的出色领导者;听哈佛智商课,让你掌握最高效的思考方法,提高自己的智商;听哈佛财商课,让你领悟世界超级富豪非凡的财富理念,用富人特有的思维方式去理财,去赚钱。还等什么?赶紧打开这本《经典哈佛情商课 哈佛智商课 哈佛财商课》,去收获属于自己的辉煌成就吧!

目录
CONTENTS

上　篇　哈佛情商课

第一课　情商决定命运

第二课　学会认识自我

第三课 保持自信状态

第四课 懂得自我管理

第五课 具备逆境情商

第六课　学会自我激励

第七课　怎样从外表了解他人

第八课　努力拓展人脉

第九课　掌握沟通技能

第十课　培养团队情商

第十一课　男人情商训练

第十二课　女人情商训练

中 篇 哈佛智商课

第一课 感受哈佛的智商课

第二课 发散性思考法

第三课 水平思考法

第四课 灵感思考法

第五课　转换思考法

第六课　类比思考法

第七课　倒转思考法

第八课　形象思考法

第九课　图解思考法

第十课　十根思考棒

下 篇 哈佛财商课

第一课 转变财富观念

第二课 学会组合投资

第三课 年轻人财商训练

第四课 男人财商训练

第五课 女人财商训练

上篇

哈佛情商课

第一课

情商决定命运

一　情商及其价值

情商分类

情商的创立者萨洛维博士和梅耶博士说:"EQ(即,情商)毫无疑问是20世纪最重要的心理学成就。"美国《读者文摘》也信心百倍地问读者:"掌握了EQ,还有什么不能利用的呢?"美国《时代周刊》甚至宣称:"如果不懂EQ,那么不用怀疑:你落伍了!"美国有了《EQ》月刊,它倡导人们:"做EQ测验吧,认识全新的自己!"美国EQ协会也迅速成立,它以研究和宣传EQ的作用为重心,以此证明EQ何其重要。该协会的宣言是:"让我们再进化一次,成为智慧的上帝!"近年来,新"情商"的概念被提出,为EQ注入了新的活力。与此同时,几乎所有有关情商的书,都有这样的字眼:"智商已经属于其次地位""情商决定一切""没有情商,就没有成功……"这些书常常都要在各自的封面封底写上如此振聋发聩的话语:该书是全部人生的汇集,或者说是一部成功学著作,它揭开了成功的谜团。在这些良莠不齐的著作中,我们的确可以发现一些人生的启示——越来越多的人开始注意EQ。

EQ大致有以下几类:

自我EQ:自我EQ包括自我认知、自我察觉、自我肯定、自立和自我实现。自我EQ高意味着一个人可以清晰了解自己的感觉,表达情感的能力很强,并影响到他人。

人际EQ:人际EQ包括同理心、社会责任感和人际关系。人际EQ水平表示一个人是否有熟练的社交技巧,是否可以体会到他人的感受,并很好地和他人沟通互动。

适应EQ:适应EQ包括现实判断、灵活性和解决问题的能力。适应EQ说明的是对环境的适应水平,能否理解问题的实质,并找到解决问题的方法。

压力管理EQ:压力管理EQ包括压力忍受和冲动控制。压力管理EQ分数高的人管理情绪的能力很强,而不是成为它的奴隶,既不会受到沮丧情绪的影响变得消沉起来,也不会因愤怒而丧失理智。能自我激励,面对挫折能咬紧牙关挺住,为了目标而严格管理自己。

心情EQ:心情EQ包括乐观和幸福。心情EQ测量的是一个人对生活的态度和满意程度。积极乐观的心态会减压,有助于克服困难。

确切地说,“情商”就是情感智力(Emotional Intelligence),它分为四个方面:自我意识、自我管理、社会意识、社会技能。它们包括:察觉情感、自我控制、值得信赖、良知、创新、正确的自我评价、自信、适应力、成就驱力、承诺、协助别人发展、善用多元资源、合作、团队能力、政治敏感、影响力、沟通、冲突管理、主动、乐观、了解他人、服务导向、领导力、催化改变、建立关系。人类智能研究的最新成果表明,衡量成就的最有效标准就是情商,情商高的人在人生各个领域都占尽优势。情商决定着人们的前途。所以,在充满了危机的社会环境中,没有高的“情商”,很多问题就解决不好。

在我们自己的职业生涯中,要想成就自己,还要具有以下几种情商。

一是竞争、合作意识。一个人的竞争意识不强烈(或者说生存意识不强烈)则难以在这个竞争激烈的社会站稳脚跟,一味强调竞争,也可能会走向反面。特别是马上要进入竞争很激烈的社会的青年,应该认识到,合作是第一位的,竞争是为合作服务的。

二是个人形象意识。个人的外在形象对成功也有着很重要的作用。员工的形象与企业的形象也有很大关系。塑造良好的企业形象的最基本、最有效的方法就是开展全员公关,让每个员工共同为企业形象努力。

三是角色转换意识,快速融入企业环境。很多企业的员工都觉得,角色转换不够快也会阻碍事业的发展。现在的企业可说是“一个萝卜一个坑”,企业招聘员工进来,他们就得尽快熟悉环境,进入良好的工作状态,为企业创造效益。若等个一年半载还没进入状态,恐怕没有哪个企业会还有耐心继续培养你。所以,迅速转变自己的角色,适应自己的岗位,有助于你的工作开展。

四是爱自己的工作,有敬业精神。诚然,现代社会流动性很大,我们再也不可能像父辈那样,一辈子只从事一种职业。但是,不管工作岗位怎么换,敬业精神总归是要有的。干一行爱一行,永远都是一句忠告。缺少热情的人永远不会取得成功,后面我们将会举出许多成功的例子,希望你能从这些例子中吸取经验和教训。

五是不断地学习,要常常吐故纳新。现代社会瞬息万变,一日千里。相应地,企业也需要员工视野宽广。

在逆境与危机中,情商的力量更不能忽视。情商高的人,永远不会被危机打倒。

> 一家制造公司的老板突然被告知,公司的每笔银行贷款都不太对,还说他们无法偿还贷款,也无法为员工支付工资。很快,五个顶级销售团队全部辞职,造成了巨大的损失。更麻烦的是,他的父母一直在用这些银行支票,他只能和父亲一起,听银行的人仔细解释他的公司财务状况怎么会在未来的36个小时内完全垮台。他回家告诉妻子,希望在几十个小时内和妻子一起把事业拯救回来,妻子却说:“那是你的问题。”然后她离开了,结束了他们的婚姻。困难接踵而至,超出了他的控制能力,而且影响范围开始扩大。然而,他那积极向上的品格扛住了这些飞来横祸的袭击。他打电话给朋友借款,重新把团队成员集合起来,制订出“逃生策略”,并且一步步地偿还债务、恢复公司的生机。功夫不负有心人,因为他果敢地实施了这一“策略”,他的公司开始慢慢复苏,终于起死回生。

勇敢地面对危机,奋力走出危机,就会看到前面一片光明,然而,在危机面前人们却很脆弱,容易放弃。下面介绍可以改变思路的几种方法。

1. 调高自己的人生目标

中国有句谚语:“立大志者成中志,立中志者成小志,立小志者不成志。”许多人惊奇地发现,人们追求的目标没有实现,是因为他们的主要目标太小、而且太模糊,久而久之,就会使自己失去动力。因此，要想成功，必须确立一个既宏伟又具体的远大目标。

2. 离开舒适区

鲁迅曾说：工作容易被安逸的生活所累。我们要不断寻求挑战，激励自己，提防自己，不要躺倒在舒适区。舒适区只应是遇到危难时去的地方，因为它的作用就是调整心态，放松自己以迎接新的挑战。

3. 控制好情绪

“冲动是魔鬼”“人生长恨水长东”，不高兴的时候总会有的，要做好心理准备。人开心的时候，体内就会发生奇妙的变化，从而获得新的动力和力量。令你开心的事不在别处，就在你身上，要学会发现快乐，尤其是在不如意的时候。因此，要学会控制好自己的情绪来激励自己前进。

4. 加强排练

俗话说得好，“有备无患”“人无远虑，必有近忧”，对于危机，一定要做好准备。倘若这件事情很棘手又不好决定，不妨挑件更难的事做。这样，你就会杀出一条通往成功的道路。成功的真谛是：对自己越苛刻，生活对你越宽容；对自己越宽容，生活对你越苛刻。

5. 不畏危机

要坚信：自己可以从危机中走出来。危机能促使我们竭尽全力。惧怕危机，我们只会继续愚蠢地、笨拙地生活下去。正视危机挑战自我才会使我们的生活更加精彩。

6. 战胜恐惧

人生在世，一定都会遇到许多恐惧的东西。克服这些恐惧的体验都很有意义。哪怕克服的是小小的恐惧，也会增强你对创造自己新生活的信心。如果一味想避开恐惧，恐惧只会一直跟着你。

点金术：衡量成就的最有效标准就是情商，情商高的人在人生各个领域都占尽优势。情商决定着人们的前途。

情商的价值

现代成功企业家所具有的风险意识、创新意识、统御意识等无一不与“情商”直接关联。在美国工商界，“智商使人得以录用，情商使人得以晋升”的用人准则早已经深入人心。在现实生活中，高情商的人才（智商有可能并不高）取得辉煌业绩的故事同样不胜枚举。

美国有一个企业，专门设置了调查研究部门，该部门组织调查了188个公司高级主管的智商和情商，想了解他们的智商、情商和他们的工作之间的关系。结果很令人震惊，情商的影响力高于智商8倍！也就是说，智商低一点的人，如果拥有更高的情商指数，完全可以获得成功。

社会的节奏越来越快，人们的生活节奏也随之加快，高强度的工作负荷，复杂的人际关系，越来越激烈的竞争，使人们的压力越来越大。只有高智商，应付起来显然力不从心，还得有高情商才不会被社会抛弃。

20世纪70年代中期，美国一家从事保险行业的公司招聘了5000名促销员，并对他们进行了职业培训，人均培训费用为3万美元。谁知雇佣后的第一年，就有一半人辞职，4年后这批人只剩下不到1/5。原因是，在推销保险的过程中，推销员要经受屡次被拒的尴尬，许多人在遭受多次拒绝后，便没有勇气再继续做下去。于是，该公司向宾夕法尼亚大学心理学教授马丁·塞里格曼讨教，希望他可以为招聘工作提点建议。接受该保险公司的邀请之后，塞里格曼对该公司15000名新员工进行了两次测试。一次是测试员工的智商，另一次是他创新的测试，测试员

"你可以仔细的总结制作这次电视节目的过程,总结经验教训用于今后的实践,你将来肯定能成就一番伟大的事业。"董事长的这番话无疑给里根吃下了一颗定心丸,让他对竞选充满希望和信心。

成为共和党的一员之后,还要进一步竞选共和党议员,他们还需要筹集到更多的竞选资金,曾经做过演员的经历有助于他进行精彩的演讲。加上多年演员生涯积累的表演经验,这次名为《可供选择的时代》的演讲取得了出乎意料的巨大成功,经过这次演讲,他们的团队筹措了一百万美金的竞选基金,此后一段时间又相继筹集到了六十万美元。《纽约时报》毫不吝啬地夸赞这次演讲取得的巨大成功。就这样通过一篇演说里根成为共和党心中的代言人,里根一下子成为众人关注的焦点。

就在这时又传来新的好消息,让里根精神振奋,里根在好莱坞的电影明星好友乔治·墨菲与担任过肯尼迪和约翰逊总统新闻秘书的老牌政治家塞林格竞选加州议员。二人的政治实力和政治背景悬殊之大让人称奇,乔治·墨菲已经有多年的舞台表演经历和一定的粉丝作为基础,赢得了熟悉他的新老观众的大力支持,在这次看似不可能胜出的竞选中脱颖而出……

然而作为里根的对手、在政坛有着丰富经验和经历的布朗却不以为然,他认为这只是滑稽可笑的"二流戏子"的表演。在他看来,不管里根刻意地去塑造怎样的外在形象,置于政治舞台上他无疑就是一个新生儿。因此他死咬着这点大做文章,以缺乏政坛工作经验为由对里根进行严厉打击。但是里根却将计就计,在民众面前毫不掩饰自己没有经验这一点,就是从平民出身的政治家。虽然里根毫无在政坛的工作经历,但是布朗有了经历的同时也就伴随着很多的失误,还落下很多话柄,被人抓着小辫子不放,如同搬起石头砸自己的脚,反而为里根赢得更多选票。

多么典型的一组对比,里根一次次地克服眼前的困难和障碍。他就地取材,巧妙地利用这些障碍和困难——没有政坛工作经验反而成为他最大的竞选资本。

能保持信心的人就能战胜自卑胆怯的心理,自信就是自卑的克星。自信的人生不会是苍白无助、凄凉悲哀的,而应是积极向上、乐观奋斗的。

体验自信的过程也是享受人生的过程,自信能带给人对生命和未来的美好向往。从人类最初的钻木取火,发展到现在高速发展的电子网络时代,从原本的漆黑一片,到现在的不夜城,源源不断的推动力就是坚定的信心。如果失去了自信,人类恐怕很难再进步;如果失去了自信,个人在社会上将没有任何存在的价值。

因为自尊,所以自信,自尊也是人类独有的高级的情感需要。主观能动性是人区别于动物的最大特点,也就是说人能通过努力满足高级的情感需要。

在自信的推动下我们能获得前进的不竭动力,并且能够征服看似强大的困难。不过这种自信并非是与生俱来的,自信是需要你用心去寻找的,只有这样你才能发现自信的力量之所在。

点金术:能保持信心的人就能战胜自卑胆怯的心理,自信就是自卑的克星。自信的人生不会是苍白无助、凄凉悲愤的,而应是积极向上、乐观奋斗的。

Emotional Quotient

经典哈佛情商课

第四课 懂得自我管理

一 自我管理的重要性及方法

要学会从心境开始改变自己

有个人脾气暴躁，常常因此得罪别人，之后，自己又会为此懊恼不已，他一直想改掉坏脾气。后来，他决定通过修行改变自己。于是，他花钱盖了一座庙，并特地找人在庙门的牌匾上写上“百忍寺”三个大字。为表诚心，他每天都站在庙门口，向前来参拜的香客说明自己改过向善的心意。香客们见他如此坚持，都十分钦佩他的良苦用心，也纷纷赞扬他改变自己的决心。

这一天，他一如既往地站在庙门口。正当他向香客解释他建造百忍寺的意义时，其中一位年纪大的香客因为不认识字，便向这个修行者询问牌匾上写的是什么。修行者回答香客说：“牌匾上写的是‘百忍寺’三个字。”碰巧香客没听清，于是又问了一次。这次，修行者面露烦色：“上面写的是‘百忍寺’。”等到香客问第三次时，修行者不再抑制，怒气冲冲地说：“你是聋子啊？我已经很大声了，跟你说上面写的是‘百忍寺’，你难道听不懂吗？”

香客听了，笑着说：“不过三遍便已这样，还建什么百忍寺呢？”

安禅何须山水，灭却心火自凉。生活就是心灵的修炼场，欲求得改变，就应当于生活的细节中从改变心境做起，而不是仅在形式上筑造虚华的水月道场。

点金术：心境是改变自己的最好方式，只有改变心境，自身才能有所发展。

不要轻易发怒

喧嚣的都市，匆忙的步伐，快节奏的生活，一切都像在赛跑。这样的生活，人一浮躁，就难免会发生情绪波动，难免会急躁。如果恰有不顺心的事横加阻挠，一时心绪又不稳定，那么，大发脾气将在所难免。每个人都有喜怒哀乐，这当然无可非议。但是，遵从一定的度方可尽善尽美，听之任之，则会使其成为人生成功的一大障碍。

生活中，我们通过感受周围的事物而形成自己的观念。但是，作出是非曲直的判断，这一过程是由我们的心灵来进行的。然而，我们的心灵常被不好的情绪干扰，使我们的想法与做法出现种种偏差。成功的人能成功地驾驭自己的情绪，而失败的人则被自己的情绪所驾驭。如果一个人愤怒时不能控制怒火，周围的合作者就会因不敢招惹他而望而却步；消沉时放纵自己以致萎靡，更是将许多稍纵即逝的机会白白浪费，需知时不再来也。

“气大伤身”，是亘古不变的真理。无论是什么原因产生的愤怒，都会影响人的身体健康。现代医学认为，人发怒时会使消化系统功能紊乱，体内的肾上腺激素含量显著增高，导致心跳加快、冠状动脉痉挛、心肌缺血、心绞痛、心律失常等。情绪失控十分不利于健康，发怒其实是拿别人的错误惩罚自己。

这使我们不禁想起一位既能制己之怒，又能激他人之怒，以怒杀人的“职”场高手，即《三国演义》中的诸葛亮。

在魏主曹睿封76岁的王朗为军师迎战蜀兵时，本想“只用一席话，管教诸葛亮拱手而降，蜀兵不战而退”的王朗，却在与诸葛亮的口舌之战中被诸葛亮的三寸之舌气死。诸葛亮三气周瑜，他盛怒之下，疾呼：“既生瑜，何生亮”，最后口吐鲜血而亡的故事更是人人皆知。

发怒固然有损健康，但若一味克制，积存过多的怒气而不发泄同样对健康无益。正确的处理方式是采用恰当的方式释放心中的怒气。修身养性、宽容待人是克服怒气的最好方式。遇到不称意的事时，要沉着冷静，保持理智，不要感情用事，用平和的心态面对突然的险境，用智慧处理突发的危机，这样才能走出低谷。

坏情绪会来，也会去。这不值得恐慌，应轻松面对、接受。

点金术：情绪失控十分不利于健康，发怒其实是拿别人的错误惩罚自己。

培养良好心理素质

每个人都有是非之心，善恶之心，美丑之心，自然他们就会有对事物的喜欢与厌恶之情。世间美好的东西人人都喜欢，但万物皆有其限，不可能人人都能得到。凡是那些丑恶的东西，人们总是想方设法地逃避以免受其害，但是，逃避并不能解决问题。如果逃避不成，心绪便会受其影响，一些人就有可能因失落而产生愤怒的情绪。

现实生活中，难免有求人办事的时候。人们常说，求人办事时要谨慎行事，语气不能太强硬，否则不仅事没办成，反而会使双方产生矛盾，极有可能使双方都怒气冲天。这种后果显然不是我们所愿看到的。不仅在求人办事时，而且在其他任何场合，都需要有良好的心理素质，要善于控制自己的情绪，对待身边的人与事要大度，做到遇激不动气，遇气不发怒。

在有求于人时，能不能保持平常心控制来自外界刺激所产生的情绪，对于办事的结果，将有着举足轻重的作用。所以，在日常生活及职场工作中，遇事应让三分，对人不要过分地表示出自己喜欢或厌恶的心态，不然就可能会带来灾祸。

点金术：在任何场合，都要有良好的心理素质，要善于控制自己的情绪，做到遇激不动气，遇气不发怒。

二 如何管理自我情绪

接受情绪才能管理情绪

接受情绪是情绪管理的一个重要步骤。情绪本身不受意愿的控制，似乎在人的身体中自然发生，说来就来，说去就去。例如，面对一个号啕大哭的小孩子，我们不要说："不许哭，否则拐卖孩子的人来抓你了。"这样，孩子的情绪不但没有被接纳，反而加剧了孩子的恐慌。"男孩子怎么可以哭呢？"听了这样的话，孩子心里会产生愧疚感。要知道，一个小孩的自信，往往是被我们这些不懂得如何来爱孩子的父母所摧毁的。正确的做法是，鼓励孩子大胆表达自己的内心感受，并用语言描述孩子的感受，与孩子达成情感的共鸣，从而进行交流。

在大多数情况下，人都在努力压制自己的情绪。当情绪和自我认知不一致时，我们会觉得痛苦不安，通常还会否定自己的情绪，这种做法无形地给我们自身增加了很多压力。

在我们的文化中，对情绪的理解一直有偏差，认为产生情绪对一个人的成熟、修养有所损伤，所以，希望人们最好不要"有"情绪。其实，情绪对一个人而言是非常自然的一种状态。

所以，在我们识别了情绪的真相后，下一步要做的就是接受自己的情绪。所谓接受，就是不加指责地承认情感的真实性，并无条件的承认自己有权表达这一情感。

虽然我们的某些情绪产生的原因是不当的，某些消极情绪也不被认可，但我们首先应该接受它。因为只有接受情感，才能把内心的情绪充分发泄出来，才能将消极情绪冲淡、化解，减轻内心的焦虑和不安全感，最终有利于情绪重建和情感表达，进而形成积极向上的情感状态。

假如你做到了接受情绪，那么，问题就过渡到下一步——用合适的方式表达情绪。但是，有很多人都认为情绪表达是有失风度的一种行为，他们为了表现自己成熟，什么事情都藏在自己心里。但这是一种不负责任的做法。不管是谁，表达自己的情绪都是必要的。这是因为：

第一，情绪没有表达出来，你的内心是封闭的，周围的人无法了解。信息被困在心中，就像戴着面具一样，最终的情绪爆发可能会让你失控。

第二，情绪没有表达出来，就剥夺了自己获得所希望的结果和行为的机会。比如，面对你欣赏的某个人，如果不表达出来，他永远都不会知道有一个欣赏他的人存在。

第三，情绪的积累会产生身体上的压力，过大的压力会以疾病的形式向你宣战。

第四，不表达自己的情绪，别人就无法了解你。情绪能反映一个人的个性，你关闭了情绪表达的大门，同时也就关闭了与朋友、家人、同事心灵接近的机会。

所以，我们有充分的理由表达自己的情绪，也应该引导孩子表达情绪。

表达情绪不仅对于个人很重要，运用在企业管理中，也能达到很好的效果。

哈佛大学心理系的梅约教授组织过一个“谈话试验”。“谈话试验”在操作中就是：专家们找工人个别谈话，而且规定在谈话过程中，专家要耐心倾听工人们对厂方的各种意见和不满，并将这些意见、不满认真详细的记录下来。与此同时，专家对工人的不满意见不准反驳和训斥。两年来，这样的谈话从来没有中断过。在这两年多的时间里，研究人员前前后后与工人谈话的总数达到了两万次。

结果他们发现，在进行实验研究的两年周期中，工厂的产量大幅度提高了。经过研究，他们给出了原因：在这家工厂，长期以来工人对它的各个方面有诸多不满，但没有地方也没有途径让他们宣泄自己的不满。“谈话试验”使他们的这些不满都发泄出来了，从而感到心情舒畅，以更高的积极性投入工作。

表达情绪没有正确和错误之分，关键在于表达的方式。我们要知道，不管情绪多么强烈，都不能伤害他人或自己。一个有消极情绪的人要寻找适合自己的情绪疏通方式，比如，倾诉、弹琴等。很多父母让孩子用“写日记”的方式来整理情绪。事实也证明“写日记”是表达情绪最好的方式之一。

点金术：只有接受情感，才能把内心的情绪充分发泄出来，才能将消极情绪冲淡、化解，减轻内心的焦虑和不安全感，最终有利于情绪重建和情感表达，进而形成积极向上的情感状态。

学会灵活控制情绪

情绪管理是指一个人管理自己情绪的能力。人的情商不是天生就一成不变的，通过有意识的训练，每个人的情商都可以得到提高。因此，我们应该学习有效的管理自己的情绪，灵活地调控自己的情绪，保证情绪的稳定和行为的积极。

有一位政党领袖，正在指导一位准备参加参议员竞选的候选人如何才能赢得更多人的支持。

这位领袖和那人约定：“如果在竞选中你没有按照我教给你的规则办事，你就得被罚10美元。”

“我教你的第一条规则是：无论人家怎么损你、骂你、指责你、批评你，你都不可以有任何的异议，只能保持沉默。”

“这个容易，人家批评我，说我坏话，正好给我敲个警钟，我不会因此而生气介意的。”

“好的。我希望你能记住这个戒条，这是第一条也是最重要的一条规则。不过，像你这种呆头呆脑的人，恐怕记住也很困难。”

“什么！你居然说我……”那人有些生气了。

“拿来，10美元！”

“呀，我违反你说的规则了吗？”

“当然，这是最重要的一条规则。”

“你这个骗——”

“对不起，又是10美元。”领袖继续毫不客气地罚款。

"我这20美元被罚的可够冤的。"

"就是啊,你赶快拿出来,你自己答应的,你如果不给我,那你就是言而无信的小人了。"

"你真是老奸巨猾啊!"

"10美元,对不起,赶快拿出来吧。"

"呀,又是一次,好了,我总算记住不能乱发脾气了!"

"总该知道了吧,克制自己并不容易,你要随时留心,时时刻刻保持清醒。10美元倒是小事,要是你每发一次脾气就丢掉一张选票,那就不是10美元的损失了。"

早在人类社会早期就已经有法规条例,如《汉谟拉比法典》、《摩西十戒》等,这些都可看作是约束、驾驭或驯化情绪的工具。这是因为,社会在原始毫无节制的状态下,只能用这些有一定约束力的法则戒律,才能有效地控制人们的情绪。

然而,无视社会规范、激情一再冲垮理性,这是人的本性。百万年以来,进化过程缓慢而精细地建构着人们的情绪。在历史漫长的发展进程中,情绪指引着人类前进,但缓慢的进化步伐始终追赶不上现代文明的日新月异。近一万年来,人类社会取得了突飞猛进的发展,人口也从五百万爆炸性地增加到六十多亿,然而这一切在人的情绪变化上没有改变。当代人类在遭遇现代困境时,常常诉之于原始情绪。

点金术:我们应该学习有效的管理自己的情绪,灵活地调控自己的情绪,保证情绪的稳定和行为的积极。

用宽大的胸怀包容他人

假如有人攻击你,将你原本引以为豪的东西贬得一文不值,此时,你是愤怒还是控制自己的情绪呢?

毕加索可能是有史以来最富有的画家。他的画不像传统的风景画那么直观,在他的画里充满了神秘色彩,人们也逐渐发现了这种价值。在1967年,毕加索的一幅画竟然卖出了五十多万美元的高价,这是画家生前卖画的最高价钱。

直到1973年毕加索去世时,他的1000幅画至少值2500万美元,堪称最富有的画家。数十年来他一直是欧洲画坛的领军人物,他打破了传统的绘画法则,首创立体派,在绘画时融入自己的想象,因此,他所画出的并不是看到的表象,而是深入本质直至灵魂的。

此外,毕加索更让人佩服的是他的气度。通常画家都不愿听别人对自己的作品指指点点,但是毕加索就不会如此,在他的绘画理念看来,立体派能表现最完整的意念。

他的画能够为人们构造一个全新的世界,于是,他画出来后,有人批评他的画。大家都以为毕加索一定会非常愤怒,谁料他打趣地说:"我不懂英文,英文对我来说就像一张白纸,但这并不表示世界上没有英文。因此,对自己不懂的事,也怪不得别人。"

还有人不理解他,认为他画了一堆大家都看不懂的东西,根本就没有传统画那么优美、有意境,还嘲笑他的作品像小孩涂鸦。面对这样的讥讽,毕加索非常平静,他只是诙谐地说:"我十五岁时,已经能画出拉斐尔那样的画。然而学了一辈子,水平也只和一个小孩子差不多。"

毕加索是世界上最伟大的画家之一,这不仅是因为他在画作上的成就,还在于他伟大的人格魅力和博大的胸怀。对于别人对自己画作的讥讽，他总以幽默的方式化解，同时也不失自己的尊严。试想，如果毕加索愤怒地反击他人对他的嘲笑和指责，实际上是在一点点的摧毁个人的创作灵感，因为愤怒本身就是一种自我毒害。所以，面对他人的指责，就让我们用一颗博大的心来宽恕吧，因为宽恕是最好的解决方式。

点金术：面对他人的指责，就让我们用一颗博大的心来宽恕吧，因为宽恕是最好的解决方式。

克制愤怒

愤怒的情绪就像一股无名的烈火燃烧着你的整个身心，它对事情的解决没有任何帮助，只会让事情变得更糟。当愤怒的情绪在你的身体里涌动时，你首先要学会克制，然后再寻找一种恰当的方式发泄出来，但一定不要针对当事人。因为这不仅会进一步伤害对方，还会加剧愤怒的情绪。

一天，陆军部长斯坦顿来到林肯总统那里，满心怨气地对他说："一位少将用侮辱的话指责我偏袒一些人。"林肯总统建议他写一封信无情地回敬那个家伙："可以狠狠地骂他一顿。"于是，斯坦顿马上拿笔写信将那人臭骂一顿，然后拿给林肯总统看。

"对了，对了，"林肯总统高声叫好，"就要这样子，好好地训他一顿，真是写绝了，斯坦顿。"但是当斯坦顿把信叠好装进信封时，林肯总统却叫住他，问道："把信装进信封干什么？""寄出去呀。"斯坦顿有些摸不着头脑了。"不要胡闹，"林肯总统大声地说，"这信绝对不能寄出去，快把它扔到炉子里去。凡是生气时候写的信，我都会看过之后把它烧掉。这封信写得很好，写的时候你已经解了气，现在感觉好多了吧，那么，就请你把它烧了，如果感觉还不好，那你就再写一封信骂他。"

林肯总统自己也遇到过类似的情况。他认为，人都会遇到内心烦闷压抑的时候，这种不满情绪堆在心中是有害的，反击回去或发泄给他人，都不是上策。持续的愤怒会变成仇恨，一直带着仇恨会让人头脑不清，变得愚蠢。愤怒一旦与愚蠢携手并肩，就会使你做出许多后悔莫及的事情。

南北战争接近尾声时，李将军率领的南部军队大势已去。林肯总统眼看胜利即将到来，要求部队指挥官米德将军马上乘胜追击，然而米德将军一直犹豫不决，没有乘胜追击，反而花了许多时间和部属召开军事会议，议而不决。等他议定要出兵追击时，敌军早已逃之夭夭、不知去向了。

林肯总统对米德将军的作为非常恼怒，给米德将军写了一封措辞十分严厉的信，表达其心中强烈的不满。

米德读了这封信的反应如何？不知道，因为他绝对不会读到这封信！林肯总统写完这封信，把它收了起来，没有寄出去。直到他遇刺身亡，人们在整理总统档案时才看到了这封信。

点金术：当愤怒的情绪在你的身体里涌动时，你首先要学会克制，然后再寻找一种恰当的方式发泄出来，但一定不要针对当事人，因为这不仅会进一步伤害对方，还会加剧愤怒的情绪。

乐观才有希望

悲观的心态可以使希望泯灭,只有保持乐观的心态才能创造希望。我们对事情要有趋向正面的态度,而不要采取反面的态度。

凯利斯是大学的一个教员,多年的讲坛生涯使他疲惫不堪,此外还有鸡毛蒜皮的琐事困扰着他,使他的身体状况越来越糟糕。他先是得了猩红热,猩红热治愈了以后,却发现又得了肾病。他去找过好多个医生,甚至去找过“密医”,但是医生们都对他的肾病束手无策。

过了一段时间,凯利斯发现自己又得了另外一种并发症:高血压,医生已经给他下了病危通知,让他准备好后事。

凯利斯家笼罩在一片阴郁的气氛中。朋友和家人无比难过,凯利斯本人更是深深地沉浸在颓丧的情绪里,整整一个星期,凯利斯悲痛欲绝,不能自已。

有一天,凯利斯突然想到,自己这么做真是愚蠢。他对自己说:“你在一年之内恐怕还不会死,那么,趁你还活着的时候,为什么不快乐的活着呢?”于是,他决定改变自己的精神状态。

首先,凯利斯做的是弄清楚自己的保险金是否都已经付过了,接着将自己以往的过错向上帝忏悔。做完这些之后,他试着挺起胸膛,让自己保持微笑,表现出好像一切都很正常的样子。

开始的时候,这对他来说非常困难,但凯利斯还是强迫自己开心、高兴。渐渐地,他发现自己这样做不但有助于改善家人的沮丧情绪,更有利于自己的身体健康。凯利斯开始觉得好多了——几乎好得跟他装出的一样好。

这种改进持续不断,很多年后的今天,凯利斯不仅活得好好的,原来的高血压现在也恢复正常水平了。

通过笑对病魔,进而战胜病魔,凯利斯明白了这样一个道理:当他改变了自己的心情之后,一切都会发生改变。

点金术:悲观的心态可以使希望泯灭,只有保持乐观的心态才能创造希望。我们对事情要有趋向正面的态度,而不要采取反面的态度。

坚持就是胜利

情商之所以能发挥出异乎寻常的作用,关键在于它是对现实的能动适应。只有处在具体的现实情境中,情商才能有所作为。在逆境中,人的情绪会极度消沉,而情商高的人则能迅速调整自己走出失败,拯救自己。

罗斯福是美国历史上最伟大的总统之一。就任期间,他实行新政,有效地缓和了美国的阶级矛盾和经济危机,推动了美国经济的发展。第二次世界大战爆发后,他力排众议,打破了美国的孤立主义,使美国与英国、苏联结成联盟,为打败法西斯做出了巨大的贡献。

罗斯福连续四届当选美国总统,打破了自华盛顿以来不连任两届的传统。人们被他那贵族的气质和从容不迫的举止所征服,大家这样评价罗斯福:没有哪一位美国总统能那样有效地集政客、鼓动者和导师的品质于一身,作为一个伟大的人物,这些品质是不可或缺的。

事实上，作为一位优秀的政治家，罗斯福用权术与计谋来达到政治目的的水平可谓技艺高超，但促使他走向成功的是他的创新精神和顽强的意志品质。

当年，正当罗斯福的事业蒸蒸日上之时，他却遭到了一连串的打击。

1920年，罗斯福和搭档詹姆斯·考克斯代表民主党竞选总统和副总统，竞选失利后，他暂时退出政坛，回家休养。

在芬迪湾的一次游泳后，罗斯福突然感觉双腿无力，然后就失去知觉了，一个有着光辉前程的硬汉子一下变成了一个卧床不起、什么事都需要他人照顾的残疾人，可想而知他受到了怎样的身体和精神折磨。

最初，罗斯福也悲痛欲绝，认为上帝把他抛弃了。但是奋力向上的精神和顽强的意志并没有使他放弃希望。治病期间，他仍然不停地看书，也没有停止对社会和人生的思考，勇敢地面对自己的疾病，积极配合医生进行治疗。

经过疾病的折磨，勇敢的罗斯福变得更加坚毅。

罗斯福亲身为民众诠释着他就职演说的战斗口号“无所畏惧”，“我们唯一值得恐惧的就是恐惧本身。”他不怕失败，勇于尝试，敢于打破常规，有创造性的想法，有魄力，有远见，把美国引上了一条新的发展道路。

点金术：在逆境中，人的情绪会极度消沉，而情商高的人则能迅速调整自己走出失败，拯救自己。

第五课 具备逆境情商

一 成功必备的逆商

成功路上需要挫折

困难与挫折经常围绕在我们左右。在意志薄弱者面前，挫折犹如一道万丈深渊，会使他们一蹶不振；然而在强者面前，他们则是推动前进的动力。

南美洲有一种鹰。这种鹰动作敏捷，飞行速度极快，被它发现的小动物，一般都难逃一死。原因是，这种鹰在出生后不久，便会受到母亲"残酷"的训练，在学习飞行的过程中，它们的翅膀会被折去大部分骨骼，但他们的骨骼再生能力很强大，只要忍住剧痛，不断震动翅膀，使翅膀不断充血，用不了多久就可以痊愈，这样翅膀会更加强壮有力。一些雏鹰忍住了剧痛，成功地在空中翱翔。

成功路上有很多困难是我们难以预料的。我们要有坚毅的精神，从挫折中汲取营养，从每次的失败中吸取教训，才能走向成功。

回首中华五千年历史，每一个有所成就的人都是从挫折与苦难之中磨炼出来的。挫折使勾践卑事夫差三年，历尽艰辛，成功灭掉吴国，成就了一番伟业；挫折使司马迁含冤被投入狱中，遭受腐刑，成功使一部《史记》留得后人赞叹；挫折使剧作家曹禺三次落榜，从医梦破灭，成功使《雷雨》、《日出》等作品让人深受感染。试问，如果没有挫折，他们能否成就辉煌、名垂青史？很明显，平静的湖面练不出精悍的水手，安逸的环境造不出时代的伟人，成功的道路上离不开挫折的身影。

有一个博学的人非常生气地质问上帝："我是个博学的人，为什么你不给我成名的机会呢？"上帝无奈地回答："虽然你很有学识，但样样都只尝试了一点儿，不够深入，用什么去成名呢？"

那个人听后便开始苦练钢琴，尽管琴艺精湛，却依旧名声不振。他又去问上帝：“上帝啊！我已经精通了钢琴，为何我依旧这样毫无名气呢？”

上帝摇摇头说：“机会是自己争取的，第一次我暗中帮助你去参加钢琴比赛，你缺乏信心，第二次缺乏勇气，这只能怪你自己。”

这人听完上帝的一番言语后，又苦练数年，建立了自信心，并且鼓足了勇气去参加比赛。他弹得非常出色，却因评委的偏心而与成功失之交臂。

那个人心灰意冷地对上帝说：“上帝，这次我竭尽了全力，这是上天注定，我不会出名了。”上帝微笑着对他说：“其实你已经快成功了，只需要再往前走一小步。”

“走一小步？”他瞪大了双眼。

上帝点点头说：“你已经得到了成功的入场券——挫折。一旦你拥有了它，便就是拥有了成功。”

这一次那个人牢牢记住上帝的话，最后果然获得了一番成就。

我们每个人都会面临各种挑战、各种机会、各种挫折，你承受挫折的能力决定着你未来的命运。成功不是一个海港，而是一场危机四伏的旅程，人生的赌博就是在这次旅程中做个赢家，成功永远属于那些永不言败的人。

若将幸福、欢乐比作太阳，那么不幸、失败、挫折便可以比作月亮。任何人不可能永远生活在阳光下，没有失败的生活是不现实的。挫折是成功的入场券，能使人走向成熟、取得成就；但也可能破坏信心，让人萎靡不振。

“天将降大任于斯人也，必先苦其心志，劳其筋骨，饿其体肤，空乏其身，行拂乱其所为，所以动心忍性，曾益其所不能。”在人生的旅途中，挫折是在所难免的，要想有所作为，就不应屈服于命运的安排。少些愤怒，少些抱怨，因为挫折能磨炼一个人的意志，挫折能锻炼一个人的品行。它也是通往成功的第一条道路。

点金术：每个人都会面临各种挑战、各种机会、各种挫折，你承受挫折的能力决定着你的命运。

压力即动力

现代生活中，每个人都可能遭遇挫折。面对困难，许多人常常会痛苦、自卑、怨恨，失去希望和信心。

挫折本身没有丝毫的意义，只有面对逆境的人内心产生某种压力时，它才会存在。通常情况下，人们所面临的压力有很多种。逆商从某种意义上讲也是测试抗压能力的一种标准。高逆商者抗压能力强，反之亦然。

不是每个成功者都具有超常的能力，命运之神也不会给予任何特殊的照顾。相反，几乎所有的成功者都受过诸多打击，他们是从不幸的境遇中奋起前行的。他们觉得，压力就是动力。

著名心理学家贝弗时奇说得好：“人们最出色的工作大多时候是在身处逆境的情况下做出的。思想上的压力，甚至肉体上的痛苦都可能使精神兴奋起来。很多杰出的伟人都曾遭受过心理上的打击，遭遇到各种各样的困难。”他还指出：“忍受压力而不气馁，是成功的要素。”

高逆商者的表现是具备良好的抗压能力，这也是塑造立体人必修的一课。当压力来临时，应该想到的是“摘取成功之果”的机会来到我们身旁了。

受挫后，要及时自我调整，否则会影响到工作、生活，还严重影响人的健康。受挫后怎样防止消极结果的产生呢？现提供几种心理对策。

倾诉法。将自己的心理痛苦向他人倾诉。适度倾诉，能够把失控力随着语言的倾诉逐步转化出去。倾诉作为一种健康防卫，效果非常好。如果倾诉对象具有较高的学识修养和实践经验，将会对失衡者的心理给以适当抚慰，重新燃起他的希望。受挫人会在一番倾诉之后收到意想不到的效果。

优势比较法。想想那些处境不如自己的人，通过挫折程度比较，将自己的失控情绪逐步转化为平心静气。然后寻找分析自己没有受挫感的方面，找出自己的优势，从而加大挫折承受力。挫折同样蕴含力量，挫折刺激能激发潜力，正确利用挫折的刺激，将自身的潜力挖掘出来。

目标法。挫折干扰了自己原有的生活，摧毁了本身的目标和向往，重新寻找一个方向，确立一个新的目标，这就是目标法。目标的确立，要经过思考，这是一个将消极心理转向理智思索的过程。一旦明确了目标，犹如心中点亮了一盏明灯，人就会生出调节和支配自己新行动的信念和意志力，从而排除挫折干扰，为获得成功而努力。目标的确立是人内部意识向外部动作转化的中介，也是深化思想的重要过程。目标的确立标志着人已经从心理上走出了挫折，步入到争取新的成功的历程。

点金术：压力就是动力。

将挫折变为动力

人生既有逆境又有顺境。其实，在成功路上折磨你的事，背后都隐藏着激励你奋发向上的动机。换句话说，若想获得成功，必须懂得如何将别人对自己的折磨，转化成一种让自己克服挫折的磨炼，使自己变得成熟，变得更强大。

生活中我们无法选择迎面而来的风暴或艳阳，但我们可以选择怎样去面对它。布拉德·莱姆里在《炫耀》杂志中写道：“问题不是生活中你遭遇什么，而是怎样对待你所遭遇的一切。”这是米歇尔说过的话。他是白手起家的百万富翁、备受关注的演说家、前任市长、河流筏夫、空中造型跳伞运动员，这些成功都是在他遭遇过无数次的失败后获得的。

米歇尔脸上移植了各种颜色的皮肤，两手的手指要么是缺失，要么就只剩下残根。他瘫痪的双腿耷拉在那儿，又细又长。米歇尔说有时人们总在猜想他的伤从何而来。一场车祸，还是战争中的牺牲品？但事实远比想象更残酷。

1971年6月19日，他还处于世界的顶峰。

他回忆：“那天下午，我骑着摩托车去工作，撞上了一个大卡车。摩托车压碎了我的胳膊和骨盆。卡车上的油缸破裂，流到摩托车上的汽油被炙热的引擎烧着了，我身上65%的皮肤被烧伤。”幸好旁边车队中一个反应比较快的人用灭火器扑掉了他身上的火，总算是保住了他的命。

虽然留下一条命，但米歇尔的身体已严重受伤。第一次看到他的人几乎都会晕倒。他失去知觉，昏迷了半个月之久。

四个月内他输血13次、皮肤移植16次并做了若干次其他手术。即使如此，他依旧无法自行进食，无法拨电话，也没法上厕所。经过艰苦的恢复期，他终于可以过正常的生活了。此后，他为自己买了一幢房子，与几个朋友共同经营了一个公司。生活似乎又充满了希望。四年后，厄运又一次降临。他又在一次飞机事故中受到严重伤害，腰部以下瘫痪。他说：“当我告诉别人这两次事故时，他们都无法相信。”

在那场飞机失事后，米歇尔在医院的健身房看到一个年纪轻轻的病患。"那个家伙也瘫痪了。他以前曾是个积极的户外运动者，瘫痪后他认为自己的生活完了。我对他说：'你明白吗？过去我可以干10000种事情，而现如今我只剩下了9000种事情可以做。我可以花整整下半生来惋惜那失去的1000种，但我要集中注意力完成那剩下的9000种事情。"

尽管他想要的并不是很多，行动也是十分的困难，但米歇尔却拿到了公共行政硕士学位，并继续他的飞行活动、环保运动及公共演说，最后还成为了受人爱戴的演讲家。

米歇尔谈到他成功的秘密有两个。第一是朋友、家人的支持，另一个是他从各处领悟的人生哲学。他强调："我是我命运的主宰者。这是我个人的盛衰沉浮，我要把它看作是命运对我的玩笑，更是一个新的起点。"

我们都会遭受挫折，可能是被女友抛弃，可能在一次学校竞选中失利，或者被人揍了一顿，可能被你所中意的学校拒绝，可能患有重病。只有在这些关键时刻能积极处世，才可以超越挫折。

精彩的人生是在挫折中造就的，挫折是一个人的试金石。"不经历风雨，怎能见彩虹？"多少浴血的跌倒与爬起，不管经历过了多少的磨难，就仿佛花开花落一般，为我们今后的人生增添了无数的经验。不要畏惧挫折，唯有经历了挫折，把挫折当作我们前进的动力，我们的双腿才会更加有力，人生的足迹才会更加坚实。

点金术：不要畏惧挫折，唯有经历了挫折，把挫折当作我们前进的动力，我们的双腿才会更加有力，人生的足迹才会更加坚实。

身处逆境不气馁才能成功

世上没有什么事是一帆风顺的。只成功不失败实际上是对事物演进法则的背离。常言道，失败是成功之母。卡耐基说："迈向成功的路是由一次又一次的失败铺起来的。"失败是到达成功尖峰的阶梯，人非生而知之，只有在遭遇失败之后，才能从中吸取教训，下次做得更好。

当你处于困境的时候，不要灰心，凡事都会有转机，不懈地努力一定会获得成功。

1998年李嘉诚面对香港电台采访时说道："身处逆境时，你要问自己是否有足够的条件成功。当我自己处于困境的时候，我认为我能够！因为我有毅力……肯树立一个信誉。"因此在创业最初，尽管他没有资金进行扩大再生产，凭借着信念，他仍在竞争激烈的商场中脱颖而出。

有一次，他的产品被一位批发商看中，约他次日到酒店商议合作之事。第二天，李嘉诚带着样品到批发商入住的酒店。这9款样品得到了批发商的赞赏，批发商声称这是他所见到过的最好的3组产品。望着双眼熬得通红的李嘉诚，批发商心里便知道了一切，诚恳地邀请他同自己谈生意。

李嘉诚坦诚相告："谢谢您的厚爱。这样的合作机会的确来之不易。可是十分抱歉，我没有找到殷实的厂商为我作担保人。"

接着，李嘉诚同批发商诚恳说明了长江公司白手起家的发展过程和现在的情况，恳求批发商能相信他的信誉和能力。

批发商对李嘉诚的经商原则很感兴趣。批发商相信自己的眼光，他相信这个诚实又极富才华的年轻人。他微笑着对李嘉诚说："你不必为担保的事操心了。我相信你完全可以做自己的担保人。"

接下来的谈判在轻松的气氛中进行,李嘉诚很快得到了第一单购销合同。批发商按协议提前交付货款,终于缓解了资金的压力。

古往今来只有身处逆境且不放弃自己的理想与抱负的人,才能够成长为强者。

点金术:只有身处逆境且不放弃自己理想与抱负的人,才能够成为强者。

困难磨炼坚强毅力

困难与事业并存,烦恼与成功同在。与挫折困难作斗争的人,既要冒着失败的危险,又要面对无尽的烦恼;取得成功的人,也要面对新的不如意。人人都有烦恼,乞求没有烦恼的生活,只是空想,只是在追求虚幻,等于与世隔绝。

坚强地对待失败和鲁莽地对待失败结果是不同的。坚强的人一方面根本不惧怕困难,另一方面他们又高度重视困难,冷静地、深刻地研究和剖析困难,分析它的原因,找出摆脱失败的办法。这种明智的态度可以大大地提高克服困难的能力。有一种人面对困难,虽然具有勇气,但只是盲目地去解决它,看起来很坚强,但却解决不了任何问题,有时还会导致进一步失败,最终造成无可挽回的局面,这是不可取的。

失败并不可怕,可怕的是你不明白自己为什么失败。不知道败在哪里,以后就可能继续在同一个地方失败;知道自己败在哪里,就可以明白导致失败的因素中,哪些是主观的,哪些是客观的,哪些自己完全可以掌控好,哪些是需要依靠他人的帮助,进而改变那些可以改变的,接受那些不能改变的,或者在根本不能改变的情况下干脆放弃原来的方法,寻求新的解决办法。因此,必须搞清楚自己究竟败在哪里,这非常重要。

在失败的原因问题上,有个人特殊的原因,也有大家普遍存在的问题。一般情况下,应从以下方面去寻找:

1. 客观环境方面的原因

客观环境方面的原因主要有以下三点:

(1)自然环境。这主要是指由于气候或地震、洪流等自然灾害造成的困境和失败。例如,由于自然灾害造成的农民收入很低,对许多农民来说无疑是个困境,由此可能导致他们多方面的损失。

(2)物质环境。这主要是指由于物质的缺乏(包括金钱的缺乏),人们最终以失败告终。一个人要办企业,却没有必要的资金,便没有办法达到自己的目标。

(3)社会环境。每个社会和文化环境中,都有一些道德约束的力量,对人们的成功和失败构成极大的影响。特别是社会制度、法律制度等,可能更加束缚人的行为。某些不利因素就可能导致失败,而这种因素一般为人力不能掌控的。

2. 个人方面的原因

一些心理学家认为,个人方面的原因主要有:

(1)个人目标是否适宜。个人在追求成功的过程中,必须要确定某些目标。一般说来,设定目标应当从实际情况出发,结合个人的特点和条件,使之成为成功的指向标。目标正确,成功就有望;目标失误,也就不要指望会成功。很多人的失败就在于目标脱离实际,缺乏足够实现目标的条件,或者把目标建立在幻想和贪欲的基础上。这样的目标是很难实现的,目标没有实现,就容易给人造成挫折感和失败感。

(2)个人能力的因素。要达到目标,个人能力必须达到成功的标准。很多人之所以失败,就是因为所追求的目标过高，凭自己的力量根本无法达到，即自己根本没有能力达到自己心目中的目标，因而总是与失败为伍。例如，在生活中，各种机遇很多，有的人很快成功了，有的人一夜暴富。于是，成功者的角色成为众人追逐的目标，成为众人模仿的对象。看到别人的成功，有的人不从自身的条件出发，也想在同样的领域获得成功，结果，由于自己的能力欠缺或素质不济，造成了失败。

(3)个人对环境的适应性。成功离不开环境的支持。有的人失败，是因为环境条件较差，如干部的政绩，好的政绩在条件好的地区容易实现；在条件较差的地区创政绩就比较困难，这肯定会影响干部的提拔和升迁；有的人失败可能因为不适应环境，有的人尽管很有才干，但却不能跟同事们搞好人际关系。试想，在这样的情况下，工作能干好吗？事业能成功吗？

3. 面对失败应把握的原则

成功的人都懂得，失败并不可怕，面对它要保持积极的心态，自己要有足够能力去应对失败。面对失败保持健康的心态应从以下五条着手：

(1)困难是每个人都必须面对的。挣扎奋斗的人，会有失败的危险，而且有许多烦恼；取得成功的人，总会伴随多多少少的喜悦，但经验证明，抵达终点的人往往比那些正在奋斗的人有更多的烦恼。

(2)每个难题都有解决的办法。月有阴晴圆缺，人有旦夕祸福。人的一生不可能永远好运常伴，任何人都可能会遭逢厄运。可是烦恼总会消失殆尽，难题总会随着时间推移最终得到解决。

(3)每个困境都有转机。任何问题都隐含着创造的可能。成功来源于问题的产生。问题的产生总是为有才能的人创造机遇。一个人的困难，可能就是另一个人的转机。因此，不要怨天尤人，要努力去思考问题，抓住创造的机遇。

(4)每个难题都会对你产生影响，你不能趋利避害。但是，你能够决定自己的态度，控制自己的反应。你的反应能够增加或降低你所遭受的痛苦。你的反应决定一切，你的反应可以使你变得更坚定或更懦弱，决定你的处理是成功还是失败。你的态度决定一切。

(5)强者能够胜利，因为他们在面临困境时，总是采取积极的态度。你要努力学会把握机会，积极去面对困难，解决问题，让自己成功。

点金术：只要我们不怕困难，困难就会磨炼出我们更加坚强的毅力。

不要甘于平庸

不可否认，我们生存的这个世界是庸俗的。美国卓越的企业家查理·格劳尔，对此感慨道："我们生活在一个平庸的世界里。大家都马马虎虎，不能尽心尽力做好本职工作。洗衣店不熨衣服，主管们满脑子高尔夫球，当老师的敷衍了事，做学生的专挑不费脑筋的课程来修。人们在悠闲地生活，精神懈怠。"

许多人总是花费大量的时间和精力来抱怨生活的不公，他们似乎已经习惯了如此。不理想的事业生涯是怨天尤人者展示习性的最佳素材。

要小心消极抱怨者，不要让他们毁了自己的成功蓝图。你可能正准备写一本书、爬一座山、搞一项发明或做出一份贡献。开始时，你的梦想与野心毫无限制，可前行路上，并非一切都是那么随心所欲，挫折与困难不可避免。这时候，你那些平时就爱抱怨的友人会消极地批评你，他们将你锁定，试图将你同化，让你受到消极影响。

职员约翰·兰蒂原来一直是跟一些人乘同一部车，但后来他却再不那样了。他说："我们车上有个家伙,每天都在批评公司。不管老板怎么做,都能被他挑出毛病。他批评公司的产品和公司的决策。在他眼中,每一件事都是做得不妥当。”

“每晚下班听他45分钟的大肆批评,令人十分沮丧。最后,我决定和别人同车。我感觉自己经历了一次时空穿越,因为这些人看事都比较客观。”

听一下奥格·曼狄的豪言:“我不愿听失意者的哀叹,我不愿听抱怨者的牢骚,那是羊群里的瘟疫,我不能被它传染;我一试再试,忍受苦楚,争取每天的成功,避免以失败收场。我要为明天的成功播种,超过那些按部就班的人。当他们停下前行的步伐时,我继续拼搏前行。”

记住:你不是为了失败才来到这个世界上的,不应该极度消极,因为那样对你的现状于事无补。

葛拉西安的《智慧书》,被认为是与《君主论》、《孙子兵法》齐名的三大智慧奇书之一。那么,葛拉西安是如何看待这一问题的呢?他写道:

> 抱怨令他人厌恶。这样做不会引来怜悯与安慰,反会煽起激情冲动和傲慢无礼,并促使抱怨形成连锁反应。将抱怨告诉他人,似乎别人对我们的损害与污辱就变得可以原谅。抱怨过去的损污从而导致未来的损污。他们想获得帮助和抚慰,听的人却只有快意,甚至轻蔑。称赞他人对你的恩惠,这样做才会更有效。当你诉说那些不在场的人是怎样使你受益,你正是在要求那些在场的人与之看齐,会得到回报。聪明人应该从不张扬耻辱或轻侮,而仅仅诉说他人对自己的恩惠。他会有更多的朋友并且他的敌人也会减少一半。

葛拉西安告诫人们,藏起你受伤的手指,否则你会四处碰壁,不要一直抱怨。恶意中伤总是对准我们的痛处或弱点;自我沮丧,只会引来别人的取笑。某些人的险恶的用心总是想方设法惹你生气,它迂回曲行,发现你的伤痛,并伤害到你。你若明智,就应当对不怀好意的暗示置之不理,要藏起自己的烦忧,因为即使是命运女神有时也会在你的伤口上撒盐。那些你所引以为耻的东西或那些激励你、鼓励你的东西,都要藏好,以免前者延续不断,而后者消失殆尽。

葛拉西安从另一个方面说明了一味抱怨的害处。

总之,你要远离那些无谓的抱怨,你要远离那些平庸的抱怨者,提醒自己,不管别人如何平庸,我定要做到出淤泥而不染。看看那随波而流的树叶,就明白了结局是什么,它们默默无闻地来,又默默无闻地去,最后消失在茫茫大海里。平庸者就如这树叶,他们与世无争,从不付出,不愿流下汗水,他们悄然来世,然后娶妻生子,生老病死。他们安于清贫,安于稳当,安于寂寞,他们永远都不会明白人们为什么要去追求成功。随波逐流的人,深信树大招风,枪打出头鸟,他们珍惜自己的生命。不过,他们并不十分关爱他人的生命。随波逐流的人,没有生活激情,他们乐于平庸,安于平庸。大喜大悲他们都不适应,稳定才是他们所需要的。

然而,生活中也有这样一些人,他们不甘平庸,他们有强烈的使命感和忧患意识。他们希望有所作为,他们关爱社会,希望为社会做点什么。他们不愿随波逐流,他们希望出人头地,他们都是伟大的成功者。

点金术:随波逐流的人,没有生活激情,他们乐于平庸,安于平庸。大喜大悲他们都不适应,稳定才是他们所需要的。

坦然面对得失

经常听到某些人在叹息:活着真累、真烦!也有的人经常告诉自己,活着真好!还有的人常想应该感激生命，因为有了生命，我们才能感受到人世间的一切，才能感受到温暖与快乐，才能体会到智慧的力量，才能感受到人格的尊严，才能谱写出一曲曲生命赞歌！

其实，人生就如一曲旋律，曲中充满抑扬顿挫，也象征人生的悲欢离合，关键在于如何看待生活。

经常看到有些垂钓者，一早出门，直到夕阳西下才拎着空空的鱼篓回家，他们依然是一路欢歌。让人不禁感到惊讶，整整一天毫无所获，怎么还能快乐满怀呢？显而易见，他们的答案是："我虽然钓不上鱼，却钓上来一天的快乐。"

其实，这些垂钓者给我们的启示是：许多事情的得失或者成败都是我们不可能预料到的，但只需乐观面对，泰然处之。

尽管生活中有很多不如意，但也有许多乐事。我们为何不放弃那些令人烦恼的事，而去寻找那些使人快乐的事呢？

我们经常因为失去什么而郁郁寡欢，也常因为得到一些而欣喜不已，忧郁和欣喜会使我们产生浮躁的心绪，我们应该予以摒弃。人生不会一直失去，也不会一直得到，有失必有得乃是一种规律，因此，面对得失，我们应从容而坦然。

2002 年 9 月 26 日下午 4 时许，一位 28 岁的程姓男子在长沙市芙蓉路某大厦应聘的时候，手机接到一条中奖通知短信，称其中了 500 万大奖，其言凿凿，不容置疑。生活窘迫、四处面试的程某看过短信后欣喜若狂，大声叫道："中了！中奖了！"随后便倒地不起，两眼发直，四肢抽搐。周围的人立即拨打 120，长沙市医疗急救中心医务人员迅速赶到现场，发现程某已奄奄一息，急救人员一边对其进行抢救一边驱车开往长沙市一医院。等送达医院时，程某已经离开了人世。

一般而言，人们总是习惯于得到而害怕失去。尽管人人都知道"有得必有失"，然而，人们都依旧认为得到了可喜可贺，而失去则可惜可叹。

我们要始终保持乐观的态度，随时调整自己的情绪，进而学会保持适度的冷静与清醒，使自己有理、有节，达到平衡适中，避免喜怒过度而乐极生悲。

幸福与否不在于降临的事情本身是苦是乐，最重要的是我们怎样去面对这些事，因此，面对生活务必坦然！记住：没有蓝天的深邃可以有白云的飘逸；没有大海的壮阔可以有小溪的优雅；没有原野的芬芳但可以有小草的翠绿！每个人都有自己的角色，我们总能找到自己所属的位置，发出属于自己的声音！

当然，人是有思想、有感情、有欲望的，而且始终向往美好，但人生也难免会有缺憾。就像有日出日落，月圆月缺，花开花谢。人的一生，所谓"青春永驻"只是良好的愿望而已，是别人的美丽祝福。人生是动态的，社会也是在不停地运转的，青春不会永驻。这是自然规律，认清了这种规律，就要调整心态，适应规律的发展。

人生的苦乐有许多种，失去了自以为宝贵的或追求不到自己想要的东西，对于我们每一个人而言，都会痛苦，但一个人如能坦然面对失去的，并能主动放弃那些可有可无、无关痛痒的东西，那么他的一生必将赢得更多的轻松与愉快。

我们不可能什么都能得到，所以坦然面对得与失。人生虽短，为了不虚度光阴，使生命尽可能地卓越，我们的确应该努力用智慧和汗水创造业绩。然而，我们也应该正确看待失去，淡然处之。为了成就一番事业，有时不得不放弃一些东西；为了更好地实现更重要的目标，有时不得不"丢卒保车"；尤其是为了不玷污自己的人格，有时需要放弃某些利益，比如金钱——那种只要出卖良心或者尊严就能得到的金钱。

一日，一位外国人在轮船的甲板上看报纸，突然之间，一阵大风刮来，帽子被刮进了大海。

这位先生摸了摸自己的脑袋，看看正在飘入海中的帽子，又继续看起报纸来。

"先生，您的帽子被刮入大海了！"

"哦，知道了，谢谢！"然后，他继续看报纸。

"你……为什么不……"

"我干吗非要感叹一遍呢？"

"可那帽子价值不菲啊！"

"是的，我正在考虑如何省钱再买一顶呢！我很心疼，但是它可以回来吗？"

人们不能不佩服这位先生的豁达和潇洒：失去的已经失去了，不必为此耿耿于怀。

坦然地面对失去，就要及时地调整心态，首先要直面现实，承认失去，不能总沉湎于失去的痛苦中。得到和失去其实是相对的。为了得到，需要失去，因为失去一些，无意中却得到了另一些。老百姓常说一句话，"旧的不去新的不来"。事实正是如此。与其为了失去而懊恼，不如为了得到新的而努力。应该明白的是，有时失去不一定意味着损失，而代表了放弃、奉献，是大步跃进的前奏或者序曲。

坦然地去面对人生中的得失，不要像有些人那样自我感叹，或者"看破红尘"，碌碌无为地生活。坦然地面对失去，需要豁达的胸襟，长远的眼光，经常为自己剪剪枝，修修杈，排除那些不必要的留念与顾盼，以便集中精力于人生的主要追求。这样，不但利于自己，也利于社会。

点金术：坦然地面对失去，就要及时地调整心态，首先要直面现实，承认失去，不能总沉湎于失去的痛苦中。

坚持自我就能成功

小的时候，我们都有梦想，想做伟人，想成为世界首富，想策划许多有创意的事……总之，就是要过上精彩的人生，成为最杰出的人。

但是后来呢？当你真正有能力去实现自己的理想时，却有了太多压力。你耳边不断萦绕着他人的议论："别做白日梦了""必须有天大的运气或贵人相助"或"你太老""你太年轻"。

在这些议论的连番轰炸之下，你失去了曾经的勇气。不是你不可能成功做成这件事，而是太多的消极意见使你丧失了成功的勇气。只有那些真正意志坚定的人才能坚持下去走向成功，而且是接连不断地走向成功。

有一次，住在田纳西曼菲斯的克莱伦斯·桑德到快餐店就餐，他看到这里生意兴隆。顿时，他有了灵感：能不能在杂货店里也采取这种让顾客根据自己的需要挑选物品的交易形式呢？

随后他就把这个念头说给他的老板听，却被斥责道："收回你这个愚蠢的主意吧，怎么可以让顾客自己选择？"

可是桑德不肯放弃，他相信这样的形式会让顾客感觉更舒服随意。

于是桑德辞去工作，自己开了一家小杂货铺，实现了这一理念。很快，他的小店就吸引了许多的顾客，生意相当好。后来，他又成功地开了多家分店。这就是当今风靡全球的超市的雏形。

还有人可能自小就受到了近乎残忍的判定。

贝多芬学拉小提琴时,技术并不高明,他宁可拉他自己作的曲子,也不去改善技艺,他的老师说他天生就不是干这一行的料。

歌剧演员卡罗素是家喻户晓的著名演员,可当初他父母却让他当工程师,而他的老师则说他那副嗓子不适合唱歌。

发表《进化论》的达尔文当年决定放弃行医时,遭到父亲的斥责:“你不干正事,整天只管打猎、捉狗、捉耗子。”另外,达尔文在自传上透露:小时候,所有的老师和长辈都觉得我很平庸,在我身上人们永远不会想到聪明这个词。

沃特·迪斯尼当年被报社主编开除过,建立迪斯尼乐园前他也曾破产好几次。

爱因斯坦4岁才会说话,7岁才会认字。老师给他的评语是:“很不合群,满脑袋不切实际的幻想。”他曾遭到退学的斥令。

法国化学家巴斯德在读大学时成绩不好,他的化学成绩曾排全班倒数第7名。

牛顿在小学时的成绩一团糟,曾被老师和同学称为“呆子”。

罗丹的父亲曾怨叹自己的儿子很白痴,在众人眼中,他是个没有任何培养价值的学生,艺术学院考了3次还考不进去。他的叔叔也曾绝望地说他孺子不可教也。

《战争与和平》的作者托尔斯泰读大学时因成绩不好被劝退。老师认为他“既没读书的头脑,又缺乏学习的兴趣”。

这些人要不是坚持“走自己的路”,不理会他人的影响,又怎么会成功呢?

所有的石头都各不相同,平分秋色,之所以要走自己的路,只因为每个人都很特殊——永远不要忘记这一点!

点金术:如果你已经认准了一条路,你就应该坚定不移地走下去。

二 学会走出逆境

勇于挑战命运

有一天,尼尔去拜访以前教过他的老师。老师见了尼尔很高兴,就询问他的近况。

这一问,尼尔把他的苦水都倒给了老师。尼尔说:“我对现在做的工作一点都不喜欢,与我学的专业也不相符,整天无所事事,工资也很低,只能解决温饱。”

老师吃惊地问:“你的工资如此低,怎么还整天懒散呢?”

“我没有什么事情可做,又没有合适的机会跳槽。”尼尔无可奈何地说。

“其实并没有人束缚你,你不过禁锢在自己的思想里面了,明明知道自己不适合现在的位置,为什么不去再多学点其他的知识,努力去寻找其他机会呢?”老师劝告尼尔。

尼尔沉默了一会儿说:“我运气不好,什么样的好运都被别人抢走了。”

“你天天在幻想好运,而你却不知道机遇都被那些勤奋和笨鸟先飞的人抢走了,你永远躲在阴影里走不出来,难道好运还会青睐你?”老师郑重其事地说,“一个没有进取心的人,永远不会得到成功的机会。”

如果一个人把时间都用在了闲聊和发牢骚上,就不会想到做出努力改变现实的境况。对于他们来说,不是没有机会,只是没有去努力。当别人都在为事业和前途奔波时,自己只是茫然地虚度光阴,根本没有想到跳出误区,这样只能在失败中自怨自艾。如果一个人安于贫困,视贫困为正常状态,整天盲目地无所事事,那么他身体中潜伏着的力量就会失去效能,他就是一个不幸的人,永远不能获得成功。

很多学者都研究过这样的问题:为什么有些人可以很成功、很有钱,还有很好的工作环境、良好的人际关系、健康的身体,整天快快乐乐地过着高品质的人生,而许多人整日奔波却只能维持生计?其实,人与人之间差别很小。但为什么有些人脸上常挂微笑,而有些人却总是紧锁双眉?为什么有许多人能够获得成功,排除一切困难去寻求自己的梦想,有些人却不行?

答案就是人的"心态"。一位哲人说:"心态决定人生。"

点金术:"要么你去驾驭生命,要么是生命驾驭你。你的心态决定到底谁掌控谁。"

保持积极心态

让我们首先看几道小学生做的算术题,然后在尽可能短的时间说出你的看法。这几道题目是:3+4=7,9+2=11,8+4=13,6+6=12。

每一次做这一项实验,90%的人会立即说:8加4等于13是错误的答案。他们说得很正确。但是,实际上,他们对另外三道正确的等式更应该注意,那就是:3+4=7,9+2=11,6+6=12。

这个实验说明了什么呢?许多人看问题总是会把注意力侧重于不好的方面,而对事情正确的一面则较少关注。

如果有10个陌生人从我们面前走过,我们中大多数人会着重看这些人有缺陷的地方,如"这人是胖子""那人是秃子"等。

扪心自问,我们每个人都有过这样的经历:你做了100件好事,但有一件做错了,结果怎么样?别人对你的评价都侧重在你做错的这件事上。

所以说,如果我们大家常记得把视线投向积极的方面,那么这个世界会更加灿烂美好。

塞尔玛随着丈夫居住在沙漠的陆军基地里。丈夫到沙漠里去执行任务,她一个人留在陆军的小铁皮房子里,天气闷热不堪——在仙人掌的阴影下也有43℃。她孤独无聊——身边只有墨西哥人和印第安人,但他们却听不懂英语。她非常难过,于是就写信给父母,说要丢开一切回家去。她父亲的回信只有两行,只是这两行字却使她刻骨铭心,完全改变了她的生活:

"两个人从牢中的铁窗向外望,一个看到泥土,一个却看到了星星。"

塞尔玛一再读这封信,内心十分羞愧。她决定要在沙漠中找到"星星"。

塞尔玛开始和当地人交朋友,他们对她也很友善,她对他们的纺织、陶器表示兴趣,他们就把自己喜欢并珍藏很久的纺织品和陶器送给她。塞尔玛研究那些引人入迷的仙人掌和各种沙漠动植物,又对土拨鼠有了兴趣。她观看沙漠日落,还寻找海螺壳,这些海螺壳是几万年前这里还是海洋时留下来的。就这样,原来她想离去的地方变成了令人兴奋、流连忘返的奇景。

使塞尔玛内心发生这么大转变的原因是什么呢?

沙漠没有改变,印第安人也没有改变,改变的是塞尔玛的心态。一念之差,使她把原先认为恶劣的情况当作了实现生命价值的经历。她为发现新世界而兴奋不已，并为此写了一本书，名为《快乐的城堡》。她从自身思想的牢笼眺望，终于看到了星星。生活中，失败、平庸者多是心态不正。遇到困难，他们总是挑选容易行走的倒退之路。“我不行了，我还是退缩吧。”这样他们只能得到失败。成功者遇到困难，仍然保持积极的心态，用“我要！我能！”“一定有办法”等积极的意念鼓励自己，于是便排除万难勇往直前，直至成功。

每个人都应该注意培养积极的心态。为此，可以从以下几个方面努力：

1. 经常清除消极思想

在我们的日常生活中，要经常清除心里的杂草，要常常怀抱乐观心态。如果你光看到自己生命中的灰暗面，强调各种可能的困难，那么消极的心态便会永远伴随你。你应该尽快清除无用的消极杂草，使得内心积极乐观。

2. 远离思想消极的人

你周围的人并不完全一样，有的是消极的，有的是积极的。有些人只对完成工作有兴趣，而有些人胸怀大志，为进步而工作。有的同事对领导的做法不屑一顾，有的则能客观地看问题，而且充分相信自己的上司一定是优秀的人才。

在我们的周围，总有那么一些小人，他们知道自己的才能有限，因而千方百计地想成为你迈向成功道路上的绊脚石，阻碍你迈向成功。许多有识之士，因想创造更多效益，生产出更多产品而受到冷嘲热讽，甚至受到威胁。

远离这些思想消极的小人，多与思想积极的成功人士交流，你会更加努力奋进！

3. 使用自我暗示的语句

只要是能激励我们积极思考、积极行动的词语，都可以作为自动提示语。

如果我们经常使用自我激发性的语句，并使自己的身心与这些提示语相合，就可以保持积极心态而抑制消极心态，形成强大的动力，最终获得成功。

4. 强化你的积极态度

心态积极起来后，还需要对其强化，否则，积极心态很难得到长时间的保持。下面是一些强化积极态度的建议：

(1)定一些明确的目标；

(2)清楚地写下你的目标，以及达到目标的计划，还有为了达到目标你所要付出的代价；

(3)对达成目标要保持强烈欲望，使欲望变得狂热，让它成为你脑子中最重要的一件事；

(4)立即实践你的计划；

(5)坚定不移地照着计划去做。

点金术：成功者遇到困难，仍然保持积极的心态，用“我要！我能！”“一定有办法”等积极的意念鼓励自己，于是便排除万难勇往直前，直至成功。

成功者致力于开创未来

美国成功学大师斯蒂芬·柯维指出：“人们都希望获得成功，都想知道是什么原因才能够造就成功。其实，成功没有想象的那么艰难，因为，我发现那些成功的人们——奥林匹克的运动员、商业界总经理、宇航员、政府领导等人，和其他人界限分明——我称其为成功者的边缘——这个边缘并非由特殊环境或高智商形成，也不是教育的差异或超人天赋的产物，更不是因为时间拉开的差距。

成功者的关键,我认为是态度。"

有很多因素决定是否能够成功,但是,最重要的是具有自信心。要做到这一点,你必须奉行三个重要的箴言:

1. 对自己的行为负责

种瓜得瓜,种豆得豆。我们的贡献决定我们得到的报酬。你一定会为自己在生活中的位置感到骄傲或者羞耻。有责任心的人们关注的是那些束缚自己的枷锁,他们在关键时刻,还是选择了自由。

乔·索雷蒂诺在市中心的居民区长大,是黑道中的头领,并在少年教养院待过一段时间。但是,他一直记着一位七年级教师对他学术能力的赞赏。他觉得他成功的唯一希望就是完全放弃他的历史完成学业。于是,他在20岁的时候重返夜校,继续在大学就读,并成功考取学位。接着,他又全修了哈佛大学的法律课程,成了洛杉矶少年法庭一位出色的法官。假如乔·索雷蒂诺没有勇气改变自己的命运,那么,他可能一辈子碌碌无为。

2. 发现自己的才能,追求自己的目标

在《哈姆雷特》中大臣波洛涅斯告诉他的儿子:"至关重要的是,你必须对自己忠实。正像白昼之后,才会出现黑夜,对自己忠实,才不会对别人欺诈。"波洛涅斯在劝告儿子要对自身的能力和理念保持忠诚——去正视不同的世界。

然而,大多数人总是处在犹豫之中。如何做才不虚度年华?怎样才能知道自己职业是否和目标一致呢?与其让双亲、老师、朋友或经济学家为自己制订长远计划,还不如自己来了解一下自身的才能。

微软公司总裁比尔·盖茨只有高中的文凭,因为在哈佛大学他没有读完本科就经营他的电脑公司去了。他是世界上及早发现自己的长处并果断挖掘自己才能的人,他成为世界首富不足为奇。

人生的诀窍就是经营自己的长处。在人生的旅途中,一个人如果盲目生活——用他的短处而不是长处来谋生的话,那是非常可怕的,他可能会被失败和无为吞没。因此,对自己的一技之长保持兴趣相当重要,即使它并不被主流社会接受,也可能是你改变命运的一大财富。选择职业同样也是这个道理,你无须考虑这个职业给你的收入多或少,能不能使你成名,你应该选择最能使你全力以赴的职业,应该选择能充分发挥你的长处和才能的职业。

3. 不逃避现实

成功对思想和身体素质的要求是适应性。压力之下,沮丧情绪对许多人而言来势凶猛,使其失去了对生活的向往和追求,而沉溺于酗酒、吸烟或依赖镇静药剂来维持自己的生活。酒精和其他抗忧虑药可以暂时减少我们对失败和痛苦的畏惧心理,但我们对这些压力也会采取逃避方式。

适应生活压力的最好方法,就是以平常心看待它们。如果我们把生活中的逆境和失败当作正常事情,就会帮助我们增强免疫力,防御那些有害的、特别要注意的压力。

约翰·加德纳在他的《自我恢复》一文中指出:生活中成功者并不来源于好运,而是源于理智。他们追求成功靠的是才能和对生活的要求之间永不停息的矛盾斗争。

点金术:失败者乞求机遇降临,成功者致力开创将来。

努力改变困境

曾经有这样一个年轻人,他家境贫困,连父亲去世后买棺材的钱都是找亲朋好友借的。父亲亡故后,他母亲在制伞工厂上班,一天十几个小时的高强度作业,下班后,还带些按件计酬的工作回家做,一直忙到晚上11点。

在这种环境中长大的他,少年时有一次参加附近教会举办的话剧演出,他觉得很好奇,从而决心要学好演讲,这次偶然的经验,为他日后从政打下了基础——30岁时他终于当选为纽约州议员,但当时他还没有履行议员职责的能力。

由于他的文化水平很低,所以总是有很多困难出现在他的工作中。当他阅读必须付诸表决的冗长而复杂的议案资料时,他完全莫名其妙,有如观摩天书一样;再有,虽然他从未踏进森林一步,却被选为森林法立法委员;而从未去银行办理过事务的他又被选为银行法立法委员会的一员。

他为此灰心沮丧,想要放弃,但终究未辞职,其原因是不想母亲知道他无法胜任议员职务这件事。

他选择了勇敢面对这种困境。他认识到,不必为自己知识的欠缺而难过,只有发奋图强才可以弥补一切。于是他下定决心,每天学习16个小时,认真钻研自己感兴趣的事情。

坚持不懈的奋斗终于使他从地方性政界要人变成全国性的政治家。

《纽约时报》曾表扬他是纽约最受欢迎的公民。

这个伟大的人就是亚当·史密斯。

你不必为自己没有进入理想的学校,或者一些旧时的过失而耿耿于怀。相反,你应该更加努力地用平常心对待每件事情。

下面的这些事例可能会给你带来帮助:

高中毕业后,猫王选择了做一名司机。1953年,他用开车攒下的钱在孟菲斯市的一个录音棚里录制了一盘自唱自弹的磁带,并把它作为礼物献给母亲。机缘巧合,录音棚老板山姆·菲利浦斯听到他的歌声,被这个卡车司机独特的演唱风格和深深热爱音乐的感情打动了。山姆立即跟猫王签约,请他加入自己的太阳唱片公司。

玛丽莲·梦露,原名诺玛·吉恩·默顿森,是从美国洛杉矶走出的女子。1944年,梦露在军工厂流水线车间上班时,被一个陆军摄影师注意到了。摄影师请她当模特来拍几张宣传画,她从此走红。不久,一家模特中介公司与梦露签约,并把她带进表演班继续深造。1946年,她正式加入了20世纪福克斯电影公司。

1958年,麦当娜出生在密歇根州,高中毕业后进入密歇根大学,并获得舞蹈系的奖学金。但她两年后辍学,想在纽约寻找自己的新天地。成名之前,她在德肯油炸圈饼店里当售货员,之前还当过清洁工和衣帽间的侍者。

肖恩·康纳利1930年出生于苏格兰的爱丁堡,做过泥瓦匠、救生员等不起眼的工作。1950年他在"世界先生"健美赛上获得季军后,开始在电影里跑龙套,但生活来源还要靠给棺材刷油漆和上光。后来由于出演《诺博士》中的詹姆斯·邦德(007)一夜成名。康纳利共主演过六部007系列片,并获得第六十届奥斯卡最佳男配角奖。

如果你现在所处的是你总想逃避的环境,不要悲观,因为前面介绍的很多名人都曾有过与你相同的情况。

最重要的不是我们现在在什么地方，我们自身有什么条件，而是我们正在朝着什么方向迈进，在付出什么样的努力！

点金术：事情已经发生了，无论你怎样悔恨和叹息都是徒劳。你唯一可以做的是想法改变现状，努力实现自己的目标。

保持生活激情

懒惰闲散、好逸恶劳的人很难取得多大的成就，只有那些在达到目标过程中面对阻碍全力拼搏的人，才能登上成功的高峰，才有可能走到时代的前列。对于那些从来不尝试着接受新的挑战、从来不尝试自己喜欢的却显得艰辛繁重的工作的人来说，他们是永远不可能取得成功的。

任何人都应该严格要求自己。你不能一有机会就无所事事地打发时光；你不能够放任自己清晨赖在床上；你也不能根据自己的心情好坏去工作。你必须学会控制和调节自己的情绪。

绝大多数胸无大志的人之所以失败，是因为他们太懒惰了，因而只能与失败为伍。他们不愿意从事艰辛的工作，不愿意付出代价，不愿意付出努力和奋斗。他们所希望的只是过一种安逸的生活，安然享受现有的一切。

在他们看来，拼命地奋斗、不断地流血流汗是多余的，安于现状才是最佳的人生态度。

身体上的懒惰懈怠，精神上的彷徨冷漠，对一切都随波逐流，总想回避挑战而过一种一劳永逸的生活，这些是使人碌碌无为的重要原因。

一个人在工作上消极堕落的最初症状之一，就是他的理想与抱负在岁月中被消磨得再也不见。在生活中，我们的理想和抱负需要精心呵护，需要持久鼓励，尤其是当我们身处一个容易阻碍我们攀登新的人生高峰的环境中时，就更是这样。

对那些不甘于平庸的人来说，必须永远保持高昂的斗志并时刻提醒自己所拥有的抱负，这是完全必要的。要知道，我们的抱负决定一切。一旦它变得苍白无力，所有的生活标准都会随之降低。我们必须让理想的灯塔永远点燃，并使它的火焰永远旺盛。

我们到处都可以见到这样一些人，他们有着最优良的装备，以及能够实现一切的要素，而且也似乎总是为理想时刻准备着。然而，他们行动的脚步却迟迟未能挪动——他们并没有抓住最好的时机。造成这一现象的原因就在于，他们身上没有奋进的干劲，没有远大的抱负。

一块手表可能有最精致的指针，可能镶嵌了最昂贵的宝石，然而，发条如果不工作，它仍然毫无用处。这个道理也适用于人类自身。不管一个年轻人受过多么良好的教育，也不管他的身体是多么健壮，如果缺乏远大志向，他所有优秀的条件，都没有任何意义。

雄心抱负通常在我们很小的时候就初露锋芒。如果我们不注意保持这种雄心壮志，如果它在我们身上潜伏很多年之后一直被我们丢弃在角落，那么，它就会逐渐地停止萌动。原因很简单，就跟许多其他没被使用的品质或功能一样，当我们把它们放弃时，它们也就不可避免地趋于退化并逐渐消失了。

这是自然界的一条定律，只有那些被经常使用的东西，才能永远保持旺盛活力。一旦我们停止使用我们的肌肉、大脑、某种能力，这种东西也就自然地退化了，而我们原先所具有的能力也就在不知不觉中离开了我们。

如果你不给自己的抱负时时鞭策加油，如果你不通过努力实践有效地对其进行强化，那么，这种抱负便很快消亡。没有得到及时支持和强化的抱负，就像是一个被拖延的决议逐渐地遭到冷场，它要求被认同的呼声也越来越微弱，最终没有结果。

如果说总有一些可怜卑微的人在世界上存活，毫无疑问，那些抱负消亡的人就属于其中的一类。他们一再地否定和压制内心深处的努力上进，由于缺乏足够的燃料，他们身上的理想之火很快熄灭了。

对于任何人来说，不管他现在的处境是多么恶劣，只要他保持了高昂的斗志，对抱负永远充满热情，那么他就是大有希望的；但是，如果他颓废消极，心如死灰，那么，人生的锋芒和锐气也就渐渐消失。

有许多人往往用这种想法自欺欺人，他们麻痹大意，认为只要自己有乐观向上、期盼实现自己的理想和抱负的想法，他们便已经达到了自己的目标。但是，这种光说不做，或者做起事来拖泥带水的人，实际上只是担心自己的雄心壮志在实践中会被击得粉碎。他们的等待一方面是打算多享受一会儿“可能成功”的幻想，另一方面是想天上可能会随时掉馅饼。然而，天上落下来的只不过是风雪雨雹，似乎从来不会有奇迹出现。每个追求成功的年轻人都要提醒自己：拼命地奋斗、不断流汗的人才会达成人生的理想！

点金术：在我们的生活中，最大的挑战之一就是如何保持对生活的激情，如何永远追随人生的目标，永远让炽热的火焰燃烧并且保持这种奋进的精神。

分析失败原因有助成功

一句古语叫作“失败为成功之母”。如果深入思索一下，我们就很容易发现，这句话并非完全正确。因为不是所有的失败都会成为“成功之母”的。试想：如果说失败了却不能善待失败，不能吸取教训，亡羊补牢，而是感到无所谓，甚至自欺欺人地找些借口试图掩盖失败，原谅自己，那不就只能是“失败复失败”吗？在我们看来这类事在生活中并不少见。“善待”失败，努力找出失败的原因，胸有成竹，采取积极有效的应对措施，这样失败便不会重现。只有这样被“善待”的“失败”，才会成为“成功之母”。

美国的查宁说：“错误与失败是前进路上的必修课。”菲力普斯说：“失败不过是个教训，是获得成功的必修课。”罗威尔说：“幸运与不幸像把小刀的柄和刃，根据抓它的不同部位，使我们受伤或得益。”爱迪生说：“失败也是我需要的，相比成功而言，也有同样的价值存在，只有在我知道一切不好的方法以后，我才知道怎样做好工作。”英国的戴维说：“我的那些最重要的发现是在经历失败之后才做出的。”柏克说：“困难是严正无比的教师。”

日本理研光学公司董事长市村清是位世界著名的企业家，他年轻时曾是一名保险推销员。

有一次，市村清劝说一位小学校长投人寿保险，可是在奔波数次之后，事情依然没有任何进展。他疲惫不堪地对妻子说：“我想放弃这件事了。我马不停蹄地奔跑了三个月，仍是一无所获。”

妻子爱怜地看着他：“你为什么不再试一次呢？或许下一次就能达成目标了。”

他听从了妻子的话。第二天抱着“再试一次”的决心，他又来到小学校长家。这次，未等市村清开口，小学校长竟十分痛快地答应投保。

这次成功以后，他对保险事业充满了信心。三个月后，市村清成了九州地区最优秀的推销员。

每当谈及自己的成功经验时，市村清总是显得有些意味深长，他说：“我永远忘不了妻子的那句话——‘你为什么不再试一次？’”

的确，为什么不再试一次？！

成熟的人都知道，即使再聪明、再能干的人，也终究不能战胜命运，但他们最终却能实现自己的理想。如果你效法他们，你也可以在成功路上走得更远。正如作家克里斯多夫·摩雷所说的：“大人物只是屡败屡战的小人物而已。”

许多人往往不能认识到表面上的失败其实非常有利于以后的成功。在他们看来，要么失败，要么成功——如果我们失败了，那便走向了成功的对立面。而事实上，事情的结局并不能作“要么成功、要么失败”的简单划分，有很多种情况都介于“失败”和“成功”之间，“我失败了三次”和“我是个失败者”之间有天壤之别。而且，心理上的失败也有别于真正的失败。有时，一个人在心理上感到失败了，而实际上他离现实中的成功更近了。而一个人只要心理上不屈服，他就没有真正失败。

功亏一篑，主要是说心理上的最后放弃。如果你在失败时，仍能表现得像一个胜利者，信心十足，充满干劲，那结果可能大不一样。在复杂的生活现象中，“失败者”和“成功者”这几个字，很难恰当地用在一个变化如此复杂的人类个体上，它们只能描述某个特定时间、特定地点的情况。此时的成功离不开以往的失败，这项工作的失败也许正蕴含着另项工作的成功。对事情只作“成功”和“失败”的机械划分，这是非常没有常识的。

爱出风头的人，错误地认为失败和荣誉不能并存，似乎承认了失败就玷污了荣誉，一遭到失败，就感到丢了面子。因此，在失败面前，他们或者一蹶不振；或者干脆否认失败，硬撑面子；或者只会埋怨老天对自己不公。这种人看起来十分要强，实际上不堪一击，是不折不扣的弱者。生活中，曾经有不少胸怀宏图大志的人，就因为一次失败，而把以前的成功都放弃，彻底垮了下去。有一位大学生各门功课皆优，只因一次歌咏比赛中表演失败，竟觉得羞愧难当，留下了一封遗书，告别了人间。无疑，他想在各方面成为“强者”，但是却经不住一次“打击”，因而他终究不是真正的强者。不仅能够安于胜利和成功，对待挫折和失败也能泰然自若，才是真正富有理性的勇士。

许多人在看到强者的成功时，羡慕不已，整天吵着要挑战自我，却对自己前进过程中哪怕是微不足道的小挫折都承受不起，这绝算不上“大丈夫”的行为。想要成就大事业，就不要害怕和失败打交道。美国有一家鼓励创新的企业，“允许失败”也便是企业鼓励创新的内容之一。这家企业的负责人说：“只要你对失败不能安然处之，你就不能创新。如果你拒绝了失败，实际上你也就放弃了成功。”这里所包含的，就是胜和败的辩证法。

还有的人之所以害怕失败，是因为他们不知如何“吃一堑，长一智”。失败除了带给他沮丧以外，没有给他任何有利的东西，因而他自然而然地把失败看成可怕而又糟糕的事。失败从不会让人高兴，但一旦你学会利用它，失败也会给你带来很多利益。比起重复过去的成功而言，失败能使人收获更多。重复过去的成功不见得能使你学到新东西，而失败则肯定能给你以新的教益。你可以从一个气氛混乱的聚会上学会怎样组织一个成功的聚会；你也可以从一系列失败的方案中总结出与实际相符合的成功案例。总之，只要你动脑解剖失败，从失败中挖掘教益，你就能更快地脱离失败的阴影。

点金术：对待失败唯一正确的态度是必须正视失败，毫不气馁，还应主动地分析失败的主客观原因，明确前进的方向，唯有努力，才能最终取得成功。

得到荣誉也要不断挑战

在多年前的一个颁奖典礼上,一位影星发表获奖感言时说:“我父亲生前一直反对我放弃大学的学业。而今,我拿到了这个大奖,总算可以告慰父亲的在天之灵,说明我所坚持的这些是值得的……我很高兴,终于实现了自己的梦想。”

不可否认,这个奖项的确很高。他一辈子都可以手捧那个大奖回忆当初的荣耀。只是,我们应该想到,当他走下台后,那份荣耀也就成为了过去。如果不继续努力,他也很难再创辉煌,那既有的光荣又算得了什么呢?

美国著名影星乔治·斯科特在得到奥斯卡奖获奖通知时,没有去领奖,他对记者说:“我得奖前后没有任何改变。”于是,他去挑战另一个演艺生涯。

有人认为诺贝尔奖对许多作家来说是“死亡之吻”。由于得到诺贝尔奖的肯定,许多人无法再创纪录。连日本著名作家川端康成在得奖之后都说:“声誉容易遏止人的才思……我希望从所有名誉中摆脱出来,享受自由。”

对于像川端康成那样在极大年岁才获奖的作家而言,一个大奖,使他感觉实现了人生目标,他决定在“最美的一刻”隐退,还能令人谅解。但是,如果年纪轻轻,只因为一个奖的肯定,就停止自己的创作,则值得警醒了。

什么叫做成功?奥运金牌,金钟奖,或是名校文凭就意味着成功吗?这些都是一时的成功。

世界上的人很多,但有成就的并不多。在人生的整个阶段中,始终都需要奋斗。人不管到了什么年龄,总要“生命不息,奋斗不止”。

人生就像登山,有些人登到顶峰,认为失去了奋斗的目标,于是颓然打坐;有些人回头,循着原来的路,一步步走下去;也有些人,抬头远眺,寻找新的挑战点,然后,走下这座山,攀向那座山。只有奋勇高攀、不断挑战极限的人,才能永久地立于不败之地。

点金术:只有奋勇高攀、不断挑战极限的人,才能永久地立于不败之地。

永不言悔

“世事如一局棋”,布局落子,如同光阴,一旦落下棋子,便不能反悔,如果悔棋,那是对自己过失的补救,补救所费的时间、精力较之三思而行者多了许多,先手后手主动被动应不难得之。有些人事后常思己过,比如某事对某事错,错在哪里?应怎样补救?但流逝的光阴是无法补救的。

在人生道路上,我们要经受很多考验。

一位父亲正在与儿子下棋,好胜心强的孩子一心取胜,他睁大眼睛,聚精会神地思考着每一步棋该怎样走,汗水浸湿了手里的棋子。好不容易想出攻势凌厉的一招,他得意地准备布下棋子,孰料就在落子的一刹那,突然之间发现自己犯了致命的错误,这一招简直就是自杀。他要悔棋。一向温和的父亲这时却严肃起来,他坚定地摇了摇伸出的手指,虽然这只是一场非正式的棋赛,但他不同意儿子悔棋。

当时在孩子幼小的心里,暗暗不满于父亲的不通情理,甚至一直认为父亲是小心眼。很多年之后,他才悟出了当年这“落子无悔”的教导中父亲的良苦用心。任何游戏都是有规则的,规则是实现目的的保证。对孩子而言,游戏规则是对其心理和行为的约束,下棋犹如做人,和孩子一起做游戏时,督促孩子严守规则,是为了从小培养孩子的自制力,训练他的纪律性,培养他成为诚实守法的人。因此,以后那个下棋的孩子始终严于律己、奋发向上,最后在事业上取得了成功。这个孩子就是新加坡国立大学商学院院长、著名的教授陈心刚先生。

人生如棋,然而落子无悔却不那么容易。首先要明确你的对手是谁?如果找不到对手,如何落子?如何无悔?尽管无能力找到最终的对手,但每个时期要有一定的目标对手,才能落子。

接下来,要培养自己的选择能力。随手落子如何无悔?显然这一点也是极其难的。由于这个世界上我们面临的选择和生活方式越来越多,正是由于我们的生活经历有限,因此没有足够的时间供我们做选择,也许没有人敢说自己落的“子”永远是对的。但要想对这“子”负责任,只有通过自己思考并增强自己的选择能力,有人说没有经历思考的人生是没有价值的,正如无经思考的棋是不值得下的一样。

话又说回来了,岁月不待人,无论到何时这个“子”还是要落的,日子还是要过的。如何做到无悔,不但要明确自己的对手(明白你与“对手”之间的竞争关系),还要过一种自己负责的自主选择的生活。或者我们可以换一种角度思考人生的“落子无悔”,毕竟人生不仅仅是一盘夺争胜负的棋。如果无悔是相对于取胜来说的,那我们有必要太注重胜负成败而忽视过程的质量吗?其实,一盘棋的质量取决于过程的完美而非结果的精彩。正如我们的人生,通常给别人看的是结果,过程才是留给我们自己终生玩味与欣赏的。这样想想,“落子”是否会轻松一点呢?

古人言,体悟人生下棋的最高境界,就是棋子“起于正合而终于奇胜”。

也许我们每一个人,在人生的道路上总有许多的曲折与坎坷,常常也会遇到选择的十字路口,我们必须做出选择:要么向左,要么向右,你选择这个,必定会放弃另外一个。当作出决定,要同国手下棋一样——落子无悔!选择本身就是对我们的考验,你、我、他,所有人无一例外!

一旦确定目标,就勇往直前,管他道路平坦还是崎岖。既然选择了远方,就勇敢地大步前行;既然选择了爱情,就勇敢地去采摘玫瑰。时刻记住:落子无悔。

天道酬勤,不要吝惜你的汗水,也不要惧怕你会受伤害。无十年的寒窗苦读,哪有一朝成名的惊喜;不经一番寒彻骨,哪得梅花扑鼻香。

爱我所爱,无怨无悔,千万不要在意旁人的讥讽与嘲笑。既然选择了远方,就只管风雨兼程;既然选择了高山,就去勇敢地攀登。因为:落子无悔。

我们知道,人有人格,棋有棋道。棋谚云:“观棋不语真君子,落子无悔大丈夫”,此二句可谓棋之高论。两军对弈,或驱车,或跳马,或用炮,拱卒叉士飞相,全在一念之间,而一着不慎,满盘皆输,每一步落“子”,事关成败。大丈夫落子当无悔,否则的话,便领略不到对弈中的乐趣。

落子无悔,也如人生。每个人都有每个人的生命轨迹,人生道路,最紧要处的一步,很可能决定一生。然而道路只有一条,生命也只有一次,一旦决定了,就再没有回头路。

世上没有卖后悔药的。我们常常听说某个人贸然行事,最终痛失成功的机会,大发感慨:“哎呀,我当时不这样做就好了。”后悔得捶胸顿足,可是晚了,虽然可以借此得到经验,但机会稍纵即逝。人生在关键的时刻应该小心选择落子的方法,人们做事,一定要全面权衡,最大限度地避免失败的可能。

就如“开弓没有回头箭”,射出去的箭一旦出弓,就已经确定了方向,瞄准好目标,才会有的放矢,命中目标,否则只能留下遗憾与后悔。

人生的目标,在于去实现,如果盲目地放箭,命中率就会微乎其微。唯有细致地研究自己的理想,人生的目标,确定正确的方法,才会实现理想,完成圆满的人生之旅。人生犹如下棋,落子当无悔,必须做到耐心研究,精确思考,有备无患,否则容留遗恨,尽管是勉强落子,只能自己收拾残局。

人生说长也长，说短也短。人的一生，正如一盘棋，你要有足够的智慧、体力以及分析与判断局势的能力，要善于把握机会，懂得放弃，知道珍惜，也许，你会赢；也许，你会输。但有一点要知道，完整的人生才最精彩。

人总是要面对许许多多的选择，当然也有人会说，选择是人生最痛苦的事情。关键是，你能对你自己的选择负责，能承担自己选择的责任。无论何时，对自己说：我对我自己的选择不后悔。

走好自己的人生，这正如下好一盘棋，技术、棋力固然重要，除了你支配资源的能力，同时，还要有对人生意义的理解，这决定了你的人生是否快乐。

点金术：人的一生当中需要面对许许多多的选择，任何人都是这样，但请"落子无悔"。

突破束缚

科学家做过一个实验：把跳蚤放在桌上后猛地拍桌子，跳蚤条件反射地跳起来，跳得很高。然后科学家将跳蚤放进一个玻璃罩放在桌上后，再拍桌子，跳蚤马上又条件反射跳起来撞到了玻璃，跳蚤发现有障碍，就试着改变自己跳跃的高度。然后科学家再把玻璃罩往下压，再拍桌子。就这样，跳蚤一而再、再而三地跳、撞和调整高度，科学家不断地调整玻璃罩的高度，跳蚤就不断地撞上去，再不断地调整高度。一直到桌面和玻璃罩的高度相差无几，这时，把玻璃罩拿开，再拍桌子，跳蚤已经不会跳了，变成了"爬蚤"。

跳蚤之所以变成"爬蚤"，并不是它失去了弹跳的能力，而是由于一次次受挫"变乖"了。它为自己设了一个高度，以免撞到玻璃上，而即使最后玻璃罩已经被拿走了，它也已经"罩"在跳蚤的心里了。行动的欲望和潜能被固定的心态扼杀了，这也就是我们所说的"自我设限"。

你是不是也遇到过这样的情形？生活中，一次次的受挫、碰壁后，奋发的热情、欲望就被"自我设限"压制、扼杀。虽然已习惯失败，但仍会感到惧怕，我们丧失了信心和勇气，渐渐变成了懦弱、犹豫、害怕承担责任、不思进取、不敢拼搏的人。

一旦养成了这样的习惯，你会变得随波逐流而不敢勇往直前，与生俱来的成功火种也就过早熄灭了。能够战胜你的永远是你自己，没有任何人可以帮助你。

要避免自我设限，关键在自己。西方有句谚语说得好："上帝只怜悯敢于突破自己的人。"成功属于那些愿意成功的人。如果你不敢于突破来自自己内心的束缚，那么，没有任何人可以帮助你。不要更多地去想过去，调整现在的心情，明确目标，乐观积极地去行动，那么你就能够扭转颓局，更好地成长。

丹尼斯加入某保险公司快一年了，而他却仍对他上班接到的第一个电话记忆犹新。当他热情地拨通电话，联络自己的第一个客户时，没想到自己刚做完自我介绍，对方就非常生硬地打断了他的话，不仅拒他于千里之外还辱骂了他。那位客户声称自己身体很好，不需要什么保险。从那以后，他在往后的推销中有了挥之不去的阴影，说话没有任何立场，讲解吞吞吐吐，自然没有人愿意向他买保险。他甚至因此不再想去触碰电话。

工作近一年的时间，他一份保单都没有签成。他开始想，自己或许并不适合这份工作，因为自己不善于用语言说服别人，他灰心极了。经理鼓励他要自己给自己机会，没有人生来就是成功者，也没有人会一直失败。听了经理的话，丹尼斯备受鼓舞，决定搏一搏。他找出一个自己曾经联系过却被拒绝的客户的资料，仔细研究他的需要，选择了一份适合他的险种。万事俱备,他拨通了电话,他的自信和真诚征服了那个客户,对方欣然接受了他的推销。丹尼斯终于打破了自我设下的极限,尝到了成功的滋味。

其实,来自自己的束缚并不可怕,也并不是牢不可破的。只要你摒弃固有的想法,尝试着重新开始,以前的顾虑和懦弱自然就消失了。

点金术:只要你摒弃固有的想法,尝试着重新开始,以前的顾虑和懦弱自然就消失了。

勇于挑战极限

极限作为一个学科概念,它说明世间的万物都有自己的临界线——即便坚硬的钢铁,加热到一定的温度也会熔化而改变形状。

然而"极限"却在人的进步与生存中起着不可或缺的作用。因为人处处受到自身极限的制约——生命有极限,没有人能够长生不老;人的体能有极限,在体育运动中,世界纪录是全人类的极限,亚洲纪录是亚洲人的极限,中国纪录代表中国人的极限;人的精神也不是没有极限的,超过这个极限人就会发疯,或做极端反常的举动,更甚者会成为精神病人;人的实力有极限,我们周围一些差强人意的事情就是不能消失,经济发展到某一步就是无法再上升,不能从低谷爬上来。普通人有普通人的难处,当官的有当官的不易,连明星到一定程度也很难再大红大紫……

然而,命运还赋予人类一个永恒的使命,就是不断地挑战自己的极限,这也是为历史所证明的人类生存法则:承认极限,又不固步于极限,绞尽脑汁地突破极限。我们不得不遵守这个生存法则,否则人类自身以及赖以生存的社会环境、心理环境和物质条件,就不会发展到今天的程度。事实证明,人的极限是可以突破的。生命有极限,同时也蕴藏着无限潜力。

人类发明体育运动,就是为了鼓励人突破自己的极限。冲破极限者就是完胜者,百年奥运的历史留下了人类一次次突破自己极限的见证。百年前男子百米最好成绩是12秒,当时人们就认为12秒是人类的极限。以后的人们便一点点地突破:11秒,10秒,直至"黑飞人"多诺万·贝利以迅雷不及掩耳般的速度冲过终点,让每一个看见那场景的人都受到了极大的鼓舞,感受到了惊人的力量与速度,并为这力量和速度而振奋。他以9.84秒的成绩创造了崭新的纪录,这个纪录随之又成了新极限。

许多突破极限的辉煌是生命中必不可少的精彩瞬间,它激励自己和别人,证明人的潜力是无穷无尽的,尽管这样的瞬间是短暂而永恒的。

极限是一种艰深,一种完美,同时也是一种常人难以忍受的摧残。超越极限又是少有和极大的快乐和幸运。时刻保持一种濒临边缘的状态,敢于向自我极限发出挑战——生命的美丽正在于此,这也便是生命的魅力所在。

点金术:不断翻新原有的极限,创造新的极限,哪怕只是短暂的一瞬。

过好每一天

海伦·凯勒的自传叫《假如给我三天光明》,设想一下,如果今天是你生命的最后一天,你又想如何走完这段最后的征途呢？

在这最后一个宝贵的日子里，你要做些什么呢？

首先，你得把这最后一天的底封起来，珍惜并利用好每一秒钟。你不能为昨天的不幸、挫败、悲痛而哀伤。你费尽心机想挽回损失，只会使你的损失更大。

那么，该如何去做？昨天已经过去了，明天还未到来。你为什么要为了想得到和那些也许会得到的东西，而损失已经得到的东西呢？你今天的太阳明天还会升起吗？你明天的光阴会在今天度过吗？在今天的路上，能做明天的事吗？你能预支明天的金钱放进今天的钱包里吗？明天的孩童会在今天出生吗？你该为明天可能发生的事而在今天自寻烦恼吗？

你只有一次生命，生命是短暂的。若你将今天浪费，就是毁坏了你生命的最后记录。所以，你更应珍惜今天的每一小时，因为它走了就永远不会再回来了。无论用什么方法也不能把今天禁锢，第二天再带回来，因为谁也无法跟随风的足迹。你要用双手紧握今天的每一秒钟，因为它是独一无二的，是不可被替代的。垂死的人愿意拿出他所有的资产买一口气，可他能如愿吗？

假如今天是你生命中的最后一天，你会愤怒地躲避那些在麻将桌上浪费时间的人；目睹他人的拖延行为时，你会用自己的行动去制止；面对怀疑，你会用你的忠心将它埋葬；对人生的恐惧，你会以你的胆量去分割它。那些专说别人闲话、对他人的行为说三道四的人，你不愿再靠近一步；不正当的事情，你也不会去做；令人无所事事的场所，你也不会多待哪怕一秒。你会用自己的忠诚、自己的爱，去证明你人生的价值！

你会把你生命中的这最后一天，变成你生命中最美好的一天。你会最后享受一下生活，去感受朝阳的美丽、享受阳光的温暖，欣赏那些未曾仔细看过的花朵、品尝那不经意间滴落的露水，再尝尝美酒，然后不忘记说声谢谢，你会仔细地利用每一分钟换取有价值的东西；你会比以往更加努力劳动、工作，会拜访比以往更多的顾客，卖出比以往更多的货物，阅读更多的书籍，赚比以往更多的钱。今天的每一分钟，会比昨天的每一小时有更多的收获。

如此一来，你生命中的最后一天将会是你一生中最好的一天！

其实，不用假设，我们生命中的每一个“今天”都是唯一的。难道不是吗？人生就如同一场不可回归的旅行。生命的列车一旦启动，就只朝着一个方向笔直驶去，不能掉头。我们每个乘坐这辆列车的人，都应该好好考虑一下这个问题：如果把生命中的每一天都当作最后一天来过，你的生活就会更加充实，你的人生就会更有意义。

点金术：我们生命中的每一个“今天”都是唯一的，请过好每一天。

绝望中怀有希望

第二次世界大战结束后，德国国内的一切都百废待兴。

美国社会学家波普诺带队访问德国，看望了许多住在地下室里的德国居民。之后，波普诺就问随从人员一个问题：“你看，德国会振兴起来吗？”

“难说啊！”一名随从人员答道。

“肯定能！”波普诺很肯定地说道。

“为什么呢？”随从人员奇怪地问道。

波普诺看了看他们，又问：“你们每到一户人家，看到他们的桌上都放了什么呀？”

众人齐声地说：“一瓶鲜花。”

“那就对了！如果一个民族处在这样困苦的境地，仍然没有忘记那些美好的事物，那就一定能在废墟上重建家园！”

世上没有绝望的处境，只有对处境绝望的人。在绝望中仍能追寻希望之花的人，怎么可能轻易倒下？

马绍尔是美国雅丽服饰有限公司的总裁，他在家里浴室的镜子上贴了一张纸，纸上写着这样一句话：我痛苦，我没有鞋。但是，在街上我遇到了一个人，他没有脚！

马绍尔为什么要写这么一句话？

原来，马绍尔原本是一家服装厂的裁缝师，厂子因为效益太差倒闭了，马绍尔也因此失业。妻子和他离婚了，由于没有工作，法官把他唯一的孩子判给了妻子。

那段日子里，马绍尔的心情变得异常灰暗。在他看来，处境已经糟糕得不能再糟糕了，开始以酗酒、抽烟来解愁。

那天，马绍尔去领取政府发放的救济金，走着走着，他突然看见一个失去双脚的人。那人坐在一个木制的小轮车上，两只手撑着一根木棒，沿街推进。他的脸上带着微笑，嘴里哼着小调，十分开心。

“早，先生。天气很好，不是吗？”那人对他说道。

“是的……天气不错。”马绍尔说。

“对不起，先生，我挡住了你的路。不，我到了。这是我的酒吧，有时间来坐坐，我保证我的酒吧会令你满意。”

那人指了指街道旁边的一所房子。马绍尔惊诧不已，在他的注视下，那人撑起手中的木棒，朝房子走去。

看着那人的背影，马绍尔惊呆了：他失去了双脚，却还能拥有自己的事业，而且很快乐；而我四肢健全，身体健康，却没有振作起来去奋斗！

想到这些，马绍尔突然觉得自己的心胸是那么狭隘，所有的痛苦都显得太矫情。羞愧包围了他，他转过身昂首向前走去，决定不再靠救济生活。

五年后，马绍尔有了自己的雅丽服饰公司，并且组建了新的家庭，还在华盛顿买了一所大房子。乔迁之日，马绍尔就在一张纸上写下了这样的话：我痛苦，我没有鞋。但是，在街上我遇到了一个人，他没有脚！

马绍尔把这张纸贴在了浴室的镜子上，每次照镜子时，他总要读一遍以提醒和鼓励自己：无论处境多么艰难，我也不能消沉！

是的，处境再艰难，哪怕真的身陷绝境，也要用顽强不屈的精神奏响生命的希望之歌！

弗洛伊德·柯林斯这个名字也带给我们很多启示，《美国普利策新闻奖名篇》中向世界讲述了这个人的故事。

当时是1925年1月，一位名叫弗洛伊德·柯林斯的洞穴探险者在探险时遭遇了不幸，这位美国阿肯色州山地青年的遭遇传遍了全国。

1月29日，当他在父亲的农场为寻找一个能够吸引游客的洞穴时，不小心跌入洞中。不幸的是，柯林斯被一块巨石卡住了左腿，动弹不得。人们想办法施以援手，却无法将其救出。

在人们难以想象的疼痛和折磨中，柯林斯整整坚持了十九天。他的勇敢和顽强，在同情者的心里烙下了深深的印记。

十九天的时间，一分一秒对柯林斯来说都是煎熬。在黑暗的洞穴里，柯林斯被压在巨石下，仅可容身的小穴如同绳索捆绑着他，他能动弹的只有自己的思维，而孤独、绝望、疼痛及无助,可以轻易让人崩溃。

当人们想方设法营救这位不幸的落难者时,一位名叫米勒的记者五次深入洞穴,并以细腻的笔触写出了自己亲眼目睹的一切,为人们记录下了这位落难者在绝境面前的表现及其内心痛苦与顽强的挣扎。

地面上的每一寸地方都是水,进入洞穴必须缓慢爬行。当米勒试图挤进柯林斯受困的小洞时,“疼——太疼了!”柯林斯恳求米勒放弃这样的努力。柯林斯躺着,向左侧斜着,左脸颊靠在地面上,两只胳膊牢牢地卡在他身边石头的缝隙里,像一位钉在十字架上的受难者。这样的姿势,他保持了十九天!

他的脸上盖着一块油布,米勒想动手拿开。“放回去,”他说,“放回去——水!”

米勒这才注意到,水正一滴滴地从顶部的岩面上滴下来,拍打着柯林斯的脸。最初的几个小时,柯林斯并不介意,可是,随后持续不断的水滴让他难忍受。

后来,他的弟弟给他带来一块油布。此情此景,与滴水的刑罚多么相似,再坚强的人也会不寒而栗,而柯林斯坚持了十九天!

营救均以失败告终。终于有一次,柯林斯面对着米勒——这位身高只有1.57米、体重仅54千克的好心记者,真诚并非调侃地开起了玩笑:“喂,伙计!你最好出去暖和暖和,不要回来了。你这么瘦小,我觉得你没法把我救出去。”

此刻,陷入绝境的人依然乐观,一如既往地关心他人,关心眼前这位来帮助他的瘦小记者。

柯林斯只是要求在他的头顶放置一盏灯。灯光如豆,可是,微弱的光在这位地下探险者的心里,却成为永存希望的火种,成为挑战黑暗环境和冷酷陷阱的象征。即使受困,勇敢的心也不会向灾难屈服。

十九天后,柯林斯离去了,这盏灯仍然亮着……

柯林斯离去了,美国一位叫詹金斯的传教士为他写歌纪念——《弗洛伊德·柯林斯之死》。歌词这样唱道:

我们都知道的一个家伙,
脸庞英俊白皙,
心肠热忱而真诚。
他的身躯正在沉睡,
在沙洞中沉睡。

绝境中,柯林斯用自己的生命谱写了一首壮美的希望之歌!在一个人的精神和尊严面前,险境算得了什么!柯林斯面对绝境时所表现出的顽强意志以及对生命的留恋与渴望,每时每刻激励着在逆境中奋斗的人们!听到这首歌的人们,都会鼓起战斗的勇气:是的,这世界没有绝望的处境,只要对处境绝望的人!

值得庆幸的是,绝境并不常有,不是每个人都像柯林斯一样不幸。但是,几乎每个人都免不了遭遇逆境的折磨。当我们面对人生的逆境和磨难想放弃时,柯林斯不屈的灵魂就会出现,在生命的琴弦上弹奏他那坚韧的希望赞歌,安慰那些悲观哭泣的人们。

点金术:置身绝地是对一个人精神强度与韧性最好的考验,在绝境面前如何保持自己的尊严和希望?这个问题需要你自己来回答。

第六课
学会自我激励

一 自我激励的作用

积极心态需从小培养

培养积极之心,在人生中十分关键。所谓积极之心,包括所有"正面"的特质,例如自信、充满希望、慷慨、乐观、豁达、机敏及丰富的知识等。对人生态度积极的人,必有远大的目标并会为此而不懈努力。

有些人虽然有积极之心,但是一碰到困难就不知所措。就像约翰·格列尔,它是一匹经过良好训练、血统纯正,唯一能够与跑道上的常胜军"战士"匹敌的赛马。

两匹马上场较量。起初它们在速度上不分上下,距离终点愈来愈近,约翰·格列尔铆足全力,慢慢超前。"战士"的骑师当机立断,扬起马鞭,重重地鞭打在"战士"的屁股上,"战士"像屁股着了火一般,奋力向前冲去,迎头赶上。因而约翰·格列尔被赶超,第二个到达终点。

原本斗志昂扬、胜券在握的约翰·格列尔遭到挫败。这次失败对它的打击很大,以致难以再恢复信心。它在其后的比赛中,表现每况愈下,无法再创佳绩。

很多美国人的情形和这个故事类似。1920 年,经济蓬勃发展,很多人一夜暴富,却都在 1933 年经济大萧条时遭到挫败而一蹶不振。他们的心态由乐观转向悲观,从此不再尝试,就像约翰·格列尔一样,只敢想当年……

有些人一直拥有一颗积极之心;而绝大多数的人则虎头蛇尾,不会运用这股巨大的力量。

点金术:积极之心能够通过培养获得吗?根据我们多年的经验,答案是绝对肯定的。

进行自我暗示

内心讲给自己的话，也就是自我暗示，会在一个人感到恐惧不安时给自己打气，那时只要你能够说“一定可以做到”，心中的不安就会消失。

如果是基督徒，你可以说“神是万能的，一切皆有可能”或“神会给我指示的”。每天按照需要，多重复几次自我暗示，像这样把自己和潜意识连在一起是很有效果的。

也有别的方法，就是把自己推崇的、鼓舞人心的话抄下来，放在透明夹中，或者写在备忘录上，有空多看一看，就可以赶走“恶魔的私语”。

日常生活中，我们经常听到“你真不行”或是“有本事做给我瞧瞧”这些压抑的话，但即便如此，我们也不应该有“我当然无法做到”或“我的疾病这样严重……”的这种由内心产生的不安或疑问，因为这些内心的疑虑比外部压力的消极作用更大。因此，白天没有其他意念时，每当消极念头闪过，若能不断地说“不，我一定可以做到”或“我和无限的供给连在一起”，就能通过自我暗示获得改变。

信仰的本质用一句话来概括就是“积极的心”，所以对相信它的人来说，所需要的能力是会从内部涌出来的，绝不会向任何东西屈服。例如现在的一切看起来都很黑暗，可是光明总会来临，肯定有好转的机会，只是时机不成熟罢了。我们必须好好了解这种经过，并保持正确的态度，不要担心黑暗，看见光明的将来，并确认自己和万能大生命的源泉连在一起。

点金术：每当消极念头闪过，若能不断地说“不，我一定可以做到”或“我和无限的供给连在一起”，则定能通过思考获得改变。

不要畏惧逆境

“你如果是贫穷的，你是幸福的；毕竟神陪伴着你们。”（《路加福音》）

“为自己的错悲伤的人有福了，他们由此必获得安慰。”（《马太福音》）

这是《圣经》里的话。只有贫穷的人，才知道神眷顾着他们；只有经历过悲伤的人，才会成长。

19 世纪，英国诗人奥斯卡·怀路在监狱服刑期间写过：

“有悲伤的地方，才有圣地，相信社会中的每一个人迟早都会明白这一点的，还未了解这一点之前，可以说是他还不了解人生吧！”

也就是说，突破眼前的悲伤或痛苦之后，才可以摆脱当前的苦难。

著有《睡着成功》这本书的美国牧师马非先生也曾说过：“一切的灾祸中，一定包含着幸运的种子。”下面就是他写的一段文字：

“幸福地坐在椅垫上，人会睡着；在被奴隶、被压迫而身心痛苦时，人才会得到学习一些事物、道理的机会。”中国伟大的哲学家老子也曾说过“祸兮！福之所倚；福兮！祸之所伏”的至理名言。

简单地说，已经得到第一名的人，不会遇到比获得第一名更幸运的事，对他而言，顶多只能继续保持第一名而已，而且随时都有可能降到第二名或第三名；相对的，获得倒数第一的人，对他来说最坏的结果也只是最后一名而已，但却有进步为倒数第二、倒数第三名的可能，困难反而会激励他们向前，而且可以激励他们一直成长与进步。所以一开始，我们就引用《圣经》上的话：“一切穷苦的人，你们是幸福的。”在这段文字之后，《圣经》上也写着：“那些幸福的人迟早会遭难，因为他们已经享受不了安慰。”

这里所指的贫穷或富裕自然不是指经济物质，而是失败和成功、堕落和成长，即一般人常说的“顺境与逆境”。这些话，都是需要我们认真琢磨与领悟的。的确，如果一粒麦子不落地，就不可能再长出更多麦子。越是经历了激烈的痛苦，在精神、人格上，就越会早成熟、早进步。

因此，当我们身处逆境时，不要畏惧退缩，心中只要牢牢记住一件事：不要拘泥于堕落，不要被逆境所吞噬。纵使你所面临的是前所未有的激烈痛苦，也不能因此消沉堕落。要知道一个人如果沉溺在自怜自哀之中，他将会更快地因为这一次的堕落而失去一切，永不翻身。我们应当高兴，困难的到来正是我们考验自己的良机；相信走出困难的深渊，一条坦荡的康庄大道将展现在你的面前。牛顿说过：“能够成功的人，只不过比别人多坚持了五分钟。”

点金术：当我们身处逆境时，不要畏惧退缩，心中只要牢牢记住一件事：不要拘泥于堕落，不要被逆境所吞噬，纵使你所面临的是前所未有的激烈的痛苦，也不能因此消沉堕落。

消极的信念是厄运的始作俑者

信念就是力量。

在田里播下好种子，果实成熟的时候能够获得丰收；可是如果播下坏种子，则不会有收获。心也是如此，在积极的信念的影响下往往会有很好的成就；抱着不好的信念时，也就不会有好的结果。常有人这么想：“我没钱，因而不能成功。”如果经常抱着这种想法，这种人就会真的按照这种贫穷的处境过完一生，而且一辈子都得不到成功的眷恋。

“贫穷无法成功”会助其堕落，导致厄运陆续地到来。相反地，虽然处在贫穷的环境中，却仍然能经常在自己心中说：“我必然要变富给你们看。”如此把自己的心向着光明的一面，虽然不能立刻成为富翁，可是运势会越来越好，最终也会实现心愿。也就是说，如果能够维持明朗的心境，自己的运势就可以由自己随意操纵。

人往往由于贫穷而使内心变得苦楚，进而认为自己无法成功，都是因为曾经被贫穷打倒过，为这种经历感到害怕，而使得这种情况在意识层面产生了影响，会导致人更加贫穷。

点金术：想要脱离不好的潜在意识是很困难的，但一旦知道问题的症结就好办了。

让信念支撑自己的努力

当我们想要使某件事变成你想的那样时，常会想通过许愿来实现愿望，也会为了强化想念的力量而采取冥想的手段。但是，我们不禁反问：“祈祷和冥想真的有效果吗？”

的确，冥想实行不当不仅无效，有时还会造成截然相反的结果。很多人在实行冥想时，在无意识中常会有这样的想法闪过脑海：“我很软弱，而现实是残酷的。”“看样子我是无法改变事实了。”“不管什么事我都做不成了。”这样的话，就会在潜意识里播下不好的种子，冥想当然会失败。

祈祷和冥想稍有不同，大家在祈祷之前一般坚信祈祷可以成功。祈祷时专心地祈求某件事，就不会有疑神疑鬼的念头。假如祈祷没有应验,效果就会等于零,绝不会有负效果产生。

对祈祷和冥想起到支撑作用的是信念。没有信念时,祈祷和冥想都不会有效果。如果能拥有信念,冥想和祈祷的效果就会是十倍、二十倍,甚至百倍、千倍地增长。因为我们会受到信念的支撑而加倍努力,使冥想和祈祷实现。

点金术:当我们想要使某件事顺心如意时,常会想通过冥想或许愿来实现愿望。因为我们会因此更了解自己想要的,坚定自己的信念,直至成功。

孤独也会激励自己

我们经常会将自己暴露在孤独之下。

顽固的人、刚愎自用的人、乱发脾气的人以及对现实不满的人,喜欢斤斤计较的人、过于精打细算的人、搬弄是非的人、太柔弱的人等,都是容易遭受孤独危害的人群。

孤独能透露出人们心里深藏的呼唤。人们往往会害怕孤独,会因为孤独而悲观失望。所以我们才更加敬佩那些能忍耐孤独的人,并且将他们当作英雄。

数年前理查·巴哈的《天地一沙鸥》热销一时,这本小说的主角海鸥约纳珊是群体之中的异端者。它想飞得更远更高,没有同伴,它要到没有其他海鸥飞到过的地方去"探险"。

读者看这本书时,也仿佛和约纳珊变成一体,含着激动的热泪向孤寂的天空独自飞去。

我们也可能会在家庭生活、工作情境以及在群体活动或者和爱人的谈话之中,体验到浑浑的孤独。其实,我们需要享受孤独。"让我一个人静静""希望有自己的时间"或是"想要浸在孤独之中"这些内心感受都是渴望孤独,想要直面内心的表现。

生活中也必须耐得住"寂寞"才能有所成就。

很多艺术家都是在孤独中创作出伟大的艺术作品的。歌德也曾说:"文学是孤独的儿子。"为了完成伟大的艺术创作,孤独的时间,孤独的环境十分重要,幸运女神将给予那些能忍耐孤独的人以重奖。

点金术:利用好孤独能帮助我们成就事业。

学会保持乐观

一生当中,会有各种困难纠缠我们,但是只要拥有乐观向上的心态,就可以更加坚强的成长。事实上,精神上的动力和能量是生存不息的根本和关键,精神状态能够影响整体的协调和运作。通常情况下,愉悦的精神心态不但可以使人摆脱痛苦,而且能够增强生命力,它是人类自强不息、世代繁衍的动力所在。

泰雷·兰德说:"我发现保持微笑可以延长人的寿命。"每个人都知道微笑能够保持年轻并且延长寿命,可是为什么悲伤和无奈的消极神情还是没有从人的面庞消失,永远觅不到踪影?在这个日益发展和竞争激烈的社会中,微笑的力量更是其他任何事物都不能替代的。微笑的本质就是使我们身体中各个器官都协调和健康地运作，同时让我们拥有快乐和开心的感受，微笑能够使我们拥有明亮的双眸、进取的精神、宽容的心胸、顺畅的生活，甚至是强壮的体魄。保持愉悦的心态比任何药物、保健治疗都管用百倍。

今天产生的烦恼就在今天忘记，万不可将它留到第二天。有的人总是与一些生活小事纠缠不清，一味地抱怨命运的不公，任何烦恼都能够令他们喋喋不休。他们为什么不学着开心乐观一点呢？一旦他们乐观地看待身边的人和事，就能够发现诸多美妙的事物。通常情况下，看问题时，如果从消极和悲观的角度转变成积极和乐观的角度，就能获得意想不到的收获。一位作家说过："人们不要总是埋怨当下，应该快乐地生活下去。发掘生命中的幸福与快乐是上帝赋予我们的人生使命，那些快乐是人们不断渴望和追求的东西。只要耐心寻找，快乐可以在任何事情中被发现；只要有了快乐，所有烦恼皆会抛到九霄云外。懂得快乐的价值和意义的人总是能够面带微笑地等待下一次曙光乍现的时刻。遇到任何事情，都不要忘记时刻保持微笑。假如你可以真正做到这些，即使生活再忙碌，也能够自得其乐；即使命运再坎坷，也能够勇往直前。"

点金术：保持乐观和愉悦的心态能够使病入膏肓的人获得活下去的动力，也能够使身体虚弱的人获得生存得更长久。

二 学会自我激励

需求理论

自我超越在成功心理的研究中被研究过很多次，无论是弗洛伊德的"本我、自我、超我"理论，还是马斯洛的人的需求层次理论，都对自我超越进行了与众不同的阐释，都可看作是自我超越的理论基础。

奥地利著名心理学家弗洛伊德是人类精神分析的奠基人，他的一生对人类精神的探究作出了很大的贡献。他认为，人存在三种精神面貌，即"本我""自我"和"超我"。"本我"，是指人的一种本能的冲动，它不问时间、不看条件、不顾一切地满足自我需要。"本我"同本能相似，它是本能需求在人的心理上的表现，构成了人类心理活动的基础。人的诸多行为与活动，都是从本我出发的。显然，"本我"是非理性的、盲目的，它作为一种本能的冲动，完全不受理性的控制。"本我"一味追求自我满足，在与外界的交换中一定会遭遇各种磨难，最后导致失败。人们不能停留在"本我"的状态，必须运用理性，以适应外在环境并与人交往，弗洛伊德将这称之为"自我"。"自我"体现在理性与常识，它具有时间观念、价值判断，可以帮助人们区别善恶、是非。弗洛伊德把"本我"与"自我"的关系比作马与骑手的关系，马是负重的、提供行动的力量，而骑手则掌握着马前进的速度及方向。我们知道，人是有精神追求的，追求真善美，追求高尚等，所以弗洛伊德称之为"超我"。正如德国著名哲学家尼采所说："知道'为何'活着的人，一定可以对所有的'如何'包容。"人类的追求从"本我"到"自我"，再从"自我"到"超我"，就是不断超越自我的过程。

美国著名心理学家马斯洛认为，人的需求可划分为五个层次。1970年，马斯洛去世后，他的学生根据他的观点，又增加了"天人合一""求知""求美"等，从而形成人的八个需求层次（如下图）。

人的八个需求层次是：

1. 生理需求

这是人体的基本需求，如吃饭、休息、性生活等，当所有的需求都未得到满足时，生理上的需求重于一切，也压倒一切。马斯洛说过，一个缺少食物的人，他需要食物以解决饥饿远比其他任何需求更重要。

2. 安全需求

当生理上的需求得到满足之后，安全就成了重要的需求。它包括防止肉体受到伤害、躲避灾难、摆脱疾病和避免意外等。

3. 社会需求

包含亲情、爱情、友情等许多方面的需求。如希望与伙伴保持良好的关系，得到友谊，进行社会交往，能够快速融入一个社会集体，获得某一个集体的承认，使自己有归属感等。这一层次的需求与人的社会本质紧密相关，是脱离前两个物质层次需求和向高一层次需求发展的起点，不满足这一层次的需求，可能影响人的精神上的健康。

4. 自尊需求

这种需求分为两种：一种是自我尊重，即自尊心的需求——希望在所处的情境中获得成功，能胜任工作和有信心完成工作；另一种是获得别人实际尊重的需求，即受到他人的关爱、重视、欣赏及积极评价，这种需求得到满足后将会带来自信和声誉。这些需求一旦受挫，就会让人失去自信，变得颓废。

5. 求知需求

人有学习的需求，有一种求知精神，这是人类的一种崇高需求，是人类社会进步的“推进器”。

6. 求美需求

无论大人或小孩都有一种追求美的心态，都渴望美。

7. 自我实现需求

这是一种高级需求，马斯洛把这一需求解释为一种愿望，即要求自己越来越成为自己所要做的人，成为可以不断完善自我的优秀人才。

8. 天人合一境界需求

天人合一，自觉遵守自然的规律和变化。人生活在大地上，一切事物都有其变化规律；人作为宇宙的精华，应把大自然当作自己的朋友，不做违背大自然规律的事。

弗洛伊德的“本我”“自我”和“超我”理论和马斯洛的需求层次理论，可以说是超越自我理论的基石。自我超越，就是以人的精神成长为发展方向，把个人能力的提高当作基石，不断学习，不断挑战自己，从而提高人的生命价值和生命质量，让明天的我比今天的我做得更好。

点金术：老子在《道德经》一书中说："胜人者有力，自胜者强。"大意是，能够打败他人是力量的体现，能够战胜自己超越自我的人才更强大。

不断挑战自己

"超越"一词本身具有超出、超过、领先的意思。在这里，自我超越就是突破自我，不断挑战成长的障碍，甚至突破个人成长的极限，以完成实现自我的目的。敢于向自己挑战，才可以拥抱成功；害怕挑战，就只会失败。自我超越，就是唤醒人们内心深处敢于创造的勇气和决心。人生的各个方面都需要自我挑战、自我超越，无论是自我成长、专业技能的提升还是生活质量方面的提升。

美国学者彼得·圣吉在《第五项修炼》一书中指出：自我超越的行为可用四个部分来概括其结构，即：愿景、你目前的状况、情绪力量以及创造力。它们相互之间的关系，是影响自我超越行为的关键。这是一个许多方面互相冲突的模式，这种系统称为"结构性冲突"（如下图）。

图中表示有两种力制约人的行动：F_2 创造性张力（称为前拉力），受愿景的驱动，产生一种内心的热情和前进的冲动；F_1 情绪张力（称为后拉力），产生无力感，认为自己不合格，无法实现潜意识中的目标。人要想自我超越，必须 F_2 创造性张力 $> F_1$ 情绪张力，也就是要利用结构性冲突来"操纵"自己，战胜无力感，去追求想要的东西。例如，一个人现在身体状况不好，为了提高自己的身体素质（愿景），下决心每天早晨起来跑步锻炼（创造性张力）。可是，第二天早晨起床要去跑步时，又想明天再去吧（情绪张力）。只有使用现实与梦想之间的距离来产生创造性能量，强化创造性张力，我们才能战胜情绪张力，去进行体育锻炼最终超越自我。创造性张力，是实现自我超越的关键要素。

具备自我超越的人的共同的特征：第一，他们把实现愿望当作一种责任与使命。人生一旦有了使命感和责任感，就会有一种顽强向上的拼搏精神，进而去追求自己想要的东西；第二，他们下定决心对目前的状况进行改变，他们对自己目前的状况看得特别清楚，对自己的现状非常不满，下决心要改变；第三，他们永远处于一种学习状态，因为自我超越并非是人所皆有的一种能力，它是一个不断创造的过程，是一次终身学习的修炼。自我超越在于突破价值追求，放大生命能量，它是人生成长的动力源。一个有理想有追求的人，一定是一个不断自我超越的人。

点金术：自我超越，就是不断战胜自己。有较高层次的自我需求的人，对自己行为的结构性冲突看得特别清楚。他们不断强化愿景，对内心想要的东西无比渴望，能自然地战胜情绪张力。

超越自我

古今中外，成功的人各有特色，成功者的类型也多种多样。大致可以分为以下六类：

1. 综合素质型

他们综合素质比较高，是“通才”“复合型人才”，因而取得了骄人的成果。例如，我国航天员杨利伟成功地飞上太空；著名导演张艺谋成功地对奥运会开闭幕式进行导演与整体策划；我国女排教练袁伟民不仅锻造了女排顽强坚韧的品质，而且在担任国家体委主任期间做出了突出的成绩等。

2. 立志创业型

他们没有任何凭借，完全是在了解社会需求的基础上进行创业，并使企业由小变大。例如，美国比尔·盖茨创立制造电脑的微软公司；美国乔布斯组建硬软件兼营的苹果公司；日本松下幸之助创立制造电器的松下公司；日本本田宗一郎创立制造汽车的本田公司；香港李嘉诚从生产塑料到投资房地产；香港包玉刚创立航运公司；台湾王永庆创立台塑集团等。

3. 研究创新型

他们主要靠研究发明一种技术或一种产品为社会做出贡献。例如，美国领导曼哈顿工程（制造原子弹）的科学家奥本海默，第一次成功研制出了原子弹；我国著名科学家邓稼先、钱学森、钱三强等领导我国制造“两弹一星”；大发明家爱迪生发明了电灯、电影摄影机、留声机等两千多种物品；美国科学家富兰克林在对电进行认真研究与应用后，发明了避雷针、新式火炉等；美国发明家莱特兄弟发明了飞机，是第一架飞上蓝天的飞机的研发者；英国发明家瓦特制成双动式蒸汽机、测距器和透射制图机等；意大利物理学家、天文学家伽利略发明望远镜，并用它观察太空，首次找到许多不为人知的星球以及太阳黑子；英国科学家法拉第通过对电磁的研究和运用，发明了发电机和电动机；波兰物理学家居里夫人研究发现了放射性现象，先后发现了钋和镭两种天然放射元素等。

4. 专家学者型

他们学有专长，凭借一项发明或研究而成功。例如，美籍华人科学家杨振宁、李政道，他们因在物理学上的研究而获得诺贝尔奖；我国地质力学创始人李四光，为我国今后勘探石油奠定了基石；我国人口学家马寅初，在研究我国人口结构方面成绩斐然；我国著名数学家华罗庚、陈景润，在数学研究上取得了突出成就等。

5. 杰出特长型

他们靠某项特长而成为某行业的佼佼者。例如，美国篮坛飞人乔丹；巴西球王贝利；我国球星姚明；我国电影演员成龙、李连杰；我国著名画家齐白石、徐悲鸿；我国著名的作家鲁迅、郭沫若等。

6. 专一持久型

他们为了一个目标，付出所有，通过几年、十几年的不懈奋斗，最终成功。无论是文学上的鸿篇巨制，还是科学上的巨大发现，无一不是作者与发明者的血汗和毅力的结晶。例如，曹雪芹写《红楼梦》花了10年；王祯写《农书》花了15年；司马迁写《史记》花了18年；司马光写《资治通鉴》花了19年；哈维写《心血运动论》花了26年；李时珍写《本草纲目》花了27年；哥白尼写《天体运行论》花费了将近30年时间；马克思写《资本论》花了40年；歌德写《浮士德》花了60年等。

如细分，还可以分出更多的类型，且有的成功人士并不单属于某一类型，而是几种类型的综合。不管属于哪种类型，他们最本质的特征都是完全相同的，那就是：树立一个目标，不断地学习、积累，不断地探索，最终迈进成功的殿堂，取得成功。这是人生不断自我超越的结果。人要想成功，就应该保持一种乐观向上的心态，心中燃烧着一团火，时刻充满一种强烈的愿望。成功者的背后，一定有一种精神，有一股强大的力量。人类最大的敌人并非他人，而是自我。而要战胜自我的首要条件就是超越自我，只有唤醒沉睡于自我灵魂深处的巨人，才能让我们顺利抵达成功的彼岸。

点金术：哪里有超乎寻常的追求，哪里就有丰硕的成果。只要能不断地自我超越，就一定会成为领跑者。

有志者事竟成

碰到困难时，我们都会想“这件事我无法完成，我该怎么办”，因而感到烦恼、苦闷。然而，与其这样苦闷，不如先把这些烦恼放一放，思考一下如何付出。也就是，不要让自己的心被苦恼霸占去，而要竭尽全力地战胜困难。

另外，最重要的是不管遭受怎样的困难，都万万不可担心或害怕。因为这种害怕或担心只会使困难变得更加强大，因而给人永远无法突破的印象。但是，如果能把心朝着明朗的方向转变一下，就会知道原来挡住前途的墙壁并不怎么大，因而拥有打破坚冰的信心。

点金术：对于强者来说，许多事情都不难做。只要拥有信念，就可以治好有关人生的一切伤痛。

借用思考和灵感的力量

爱因斯坦一生致力于研究宇宙之间的自然法则，然而他用的工具却非常原始：纸和铅笔，用它们随时写下问题、答案和灵感。

亚力斯·奥斯卡所著的《你的创造力》及《运用想象力》两本书，旨在帮助人们培养创新的思考能力，建立积极创新的思维习惯。

奥斯卡使用的工具和爱因斯坦一样，只有简单的纸和笔。灵感出现时，他立刻记下来。他说：“每个人都有相同的创造力，然而多数人却不知怎么用。”奥斯卡在《运用想象力》中提到的脑力激荡，被普遍运用在大学课堂、工厂、企业办公室、教堂、俱乐部及家庭之中。脑力激荡方式很容易：两三个人坐在一起相互批评或反驳，等到会后再一一对其进行可行性评估。

艾默·盖兹博士是美国伟大的教育家、科学家、心理学家、哲学家及发明家，他一生中所发明的产品逾百种。他有一间隔音效果很好的房间，里面只有一张桌子和一把椅子。桌上放着一堆纸、几支铅笔和一台电灯。

盖兹博士解释，当碰到暂时不能解决的难题时，他会走进房间，把门关上，坐下来，把灯熄掉，开始沉思。他应用全神贯注的成功法则，把问题交给潜意识处理：有时灵感乍现、喷薄而出；有时毫无收获，等待的时间可能长达两个钟头。灵感出现时，他再打开灯，慢慢写下灵感。

由盖兹博士创新及改良的专利产品超过两百种，这当中有些是他人已经研究过，却功亏一篑的东西；他会仔细分析产品的用途及功能，找出缺点；把产品和资料、图纸带进房间，专注地思考处理的方法，补上不足的部分。

有人问盖兹博士，他所期望的灵感来自于何处？他说，所有的灵感都来自：

（1）教育、观察及通过自身的经验所得的认识，它们都隐藏在潜意识中。

(2)别人所得的知识,以感应的形式不断积淀。

(3)大脑的潜意识串连着宇宙中无尽的知识。

哥伦布在巴非亚大学读过地理学、天文学、环境科学,期间也拜读了马可·波罗著的《马可波罗旅游记》,对欧洲地区以外的艺术及雕刻非常向往。

地球是圆的,马可·波罗向东航行,可以到达亚洲;哥伦布坚信,从西班牙起航不断往西,也一样能够抵达。他急于求证自己的想法,便积极寻求资金、船只和船员,准备带他们一起探索未知。

经过十年的时间,许多答应资助他的人,都在最后关头拒绝了。一次又一次的挫折并未使他放弃努力,功夫不负苦心人,1492 年,他终于获得了资助。这一年 8 月,他开始乘船往西航行,目的地是印度、中国及日本。

终于,几年后,他登上加勒比群岛,带着黄金、棉花、鹦鹉、奇珍异宝、珍禽异兽和几名土著回到西班牙。

你也能和哥伦布一样,鼓舞并引导追随你的人,向正确的方向前进,找到心目中的宝藏;你也能像哥伦布一样,具有能力思考,也有时间进行思考。只要用积极的心奋斗不懈,就能达成目标。

点金术:如果你一直无法达成目标,那就再努力一点!只要你用心研读、思考、规划、寻求,就会找到!

渴望激发斗志

人在渴望时,热情正在燃烧,所以,根据那种渴望树立目标是很好的事。当然,只有渴望而没有斗志是不行的。既然渴望热情地去做某件事,就应该有挑战的决心才行。

因为人在被逼迫时产生的力量会让人从压迫中脱离而拼命地挣扎,不肯认输的热情会涌现出来。这种斗志不是奇迹,而是必然。过去被认为一事无成之人,突然做出了某种了不起的事,原因就在于此。不管什么难关,只要有热情和欲望,都是可突破的。

被迫热情可分为自己被周围环境所逼迫而挣扎奋斗和自己设定超过实力以上的目标,从而被动地去追求两种情况。例如,一个工资不高的职员想勉强建立一个豪华的家,就是属于后者。照他目前的收入,不要说全部,就连每个月分期付款都缴纳不起,可是他仍然勉强借钱维持。这种事从开始就太勉强,所以立刻就受到逼迫,因此他必须花费比别人更多的努力去拼命赚钱,结果竟意外地付得起分期付款了。这也印证了开始认为绝不可能做到的事,最终可以获得成功。

人生就是这样,有许多机会可以让自己飞黄腾达,同时,身处逆境的时候也很多。如果把一个人逼到逆境,他的人生有可能真的能产生十分耀眼的光芒。

想要如此,最好激烈地燃烧斗志和热情。斗志和热情的燃烧会产生力量,从而产生意想不到的结果。一旦经过这种事,人生就会开阔起来,自信也会随之产生。而对更高的目标,也会涌出挑战的勇气,因此会更加渴望向更高的目标挑战。

点金术:渴望而且有斗志时,也就是欲望极旺的时候,即使信念缺乏也没关系。所以,和自己实力不相称的事也可以拿来当作目标。

正确运用冥想

冥想是东方医学的中心思想。若能巧妙地把握冥想的方法，脑内吗啡，α 波、肌肉、血管等一切都将不在话下。难以想象，冥想竟然具有如此让人意想不到的力量。

那么，什么是冥想呢？一般人认为，坐禅、瑜伽那样的冥想才属于真正的冥想。但是东方医学所说的冥想并没有固定的模式，更没有脑子"必须入静"那样困难。

脑子无拘无束地想象，感觉"心绪飞扬"，这也是冥想。例如，老年人想孙子、年轻人想自己最喜欢的人，都属于冥想。

令人感动的事情、美丽的景色、兴趣爱好、音乐绘画、小溪的潺潺流水、鸟儿婉转动听的叫声、大海的涛声和风声等，都可以使人心旷神怡。有的人即使听机场、海港的噪声也有心绪飞扬的感觉。

能够导致 α 波产生的事物都属于引起冥想的材料。根据傅立叶的 α 波法则，波状的中心线位于"f 分之一"线上时，心灵感觉宁静，意味着冥想在发生作用。

每个人都有只要想起某件事情就心情愉快的经历，脑子里经常想这些事也是冥想。听一大堆听不懂的道理，即使理解了，却产生 β 波，仍然无济于事。

冥想是为了产生 α 脑波。α 波大量产生，就会分泌脑内吗啡，逐渐养成习惯以后，冥想的时候，仿佛自己真的完成了一切愿望，感觉浑身酣畅，充满幸福。一旦尝过这个滋味，就会乐此不疲，欲罢不能。

东方医学朴素的治疗原理就是发挥人体本身的所有能力。当自身无能为力的时候，就运用指压、冥想、呼吸法这些技术。西方医学与东方医学完全不同，西方医学细致入微地检查、观察、研究所发生的情况，如果认为异常，要么切割掉了要么修补好。他们对药物的认识也用这个方式。

药物的可怕之处在于大多数只作用于肩部病痛的药品，却对整个身体不利。比如降低血糖的胰岛素，胰岛素不足引起糖尿病，所以作为应急措施，只好注射。虽然缓解了糖尿病患者的病情，但对其整个却造成巨大的负面影响。体内胰岛素不足是因为胰脏不能制造这种荷尔蒙，如果靠体外的注射来补充，胰脏就越来越依靠外来物质，而不会自己制造，因此脏器会迅速萎缩老化。

因此，有人提出建议：是否能下决心不注射？当然选择停止注射的时机十分困难，但从大量病例来看并不是做不到。运动、饮食、冥想的治疗效果在相当程度上可以代替胰岛素的注射，而且不仅限于糖尿病，对消化性溃疡、高血压、痛风、高血脂、脂肪肝和癌症的防治效果也十分明显。

科学家估计人体到 25 岁完成发育，此后开始走向衰老。于是，人体内平均每天死亡 10 万个脑细胞，肌肉逐渐衰弱。更不用说人们走上社会以后，每天工作繁忙，甚至连锻炼身体的时间都没有，这种情况下人们的身体功能就会不断地退化。

在日常生活中能不能保住脑细胞和肌肉的量呢？在这里介绍一个最容易操作的方法：每天至少走 5000 步。步行有助于大脑分泌吗啡，只要坚持不懈，基本可以达到保住脑细胞和肌肉的量的目的。

人平时都要走路，但现代社会的交通方式已替代了步行，人们总是步行得不够多，时间不够长，因此，必须有意识地弥补不足的部分。

一边步行一边冥想是最佳方式。冥想并不要求一定得躺着全身放松或者保持盘腿坐禅的姿势，一边步行一边冥想的效果是平时冥想的四五倍。

一边步行一边思考自己的理想、希望和规划：怎样管理医院？要建成一所理想的医院，该从哪里入手？一旦思考起来，便会其乐无穷，忘乎所以，把其他的都抛于脑后。

能产生这种心情，与右脑工作有关，因为右脑占优势时才能产生 a 波。要让右脑工作，必须停止左脑工作，而步行能有效地停止左脑工作。左脑一停止工作，智慧就从右脑流出来。有的人习惯于一动不动地坐着冥想，而一动不动的冥想想不出高招妙策，反而易受杂念干扰。

只有边运动边冥想才能产生真正具备创造性的英明睿智。康德每天散步的故事广为人知，他的绝大部分思想大概就是散步时得来的。

人的意识不仅仅是自我能够意识到的，还有一些领域是无意识的、不可感的。

只是坐在桌子前面一味地讲理论，只会一事无成。应该活动身体，停止左脑工作，倾听记忆宝库中那无意识的信息。如果自己经历过的所有记忆和铭刻在 DNA 里的祖先的智慧混杂在一起，就会产生惊天动地的构想。

最新的医学研究成果证实，人进入冥想境界时，脑中会产生 a 脑波，而且脑内不断有吗啡产生，使人心情舒畅。

点金术：人的身体构造精密完善，生存所需的一切东西一应俱全。需要药物的时候，人体“制药厂”就会生产适量的药物。只要使用恰当，人体是不会轻易损坏的。

调和内外

最新的科学研究报告表明，几乎所有的人都只发挥了其能力的 15%。

这份报告还指出，人们不能发挥其余百分之八十五的力量是因为恐惧、不安、自卑、意志薄弱及罪恶感。综合所有原因，可以说是“与外界的不调和”，也就是不能包容外界，等于是替自己的能力踩了刹车。

与外界的调和能使自己的能力得到充分发挥。因为所谓创造的行为都是发挥于外界的，所以一旦能和外界调和时，自然就会产生优良的结果。以网球比赛为例，如果上场前还在考虑胜败，对敌我力量进行估计，心中已经存在了对立感情的疙瘩，就不能发挥潜力。一定要抛开那些估计，和外界合为一，这时才能发挥出潜在能力。

有一个非常有趣的法则：凡是在下棋时对自己的对手抱有对立感情，赢了就有快感的人，他们的进步都很有限；相反，能和对手配合，不在乎胜败，只求走出正确的棋步并在其中寻求创造之喜悦的人，他们的潜能就能被充分调动出来，进步神速。这里不把象棋的胜负当作一种争斗，而把它当成“问答”。如果有两个人天生素质高低相等，但他们采取不同的弈棋态度，不久之后，这两人的棋技一定会天各一方。

这难道不是一个有趣的法则吗？连象棋这种具有严格规则的游戏都是这样，更何况是繁杂的人生呢？

弈棋中的这两种态度，能充分体现“取”与“造”的两种生存态度。为了取得目的而拼命的人，他们自以为是在踩油门，事实上踩了相反的东西——刹车。一种能力被踩了刹车后，当然不可能有出众的创造行为。当你放弃将能力看作私有物时，你就能充分地发挥能力。

如果你希望自己的人生富有创造性，首先你必须做个“不怕失败的人”。此外，失败和成功并非完全对立，它可以到达成功的终点站。精神的强者，越是失败，越能在失败中得到教训，并且越能将创造的热情调动起来。所以，问题不在于是否会失败，而在于是否遇到一两次失败后就一蹶不振。一个人若能正确面对失败，这种人最后必然有所成就。

点金术：一个人若能正确面对失败，那么这种人最后必然有所成就。

第七课

怎样从外表了解他人

从眼睛观察别人

孔子曾说过："观其眸子，人焉瘦哉！"意思就是说：想要观察一个人，就要仔细观察他的眼睛。因为一人的想法，常常会包含在眼神中：天真无邪的孩子，目光清澈明亮；而心怀不轨的人则眼神混浊不正。所以，世人常将眼睛比作心灵之窗，是交往中的关注点。

在赌桌上，赌徒们刚开始赌时，通常都会先用小金额的资金下赌注，并且仔细观察坐庄人的神情。当坐庄人的眼睛瞳孔突然扩大的时候，他们立即紧跟加大筹码，差不多会赢。因为赌徒们根据坐庄人的眼睛变化，揣测自己必定是押对了。这种观察的小技巧尽管无从查证，但的确证明了人眼睛的变化同心理活动息息相关。

既然眼睛能映射出人内心的感受，那你是否能在与对方对视时，敏锐地捕捉到他的内心？

1. 从目光观察对方内心变化

在人们交谈的过程中，如果对方不时地把目光移向别处，则表示他有点漫不经心；如果对方的眼神上下左右不停地转动，不能定住，可能是因内心害怕而说谎。之所以说谎，很可能有难言之隐，也许是不想失去某个好朋友，而对某些事情的真相有所隐瞒。

另外，和异性视线相遇时故意避开，表示对对方有好感；眼睛滴溜溜地转个不停的人，体现了意志力不坚，容易遭人引诱而三心二意；眼光流露不屑的人，显示其不以为然；眼神冷峻逼人，说明他对人并不信任，心理处于戒备状态；没有表情的眼神，说明这个人愤恨无比；交谈时对方根本不看你，可以视为对方对你不感兴趣，或是不想听你说。

2. 从瞳孔大小观察对方情绪变化

当人意志消沉时，瞳孔就会缩小；而当人情绪高涨、态度积极时，瞳孔就会扩大。此外，相关资料表明，一个人极端害怕或高兴时，他的瞳孔一般会比正常状态下的瞳孔扩大 3 倍。倘若大家一起玩牌，一看到对方的瞳孔放大了，就可以肯定他抓了一把好牌，怎么玩法也心中有数了。

3. 从眼神推断对方个性

眼神是否坦荡、端正，可以反映出对方的德行、心地、人品和情绪。如果对方的眼睛滴溜溜地乱转,很明显,你要小心一点。

不敢与对方对视,显示其缺乏足够的信心,不仅怀有自卑感,而且性格软弱;遇到陌生人,不会主动地前去打招呼,即使打招呼也不敢看人家,这样的人一般比较拘谨,在处理问题时缺乏自信,没有什么主见。当然,如果是一对恋人,躲闪对方的目光另当别论,那表示紧张或害羞。

点金术:在面对面的交流中,眼神交流很重要。因为眼睛是人与人沟通中最清楚、最明显的信号,它能将众多复杂的信息传递给他人。

从笑看人

笑,我们每一个人都会,并且我们经常笑。心理学家们发现:笑不只是人类幽默感的体现,还是人类与他人交流的最古老的方式之一。笑与人的性格息息相关。

每个人不同的笑容,其实都代表不同的意思。

1. 开怀大笑的人

开怀大笑、笑声非常爽朗的人,多是性情中人。他们是行动派的人,决定要做一件事情,立刻就会去做,非常果断和迅速,绝对不会拖拖拉拉。这一类型的人,虽然表面上看起来很坚强,但他们的内心却脆弱不堪。

2. 捧腹大笑的人

捧腹大笑的人多为心胸开阔者。当别人取得成就以后,他们会真诚祝贺,而很少产生嫉妒心理。在他人犯了错以后,他们也会宽容和理解他人。他们很富有幽默感,总是能够让周围人开心,同时他们还极富有爱心和同情心,在自己的能力范围内,会适当帮助他人。他们不势利眼,不嫌贫爱富,不欺软怕硬,比较正直。

3. 狂声大笑的人

平时看起来沉默少语,甚至有点傻愣愣的,但笑起来却一发而不可收,或者经常放声狂笑,直到站不稳了,这样的人最适合做朋友。他们虽然在与陌生人的交往中放得不会很开,甚至有些让人难以接近,但一旦真正与人交往,他们会很看重这段友情,并且在一定的时候,能够为朋友作出牺牲。基于这一点,有很多人乐于与他们交往,他们自己本身也会营造出良好的人脉网。

4. 时常悄悄微笑的人

经常悄悄微笑的人,除了比较内向、胆小以外,还有一种性格特征,就是他们的思维非常缜密,头脑清晰,在什么时候都能让自己跳出所在的圈子,作为一个局外人,来冷眼看待事情的发展,判断下一步该怎么做。他们很善于隐藏自己,绝对不会轻易将内心真实的想法告诉别人。

5. 笑得全身打晃的人

笑的幅度非常大,全身都在打晃,这样的人坦率热忱。和他们做朋友是不错的选择,因为当朋友有了错误和缺点以后,他们往往会直接说出来,不会为了不得罪人而视而不见。他们不吝啬,在自己能力范围内对他人的需要会尽全力满足。基于这些,在自己遇到困难的时候,别人也会帮助他。他们会使大家喜欢自己,能够营造出很好的社会人际关系。

6. 看到别人笑,自己也会随之笑起来的人

看到别人笑,自己就会随之笑起来的人,他们活泼快乐,情绪因为事情的变化而变化,而且富有一定的同情心。他们对生活充满信心。

7. 小心翼翼地偷着笑的人

小心翼翼地偷着笑的人,他们大多是内向型的人,性格多保守、传统。而与此同时,他们在为人处世时很拘谨。他们对他人的要求往往很高，如果达不到要求，常常会影响到自己的心情。

8. 笑的时候用双手遮住嘴巴的人

笑的时候用双手遮住嘴巴，表明非常羞涩，他们的性格大多比较内向，还比较温柔。他们一般不会轻易地向别人倾吐想法，包括亲朋好友。

9. 笑出眼泪的人

笑出眼泪来，是由于笑的幅度太大所致。经常出现这种情况的人，他们思想感情复杂而丰富，具有爱心和同情心，有一定的进取心和取胜欲望。他们可以帮助别人，并适当地牺牲一些自我利益，但不要求什么回报。

10. 笑起来断断续续的人

笑起来断断续续，笑声让人有点难受，其性情大多是比较冷漠和孤独的。他们比较现实，不会轻易对他人好。他们的观察力在很多时候是相当敏锐的，能观察到别人心里在想些什么，然后投其所好，以达自己的目的。

点金术：笑，我们每一个人都会，并且我们经常笑。心理学家们发现：笑不只是人类幽默感的体现，还是人类与他人交流的最古老的方式之一。

从习惯动作看人

1. 双手背后

两脚并拢或自然站立，双手背在背后，这种人性情急躁。但他与人交往时，关系处得比较融洽，其中可能较大的原因是他们不会拒绝他人。

2. 手插裤兜

双脚自然站立，双手插在裤兜里，时不时取出来又插进去，这种人小心谨慎，凡事犹豫不决。在工作中他们最缺乏灵活性，往往用呆板的办法去解决很多问题。他们无法承受突如其来的失败或打击，在逆境中更多的是沮丧和抱怨。

3. 双手叉腰

这种人是急性子，总希望用最少的时间，经过最短的距离做某一件事。他突然爆发的精力，常常是在他决定下一步怎么做时，看似沉寂的一段时间后所产生的。

4. 摊开双手

摊开双手，是大多数人表示开诚布公的一个常用姿势。意大利人就会毫无拘束地使用这种姿势，当他们受挫时，便将摊开的手放在胸前，做出“你说该让我如何做”的姿态，表示他们自己也无计可施，无可奈何。

5. 摇头或点头

经常通过“摇头”或“点头”，以示自己对某件事情的意见，在社交场合很会表现自己，看似左右逢源，却时常遭到别人的厌恶，让别人很不舒服。但是，经常摇头或点头的人，自我意识强烈，工作积极，看准了一件事情就会努力去做，直到达到目的。

6. 触摸头发

这种人个性突出，爱憎分明，尤其疾恶如仇。他们爱冒险，爱拿人当调侃对象。这些人当中有的缺乏内涵修养，但他们很会为人处世，处事大方并善于捕捉机会。

7. 拍打头部

拍打头部这个动作多数时候是表示灵光一现，如果说刚才还陷入困境，现在则走出了迷雾，想到了解决办法。有的人会拍自己的后脑勺，这表明他们非常敬业，拍打后脑勺只是想轻松一下。

8. 手摸颈后

一个人习惯用手摸颈后，往往是怨恨、后悔、沮丧等情绪的表现。这个姿势称为“防卫式的攻击姿态”，在遇到危险时，人们常常不禁用手保护脑后。但在防卫式的攻击姿势中，他们的防卫是伪装，因为手并不是放在脑的后面，而是放到了颈后。如果一个女人伸手向后，撩起头发，这表明她只是以此来掩饰不愉悦。

9. 拍打掌心

人与人谈话时，只要他动动嘴，手上一定会做一个动作，比如相互拍打掌心，伸出拳头，摆动手指等等，表示对他说话内容的强调。这种人做事果断，勇往直前，自信满怀，习惯于把自己在任何场合都塑造成一个“领袖”人物，性格大都属于外向型，有点英雄气概。

10. 抖动腿脚

有的人喜欢用腿或脚尖使整个腿部颤动，有时候还用脚尖磕打脚尖或者以脚掌拍打地面。这种人有自恋倾向，性格较保守，很少考虑别人，凡事只为自己着想，尤其是对妻子的占有欲望特别强。

11. 吐烟圈

有的人喜欢吐烟圈。这种人突出的特点是与别人谈话时，总是盯着对方看，支配欲望强，不喜欢受约束，为人比较慷慨，重情义，因此他们的人缘很好。

乐观向上的人多半会把烟圈向上吐，而消极多疑的人多半会把烟圈向下吐。

12. 言行不一

当你给某人递烟或其他东西时，他嘴里说“不用”，“不要”，但伸手接下了，显得很客气的样子。他们这么做主要是为了给对方面子，嘴上拒绝但不代表真的不要。这种人比较聪明，爱好广泛，八面玲珑，不轻易得罪别人。

13. 解开外衣纽扣

这种人心地善良诚挚，他在陌生人面前表达思想时，最直接的动作便是解开外衣的纽扣，甚至脱掉外衣。

点金术：习惯动作可以在一定程度上反映一个人的个性，那些经验丰富的识人老手，往往从别人的一个习惯动作就能判别一个人。

打电话姿势看人

1. 悠闲舒适型

有些人打电话时，会舒舒服服地坐着或躺着，十分悠闲。这种类型的人，他们生活潇洒自如，为人处世沉稳镇定，即使是泰山压顶，也会面不改色。

2. 边行边谈型

有的人打电话时，不喜欢一直站在一个地方，喜欢绕室而行，或者来回踱步。这类人好奇心较强，喜欢新鲜事物，讨厌任何一成不变的事。

3. 以笔代指型

打固定电话时，有的人习惯用手中的圆珠笔等工具去拨动号码。这类人毛躁、草率，经常处于紧张状态。他们喜欢社交和群体活动，害怕寂寞和孤单。

4. 双手握机型

有的人打电话时，会用双手握住手机或固定电话听筒。此类人生性谨慎，必三思而后行，他们为人十分小心，极少得罪人。

5. 心有二用型

在打电话的同时，有的人还会做其他事，比如整理文具、擦桌子等。这种类型的人富有进取心，抓紧一切时间工作学习。

6. 电线绕指型

有的人打电话时，会不停地用手指玩弄电话线或做其他小动作。此类人性格洒脱，放荡不羁，天塌下来当被盖，乐天知命。

7. 信手涂鸦型

有的人一边通话，一边在纸上信手涂鸦。这类人大多具有艺术才能和气质，对生活也有无限想象。他们的乐观性格，使他们经常笑着面对困境。

8. 抓紧上端型

有的人通话时会紧持听筒的上端。不少女性是这样拿电话的，她们有些神经质，只要有点小事不如意，便会大发脾气，或者非常悲伤。由于其情绪起伏不定，让人很难招架，所以她们极易让别人产生反感。

9. 抓紧下端型

有些人通话时紧持听筒的下端。这类人外圆内方，看上去很温婉乖巧，其实个性坚毅，有自己的原则。无论对事对人，他们一旦下定决心，便不会更改。

10. 平白无奇型

有的人打电话时没有什么特殊的习惯，一切动作出于自然。这类人心地善良诚挚，他们对自己很有信心，掌控自己的命运。

点金术：虽然打电话只是日常生活中的一个小小的行为，但我们可以从中探知对方的个性和所思所想。

从走路姿势看人

英国心理学家莫里斯经过一系列研究，发现了一个非常有意思的现象：人体中越是远离大脑的部位，其可信度越高。脸离大脑中枢最近，因而并不太可靠。腿和脚远离大脑，大部分人都注意不到这个部位，可是，它却比脸和手诚实得多。为什么腿和脚能够这样真实地表现我们的所思所想呢？

在与他人相处时，人们总是最先注意对方的脸，而且大家都知道，对方同样也看着自己。所以，为了掩饰自己的真实想法，人们常常借一颦一笑来撒谎。作为一种社交需要，这无可厚非。如此一来，人们用面部表情掩盖自己真实想法的能力，也变得越来越强。

这么看来，“察言观色”就有些难了。所以，人们需要将更多的目光放在人身体最诚实的部位。紧张、愤怒、恐惧、忧虑、担心、厌烦、拘谨、幸福、快乐、受伤、害羞、腼腆、谦逊、笨拙、自信、沮丧、衰弱无力、生机勃勃，这些都能通过腿和脚表现出来。情侣间意味深长的抚摸、生气的站姿、即将当父母的踱步，等等，都是我们情绪的信号。

人总是要走路，有的人走路昂首挺胸，信心十足；而有的人走路低头哈腰，无精打采。不同的走路姿势，反映出人们的个性。在人际交往中，如果你善于通过他人的走路姿势，了解到他的性格及心理，就能够提前做好准备，并想办法应付。

一般来说，在人群中你经常遇到的有以下几种典型的走路姿势，可反映出他们不同的个性。

1. 昂首阔步型

有的人走路时，抬头挺胸，昂首阔步，坚定有力，胸有成竹。这种人一般自信心强，学识丰富，有主见，有原则，做事情反应迅速，有条不紊，有很强的组织能力，在工作和事业上也容易取得成功。其缺点是有时候过于自信，看不起别人，使自己被孤立，人缘不太好。

与这种类型的人相处时，我们应该满怀信心，使自己的语言明确，条理清晰，对他们提出的问题有独到的见解，这样较容易赢得对方的信赖。

2. 慢条斯理型

这种人走路比较缓慢，小心谨慎，不喜欢东张西望，稍微低着头。这是一种内向、害羞的表现，往往给人难以接近的感觉。其实他们的内心是热情的，是典型的“外冷内热”型人。

面对这样的人，只要你能真诚相待，多给他们一些关爱，是很容易感动他们的。

3. 步履匆匆型

有的人走路时疾步如风，不顾左右，这样的人就是行动派。他们往往精力充沛，办事果断，讲究效率。不过有时可能会因为过于急躁，办事草率，以致出现失误。

我们在与这种类型的人打交道时，最好能跟着他们快走，不能拖泥带水，不然这类人会心生烦躁。同时，如能细心谨慎，这类人会更放心。

4. 横冲直撞型

有的人在走路时，不会太在意周围的人或环境，只顾往前走。这样的人会让人感觉做人做事方法生硬，因此也容易得罪人。不过，这样的人因为为人坦荡正直，没有小心眼，比较大方，所以人缘很好。

与这样的人打交道时，我们一定不要自以为是、口是心非。即使你有半点的虚伪，也可能会让他们反感和质疑，最终让你无法再取得他们的信任。真诚对待此类人，才会走进他们的内心。

5. 喜踱方步型

踱方步是古代朝廷官员走路时惯用的姿态。习惯这样走路的人，往往是沉稳内敛之人。他们做事认真负责，处世冷静理智，不会因为一时冲动而做出损人不利己的决定。这种人最明显的特征就是务实和精明。

在与这种人打交道时，要严肃认真，尽量少和他们开玩笑，以免因自己的不庄重而让对方反感。在与其探讨问题时要力求务实，用实际效益来说服对方，而不要说些没用的话。

一个人虽然能够用语言或面部表情去掩饰自己，却无法在腿和脚的动作中藏住自己的内心。我们为人处世时，千万不要忽略这最诚实的身体部位所透露出来的信息，以便于自己能与他人友好交往。

点金术：在我们与他人相处时，首先看他们的脸。不过你若想要非常精确地察觉他人不为人知的隐秘心理，则需要更多注意他们的腿和脚。因为心理学家研究证实，人体中越是远离大脑的部位，其透露的信息越准确。

衣着识人

西方有句俗话：“你就是你所穿的。”因为，服装除了能为人们遮羞御寒，也是展现个人风姿和特色的媒介，它们能够向他人无声地传递你的生活背景和个性特征。所以，任何人都应注意衣着的价值，它甚至能帮助人们更好地融入到社会当中。

例如，在不同的职业、不同的社会地位的小群体中，人们会通过服装区别他们，而人们也会很自然地要求着装符合自己的职位。就像众人的印象中，一位坐办公室的文职人员，应当穿着白领正装，而不是短裤T恤。

其实，从心理学的角度分析，不同的服装，常常折射了着装者的不同个性。

1. 喜欢简单朴素服装的人

这类人性情沉稳、简单自然，待人真诚热情。他们在生活和工作中兢兢业业，并且勤奋好学，遇到问题常能表现得客观、理智。只是如果过度朴素，则说明这种人太过小气，缺乏对自己的关爱和主体意识，且很容易受他人摆布。

2. 喜欢单一颜色服装的人

这类人刚正不阿，且善于理性思考。若选择的单一颜色越深，则说明此人性情越稳重，且有城府，有点让人看不透。他们做事前会仔细考虑，并在想好后突然出击。

3. 喜欢穿同一款式服装的人

这类人个性鲜明，爽朗正直。他们做事雷厉风行，并且爱憎分明，时刻遵守自己的承诺，一旦对他人应允什么，就一定会遵守诺言。但缺点是清高自傲，容易孤芳自赏。有时候自视过高，与他人之间形成矛盾。

4. 喜欢穿长袖服装的人

希望用长袖的衣衫遮挡自己的身体，这类人若不是遮掩身体上的某些缺陷，则说明是非常传统和保守的人。他们为人处世一向循规蹈矩，从来不会做出格之事；缺乏冒险精神，但又希望能收获名利；所以他们有雄心壮志，但是不容易实现。

5. 喜欢宽松自然服装的人

这类人，不讲究剪裁是否合身，款式如何，只要舒服就好，他们多是内向的性格，有时显得非常孤独。虽然很想与他人交往，但是往往会畏首畏尾，在人际交往中，他们很少左右逢源。性格中，害羞、胆怯的成分比较多，不容易接近别人，也不易被人接近，但一旦有了朋友，一定是真心的。

所以，在与人接触的过程中，当你不了解对方时，可以观察他的着装，这往往是你走进对方内心世界的好方法之一。

点金术：人们会通过服装区别人在不同的职业、不同的社会地位，而人们也会很自然地要求着装符合自己的职位。"你就是你所穿的。"

从化妆识人

提到化妆，尤其是女性朋友们，习以为常。运用化妆品，采取一定方式，对面部、五官及其他部位进行描画、修饰，可以调整面部形色，掩饰缺陷，表现神采，让自己精神焕发。

事实上，化妆不仅是提升形象的有效手段，它还是人们观察他人内心世界的手段之一。

1. 有的人喜欢淡妆

这样的人大多没有太强的表现欲望，默默无闻。她们只要求能过得去，简单地涂抹一下，使自己不丑就可以了。她们大都属于聪明和智慧的类型，不会将时间和精力都耗费在梳妆台前；常常心中有数，而且敢打敢拼，所以大多能获得成功。她们最希望的是别人尊重、理解和支持她们。

2. 有的人则喜欢浓妆

与喜欢淡妆的人相反,这样的人很喜欢表现。她们将各种化妆品涂抹在自己的脸上,并忍受痛苦用各种方式修饰五官,为的是让他人注意到自己,而异性的欣赏会让她们很开心。前卫和开放是她们的思想特征,她们对一些大胆和偏激的行为保持赞赏的态度。她们真诚、热忱,一些恶意的指责并不能让她们消沉下去。

3. 有的人不喜欢化妆

唐代诗人李白的佳句"清水出芙蓉,天然去雕饰",就是来形容她们的,而这种自然美往往会给人清新之感。她们不从表面上看问题,会静心探究事物的实质,看人也会仔细判断。

4. 有的人从小就开始化妆

这样的人会将自小养成的化妆习惯,延续一生。其实这是一种怀旧心理在作祟,她们怀念美好的过去,并以此暂时忘记现实中的烦恼和不如意。但她们依然头脑清醒,不会沉迷其中而忘记现实。她们讲究实际,会极力注重现在的一切。她们热情善良,善解人意,拥有很多真心的朋友。

5. 有的人会把绝大部分时间用来化妆

这样的人为了完成自己的目标会竭尽全力,她们做任何事情都追求尽善尽美,属于典型的完美主义者。她们倾尽所有,也要让自己完美漂亮,最主要的是,她们对自己的才智和财力满怀信心,而唯一放心不下的就是自己的外貌。为了成为一块无瑕美玉,只好不停地审视自己,用化妆来掩饰不足,结果反而暴露缺陷。

6. 有的人化妆时特别着意某一处

这样的人通常很了解自己,对自己的优点和缺点知道得一清二楚,善于扬长避短。她们满怀信心,坚信付出就会有回报,所以会脚踏实地为自己的目标奋斗。她们讲究实际,注重现实,不会沉湎于不着边际的虚幻之中。她们遇事镇静沉着,对事情的处理坚决果断,但不能纵观全局,常常收获很小。

7. 有的人喜欢化怪妆

这样的人眼皮周边或是黑黑的,或是蓝幽幽的;嘴唇也是有时黑有时红,有时大嘴巴,有时小嘴巴。喜欢化怪妆的人往往是为宣泄情感。她们通常具有强烈的反抗心理,主要是自小受到家庭的溺爱,以自我为中心,但现实生活每每与她们的愿望相悖,所以用一些非常规的思想和行为反抗环境,但结局往往是失败多于成功。

点金术:每个人装扮的喜好或倾向不尽相同,而这种喜好或倾向,可以帮助我们洞察他人。

从领带看男人

西服,自诞生那日起就成为西方男人服饰中的必备品,直到今天,它已成为国际交往中的一种常规服装。正式的西装有单排扣和双排扣之分,每一个男人都可以依据自己的喜好进行选择。

但是,有一件辅助饰物让男人很头疼,那就是领带的打法和色彩的搭配。领带的作用类似于女士们的丝巾,但男人的为人处世和品行特征,常常可以通过领带打法及颜色的搭配展现出来。若仔细观察周围的男人,便不难发现他们领带中的"本色"。

1. 领带结既大又松的人

系上领带,使男人显得谦和儒雅。打这种既大又松的领带结,男人所展现的风度不是矫揉造作,而是货真价实,是他们由内而外散发出来的气质。他们不喜欢拘束,积极拓展自己的生活空间,主动与他人交往，有高超的交往艺术，在社交场合很受女士的欢迎。

2. 领带结又小又紧的人

这种男人若身材瘦小，则说明他们是刻意依靠又小又紧的领带结，让自己在他人匆忙的一瞥中显得高大一些。如果他们并无体型之忧，则说明是在暗示别人最好别惹他们，他们无法忍受别人的轻视。小领带结是气量狭小的表现。由于在生活和工作中谨言慎行、疑心甚重，他们养成了孤独的性格。他们凡事先想到自己，热衷于物质享受，而且是“铁公鸡”。几乎没有什么人想接近他们，他们也乐于一个人守着自己的阵地，孤军奋战。

3. 领带结不大不小的人

先不考虑领带的色彩和样式，也不管他们外貌怎样，男人配上这种领带结，大都会神采奕奕，神清气爽。他们可以获得心灵上的鼓舞，会在交往过程中注重自己的言谈举止，所以不管本性如何，都表现得很有修养。由于认识到领带的作用，他们在打领带结的时候常常一丝不苟，把领带打得恰到好处，给人以美感。他们把大部分的时间放到工作当中，认认真真，兢兢业业。

4. 领带绿色、衬衫黄色的人

绿色象征生命和活力，通常代表春天；金色代表收获和金钱，是财富与权势的徽章。这样搭配领带和衬衫的男人富有青春活力与朝气，自由自在，不喜欢拖泥带水，对于事业充满信心；不过有时他们会鲁莽冲动，自制力不够。

5. 领带深蓝色、衬衫白色的人

“蓝领”代表职工阶层，“白领”代表管理阶层，他们把两种颜色放到一起，上下兼顾，同时不乏风度翩翩。他们非常关心工资，事业心极重，在奋斗过程中常常表现得急功近利。

6. 领带多色、衬衫浅蓝色的人

五彩缤纷代表美好的事物，充满了诱惑，普通人和勤奋的人往往对此敬而远之。所以选择这种领带和衬衫的人庸俗不堪，热衷于名利；路边美丽的野花，常常使他们心猿意马，见异思迁，他们用情三心二意，追逐的目标总是换了一个又一个。

7. 领带黑色、衬衫白色的人

黑白分明是对阅历丰富之人的形容，所以喜欢这种打扮的人说明他内敛稳重。由于经历得多，感悟也会多，他们懂得人生当中什么才是最重要的，善于明辨是非，相信“善有善报，恶有恶报”，维护正义是他们的做人法则。

8. 领带黑色、衬衫灰色的人

不用看他们的表情如何，仅这种打扮就有点让人反感。他们在穿着之时必先照镜子，能够接受镜中的压抑色彩，则表明他们很忧郁，而这份忧郁是气量狭小所致。他们选择这身打扮，正是为了掩盖这个缺点。在工作当中，老板常常怕此类员工的郁郁寡欢、心性狭小会影响到其他员工的情绪，会辞掉他们，所以他们也经常换工作。

9. 领带红色、衬衫白色的人

红色象征火焰，代表奔放的热情，更表现了奋发向上。所以男人选择红色领带，大概是想追逐太阳的光辉，让他人注意自己。他们本应该属于充满野心的类型，但白色代表纯洁，是和平与祥和的象征，穿白色衬衫，则是让别人感受到他们纯洁的心灵。

10. 领带黄色、衬衫绿色的人

辛勤劳动以获得丰硕的果实，按照理想设计自己的生活和人生，并勇于实施，男人选择如此搭配，他们流露出的是诗人或艺术家的气质。他们相信付出必定会有收获，所以不会杞人忧天。他们与世无争，性情温和，对人和蔼可亲。

11. 不会打领带的人

连打领带这种小事都要人代劳的人，大都开放洒脱，不理会这些琐事。他们或是有某种天资本领，或是先天具有领袖才能，使他们不屑将精力消耗在打领带这样的细节问题上。他们性情随和，有同情心，朋友甚多，口碑亦好，且夫妻感情好，家庭和睦。

点金术：领带的作用类似于女士们的丝巾，男人的为人处世和品行特征，常常可以通过领带打法及颜色的搭配展现出来。若仔细观察周围的男人，便不难发现他们领带中的“本色”。

从包看人

提包是多种多样的，人们可以根据自己的喜好进行选择。一般来说，选择的提包比较大众化的人，其性格也比较大众化，或者说没有什么与众不同的个性。他们在很多时候都是随大流，大家都这样选择，所以他也这样选择，没有自己的看法，目光狭隘和思想庸俗。他们人生中或许多少有收获，但不会成大器。

1. 喜欢休闲式提包的人

选择的提包多是休闲式的人，可以看出他们的工作灵活性很大，自由活动的空间也非常大。正是由于这样的原因，再加上先天的性格，这类人生活得很惬意。他们对生活的态度比较随意，对自己的要求不是很高。他们比较积极和乐观，也有一定程度的进取心，能很好地安排工作、学习和生活，做到劳逸结合，在比较轻松惬意的环境中，做好自己的分内之事，并取得一定的成就。

2. 喜欢公文包的人

如果选择的提包多是公文包，那么从侧面反映了提包主人工作的性质。他们可能是某个企事业单位的总经理，如果是普通职员，也是在比较正规的单位。选择公文包也许是工作性质使然，但其中多少也能表现此种人的性格特征。这样的人大多数办事细致小心，对人也会相当严厉。当然，他们也更严格地要求自己。

3. 喜欢方形提包的人

有小把手的方形或长方形的手提包，有时是一种饰品。这种手提包外形和体积都相对比较小，所以不是很实用。喜爱这一款式手提包的人，多是没有经历过什么磨难的人。他们比较脆弱，遇到挫折喜欢逃避。

4. 喜欢肩带式手提包的人

喜欢中型肩带式手提包的人，相对独立自主，但在言行举止等各个方面却相对传统和保守。他们有相对自由的空间，但不是特别的大，交际范围不广，朋友也不是很多。

5. 喜欢小巧精致的手提包的人

小巧精致，但不实用，里面装点小东西的手提包，一般来说，是年纪比较轻、涉世不深、比较单纯的女孩子的最好选择。但如果已经过了这样的年纪，已是成熟的成年人了，还热衷于这样的选择，说明这个人有积极的人生态度，对未来充满了美好的期待。

6. 喜欢浓郁的民族风味手提包的人

比较喜欢具有浓郁的民族风味的小提包的人，很强调独立自主，是个人主义者。他们个性突出，往往有着与众不同的衣着打扮和思维方式。有些时候表现得与他人格格不入，在营造良好的人际关系方面有一定的阻碍。

7. 喜欢超大型手提包的人

喜欢超大型手提包的人，性格多是开放洒脱的。他们很容易与他人建立某种特殊的关系，也会很容易就破裂，这也是性格使然。因为他们的生活态度太散漫，缺乏必要的责任感，什么也不在乎，所以,也并不是所有人都能接受和容忍他们的。

8. 喜欢金属制手提包的人

喜欢金属制手提包的人,多是比较敏感的,紧跟时代潮流,他们对新鲜事物的接受能力很强。但是这一类型的人,在很多时候不会轻易付出许多,而总是希望别人能够付出。

9. 喜欢中性色系手提包的人

喜欢中性色系手提包的人,其表现欲望并不是很强烈,默默无闻,目的是减缓压力。他们凡事得过且过,比较懒散。在待人方面,喜欢保持相对中立的立场。

10. 不习惯带手提包的人

不习惯于带手提包的人,则要分情况来看,一种可能是因为他们比较懒惰,觉得带一个包是一种负担,太麻烦了;另一种可能是他们渴望自主,希望能够独立,而手提包会在无形当中造成一些障碍。两种情况都是认为手提包很麻烦,可以看出这种人的责任心并不是特别强,他们不希望承担责任。

点金术:提包在人们的工作、生活和学习中是一件非常重要的物品,很多时候它差不多跟人融为一体,人走到哪里,它们也随之被带到哪里。正是因为提包意义之大,所以,它们在一定程度上传达某种意思,让他人可以通过提包,来认识提包的主人。

颜色识人

各种颜色都会影响人的情绪,而一个人对某种颜色的偏好,更能反映出其内心的性格。

色彩是一种情感语言,它所表达的是一种人类生命中特别内隐复杂的感受。

以色彩心理学来看,一般来说,白色和灰色会让人觉得轻松,然后,紫、蓝、绿、红、黑,是逐渐令人感到凝重的颜色顺序。

在古代,许多人相信颜色具有某种魔力。在今天,科学家也认为颜色与人的大脑息息相关,不同的颜色对人的身体、情绪、思想和行为等,有着深刻的影响。由于人们的生活背景及年龄性格有所不同,所以,对色彩产生的心理反应也不尽相同。

研究表明,在一般情况下,红色表示快乐、热情,它会使人高亢激昂,激发爱的情感;

黄色表示快乐、明亮,会使人变得神采飞扬,充满喜悦之情;

绿色表示和平,使人的心里有安定、恬静、祥和之感;

蓝色给人以安宁、平静、凉爽、舒适之感,让人心胸开阔;

灰色会让人感到压抑、无聊;

黑色使人感到庄严、沮丧和伤心;

白色使人有种素雅、纯洁的感觉,会让人觉得明快。

下面我们详细阐述一下喜欢每种颜色的人的性格特征以及交往的策略。

1. 喜欢红色的人

他们性格积极,喜欢社交,热爱生活,充满活力。他们做事目的性强,重视力量对比关系,对派别斗争敏感,成功欲望强,有领导能力。他们想法直率独断,很容易与他人不和;雷厉风行,变化多端,给人以任性的印象。由于其亲切并热心,容易被团队中的其他人所青睐。

交往策略:这样的人性格开朗、富有活力,由于他们喜欢帮助他人,所以当你工作遭受挫折时,或是生活上有烦恼时,都可以去找他们,相信他们定会乐意帮你一把。

这类人有稍显幼稚的一面,倘若一直不被人认可,他们会内心不快。所以与他们交往时一定要给他们足够的面子,表示自己的忠诚也非常重要。与他们发生冲突时,顾及其颜面也是化解矛盾的关键地方。

2. 喜欢蓝色的人

他们比较讨厌变化,喜欢安逸平静的日子;尊重道德、秩序和规则,工作踏实,勤勤恳恳;做人做事慎重有戒备心,不会参与新鲜的、未知的事情;他们一般缺乏个性,容易陷入规则之中;善于保持平衡,善解人意。在团队合作性质的工作中,他们能发挥很好的作用。

交往策略:这类人沉着冷静,处理事情时注重分析,因此与他们交往时,不能感情用事,以防对方轻视你。

如果对方是上级,因为他们不喜欢勉强的论证和论述不深入的报告,所以如果你偷懒图省事马上就会被发现,较好的应对方法,是一旦有不明白的地方,就马上向他请教。

如果对方是下属,因为他们道德感和责任心强,所以批评时最好感情不要太强烈。这类人办事有条理,有工作能力,但因为认真,不易变通,有时反而会事倍功半。因此,在给其安排合作伙伴时尽量挑选不同特质的人员,或者交给他们出外谈生意的工作,让他们多接触外在世界,这样就会起到良好的应激作用。

3. 喜欢黄色的人

这种类型的人一般学识渊博,信心满怀,有修养,关心社会问题甚于切身问题,喜欢追求崇高的理想,尤其热衷社会运动。他们兴趣广泛,喜欢新鲜事物,总是在不断找寻新刺激并沉迷于其中,常被新事物吸引。他们头脑灵活,想象力丰富,总有奇特的创意和想法。

交往策略:这类人爱好交际,十分幽默,善于制造气氛。他们喜欢新鲜事物,同时有喜新厌旧的一面,有时会凭一个念头就突然改变做法,让所有人猝不及防。他们有时被认为轻薄或玩世不恭而被孤立,但实际上本性正直,只不过行为上有些粗犷和不拘小节。如果你能够忍受他们的无拘无束,这类人还算是平易近人。

这类人经常尝试新鲜事物,反复纠正错误,探索新路。对此,你需要充分支持他们,而不要横加干涉或批评。

4. 喜欢绿色的人

绿色是大自然的颜色,象征着和平。喜欢绿色的人,有较强的社会责任感,态度认真。他们大都可以和周围的人和睦相处,可是戒心十足,他们社交能力强,但在心底里不愿相信任何人。虽然喜欢与人相处,但他们更希望能够在大自然中过安逸闲适的日子。

喜欢绿色的人待人礼貌,个性率直,很少口是心非。他们会把自己的信念表达出来,并为了信念而努力。当问到自己的信念时,一般人不会诚恳地说,但喜欢绿色的人却毫不掩饰。

交往策略:这类人是理想主义者,注重目标的完成,做事时善于先做好计划。不过,当计划被打乱时,他们会放慢做事的进度。作为领导的他们,指挥部下有方,但当与人发生争执或团队合作瓦解的时候,他们中的不少人都会不知所措。

如果想跟这种上司友好相处,就应该求同存异,重视协调。失败的时候也不要怨天尤人,不然,即使他们刚才还很冷静,在你开始发牢骚的一瞬间,他们的态度也会发生一百八十度大转弯。

如果对方是下属的话,安排工作时应只讲要点,其他让他全权负责,这样工作才有望顺利开展。

5. 喜欢紫色的人

这种类型的人感情十分丰富,观察力优异,多数人具有天生的艺术才能。他们虽然自认平凡,可是十分有个性,容易表现出“我和你们不一样”的傲慢态度。他们的自尊心受到伤害时,往往会变得狂躁。

交往策略:喜欢紫色的人,可以说是属于艺术家类型的人,内心强烈渴求得到世人的认可,有时会显得过于虚荣,装饰过度。与这样的人交往,不妨多称赞其想法或行为。他们有时会出现一些惊人之举,对此我们也需要给予认可。

由于他们平时内向又性情不定,旁人很难了解他们内心真实的想法,因此,与之交往时,还要多些耐心。

6. 喜欢茶色的人

他们性情稳定,有责任感,考虑周到,因而深受周围人的信任。又由于他们充满献身精神,不能容忍不负责任的行为,所以有时会被别人利用。

交往策略:由于喜欢茶色的人很有责任心,因此,我们在与他们交往、合作或交付任务给他们时,应该充分信任他们。对他们的奉献行为,我们须加以赞赏,以激励他们再接再厉。

如果你有这样的朋友,还需要在身边提醒他,不要过于看重外在的荣耀。

7. 喜欢灰色的人

他们温和好静,喜欢平平淡淡地过日子。从表面上看,他们的人际关系处理得不错;但实际上,在内心深处,他们很不喜欢被别人干涉。他们会分清楚工作和私生活,不喜欢同别人深交,给人一种神秘感。

交往策略:由于他们不喜欢与人深交,因此,在与这类人相处时,要注意与他们维持泛泛之交。如果你一不小心触犯了他们的心理禁区,想必没你好果子吃。

他们喜欢平静的生活。如果你想要与他们亲近,却采用花天酒地的接待方式——这不会博取他们的欢心,而家里的几盘小炒倒可能很受他们的欢迎。

8. 喜欢黑色的人

这种人一般喜欢安静,不喜好社交,做事有原则,不喜欢受制于他人,喜欢在自己的小世界里独处。这种人的神秘主义倾向比喜欢灰色的人更明显,容易被人看作是捉摸不透的神秘人士。他们观察力敏锐,感受力强,但欠缺幽默感,有时会孤芳自赏。

交往策略:因其不爱社交也不喜欢议论他人是非,所以与他们交谈时,话题最好限定在公共话题范围以内。他们较难敞开心扉,对此你也要习以为常,不要打破砂锅问到底。如果你想要深入了解他们,可以通过一些间接的途径,而不要单刀直入。

9. 喜欢白色的人

白色象征单纯,代表神圣、理想。偏爱白色的人大多会隐藏自己的感情,看待事物也不会被外表的光辉璀璨所迷惑,而会进一步探索内在的本质。他们很低调,不虚张声势,即便他们有着不少突出的优点。他们个性实在,兢兢业业,责任感强,所以深受人们信赖。

交往策略:虽然喜欢白色的人不像喜欢红色的人那般情感炽热,但在内心中,他们是一样的火热。因此,如果你在工作或生活上有麻烦或问题时,大可让他们帮你一把。如果是你隐秘的事情,他们还会守口如瓶。

点金术:各种颜色都会影响人的情绪。而一个人对某种颜色的偏好,更能反映出其内心的性格。

捕捉生活细节

生活中有许多人,他们的外貌和本质很不相符:有表面庄重严肃而行为不检点的;有表面上仁义道德而内心阴险狡诈的;有貌似恭敬而内心轻慢的;有外表廉洁谨慎而内心虚伪的;有看似真诚专一而实际无情无义的;有貌似威严而内心懦弱的……我们只有善于捕捉细节,才能准确地识人、交人、用人。

> 曹操晚年曾让长史王必总督御林军马,司马懿提醒他说:“王必嗜酒性宽,恐不堪任此职。”曹操反驳说:“王必是孤披荆棘历艰难时相随之人,忠而且勤,心如铁石,最是相当。”不久,王必便被耿纪等叛将蒙骗利用,发生了正月十五元宵节许都城中的大骚乱,差点摧毁曹氏集团。
>
> 司马懿从王必嗜酒这一习性而预见此人日后将铸大错,看清楚了他的面目。曹操在任用王必上一叶障目,与司马懿识别人的判断能力就有了高下之分。

识别人的诀窍,就是能从表面形象和细微行动中看透他的真实意图。但人又是变化的,对人的识别不能停留在以往的老印象中。

> 英国曼彻斯特市有位医生想在他的学生中找一名独具慧眼的人当助手。一次在临床带学生时,当众用指头蘸一下糖尿病人的尿液,然后用舌头舔其“甜”味,接着要求学生也这样做。大多数学生都十分不情愿地跟着舔尿液,只有一个女学生发现自己的老师用来蘸尿的是一个指头,舔的却是另一个指头,她也如此仿效。这位医生认为这个女学生符合他的要求,于是就让她当了自己的助手。

这位女学生之所以被老师选中,就在于她能看到其他人忽视的细节,而这是一个好医生所必备的素质之一。在日常生活中,我们的每一个动作不都是细节构成的吗?

点金术:我们应学会从对方每一个细微的动作、每一种习惯中,识别这个人,分辨人的本质和内心。

从吸烟方式识人

吸烟的习俗从哥伦布发现新大陆之后开始,不过几百年的历史,可是在世界各国,吸烟的人却迅速增加,远远超过了喝酒的人。心理学认为,不同的吸烟方式,可以有效反映出吸烟者的个性。

有的人喜欢吸焦油含量比较低的香烟,这样的人知道吸烟有害,想把烟戒掉,但又控制不住自己,所以选择低焦油含量的香烟。这样既减少了吸烟损害身体的程度,同时也使自己获得了满足。从对香烟的态度上,可以看出这一类型人的基本性格特征:他们缺乏决断力,凡事不能果断做选择,总是顾虑重重;不肯也不轻易地放弃什么,多采用折中的办法使事情得以解决。这种人没有坚定的信念,在遇到挫折和磨难的时候,总喜欢为自己找各种理由退却。

有的人喜欢吸无过滤嘴的香烟,这样的人大多诚实可信,为人实实在在,人格魅力很突出。他们是很现实的人,不会把时间和精力花费在毫无价值的事上。他们会以一种非常积极和乐观的精神享受生活,但对于不尽如人意的结果,他们也会感到后悔。

现代都市生活紧张繁忙,自己卷烟抽的人少之又少,只有一些比较偏僻和落后的小山村里还有人卷烟。对于那些在小山村里卷烟抽的人,很可能是经济落后、生活拮据所致。而还有一些人,他们生活殷实,但还热衷于自己卷烟抽。这样的人多有耐性,但很固执,并不会轻易地接受他人的见解,有点儿死不认错、不肯低头的牛脾气。

说到抽烟,其实很多人都会,但到最后却有人抽烟,有人不抽烟,其关键取决于本人的意志。有些人并不是为了纯粹的抽烟而抽烟,是为了达到某种目的,或是为了交际应酬,或是为了让他人注意到自己。这样的人过于注重形式化、表面化的东西，虚荣心强，显得肤浅而不自信。

喜欢用烟嘴抽烟的人在性格中虚荣心和自我表现欲极强，但这样的人缺乏一定的安全感，所以与他人只是泛泛之交，才会觉得比较自在。这样的人也不太自信，总想借助外物来让自己看起来稳重一些。

有的人喜欢在电梯里吸烟，这样的人是想通过这种方式来表现自己的控制欲望。如果一个人需要用这种方式获得自我满足的话，表明他比较自私，为自己考虑得较多，而基本上不为他人着想。他们习惯于以一种对他人藐视的态度来确定自己的地位，这会遭到他人的反感，所以并不容易营造出良好的人脉网。

没有去过外国，却对外国烟情有独钟，而且养成了抽外国烟的习惯，说明这个人表现欲和虚荣心比较强，爱出风头以吸引别人的目光。

点金术：有的人搜集香烟却不吸，这样的人可能已经戒烟了，搜集只是为了抚慰心理。这样的人性格充满了矛盾与冲突，他们总是徘徊于理智和欲望之间。

从口头禅识人

经常使用“果然”的人，自视甚高，强调个人主张。他们常以自我为中心，很少考虑他人的想法；

经常使用“其实”的人，表现欲较为强烈，希望他人注意到自己。他们的性格大多比较任性和倔强，并且多少有些清高；

经常使用流行词汇的人，热衷于随大流，喜欢夸张。这样的人不够独立，没有主见；

经常使用外来语言和外语的人，虚荣心强，爱表现自己；

经常使用地方方言，并且还心安理得的人，自信心很强，富于独特的个性；

经常使用“这个”“那个”“啊”的人，说话办事小心细致。这样的人就是我们所说的好好先生，他们绝对不会闹事；

经常使用“最后怎么样”之类词汇的人，大多是某些想法没有实现；

经常使用“确实如此”的人，多浅薄无知，自己却浑然不知，还常常不以为然；

经常使用“我”之类词汇的人，不是软弱无能，老想他人帮助自己，就是虚荣浮夸，寻找各种机会表现自己，以吸引他人的眼球；

经常使用“真的”之类强调词汇的人，大多缺乏自信，害怕别人不相信自己说的话。遗憾的是，他们这样再三强调，反而让人反感；

经常使用“你应该……”“你必须……”等命令式词语的人，大多控制欲强，有领导欲望；

经常使用“我个人的想法是……”“是不是……”“能不能……”之类词汇的人，一般善解人意。待人接物时，也能做到客观理智，冷静地思考，认真地分析，然后正确地判定。不独断专行，能够充分尊重别人，同样也会得到别人的尊重；

经常使用“我要……”“我想……”“我不知道……”的人，大多思想单纯，意气用事，容易情绪化，让人揣摩不透；

经常使用“绝对”这个词语的人，做事十分草率，仅凭自己的看法推断。他们要么是太缺乏自知之明，要么是太有自知之明；

经常使用“我早就知道了”的人，自我表现欲强，只能自己是主角，自己发挥。这样的人绝对不可能安静地听他人讲话，更不要指望他能成为一个热心的听众。

另外，口头语出现频率极高的人，大多办事不干练，意志有点脆弱。有些人，说话时没有口头语，这并不代表他们从未有过，可能以前有，只是以后慢慢不说了，这表现出一个人意志坚强，说话讲究简洁明了。

如果你想从口头语言上更多地观察你身边的人，从而轻松地掌控他们，那么你就要在与他们打交道的过程中花费心血，每时每刻仔细认真地揣摩。用不了多长时间，你就能迅速地从口头语上了解认识他们的性格。

点金术：口头语是说话习惯的一部分，它是我们每个人在日常生活中不自觉形成的说话风格。从心理学角度来看，口头语代表一个人的性格特征，通过口头语可以快速地了解对方。

从字看人

(1)笔迹特征为字形方正，稍小，与众不同，尤以萎缩或扁平字形为多。字迹大多各自独立，无草书，笔压强劲；字的角度不固定，但字体很清晰。

这类人气量较小，凡事都缺乏自信，不果断，很容易受到别人的影响，性格神经质。但与此同时，他们有把握和控制事务全局的能力，能统筹安排；为人和善、谦虚，善解人意，体察他人；凭直觉办事，不喜欢推理，执着顽固，做事易走极端。

(2)笔迹特征为字体较大，笔压无力，字形弯曲，不受格线限制，风格独特，容易变成草书；有向右上扬的倾向，有时也会向右下降，字体有点潦草。

这类人和蔼可亲，平易近人，善于社交活动，为人体贴、亲切；气质方面具有强烈的多血质倾向；另外，他们待人热情，兴趣广泛，思维开阔，做事雷厉风行，但不拘小节，缺乏耐心，不够细致。

(3)笔迹特征为字形方正，一笔一画，与上述类型不同，为有规则的平凡型，没有特别之处，字迹独立工整，字形一贯，笔力十足。

这类人凡事拘泥谨慎；做事循规蹈矩，但行动有些缓慢；意志坚强，热衷事务；说话唠唠叨叨，没有幽默感，有时会情绪激动而采取过激行动。

他们精力比较旺盛，为人有主见，个性刚强，做事果断，有毅力，敢于大胆创新，但主观性强，固执。书写笔压轻者缺乏自信，意志薄弱，有依赖性，畏首畏尾；笔压轻重不一，则想象力较强，但情绪不稳定，做事优柔寡断。

(4)笔迹特征为字形方正，一笔一画，笔压有力，笔画分明，字字独立，字大小不一，距离不对等，个性独特，但笔迹并不潦草。字的大小虽有不同，但一般而言，显得较小。

这类人不善于交际，属理智型。他们处事认真，但稍欠热情；对于有关自己的事很敏感，害羞，不太关心他人，反应有些慢；性格方面具有分裂倾向。

一般情况下，他们逻辑思维能力强，性格笃实，思考问题周全，办事认真谨慎，责任心强，但有些保守。书写结构松散者形象思维能力较强，有广度；为人热情大方，心直口快，心胸宽阔，不斤斤计较，并能宽以待人，往往不拘小节。

(5)笔迹特征与每次书写字体大小跟空间大小没有任何关系，字形稍圆弯曲，有时呈直线形，有时字形具有自己的风格，有时则工整而有规则；大小、形状、角度、笔压均不固定，最突出的是潦草。

这类人虚荣心强，极重视外表，经常希望他人谈论自己，因此话很多；不能理解对方立场，不能很好地与他人合作并同情他人；由于以自我为中心，因此容易被煽动，亦容易受影响。

另外，这类人看问题非常现实，有消极心理，遇到问题多注重消极的一面，容易悲观失望。字行忽高忽低，说明写字者情绪不稳定，常常随着生活中的高兴事或烦恼事而或兴奋或悲伤，情绪化严重。

点金术：分析笔迹有许多方法，由笔迹观察人的内心世界，可以从笔压、字体大小、字形这三个要点来观察剖析。

知彼方能影响他人

情商具有影响人的效力，但是影响他人的前提一定是先了解他人。

只有对对方办事情的宗旨了如指掌，我们做事情时才能取得令人满意的成果，才能实现自己的愿望。

伊丽莎白女王曾经到日本进行访问，访问的行程安排里有去NHK广播电台做采访。当时NHK安排公司的常务董事野村中夫全权负责女王的访问。他一接到这项光荣而重大的政治任务，就开始备课——着手查阅了很多有关女王的各种情况，便于在初次见面的时候能给女王留下好的第一印象。

于是，他挖空心思想送给女王一个不一样的礼物。在机缘巧合之下，他发现了女王非常重要的一个信息，女王最爱的宠物是自己的长毛狗，于是他就从长毛狗身上找到了灵感。他的礼物也准备好了——一条带有女王爱犬图案的特制领带……

女王来访问NHK那天，野村中夫打着那条特制的领带前来迎接。果然，这条领带马上引起了女王的注意，女王径直走过来和他握手问好。就这样一条别致的领带引起了女王的注意，但是能有这样恰到好处的创意正是来自于他对女王的全方位了解。

如果对对手的情况一无所知，是绝对不可能取得胜利、凯旋而归的，在不了解他人情况的前提下，那些情商高的人是不会轻易采取行动的。

楚王军营的陈平曾去投奔刘邦，那个时候他就曾经遇到了一件非常危险的事情：事情发生于春末夏初的时候。在一个阴天的中午，整片田野上鸦雀无声、一点动静都没有。这时。楚王军营里有一个神秘的行色匆匆的人出来，那个人穿着军服带着武器，满脸警惕的扫视了一下四周，然后穿过田间小路，一路小跑向黄河边奔去。大家都知道我们说的神秘人物就是陈平。现在他要悄悄地渡过黄河去投奔刘邦。

陈平急忙呼来摆渡船。他上船后看到船上已经有四五个人了，这些人看上去一个比一个威武高壮，而且都是凶神恶煞的样子。陈平有些后悔，不应该冒冒失失地上这条来路不明的船，但当时岸边只有这一条船。他没有多余的时间犹豫，因为如果楚国发现他出逃肯定会追赶来，在没有其他选择的情况下只好上了这条船。

陈平刚刚觉得庆幸，但一向小心翼翼的他发现船上的几个粗蛮大汉一直在议论着什么，还总是眉来眼去的，一看就心存歹意，不是什么好人。

"肯定是有钱人，应该是从哪个官府里偷跑出来的。"

"看样子他身上肯定有不少的珍珠财宝，嘿嘿。"

他们小声地嘀咕着，但还是让陈平听到了，那些人还时不时地发出阴险邪恶的笑声，听得人毛骨悚然。陈平心想："这帮人肯定是强盗土匪！况且我身上真的没带财物，不管怎么样我现在一个人势单力薄，只有一把剑，如果硬拼肯定不是他们的对手，还有可能丧命。怎样才能逃过此劫呢？”

不知不觉船已经到了河心，陈平明显感觉到船速减缓了许多。

“他们肯定就要在这里动手了，我该如何保命？”之前陈平就已经想好了脱身之计。

他主动来到船舱，站在他们面前说：“天气真热，在船舱一会儿都待不住！这才一会儿我就出了一身汗，衣服都湿了。”

说着他就“故意”地取下自己的佩剑，还把外衣脱掉，随手扔在船舷上，还主动过来帮几个大汉撑桨摇船。这种举动太反常了，反而让这几个准备谋财害命的人不知所措了。陈平像没事人一样卖力地帮他们摇船。大概过了半个钟头，他又说：“真是闷热呀，一会儿肯定有一场倾盆大雨。”说着，陈平将现在穿的衣服又脱掉了一件，和刚才的放在一起。又过了半个钟头，陈平还是说天热要脱衣服。最后，上衣全被他脱了，直接光着膀子赤着上身站在船边，和这帮想要谋财害命的人一起摇船。

这些强盗发现这个人原来身无分文，他们又不傻，既然没钱，当然也不愿意杀这么一个身无分文的穷光蛋，就加快速度划船送他过河。

在这危急时刻，陈平只不过是戴了一支佩剑、手无缚鸡之力的文士，如果他拼命解释自己很穷或是和这帮强盗硬拼，恐怕最后会落得个身死人手的下场。

上面的例子尤其凸显了陈平善于观察的特点，还有沉着冷静的思维及巧妙机智的计谋。人们常说“知己知彼，才能百战不殆”。无论什么场合这句话都是适用的。

点金术：只有清楚地知道对手究竟是谁、哪些方面比我们强，我们才能针对具体问题作出具体的应对之策，想要解决问题必须从这里入手，只有这样我们才能临危不惧、转败为胜。

角色转换与情绪表现

生活中的每个人都扮演着各种各样的角色，每个人都是多面的，我们的角色随时都会发生转化。因此，我们在不同的人眼中有着不同的形象和身份。

当我们和形形色色的人进行交往的时候，我们也会随着人事的不同做出与之相应的心理反应。所以，如果想要做到“知己”，就要依赖自己的情商去发挥作用和功效，梳理同一个人在不同角色中的关系，在理清关系的基础上做出恰当的推理判断。

比如说，一个女性在社会中扮演的角色常常是母亲、妻子、家庭主妇。在单位或者公司她有自己的工作角色，与此同时，她也有女儿、阿姨等社会称谓。同样，这些角色会进一步衍生出许多新角色，比如说，如果母亲的职业是教师，对自己的孩子而言，做教师的母亲同时可能也是自己的家庭医生，照顾生病的自己，还应该是自己最亲密无间、无话不谈的好朋友，在孩子悲伤失意的时候给予安慰和鼓励，母亲还要在家庭问题中做出许多决策等。

实现角色之间的转变并不是简单的事情。比如说，一个男人下班回家必须照顾自己生病的小儿子，但是到了单位他就是一名经理。实际上，从无微不至的父亲角色转换到威严地做出决策的职业经理是不容易的，因为即使到了工作单位中他还惦记着生病的儿子。

生活中，很多男性都面临着这样的角色转换。男人白天在工作中面临着巨大的压力，到了单位忙得晕头转向，情感问题早就被抛至一边。回到家里以后，他更希望有一个温柔体贴的太太，因为此时她的丈夫依然带着职业中的身份和角色定位，也许一点小小的摩擦都可能成为导火线，激发他在工作中的怨气，引起家庭矛盾。

人们承担的各种角色之间本来就没有非常清晰明确的界限，角色之间存在交叉重合的部分也是非常正常的。然而即使这样，对角色的要求并不是千篇一律的。在有的角色下，有些做法是合情合理的，但是在另一种角色下可能就会出问题。如果当事人不能恰当地把握好度，很可能会出现难以收拾的局面。

父母在家里抚摸孩子是再平常不过的事情了，可是如果你将这一举动带到公司，难以想象那将是一种怎样的尴尬场景，正常人都不可能做出这么愚蠢的事情。

有个成功的女老板正在大学攻读 MBA，她向同学承认自己平时脾气特别不好，一点鸡毛蒜皮的小事情都会引发她的怒点。同学听了这番话，非常淡定地问她："那么，你平常发脾气的对象是谁呢？""当然是我的手下！"女老板觉得这个问题问得很没有水平，不料同学笑了笑说："这就是症结所在，你对下属发脾气并不意味着你的脾气不好。假如真像你说的那样脾气不好，为什么你不在上司或市长面前发脾气呢？"

这一句话让女老板顿时豁然开朗。

亚历山大大帝曾经喜欢骑马旅行。一天，他来到俄国西部的一个小镇。为了对这里的民风民俗有进一步地了解，他决定进行一次徒步的沿途考察。但是在一个乡镇的岔路口，他迷了方向，找不到来时的路了。

恰好有位军人站在客栈的门口，亚历山大大帝就彬彬有礼地走上前去问路："打听一下，我去客栈应该选哪一条路呢？"

这个军人看起来特别神奇，叼着烟斗打量了一下眼前这个平纹布衣的徒步者，趾高气扬地说："朝右走！"

"谢谢！"大帝依然有礼貌地提问，"请问从这里到客栈还有多少距离？"

"一英里。"军人还是一如既往的傲慢，还非常不屑地斜着眼瞥了他一眼。

大帝感谢了他的回答后就离开了，但是没走几步又返回来，还是笑着问他："我还想冒昧地再请教您一个问题，可以么？如果您不介意的话，我想知道您的军衔是什么，可以吗？"

听了这话军人吸了口烟得意地说："那你自己猜猜吧。"

大帝也非常幽默："中尉？"

军人似乎对"中尉"的军衔非常不屑，明确地告诉亚历山大大帝自己的军衔在中尉之上。

"上尉？"

这个吸着烟的军人还是高高在上的样子："我的军衔嘛，比上尉还要再高一些。"

"那么，您现在的军衔就是少校级的？"

"你说的没错！"他趾高气扬地回答说。

大帝带着敬佩和仰慕有礼貌地向他行了一个礼。

少校像是教训自己的下属一样，昂着头，问道："如果可以，我同样也想知道你的军衔是什么？"

大帝也笑了笑风趣地回应他："你猜！"

"中尉？"

大帝没有什么表情，只是摇了摇头回答："不是。"

"上尉？"

"不对！"

少校终于定了定神，正眼看了看眼前的这个人："难道你现在的军衔也是少校？"

大帝依然很冷静："继续猜！"

少校取下烟斗，原先的狂妄与高傲早已不复存在了。此刻的他已经非常谦卑了："那么，你是部长或将军?”

“现在你的猜测已经有些接近了。”大帝说。

“阁……阁下是陆军元帅吗?”原本骄傲自豪的少校已经有点语无伦次了。

大帝说:“少校先生,请您发挥聪明才智再猜一次吧!”

“皇帝陛下!”惊慌失措的少校吓得丢掉了手中的烟斗,扑通一声跪在地上,嘴里不停地请求大帝原谅自己的无心之过,“陛下,请原谅!陛下,饶恕我!”

“你做错了什么吗?”大帝笑着说,“你并没有对我造成任何的伤害呀,我迷路了,然后你给我指了路,我应该高兴并且应该感谢你才对!”

其实少校的情绪变化和那个攻读 MBA 的女老板如出一辙,当他面对同一对象的不同身份的时候,呈现出的反应情绪和心理竟然完全相反。

点金术:如果想全方位的“知彼”,就不能忽视他们在不同角色之间的转换,还有转变之后带来的一系列其他变化。

第八课 努力拓展人脉

一 成功要靠人脉

人脉是财富

人的能力不同，总有高低之分，能力的大小不是一个有限值，若是利用得好，它能够得到无限发挥，因此关于"能力"的"提高"也就成了人们一直都关心的一个问题。只要你够细心，便会发觉其实人脉也是能够增强能力的一大法宝，拥有良好的人脉也是一种本领。

众所周知，《射雕英雄传》中的郭靖看似呆头呆脑，与会耍阴谋诡计的杨康相比，智谋相差甚远，但是他却成了侠之大者。因为郭靖的师傅不仅有以侠义自称的江南七怪、擅长内功心法的马钰道长，还有武功盖世的洪老帮主、童心未泯的"老顽童"周伯通以及聪明绝顶的黄蓉。这简直是具备了天时、地利、人和等众多有利条件，不想成就一番事业都难。郭靖虽然脑子反应比较迟钝，但他深刻地认识到，独腿走不了千里路，要真正在江湖上闯出一条路来，站稳脚跟，一定要做到兼收并蓄、集众家之长。因此，他以一颗真诚的心建立了自己的人际网络，江湖上的三教九流他都熟识，最后终于成了一代豪杰。

事实上，郭靖的聪明才是大聪明。因为他知道人际关系的重要性，懂得众人拾柴火焰高的道理，集聚众人的智慧增强自己的能力，何乐而不为？

为什么人脉能增强能力呢？

(1)通过人际关系了解竞争对手，从而提高自身素质

古人云："知己知彼，百战不殆。"当你掌握了竞争对手的特点、动向，你才能跟上他们的步伐，甚至超越他们，你的智谋才能真正地得到证明，你才能发挥自己的策略才能。

要想了解竞争对手，得到讯息的最佳渠道就是人脉网，来自人脉网的信息大部分真实可靠。作

为你的朋友,他们一定会帮你,绝不会去帮你的竞争对手。

(2)人脉可以让你更好地了解社会,进而利用这些信息提高自身能力

相信许多人都有走出国门的机会,当你“身在异乡为异客”时才会深刻地感受到,身在国外却一个人也不认识的感觉太郁闷、太苦涩了。

还有更糟的,你独自一人走在国外的土地上,却没有一个人可以带领你感受这个国家的文化,没有一个当地朋友邀你到他家做客。

所以,当身边有很多不同肤色的友人,你才会觉得对生活充满希望和信心,有了希望,自然会想方设法提升自己各方面的能力,从而想办法融入其中。

我们可以以安东尼的格言作为座右铭:人生中最大的财富便是人脉关系,因为它能为你开启每一道能力之门,让你不断地进步,为社会做贡献。

点金术:人生中最大的财富便是人脉关系,因为它能为你开启每一道能力之门,让你不断地进步,为社会做贡献。

人脉很重要

有人说:“心有多大,舞台就有多大。”这句话应该改成“人脉有多大,人生的舞台就有多大”。一个人能力的体现、魅力的展现,不可能以一己之力完全实现,而如果你广结善缘,说不定随处都有让你发展的机遇,人脉可以为你铺开成功的道路。

这样的例子屡见不鲜。

当许多年轻女孩走出大学初入职场的时候,朱艳艳已经是兰生大酒店的公关部经理了。可以说,她是中国改革开放以来第一批在本土成长起来的公关人才,但当时的她并不明白自己的真正职责。她每天忙里忙外,要把中国文化介绍给外国友人、圣诞节的时候举办聚会、举办各种新闻发布会,从举办各类宴会到与媒体联系,从企业关系到政府关系的维护,工作的跨度很大。但是几年的经历使朱艳艳对自己当初的角色不再懵懂,对今后的目标也不再迷茫。她变得成熟了、自信了、擅长交际了,她的关系网变得四通八达。

朱艳艳的朋友遍布各个工作岗位。她拥有一大群记者和编辑朋友,涉及娱乐、经济、体育等方面,可谓面面俱到。办宴会展会,她的人脉资源包括从主持人、明星到诸如厨师之类的各种群体,甚至政府部门上上下下的工作人员,她也多多少少能叫出他们的名字。正是这人生中的第一份工作,为朱艳艳开启了一扇通向成功的门,这笔人脉累积的无形资产可谓她人生中的第一桶金。

当初的朱艳艳也没有意识和体会到人脉及人脉资源的重要性,还是一件小事引起了她的注意。“当时有一个朋友在筹划一个记者招待会,准备发布新闻,但是他并不认识媒体,就找我帮忙联系相关的记者。”朱艳艳说,这是她首次强烈地认识到公关服务在市场中的稀缺,有需求才有市场,这令她萌生了创业的念头。

朱艳艳自己的公司逐渐步入正轨之后,美国的家用电器巨头惠而浦被朱艳艳称为“转折点”上的客户。“国外的公司非常重视公共关系,而且也有请公关公司提供服务的习惯。当时惠而浦刚刚进入中国市场,公关公司年年换,但没有一家是让他们满意的。”1997年底,惠而浦与一家公关公司的合约又即将到期,朱艳艳在一位在惠而浦工作的员工的推荐下与老板见了面。

朱艳艳为这次见面做了充分的准备。短短的十几分钟内，她妙语连珠的讲述阐明了公司能为惠而浦提供的全方位服务。老板马上敲定，“OK，就用你们吧！”

与惠而浦公司合作成功之后，朱艳艳的业务状况就一发不可收拾了。联合利华旗下的很多品牌，比如力士、多芬、奥妙等，还有其他世界500强公司，像三菱电机、通用磨坊等，也都成为朱艳艳的客户。最令她欣慰的是，这些客户的“忠诚度”非常高，迄今为止没有谁主动提出中止合作。

随着经验的增长，他们的业务也从原来简单的媒体联系，逐步发展到策划活动、政府关系和公共事务、社区关系、危机公关、寻找全球新闻发言人等方面。朱艳艳的公关公司一天天强大起来。

卡耐基训练大中华负责人黑幼龙时曾经说：“完美的人际关系要经历三个阶段，即发掘人脉、经营交情、出现贵人。”其实说起来，第三阶段也并不完全是等待，除了处理人际关系的艺术外，更重要的还是提高自身的涵养。如果朱艳艳不是一个值得帮助的人，那么那些人又怎会愿意跟她合作呢？

在生活中，无论做什么都有向别人传递信息的机会，只有懂得把握机会，同时又善于经营人际关系的人，最后才能依靠人脉登上事业的高峰。

点金术：“心有多大，舞台就有多大。”这句话应该改成“人脉有多大，人生的舞台就有多大”。

人脉即护身符

古人云：“天有不测风云。”人的一生不可能一帆风顺，谁能肯定自己的道路就一定畅通无阻？谁能未卜先知从而防患未然？恐怕就连神仙也难以做到，更何况无法独立生存的人呢？谁也不可能独自走向成功。

俗话说：“在家靠父母，出外靠朋友。”每个生活在社会上的人都离不开朋友，离不开别人的帮助。自古以来，社会上沿袭着平日礼尚往来、相见甚欢的风俗，这样一来，身边的朋友圈也像滚雪球般越滚越大。其实交朋友就像买保险，同时给你的生命多了份保障。人脉也像救生圈，你可以尽情地出水嬉戏，尽情地享受海水的滋润。现代人生活、工作两点一线，没有足够的时间和朋友交流感情，日子一长，许多原本牢固的关系就会变得松懈，朋友之间逐渐冷淡，友谊也逐渐褪了色。这真是得不偿失！友谊断然不能和金钱相提并论，它和时间一样一去不回，这种缘分值得每一个人珍惜，因为它真的难能可贵。就算再忙再累，也别忘了常联络朋友，互相沟通、交流一下。

有人说：“平时多烧香，急时有人帮。”这话不假，而且这种情况下别人帮得还理所应当。遇到难事，就算你再怎么神通广大，也需要朋友的帮助。

虽然现实生活中的人际关系非常复杂，但归根结底，人生的幸运与否，正是由人际关系的好坏决定的。

有的人很懂得怎么去经营人脉，如何去帮助别人，这是好事，但不能把你对别人的帮助挂在嘴边，随口道来，总让人觉得欠了你。其实，朋友之间没有欠与不欠的说法，只有帮忙之说。对于知恩图报的朋友，若是不给他机会回报，他会一直觉得欠你的人情；对于那些本身就认为帮你的忙理所应当的人，也无须去提任何回报，若是你提了反而会使别人觉得你唯利是图，帮忙是有目的的，甚至还会被戴上一顶“目光短浅”的帽子，被别人看不起。

搞好人际关系也要注意，帮忙时要量力而行，不要打肿脸充胖子，为了所谓的面子而答应下来，有时不但帮不了忙，还会越帮越乱，最后还会遭到埋怨。对于朋友的求助，自己力所能及的当然义不容辞，可对于自己没有把握的事最好不要大包大揽。经营人脉，不只要有心，还要有策略，你可以尽可能多地帮助他，但真的帮不成时，要勇敢地拒绝。

俗话说，患难见真情。换而言之，人脉在患难之时发挥威力。这话说得丝毫不夸张，因为有足够的事实证明了这一点。

两个登山爱好者贺兵兵和田力暑假决定一起徒步旅行，同时也可以增进彼此间的感情。当贺兵兵和田力最终攀上了顶峰，放眼四周时，一幅精美绝伦的画卷映入眼帘：蓝天、白云、高耸入云的山峰、随风起舞的绿色精灵，这种充满诗情画意的感觉是城市中人永远都体会不到的。对于终日为工作忙碌的他们来说，这真是一次千载难逢的旅游和享受的机会。两个人高兴得像小孩子一样跳了起来。

然而悲剧正是在这个时候发生的。站在山巅的田力不小心一脚踩空，健硕的身躯打了个趔趄，随即向山谷滑去，周围是险峻的山石，用手根本抓不住。顷刻间，贺兵兵就意识到发生了什么事情。他下意识地一口咬住了田力的上衣，但同时他也被惯性迅速地带向岩边，说时迟那时快，贺兵兵用力抱住了离他最近的一棵树。

田力悬在半空中，贺兵兵咬紧牙关，他们就这样悬挂在蓝天白云与大山悬崖之间。

一个小时以后，他们得救了，由于贺兵兵一直咬着牙，牙齿和嘴唇早被鲜血染得鲜红。事后，有人问贺兵兵怎么能凭借牙齿就能咬住一个人而且能坚持那么长时间，贺兵兵说："当时，我头脑里只有一个想法：我一松口，田力只有死路一条。"

贺兵兵以一个朋友的身份救了田力，这不能不算得上奇迹，但事件中贺兵兵的行为是大家没有想到的。在那种千钧一发之际，什么都可能发生，说不定田力，会把贺兵兵生生地拽下去。可为什么只用牙就能救了他人的性命呢？究其原因，用最平常的一句话说，"他们关系太铁了！"难道不是吗？肝胆相照的朋友是道护身符。

点金术：经营好人际关系，就是给自己的生命添了份保证，订了份保险，佩了个护身符。

人脉助转运

美国著名杂志《人际》2002 年发刊词中有这样一段话：

若是你不相信，不妨快退过往经历的片段，就会发觉原本你认为是自己独立完成的事，事实上背后都有其他人的帮助。因此，在社交场合你应该尽量展现真正的自我与自己实质的才华，它们将会带给你许多来自他人的有用的建议。莫要低估人脉的力量，否则很多帮助你都得不到。

如何越过这些障碍？假设没有运气，那可能要重复愚公移山的故事；可如果有运气的眷顾，那你的人生之路则可能又是另一番风景，不能说一定平步青云，但也至少不会走太多弯路。那么谁又会赐予你这样的运气呢？

人脉的力量是巨大的。个人的能力再强，如果在其人生道路上，没有幸运女神的眷顾，要想办成一件事会难于登天，其中有很多的不如意是你意想不到的。

如果你希望自己获得成功，毫无疑问，人脉至关重要。实际上，所谓的"走运"多半是由四通八达的人脉带来的。一个能承认你的做法、想法与才华的人，一定会在未来的某一天为你带来好运，助你成功。

任何人都有可能成为对你施予援手的贵人，他可能是你工作中的伙伴或上司，可能是学校的同学，甚至有可能是一位素昧平生的陌生人。但一般来说，人际关系的范围与成功开创美好未来的概率是成正比的。

就人脉这方面来看，幸运通常是从你意想不到的地方突然降临的，可能来自你的顾客、同事或朋友的朋友，等等。

人生之路上，也有天上掉馅饼的偶然事件，例如中福利彩票，但那是一种不值得宣扬的博弈，胜算只有几十万分之一的概率或者更少；有些运气是时势造成的，但这需要我们具有非同一般的眼光；而有些运气则是他人给的，这个人却是未知的，需要你在平日生活中广施善行，广结良缘！

当然，运气不是每时每刻都有的，我们不能完全地把它当作我们的守护神。当遇到困难时，有的人总是叹息自己的运气不够好，因此，一些人愿意通过祈祷来寄托自己的希望；而少数的强者却学会了用人脉砸碎纠缠在脚上的"倒霉"锁链，开启了成功之门。

点金术：强者会用人脉砸碎纠缠在脚上的"倒霉"锁链，开启成功之门。

付出真心才有好人脉

美国的一项权威调查表明：成年人最关注的两个问题是健康和人际关系。

人是社会性动物，都渴望与他人进行交流和交往，希望得到他人的关注和喜爱。人一旦离开了群体就会产生难以抑制地寂寞、沮丧甚至绝望的心情。

伦敦有个年轻的小伙子，是一个大学生，租住在一家公寓。在他入住后不久，隔壁又租住进了一位美女。那姑娘长得很漂亮，就像一个天使，深深地打动了小伙子的心。他经常在楼梯上遇见她，不知不觉地，他爱上了那位姑娘，可他一直找不到借口与她相识，因而觉得很苦恼，郁郁寡欢。马上要到圣诞节了，小伙子一个人待在房间里，孑然一身，寂寞难挨。忽然，他听见隔壁房间传来了床架的咯吱声和阵阵喘息声，并持续了很长时间。小伙子想到自己正在自怜自哀，而那姑娘却在享受生活，这深深地刺激了他那颗沉浸在苦闷之中的心，他觉得自己人生无望了。最后，他找了一根长绳，悬梁自尽，告别了人世。第二天，人们发现，就在那个欢乐的圣诞节之夜，不仅这个小伙子，那个姑娘也自杀了，是吃砒霜死的。那小伙子听到的响声，是砒霜毒性发作后姑娘挣扎时发出的，他的想法完全是凭自己的想象臆想出来的。姑娘留下了一份遗书，遗书上说，她实在忍受不了孤独，在这个世界上，没有人在乎她，甚至在那个美丽的圣诞节她也孤独度过。

可以说，造成这个悲剧的原因就是双方不懂得合理地处理人际关系，拓展交际圈。人际关系的建立贵在主动，人与人之间是需要互动的，有些时候主动可以挽救生命，造就成功。

有人统计过，一个正常人有三分之一以上的时间是在工作环境中与同事、伙伴等共同度过，有三分之一的时间要与亲人、朋友在生活环境中共同度过，还有三分之一的时间则是休息和睡觉。可见，人们的生活离不开与他人的相处，也无法避免被他人评价。

既然我们无法远离人世，那么我们就希望自己得到他人的欢迎和喜爱。没有哪个人希望自己被别人嫌弃，成为别人的眼中钉。

每个人都希望自己得到他人的关注成为耀眼的明星，绽放出最灿烂的光芒，受到所有人的欢迎。为了让自己享有广阔的人脉资源,我们要如何做呢?

其中关键的一点就是建立自己的人脉网。

“人脉”的概念近几年才被提出来,但是对于擅长“为人处世”、“待人接物”的中国人来说,对人脉的经营却从来不陌生。

早在春秋之时,孔子就提出了“己欲立而立人,己欲达而达人”,“己所不欲,勿施于人”等待人方式。可以说,中国是重视社交礼仪、人际关系的文明古国,因此,中国人也是重视并擅长此道的。

人们为自己编织了一张张关系网,网的彼端联系着各种各样不同类型的人。中国的社会在一定基础上也可称为人脉的社会,一个没有人脉,不懂得与人相处,不受欢迎的人又怎么可能获得成功呢?

这个社会上有各种各样的人,无法简单地用好人、坏人或君子、小人等词来评价,在利益、情感等外因的驱使下,人人都在发生变化。不管你自身能不能抵抗改变,但你周围的人已经变得陌生。其实我们想变成一个受欢迎的人,一个成功的人,不外乎是学习为人处世,而这些都与人脉紧密相连。

扪心自问,你的人际关系网经营得怎么样?你经常与人联系吗?你会主动结识别人吗?你会有计划地与人沟通、给他们发问候邮件吗?你在公司工作积极吗?你擅长发表演讲和致词吗?你能做到给相关的杂志投稿吗?开会时你会找机会去认识陌生人、收集名片,并与尽可能多的人交谈吗……这些虽然都是身边的一些小事,但恰恰是这些小事才帮助你建立起强大的人际关系网。

人际交往是相互的,你尊重和喜爱别人,别人才会尊重和喜爱你。种瓜得瓜,种豆得豆。一切都有个因果,付出了真心,你的人脉大树才会茁壮成长,你才会成为天空中那颗最受人欢迎的星星。

点金术:付出了真心,你的人脉大树才会茁壮成长,你也将会成为天空中那颗最受人欢迎的星星。

人脉是潜在资源

最初,人们普遍认为,有形物质是资源,例如矿藏、水、珍稀动物等。但随着社会发展与科技进步,人们逐渐意识到,许多无形的东西也是一种资源,比如时间、荣誉、信息等。21世纪是一个知识爆炸的时代,也是一个以人为本的时代,所以,“人”本身也成了一种资源。

所谓“人”,不仅仅指的是人才,更是代表了一种人际关系。人脉也是一种资源,并且作用巨大。对于任何人来说,一旦掌握人脉资源也就掌握了关键,成功就触手可及。

斯坦福(Stanford)研究中心曾经进行一次调查,结论指出:一个人赚的钱,12.5%来自知识,87.5%来自关系。另外,对于一个人,20~30岁时,是靠专业、体力赚钱;30~40岁时,则靠朋友、关系赚钱;40~50岁时,靠钱赚钱。由此可见,人脉资源在一个人的人生里扮演着举足轻重的角色,其他任何资源都不能与之相比。

或许还是会有人对人脉资源的重要性心存怀疑,难道专业知识就不重要吗?当然不是。人脉与专业是相辅相成的,缺少了哪一个都不能得到最佳的效果和回报。比如说,如果你有了专业基础,想“一分耕耘,一分收获”的话,浇上你的人脉做肥料,那无疑就能达到“一分耕耘,数分收获”的可喜结果。

曾任茂硅电子副总经理、现任得诣科技总经理的梁明成先生也曾表示,作为高科技产业工程师,只将心力放在技术研发上,而忽略与人的交往,竞争力会大打折扣。尤其高科技产业成长快速,机会也很丰富，如果工程师们永远不与别人交流，不听听别的声音，不但自己可能面临“技术落后，被时间淘汰”的局面，也无法跻身管理阶层，更无从领略将技术、市场与行销各领域整合的乐趣，发展会受到很大局限。

专门从事高阶人力中介的昱藤数字人力资源公司总经理曾毓芬，也以自己的例子解释了积累人脉资源带来的好处。她的做法是增加自己曝光的频率，让更多人认识她、了解她，这样可以更为便利地开展工作。为了拓展人脉，几年前，她加入人力资源协会。当时她只能承担会员服务组一个毫不起眼的组员角色，但她懂得规划时间和把握机会，每逢公司举办研讨会，她都积极向别人宣传介绍自己，就这样，她从开始混了个脸熟，到晋升为主委，人际社交圈的范围逐渐扩大，层次也逐渐提升，就在这短短三年的时间里，她的月薪就从五万元连番跳级到二三十万元。

她的成功经历告诉我们，要多参加社会活动，即使是像公司内部的福委会、旅游团、健身房等类型的社交活动，也是把自己推销给别人的重要渠道，在推销自己的同时，自己良好的形象也得以树立。要注意千万不要瞧不起这些小机会，因为往往在这些“小活动”中，人们才会以最自然的方式交往，而往往只有这种没有利益冲突的友谊和关系才是最可靠、最牢固的。

在过去，人们更多地看重专业知识，有点“学好专业知识走遍全天下”的意味，不仅忽视人脉资源的培养，甚至认为讲究“人脉”就是“讲人情、走后门、凭关系”，对它带有鄙视讽刺的看法。正因为如此，在以往的教育中，我们往往只重视了知识的灌输，却缺少了待人接物之类的社会生存教育，如此，也就不难产生“高分低能”这类现象。

但是，人际关系是无时无刻、无处不在的，当一个人与他人有所接触时，就会产生社会关系和人际关系。当我们自己都还没发觉的时候，其实却已经在经营着自己的人际交往活动，和谁做朋友，到同学家吃饭要有哪些礼貌……不知不觉间，我们就已经掌握了一些人际交往的技巧。

随着年龄的不断增长，我们接触的人也越来越多，人际关系当然也越来越复杂。当我们真正走上社会，才发现人脉资源的重要性，有资源和没资源的差别是如此巨大。如果我们能早一日经营起自己的人际关系，那么我们也就早一天拥有属于自己的人际关系网。

随着社会的发展，特别是最近几年，“人脉”这个词也逐渐走到了“台前”，人们不再避讳，开始明确地提出人脉的重要性，并将其划归为资源的一种。

哈佛大学为了了解人际交往能力对个人成就的影响，就曾经针对贝尔实验室(BellLab.)的顶尖研究员做调查。通过调查，他们发现，那些被大家认同的社会精英，往往专业能力并不突出，但是他们会采用不同的人际策略来辅佐自己事业的发展，这些人会多花时间与那些有可能在关键时刻给自己提供帮助的人建立感情，所以在他们遇到困难和面临危机的时候，便能轻松地化险为夷。

有哈佛学者分析指出，一位表现平平的实践员遇到棘手的问题时，会努力去请教专家，但之后却等不到任何回复，而白白浪费了时间；与此相反的顶尖人才却很少碰到这种问题，这是因为他们在平时还没有遇到问题的时候，就已经建立了丰富的资源网，一旦有事请教别人便立刻能得到答案。这份研究报告还指出，人脉资源网络弹性很大，每一次的交流与沟通都是为这个复杂的资源网多织一条线，以此让它更加牢不可破。

可见，一个高层次、广范围、深基础的关系网对于一个人的成功来说是多么重要。它是一种宝贵的资源，能帮助拥有者在平等的条件下超越别人，更胜一筹。

华人“卡耐基之父”黑幼龙先生曾经举例，在鸡尾酒会或者婚宴场合中，西方人在出发前，往往都会先吃点东西，然后提前赶到现场。因为，那是他们认识更多陌生人的机会的地方。但是，在华人社会里，大家在公共场合会放不开，不但会迟到，而且还会尽力找认识的人交谈，甚至好朋友约好坐一桌，以免因为遇到陌生人而感到尴尬。其实，很多时候我们有机会认识更多人，但我们却只是让这些机会平白无故地流失掉了。

所以，从现在起，请珍惜你身边的人脉资源，不断积累，并让它为你的成功提供助力。

点金术：从现在起，请珍惜你身边的人脉资源，不断积累，并让它为你的成功提供助力。

机遇从人脉来

根据调查显示，中国百富榜上近30位成功企业家以及众多其他领域的佼佼者最看重的财富品质依次为：诚信、善于把握机遇、创新、务实、终身努力学习、勤奋、优越的领导才能、执着的精神、正确的直觉、勇于冒险，“善于把握机遇”在众多品质中排名第二。而在许多网友和MBA学员眼中，“善于把握机遇”则是十大财富品质的首选。

那么，我们怎样才能拥有比别人更佳的机遇呢？这时良好的人脉就开始起作用了。其实“机遇”的潜台词也就是“人脉”，因为人脉广，与人关系好，机遇相对就会更多。打个比方来说，一个人脉资源广、社交能力强的人在寻找工作的时候，因为有了广泛的社交资源，往往就能比他人更早得到用人信息，投简历时就会先人一步，获得这份工作的可能性也就更大一些。而有时，企业的招聘信息也仅仅只对部分“圈”内人士公开，如果没有圈内人脉资源，根本无法获得这类信息。从中我们不难发现，人脉会带来更多的机遇，有了机遇才会有更多获得财富和成功的可能。

其实，现在在国内十分火爆的MBA培训，也从一个侧面反映出了人脉的重要性。由于读MBA培训班的往往都是各个企业中的精英，读书充电只是他们参加培训的目的之一，更重要的是为了结交到更多的同类精英，搭建更高品质的人脉关系网与拓展更丰富的社会资源，并从中寻找更多的机遇。

有人说，是金子总会发光的，但是如果能提早发光或是把握住更好的机遇不是更好吗？发光的金子也是需要优秀矿工挖掘的。我们周围有很多这样的例子，有不少人虽然胸怀大志、才华横溢，有学历也有能力，但却依然怀才不遇、郁郁不得志。究其原因，其实就与不懂得建立人脉网络、维护朋友关系有关。虽说自身是匹千里马，但到哪里去找伯乐呢？所谓“千里马常有而伯乐不常有”，而伯乐其实就需要我们透过人脉，自己来寻找、结识和维护。

在同等的资质和条件下，善于与人交往、拥有广阔人脉资源的人更容易受到瞩目，甚至有时候一个才能方面略微逊色的人，因为有了广阔的人脉资源，也会获得更多发展的机会、更大的发展空间，从而早一步走向成功。

在好莱坞流传着这样一句话：一个人能否成功，不在于你知道什么，而是在于你认识谁。这句话强调的就是人脉作用，它是一个人通往财富、成功的垫脚石。成功者之所以成功，是因为他们站在巨人肩上看世界！换位思考，假如你是一位老板，有两个人来求职，一位是你认识的或是朋友介绍的，而另一位是你完全不认识也不了解的，两者的能力资质等相差无几，你会更青睐于谁呢？答案很明显。

大家都知道美国老牌影星寇克·道格拉斯（知名男影星麦克·道格拉斯的父亲），其实他年轻的时候十分落魄，总是跑龙套，没有合适的剧组可以加入，找不到合适的角色扮演，也没有人认为他能成为影星。直到有一次，他搭火车时，旁边坐了一位举止优雅的女士，他被她深深地吸引，于是就同她攀谈起来。当谈到了自己的境遇时，他将自己的理想抱负与不得志也告诉了那位女士。两人相谈甚欢，并互相留下了联络方式。

结果没过几天，寇克就被邀请至一家知名制片厂报到。原来，那天他在火车上与之攀谈的优雅女士竟是一位知名制片人，火车上的交谈让她知道了寇克的境遇和才华，那一次无意识的闲聊竟成为寇克人生的重要转折点。

可见，机遇无处不在，甚至很多时候机遇就在你身边，关键是你是否能意识到这些机遇并抓住它。千里马易找，而伯乐难寻，假使寇克·道格拉斯没有遇到那位女士，没有人欣赏和挖掘他的才华，那他的才华可能终将被埋没或是被尘封，天才况且如此，何况普通人呢？

有人说，既然机遇和“伯乐”是可遇而不可求的，那么我们无法预测这种完美的巧合到底会何时出现。但是，我们能通过控制自己的人脉来给自己创造更多的机遇和可能，使命运把握在自己手中。

美国哈佛大学商学院自建院以来，已有近百年历史，更有超过6万名的校友。这些已经毕业的学生多半已经成为各行各业的精英，在这种“学缘”关系的沟通和凝聚下，他们逐渐组成了一张牢固而有效的人脉网。哈佛商学院也将“建立校友网络”作为他们为毕业生提供人际资源的两大工具之一，很多毕业生在毕业时都将“建立人际资源网络”放在了首位，他们说，找到了校友，就意味着自己有了机会。可以想象，如此强大的、遍布全球的、人数众多的高层次校友网络资源，它们为校友们提供的各国、各行业的宝贵商业信息和优待政策，将会为校友带来何等巨大的机遇和实惠啊。

诸多事实可以证明，人们所获机遇的多少与其交际能力和交际活动的范围几乎可以说是成正比关系的。比如在我们身边，有不少成功人士依靠某一共同点结识朋友，通过朋友再认识新的朋友，一直把关系延伸到全球各地，从而迎接一次次机会降临，他也就逐渐向成功的目标迈进了。

点金术：这就是人脉的魅力，它为人们提供了这样的可能：让你结识他人，也让他人认识了解你，当彼此间的品行、才干、信息得以沟通的时候，这种活动就可以结出两个异常甜美的果实，即深厚的友谊和发展机遇。

二　拓展人脉的绝招

滴水之恩涌泉报

“受人滴水之恩，必当涌泉相报”是中国儒家思想中的古训。李嘉诚的父母打小就教导他学习中华民族的传统道德，如“以和为贵”“和气生财”等。后来，李嘉诚自始至终秉承“以和为贵”“积德行善”的做人准则，他的事业之路因此而开辟。

李嘉诚以前在五金厂当过推销员，离开五金厂后，他依然非常感激五金厂老板的知遇之恩。虽然他为该老板立了不少功，但是要走的时候，他心中依然很是愧疚。

李嘉诚有恩必报，临走之前，他把自己关于改进经营的想法告诉了五金厂老板。他认为，审时度势对办企业是重要的事，五金厂想取得发展，有两条路可选择：第一，转行做前景看好的行业；第二，调整产品门类，尽量避免与塑胶制品冲突，占领塑胶制品不能替代的空当。

但是，在李嘉诚走后，五金厂老板并没有听取李嘉诚的建议，仍然坚持生产铁桶。结果，危机果然在不久之后降临，五金厂迅速奄奄一息，濒临倒闭了。李嘉诚是个为人重情重义的人，当他获知此事后，马上赶到五金厂找到老板，劝老板立即停止生产镀锌铁桶，转为生产系列铁锁。

原来,李嘉诚一直在关注五金厂的未来。一来他要证实自己的眼光是否正确;二来他深知五金厂对自己不薄,自己跳了槽,老板对自己也很宽容,心中总有一股歉疚之情,总想找机会报答。因此,他常常抽空了解五金制品的市场动态机制。经过一番详细的调查分析之后,他发现至今还没有一家五金厂专门生产铁锁,故不存在其他行业的排挤。

李嘉诚坚信生产铁锁必能长久不衰。李嘉诚进一步指出,为了保证在平稳中求突出,还应制订更为详细的计划,开发系列铁锁。否则,只要一发现有利可图,其他五金厂就会接踵而至,竞争会更加激烈。只有创新领先,才能稳操胜券。

此次,五金厂老板对李嘉诚的观点马上予以肯定,并迅速根据李嘉诚的建议组织人员开发系列铁锁。一年过去了,危机重重的五金厂果然焕发了勃勃生机,开辟出了一片新天地。

虽然这与整个行业的变化息息相关,但李嘉诚的一番忠告可以说起到了关键作用。后来,五金厂老板再次见到李嘉诚后,欣喜地说:“阿诚,你在我厂子时,我就看出你是个与众不同的后生,你将来一定会成就你的一份大业!”

果然,后来李嘉诚通过自己的努力赢得了事业成功。

点金术:受人滴水之恩,必当涌泉相报。

学会团结他人

刘伯温在《说虎》中曾这样说道:“与自用而不用人者,皆虎类也。”意即讽刺那些只是用自己的力量而不善于用别人的力量的人,就像老虎一样头脑简单,最终会被人打败。事实的确如此,只靠自己一个人的力量,而不去借助他人或物为我所用者,很难成就一番大事业。

很多人都有一个错误的观念,好像一提借便是借某人的势力,其实这只是片面的理解。实际上,凡是能让我们增光添彩的人、物、事、情,都是借的范围,比如祖宗、衣服、籍贯、才智、言论、行为举止等等,不一而足。

生活中,我们时刻处在借人、借力、借势之中。我们看书读报是在借作者文字中的思想来充实提高自己;我们吃饭穿衣是在借用生产者的劳动成果;投资股票是借别人公司的经营发展谋利……只有会借外物,人才能生存下去。

不借外力难成大事,从谋略学的角度看,借外界之力,为我所用,才是人生大智慧。只有善借才能善得。借什么?自然是借势发挥,成全己事。借势发挥是聪明人的谋胜之术。如果一个人细心观察周围的事物,并能够把握彼此之间存在的关联在必要的时候借势发挥,权衡一下各个方面的力量,自然会更利于事情的进展。这种谋胜之术就是借势。

靠外力而成事就是借势而起。众所周知,不是每一件事都是你想做就能做成的,有时往往事与愿违。原因之一是你还不能摸清它的特点,二是你还没有足以控制它的能力。聪明人能够善于“借”,积极主动地去寻找“跳板”,试图凭此跃起,达到自己想要的高度。在实际生活中,一个善于借势的人,总能事倍功半。

一个善借者,总是在没有条件的时候创造条件,在有条件的时候利用条件——这是本事。对于这些人来说,做任何事情,都应当巧借他人之力,缓解自己燃眉之急,这是能够成功的重要举措。

人要跳得更高更远就应当借助跳板的作用。那么,没有跳板可否?答案是当然可以,但你也许永远得不了第一名。善于借势发挥者,总是力图找到脚下的跳板,让自己的人生理想更高、更远。

生存竞争的第一法则是借他人之力来补充自己的实力。常言道,他山之石,可以攻玉。有些奇怪的现象,常费人思量,有些人虽然出力不大,但却能成事;有些人费尽所有力,却收获甚小。道理何在?莫过于借力与不借力的差别了。

在现实生活中,借人之势被普遍运用,其目的是借同行或朋友之力战胜对手,以壮大自己的实力。这是"损下益上"的求胜之法,即自己退避起来,借自己以外的人、物和事来达到自己的目标。

点金术:只靠自己一个人的力量,而不去借助他人或物为我所用者,很难成就一番大事业。

合理定目标

当今社会存在一种追求实惠之风的现象,人们要求任何东西都能立刻"兑现"。今天学到的东西巴不得明天就要能用,否则根本就不愿意学;今天投入了一些,马上就要得到回报,否则就不愿意付出了;对自己的利益计较得最清楚,任何人都不能占自己的一点"便宜",自己的任何投入都是经过精打细算的。我们通常称这种人为"精明"。

什么是精明?精明的人总是只看得到眼前的利益,"鼠目寸光"这个词正适合用在这种人身上。这种人不会做任何与眼前利益无关的事情,他们要求得到一张马上能够兑现的支票。最糟糕的是,无论什么事情,只要对自己没有好处,就根本不考虑,更谈不上做了。这种人做事的方式给人的印象是很坏,因为世界上的事情,并不是每一件都是那么直接与自己的利益密切相关的。这种人只有在不让自己吃亏的基础上,才能表现出才智。精明的人最不服人,也令大家讨厌。因为他把自己的利益放在首位,几乎不能容忍任何有损自己利益的行为。

人们不应该过于在乎眼前的得失,而应把眼光放长远,时时有一个总体的事业目标,以大局为重,让所有的努力都是为这个目标而服务。好比下围棋一样,布局的阶段是很重要的,不应该总是盯着一些小小的利益不放,而必须注重长远的利益。下棋时许多棋子在布局的时候根本看不出来它存在的意义,但是在最后,你的胜利是由每颗棋子构成的。一个围棋高手必须掌握这种技巧,一个经营自己事业和人生的人,也必须掌握这种生活的布局技巧。虽然在布局的阶段,许多行为让别人看起来好像是没有意义的,甚至是很吃亏的。但是你心里应该清楚,这些布局在将来一定会有所回报。

要成功,就应该把目光放在长远利益上,所谓"吃小亏占大便宜"很有道理:成功的人会不惜血本来招揽人才,然后通过人才使他们成功;而失败的人总是因为不想吃亏,甚至想占便宜而失去人心,最后由于人才缺乏和事业无助走向失败。这就是失道者寡助。

不应该过于精明,意味着要与人为善。与人为善其实就是善待自己,因此,你永远不应该将事情做绝,要留有后路。在现实生活中,心存感激的受惠者总是会对施惠者有一种报答,正所谓知恩图报。但许多人不知道与人为善的重要性,他们只知道"善待"自己,可是,善待自己是以善待他人为前提的。

可能你觉得在实际生活中大多是恩将仇报的事情,对这种报恩的事情已经比较冷淡了。但是,你必须知道,你生活在这样的大社会、大环境中,你的一切行为不仅仅取决于你自己,同时也取决于其他人。因此,当你帮助别人的时候,实际上就是在帮助你自己,因为这样成功的概率至少比你不帮助别人时要高得多。纵使我们不从道德的角度来解读这件事,从功利的角度来看,也可以明白"与人为善,即是善待自己"的道理。一个人在帮助别人时,其实也可将其看成是一种投资,只不过是感情投资。一旦有机会,这种投资得到的回报,将远远超过你的物质投资。

不应该太精明，意味着做人不要太贪婪。对待自己的目标，应该有一个明确的态度。我们这个时代有不少人是被欲望驱使的。一切的商品宣传，最终的目标都只有一个，那就是激发你的欲望——享受的欲望，占有的欲望。欲望没有错，但是过分的欲望——贪婪，则是人们的敌人。世界这么大，而我们的力量却这么渺小，满足欲望者少，难以实现者众。人们应该在自己的欲望和自己的能力之间找到一个良好的平衡点，只有这样，你才能实现自己的理想！

我们希望得到一切，想要得到的如果得不到，便会产生嫉妒心理，因为我们觉得，那些东西本该是属于我们的。当我们得到的时候，我们会觉得自己是理所应当拥有的；而当没有得到的时候，我们就会愤愤不平：我为什么没有得到应得的东西？

这种观点会让我们很难保持良好的心态，而且会对我们的事业产生不利影响。抱有这种心态的人，在获得成功的时候不知道感恩，他觉得这都是自己通过努力得到的，是理所当然的；一旦他们失败，就会怨天尤人，把所有的责任都推给别人。尤其重要的是，这种贪婪会影响他的判断力，使他无法对现实进行理性的判断。如果你被欲望干扰了头脑，肯定无法冷静地运用你的头脑，那么你就会失败。

在这个世界上，就本质而言，每个人的欲求都是永不停息的。许多人可能会因为目标过高、欲望过多而失败，这样的教训比比皆是。判断什么是合理目标的最高限度，就是我们每个人智慧的表现。

点金术：许多人可能会因为目标过高、欲望过多而失败，这样的教训比比皆是。

乐于助人

在经营自己人脉的初始阶段，我们需要了解的是，有很多成功人士一直都秉持这样的信念：不管所交往的人地位高低，都要努力帮助他们。这些成功人士总是说到做到，给自己树立了值得依赖的、可以信服的形象。

互利是拓展人脉的最高境界，而非总是希望得到别人的帮助。我们对人一分好，对方自然会涌泉相报。懂得分享的人，最后会得到更多。因为，朋友都愿意与他交往，他成功的概率就越大。

有一位成功的海外投资人，他取得成功的秘诀就是乐于和朋友分享。在他眼里，销售是有形的武器，人脉关系则是无形的秘密武器，如何用不做作的、不同寻常的、互利的方式去经营人脉关系是取得成功的关键。他的一位老朋友如此评价他：“他能遇到好运，原因在于他的人脉关系。因为他很愿意与别人分享，大家才会涌泉相报，他的成功才会水到渠成。”

要从实质上帮助别人，不要停留在口头上。世上有两种帮助，一种是随便帮帮，一种是一帮到底。前一种帮助也是帮助，同样能够给人带来益处，但它不算真正的帮助，原因在于这种暂时的帮助在关键时刻就不管用了。后一种帮助才是真正的帮助，可以彻底解决他人的困难。

在帮助他人时，技巧也是必不可少的。也就是说在具体的情景下，当你想帮助某个人的时候，你要注意具体方法，理解如何去做才能使他真正得到你的帮助。一位盲人在大街上心急地用拐杖敲着地面，是在说他不知道该怎么走了。你好心地走过去，想帮助他，告诉他左边是北，右边是南，他其实仍然分不清楚。最彻底的方法是带他走一段路。

帮助他人要坚持到底，不要一时兴起，不要毫无选择性地付出你的帮助，也不要因心情问题就拒绝帮助他人。

不要带着骄傲态度去帮助他人。在人际交往中，当我们帮助了他人时，不必以此沾沾自喜，自鸣得意，更不能摆出一副救世主的面孔，因为我们的帮助应该是无私的、真诚的，不存在任何恩赐的因素。如果总是记得自己有恩于他人，这样活着难道不是很累吗？居功自傲的人总是因其骄横的态度而招致别人的不满，人们不愿接受他的帮助，这样的人人缘也不会好。

人的一生不可能一帆风顺，难免会碰到失利受挫或面临困境的情况，这时候最需要的就是他人的帮助。这种雪中送炭般的帮助会让本来无助的人记忆一生。有时候用不着特别费力地帮别人一把，别人也会牢记在心，“投我以木瓜，报之以琼瑶”。

点金术：当别人遇到困难时，别忘了该出手时就出手。

为别人着想

所有人都有自己的需求，无论是物质上的还是精神上的。想要拓展人脉、投其所好吸引对方，我们就必须了解对方的思想，然后尽量满足对方的需求。这样，对方自然也会把我们当作朋友，友好地交往。

总而言之，要想获得对方的好感，就必须做到洞察人性，把事情做得正合对方心意，这样即便你不开口说话，也可以产生不错的效果。在这一点上，很多人都做得非常到位，比如说胡雪岩，他就将这一点做得很好。

在胡雪岩的帮助下，王有龄顺利地解决了漕米解运的大难题，得到了上下的一致好评，也替巡抚大人去了一块心病，巡抚大人为此允诺为他请功。王有龄自然十分欢喜，谁知一等再等，却一直没有得到什么消息，心中虽然十分着急，却又不好开口向巡抚大人询问。

王有龄百思不得其解，于是去找胡雪岩一起商量此事。胡雪岩立刻找到巡抚大人身边的一位何姓师爷，向他询问这位巡抚大人的真实想法。

原来，这位巡抚大人黄宗汉是一个十分贪婪、刻薄的人，虽然王有龄办事得力，帮他解决了问题，但想要外放州县，不给那位巡抚黄大人一点好处，这件事也不可能实现。

胡雪岩了解了巡抚大人的这一嗜好，便对症下药，主动以王有龄的名义给黄宗汉送了两万两银子。果然是有钱能使鬼推磨，没过几天，王有龄便得到了外放湖州知府的职位，并且同时兼任原海运局坐办一职。

王有龄在四月下旬终于接到了任官派令。身边的人无不劝他，尽快赶在五月初一接任。之所以会有这样的建议，理由很简单：尽早上任，便可以赶上端午节，得到“节敬”。

那么，这又是怎么回事呢？

清代的官吏制度很是昏暗，红包回扣、孝敬贿赂均是公然为之，蔚然成风。举例来说，冬天有“炭敬”，夏天有“冰敬”，一年三节还有额外收入，称为“节敬”。浙江省位于江南地区，本就是富饶之地，而湖州府更是膏腴中的膏腴，各种孝敬便更是少不了了。这便是王有龄手下的各位能人异士无不劝他赶快上任的真正原因。

王有龄想征询胡雪岩对这件事情的看法，胡雪岩说道：“银钱总会有用完的一天，朋友交情却是得罪了就没得救了！”他劝王有龄放弃节敬，等到端午节之后再去上任。

胡雪岩给王有龄提出这个建议是从多方面进行了考虑的：王有龄不是湖州的第一任知府，在他之前还有前任，那位在湖州府知府衙门混了那么久，就指望着端午节收节敬。王有龄虽可名正言顺地抢在前头接任，抢前任的节敬，可是这么一来，无形中就和前任知府结下了积怨，短时间看来，也许会相安无事，但这个不稳定因素说不准什么时候便会发作。万一将来在关键时刻爆发，墙倒众人推，落井下石，那可就不划算了。只要王有龄推迟一段时间上任，便相当于平白地送了一顿节敬给前任的知府，前任自然感恩戴德，以后行事自然会处处给予王有龄方便。从上面这件事不难看出，胡雪岩是凡事都为别人着想的。

其实，不止如此，胡雪岩还做了一件很让人感动的事情：

王有龄此时不仅担任着湖州知府一职，同时还兼管乌程县和海运局，纵使他有三头六臂，也不可能兼顾得当。此时，胡雪岩想走捐官的路子，但是只得到了官职，却并没有什么具体职务要做。王有龄想把杭州城里的海运局让出来，委任胡雪岩为海运局委员，也就等于是王有龄派去海运局的代理人。

也许在一般人看来，这可能是个一举两得的好办法，但胡雪岩却认为不能这样。他对王有龄说，海运局里有个周委员，资格老、辈分高，人家已经苦等这个职位很久了，原地踏步了多少年，终于有了升官的机会，我怎么能只顾自己，不考虑周委员，而去抢这个代理的职位呢？这从道义上根本说不过去。

俗话说得好，好心终有好报，周委员当代理后，无论大小事情都与胡雪岩商量，这也就等于胡雪岩成为了幕后代理人，真正的权力还是属于他的。

正是因为胡雪岩这些十分仗义的举动，等于有王有龄、周委员两个人在海运局替他抬轿子，要是直接委以胡雪岩代理职务，那就等于在无形中为自己树立了一个敌人。

人们之所以称赞胡雪岩的商德，有很重要的一条，就是不仅不抢同行的饭碗，而且洞察人性，无论什么事情都会替他人着想。

我们可以从胡雪岩的身上得到这样一个启示：要想获得人脉，不仅仅要懂得提升别人的自我价值感，而且还要懂得事事多替他人着想。这样才能从心里打动别人，从而使他人肯与我们交往。

点金术：要想获得对方的好感，就必须做到洞察人性，把事情做得正合对方心意，这样即便你不开口说话，也可以获得不错的效果。

第九课 掌握沟通技能

沟通秘诀

戴尔·卡耐基被誉为美国成人教育之父、20世纪最伟大的心灵导师。他总结了许多与人交往的秘诀，可以帮助人们搞好人际关系。以下是其中四点秘诀：

1. 尽量让对方说话

卡耐基发现，多数人为了使别人同意自己的观点，就会说很多话，尤其是推销员。这时，应尽量让对方说话吧，可以因此了解对方。

所以应向对方提出问题，让对方多传达信息。如果你不同意，他便会想表达自己的看法，那样做很危险。当他有许多话急着说出来的时候，他是不会理你的。因此你要耐心地听着，宽容一些，要做得诚恳，让他充分地说出自己的看法。

因此，想要别人赞同你，应遵循的规则是：使对方多多说话。试着去了解别人，从他的观点来看待事情，就能让你获得一份友情，减少摩擦和困难。

记着，别人也许完全错误，但他并不觉得。因此，不要责备他，试着去了解他，聪明的人都会这么做。别人那么想是有原因的，找出那个隐藏的原因，你就获得了解释其行为的答案，可能那就是他的个性。

2. 强调共同目的

卡耐基指出，跟别人交谈的时候，开始先不要讨论异议，要以强调而且不断强调双方所同意的事情作为开始。不断强调你们有共同的目标，而差异只在于方法而非目的。

3. 换位思考

如果你对自己说："如果我处在他的情况下，我该怎么办？"那你就会节省不少时间及苦恼，因为"若对原因发生兴趣，结果就会令我们喜欢。"除此以外，你还将大大增加在为人处世上的技巧。

当你表现出彼此的观念和感觉都重要的时候，谈话才会有融洽的气氛。在开始谈话时，让对方选择谈话的内容和目标。如果你是听者，你要以你所要听到的是什么，来管制你所说的话。如果对方是听者，你对他的观念的接受，会鼓励他敞开心胸来接受你的观念。

如果你想改变人们的看法，而又不让对方不舒服，请遵循以下规则：试着客观地从别人的角度来看事情。

卡耐基认为，你如果想要具备一种技能，使你可以阻止争执，除去不良的感觉，创造良好气氛，并能使他人注意倾听，你可以这样打开话题："你有这种感觉很正常。如果我是你，毫无疑问，我也有这样的感觉。"

这样的一段话会使脾气最坏的老顽固软化下来，而且你说这话时，要非常真诚，因为如果你真的是那个人，你就会有一样的感觉。

事实上，你所遇见的每一个人，甚至你在镜子中看见的自己，都会高估自己。在作自我评价时，人总认为自己是完美的。因此，要善于换位思考，才能更好地与别人相处。

4. 委婉地提出批评

想要别人认同你的想法，请遵守一条规则：诉诸高贵的动机。与此相反，当面指责别人，别人便会反抗你，而巧妙地暗示对方注意自己的错误，则会受到欢迎。

若要不惹他人生气而使其改变，只要换两个字，效果就会不一样。

很多人在开始批评之前，都先肯定对方的优点，然后接一句"但是"再开始批评。例如，要让一个孩子专心读书，我们可能会这么说："约翰，我们真以你为荣，你这学期成绩进步了。如果你在数学上更努力些就更好了。"

在这个例子里，"如果"之前约翰会感觉很高兴。但马上，他会怀疑这个赞许的可信度。对他而言，这个赞许只是为了引出批评而已。可信度降低，也许我们就无法让他改变学习态度。

这个问题只要把"如果"改变为"而且"，就好了。如"我们真以你为荣，约翰，你这学期成绩进步了，而且只要你下学期继续用功，你在数学上就能取得更好的成绩"。

卡耐基透彻地研究了人的本性，这是与人相处的基础。知己知彼，我们才能友好地与人相处。

点金术：要想平和地改变一个人，应该间接地提醒他注意自己的错误。

注意眼神

车尔尼雪夫斯基曾说："富有表情的眼睛是最美的。"当语言无法表现丰富的内心时，当心情因为激动而起伏变化时，眼神可以将它们表现出来。黑格尔也曾指出，不仅身体的形状、面容和姿势，就是行动、语言和声音以及它们的变化，全部会在眼神中显现出来，从眼神里便可窥见人们的内心。

其实，在人际沟通中，如果用好眼神，可以在短时间内迅速捕捉住对方。具体如何来利用眼神呢？以下几点可供参考：

1. 积极表现自我

说话者眼神应明亮而友善、自信而智慧，用这样的眼神，告诉对方你是怎样的人，说明你的坦诚以及内在的修养。这一点非常重要。

2. 视线沟通技巧

卡耐基认为，只有在目光接触的情况下，沟通的基础才能建立起来。与别人谈话时，有些人令我们感觉自在，有些人却令我们怀疑。这样的判断，主要和他们说话时注视我们或正视我们视线的时长有关。

研究者指出，为了建立和谐的人际关系，与人交谈时，自己的视线应该和对方的视线相接触，接触时长应为全部谈话时间的60% ~70%。那么，与人沟通的时候就应避免戴深色眼镜，因为那样会影响我们与对方的视线沟通，可能会让对方不舒服。

和大部分肢体语言一样，凝视说话对象的时间长短也受到文化背景条件的影响。南欧人谈话时，凝视对方时间较长，让人觉得有被侵略感；日本人谈话时，则注意对方的颈部而非脸部。因此在下结论时，文化背景应在考虑范围内。

视线相接的时间长短值得注意，你所注视的范围也很重要，因为这对沟通效果也有影响。这些信号通过无言的传递和接收，对方会对此进一步加工以加深了解。熟练地应用下列的眼部动作，大约需要30天有意识的练习，便能帮助你更好地沟通。

(1)商谈视线。商业会谈中，请你想象对方的额头和双眼之间有一块正三角形区域。你看这个地方，会产生一种严肃的气氛，让对方觉得你是认真的。如果你的视线不下降到对方眼睛以下的位置，你就能掌握整个谈话的主动权。

(2)社交视线。看对方眼睛的下方，社交气氛便会产生。试验显示，在社交场合中，一般人会注视对方双眼和嘴巴之间的区域。

(3)亲密视线。亲密视线看的是对方脸部之外的部位。近距离时，在双眼和胸部之间形成三角形；距离遥远时，则由双眼到下腹部之间。男女之间用亲密视线来表达他们的好感，而被注视的异性若有兴趣，也会这样看回来。

(4)斜视。斜眼看人可表达兴趣和敌意。斜眼如果和挑高的眉毛或微笑一起出现时，常被作为求爱信号使用，但如果和皱眉头、下垂的嘴角一起出现时，则被看作是恶意。

3. 内心情感的变化

说话者在说话时，他的思想感情会根据说话内容的变化而变化。有时深沉，有时哀伤，有时激昂高亢，有时又很缠绵。然而，不管是什么样的感情，说话者都应尽可能让目光产生相应的变化，以便对方更加理解说话的内容和情感。例如说到兴奋的时候，你可以两眼放光；说到哀伤处，让眼睛呆滞一会儿，使这种情感显露出来。目光和说话内容的密切配合，就能更好地传情达意。

4. 灵活控制

目光的灵巧使用非常有讲究。扫视全场的环视法，可以迅速了解到听众对你说话所持的态度以及兴趣点，以便你就有关内容进行调整或即兴发挥，满足听众的需求。有时可以使用点视法，即重点观察某一局部听众，确保他们听得懂。对那些面有疑云的听众，若投以启发引导性的目光，可使其渐趋安定；若用赞许性的眼神看向想发言的人，往往会使询问者壮起胆子，提出问题；而对于开小会的人，说话暂时停顿一下，投以制止性的目光，听话者就能愧疚知错，停止讲话。

与人说话时，不能死盯住对方的眼睛，否则会令人浑身不安，甚至造成误解。另外，还要注意：你变化眼神时要有一定的目的，切忌出现那种故弄玄虚、神秘莫测的眼神。

点金术：在演讲过程中不能有过多的凝视，避免给听众带来压力。眼神应该随你的感情变化而相应产生，并且要与口头语言、身体语言相协调。

倾听他人

喜欢炫耀是一般人的心理。不过，我们如果能利用这种心理，让对方开心地谈下去，也可以给自己带来好处。例如，在洽谈生意时，不妨让对方畅谈自己的癖好，而你则赞同他，在对方获得心满意足后，可以使交易成功。

受欢迎的员工，大多熟知听人炫耀的技巧。詹姆斯是某公司的职员，他就是因此而人缘极佳。

当看到上司晒黑时，詹姆斯便自然地做出握网球拍的动作，于是两人便开始交谈。刚开始时，上司谦虚地说："其实我昨天收获不错"，但很快就进入状态，不时会露出得意的表情，炫耀自己的球技。这期间，詹姆斯不仅不会打断上司，还不时地投以夸赞、仰慕的目光。

上司是个钓鱼迷，虽然詹姆斯自己是个钓鱼高手，但他总在上司钓鱼回来后对他说："现在钓鱼不简单吧？"或"一天能钓上一条草鱼就不错啦！"如此一来，让对方觉得自己很厉害。

不仅对上司，对同事也是如此。不管是谁在詹姆斯面前得意或是自我炫耀，只要不带有恶意，詹姆斯都很有兴趣地听着。

正是由于詹姆斯非常善解人意，所以大家都喜欢和他说话，他不但不厌烦，还会给予别人鼓励，他以"听话"增加与人的亲密感，因而受到大家的欢迎。

与人交谈时，詹姆斯只是一味听，而不夸自己。比方谈到钓鱼，他同样善于此道时，也会说鱼很难钓。试想，如果他自吹自擂一番，领导可能会没兴趣再说这个话题，甚至还会嘀咕，"这家伙不可等闲视之""年轻气傲"等，引起反感，埋下日后交际沟通的恶性种子。

成功的交际沟通就是这样，无论双方谈论的话题谁强谁弱，我们作为听者都应该安静地倾听，让对方尽情地炫耀自己。把眼光放长远，我们这样做是为了建立良好的人际关系。反之，如果在人家炫耀的时候自己中途插嘴，摆出一副强者的姿态，虽有一时之快，但可能会损失无价之宝——良好的人际关系。

点金术：喜欢炫耀是一般人的心理。不过，我们如果能利用这种心理，让对方开心地谈下去，便可以给自己带来好处。

接电话也应微笑

我们在接电话之时，即使看不见对方，也要保持微笑。有句名言："人一悲伤会哭，因为哭就是悲伤。"我们不妨把它改一改："人一高兴会笑，因为笑就是高兴。"

的确，笑容不只表示自己心情的好坏，还会让人觉得亲切。譬如，当你心烦意乱时，就会变得低落，如果你能努力展开笑颜，那么，不知不觉中气氛就会轻松许多，使你更容易和别人沟通。

打电话和上面这种情况是一样的，即使对方看不见你，但笑容会使声音欢快，你的魅力也可以借助电波传给对方，促进彼此沟通。相反，若接电话时沉着脸，声音自然会沉闷凝重，让对方失去好感。由于脸部表情会影响声音的变化，所以即使在电话中，也要常抱着"对方正在看着我"的心态去应对。不管何时，笑着打电话，声音自然会把愉快传达给对方。

在接听电话的那一刻，对方态度是热情的还是冷漠的？是感兴趣还是不感兴趣？是关心的还是烦躁的？是有耐心还是没有耐心？是接受还是拒绝？是理解还是不理解……这些我们都是可以感受得到的。为什么？这是因为声音能够传递接听者的态度。

微笑着打电话，可以让对方"听"到你亲切、友善的形象，对沟通产生有利条件，给你的工作带来方便。微笑着接听电话，你就在构建一个好的形象，客户会很满意，就会和你保持长期的、忠诚的业务关系；你的同事及朋友就会感受到你的热情，认为你愿意和他们交往。否则，无论是你的客户、朋友、同事都不会和你深交，因为他们从电话接听当中，感到你并不在意他们，便和你保持距离！

要在通电话时展现你的微笑，要让对方在电话中，感觉到你的友善和亲切。

点金术：你对待每个电话就像对待好友一样，无论打电话还是接电话，拿起电话，你就应该面带微笑，温柔地说："您好！"或者在接听电话之前就微笑，先笑笑再接听电话，以便让对方觉得亲切。

学会幽默

有一天，年迈的萧伯纳在街头被一辆自行车撞倒了。虽然后果不太严重，但毕竟这一惊吓非同小可。骑车者立即扶起戏剧家，并诚恳地向他道歉。萧伯纳却毫不在意地笑了笑："不，先生，您比我更不幸。如果您再加点儿劲，那就可以作为撞死萧伯纳的好汉而名垂史册啦！"

萧伯纳堪称幽默大师，这几句戏语，使原本紧张的气氛瞬间消失于嬉笑之中。

点金术：幽默的语言有时能化解僵局，在欢声笑语之间消除一个个窘迫难堪的局面。

自嘲引好感

威尔逊在任职新泽西州的州长期间，有一次参加纽约南社的午宴，宴会的主席对大家介绍说："威尔逊将成为未来的美国总统。"

威尔逊登上讲台对众人说："我希望自己不要像从前别人给我讲的故事中的人物一样。在加拿大，有一群游客出来游玩，其中有一名叫做强森的人喝了烈性酒，然后，他就和同伴们准备搭火车回去了。可是，他却坐上了反方向的火车。于是，同伴们急着找他回来，就给南下的那趟火车的列车长发去电报，'请将一位名叫强森的矮个子送往北上的火车，他已经喝醉了。'很快，他们就收到了列车长的回电，'请将其特征描述得再详细些。本列车上有 13 名醉酒的乘客，他们既不知道自己的姓名，也不知道自己的目的地。'而我威尔逊，虽然知道自己的姓名，却不能像你们的主席先生一样，知道自己的目的地在哪里。"

在座的客人一听，都哄然大笑起来，宴会的气氛也一下子变得愉快和活跃。

威尔逊采取的这个方法就是故意拿自己开玩笑，以便让对方感到轻松愉快，从而拉近与对方的感情。

点金术：在人际交往中，有时勇于自嘲能迅速拉近双方的距离，让对方感到轻松愉快，从而使陌生的双方熟悉起来，成为朋友。

夸张增幽默

有一家住户，水管漏水十分严重，院子里都已经被水漫了。打电话给修理工，修理工答应马上就来。结果，等了大半天修理工才来。

修理工来了之后懒洋洋地问住户："大妈，现在情况怎么样啦？"

大妈说："还好。在等你的这段时间里，孩子们已经学会游泳了。"

这位大妈的明智之处在于她采用了夸张的手法，用幽默的语气钝化了攻击的锋芒，淡化了对修理工的不满，避免了出现僵局。如果不懂得幽默，直接斥责和批评修理工，那么修理工很有可能一怒之下转身就走，那孩子们可真得学习游泳了。

点金术：适当地运用幽默能避免许多不必要的冲突。

有意曲解

在一次军事考核中，主考军官问士兵："一个漆黑的夜晚，你在外面执行任务，突然有人紧紧抱住你的双臂，你该说什么？"

"亲爱的，请放开我。"士兵温婉地回答。

乍听之下，似乎有点莫名其妙，随即就会恍然大悟——"亲爱的，请放开我"，一般是情人之间亲昵的用语。军官提问是针对如何对付敌手，而士兵却有意理解为恋人抱住双臂的情形，将"敌手"这一主体曲解为"情人"，制造了富有幽默感的语言效果。

点金术：在与人说话时，为了增强语言效果，你可以故意装作不懂对方的真正用意，而站在非常表面的、肤浅的层面上曲解其问话，以达到良好的幽默效果。

用类比反驳

德国有一位名叫爱米·诺德的女数学家，虽已获得博士学位，但没有资格开课的她仍需另写论文后，教授才会讨论是否授予她讲师资格。

当时，著名数学家希尔伯特十分欣赏爱米的才能。他到处奔走，要求批准她成为哥廷根大学的第一名女讲师。但在教授会上，还是出现了争论。

一位教授说："当我们的战士从战场回到课堂，发现自己拜倒在女人脚下读书，会作何感想呢？"

希尔伯特站起来，坚定地批驳道："先生们，候选人的性别绝不应成为反对她当讲师的理由。大学评议会毕竟不是洗澡堂！"

希尔伯特用的是类比反驳法。日常生活中我们也可以常用这个方法，它可以以此比彼，合理地利用对方的结论得出一个完全不同于对方的结论，从而驳倒对方。

点金术：在和他人交谈、或者反驳对方的观点时，可以采用类比反驳的方法，因为其语言锋利而诙谐，能轻而易举地驳倒对方。

注意身份劝争执

海豚和鲸鱼发生了很激烈的战争。

当它们打得如火如荼时,一条鲱鱼从波浪中探出头来,对海豚和鲸鱼说:"让我来做你们的调解人吧,我能为你们排除纷争!"

"我们宁可互相战死,也不会让你来管我们的事。"海豚回答道。

为什么它们不同意鲱鱼来当调解人?因为,鲱鱼的分量不够,海豚和鲸鱼就其体积和地位而言,都是"大人物"!所以,没有实力的人,最好少去干预别人的事。就算自己不识趣非要主动做,对方也不会心服。

点金术:在公众场合,看到有人争执时,在你准备上前调解之前,需要先估量自己的地位和实力再开口。否则,你的好心劝解,会因自己地位的卑微或力量弱小而遭到他人的嘲笑。

以情动人

在美国经济大萧条时期,有一位18岁的姑娘,她费尽千辛万苦才找到一份在高级珠宝店当售货员的工作。

圣诞前夕,店里来了一位30岁左右的贫民顾客。他衣衫褴褛,一脸悲哀,用一种不可企及的目光,目不转睛地打量着那些珠宝。

姑娘要去接电话,但一不小心把一个碟子碰翻了,六枚精美绝伦的金戒指掉在地上。她慌忙捡起其中的五枚,但第六枚却怎么也找不着了。这时,她看到那个男子正向门口走去,顿时,她醒悟到了戒指在哪儿。当男子正准备推开门的一瞬间,姑娘柔声叫道:"对不起,先生!"那男子转过身来,两人相视无言,足足有一分钟。

"什么事?"那男子问,他脸上的肌肉在抽搐。

姑娘突然一句话也说不出来,因为,不知如何开口才合适。

"什么事?"他再次问道。

"先生,这是我的第一份工作,如今找工作太难了,是不是?"姑娘神色黯然地说。

男子静静地凝视着她,终于,一丝柔和的微笑浮现在他脸上。

"是的,的确如此。"他回答,"但是,我能肯定,这份工作你一定会干得很出色。"

"我可以为您祝福吗?"停了一下,他向前一步,把手伸给她。

他转身出门,渐渐远去。

姑娘目送他的身影消失在门外,转身走向柜台,把手中握着的第六枚金戒指放回原处。

在尊重、谅解对方的前提下,这位姑娘成功地要回了青年男子偷拾的第六枚金戒指,以"同是天涯沦落人"的凄苦言语博得了对方的真切同情。对方虽是流浪汉,但此时,他却握有打破她饭碗的金戒指,极有可能使她也沦为"流浪汉"。"这是我的第一份工作,如今找工作太难了"这句真诚朴实的表白,饱含着惧怕失去工作的担忧。与此同时,也饱含着恳请对方怜悯的意思。最终,姑娘感动了对方,流浪汉把戒指归还给她了。

点金术:在人生低谷的时候,真诚、充满感情的话语,常常能感动他人,使自己走出困境。

转换思想化矛盾

某保险公司的王小姐通过电话约好了时间,对李先生进行访问。

她一进门,便开门见山地说明来意:“李先生,我这次是特地来请您和太太及孩子投保险的。”不料,李先生用一句话顶回来:“保险是骗人的勾当!”王小姐并未生气,仍微笑着问道:“噢,这还是第一次听说,您能说说您为什么会有这种想法吗?”

李先生说:“假如我和太太投保3000元,3000元现在能买一部兼容电脑,可20年后再领回的3000元,恐怕连部彩色电视机都买不到了。”

王小姐又好奇地问:“那又是为什么呢?”

李先生很快地回答:“一旦通货膨胀、物价上涨,货币就会贬值,钱也就不禁花了。”

王小姐又问:“照您的看法,10年、20年后一定是通货膨胀吗?”

李先生又迟疑了一会儿说:“我不敢断定,依最近两年的情形来看,这种可能性相当大。”

王小姐再问:“还有别的影响因素吗?”

李先生犹豫了一下说:“比如,受国际市场的波动影响,说不定……”

接着,王小姐又问:“除此之外呢?”

李先生终于无言以对了。通过这样的问话,王小姐对李先生内心的忧虑已经基本了解了。

于是,王小姐首先维护李先生的立场:“您说得没错,假如物价急剧上涨20年,3000元别说买电视机,恐怕只够买两棍葱了。”

李先生听到这里,心里很高兴。但接着,这位精明的王小姐向李先生分析近年来物价改革的必要性及影响当前物价的各种因素,进一步分析我国政府绝对不会允许通货膨胀事情发生的事实。并指出,以李先生的才能和实力,未来收入肯定会有较大的提升。

这些道理,虽然李先生也不止一次听别人说过,却没有哪个比今天听起来让人信服。最后,王小姐又补充了一句:“即使物价有稍许上升,有保险总比没有保险好。况且,我们公司早已考虑了这些因素,顾客的保险金是有利息的。当然,我年纪轻轻,跟您谈这些道理,实在有点班门弄斧,还望您多多指教……”说也奇怪,经她这么一说,李先生开始面露笑容,相谈甚欢。显然,王小姐的推销获得了成功。

这位王小姐成功的秘密在什么地方呢?就在于,她站在对方的立场上来思考,设身处地,发现对方的兴趣、要求,而后再进行引导,晓之以理、动之以情,使对方与她的想法同步,最后使之接受。如果不是做到这一点,而是仅仅针对李先生的“保险是骗人的勾当”观点开展一场“革命性的大批判”,那么,李先生显然更不会接受她的推销。

在生活中,与人交流产生矛盾时,最好的办法就是使对方认为,我们是与他站在同一立场上的。千万别认为“如果我是你”只是短短五个字而已,殊不知,它所能发挥的效力是惊人的。若不能设身处地地站在别人的角度思考,怎么能解决矛盾呢?“如果我是你”不仅能让对方觉得你与他立场一致，还能使对方接受你、喜欢你。有了这个前提，你就能成功地解决矛盾。

点金术：说话有不同的方式、不同的技巧。世界上没有说不好的话，只要能转换思维，从对方的角度思考，就能减少很多不必要的麻烦。站在对方的角度说话，就能让你和对方之间架起一座桥梁，心理障碍就消除了，沟通起来也就畅快很多。

使用普通话

西南某地采购员小陈到某地出差，想买一个小水壶。当看到一家百货店的柜台内摆满了小水壶，他面露喜色，高声叫道："哇，这里这么多漂亮的'小媳妇'，算我走运。服务员，'小媳妇'多少钱一个？我要买一个'小媳妇'。"售货员正巧是两位20上下的妙龄少女，一听此人要买"小媳妇"，非常反感，不想搭理他。谁知，陈某买"小媳妇"之声越叫越凶，一个售货员气得骂了声"流氓"。陈某误听为"六毛"，心想，这里的小水壶真是物美价廉，何不采购回去推销，便说："六毛就六毛，你们商场的'小媳妇'我全都要啦。"他的话音刚落，两个姑娘的骂声同时而起。陈某不知所以，还劝解说："吵啥子嘛，买卖不成仁义在，你们'小媳妇'不卖就算了，何必生气？"结果，气氛自然越吵越紧张。

正是方言引发了这场争执。由此可见，在交际中，不学会讲普通话，诸如此类的语言误会将难以避免。

点金术：中国幅员广阔，方言众多。初到一个地方，面对陌生人，如果对方不懂自己所说的方言，自己又不会普通话，就很难打破交往的僵局，还有可能惹祸上身。

注意退让

朋友之间，尤其是掺杂感情在内时，谁是谁非，常常难以说清道明。对错往往只是一种主观感受，而主观又受到当时的气氛、情绪以及与人相处经验的影响。

小周和小郑谈恋爱已经有三年时间了，小周个性虽强，脾气还算温和，小郑的个性与她差不多，但情绪不稳，易被小事惹怒。因为小郑能言善辩，所以，一旦发生争执，不管谁对谁错，小周总是"输"，因而，她的心里渐渐有了怨气。

有一次，二人又为了一件小事吵架。小周因为争论不过，只好采取沉默战术，任凭小郑如何说，她只是沉默。小郑并未善罢甘休，反而逼问小周此举用意何在，一连逼问了半个小时。小周终于说："那我们分手算了！"小郑一向要强，当场同意分手。于是，两人最终分道扬镳。事实上，小郑也不想闹得这样，但由于他的咄咄逼人，终于葬送了自己的爱情。

点金术：本来没什么的事，甚至根本谈不上"错"的事，经过主观意识的无限放大，便会复杂起来。如果非要在这上面"辩""争"得一清二楚，双方难免都会受到伤害。

运用双关语

由于双关语委婉含蓄生动活泼，而且幽默诙谐、饶有趣味，能给人以意在言外、回味无穷之感，因而在辩论中经常被人们所用。

里根当总统时，决定恢复生产新式的 B－1 轰炸机，此举遭到很多人的反对。

在一次作家招待会上，面对一帮反对他这一决定的人的责问时，他说："我怎么不知道 B－1 是一种飞机呢？我只知道 B1 是人体不可缺少的维生素。我想军队必然也需要这种不可缺少的东西。"

这句一语双关的话，让反对者们无话可说。

点金术：在一些交际场合中，当遇到棘手的问题不好回答或不能直接回答时，一语双关往往能收到意想不到的效果。

学会随机应变

有一位女青年参加演讲比赛，上台时，一不小心被电线绊倒了。正在鼓掌的听众怔住了，接着哗声四起，无不为这位女青年捏一把汗。

只见女青年从容地站起来，微笑着说："你们的热情鼓掌真的使我倾倒了。"

妙语一出，台下的人们会心地大笑起来，赞赏的掌声随即响成一片。

点金术：面对突发状况，要学会随机应变。如果缺乏应变能力，只能在突发事件前"呆若木鸡"，让场面尴尬不已。

为对方打圆场

老诗人严阵和一位青年女作家访问美国，当他们在广场上散步的时候，偶遇两位美国老人。看见中国人，他们很热情地迎上来交谈。其中一位老人为了表达对中国人的感情，热情地拥抱那位女作家，并亲吻了一下。

女作家十分尴尬，不知所措。

另一位老人也埋怨那位老人，说中国人不习惯这样。那位拥抱女作家的老人，很不好意思地站在一旁。

老诗人赶紧走上前微笑着说："呵，尊敬的老先生，你刚才吻的不是这位女士，而是中国，对吧？"

"对，对！我吻的既是这位女士，也是中国！"那老人马上笑着说道。

尴尬的气氛在笑声中烟消云散了。

点金术：在社交场合中，两个人由于某件事而处于尴尬的境地时，旁观者如果能巧妙地为双方打个圆场，就能马上使气氛变得轻松活跃。

勿幸灾乐祸

有一只野兔被老鹰捉住了，它像小孩一样大哭大叫起来。

一只乌鸦责骂它说："你飞快的两脚，现在哪里去了？你为什么跑得这样慢？"

乌鸦的冷嘲热讽还未说完，另一只老鹰突然飞下来捉住它，将它杀死了。

野兔在断气时说："啊！刚才，你还在幸灾乐祸，现在，你也该哀叹和我有着同样不幸的命运了。"

由此可见，不要轻易嘲笑他人，而应该主动帮助他人摆脱困境。否则，同样的不幸也有可能降临到你身上。

点金术：当你偶遇陷入困境中的陌生人时，即使无法施以援手，也应该尽力安慰。因为，安慰能给对方一丝慰藉。这个时候，切忌嘲笑对方，幸灾乐祸，不然，同样的"礼遇"也有可能降临到你身上。

良好的沟通能使人迅速达到目的

在身边形形色色的各类人中，总会有"闷葫芦"这样的人存在，他们每天神秘兮兮的，或者有满心的想法和苦水却不懂得表达出来。不能将内心的想法表达出来真的是非常糟糕的事情，如果能巧妙地与人沟通可以说做事情就成功了一半。

吴士宏出任微软公司中国总经理的时候需要有一个类似发言会的陈述："各位，初来乍到，我不想做过多的陈述来进行自我介绍，我相信在今后的工作中这样的会议绝对不会少，还有很多的机会与大家进行交流。原本我有一篇非常官方正式的发言稿，但临时改变了主意，我要把最真实的自己展示给大家。我之所以来到这里就是为了心中的一个信念：中国应该有属于自己独一无二的中国微软。我对'中国微软'的定义是这样的：在中国就必须对中国有利、为中国服务，员工是公司的组成部分，他们的进步直接关系到公司的发展，在我们的公司每一个员工都能得到最大程度的发展。其实我也是一个普通人，是从小生于中国长于中国的人，无论从哪个角度，我都希望公司里有更多优秀的中国人才。"吴士宏说得很诚恳，她毫无保留地将自己的理想告诉每一个员工，在座的微软中国员工都特别感动。她完全没有总经理的姿态，而是非常自谦："我虽然有12年的工作经验，但那些都是在IBM的，在经验这方面大家都是我的老师。我会尽快让自己成为一个合格的微软人，努力把总经理的工作做到最好。但是仅靠我一人的力量肯定是不够的，我觉得大家就是我最有力的支持者，我只想和大家一起为我们的微软事业而奋斗，拜托各位！"接着就是雷鸣般不断的掌声。

但是微软的情况并不是吴士宏理想中设计的那样，她在这个职位上做了一年零三个月后，她做了一个让所有人都意外的决定——辞职。首先吴士宏选择了一个好的时机——在上司心情好的时候表明心迹："我带着自己的信念来到了微软，也为此付出了很多，也为此辛苦奋斗，付出了很多的努力。现在我明白了，公司对总经理的要求和期望就是有出色的销售业绩。但是我之所以会接受这一职务，在很大程度上，就是因为主要的业务范围是在中国。而实际情况与我的理想距离太远。现在，我做到了公司对总经理的基本预期。我想您本人也非常清楚地知道我的想法，公司提出的许多在中国的发展策略我都表示不赞同,道不同不相为谋,况且我据理力争也没法改变您的主意,那么对我来说这个总经理职位又有什么意义呢?所以对公司和对我本人,辞职都是最好的选择。"她是这样的直接、坦荡,没有任何的矫揉造作和虚情假意。随后她还说明了选择现在辞职的原因,正是在做出一定业绩的时候辞职她才不会觉得愧疚,还向公司真切地提出了自己对公司的建议。

"我很庆幸能和大家一起奋斗、同舟共济走过15个月,这将会是我永远都引以为傲的事情。我也非常确定,我的战友们还会在这个岗位上继续努力奋斗—不仅仅是为自己的公司工作,更多的是为了中国IT产业能有更长远的发展,为中国IT贡献力量。"她的这些话除了表示对原部下工作业绩的认可与肯定,实际上更多的是对他们的激励,只有让自己强大起来,中国才能昂首挺胸立于世界舞台上。

可见吴士宏具有非常优秀的沟通能力,正是她的坦荡和真心赢得了微软中国公司员工的大力支持。沟通的方式有很多种,松下幸之助在这方面也有自己独特的办法,在与员工沟通的时候采用的是另一种不同的方式。

松下幸之助在多年的工作中养成了给员工写信的好习惯,在信中表明自己对某些问题的观点和感受。

多年来他已经养成了这样一个习惯,无论行走于世界哪个国家,都优先考虑在当地的日本餐馆吃饭。因为,他吃着家乡的饭菜、在异国他乡的餐厅能听到家乡的音乐,对他而言就是最好的享受,也会觉得非常亲切。有一次,他出差到加拿大,当然这次在加拿大也是按照老规矩办事。服务员为他上齐了饭菜,他刚吃了一口米饭直接就愣在那里了,居然一下子冒出了一身的冷汗。因为,他在日本多年都从未吃过这么好的米饭。因为我们都知道日本就是产米、吃米的国家,而欧美加拿大的人以面包为主食,没想到在加拿大却吃到了这么好吃的米饭!接着他由米饭又联想到了电子产业,可能加拿大在电器制作方面的技术水平早就在我们之上了,而我们却一直被蒙在鼓里没有察觉,想到这真让人不寒而栗!他在信的结尾这样写道:"员工们,现在已经到了我们必须要提高警惕的时候了!"

这样的信会不定期地出现在员工的工资袋里面,而他的员工也知道了老总的习惯,他们最关心的不是工资袋里钱的多少,而是先将信拆开,先读信上的内容。许多员工如获至宝似的将信带回家去,和家人一起分享信上写的小故事。每到真挚动情之时,大家都会潸然泪下。

每月给员工写信的这个习惯松下幸之助坚持了几十年,信的内容多以谈自己的真实感受为主。其实将这些信件整理集锦就构成了《松下幸之助全集》的大部分内容。这是松下幸之助与员工的交流方式。员工对记者说:"虽然我们并不常见到他,但是我们都能感到他真实的存在,他无时无刻不生活在我们身边。"

有一天,松下幸之助带着一个助手按照百货商店的名片挨个儿进行走访,走访时无论老板还是店员,他都亲自对他们的辛勤付出表示真诚的感谢,虚心听取他们对产品的建议和需求,非常谦虚地递上自己的名片:"我是松下幸之助,请多关照。你们有什么意见尽管向我提出来。"后来大家才知道这个谦虚和善的人竟然就是大名鼎鼎的松下幸之助,没有一个人不对他的举动表示赞赏和感动。

沟通只是手段,最终的目的是达到自己的目的,尽管每个人在与别人沟通的时候带着各自不同的目的,但是选择合适的方式进行沟通总是十分必要的。

点金术:良好的沟通不但能帮人们迅速实现目的,进而成功,也能在沟通中表现自己的品德,拓展并建立自己的人脉。

良好的沟通促成理解

纵观古今中外那些情商高的人，往往具有非凡的人际交往手段和独特技巧。别人觉得非常难搞的问题，在他们那里会变得简单，甚至在无形中消解很多大的危机，从而扭转局势。

皮特在商场买了一套新衣服，但是他很快就发现这套衣服有点问题——掉色非常严重，甚至他的衬衣领子都被染色弄脏了。于是他就带着衣服来到商场，还找到了卖给他衣服的那位导购，向她讲述整件事情的来龙去脉。他之所以过来就是希望商家能对掉色的问题作出合理的解释，最好能有一定的解决办法，但事情并不是他想的那样——让他非常生气的是，他的话还没说完，售货员已经三番两次地打断了他。

“我们的厂家很大，每天卖出的衣服不知道有多少，”售货员声明说，“只有你一个人回来说衣服质量有问题。”这其中的潜台词就是表明：你歪曲事实，是来找茬的，你分明就是想无赖敲诈、无理取闹，看我怎么对付你这种人。

买卖双方进入了白热化阶段，又走过来一个售货员帮着一起说话，说：“深颜色的衣服必然会掉色，这是没办法避免的。而且这衣服也就这么点价钱还想怎么样啊，这颜色本来就是染出来的。”

听了售货员的话，皮特已经快要爆炸了，气得差点没跳起来和她们理论。就在皮特要爆发的时候，这个部门的负责人出现了。他明显成熟老练很多，他的举动先让皮特暴躁的情绪得到了平复，让皮特心甘情愿地接受了这件衣服。他是这样处理这件事情的：

首先，他没有任何多余的话，只是耐心地听顾客把事情讲完。其次，皮特说清楚事情的来龙去脉以后，之前和他吵架的那两个售货员开始为自己辩解，他没有支持她们的说法，而是站在顾客的立场为顾客讲话。他毫不掩饰地承认衬衣的领子的确是被这套新衣服染脏的，还反复强调出售让顾客不满意的商品本身就是不对的。后来他承认他并不知情，直接问皮特：“您希望我们如何处理这件事情？我一定会最大限度地满足您提出的要求。”

本来皮特是一定要和他们争吵到底的，因为这是自己的权利受到了侵害，没想到现在也改变了原来的主意：“你们预备如何解决呢？我想知道，这种褪色是暂时的呢，还是其他的衣服也会被染？有没有其他的办法能改变这种情况？”那个成熟老到的负责人建议他先试穿一周看情况如何。“如果一星期之后您还是觉得不满意，就直接过来找我们，我们会竭尽所能满足您的要求。请原谅，对于给您带来的麻烦我们表示非常抱歉。”他说。

皮特的怒气早就烟消云散了。七天后，衣服并没有出现再次掉色的情况。这家商场又多了一位回头客。

艾萨克·马科森可以说是那时候采访过名人最多的记者了。他说：“很多给人没什么印象的人就是因为沟通能力差。他们总是自己滔滔不绝地讲个不停，忽视别人表达的观点……”很多成功的企业家都说，他们更赏识那些善于听别人讲话的人，而那些只管自己说的人并不讨人喜欢。由此可见，如果一个人具备一定的听人听心的能力，彼此之间也能多一些理解与信任，那么往往会事半功倍。

杰出的人才都具备非凡的与人沟通的能力。

在人类刚刚发明人造奶油的时候，生产商们经过多方面的科学研究证明人造奶油对人体是无害的，无论其营养还是口感都可与天然奶油相媲美，并且不遗余力地投入广告宣传，大肆宣扬和天然奶油相比，人造奶油有多么的好，可是，作为普通民众还是坚持习惯——购买天然奶油,而对人造奶油不闻不问。怎样消除人们对人造奶油存在的芥蒂?为此,生产商们特地进行了调查研究,想知道为什么天然奶油具有如此不可撼动的地位,让人造奶油无人问津,并且根据调查的原因广泛征集意见,最终他们决定:

举行一场午餐宴会,并邀请家庭主妇们参加。宴会之后,他们按照事先的计划,询问这些主妇能否凭口感判断哪个是人造奶油,哪个是天然奶油?90%以上的主妇都表示自己有信心也有能力分辨出来,还非常确定地说,吃起来比较腻的一定是人造奶油,并且老远就能闻到一股特别明显的臭味,闻着都特别倒胃口。这时,主办方派出几个工作人员将一黄一白两块奶油发给在场的家庭主妇,让她们用自己的智慧和经验分辨出来。大部分人觉得白色的这块色泽、口感都很好,不可能是人造奶油,而剩下的那一块,看起来就不好,味道也不及白色奶油那么鲜美,准是人造奶油!但是真相总是这样的出人意料,大家都看好的白色其实不是天然奶油。这些家庭主妇们只是依照自己惯有的感觉与经验,色泽鲜亮的肯定是天然的奶油,而她们判断的依据口感,其实不过是自己的主观评判,实际上并没有什么切实可以依靠的根据。亲身实践之后,她们当然改变了自己多年来对人造奶油的成见。

人造奶油的业主们将这一事实客观的呈现在主妇们面前之后,没有因判断失误而对主妇们挖苦嘲笑,也没有对她们惯有的偏见嗤之以鼻,而是强调天然奶油和人造奶油其实有很多的相似性,还听取了主妇们的意见和建议。这样一来就不至于让主妇们陷入尴尬的境地,从心里也接受了人造奶油,对这些人造奶油的业主们也非常满意。此后,购买人造奶油的人越来越多。人造奶油制造商们成功打开了市场,取得了更多的收益当然都非常开心。

很显然,策划上面整件事情的人具有很高的情商,他们没有想着让这些家庭主妇们被动地接受人造奶油,更不仅仅是在争辩中占据上风羞辱他人。他们通过巧妙的实验设计让主妇们进行亲身试验,说到底这才是沟通的真正目的之所在。

点金术:沟通的主要目的是实现自己的目的,在互相理解的基础上实现的沟通才是最高明的方法。

沟通使矛盾化解

人与人之间需要进行交流,如果没有沟通人就会将自己封闭在狭小的空间中,建立和谐的人际关系就会出现障碍,也会由此引发一系列的矛盾和误会,给人们带来不必要的麻烦。

沟通的双方出现了矛盾和隔阂,通过巧妙地沟通就能将矛盾化解,解除不必要的困扰。

下面是发生在吴士宏身上的真实经历:

有一次,她在西安工业大学做一个演讲,当时有学生提问:“打败微软是我们多年来共同的目标,而你负责微软在中国的业务,对这个问题你如何看待?”吴士宏答道:“中国打破闭关锁国的状态、实行改革开放的目的不是一个一个地消灭进来的敌人。如果将打败微软作为我们的目的,那么我们只需紧闭国门就可以做到,又何必进行改革开放呢?‘关门打狗’根本不是国家发展的良策,真正的强者一定是敢于走出国门在世界上进行竞争的,用自己的品牌在国际市场上占据有利地位,并不是在国门保护之下的所谓‘中国微软’,我们不要限制,而是要做出属于自己的民族品牌。想做出自己的民族品牌,就离不开虚心的学习,不断积累并提高自身的素质与竞争能力,纵使一路坎坷也要披荆斩棘。”吴士宏朴实直白的解释,毫不掩饰地将自己内心深处的想法表达出来，不露痕迹地回答了爱国与不爱国的问题，她的这段话赢得了全场大学生们持续的热烈掌声。

良好的沟通对增强彼此之间的认识和了解是非常有益的，很多时候误会的产生都源自于人们彼此间信任的缺失，才会让第三者有机可乘。

战国时候，秦惠王手下有两位有名的谋士——张仪和陈轸，二人都得到了秦惠王的赏识并委以重任。

不久，张仪的心里就觉得不舒服了，原因就是陈轸的聪明才智和杰出能力都远在自己之上。他害怕按照这个势头长期发展下去，秦惠王就会发现自己不如陈轸而疏远自己，喜欢陈轸。

于是，一有机会他就在秦惠王面前讲陈轸的是非。

一天，张仪又向秦王进谗言："陈轸经常作为使者出使楚国，但是现在楚国却故意和我们秦国为敌。所以陈轸肯定有私心，他借着为秦国做事其实是在为自己谋利。现在外人都知道陈轸把秦国的重要机密故意告诉楚国。而陈轸作为受您厚爱和信赖的臣子，他这样如何对得起大王的厚爱和秦国的培养呢？我觉得和这样的人共事是一种耻辱。我还听说他最近就谋划着动身去投奔楚国。他要真有二心，大王不如早点除掉他，杀之以绝后患。"

张仪的煽风点火，秦惠王心中的愤怒再也不能抑制了，让身边的人马上通知陈轸前来。一见面，秦王直截了当地说："你不想在秦国待了，不知道你想要到什么地方去呢？不妨直说，我可以准备马车为你送行！"

陈轸完全是丈二和尚摸不着头脑，真的是一头雾水。不过很快他就明白了一部分，秦惠王既然会这么问肯定事出有因，不如直接跟大王汇报清楚："我离开之后，准备要到楚国去。"

看来传言是真的，秦王对张仪刚才的话深信不疑了，很痛心地说："这么说张仪说的是真的了？没有冤枉你。"

居然是张仪！现在陈轸已经知道了事情的原委。他没有回答关于张仪的问题，只是不急不缓地解释说："张仪知道这件事是理所当然的，可以说现在是路人人尽皆知呀。假如我现在背叛大王，楚王也不可能认为我对楚国忠心。我本是忠心耿耿，却无端被猜忌，除了到楚国我还能去什么地方呢？"

听了这个解释，秦王觉得合情合理，认为陈轸很有计策，但又觉得张仪的话听起来也有几分道理，便又问："如果真像你说的那样，你将秦国的机密泄露于楚王又是何故呢？"

陈轸更加镇定了，对秦王说："大王，我之所以这么做，就是按照张仪的计策来个将计就计，以此表明我对秦国的忠心！"

秦王一听，疑惑更多了，满心的疑惑都写在脸上了。

陈轸不慌不忙地讲了一个故事："有一个楚国人，他先后娶过两个老婆。有人试图勾搭那个年纪大点的侍妾，没占着便宜还被臭骂一顿。他不死心又去找那个年轻一点的妾，但是那个年轻一点的妾却对他态度很和善。后来，那个楚国人病死了。有人就问他：'如果现在将这两个妾同时给你选择的话，你会选择哪一个侍妾？'他毫不犹豫地回答：'娶那个年纪大些的。'这个人又问他：'可是年纪大的曾经没有礼貌地大骂过你，年纪轻的喜欢你，为什么你还会坚持选择骂你的那个呢？'他说：'以她当时的年纪和地位，她能答应我是最好的了。但是她因此来教训我，可见她是一个有节操的妻子。但是如果做我的妻子，我当然选择对我忠贞的了，对那些图谋不轨的人能不留情面。'现在的我也是一样，大家都知道现在的我是秦国的子民，假如真如外界所传我把秦国的重要机密故意告知楚王，即便投靠楚国，楚王能对我委以重任吗？楚国会怎么看待我？那么我是否忠于大王，我想您心里肯定如明镜一般。"

听完陈轸的这番话,原本对陈轸的疑虑早就烟消云散了,并且更看好陈轸,对他的待遇又提升一个层次。陈轸巧妙应变,化被动为主动,除了让张仪所进的谗言不攻自破之外,还赢得了秦王的信任。

陈轸无疑是一个懂得沟通、会说话的人,他懂得进行巧妙沟通的艺术技巧。假如没有这样的巧妙沟通,那么陈轸的下场自然也是可想而知的。安全起见秦王肯定会除掉他,陈轸也会死得不明不白的。

点金术:人与人之间必须进行有效的沟通,除了能够向对方准确表明自己的观点,还能顺利地解决矛盾,达成一致。

沟通是说话的学问

现代社会充斥着各种各样的信息,社会就是信息的集合体。想要完成一项重大任务离不开各个方面的有效配合,还需要来自方方面面的综合信息,用语言进行沟通最为直接有效。语言能力强,就能保证双方进行直接有效地交流,你所传递的信息也能为对方所接受、吸收,进而实现彼此交流、互利合作的初衷。反之,如果你想表达或传递的信息不能有效的让对方接收,双方的交流就会出现障碍,严重的还会中断停止,当然也不可能顺利达到预期的目的。

在现实生活中,人的讲话水平直接反映这个人的学识和修养。美国人早在20世纪40年代就提出了在世界上得以生存的三大法宝——口才、金钱、原子弹。60年代以后,又把“口才、金钱、电脑”视为最重要的东西,无论哪个时代排在首位的都是“口才”,可见它的不可替代性。

当今社会机敏灵活、懂得沟通的人非常受欢迎。那些不懂得表达与沟通、笨嘴拙舌的人,很难在社会上立足。还有的人知识也很渊博,但是就是因为不会沟通,所以一直碌碌无为、无人赏识。

沟通中蕴含着很多学问,机敏灵活、能言善辩者说话是一种艺术,不会说话的人常常会祸从口出。

有一个村长说话直,但因为是村长,村里有点什么大小事情都会请他去吃饭。一个村民新盖了二层小楼,为庆贺新居建成就请村民和村长吃饭。村长说:“咱村就你一户二层小楼,这要是塌了岂不是要闹出人命吗?”主人本来心情很好,却听到了这些让人反感的话。村长回到家后把这事讲给了太太听,太太埋怨他不会讲话,就交代他下次少说话、不要乱说话。又一次,一户村民的小孩满月了,请村民喝酒,当然也没有例外要请村长喝满月酒。出发前太太还不忘记交代他:能不说话就不要说,不然要孩子真有个三长两短还找他麻烦。他一直记着太太的嘱咐,在酒席间一直不忘提醒自己,别说话,不然孩子以后有事还要来找我麻烦。终于这顿饭局圆满结束了,主人满脸笑容地感谢村长赏脸。走出这家大门时,村长的金口又开了:“刚才吃饭过程中我可是一句话也没说,如果哪天孩子病死了跟我可没关系。”

老实说,在我们身边想找到这么直肠子的人也有点难度。这类人讲话太直,从来不过脑子,只要一开口就得罪人,说得好听点,这种人没有心眼儿,就是性子直,其实也没有什么坏心眼,不要和他计较,就当是一种直率吧。

坦率不应该成为不会说话得罪人的借口,只要你伤害了别人,无论出于什么原因,你都要负责,不管你有着怎样合情合理的理由。

与人相处充满了艺术,这其中最大的一门艺术就是说话。管好自己的嘴,不该讲的话不要讲,即便要说也要选对时机，什么时候适当的保持沉默才是上策……这些都是高情商的具体体现。

一个具有高情商的人，能够将自己的影响力发挥得淋漓尽致，进而才能取得更大的进步。当今时代合作是主流、合作才能双赢，沟通能力和情商息息相关，高情商的人能在上下级、同事、朋友之间游刃有余。

智商高，情商也高的人，必定会成就一番事业、春风得意。

智商不高，情商高的人，生命中不乏贵人及时出现予以帮助。

智商高，情商不高的人，总是觉得无人赏识自己这一千里马。

智商不高，情商也不高的人，最后必将一事无成、注定会失败。

情商高的人不仅知道自己的情况，还对别人的情况了如指掌，能够利用多种手段了解别人的能力，包括别人行事的动机与方法，还有性格特点。对他人的动机目的都能猜得八九不离十，并且能够根据这些做出巧妙地应对，他们对自己有清楚的认识和判断。

沟通的艺术还强调说话的时间、地点及具体的场合。根据场合的变化，当然需要采用不同的语言表达方式，言语表达本来就没有什么一成不变的规则和程序。

我们不难发现生活中那些善于沟通的人，他们处世圆滑，上上下下都能打成一片。沟通是非常重要的。在我们的日常工作中离不开沟通，推销员由于特殊的工作性质更是要随时和客户沟通，家庭生活中夫妻二人也需要沟通，沟通的过程其实就是各种信息的传递，可以说我们的周围充斥着各种各样的信息。人本身就生活在社会中，具有社会性，人在社会中就必然面临各种复杂的人际关系网，彼此的交流、帮助和娱乐都离不开沟通。懂得巧妙地沟通，我们的人际关系就会和谐，有了这些人脉网对我们的成功也是有帮助的。但是可以确定的是只有情商高的人才能进行有效的沟通。

那些成功的演说家和政治领袖总是能在人群中突出自己，高明的演说家能迅速将观众的情绪调动起来。

点金术：高情商的人总是能巧妙地利用语言进行沟通，并在沟通中将自己的观点传递给他人。

第十课

培养团队情商

一　团队情商的重要性

多注意他人

每个人都有自我意识，或者说，每个人都希望被认同。如果对方感到他在你心目中的地位很重要，他对你的感觉就不会太差——一个喜欢别人、尊重别人的人是不会被讨厌的。

有些人自视甚高，他们很看重自己却总是忽略别人，总是在不经意间流露出对别人的轻视，于是渐渐远离群体。让别人觉得他们在你心中很重要，你才会受到欢迎。

如何使对方产生重要的感觉呢？首先必须保持礼貌上的尊重，关键是你要把他放在心上，这其中有一些技巧可以使用，比如：

对方关心的事，你也要关心。他对自己的利益、健康、家人都很关心……你只要也关心这些事情，他就会把你当成自己人。

对方欣赏的事，你也要欣赏。他欣赏自己的成就、能力、风度……你只要对他的成就、他的能力、他的风度……表现你也很欣赏，他就会认为你是钟子期再世。

请教对方擅长的事。多向对方请教自己不懂他却擅长的事情，增长见识的同时又能赢得对方的好感，一举两得，何乐不为？

“己所不欲，勿施于人”告诉我们，你希望别人怎么对待你，你就应该怎么对待别人。

你轻视一个人，你就会对他的一切表现出不关心的样子。你重视一个人，你就会重视他的感受，关心他所处的状况。你的态度他能够感觉到，并且会同样反馈给你。当你想改善和巩固跟某个人的关系时，只需要把他放在心上。

十多年前，美国前国务卿奥尔布赖特曾担任BON电影公司的公关部经理。巨大的职业挑战，以及现实生活中的琐碎矛盾都围绕着她，但她巧妙地使这些烦琐的事情顺畅起来。

比如，她的下属总会在某一个繁忙的下午突然收到一张小卡片，上面写着诸如“你辛苦啦”“你今天做得很棒”之类的安慰鼓励的话语。丈夫生日那天，她会提前一个人事先布置好家庭小舞会，就这样，在繁忙工作的间隙，她用短短的时间，把一份又一份快乐送给了他人。

她曾经说：“大家的节奏都那么快，大部分人都忘了一些最基本的问候，表示友好的小细节总是被忽略。其实正是这些细小的方面拉近了人与人情感的距离。”

她又说：“一个人的真挚和诚意能够通过一份小小的问候体现出来，使他人感到温暖。人们总是渴望沟通与交流，而这些细小的方面能够起到巨大的作用。那张卡片就是我的代言人，它是对我个人形象、风度的一个最佳传播，而且在他们心中隐含着对我的那一份谢意，会使他们更认为我是一个完美无缺的人，因此，他们会忽略我的缺陷，更包容我。”

显然，奥尔布赖特的这一番言论很有意义，人与人的关系不一定体现在大事上，细节更能体现你的友善。

重视工作，快乐生活，分享愉悦，这正是处理人际关系的要诀。

维也纳著名心理学家亚佛·亚德勒在《人生对你的意识》这本书中说：“不对别人感兴趣的人，他将经历更多的困难，对别人的伤害也最大。这种人是最容易失败的人。”

生活中很多很多的问题，就是因为双方或者一方的忽视引起了种种仇视和敌意，并带来数不清的麻烦。如果将互相关注变成一种习惯，这个世界将变得更加温馨美好。

点金术：不对别人感兴趣的人，他将经历更多的困难，对别人的伤害也最大。这种人是最容易失败的人。

学会分享与合作

有这样一则寓言：

有两个好多天没有吃饭的穷人，快要饿晕了。这时，一位善良的老人出现了，给了他们每人一件礼物：一根鱼竿和一篓鱼。两个人各拿了一样东西离开。得到一篓鱼的人迫不及待地吃起鱼来，没几天就把鱼吃完了。不久，他便饿死了。而得到鱼竿的人则强忍着饥饿走向海边。当他看到蔚蓝色的大海时，力气已经用尽，他最后也饿死了。

后来又有两个穷人，遇到了一模一样的情况。收到老人的礼物之后，他们坐下来商议了一番，然后一起去寻找大海。在途中，他们每天分享一条鱼。经过艰苦跋涉，两人终于来到了海边。从此，两个人合作捕鱼，并且都组建了幸福的家庭。

我们能从这则寓言中学到这样一个道理：一个人的智慧和力量总是有限的，你要想成功，就必须学会分享和合作。

访问美国时，日本松下集团的老板松下幸之助曾被问道：“美国人和日本人，您觉得谁更优秀？”这个问题比较尴尬，其他记者都觉得提问者过于冒失。但松下幸之助马上回答：“美国人确实很优秀，假如一个日本人和一个美国人比试的话，美国人一定能赢过日本人。”在场的所有美国人都因为得到“经营之神”的夸奖而喜笑颜开。

不料，松下幸之助又继续说：“集体的力量是日本人所看中的，他们会为团体和国家不顾一切。假如10个日本人和10个美国人比试，肯定是势均力敌，而如果将数量换成100个的话，我相信日本人将略胜一筹。”美国记者们这回全部呆了，却又禁不住暗暗夸奖。

在松下幸之助的公司里，团队精神是选拔人才的首要条件，那些特立独行却没有团队精神的员工，才能多大都不能进入松下集团。

在国内，集体力量成就了蒙牛集团的崛起。蒙牛集团董事长牛根生说："为了达到蒙牛人'强乳兴农'的目标，全体管理人员及员工加强配合，自动自发地工作，百分百执行，克服了各种各样难以想象的困难，所以才能发展壮大蒙牛的事业。"

集体的合作使蒙牛创造了这样的商业奇迹：十几个人，集资1000万元，在不到五年的时间内，这个企业的产值已经达到了50亿元。如此的发展速度，在整个世界上都是数一数二的。

在任何一个知名企业内部，团队精神都是十分重要的，日本著名的索尼公司正是如此。

> 在盛田昭夫创业初期，索尼公司是一个小企业，只拥有20多名员工。一位名叫井深大的新员工被招进来，他是优秀的电子技术专家，有着丰富的产品研发经验。当盛田昭夫要将新产品研发的重任交给他时，井深大的第一反应是拒绝："我？全权负责？我没有这个魄力啊。"
>
> 盛田昭夫却很相信井深大，他说："俗话说'好钢要用在刀刃上'，我相信你的能力，希望你发挥全力，带动其他人。你的项目对企业来说意义重大啊！"
>
> 井深大虽然是个很自信的人，但他很明白这个项目的重量，仅凭他井深大一个人的力量，不可能完成这个任务。所以他还在犹豫："我的经验还很不足，虽然我愿意担此重任，但更不想让您失望啊！"
>
> "研发新产品原本就需要不断探索，关键是你要和大家齐心协力，要在这方面发挥你的优势！"盛田昭夫鼓励他说，"只要集合大家的智慧，什么困难不能解决呢？"
>
> 井深大恍然大悟，有种豁然开朗的感觉："没错，我怎么这么糊涂，不是还有这么多员工吗，我为什么不能把大家的力量融合，团结大家一起奋斗呢？"
>
> 于是，井深大挑起了这个重担，开始全权负责索尼公司的产品研发。
>
> 首先，他来到市场部，在销路不畅的问题上听取销售员们的意见。销售员们告诉他："磁带录音机卖得不好是有原因的，一是每台净重达45公斤太笨重；二是每台售价16万日元，不适合普通人，结果半年了产品还是摆在柜台上。您研发的新产品，要是能够更加轻便、低廉就更好了。"井深大很赞同大家的意见。
>
> 接着，他去找信息部的同事。信息部的同事告诉他："目前美国人采用的晶体管生产技术，机身轻便，成本也低。建议您在这方面多加研究。"井深大很受启发，连忙道谢，并表示他会关注这个方向。
>
> 在新产品的研制过程中，他投身生产第一线，在和工人的紧密合作中终于攻克了一道道技术难关，在1954年，日本最早的晶体管收音机试制成功，成为市场上十分畅销的产品。

从此，索尼公司进入发展的新生代！作为公司的灵魂人物，井深大也就任索尼公司的副总裁。井深大在索尼公司的发展中，充分展现了灵魂人物的作用，他结合所有员工的特点开展工作，最大限度地发挥了团队的力量，因而取得了成功。

点金术：一个人的智慧和力量总是有限的，你要想成功，就必须学会合作和分享。

好的人际关系助成功

怎样使一滴水永不干涸，唯一的办法就是将它放入大海。一个员工，如果不能充分融入团队之中，就不能充分发挥才能，创造最大的价值。

安踏掌门人丁志忠曾说：51%与49%，是父亲教给我的“黄金分割”比例。他使我明白做事情时都要让别人占51%的好处，自己只要留49%就可以了。一直这样下去，他人必然会认同、尊重、信任我。

几个朋友赶路时，其中一个人拾到一把斧头，很高兴。其他人也都高兴地说：“真是好运气，我们拾到了一把斧头。”那人却纠正说：“不是‘我们拾到了’，而是‘我拾到了’。”过了一会儿，斧头的主人追过来想要回斧头。拾到斧子的人不自觉说：“唉，我们完了。”这时一个朋友说：“不是‘我们完了’，而是‘你完了’。”

后来，这个捡到斧头的人与大伙儿关系越来越远，大家谁也不愿意和他一起赶路，他成了个“独行侠”。

我们都知道，大雁是成群飞行的，队形不是“人”字形就是“一”字形，但更多的时候是排成“人”字。科学家通过实验证明，雁群一起飞行，和孤雁相比，能多飞72%的距离。原因是：当雁群排成“人”字形飞行时，开路的头雁翅膀扇动能引起气流，帮助两边的大雁减少飞行阻力，其他大雁也是如此，从而使雁群能在天气变冷之前到达目的地。雁群向我们揭示了一个深刻的道理：合作促进成功。

每一个企业都要求员工具有团队精神。“独行侠”式的员工，个人能力强却不善于合作，因而很难取得长期的成功。苹果电脑创始人史蒂夫·乔布斯的一段坎坷经历，就能给我们一些启示。

史蒂夫·乔布斯22岁就开始创业，仅仅用了4年时间，就把苹果公司打造成了一个市值高达20亿美元的大企业，有4000多名员工。乔布斯本人也有了2亿多美元，许多媒体称他为创业奇才，他一时间名利兼收。

但接下来，乔布斯遇到的事情令人匪夷所思——他被人赶出了自己一手创办的公司。这件听起来很离奇的事情其实有很大的必然性。

乔布斯年轻气盛，具有火爆的管理风格。在苹果公司，他就像一个高高在上的国王，蔑视底下的所有员工。苹果公司的员工都视他如瘟神，甚至不敢和他同乘一部电梯，唯恐乔布斯会在短短的乘电梯时间里就炒了他们的鱿鱼。

最后，他亲自聘请的优秀经理人斯卡利也对乔布斯的跋扈忍无可忍，加上两人对公司前景看法不一，矛盾无法调和。斯卡利公然表示：“苹果公司如果有乔布斯在，我就无法执行任务。”

公司董事会被迫在势同水火的两人之间做一个取舍。结果，董事会支持斯卡利，因为他更善于团结员工，发挥大家的积极性。史蒂夫则被解除了一切实权，仅仅有董事长这个虚名。这一年，乔布斯仅仅30岁。

乔布斯后来回忆说：“苹果是我整个成年生活的重心，我失去了它，这是毁灭性的打击。”

在被踢出局的头几个月，乔布斯的生活陷入茫然，他甚至想过要逃离硅谷。但最终他决定要在跌倒的地方重新爬起来。

自己的苹果公司解雇了自己，后来在乔布斯看来，这是他所经历过的最棒的事情。因为他在这个时候重新发现了自己的价值，并进入了创新的高潮期。他又建立了几家公司，后来其中一家被苹果收购。于是在1996年，乔布斯又重新回到了苹果公司。

此时苹果公司发展并不好，经营低迷，财政开始萎缩。1997年9月，乔布斯重返苹果公司担任CEO，开始在公司内实行各种改革。终于在次年第四个财政季度创造了近两亿美元的利润，这对于苹果来说是起死回生的效果。

重返苹果公司的乔布斯已年届中年，他仍记得当年被迫离开苹果的场景，而且他还经历了一次癌症的打击，差一点因此失去生命。因此，他的性情发生了改变。即便因企业改组的需要，不得不解雇一批员工时，他也显得相当谨慎，甚至称得上“感情用事”。

他说：“这是我亲身经历的例子，这或许能改变你看问题的方法。一旦你有了孩子，就能明白人人都来自于父母，应该有人像爱自己的孩子那样爱他们，这是一个简单的道理，但却被许多人忽略了。因此，现在的我解雇苹果的员工要比以前痛苦许多，但这就是工作。我设身处地地想象他们回家告诉妻儿自己被解雇的情景，以前我从未这样感情用事过。”

乔布斯，当年那个人见人怕的“瘟神”，拥有了“心慈手软”的特质，但令人诧异的是，改变之后的他更加成功，更加受人爱戴。

史蒂夫·乔布斯的才华是不可否认的，他一手创建了苹果公司，由于特立独行，不能参与团队合作，结果被赶出了自己的公司。幸亏乔布斯醒悟及时，否则世界上又要少一位连比尔·盖茨都钦佩的天才，多一个才高无德的害群之马了。

可见，才华和地位并不是成功的关键因素，缺少了团队精神，影响了公司的发展，是不会成功的。

点金术：成功之中蕴含两个因素，15%取决于个人技能，而85%取决于人际关系。人际关系与个人技能就好比机遇与才华，假如没有机遇，才华便无用武之地。

学会有效沟通

在公司中，大家的工作目标相同，彼此之间做好沟通是十分重要的。

有一则寓言说，一株树长在农夫的田里，只有麻雀和蝉停在树上休息。农夫想砍了这棵没用的树。麻雀和蝉请求农夫不要砍树，它们会以歌声回报他。农夫对此不感兴趣，继续砍树，树上很快被砍出了一个大口子。这时，一个有蜂窝和蜂蜜的树洞被农民发现了，他尝了尝蜜，停止了砍树，并且还小心地保护这棵树。

麻雀和蝉以唱歌作为交换条件劝阻农夫砍树，完全是白费工夫，因为他们没有对症下药。而蜂蜜让农夫尝到了甜头，自然就不愿意砍树了。要想让别人听从你的意见，你必须了解他的喜好才能达到自己的目的。

在职场中，人人不同，各方面的利益更复杂，沟通的时候难免产生各持己见的情况，甚至可能导致争论。这时，我们应该把握好自己的语言。说出去的话就像泼出去的水一样，一旦产生伤害，后悔都来不及，因此，我们要使用合适的语言，掌握与别人沟通的技巧，在背后说闲话这种事是要特别避免的。一位职场资深人士说得好：不要在同事之间互相诋毁，因为你们还将在一起工作很久；不要在上司面前诋毁同事，因为上司比你看得清楚；不要在同事面前表达对上司的不满，因为比起你，他更忠于上司；不要在更高的上司面前埋怨顶头上司，因为他们的利益关系比你大。

一般来说，个人沟通障碍的产生，有多方面的原因，主要是由于心理隔阂、沟通信息不准确、语言运用不当、交流时间紧迫等。

下面这个例子说明了一些道理：

有几个商人去做生意，渡江时搭乘了同一艘渔船，不料途中遇到暴风雨，眼看渔船就要被掀翻了。情况十分危急，船家下达了命令：为了保证船身不下沉，船上多余的东西必须扔掉。于是，商人的货物陆续被船家扔了下去。最后，只留下船家自己的一个箱子还在船上。

商人们见状很生气，在船家不注意的时候，合伙将那个沉重的箱子扔进了水里。不料，失去了箱子的船马上漂了起来。商人们万万没有想到，那个木箱里装满了沙石，缺少了箱子船就会翻。

本来船上的人团结一致就能过河，结果船还是翻了。其原因之一就在于船家没有及时与其他人沟通好。如果商人们很早就知道木箱的用途，就不会发生这种悲剧了。

18世纪70年代初，费城聚集了北美13个殖民地的代表，他们在协商独立大计，并决定由富兰克林和杰斐逊草拟《独立宣言》，由杰弗逊执笔。

"宣言"写好后，委员会审查他们送校的草稿。杰弗逊正值年轻又才华横溢，不愿意别人来品评他的作品。在外面等待的时候，他显得很不耐烦。老成持重的富兰克林看出他的想法，就想先劝一劝杰弗逊，但不想引起争端，于是灵机一动，就告诉杰弗逊：

一家帽店新开张，主人觉得招牌必须醒目，于是，他在招牌上写道："约翰·汤普森帽店，制作和现金出售各式礼帽。"招牌下面则画了一顶帽子。他让朋友们评论一下。一个朋友说"帽店"和"出售各式礼帽"，建议删去其中一个。另一个朋友则建议省略"制作"一词，因为顾客只关心质量和式样。第三位朋友则说"现金"二字多余，因为一般来说顾客不会赊账。最后，又有一个朋友说"出售"二字也是多余的，因为谁也不指望你白送给他。他又想了想，看到下面画的那顶帽子，建议删了"各式礼帽"。

招牌挂出的时候，上面的"约翰·汤普森"几个字格外醒目，下面画着一顶礼帽。所有人都说这是一块好招牌。

杰弗逊听了这个故事之后会心地笑了，情绪渐渐平静了下来。后来，《独立宣言》在众人精心推敲之后发布，成为经典文献。

当事人沟通技巧高超，巧妙地说服他人，实现了自己的意图，促成了《独立宣言》的诞生。同样，在职场中，沟通的意义也是不能否认的，一个员工如果不善于和老板、上司、同事沟通，在本职工作都勉强的情况下，又怎能成为一位优秀员工呢？

点金术：在公司中，大家的工作目标相同，彼此之间做好沟通是十分重要的。

求同存异

每个人都希望一起合作的人恰好是自己喜欢的人，但由于各种原因，事并不总遂人意。你不喜欢你的合作伙伴时，要学会用一定的方法来应对。

兵法上说，敌人的敌人就是朋友，讲的就是合作。历史中也确实有这种情况，相互敌对的两个国家，打得不可开交，却在第三个国家入侵一方时，联手起来反抗。其实他们考虑的是各自的国家利益。道理是一样的，有时候你和不喜欢的人有共同目标需要合作，这时候死要面子绝对不是个好办法，正确的方法应是求同存异。

哈蒙曾是全世界最伟大的矿产工程师，他是著名的耶鲁大学毕业生，又在德国弗莱堡攻读了3年硕士学位。他想在美国矿业主哈斯托那里求职。哈斯托的脾气很怪，他不喜欢那些文质彬彬的、专讲理论的矿务工程技术人员。

当哈蒙去找哈斯托时，哈斯托说："我不喜欢你的理由是因为你读了一肚子书，我想你的脑子里一定装满了一大堆傻子一样的理论。我这里并不欢迎这样的人。"

于是,哈蒙假装胆怯,对哈斯托说道:"您要是对我的父亲保密,我可以说实话。"哈斯托表示他可以守约。哈蒙便说道:"其实在弗莱堡时,我没有做研究,我只是在工作挣钱积累经验。"

哈斯托很欣赏他,连忙说:"好!这很好!这正符合我的要求,你明天就来上班吧!"

当然,不是所有的问题都能用这样一句话就可以解决。当你被迫与自己不喜欢的人合作时,以下几点需要注意:

(1)要忍让。吃亏是福,不要为了一点小事破坏关系。

(2)要主动接受对方。你主动和对方打招呼,对方就会感受到你的友好。你很客气地提出的一些问题,他们可能会考虑你的建议。

(3)要为对方着想。站在对方的角度考虑问题,从而找到最好的沟通方法。这样有助于双方关系的改善。

(4)要接受他人的独特个性。每个人的个性都是不同的,要相互尊重。切忌不要强迫别人接受你的观念。

(5)要去想对方做对了的事。要学会发现对方的优点。

(6)要以自己的言行去感化对方,影响对方。自己亲切的态度和方式一定能够感染对方,赢得尊重。

合作则双赢,不合作也都得不到好处,人的一生肯定会在团队中遇到不喜欢的人,如果你之前还没有学会与不喜欢的人合作的话,那么你要尽快学会。

点金术:有时候你和不喜欢的人有共同目标需要合作,这时候死要面子绝对不是个好办法,正确的方法应是求同存异。

注意团队精神

黑熊和棕熊都喜食蜂蜜,而且都以养蜂为生。它们各有一个蜂箱,养着同样多的蜜蜂。有一天,它们决定进行比赛,看谁的蜜蜂产的蜜多。

黑熊想,蜜的产量取决于每天蜜蜂对花的"访问量"。于是它买来了一套昂贵的测量蜜蜂访问量的绩效管理系统。在它看来,蜜蜂接触的花的数量就是其工作量。因此,每过完一个季度,黑熊就公布一次每只蜜蜂的工作量;同时,黑熊还设立了奖项,奖励访问量最高的蜜蜂。它从来不告诉蜜蜂们它是在与棕熊比赛,而只是让它的蜜蜂比赛访问量的多少。

棕熊与黑熊想得就不一样。它认为蜜蜂能产多少蜜,关键要看它们每天采回多少花蜜——采的花蜜越多,酿的蜂蜜也就越多。于是它直截了当地告诉众蜜蜂:它在和黑熊比赛,看谁的蜜蜂产的蜜多。它也花了不多的钱买了一套绩效管理系统,测量每只蜜蜂每天采回的花蜜的数量以及整个蜂箱每天酿出的蜂蜜的数量,并张榜公布测量结果。它也设立了一套奖励制度,重奖当月采花蜜最多的蜜蜂。如果这个月的蜂蜜总产量高于上个月,那么所有蜜蜂都会受到不同程度的奖励。

一年过去了,两只熊查看比赛结果,黑熊的蜂蜜产量还不及棕熊的一半。

黑熊的评估体系很精确,但它评估的绩效与最终的绩效并没有直接关系。黑熊的蜜蜂为了尽可能提高访问量,都不采太多的花蜜,因为采的花蜜越多,飞起来的速度就越慢,每天的访问量就越少。另外,本来黑熊是为了让蜜蜂搜集更多的信息才让它们竞争,但由于奖励范围太小,为搜集更多的信息，竞争变成了相互封锁信息。而且由于蜜蜂之间竞争的压力太大，即使一只蜜蜂获得了很有价值的信息，比如，某个地方有一大片槐树林，它也不愿与其他蜜蜂分享此消息。

而棕熊的蜜蜂就不一样，因为它不只限于奖励一只蜜蜂，为了采集到更多的花蜜，蜜蜂们相互合作，嗅觉灵敏、飞得快的蜜蜂打探哪儿的花最多最好以后，然后就回来告诉力气大的蜜蜂一起到那儿去采集花蜜，剩下的蜜蜂则负责贮存采集回的花蜜，将其酿成蜜。虽然采集花蜜多的能得到最多的奖励，但其他蜜蜂也能捞到部分好处，因此，蜜蜂之间远没有达到人人自危、相互拆台的地步。

同理，一个企业若想取得成功，员工间的相互配合和团结的精神不可缺少，这样才能对企业起到推动作用。

点金术：一个企业若想取得成功，员工间的相互配合和团结的精神不可缺少，这样才能对企业起到推动作用。

以双赢为目的

合作需要双方当事人具有无私精神，需要共享利益。有些人的私心太强，什么利益都想自己独吞（或占大头），凡涉及名利之事都想自己优先，将他人排斥在外，自己不肯吃一点小亏；有些人功利主义的色彩太强，对合作者采取实用主义的态度，用得到他人的时候，什么都好商量，用不到他人的时候，则采取将人一脚踢开、理都不理的态度。

若是一个人对合作者采取这样的态度，那么永远都合作不好，甚至有可能散伙。

吉田忠雄是日本吉田工业公司的董事长，而吉田工业公司又是世界上最大的拉链制造公司，年营业额达 25 亿美元，年产拉链总量 84 亿条，其总长度长达 190 万公里，足够绕地球 47 圈。吉田忠雄本人被称为是“世界拉链大王”，他说他的成功是因为“善的循环”。这与他小时候捕鸟时接受的捕鸟教育是分不开的。

吉田忠雄的父亲吉田久太郎是一个稳重而又富有正义感的小鸟贩子，他以捕捉、饲养、贩卖小鸟为生。在吉田忠雄 7 岁时，就上山给父亲做帮手。他们从来不捕幼鸟，也不捕喂养期的成鸟。用吉田久太郎的话说，只有保证鸟类能够代代繁衍，这样才可以永远都能捕到鸟，这是一个“善的循环”。这件事在吉田忠雄的心中印上了深深的烙印。在捕鸟、驯鸟的岁月里，吉田忠雄吸收了影响他一生的营养，从鸟儿那里他学到了热爱自由、坚强不屈的性格，为他日后艰苦创业，登上世界“拉链大王”的宝座打下了坚实的思想基础。

在 25 岁时，吉田忠雄创办了专门生产销售拉链的三 S 公司。在 50 岁时，吉田忠雄又建成了世界一流的拉链生产工厂，完成了年产拉链长度能绕地球一周的宏愿。每当有人追问他的成功之道的时候，吉田忠雄总是笑着说：“只不过是爱护人与钱罢了。人人为我，我为人人，不为别人利益着想，自己就不会繁荣。赚来的钱，我不全部花完，而是把一部分作为员工的红利，另一部分再投资在机器设备上。一句话，就是‘善的循环’。”

吉田忠雄信奉“善的循环”哲学。他相信只有在互惠互利的情况下，才能做到真正的“双赢”。公司支付的红利，他本人占有 16%，他的家族占 24%，其余 60% 都由公司员工分享，这是其他老板难以做到的。吉田忠雄还要求公司职员把工资及津贴的 10% 存放在公司里，用来改善设备，提高利润；每年员工可以分到 8 个月以上的奖金，但他要求员工把奖金的 2/3 用来购买公司的股票，由此增加公司资金，提高员工薪水，而且还可以使员工拿到 20% 股息。由此形成了公司与员工之间的“善的循环”。

成功人士的合作方式是一种“善的循环”。因为在与人合作时只想到自己的人,绝不会有好的回报。一切以损害别人的利益来充实自己的利益的人都是卑鄙的,都会受到社会的谴责和公众的鄙视。

点金术:合作需要双方当事人具有无私精神,需要共享利益。

二 融入团队的诀窍

视同事为朋友

在我们的工作环境里,与同事建立良好的人际关系,赢得大家的尊重,无疑对自己的生存和发展都有极大的好处。一个愉快的工作氛围,还可以使我们忘记工作的单调和疲倦,每天拥有好心情。

常人看来,在工作中建立的友情不够纯洁,因为同事之间存在竞争,即便表面一片和平,暗地里也是激流涌动。但这并不是绝对的,无论怎样,多一个朋友总比多一个敌人要好。若能把同事变成朋友,对你来说是百益而无一害的。

几年前,小文和小菲同时到一家银行应聘做职员,由于工作的缘故,她们经常接触,时间久了,两人自然而然地就成了朋友。

如今,虽然她们各自都已成家,但还是经常一起聚餐、逛街、泡吧。有时候,她们还相约到彼此家中走动走动,或者把各自的朋友介绍给对方,久而久之,以她俩为中心,形成了较大的交际圈。

要知道,作为上班族,每天大部分的时间都是与同事一起度过的,如果能把同事变成朋友,而你又能通过对方的人际关系结交到更多的人,那么你的人脉网将得到更好的扩充。

很多人都认为,和朋友、同事在一起,不仅能拥有更多的共同语言,而且还能增加彼此间的沟通和了解,提高工作效率。

小林在房地产开发公司任职,他说由于平时工作繁忙,加上自己周末又是最忙的时候,与朋友相聚的时间非常少。因此,他就把同事当作朋友,每当遇到不如意的事时,他会在下班后,约上几个关系要好的同事去喝茶聊天,郁闷的情绪很快就会烟消云散;遇到高兴的事,他也会约同事找个地方好好地庆祝一番。

要想让同事把你当朋友对待,你首先就要以朋友的身份去面对你的同事,以下几点需要你注意:

1. 要学会安慰和鼓励同事

当同事自己或者家中遭遇什么不幸,或是工作情绪非常低落时,往往最需要别人的安慰和鼓励。这时,你应该学会安慰和鼓励同事,他一定会对你的帮助心存感激。

2. 向同事提供善意的帮助

帮助别人是与别人建立友谊的一种有效方式,在同事最需要帮助之时,伸出援助之手,往往会让他们铭记终生，打心眼儿里感激你。

3. 有困难及时向同事求助

建立良好的人际关系的前提就是要互相帮助。你帮别人，也要在适当的时候向别人求助。有些人向来不爱求人，认为那会给别人添麻烦，但有时求助别人反而能表明你对他的信赖和重视，在一定程度上能起到融洽关系和加深感情的作用。

4. 有好事就告诉同事

在公司里有了什么喜事，你事先知道了，就告诉同事，让他们也享受这份快乐。比如逢年过节的时候，单位里经常会发一些物品、奖金等，你提前知道了，或者已经领取了，就应该告诉同事，能代领的就帮忙代领。如果你预先知道了却不吱声，那么同事就会认为你不合群，缺乏团体意识和协作精神，就不会把你当朋友对待。

5. 和同事交流生活中的一些私事

有些私事不能说，但有些私事说说也无妨。比如你的男朋友或女朋友的工作单位、学历、年龄及性格脾气等，如果你结了婚，有了孩子，就说有关于爱人和孩子方面的话题。在工作之余，都可以顺便聊聊，这样既可以加深你们之间的了解，又可以增进彼此的感情。倘若连这些内容都保密，从来不肯与别人说，怎么能与同事成为朋友呢？

你主动跟别人说些私事，别人也会向你说，遇到棘手问题时你们还可以互相帮帮忙。你什么也不说，什么也不让人知道，人家怎么能信任你？信任是建立在相互了解的基础之上的。

点金术：与同事建立良好的人际关系，赢得大家的尊重，无疑对自己的生存和发展都有着极大的好处。

尊重别人的私人空间

在与人结交的时候，要尊重别人的私人空间。一般情况下，不要做侵犯别人“领地”的事情，因为每个人都有自己的“领土意识”。这在职场里表现得尤其突出。如在办公室侵犯别人“领土范围”的方式：未经同意就坐在同事的桌子或椅子上，或坐在主管的房间里等等。

张琪在一家公司工作已经5年了，平日里她踏实肯干，和同事的关系也处理得非常融洽，尤其和隔壁办公室的周敏关系更要好。但自从她无意间侵入了周敏的领地之后，周敏就明显地疏远了她。

那天，张琪给周敏递送一份文件，恰巧周敏不在，张琪就顺势坐在了周敏的椅子上等她，无意中看到桌子上摆着的一个笔记本，就顺手翻了翻，所看到的都是一些简单的工作记录。正翻着的时候，周敏回来了，看到这样的情形她心里极其不满，虽然当时没有当面表现出来，但对她的态度已经变得冷淡了。

张琪的错误在于她的行为侵犯了周敏的领土范围，首先她不应该坐在她的椅子上，其次更不该翻看她的笔记本。虽然里面没有什么秘密，但毕竟是私人的东西，偷看了，别人肯定会不高兴。

每个人都有较强的“领土”意识，举一个很典型的例子来说明这种意识的强烈程度：家是一个人自由支配的领地，谁若未经允许闯入他人家里，轻者遭对方责骂，重者恐怕要遭一顿追打。所以，在事关“领土”的问题上，一定不要含糊。在没了解清楚情况之前，千万不要贸然闯入别人的领地，万一误入雷区，后果是无法想象的。

在职场上，我们与同事相处，一定不要冒犯对方的“领土”范围。尽管这种领土意识看起来似乎很荒唐，但在现实中确实是存在的，你不仅不能忽视它，更不能去冒犯它。

点金术：与同事相处，一定不要冒犯对方的“领土”范围。

三 高情商带来高效团队

洞悉心情

虽然人的心理很难用法则来规范统一，但是人的心理却有些共通之处，因此为人处世也要掌握一定的智慧。能够在世上左右逢源的人必定是能洞悉人情世故奥妙的人。

凤姐左右逢源、八面玲珑的性格，让她被称为是《红楼梦》里最会办事、最擅长办事的人。一天，邢夫人把凤姐找来，向凤姐小声说道：“叫你出谋划策的。老爷因看上了老太太屋里的鸳鸯，要她在房里，叫我和老太太讨去。我怕老太太不给，你可有法子办这件事么？”凤姐听了，忙赔笑道：“依我说，别碰这个钉子去。老太太离了鸳鸯，饭也吃不下去的，哪里就舍得了？太太别恼，我是不敢去的。明放着不中用，而且反招出没意思来。老爷如今上了年纪，行事不免有点儿不妥，太太劝劝才是。”邢夫人冷笑道：“大家子三房四妾的也多，偏咱们就使不得？我劝了也未必依。就是老太太心爱的丫头，这么胡子苍白了又做宁府的一个大儿子，要了做屋里人，也未必好驳回的。我叫了你来，不过商议商议，你先派上了一篇不是。哪有叫你去的理？自然是我说去。你倒说我不劝，你还是不知老爷那性子的，劝不成，先和我闹起来了。”凤姐知道邢夫人禀性愚弱，只知奉承贾赦以自保，家下一切大小事务，俱由贾赦摆布。儿女奴仆，一人不靠，一言不听。如今又听邢夫人如此的话便知他又弄左性子（性情执拗、乖僻），劝也不中用了，连忙赔笑说道：“太太这话说得极是。我能知道什么轻重？想来父母跟前，别说一个丫头，就是那么大的一个活宝贝，不给老爷给谁？依我说，要讨，今儿就讨去。我先过去哄着老太太，等太太过去了，我搭讪着走开，把屋子里的人我也带开，太太好和老太太说。给了更好，不给也没妨碍，众人也不知道。”邢夫人见她这般说，便又欢喜起来，又告诉她道：“我的主意先不和老太太说。老太太要说不给，这事便死了。我心里想着先悄悄地和鸳鸯说。她要是害臊不言语，就妥了。那时再和老太太说，老太太虽不依，搁不住她愿意，常言‘女大不中留’，自然这就妥了。”凤姐笑道：“到底是太太有智谋，这是千妥万妥的。别说是鸳鸯，凭他是谁，哪一个不想巴高望上，不想出头的？”邢夫人笑道：“正是这个话了。你先过去，别露一点儿风声，我吃了晚饭就过来。”

凤姐暗想：“鸳鸯素来是个极有心胸气性的丫头，虽如此说，保不严她愿意不愿意。我先过去了，太太后过去，她要依了便没得话说；倘或不依，太太是多疑的人，只怕疑我走了风声，叫他拿腔作势的。那时太太又见应了我的话，羞恼变成怒，拿我出起气来，倒没意思。不如同着一齐过去了，她依也罢，不依也罢，就疑不到我身上了。”想毕，因笑道：“才我临来，舅母那边送了两笼子鹌鹑，我吩咐他们炸了，原要赶太太晚饭上送过来。我才进大门时，见小子们抬车，说太太的车拔了缝，拿去收拾去了。不如这会子坐了我的车一齐过去倒好。”邢夫人听了，便命人来换衣裳。凤姐忙着服侍了一会儿，娘儿两个坐车过来。凤姐又说道：“太太过老太太那里去，我若跟了去，老太太若问起我过来做什么，那倒不好。不如太太先去，我脱了衣裳再来。”

邢夫人听了有理，便自往贾母处。

凤姐左右逢源、灵活变通的艺术可见一斑。若是有好事儿,她肯定是三步并作两步跑在最前头;要是估摸没什么好儿,她则施展一招绝活,将“皮球”踢给别人。从此事中已见凤姐推法之妙。从这件事中,不难看出凤姐儿的做人处世之道技法之高。

人们都沉浸于“海阔凭鱼跃,天高任鸟飞”,却不知海不阔天不高之说。在现实生活中,客观环境往往就不允许你跃,不允许你飞,所以你要学会应变,做到左右逢源。

做到左右逢源需要从六个方面入手。

1. 方与圆:方是做人的脊梁,圆是处世的锦囊

过度的方,刚愎自用,锋芒毕露,有勇无谋;过度的圆,唯唯诺诺,毫无主见,畏首畏尾。如何把握?只有靠个人的把握与感悟。正是如此,才有了聪明与愚蠢的差别。

2. 刚与柔:过柔则靡,太刚易折

该刚则刚,该柔则柔;人刚我柔,人柔我刚。运用自如,游刃有余,这样你就能是笑到最后的人。

3. 表与里:为人应表里合一;察人须由表及里

做人要表里如一,而且要重在充实里。做人要讲艺术,表里如一是艺术,表里不如一也是艺术。揣摩并从其中找到奥妙与乐趣。

4. 礼与兵:礼使人雅,兵使人威

遇到事情究竟是先兵后礼,还是先礼后兵,兵礼兼用时如何把握彼此的“度”,这些道理都是需要我们在长期过程中慢慢学习和理解的。

5. 忍与抗:忍得难忍之事者,抗则无往不胜

忍耐是人最基本的生存智慧。忍一时风平浪静,退一步海阔天空。人,就应该在忍耐中生活,在生活中忍耐。有时候你忍耐住刚强直率的性格与对手周旋,是抗的良策。相反地,硬碰硬的结果往往是两败俱伤。

6. 从与违:舍己从人无违缘

探讨这个话题,至少应该弄明白三点:你该从什么?你该违什么?怎样让别人从你?其实天下的道理都是善于总结分析的人通过自己的、前人的宝贵经验和实践总结而得来的,这在我们看来深奥而一时无法理解。然而对我们来说,重要的不是记住这些文字,而是要学会将这些道理运用于实践之中。

点金术:人际关系的好坏是决定人生成败的重要因素。

保护信用

信用是一个人在交往时必备的素质,讲信用会让对方从心理上产生交往安全感,愿意跟你深交。如果说讲信用是一种做人的美德,那么,让人觉得你是可信的则是一种心理策略,一种人际关系中的大哲学。

春秋五霸之一的晋文公带领军队攻打原国,事先与官兵约定三天结束战争。到了第三天,原国还没有被攻下来,晋文公就命令撤退回国。

这时,晋方的间谍回来报告说:“原国人支持不住,就要投降了。”晋方有的将领主张暂缓撤兵,但晋文公却坚持认为与其为得到一个原国而失信,还不如不要它,因此坚决撤回了围攻的军队。

晋文公尽管放弃了唾手可得的胜利,却成功树立了自己诚信的形象,赢来了下属的敬重。

这样看来，他战争中的损失也就算不得什么了。

一个讲信用的人，才会得到支持，才是有所作为的人。大多数人都愿意和信誉度高的人交往，大到言出必信，小到守时守信，显示出来的均是一个人的品格和素养。

西周成王即位时年龄很小。一天，他和弟弟叔虞在后宫玩耍，一时兴起，就摘下一片桐叶给叔虞，说："我封你为王。"

次日，大臣史佚义正词严地要求成王正式给叔虞划定封地。成王说："我这是和他在做游戏，怎么能当真呢？"史佚板着脸说："君无戏言。"

成王马上清楚了这句话的分量，就把黄河、汾水以东的一百里地方封给了叔虞，这个诸侯国就是春秋中后期强盛一时的晋国。

据记载，宋太祖某天答应要任命张思光为司徒通史，张思光欣喜不已，一直引颈期望宋太祖正式任命，但是始终没有下文。张实在等得不耐烦，于是想办法旁敲侧击。

张思光故意骑着瘦马晋见宋太祖，宋太祖觉得奇怪，于是问他："你的马太瘦了，你一天喂多少饲料呢？"张思光回答："一天一石。"

宋太祖又疑问道："不少啊！可是每天喂一石怎么会这么瘦呢？"张思光又冷冷地答曰："我是答应每天喂它一石啊！但是实际上并没有给它吃那么多，它当然会那么瘦呀！"

宋太祖听出了话外之音，于是立刻下令正式任命张思光为司徒通史。宋太祖最终通过自己的行动兑现了诺言。

现实生活中，人与人之间的交往要做到"言必信，行必果"。只有言行一致，拥有一言既出、驷马难追的气概，才能得到别人的信服。此外，遵守约定也是取信于他人的必备要素。在交往中我们难免要与他人订立一些口头上的协议或某些规则。只有做到"言必信，行必果"，对方才会完全信任你。

历史书上记载有个叫尾生的人，他是当时著名的遵守约定者。他与女子相约在桥下会面，逾时女子没来，河水暴涨，他宁可淹死也不失约离去，故有"抱柱之信"的说法。今天我们看他的做法似乎不太理智，但其精神却流传千古。

中国人历来把守信作为衡量一个人为人处世、齐家治国的基本品质。贾谊说："治天下，以信为之也。"小信成则大信立，治国也好，理家也好，经商也好，交友也好，时时刻刻要把信用二字常放心间。

清代顾炎武曾赋诗言志："生来一诺比黄金，哪肯风尘负此心。"体现出了他信守承诺的处世态度和内在品质，一诺千金的典故便是由此而来的。信用不像钱那么简单，只要你有钱，就可以立即把资金汇入银行，要取就取。而且，信用也不会像钱这样来得容易、用得方便，要取得信任需要长时间的积累。因此，长期的努力积累是建立信任的必备条件。

轻诺必寡信，多易必多难。一个人如果经常失信，一方面会损害他本人的形象，另一方面还将影响其事业。信誉、许诺是非常严肃的事情，对不该办的事情或办不到的事，切记不能鲁莽应允。只要许诺，就要想方设法去兑现自己的诺言，只有这样才能取得信任。

对于社会大环境中的每个人来说，诚信是最高明的处世之道，也是最有效的成功素质。人无信不立，不做力所不能及的许诺，不做言而无信、背信弃义的丑行，这才是有魅力的人、靠得住的人。

点金术：纵使万般艰难，也须言行如一，表里如一，背信弃义的行为是坚决不能做的。

适当示弱

通常,我们都会对比自己优秀的人心怀嫉妒,而对比自己弱势的人则不设防,甚至是以同情心对待。针对社交中普遍存在的这种心理,我们在与人交往的时候,就不妨收敛强势,多示弱,以避免不必要的冲突。古往今来,那些社交能力强的人,一般都很善于向别人展示自己柔弱的一面,从而得以避免诸多不必要的麻烦。康熙皇帝就最典型的例子。

康熙皇帝8岁那年,因祖母的扶持当了皇帝。那时的康熙还是一个什么都不懂的小孩子,他的父亲顺治帝临死前留下遗嘱,命四个满族大臣辅佐他处理国家大事。其中的鳌拜虽位居四大臣之末,但他掌握着兵权,并在不断扩大自己的势力。手握重权再加上他凶残的本性,使得皇帝成了有名无实的傀儡。

当康熙亲政以后,鳌拜还是专横地把持着朝政,根本不把皇帝放在眼里。不但小皇帝对他十分畏惧,就连众大臣也是十分惧怕他。康熙一直想除掉鳌拜,但碍于他的权势,只好先装模作样。表面上,他把所有的精力都放在政治上,暗地里却在训练自己的侍卫。空闲时,他常常亲自督促他们练功、比武,而且,这一切都是在秘密进行,没有走漏一点风声。

某天,鳌拜恰巧有事进宫,却碰见康熙正在观看少年侍卫练武,只见少年侍卫正在捉对儿演习,一个个生龙活虎,皇帝还在场外亲自指导。

鳌拜的突然出现使康熙十分紧张,心想,坏了,如果被鳌拜看出破绽,别说皇位不保,就连身家性命也难以保全。

他灵机一动,表现出无知孩童般的天真,笑着夸奖这个勇敢,奚落那个工夫不到家,说:"来,你和我打一架比比,看看谁比谁更强。"一派贪玩的少年形象。鳌拜一看皇帝如此胡闹,心中窃喜,他心想看来这大清的江山,可能得改姓鳌了。

鳌拜走近康熙,想要上奏,康熙却摆摆手说:"今天玩个痛快!明天再说吧,哈哈……"

鳌拜连忙说:"皇上,外庭公文紧急。皇上下次再玩吧。"康熙这才表现出恋恋不舍和不情愿的神色和鳌拜进殿去了。

又过了一段时间,少年侍卫们的武艺练习到了一定的程度,而此时鳌拜并没有起疑心,这时,康熙决定动手除奸。这天,他以公事为幌子,单独召鳌拜进宫。鳌拜哪里有什么防备,骑着马大摇大摆地进宫来了。这时康熙早已站在殿前,一见鳌拜走来,便厉声喝道:"把鳌拜拿下。"只听得一阵脚步响,两边拥出一大群少年侍卫,一齐扑向鳌拜。鳌拜在众多精干侍卫的围攻下,最终束手就擒。

上述事件就是成功适用示弱之法的体现。

可见,在与人交际中,示弱是避免冲突、保全自己的最佳方法。而如果你总是以强硬的态度去对待别人,只会收获更多的排挤、打击,使自己沦为落败之人。

点金术:在与人交际中,示弱是避免冲突、保全自己的最佳方法。

以德服人

在现代社会,用宽广的胸襟去包容、软化对手是人们所欣赏和提倡的应变之术。然而,以宽容对待敌意、化敌为友的策略也仅仅适用于处理内部矛盾或冲突。虽然内部的矛盾或冲突一般不会有根本的利害分歧，但是如果事情真的发展到双方成为敌对关系的程度，那么也就有了某种危机，如果矛盾处理不当，就会导致矛盾激化。而如果双方都拥有宽广的胸怀，能够大度地包容对手，那么，他们不仅能避免矛盾激化，而且会渐渐扩大人脉圈。

完璧归赵和渑池之会两次重大事件，蔺相如表现出了其非凡的应变能力。赵王因为他的功劳大，于是任命他做上卿，职位在廉颇之上。

廉颇知道后很不服气地说："我当赵国的大将，有攻城略地的血汗之功，可是蔺相如只凭着能言善辩之劳，如今职位却比我高。再者蔺相如出身卑贱，我不能忍受被他踩在脚下的屈辱！"并扬言道，"如果我碰见蔺相如，一定要羞辱他。"蔺相如听见这话，为了避免与廉颇发生正面冲突，索性称自己生病了，连朝也不上，不肯与廉颇见面，也不愿和廉颇争论高下。过了些日子，蔺相如出门，廉颇远远望见蔺相如的车马，急忙命令随从驱车上前去羞辱他。蔺相如连忙让车夫驱车绕道躲开。

门客们都相继找到蔺相如说："我们之所以远离家乡前来投靠您，就是因为爱慕您的崇高品德啊。现在您和廉颇将军的职位一样高，廉将军在外面讲您的坏话，您却不敢出面反驳，连我们这些做下人的也觉得毫无颜面可言，何况您还身为丞相呢！我们实在无法忍受，请允许我们告辞回家吧！"

蔺相如笑着对门客们说："你们看廉将军和秦王哪个厉害？"门客回答说："自然不如秦王。"相如说："秦王比廉将军厉害，而我还敢在秦国的朝廷上斥责他，羞辱他的群臣。我连秦王都不怕，难道单怕一个廉将军吗？我之所以避开廉将军，是因为我有这样的顾虑：强大的秦国之所以不敢发兵攻打我们赵国，只是因为有我们两个人在。倘若我们不和，强秦就会乘虚而入。我怎能因一己之私而不顾大局呢？"

这番话传到廉颇耳中之后，廉颇深感惭愧，便解衣赤背，背上荆条，由宾客引着到蔺相如府上谢罪，说："是我以小人之心度君子之腹，多亏您胸襟开阔，不然必会酿成大祸。"

从此以后，两人和好如初，共同辅佐赵王。

事实上，宽待他人是有标准的，其基本的指导思想是"和为贵"。宽容待人，以和为贵，是处理内部争斗、过节乃至家庭矛盾等问题的有效方法。在现实生活中，大多数的成功者都很懂得如何运用这种战略战术。

点金术：宽容待人，以和为贵，是处理内部争斗、过节乃至家庭矛盾等问题的有效方法。

第十一课 男人情商训练

富自寓于险

如果人生没有大胆的冒险,便一无所获。

美国著名的《商业月刊》评选出20世纪80年代最有影响的50名企业界巨头,他们身上所拥有的基本素质的首要一条就是富有冒险精神,不怕摔跟头,不怕失败。古语说:"富贵险中求。"风险是商界避免不了的问题,却也是机会。李嘉诚提到自己60年致富的秘诀时说,假如一年在银行里存一万块钱,那么几十年后,总共也只不过是数十万而已,而如果将这些钱投入到风险很大的行业中去,通过这样的累加,几十年之后就可能会有数亿。所以,赚钱有时如同一个赌局,要想赢得大,就要有敢赌大的魄力。事实证明,谁敢于承担风险,谁就能在商场上处于优势地位。

当史玉柱怀揣着东拼西凑的4000块钱孤独地在深圳的大街小巷上游荡时,谁会料到会有后来"巨人"的辉煌。更不会有人想到,一个看起来温文尔雅的书生竟有如此大的魄力。当时,为了推广自己辛苦研制的M-6401桌面排版印刷系统软件,史玉柱开始了人生的第一次豪赌。他给《计算机世界》打电话登广告,内容为"M-6401:历史性的突破",广告费用高达8400元,但他要求先登广告之后再付钱。这就意味着倘若广告失败赚不到钱,他只能付得起一半的钱,然后,逃之夭夭。

两周后,他收到了总计15820元的三笔汇款,两个月后,他进账10万元,他终于靠冒险一搏的胆量和勇气赚取了生活中的第一桶金。尔后,他又把这些钱全部投入广告,四个月后,他成了百万富翁。

第二年,他研制出M-6402文字处理软件系列产品,并来到珠海,成立了属于自己的巨人公司,立志要做出中国的IBM。

不久,他那敢于与风险打赌的天性又起作用了,他决定:全国各地的电脑经销商只要订购10块"巨人"汉卡,就可以免费参与位于珠海的"巨人"订货会。此举遭到公司上下一致反对,而史玉柱为此付出了数十万元的代价。结果却是:有200多位来自各地的经销商来到珠海,为史玉柱编织了一张当时中国电脑业最大的销售网络。第二年,"巨人"汉卡在全国同类产品之中销量居第一,盈利逾1000万。

史玉柱是中国第一批下海的知识分子中的一个。经济时代,从“学而优则仕”到“学而优则商”的转变给中国知识分子开创了更多的致富机会。可中国传统文化推崇中庸之道,“随遇而安”、“安身立命”、“知足常乐”等传统思想深深印在知识分子的脑海里,这些准则常常使他们故步自封。然而,哪有什么绝对的中庸和安稳?生活本来就是有风险的。工作有失业的风险,婚姻有离异的风险,即使真心相爱也会有离别的风险,活着,有死亡的风险……想成功,就要有面对失败的勇气。“高风险,高收益”不仅是企业经营的基本定律,更是成就个人的黄金法则。

对于一个追求财富的人而言,承受怎样的风险都是应该的,因为,拒绝了风险就等于拒绝了收益,没有风险是不安全的。

比尔·盖茨建立微软帝国,始终是全国首富,靠的就是强烈的冒险天性。在他看来,成功的首要因素就是冒险,不管什么事业,假如没有了风险,也就剔除了成功的机会。他一直都保留着这种想法。他甚至认为,一个没有风险的工作是不值得花心力去尝试的,只有风险才能使事业跌宕起伏、充满趣味。

他从学生时代就开始自觉培养自己的冒险精神,第一年进入哈佛大学的时候,他给自己制定了一个非常危险且具有挑战性的策略:逃掉大部分课,直到快期末的时候再开始学习。他想通过这种冒险,检验自己是否能以最短的时间拿到最高的分数。他成功了,通过这个试验,他具备了作为一个企业家的素质:如何以最少的时间和成本获得最高的回报。

比尔·盖茨喜欢和速度冒险,他拥有两部保时捷汽车和两艘快速游艇,一个人驾驶汽车横穿沙漠,开着飞机在崇山峻岭上空飞行,驾着游艇遨游大海,甚至常常接到超速的罚单……他一直在训练自己的冒险精神。也正是因为如此,养成了他争强好胜、勇于冒险、自信面对挑战的性格,并且有了惊人的行业控制力。

当然,风险在带来机会的同时,也有可能带来失败。因此,当人们获得少部分财富后通常愿意去尝试冒险,而一旦获得一定的成功或拥有一定财富则趋于保守,不愿冒险。事实上,正是这种心态造成了很多人在事业上止步不前。真正的成功者往往是具有足够胆量去承担风险,并且会为了扩大利益而再去扩大投资的人。

爱迪生为了找到经济适用的灯丝,失败过上万次,终于发明了电灯……如果所有的人都惧怕失败,逃避风险,人类将无法进步。

点金术:所谓“生于忧患,死于安乐”,平静的背后其实潜藏着更大的风险。成功和机遇都是与风险相伴的,财富离不开胆量与智慧。一个成功的企业家少不了胆识,因为“冒险是上帝对勇士的最高奖赏,不敢冒险的人是没有福气接受上帝恩赐的财富的”。

想赢就要敢打敢拼

人生的旅途很遥远,也很暗。然而,不要怕,不怕的人才有路。

“三分天注定,七分靠打拼,爱拼才会赢!”叶启田一曲《爱拼才会赢》传唱神州大地,数十年不衰,现在听了,还会让人有所触动,它道出了依靠胆识和智慧才能创造美好生活的道理。市场难免有潮起潮落,优胜劣汰是商业的竞争规则,丰富的人生少不了“敢作敢为”的行为。

比尔·盖茨为什么能在竞争激烈的现代经济中独占鳌头?那是因为,自从他走上商路之后,就一直信奉"敢打敢拼才能获胜"的商界准则。他从不服输，永不退缩忍让，更不会妥协，他要不断地争取胜利，让一个个对手都败在他的手下。久而久之，他的出现让对手都感觉到害怕。

香港首富李嘉诚从一无所有，到塑胶花大王，再到地产大王，再到新经济的倡导者，一步步走向了成功。我们从他的经历中可以发现，无论身处何种困境，只要努力、敢打敢拼，就能让自己拥有一个胜利的未来。

很多时候，成功者和失败者的区别只在于是否具有非凡的胆识以及敢于拼搏的精神。

在富豪们看来，成功就是不要因为只看到风险而不敢前进，而应该具备"没有金刚钻，也敢揽瓷器活"的勇气。要想别人想不到的，做别人不敢做的。

李书福正是靠着这种信念和果敢创造了他的神话。

1993年，李书福在参观某大型国有摩托车企业时，被摩托车势头正紧的产量与销量吸引住了。于是，他提出希望能为该企业制造车轮钢圈配件。结果，对方不屑地回答："一个民营厂，怎么配做高科技的东西？该做什么还做什么去！"

李书福却不信邪，反而激发了斗志，想自己制造摩托车整车。结果，周围一片反对声，就连他弟弟也反对他说："万一车祸死了人，可就是千年砍柴一夜烧啊。"可李书福决心已定，任谁也动摇不了他的决心。

就在要开始行动时，李书福却遇到了一个巨大的障碍——民营企业想拿到摩托车生产许可证简直难于登天。于是，他想了一招"借船出海"，花费数千万把一家国有摩托车生产厂买了下来，那是一家有生产权的工厂。

七个月后，该厂开发出国内同行业还没有发明出来的摩托车覆盖模具，并率先研制成功四冲程踏板式发动机。紧接着，又与嘉陵这种强大的公司合作，投产"嘉吉"牌摩托车。不到一年，国内第一辆豪华踏板式摩托车问世，打败了中国台湾和日本在中国的同类车型，占据国内踏板车销售榜首。

刚刚取得的好成绩并没有让李书福满足，他开始乘胜追击。到1999年，吉利摩托车就已经卖掉了43万辆，实现产值超亿元，赢得"踏板摩托车王国"的美誉。现在，他因为能够生产出百姓轿车吉利而远近闻名，并为此成了中国汽车界的风云人物。

李书福的成功来自于他什么都不畏惧的执着精神和进取精神。

做人、做事、做生意的道理都是一样的，逆水行舟，不进则退。

一天，日本三洋电机的创始人井植岁男的园艺师对他说："社长先生，你有这么成功的业绩，而我却像树上的蝉，一生困于树干，太没出息了。你是否能传授一些致富的方法给我呢？"

井植岁男爽快地答应了，说："好，你有做园艺的特长，这样吧，我工厂旁有2万坪空地，我俩一起合作种树吧！买一棵树苗要多少钱？"

"40元。"

"那三年后呢？"

"大约是3000元。"

"好，以一坪种2棵计算，扣除走道，2万坪大约种25000棵，树苗的成本就要花掉100万元。这100万元和所需的肥料费由我支付，你负责做除草和施肥的工作。3年后，我们可以收入600多万元，到时我们一人一半。"

谁知，园艺师拒绝了："这么大的生意我可不敢做！"

于是，他一直都在做井植岁男家的园艺师，按月拿工资，错失了这个致富良机。

很多人都像那位园艺师一样，缺乏致富的胆识，即使有再好的机会，也不敢去尝试，虽然他们不会失败,但也很难取得巨大成功。

在争取财富的道路上,有人担心失败,错失良机;有人害怕困难,追悔莫及;有人享受安逸,碌碌无为。很多人丢失理想,在安于现状中老死。只有少数人怀揣梦想,奋力一搏,成绩傲人。

优柔寡断、四平八稳的人不适合做商人,在商界只有敢于拼搏才有成功的机会,唯有敢搏才会成功。

当年廖镇汉打造微风广场,面对SOGO这个百货业龙头老大的威胁,顶着业界人士的冷嘲热讽,他心里只有一个信念:“不拼,怎么知道不行!”

24岁,挑战50亿的购物广场,他咬紧牙关,不甘示弱,在第一年就实现盈利,让所有人都啧啧称奇。

微风广场的成功不仅塑造了台湾百货业的新风貌,也是廖镇汉人生体验的重要经历。他大胆颠覆台湾百货业的法则,引进国外新品牌,还大胆地让当时并不是很有名的林志玲来代言。而这种敢放手大胆去开创并取得成功的无畏举动再一次证明:有胆量才会促成成功。

点金术:每个人都想成为富人,也懂得如何去做,却总是被各种“万一”和“可能”绊住手脚。即使时机来临,也没有勇气抓住机会。穷人之所以是穷人,不是因为他们没有能力或者毫无机会,而是缺乏拼搏的胆量。

抓住机会,不畏失去

不试怎么知道?只要有1%的机会,就要去做。不做,永远都不会成功;做了,才可能有成功的机会。

东汉的班超深谙“不入虎穴,焉得虎子”之道,还不惜牺牲生命去获取机会,改变危局。

当年,班超因北击匈奴,战功显赫,与郭恂一同被派往西域。初到鄯善国时,国王非常殷勤周到,但没过几天,就态度大变。班超觉得奇怪,便想是不是匈奴也派使臣来了,从中作梗?于是,他唤来该国侍臣,对他说:“听说匈奴使臣来贵国已经几天了,现在在哪儿呢?”侍臣听闻,惶恐不已,遂据实相告。

班超一听,果然如此,于是,他秘密召集36名跟随者,激发他们说:“我们只身在他国,如能结盟成功,自然飞黄腾达,有享不尽的荣华富贵。可是,匈奴使臣才来不久,鄯善王就不把我们放在眼里。现在,别说结盟,搞不好,哪天我们就成了匈奴的阶下囚,被置于死地。大家说怎么办?”生死存亡之地,部下们自然将生死交由班超调遣。

就这样,班超率36人不仅一举拿下匈奴使臣大营,还与鄯善王成功结盟了。

由此可见,只有那些能够为了成功而争取机会的人,才有机会成功,当然,也必然存在风险。老虎没逮到,失去生命也有可能。前路一片黑暗,跨过去时,可能会掉进陷阱、深渊,粉身碎骨;但也有可能就此前途一片光明,荣登高峰。但是,唯一肯定的是:停滞不前,也许能暂保安全,却会错过良机,懊悔不已,前面的道路也会充满黑暗。因此,当机会来临时,管他龙潭虎穴,且先试一试,拼一拼。

所有人都不想失败,一心想过舒适的生活,更害怕失去已有的东西。可是“舍不得孩子套不着狼”,没有风险的地方,也就没有什么利润。对于一个想要追求财富的人而言,所谓的舒适安稳,可能反倒成了人生的鸡肋、行动的障碍。因为,每个人都想享受安逸的生活,有吃有喝有点小钱,倒也是乐事一桩,但这种享受会让你失去警惕生活当中残酷现实的心理,忘记拼搏的意义,然后,又在你妥协生活、磨灭志向时狠狠给你一记耳光。

因此,舍不得鸡肋是干不成大事的。当然,舍了鸡肋也未必会成功,甚至可能连骨头都没得啃。有的人用掉一生的积蓄,向银行、亲友借贷,也可能投资失败,血本无归,甚至负债累累;而有的人放弃安逸的工作,全力创业,也许兜兜转转之后又回到原地,反而错失了高额的收入、升迁的机会,可是,一旦成功,却能峰回路转,改天换地。福勒就是这样一个典型的人。

福勒幼时家境不好,从小母亲就教他要思考如何致富,走向富有的念头占据了他全部的心思。刚开始工作时,他选择了肥皂业。最初,他跟其他辛苦可怜的推销员差不多,挨家挨户地推销肥皂。12 年后,他积攒了 2.5 万美元。这点积蓄是他 12 年辛苦工作的全部财产。

可是,当得知自己所在的肥皂公司要以 15 万美元的价格被拍卖时,他兴奋极了,忘掉了自己只有 2.5 万美元的事情,并与那家公司签订协议:先交 2.5 万美元的保证金,10 天内将其余的付清,否则,他的全部家当——那 2.5 万将不予退还。

这是一个很冒险的举动,他把自己逼上了绝路,可是,他却一点绝望和害怕的想法都没有,一想到自己将要成功,他就兴奋不已,仿佛看到了胜利的曙光。

于是,他开始筹钱,12 年以来的推销工作让他拥有了很广的人脉,终于借到了 11.5 万元,只差一万元了。可是,快要到第十天了,他开始有些发愁。

但是,福勒并没有因此而放弃,他走上街头,甚至在心里暗暗祈求上帝给他指引,遇到能借给他钱的人。终于,走遍 61 号大街,他看到有一幢大楼上还有灯光。此时已是深夜,福勒走进那栋大楼,在灯光下看到一位因为努力加班而劳累不堪的先生。为了能履行第二天的协议,福勒只是抱着一种尝试的心态,鼓足勇气对那人说:"先生,你想赚到一千美元么?"

"当然想了……"那先生被这突如其来的语言给惊住了。

"那么,请您先借给我一万美元,当我还钱时,会另支付你一千美元的利息。"说着,福勒讲述了自己的情况,并把相关资料拿给那位先生看了。

就这样,福勒筹到了最后的一万美元。也正是由于这次的冒险一试,他把握住了难得的机会,渐渐迈入世界巨富的行列。

机会是不等人的,试想,如果福勒没有这种勇闯"虎穴"的勇气和决心,或许,现在还在做推销员。

海尔是中国第一家在美国设厂的企业。1999 年,当海尔美国电冰箱厂在南卡罗来纳州坎登市破土动工时,媒体上就有文件《提醒张瑞敏》,说:"别的企业到美国投资都不成功,海尔也会是同样的结果。"这个提醒,应该说是善意的,因为,当时海尔所谓的国际化进程一度被包括美国《商业周刊》在内的诸多国内外媒体所诟病。但是,张瑞敏却坚持自己的想法,果敢行动。直到 2002 年,张瑞敏才阐明了自己的出发点:"每个人都说我们走向国际会很危险,但有谁能够告诉我不走出国门又有多少安全?"

后来,海尔在美国拥有年均 115%的增长率,公寓冰箱及小型冰箱的市场份额占到 30%以上,冷柜也占了 12%的份额,光是酒柜就占了高达 50%以上的份额。张瑞敏用业绩证明了自己的远见。

机会是均等的,但需要自己去争取和把握。古今中外,但凡取得成功的人都是敢于捕捉机会的。谨慎虽是优点,可是,如果太小心谨慎,就会失去良好机会,成大事者,常常需要"敢入虎穴取虎子"的胆略和魄力。

点金术:正如克劳塞维茨所说:"没有胆量就不算是真正杰出的统帅。"无论战场还是商场,竞争激烈、波涛汹涌,若你不先发制人,终必为人所制,与其等死,不如冒死一搏。

置之死地，背水一战

投之亡地而后存，陷之死地而后生。

生活在亚马逊平原上的雕鹰，正是用这样的方法来训练自己的幼鹰。幼鹰出生不久，就要接受母亲残酷的训练，为了训练他们的飞翔的能力，母鹰不得不把幼鹰推下山崖，有的幼鹰甚至被活活摔死，有的却在空中扑腾着翅膀飞了起来。正因为这种残忍的训练方式，它们才获得了“飞行之王”的称号。

置之死地而后生，只有在失去退路之后，小雕鹰才会全力以赴，激发出最大的潜能。做人也一样，要想有所成就，获得财富，就要在关键时刻把自己逼上悬崖。

古语“必死即生，必生即死”说的就是这个道理。

秦朝末年，天下纷争，赵王被秦军困于巨鹿，只好求助于楚怀王。可秦军强大，几乎无人敢应战。项羽为报杀父之仇，主动请缨，楚怀王封他为上将军。

项羽先派都将英布、蒲将军率两万精兵打先锋，渡过湾水，阻断了秦军的运粮通道，然后，自己率主力渡河。过河后，项羽让士兵们每人只带三天的干粮，并砸掉锅碗、凿沉渡船，连营帐都烧了。他对将士们说：“这一仗，有进无退，三天之内，一定要打退秦兵。”

破釜沉舟之后，士兵们没有了退路，反倒士气大振，将秦军包围后，越打越勇，以一敌百。几次艰辛的苦战之后，活捉了秦军首领，大破秦军，解了巨鹿之围。

这样的故事很多，韩信背水一战、凯撒大帝烧掉战舰誓取英伦诸岛等。拿破仑也经历过这样的事，对此，他评论说：“如果我们想在最恶劣、最不利的环境下取胜，就只有烧掉船只，把所有可能的退路切断，才会拥有必胜的热忱与心态，这是成功的必备条件。”对这一点，希尔更是感同身受。

1908 年，年轻的希尔一边上大学，一边为一家杂志社打工。由于表现突出，杂志社给了他访问钢铁大王安德鲁·卡耐基的机会。他积极向上，精力充沛，有闯劲、有毅力，理智与情感平衡，这样的个性得到了卡耐基的赏识。

他对希尔说：“我向你挑战，我给你 20 年的时间，这 20 年你就一心研究美国的成功哲学并最后得出结论。但是，在这 20 年中，我除了写介绍信帮你引荐人之外，不会在经济上给你支持，你肯接受吗?”

希尔相信自己的直觉，答应了他的要求！后来，希尔在一次演讲中提到此事：“试想：全国最富有的人找我工作 20 年而不付一分酬劳，如果是你，你会接受么?”一般人肯定会认为这是一个荒谬的提议，但希尔把它当作一个机会。在卡耐基的引荐下，他遍访了当时美国最富有的 500 多位名人，分析他们的成功方法。终于，20 年后，他完成并出版专著《成功定律》，大获成功，甚至震动了世界。又过了 7 年，希尔成为罗斯福总统的顾问，并出版了《思考与致富》一书。

为了 20 年的约定，希尔放弃了工作，没有任何报酬，把自己放在绝路上，也正是因为这样，他只能成功，并且一定会成功。

失败并不可怕，绝境也不是终点，可怕的是当你一想到失败，便止步不前，并把它当作是终点。很多人在创业之初，就给自己留了退路，即便失败了，还可以回去继续工作或者读书。

这样的人创业是很难取得成功的，还不如把时间留给工作或学习。因为，他们没有多少压力，遇到困难很容易想到放弃。

点金术:破釜沉舟就是一个化压力为动力的典型例子。确知自己无路可退,懦夫也能变勇士,勇敢地接受挑战,且必将胜利。置之死地而后生,只有不给自己留退路,才能够让自己坚定不移、义无反顾地挑战逆境,追求成功。

聪明的人不和别人争同一个机会

美国的哈佛大学要在中国招一名学生,并且这名学生的所有费用都将由美国政府承担。考试结束了,有30名学生成为候选人。

考试过后第十天是面试的日子,30名学生及其家长云集在上海的锦江饭店等待面试。

主考官劳伦斯·金在饭店的大厅一现身,立刻被围了起来。考生们用熟练的英语向他问候,有的干脆直接用英语进行自我介绍。

有一名学生,不知是站起来晚了,还是因为其他原因,总之,没来得及围上去。他站在那儿,不知如何是好。

这时,他看到了被冷落一旁的劳伦斯·金的夫人,就去和夫人聊了起来。他没有做自我介绍,也没有打听面试的内容,而是询问她对上海的感觉。就在劳伦斯·金被围得水泄不通、不知如何招架的时候,他俩却在另外一个角落聊得很投机。

在所有的候选人当中,他的成绩不是最好的,可是,他却被劳伦斯·金选中了。

不管在什么道路上,总会有盲目的人存在,只有能过大众的"独木桥"的几个人才能幸运地成功。因此,在许多关键时刻,要寻找不同的方式,不被大流裹挟前进,这样才有可能走出属于自己的"独木桥"。虽然自己走的是另外一座独木桥,但由于只是一个人走,因此会降低一些难度。这样,属于自己的"独木桥"就成了"阳关道"。

不同的文化、行业和机构的世界观有所不同。新的观念、好的主意常常来自冲破习惯的思想局限,换一个新的领域。因此,面对一个思维对象,不要将自己局限在一个小圈子内,死守一个点。

赵家湾位于黄海边,赵运从小在这里长大。这两年大搞旅游业,外来旅游的人越来越多,一些村民开起了卖海鲜的小吃,赚了不少钱。于是,赵家湾的街头,小饭馆一家挨一家,生意算不上很红火,但也比打鱼种田强多了。赵运高中毕业后,他的父母也打算在那儿开一家小店,给孩子找一个能吃一口安稳饭的职业。不过,赵运却有自己的想法,他认为:开饭店虽有亲友的成功经验可借鉴,做起来也不会有多少困难,但是,现在市场已饱和,很难有大发展。经过认真地调查思考,赵运决定将这里遍地可见的贝壳收集起来,加工成工艺品卖给游客。他请母校的美术老师给自己制定了方案,设计了十二生肖、山水风景、花鸟鱼虫等一大堆草图。他买来各种颜色的油漆、黏合剂和一些工具,挑灯夜战,一个晚上就搞定了三十多件小工艺品。

第二天,赵运将自己的贝壳工艺品带到各处的景点去卖,很多客人被吸引过来了,这一次他净赚了一百多元。干了一年后,赵运扩大规模,成立了自己的"贝雕工艺中心",到当地工商部门注册后,找了几个合伙人一起干,产品卖到了全国各地。

在赵运的家乡,最现成的致富之路就是开饭店、卖海鲜等,很多人都在做这一行,而且还小有收益。当大家都把注意力放在鱼虾鲜贝上的时候,甲壳便成了冷门中的热门,只有懂得利用的人,才能从中挖掘出巨大的效益来。

其实,我们平日看惯了的模式未必总是成功的,大家都在走的路也不一定就是成功的捷径。长期以来,人们都有一种从众心理,最普遍的思维方式会慢慢成为每个人的习惯,后来者只管依葫芦画瓢行事,这就阻碍了创新意识。

在漫长的人生路上,多数人就像在磨道里拉磨一样,不停地走在这个环形道上,走完一圈再走下一圈,无休止地重复、无休止地走动,直到生命的最后一刻。也有一些聪明人,他们不愿意这么走下去,于是另外开辟了一条路子。就这样,他们走出了圈外,看到了很多别人没看到过的新事物,得到了别人没有得到的东西。相比之下,他们的见识超过了常人,因此拥有了更多的财富,成了成功者。这就是再找一条路子的好处。

点金术:聪明的人是不会随波逐流的,他们的高明之处就在于能够把小机遇变成大机遇。然后,再将机遇扩大。他们不随大流,眼光独到,另辟蹊径,在别人还“没睡醒”之前就已经取得了成功。

过于软弱,换来的只是纵容

有些人凡事以“温良恭俭让”为先,遇到事情只知道忍让。结果呢?人们会不会因为他们的平和软弱就改变对待他的态度呢?不,这样只会纵容一些人,让他们更加肆无忌惮。

人们总是把火气发在善良人的身上,因为大家都清楚,这样做并不会招致什么值得忧虑的后果。我们也会遇到这样被撒气的人,他们看起来软弱可欺,所以,常常处于受侵犯、受损害的位置。

如果你也遇到了这种情况,转变做人的态度是十分重要的,不要过分老实软弱以至于对所有的人都心怀敬畏。没有人能够超越人性的局限。人应该有锋芒,虽然不必像刺猬那样全副武装、浑身带刺,但也要让凶猛者下不了口,得不偿失。

徐家明刚参加工作时,和另外3名年轻的同事一起住在单位的宿舍里。徐家明在家里是独子,父母一向对他关爱有加,他从来没有在社会上实践过,这使他养成了畏怯的性格。一来二去,宿舍的所有事情被他一个人包了。他每天都要擦桌子、清理隔日的垃圾,有时候,甚至还要替某些人打饭。一个拥有礼让的美德的人,却受到这种不公平的待遇,徐家明心情很不好。

一个晚上,宿舍里几个人又聚在一起喝酒,之后,又到徐家明的床上耍酒疯。一个醉酒的同事,竟然吐了他一枕头。徐家明忍无可忍,冲出房间去,跑到走廊上拿起拖把,又跑回房间,举起拖把对着那几个人如雨点似的打下去。拖把被人抢下来后,他将一个热水瓶举起来,“呼”的一声摔出老远。

这次事件过去之后,徐家明不肯道歉,对人的态度冷冰冰的。但奇怪的是,别人反而礼貌多了,没有人再欺负徐家明,打扫卫生的事儿,大家也都去做。徐家明以激烈的反抗,为自己找回了公平。

很多人都选择沉默不语,往往是由于他们患得患失,怕这怕那,首先心理上就被吓住了。而无数的事实证明,挺身而出,维护自己的合法利益是应该的,跨过这道门槛,你会发现,没有什么大不了的。转换了人生态度,人生反而变得更加舒坦。

不敢进行第一次反抗,就不会有第二次,因为,你永远不知道反抗胜利的滋味有多好。但迈出了第一步之后,尝到了其中的美妙,你自然就有动力去进行更多次的反抗。久而久之,你就会改变面对自己和社会的态度与方式，由一个甘心受气、只能受气的人，变成一个不愿受气的人。

动物之间是一个弱肉强食的世界，对于人类来说，也未尝不是如此，只是在人类的世界里表现得不那么明显而已。许多软弱的笨男人认为“人欺天不欺”，自我安慰老天爷终究是不会亏待自己的。这种阿Q式的精神胜利法只会使别人觉得你是一个逆来顺受的人，天生老实可欺。任何事都怕成定式，一旦造成这种结果，你就会如同一个稻草人一般，连小鸟都敢在你头上拉屎。如果你觉得那让你很窝囊，就要勇敢地站出来，维护自己的权利。否则，你的处境只能越来越糟。

点金术：“人善被人欺，马善被人骑”“吃柿子拣软的捏”，这些形象的比喻用一句大白话来说，就是“老实人吃亏”。

“以恶制恶”，在气势上占得领先地位

在人际交往中，有些人因自己具有地位、学识、年龄等优势而表现出一副瞧不起人的样子来，或者极端地蔑视他人，或者大肆地攻击他人，有时甚至还恶意地侮辱他人。这样的行为会给其他人带来不必要的伤害，因此，必须予以抑制而不让其恶性发展下去。

鲁迅先生讲过一个事例，颇有代表性：

你租借了别人的一间房屋，房子又老又潮湿。房东眼中只见房租，完全不考虑你的健康问题。

你哀求房东：“开一扇窗户吧。”房东不肯。

你说：“工钱我来付。”房东还是不肯。

这时，你就要拿上铁镢头，上到房顶。然后，你说：“我要在房顶上开一片天窗。”

这时，房东会怎样呢？房东会急忙喊道：“千万别刨房顶，开窗户比较好。”

俗话说：恶人自有恶人磨。你只要显示出一副很难被侵犯的样子，他就不能不有所提防，尤其当你摆出一副鱼死网破的架势时，他更会自觉地考虑后果。所以，在遇到恶人的时候，必须表现出让对方害怕的气势，粉碎他的无理要求。

冯玉祥任西安督军时，被告知有两个外国人跑到终南山去打猎，打死了两头珍贵的野牛。冯玉祥把他们召到西安，责问道：“你们就这么跑到终南山打猎，和谁打过招呼？领到许可证没有？”

对方回答：“我们打的野兽没有主人，用不着通报任何人。”

冯玉祥听了，带着怒气说：“终南山是陕西的辖地，野牛生长在中国的领土上，怎么是无主呢？你们不经批准私自行猎，这是违法行为。”

两个外国人狡辩说：“这次到陕西，在贵国发给的护照上，不是准许带枪吗？那么，我们就被允许打猎了，怎么是私自打猎呢？”

冯玉祥反驳说：“准许你们携带猎枪，就是准许你们打猎吗？假如也允许让你们带枪，难道就表示你们可以在中国境内随意杀人吗？”

其中一个外国人不服气，继续说：“我在中国15年，所到之处都是可以打猎的。中国的法律根本没有规定外国人不准在境内打猎。”

冯将军冷笑着说：“确实没有这样的条文，但是，难道有准许外国人打猎的条文吗？你在中国15年都没有被禁止，那是他们昏庸。现在，我身为陕西的地方官，我没有昏庸，我有保护国家

野生动物的职责,就非禁止不可。"

听着冯玉祥将军咄咄逼人、理直气壮的话语,再看看他那一股正气,两个外国人发毛了,只好承认了错误,交出了猎枪。

正气凛然、咄咄逼人的硬话的确能够起到很好的效果。在说服高傲的人时,一定要在气势上发挥关键作用。

正常情况下,一个人不宜惹是生非,而应该尽量保持一种沉稳的态度。但有些时候,在有些地方,有些人就是掌握了人们有这样的心理,才得寸进尺,硬拿不是当理说。所以,面对对方的野蛮无理,必须以"恶"碰恶,据理力争,绝不能迁就软弱。如果这时你还是这么老实,就会付出比一般人更大的代价。

点金术:若你畏畏缩缩、矮人一截,不敢和人针锋相对,别人就不会把你的话当回事。反之,如果你理直气壮、临危不惧,在气势上压倒对方,对方自然就会重视你的意见。

做人,要棱角与策略兼顾

有句古话说:"气血之怒不可有,理义之怒不可无。"就是说,不应该为意气用事而发怒,但为大义真理而动的怒却是不可少的。理义之怒的积极作用在于:它是一种带有很强的感情色彩的形式。它以愤怒的脸色、激昂的语调和严厉的措辞来表明自己的立场与感情,它有很强的刺激性和震撼力,能产生积极的效果和威慑作用,对方也会因此而改变行为方式。因此,其特有的交际价值是不应否定和忽略的,若运用得当,就会有意想不到的收获。

有人说"没有愤怒的人生是一种残缺"。若即使尊严与信仰都不被人尊重,也不发怒,那还是人吗?但是,面对挑战你的人,先硬还是先软,则要因事、因时、因人而异。

1963年,因父亲遗产问题,曾宪梓在哥哥的多次催促下,动身来到了泰国。曾宪梓的叔父以为这两兄弟要联手对付他。于是,便有了这么一个场面:

一大早上,三个笑容可掬的长辈来到了曾宪梓哥哥的小店铺里,一定要把曾宪梓请过去"喝个茶、吃个饭"。曾宪梓客气了一番后,随他们来到了曾桃发的公司。待所有人就位以后,叔父们立即改变了刚才亲切温和的态度,纷纷对曾宪梓大加指责:"你看你,像什么话,一点道理也不懂。来了泰国这么久,都不来见见自己的叔父叔母。你这算什么?真没规矩。"

其实,曾宪梓到达的当天就拜见过他们了。因此,叔公们的劈面训斥令曾宪梓一头雾水。之后,叔父们的语言更加激烈了,原本便极富自尊心且血气方刚的曾宪梓终于忍耐不住,做了黑脸的莽汉,大发雷霆:"你们真是太让我气愤了!我本来应该尊重你们,因为你们是叔父。但自从你们开始满口胡言,玩弄这些骗人的把戏,你们就再也不配得到我的尊重了!"

曾宪梓的一番严厉的语言,令原本气势汹汹的叔叔们顿时气萎势缩且百口莫辩。但,倘任其怒火蔓延,将刚才的怒言怒语说个不停,便有可能使原本已有的胜势转瞬即逝。于是,曾宪梓又恢复了原态,不失时机地给叔父找台阶:"叔父凭着自己的劳动和智慧,打拼出如今这么庞大的事业。对此,我从心里感到佩服。对于父亲未完成的事业,我想叔父们也会让我努力一番的,以便试试曾家子弟的本事。"

对于曾宪梓这番不软不硬的话,叔父们再也无言反驳,只好让他一步,让他按照自己的心思做事。

人们发怒，其实是一种情感的表达，可以影响对方的言行。但是，要达到目的，仅有"怒言"不行，还必须善于讲理，只有道理讲得合情合理，人家才能心悦诚服。怒气中说理与正常情况下的发言是不一样的，它的特点是抓住要害，短兵相接，入木三分，使人闻之震颤，思之有理，"以威助理，以理攻心"是怒气发言能够让人信服的特色。

怒言来自激动的情绪，如果不善于控制，任其发泄，就会走向极端。因此，对具有积极作用的怒言，要适时地克制住。这种克制体现在：

1. 发怒的状态要适度

不可"怒发冲冠"，不能"怒不可遏"，而应"怒不失态"，恰到好处。

2. 怒言谈吐有分寸

盛怒之下，语调难免高昂，但不要揭别人的短，让别人下不了台。

3. 时机把握恰当

"怒"到一定程度，就要适时降降温，转换口气，缓和气氛，不能"得理不让人"，一怒到底。如果任怒火放纵，一怒而不可收拾，不管你的出发点有多好，都难免把事情搞糟。

点金术：对待有些人，如果一开始就软，他还以为你是一个好欺负的人，而对你更加强硬；如果你硬到底，他下不来台，来个"死猪不怕开水烫"，你也没办法。真正聪明的人，应当适可而止。

嗅觉灵敏，先人一步

也许你会说："是的，我也懂得信息的重要性，可我不是商业间谍，怎么可能搜集到信息？"实则不然，只要你利用好五官，就可以掌握很多信息。你的朋友、你的竞争对手、报纸、杂志、电视、网络等都是你的信息来源；食堂、酒会、舞会、咖啡屋都能成为信息的源泉。生活当中到处都有信息，善于观察生活的人，对信息的敏感性强，总有一天会抓住成功的机遇。

随着人们生活水平的提高，市场的需求也在悄然改变，假如你整合好一切的信息，找到这个点，财富就会在你身边积聚起来。

朱莉娅，28岁。克莱格，29岁。他们是美国一家旅行公司的创始人。这家公司给游客提供了很贴心的"旅游超市"的服务方式，它创立于1997年12月，1998年的销售额是100万美元，第二年就升到了359万美元。

克莱格、朱莉娅是一对夫妻，在介绍他们的"旅游超市"时，克莱格说："当时，还没有出现服务这么宽的公司，绝对是物超所值。"目前，该旅行公司能在一个房间里给游客提供十全十美的服务，包括订票、购买旅游指南和探险服，以及与旅游相关的其他事宜。

大学毕业后，这对夫妻整整花了3年时间研究旅游市场。他们频繁地参加以旅游为主题的会展以获取经验。"我们想办一个既独特又给人带来视觉冲击力的旅游公司。"夫妻俩把自己的创意告诉了Retail设计公司，让他们帮忙做形象策划。这家著名的设计公司极少为小店做设计，但他们被克莱格夫妇的创意打动了，觉得他们的想法既新鲜又独特，一定能吸引许许多多的旅游爱好者，从而挣大钱，于是就给他们设计了一个很特别的店。

在克莱格夫妇这家旅游超市里，一进门就能够感受到旅游的浪漫。顾客可以浏览数以百计的旅游手册，还可以通过交互式电视先完成整个世界的虚拟旅行。门口处有一个两层楼高的多媒体中心，环形的屏幕上显示着美妙动人的景色。顾客可以一边欣赏，一边向旅游顾问咨询,勾画自己的梦之旅。这样温馨的情调使他们很快就出名了,这种旅行社立即在美国风靡起来,并向欧洲蔓延。

克莱格夫妇成功的关键在于他们做足了市场调查,分析了市场潜力,了解了顾客的品位及需求。这一切,与他们热爱生活、积极亲近生活、向生活学习的习惯是分不开的。

生活中,商机无处不在。许多白手起家的创业者,就是因为抓住了珍贵的机遇,从此顺利地开始了自己的“掘金”生涯。

被誉为中国红顶商人之一的陈东升,他在下海经商之前就发现,在中国现阶段,最好的致富途径就是“模仿”,只要是中国没有的外国东西,就可以做起来。很长一段时间,他都会在新闻联播的最后看到这样的新闻:某某在伦敦索斯比拍卖行买了一幅凡·高的名画。然后,电视上就会出现一个50多岁的老人,站在拍卖台上,“啪”的敲一下锤子。他想,中国文化长达五千年,有丰富的文化遗产,这个一定能做得起来。于是,他在中国办了第一家拍卖公司——中国嘉德国际拍卖有限公司。第一次拍卖,销售额就达1400多万人民币。

我们的生活时刻都在改变,每一天都有新的机遇产生。有的人目光敏锐,很快就能找到自己想要的,投身于创造财富的事业中去;有的人却来去匆匆,就算机会来了也抓不住。发现机遇最紧要的是对头脑的训练和素质的提升,即使你一时还不知道该怎样着手,也不要着急,复制他人的成功模式,也是不错的方法。这样,虽然在这个世界中你不能成为第一个吃螃蟹的人,但是,在一个有限的范围内,你是第一人,因为世界无限大,你的生活相对于世界来说太小了,或者说,你只需要在一定的范围内成功就可以了。

比如陈东升,他并不是拍卖公司的发明者,但是,他接受了外来信息,使它变成了自己的东西。对于刚刚起步的人来说,不要刚开始就给自己定下无法实现的目标,如果眼光看不到发达国家,那么,就先看中国,看本市,看这条街。虽然并不是每个行业都可以进得去,但多关心四周的环境,机会来临时,到底能不能成功,在心里盘算一下,就可以略知一二了。

致富的信息来源于生活的积累。只要你的脑袋储存了足够多的信息,大脑的工作速度自然就会加快,对信息进行分析、思考、判断、推理之后,你会找到最适合自己的行事方法,这就是创造力的来源。

点金术:信息是事物的核心,是成功的钥匙,掌握的信息越多,知道得越细,你获胜的可能性就越大。

要想不被淘汰,必须提升自身能力

在学校学的东西是不够的,在工作中和生活中所需要的相当多的知识与技能,需要我们在社会实践中求得。时代正在急速发展,各种技术变化很快,这就对生活在这个时代的人提出了新的学习要求,如果你不求上进,不通过学习来改造自己,那么,你跟不上时代的发展是必然的。

20世纪90年代,在一辆开往西部的火车上,梳着分头、戴着近视眼镜的李咏看上去朝气蓬勃,但他的内心却彷徨不已。那时的他表情严肃,时常一坐好几个小时,默默无语。后来,他转行做主持人,1998年他第一次主持的电视节目播出时,他发现自己说的话竟然没有一句被保留的。他让身为制片人的妻子准备了一个笔记本,将自己主持所出现的问题都记下来,哪怕是最细微的毛病也不肯放过,然后逐条探讨、改正。一个幽默又亲切的新李咏,就是这样诞生的。

即使今天其身价已过4亿,成为中国最具影响力的主持人之一,李咏也未放弃面“本”思过。

成功,来源于人的能力;而能力,则取决于人的学习。不断地刷新自己,正是成功的奥秘。

人的一生是很宝贵的,其中有很多时间都是在学习知识、受教育的过程中度过的。可能有人认为,过了宝贵的青年时期,就没法再读书学习了,到了晚年就更不可能学习什么东西了。实际上,学习的时间是不分年龄段的,哪怕只是利用一些空闲的时间,哪怕已经人到中年,你一样可以继续读书学习,甚至获得意想不到的成就。

有位记者曾问亚洲首富李嘉诚:“李先生,您的成功靠什么?”李嘉诚斩钉截铁地说:“靠学习,不断地学习。”不断地学习知识,是李嘉诚成功的奥秘!

李嘉诚勤于自学,无论何时何地都不放弃学习。打工期间,他坚持“抢学”,创业时不忘学习,在经营自己的“商业王国”期间,仍孜孜不倦地学习。李嘉诚每天工作十多个小时之后,仍然坚持学英语。早在创办塑料厂时,他就特地请来一位私人教师,每天早晨7点30分上课,上完课再去上班,天天如此。当年,在香港会说英语的华人很少。懂得英文,使李嘉诚可以直接飞往英美,参加各种展销会,谈生意也可以直接和外国人交流。如今,李嘉诚已年逾古稀,仍爱书如命,坚持不断地读书学习。

李嘉诚说:“在知识与经济同步的时代,如果你有资金,但缺乏知识,就没有最新的讯息,那么,无论何种行业,你越拼搏,就越可能失败;如果你有知识,没有资金,小小的付出就能有回报,还会获得成功。跟数十年前相比,如今知识和资金所发挥的作用是不同的。”

很多走出校园、走向社会的人再也不想进修了,这种人以后是不会再有什么进步的。反之,做学生时可能是不突出的,但步入社会后仍然勤勉踏实地自觉学习的人,一般都会有很大的进步。一张文凭的“保鲜期”能有几年?知识在当今更新的速度特别快,在一些高新技术领域,今天学到的知识明天就会被“刷新”。须知,在现代社会中,不及时充电很快就会面临没电的后果。

如果不继续学习,就赶不上时代的脚步,就有被淘汰的危险。学会学习,一切都会随之而来。可以说,学习是一切成功之母。只有善于学习、懂得学习的人,才能掌握撬动命运的杠杆。

点金术:一个人要想改变自己的命运,方法当然有很多,这其中,提高自己的素质是必不可少的,尤其是文化素质。因为,现在的社会竞争是知识的竞争,没有知识就只能被淘汰。一个人只有不断地学习,不断地进取,才能发现新源泉,增长新才干,开拓新的局面。

遭遇挫折时,试着改变自己

当无力改变环境时,最好让自己有存在感,否则“我”消失了,理想与抱负也就消失了。一个铁锤下来,石头会碎裂,但橡皮泥却能够将铁锤的力量吸住,不但没有碎裂,反而还包住了铁锤。这种力量,才是让人生畏的!

或许,在人生当中你还没有遇到过什么困难,不过,人际关系上多多少少会遇到一些不愉快,那么,做一块橡皮泥吧,让人看到你的柔软、你的吸纳与包容。不要做石头,橡皮泥可以变回原形,可是石头裂了,就再也补不回来了。

杜建所在的公司要裁员。不过,在杜建看来,公司裁员是不会和自己有关系的。多年以来,杜建一直都是公司财务部的总监,过硬的专业知识和超强的能力让他始终深受老总的重视。

但是这次，杜建似乎想得太简单了。宣布要进行裁员的当晚，老总竟然打电话给他，要他到自己家里去一趟。这对于杜建来说是一个坏消息。老总要杜建考虑一下，根据目前公司的情况，是否能先去分公司的财务部工作。这个要求被杜建当场拒绝了，他相信自己的能力和才华不应该浪费在一个小小的分公司里，况且，从总公司降到分公司，这也太没面子了。

几天后，公司裁员的名单下来了，随着裁员名单一起下发的，包括公司内部机构调整的名单。虽然遭到了杜建的拒绝，杜建还是被安排去分公司了。

一气之下，杜建交了辞职信。老总挽留不住，就把杜建叫到自己家里，要给他饯行。

饯行晚宴很丰富。吃完饭后，老总对杜建说："时间还早，跟我一起看部片子吧，好久没有看电影了。"杜建不知道老总在想些什么，只好答应了。

他们看的是一部科学纪录片，描述的是在白垩纪、侏罗纪时代地球上的种种生物，包括恐龙、鳄鱼、蜥蜴、变色龙等爬行动物。

影片结束于恐龙的灭绝。杜建站起来要走的时候，老总忽然说了句奇怪的话："那么强大的恐龙灭绝了，但小小的变色龙到现在还存在。适者生存，而不是强者生存啊。"回家的路上，杜建在心里回味着老总的这句话，他想，我该不会就是那只变色龙？

后来，公司有很多人都奇怪为什么杜建最后改变了自己的决定，去分公司的财务部报到了，而且不带一点情绪，工作还是那么的认真。

一年之后，公司情况好转，杜建也恢复了原来的职位。而杜建因为在分公司财务部期间，发现了不少以前没有发现的问题，对于财务总监的工作也干得更上手了。

关于人与环境的关系，最精妙的总结是：物竞天择，适者生存。适应指的是一个人对外在环境的顺应，也就是人与环境之间的关系。一个人是否适应他所处的外在环境直接影响到他本人的生存状况，你越适应环境，你的生活就越好。

我们生存的环境是在不断变化着的，所以，我们每个人所处的外部环境也随时都在改变，它们不会随着人类意志的变化而变化。你不能因为自己喜欢登高就要求面前是一座山，也不能因为自己擅长游泳而希望面前是一条河。相反，在山的面前应该学会攀登，在遇到河的时候应该学习游泳。

点金术：路是一步步走的，你不能刚开始就要求有一个随心所欲的天堂。每个人身上都有着未曾被开发出来的潜力，是人才就会冲出狭小的范围走向世界。当我们改造不了环境的时候，可以改造自己来适应它。然后，那看似陌生的、冰冷的环境就会接纳你，你的命运也会向你展现笑容。

不断学习，充实自我

在这个日新月异、网络信息技术日益升温的时代，假如你不持续不断地进行学习，那么，你很快就会落伍，被这个时代淘汰。因此，无论在何时何地，每一个现代人都不要忘记给自己"充电"。特别是在竞争很激烈的工商业中，必须随时充实自己，奠定雄厚的实力，要不然就很难生存下去。

1. 干劲及学习的重要性

古代著名的大教育家孔子常常强调干劲及学习的重要性。在孔子的众多弟子里，并非每一位都充满干劲、勤奋好学。

宰予虽然口才了得，却怠于学习。对于宰予，连孔子都不禁摇头叹道："朽木不可雕也。"再多的责骂,也不会让其改变。

在我们的学习过程中,除了干劲以外,还需要具备另外一种观念,即学习充电。尤其在当今社会,“学而不思则罔,思而不学则殆”是最好的箴言。可是,书本知识只能提供基础的知识,必须再以自己的理解力将其消化吸收才行。社会是一本更大的书,要时常看一看。须知,在现代社会中,不充电很快就会没电。

2. 活到老学到老

现代生活变化迅速,节奏加快,需要我们坚持这样的信念:活到老学到老。你也应该记住:一步也不放松的人,是最难打败的敌人。

我们常说“那个人属于大器晚成型”之类的话,意思是说,即使他现在表现平平,但日后总会成功的。

同样站在新的工作场所,有些人很快就能掌握要领,这实在是很难得的。但这样的人总是坚持不久,甚至退步。

与此相反,起先摸不清情况、工作不顺畅的人,在有经验的人的指点下,同时自己也认真用功并继续保持这种态度,就会获得很大的成果。

我们都是在众人的帮助和指点下才一步步慢慢地成长起来的,比如双亲、师长、朋友等人在适当的时机恰当地给予我们帮助,我们才能完成正常成长。

能继续保持继续学习的态度的人是只有进步、没有停顿的。他会随着时间的推移,经过一年就累积一年的实力,经过两年就累积两年的实力。进而十年、二十年、三十年,从而逐渐形成不同时期的实力。这种人才是真正的“大器晚成”。工作每天都有新情况、新挑战,天天都会迎接新事物,学习与生活相伴,生活就是学习。

3. 天天有进步

对一份工作,有些人过一段时间就做不下去了,想换一份工作,然而,换工作是需要适合的条件的,实力来自自身。现代社会的机会很多,只要天天学习,就会天天有进步、天天有机会,你的生活就会丰富多彩。

假如你不想跳槽,而是把现有的工作一直干下去,那应以何种态度应对呢?如果因为目前的工作很顺利而放松警惕,每天优哉游哉地过安逸日子,那么,目前的情形就不一定能维持很久,离失败可能就不远了。

与此相反,如果你一如既往地进行着你的工作,不断进修、不断创造新的东西,进步一定是无止境的。

这种人才能日日以清新愉快的心情去工作,且愉快而有效,自然就有希望,不至于失去理想,也就不会疲倦。

需要注意的是,这种人对自己的工作会不顾一切地付出,他把自己的使命刻在心里,为了使命,丢了性命都要去完成它。

点金术:不必羡慕那些伟人,别忘了,其实我们没有什么区别,都拥有1000亿个脑细胞,只要我们设法多开发一点,哪怕是多个1%、2%,我们的能量与智慧就会因此而增加。试试看,说不定下一个“伟人”就是你!

通往成功的道路是勤奋

很多人都想方设法地寻找通向成功的最短的道路,当众里寻他千百度之后,才发现“勤”是必不可少的。

1. 勤奋造就天才

北大人不仅爱好学习，还勤于思索，勤于社会实践活动。“先天下之忧而忧”始终是北大灵魂里长流不息的血液，他们在不停地思考人生与社会，并为之付出相应的行动。每逢寒暑假，他们都会抓住每一个学习的机会，要么留在学校里读各类书籍，以强化专业、拓展学识，要么去社会上学习，走南闯北，了解祖国的大好河山，大有一番“欲上青天揽明月”的豪情。

在北大，有很多人的故事都可以让我们受益匪浅。

(1)勤奋为捷径

孙树立来自河北石家庄，1986年考入中国建立的第一个力学专业——北大力学系力学专业，他凭借优异的成绩和很强的学习能力获得了首届光华奖及优秀毕业生奖，并以班内第一名的成绩被免试推荐为本系硕士研究生。

1993年，他只有24岁，被面试官推荐为博士研究生，专门从事力学方面的研究。自1989年起，孙树立和袁明武一起开始大型微机结构分析通用程序SAP84的开发、研制和维护工作。研究生阶段，他开发了一种适合于高层建筑领域的空间剪力墙单元，改变了我国一直沿用的传统简化模型，完善了无法对复杂多变的结构状况进行处理的缺点，达到国内领先水平，得到工程界的肯定。他还将这一优秀的成果用在许多高层及复杂结构工程的计算中，效果良好。

1993年，孙树立又根据前人关于非线性有限元素伪弧长求解算法，提出了该算法具体的数值求解方案，完全意义上得出了伪弧线的算法。另外，他在常旋转自由度的有限单元的研究及应用方面，综合了众家之长，加入了新的想法，还独立开发了《高层混凝土建筑结构有限元分析与优化设计程序》。他的成就有目共睹，而他的为人就像他的导师说的一样：“勤勤恳恳、踏踏实实。”

1994年至1996年初，他曾作为联合培养的博士研究生被公派香港科技大学土木与工程系留学。他在香港所选的功课成绩全部都是A，那里的老师想用优厚的待遇挽留他，却被孙树立谢绝了。学期结束后他回到了北大，继续从事科研工作。

1996年12月6日，他在人民大会堂被共青团中央、全国学联授予中国大学生跨世纪发展基金建筑奖学金1996年度特等奖，他是那一年北京唯一获得此奖的高校学生，全国也只有十人。

(2)静坐时思考

钱穆是现代著名的史学家、思想家、教育家。他来自乡村，1931年到北大任教，之后和西南联大一起去了西南后方。直至1940年，他才离开昆明去成都齐鲁大学国学研究所任教。期间他也去清华上课，可以说是对北大、清华两校都有影响的国学大师。

作为一代国学大师，钱穆与同代的其他思想家、学问家不同的是：他没有念过大学，非学院派；他没有留过洋，非西洋派；他甚至还比不上梁漱溟，因为他来自中国社会最底层的乡村。他是从乡村靠自己的努力一步步变成国学大师的。他在中小学任教之余，利用一切时间博览群书。经、史、子、集无不涉猎，对考据、训诂亦极入迷，一生都在研究史学。

他的勤奋很有特点，也很有代表性。

不管在何时何地，他都会看书，不分严寒酷暑。夏天，为防蚊叮，他效仿父亲将双足放在水中的方法来坚持读书；又效仿古人刚日读经、柔日读史的方法，规定在每天早上都要读经书，夜晚后开始读史书，这期间读杂书，科学安排时间。为了提高读书效率，腾出时间思考，1918年他学会了静坐，规定每天下午四点开始静坐，体悟到人生最大学问但求能虚此心。心虚才能静，才能排除杂念，专心思考。

(3)一生学习

王力教授常常向青年一代传授他的治学之道,他的成功来源于他的勤奋。在他年轻时,读书不分昼夜,天文地理、经史子集,博览群书,这为他后来做学问打下了坚实的基础。他24岁学英语,27岁学法语,50岁学俄语,80高龄开始学日语。就是因为这样,他后来精通六国语言和几十种中国方言。1976年以后,他加快了研究的进度,每天坚持工作8小时以上。正是勤奋刻苦的学习,他才会在学识上有如此大的硕果。

王力教授一生写了40多种学术著作,近200篇科学论文,共上千万字。他在语言学方面涉猎很广,无论是语法、音韵和词汇,还是汉语的现状和历史,都有精深研究。这一切,无不是通过勤奋的学习获得的。

王力很讲究语音文字的运用,在文字改革、汉语规范化和普通话推广方面做了大量的工作。他对韩愈语言文字教学的课程做出了很大的贡献。他主编的《古代汉语》从1964年出版至今,一直是全国高校不可缺少的教材。

"天才"不是天生造就的,而是通过勤奋学来的。如果说成功的代表,王力教授是当之无愧的,而这成功的途径是用辛勤刻苦的汗水换来的。

自古以来,勤奋是通往成功的必不可少的秘诀。头悬梁、锥刺股,凿壁借光,闻鸡起舞……无不体现着一个"勤"字。男人要养成勤的习惯,唯有如此,才会更快地获得成功。

2. 天道酬勤

人的才华都不是天生的,每一个成功者的背后都有着一连串令人振奋的事迹。在成功的道路上,除了勤奋,没有捷径可走,在每个成功者的身上,都可以看到勤奋的好习惯。

鲁迅说得更清楚:"其实,即使是天才,在生下来的时候发出的第一声也是啼哭,和其他儿童没有什么不一样。哪里有天才,我只不过在别人喝咖啡时还在工作而已。"笨鸟先飞,尚可领先,何况并非人人都是"笨鸟"。"勤奋"使人如虎添翼,能飞又能闯。

任何事情,只有不断追求进步才会有未来,学习更是如此,不前进就是后退。社会不是享乐的天堂,在这个竞争激烈的社会上,人才云集,竞争对手十分强大。快节奏的生活、激烈的竞争总会让人倍感压力,它潜移默化地催人奋进。成绩的得来可不像老鹰抓小鸡那样容易,而是用勤奋换来的。停滞一步便会落后于人。

点金术:在每个成大事者的身上,都少不了勤奋的精神。我们唯有勤奋、努力,不停地学习、进步,在成功之路上才会走得更顺。除了勤奋,没有任何捷径可以走向成功。

好学是成功的前提条件之一

孔子曰:"敏而好学,不耻下问。"说的是学习需要有一种精神,要有良好的学习习惯。因为学习是一个艰苦的过程,需要珍惜时间,还要有不耻下问的态度和持之以恒的毅力。学习一直都被看成是一个过程,在中国古人看来,就是对自己性格的磨炼过程,是一个完善自我、塑造自我的过程。

1. 古人"学海无涯苦作舟"

古人将学习比作"书耕",把写作比作"笔耕",就如同农民耕地一样,不付出艰辛的努力,难以得到收获。同时,古人还用"学海无涯苦作舟"来告诫自己对待求学这一痛苦过程,需要勇敢地去面对。比如,战国的苏秦因学问尚浅,外出游学狼狈而归,一家人都不理他,反而给了他勤奋学习的动力,刺股以自励,终于身挂六国相印,合纵以抗秦;匡衡人穷志不穷,通过凿壁来借光读书,终以说

《诗经》而跻身于朝，官至司徒；屋梁悬发的孙敬、聚萤照读的车胤、映雪苦学的孙康和带经耕耘的倪宽等都被后人敬仰不已。

中国古代有作为的知识分子都有一个共同点，那就是在学习上勤奋刻苦。这一美德的具体表现是潜心治学、发愤著书。在中国数千年的历史上，无数的思想家、文学家、史学家、科学家通过自己的辛勤劳动，创造了丰富的精神财富。他们不仅给我们留下了珍贵的财富，同时在全人类的文化发展上也做出了举世瞩目的贡献，这些都和他们的努力好学分不开。在我国历史上，有很多这样的人物，他们是值得我们学习的榜样。

孔子是我国伟大的思想家与教育家，一直被尊为封建社会的圣人、贤哲。他的学说和理论都是通过努力和学习得来的。

孔子是春秋时期的鲁国人。《史记》称“孔子贫且贱”。孔子自己也说：“吾少也贱，故多能鄙事。”他年轻时做过送葬的吹鼓手，还做过几任小官，而他的大部分时间是在惶惶若“丧家犬”般的四处漂泊中度过的。孔子讲他“吾十有五而志于学”后孜孜不倦，成了中国的大学问家。

在孔子的思想中，人们靠努力可以达到“君子”的要求。对一个人来说，虽然“生死”“富贵”等由“天命”决定，但努力之后却可以换来个人的道德修养、学问和才能。孔子说：不去修养道德，不去讲求学问，听到仁义不能去做，有了过错不能改正，对于这些，我都很忧虑。

孔子认为，学问和才能，不努力就得不到。他说：“博学而笃志，切问而近思，仁在其中矣。”只有好学与深思都兼具，才能成为有仁有德的君子。但要获得学问和才能，又必须具有“学而不厌”的精神。有一次，孔子对子路说：“子路，听说过六种德行都有六种德行中的缺点吗？”子路说：“没有。”孔子说：“爱好仁德不爱学习，它的弊病是愚蠢；爱好聪明却不爱学习，它的弊病是放荡；爱好诚实却不爱学习，它的弊病是被人利用；爱好直率却不爱学习，它的弊病是说话尖刻；爱好勇敢却不爱学习，它的弊病是捣乱闯祸；爱好刚强却不爱学习，它的弊病是胆大妄为。”

孔子对待学习的态度是“三人行，必有我师焉，择其善者而从之，其不善者而改之”和“入太庙，每事问”。他在途中遇到孺子问及太阳的远近，却因此而产生了对做人与做学问的思考。他不把自己看成超人，而认为自己的知识和才能都是由努力得到的。

他说：“我不是一生下来便什么都知道的，只是我比较勤奋而已。”从这句话就可看出孔子是很重视努力的。他指出，反复学习可以使人的认识更加深入，因而学到更多的新知识，所谓“温故而知新”、“学而时习之”就是这个意思。他认为，正确的学习态度应该是老老实实，不懂就是不懂，以“不耻下问”的态度学习，不要有“过而不改”的态度。

因此，孔子在当时就是一个学识渊博的人，有三千弟子跟他学习，声名十分显赫。如果没有勤奋的学习和不断的进步，那今天就没有这么多的历史美谈了。

应该说，孔子与中国古文化的整理与传播是分不开的，假如孔子不好学，也没有非凡的人格，那么，他就成不了中国传统文化的圣人。我们今天看到的这些传统文化的成果，也许就不是现在的样子了。

2. 今人“一切只为读书”

古人有如此精神值得我们赞叹。今天，仍然有很多人值得感叹，激励着我们不停地学习。

徐世鼎来自一个普通的山村，父母离异，他跟了父亲。当他考上中学，并向父亲表示想上学时，父亲却无情地拒绝了他。为了上学，他向父亲下跪，但父亲不为所动。无奈，他只好向大姐借钱，大姐只有10元，而学费需要50元。他又去找哥哥，哥哥没有钱，就陪他去哀求学校，暂时欠着学费。学校同意了，但父亲却常常逼他退学。徐世鼎利用自己所有的空余时间将家里的家务活都做了，但这并未能使他的父亲感动。半个学期过去了，学校催交学费，可是，他的父亲却不肯。

徐世鼎最终毅然决定和父亲分家。在生产队的主持下，一亩三分田，一间泥巴小屋，100多元的欠款和两袋稻谷就是他的所有财产。年仅13岁的他心如刀绞。

读书！一切只为读书！亲情割断，父子分离，生活自理。农闲时，他早上五点就起床，做完家务，6点赶到学校上课，放学后又赶着去干活；每到农忙季节，他就向学校请假回家干农活。假期里，他外出打工、扛木头、拉竹子、运砖，虽然劳累了一天，但到了晚上，他还是抽时间在油灯下苦读。靠着自己的一双手，他居然成了国家的合格纳税人，每年依法向国家上缴公粮和农业税。在学校，他的成绩优异。一个13岁的孩子深深地体会到了生活的艰辛。三年的中学生活，尽管他节衣缩食，但仍然欠了学校400元的学费。初中就要毕业了，学校说学费不交完，不发中考准考证。没有办法，他只有四处借债。一个月后，他考上了市重点。

可是，上学所需要的150元学费又让他犯难了。他不得不扛起行李来到离家50里的一个山区水电站工地打工赚钱。他每天很卖力地干活，以至于空闲时间所剩无几，就抓紧自学高一课程。同学和老师从工地上找到他，告诉他学校不要他交学费了，同学也向他伸出了友谊之手。第一学期，他的成绩在全班排第三。当年底，他被市里评为"克服艰难困苦、勤奋学习的优秀共青团员"。正是凭着刻苦学习的精神，他有了新的生活方式。

中华民族传承不衰的优秀精神在徐世鼎的求学路上闪现，证明了中国人对知识的渴求，也证明了中国精神的重要内涵始终是勤奋刻苦。

敏而好学，在这里已不仅仅是一种习惯，更是一种催人奋进的精神，这也正是向往成功首先应该具备的素质。

磨炼性格的过程，是一个完善自我、塑造自我的过程。学问和才能，只有经过努力才会得到。成大事者应当养成好学的习惯，以此提高自己判断、分析的能力，为将来的成功做准备。

点金术：磨炼性格的过程，是一个完善自我、塑造自我的过程。学问和才能，只有经过努力才会得到。成大事者应当养成好学的习惯，以此提高自己判断、分析的能力，为将来的成功做准备。

摆脱依赖心理

依赖性阻碍很多人成就大事，这种习惯使人把希望都寄托在别人身上，但自己却什么也不付出。成大事者的习惯就是依靠自己！

1. 摆脱依赖他人的习惯

一个敢于创业的人，最好的谋生之路就是自己练好内功，独闯大业。没有资金也好，没有靠山也好，只要努力拼搏，就不愁狭缝里挤不出一条生路来。

一位年轻人早在大学时期就在无数次的小试牛刀中证明了自己很适合经商，毕业之后，他只干了几天"一杯茶，半盒烟，几张报纸混一天"的统计员工作，便感到百无聊赖。他果断地辞掉工作，孑然一身，两手空空，踏上了闯荡之路。

最初他空怀抱负，无地施展，每次都因为不愿意做别人的"小三子"而辞工走人。他闯来闯去，可是十年过后，他还是没有给自己定位好，只是不断地换老板而已。依赖别人，使他一直难成大事，最后一次风风火火地当了100多天的"高价雇工"又宣告失败，这时，他才明白了问题出在哪里。

在一个冬季，他在某报纸上看到了某公司以50万元招聘一名市场部经理的广告，他报名应聘，接受了一次面谈，不久就被通知成了初选的40名候选人之一。应聘时，他打听那家公司的实力却遭到拒绝，没过多久，他又被通知已进入前20名，他有些搞不清楚了，不知道自己被选中的原因。

第三次见面，他发挥自己的口才，结合自己的经历大谈了一通营销理论，就这样又进了前10名。这时，他对公司还是知之甚少，并且觉得这个公司不太对劲，但当他得知自己是108名佼佼者中选出来的前三名时，一向争强好胜的他就倍加努力地向前冲了。此时，三名候选人已通过媒体开始在公众面前亮相，他已难以置身事外，整天都兴奋不已，在最后的争夺战中，他占据了绝对优势。

任职期间，他倍感苦闷，缺乏扭转局势的客观条件，其中包括营销部的自主权。他夸下的海口无力兑现，因此被称为“绣花枕头”，让公司炒了鱿鱼，公司又用各种理由拒付高额年薪，他感到深深的屈辱，感觉自己就和一只猴子一样，被人牵着耍了一圈儿，不要了就随便一扔。后来，虽然在法律的援助下公司兑现了报酬，但从此他对高薪聘用彻底失去了信心。

在总结自己的闯荡经历时，他说：他浪费了近十年的最佳创业时光。失败都是因为自己太依赖别人了，在别人的手心里练功。他深切地体会到，要谋事业、求发展，就要自己掌握自己的命运。

千里之行，始于足下，空慕虚名，贪图一时的高收入，只能浪费生命。

和这位“第一打工仔”情况相反的另一个年轻人是个残疾人，他以50元卖血钱求学起步，一路向前成了成功的报贩，闯出了一片“卖报大王”的天下。他没有依赖别人，凭的是自强不息的毅力和对机遇的独具慧眼。他向年轻人传授经验时提到一点，就是不能把人生设计成打工一族，打工只是初闯天下的权宜之计，像我这样的残疾人，自己能干多大事业，就开辟多大天地，而打工则只有半生前途。

2. 消除依赖心理的方法

依赖者会形成一些特有的特征，他们对社会没有信任感，跟别人保持距离。他们需要别人提供意见，或依赖媒体的报导，经常受外界指使，自己却缺乏判断力。他们潜藏着脆弱，没有随机应变的能力，较易失业。我们可以采取下列方式消除依赖心理。

(1)制定一份《自我独立宣言》，并向他人宣告，要独立行事，不受任何人支配。

(2)与你依赖的人谈话，告诉他们你独立行事的原因，并明确你出于义务而行事时自己的感受。这是与依赖性对抗的好方法，因为其他人有可能不知道你是一种什么感受。

(3)提出有效生活的5分钟目标，确定在这期间与支配你的人打交道的方法。当你不愿违心行事时，不妨回答说“不，我不想这样做”，再观察对方的反应。

(4)当你觉得你的信心已经足够时，同支配你的人推心置腹地谈一谈。告诉他，你以后愿意通过某个手势来表达你自己的看法，比如说，你可以摸摸耳朵或歪歪嘴。

(5)当你感到在心理上受人左右时，告诉对方你的感觉，然后按照自己的想法去行动。

请记住：你的父母、爱人、朋友、上级、孩子或其他人可能会反对你的做法，但这丝毫不影响你的价值。不论在何种情况下，你都无法让所有人满意，这是生活的现实。如果有思想准备，你就不会因此而受到困扰，便可以挣脱在情感上束缚你的那些依赖枷锁。

(6)如果你为支配者(父母、爱人、上级或孩子)陷入惰性，那么，就算是刻意回避他们，也还会无形中受人支配。

(7)如果你认为你有去看某人的义务，就问问你自己：假如别人来看望你，你是否愿意。如果你不愿意，那就应该“己所不欲，勿施于人”。

(8)坚持没有任何条件的经济独立，不向任何人借账。如果你向别人要钱花，便会成为他的奴隶。

(9)不要继续发号施令,控制别人;也不要继续受制于人,唯命是从。

(10)承认自己有保持私密的愿望,没有必要把自己的所有秘密都告诉别人。你是独特而与众不同的,有自己的秘密是可以的。如果事事都要告诉别人,那你便没有秘密可言,而且也说不上是一个独立的人。

(11)在晚会上,不要总是陪伴着你的伙伴,没必要碍于情面而一直陪着他。两个人分开去找别人讲讲话,聚会结束之后再会合。这样,你们会成倍地扩大自己的知识和见闻。

记住:你没有为别人高兴的义务,别人有使自己愉快的方式。你可以在与别人的相处中得到真正的乐趣,但如果你认为自己有义务讨别人的欢心,那你就失去了独立性。要对自己的情感负责,除了你自己以外,没有人能控制你的情感。

生活的实质是独立。或许你会很害怕没有依赖,但如果问问你在精神上依赖的那些人,你就会惊奇地发现,他们最钦佩的是那些能够独立思考与行动的人。

点金术:依赖别人会使一个人失去精神生活的独立自主性。一个敢于创业的人,最好的谋生之路就是自己练好内功。

培养积极的生活态度

每个时刻,你都生活在某种情绪之中。可能是积极情绪也可能是消极情绪,千万不要小看了那些消极的情绪,它会在很大程度上影响你的人生。所以,你应该重点培养你的积极情绪。那么,在我们每天的生活中,哪些情绪是积极的呢?

1. 爱与温情

任何负面的、消极的情绪,一旦遇到爱,很快就会消融了。假如现在你面前有一个人暴跳如雷,对你发脾气,只要你始终对他施以爱心及温情,最后,他一定会改变他先前不好的情绪。所以,有人说过,只要你有足够的爱心,就可以成为全世界最有影响力的人。

2. 感恩

爱心是一切情绪中最具威力的情绪,会以不同的面貌呈现出来,感恩就是爱心的一种。所以,拥有积极心态的人常常通过其思想和行动,把自己的感恩之情主动表达出来,同时也会好好珍惜上天恩赐给他的、人们给予他的财富:人生所经历的一切。假如我们心存感恩,就会收获美妙。那么,好好经营你那值得经营的人生吧,让它充满鲜花一样的芬芳。

3. 好奇心

如果你真心希望你的人生能够不断成长,那么,就要像孩子一样具有好奇心,孩子是最懂得欣赏"好奇"的,只有那些好奇和神奇的东西,才能占据孩子的心灵。如果你希望你的人生过得丰富多彩,就应该在生活中时时处处都带上好奇心。这样,你会发现人生其实是一个不断学习的过程,其中充满了你发现"神奇"的无尽喜悦。

4. 热情

如果我们带着热情做每一件事,人生就会变得多姿多彩,因为,它们能将你的困难化为机会。热情具有伟大的力量,催促我们以更快的节奏向目标迈进。你一定要想着你的热情,你还可以通过其他途径来培养你的热情。比如,用你的表情来培养:讲话要有力,目光要有神。你要以坚定的信念追求你的人生目标,千万不要浑浑噩噩地过日子。那样,你的生活不仅异常乏味,而且,展现在你面前的一定是一片贫瘠的沙漠。

5. 毅力

如果你想给这个世界留下值得纪念的东西，就一定要有毅力。毅力能够决定我们在面对困难、失败、诱惑时的态度，考验我们是否能够做到岿然不动。如果你想做一番事业，对每一件事情都要善始善终，单单依靠一时的"热劲儿"是不够的，你一定要具备毅力方能成事。因为，那是你产生动力的源头，能够让你实现任何你想实现的目标。具备毅力的人，他的行动必然前后一致，不达目的誓不罢休。

6. 弹性

"百炼精钢绕指柔"，要想保证任何事情都能够成功，掌握保持弹性的做事方法非常有必要。一旦你的人生选择了弹性，实际上，你就选择了快乐。因为，在我们的人生中，难免会遇到许多无法控制的事情，只要你的想法和动作能保持适度的弹性，那么，就能取得成功，生活也就十分愉快。芦苇就是因为弯下了腰，才能在狂风暴雨中生存。所以，培养你的弹性性格，将有助于成功。

7. 信心

我们每个人都向往不轻易动摇的信心，如果你想一直对人生充满信心，甚至对完全陌生的领域也信心满满，那么，你一定要从心灵深处建立"有信心"的信念。你得从此刻便开始学习想象并感受那份信心，相信自己有资格获得。但是，这并不表示你只能一直做白日梦，希望成功会突然从地上冒出来。有了信心，就要敢于尝试、敢于冒险，去做各种各样的事情，不管是大事还是小事，只要你相信自己能做好，就一定能做好。

点金术：你的情绪决定你的心态，你的心态决定你的思维方式，而你的心态与思维方式是决定你能否成功的关键因素，因此，要注意培养积极心态。

学习他人的智慧

俗话说：一个篱笆三个桩，一个好汉三个帮。善于挖掘自己和他人的长处并能够利用，对别人的长处不嫉妒，对自己的短处不袒护，能够协调别人为自己做事，与合作人之间建立良好的信誉，既是成功者的法则，也是人与人之间共同发展的主旋律。

1. 调动集体的智慧

如果你觉得有必要培养某种你欠缺的才能，可以主动寻找具备这种特长的人，请他参与相关团体。三国时的刘备，文才不如诸葛亮，武功不如关羽、张飞、赵云，但是，他有一个其他人都不具备的优点，那就是一种巨大的协调能力，他能够吸引这些优秀的人才为他所用。多一样才华，等于锦上添花，并且通过这种方式认识的人，也将成为你的伙伴、同行、同事、专业顾问，甚至变成朋友。只有能集合众人才智的公司，才有茁壮成长、迈向成功之路的可能。

善于发现自己和别人的长处和优点，并能找到为我所用的人，就等于找到了成功的力量。聪明的人善于从别人的身上汲取智慧的营养来不断补充自己。从别人那里借用智慧，比从别人那里获得金钱更为划算。读过《圣经》的人都知道，摩西要算是世界上最早的教导者之一了。他明白一个道理：一个人只要得到其他人的帮助，就能成功地做很多事情。

当摩西带领以色列子孙们前往上帝许诺给他们的领地时，他的岳父杰塞罗发现摩西的工作实在是太多了，如果他一直这样下去，人们很快就会吃苦头了。于是，杰塞罗想尽办法帮助摩西解决这些问题。他告诉摩西，将这群人分成几组，每组 1000 人，然后，再将每组分成 10 个小组，每组 100 人，再将 100 人分成两组，每组各 50 人。最后，再把这些 50 人小组分成五组，每组各10人。然后，杰塞罗又教导摩西，要他让每一组选出一位首领，并且，这位首领必须解决和处理本组成员遇到的问题。摩西接受了建议，并吩咐那些负责1000人的首领，无法解决的问题只能通过他们告知自己。

摩西采纳杰塞罗的建议后，就有足够的时间来处理那些真正重要的问题了，并且，这些问题通常只有通过他才能解决。简单地说，杰塞罗教导摩西学会了如何领导和支配他人的艺术，并运用这个方法调动集体的智慧。

2. 听听不同的声音

作为一个努力成功的人，如果你有了一个可行的计划，不妨把你的梦想蓝图、未来展望和你的家人朋友共享。律师、银行家、会计师也不失为帮你出主意的好对象，多向他们请教，听听各方的建议。

与人讨论你的计划时，要给对方畅所欲言的机会。他们会根据实际指出一些你从未留心的地方，点出你看不见的机会。通过他们的建议，你可以更加明确自己的方向。

充分调动你身边有智慧的人，形成一个智囊团。在你招兵买马、找智囊团成员之前，别忘了以下几点：这些人对你有何帮助？这些人的经历与才能能帮到你什么？你如何回报他们与你合作的诚意和贡献？你所做的事业能帮助他们实现自己的梦想吗？接受他们对你的批评与建议，必定会促使你认真检讨自己的计划，也强迫你思考。你必须让他们毫不留情地批评你。要是你针对他们所提的问题无法找出合理的答案，你就有必要回到规划的阶段，重新思考一下方向。

有了智囊团之后，还要仔细斟酌大家的意见，多和不同的人聊聊你的构想。你接触的人际范围越广，就会有更加坚定的决心。多用点脑子来观察身边的事物，多用些时间来倾听各类意见和评语，观察别人对你的做法会有什么样的反应。在与你聊过的这些人当中，你可以发现，谁愿意与你一路同行，谁又会扯你后腿。然后，对你身边的人进行有益的选择，找到真正可以共同发展的伙伴。

3. 广纳意见，走上成功之路

要用心去倾听每个人对你的构想或计划的看法，这是一种美德，是一种虚怀若谷的表现。你不一定要赞同他们每一个人的意见，但有些看法和心得一定是你不曾想过、考虑过的。广纳意见，对你获得成功非常有帮助。

万一有人向你泼冷水，就算你不打算与他们再有牵扯，也不妨想想他们不赞同你的原因是否有道理。他们是否注意到了你没有注意到的东西？他们的理由和观点是否与你相左？他们是不是以偏见审视你的构想？问他们深入一点的问题，请他们给出反对你的理由，请他们给你一点建议，并坦然地接受。

还有一种人，他们对谁的梦想都会大肆批评，觉得所有人都不如他们的智商高。其实，他们对于你想做什么根本就不想了解，只是一味认为你的构想一文不值，注定失败，连试都不用试。这样的人为了炫耀和夸大自己的能力，不惜把别人打入地狱。要是碰上这种人，别再浪费你宝贵的时间和精力，苦口婆心地和他们解释不是明智的做法。他们不值得你关注，应该去寻找一个能和你一起分享梦想的人进行讨论。

点金术：通过别人实现自己的愿望，这是一种智慧。尽管并不是每个人都能做到这样，但每个人都可以与他人合作，携手做出更大的事业。

走弯路是为了走最快之路

人生需要走些弯路，不要怕走弯路，但是，作为男人必须清楚一点：走弯路是为了走最快的路。

有一个人打了一辆出租车想去一个地方，司机问他："你要走最短的路还是走最快的路？"那人想了想，问："这两条路有什么不同吗？"

"当然。"司机的回答干脆利落，"最短的路就是路程最短的路，最快的路就是所需时间最少的路。"

那个人非常疑惑："难道最短的路不是所需时间最少的吗？"

"不。"一样的干脆利落的回答让乘客更加不解。

"为什么？"

"你看看表，现在是五点钟——下班的高峰期。最短的路是上班族回家的必经之路，现在肯定堵车。"司机确定地说。

乘车的人点点头，选择了最快的路。

这个例子说明，捷径不一定是最佳道路。有时，多绕一个弯，我们就能够获得成功。当然，走直线也会胜利，但可能不如前者方便。要知道，两点之间曲线可能更"短"。

坐车上山，从山底到山顶的直线距离是很近的。但是，所有的通向山顶的路都是盘山而上的，路的距离是直线到山顶的几倍，甚至十几倍。可我们试想一下，如果修一条从山顶到山脚的直上直下的路，那得有多少人葬身于此？还有，为什么高速公路都不是笔直的呢？还要设置许多弯路呢？因为，如果公路过于平坦，司机就容易疲劳驾驶，高速反应能力减弱，极易造成交通事故。故而，直线公路段对速度都加以限制，还设计了很多大弯路来调节司机的心理状态，从而减少交通事故的发生。

在生活中，男人们总是希望自己的生活、工作都一帆风顺，但实际上是什么样子呢？没有一个人的人生道路是平坦的，常常事与愿违，总是沟沟坎坎、困难重重。

如果说山路和高速公路是人为设置的，那么，人生的道路上的沟沟坎坎、重重弯路，却不是人能够改变和左右的。人生不如意事十有八九，人生道路没有一帆风顺的。贫穷、厄运、失败、磨难、艰辛无时无刻不在困扰我们的生活，人生路漫漫，何来平坦？

人生难免走弯路，没有弯路的人生就不是完美的人生。男人们在困难中才感到幸福的存在，男人们在厄运中更感到自由的价值，男人们只有在不断的失败中才能知道如何取胜。

点金术：大多数想做出一番成就的人，都会选择走最快的路，而宁愿多走路，多吃苦，多受累。因为，一个人的寿命是有限的，机会是有限的，只能选择走最快的路。

不要幻想天上掉馅饼

很多男人偏爱吃天上掉下的免费馅饼，到最后反而吃了大亏。

刘先生在自己住的小区内开了一家小超市。一天，一个人自称是某食品公司的业务员，来超市推销袋装牛肉，说是进价每袋 8.8 元，零售可以每袋卖到 15 元。刘先生查看了那人带的资料，发现厂家手续齐全，便打算和他做生意。所以，他留下了联系方式和三袋牛肉。

过了两天，一个自称是当地某部队后勤部长的人来到超市，买走了一袋牛肉。三天后，这个后勤部长又来到刘先生的超市，说是牛肉不错，要订 1400 袋，并与刘先生砍价，最后，把价格敲定在 13.5 元一袋。满心欢喜的刘先生以为自己吉星高照，鸿运当头，便与上回那家食品公司联系，电话打过去，果然有人接，尽管上次来的业务员不在，但另一个热心的业务员说今天刚好有一批货要发到沈阳，让刘先生把钱汇到厂里的账户上，承诺当天给他调1500袋。于是，刘先生把13200元钱汇到了业务员指定的账户上。等了两天也不见有货到，而那个部队的后勤部长也没来超市提货，刘先生再把电话打到食品公司，发现所有的电话都打不通了。刘先生这会儿才明白自己上当受骗了，便报了警。

刘先生的故事就是典型的幻想天上掉“馅饼”的例子，在自称后勤干部的骗子提出订货时，他被这笔突如其来的发财机会冲昏了头脑，根本没有仔细考察这个人的来头就盲目地把钱汇过去。他本想一口吃到可口的馅饼，却不小心掉进了陷阱。

男人切不可因贪眼前的小便宜而吃了大亏。

小王大学毕业后开了一家服装店。一天，一个打扮得像打工妹一样的女孩来买一件30块钱的衣服，当她拿钱时把一张100元的钱掉在了地上，而她没有看见。可是，眼睛很尖的小王却看见了。打工妹最后只拿出十元钱，对小王说：“老板，我只有十元钱，我回去取钱给你送过来好吗？”这时小王想：反正地上你掉了100块钱，就是你不来，我也赚到了。于是，小王说：“好，好，你马上送来。”打工妹拿走了衣服后，小王马上捡起地上的钱，一看才发现，那是一张假币。

作为一个男人要有大气魄，不要因为眼前的小便宜失去理智，跌入陷阱。

点金术：从人的本性来说，爱占便宜几乎是每个人的正常心理，但是殊不知有时候陷阱就埋伏在小便宜的“糖衣”后面。

不要被别人左右

学会拒绝，会让男人成为自己，这样的男人才能以平常的心态面对这个世界，而不是带着他人的影子。

现实生活中，的确存在着“不会拒绝”的人。他们总是面带笑容地答应各种琐碎的事，然后，转过身开始发牢骚，开始抱怨，并大声呼喊“我又不是奴隶”。可是，等到别人再次找他帮忙的时候，他又是笑脸相迎。上班的时候，他不会拒绝无理的要求。做个好人，是他们给自己的暗示，在他们心里，好人的定义就是一个人都不得罪。可是，有求必应会让你的心很累。

很多时候，在休息日接到公务上的求助电话会让你无名火起。“又不是什么大不了的事情，为什么非要在这个时候”或者“明明是你的事情，为什么叫我做”，虽然这样想着，可嘴上还是答应了。于是，把别人不爱干的事都揽下来，一边抱怨一边无奈。

怎样做才能既让自己愉快又让别人愉快？如何才能不做垃圾桶也能在各种关系中游刃有余呢？如何才能不做一个老好人而成为一个智者？你会在下面的小故事中找到答案。

一位16岁的少年去拜访一位年长的智者。

他想知道怎样做才能既让自己愉快又让别人愉快。

智者告诉他四句话：

“第一句话，把自己当成别人。你能解释一下这句话的含义吗？”

“在我感到痛苦或者欣喜的时候，把自己看作别人，这样痛苦和欣喜就会平和一些。”

智者微微点头，接着说：“第二句话，把别人当成自己。”

少年沉思了一会儿，说：“这样就可以切身体会到别人的不幸，理解别人的需求，并在别人最需要帮助的时候伸出援助之手。”

智者继续说道："第三句话，把别人当成别人。"

少年说："对每个人的独立性给予充分的尊重，在任何情形下都不可侵犯他人的核心领地。"

智者哈哈大笑："孺子可教也！第四句话是，把自己当成自己。"

少年说："这句话的含义，我一时体会不出。但这四句话是自相矛盾的，我该怎么把它们结合起来？"

智者说："很简单，用一生的时间和精力。"

少年沉默了很久，然后叩首告别。

后来，少年到了壮年，又到了老年。再后来，他去世很久以后，人们还时时提到他的名字。人们都说他是一位智者，是一个愉快的人，并且给他所见过的所有人带来了快乐。

这是一个既关心他人又爱护自己的少年。他明白要把自己当作别人，这样才能做到不以物喜、不以己悲；他明白要把别人当作自己，这样才能切身体会到别人的遭遇；他明白要把别人当作别人，给自己自由飞翔的空间；可是，当时他就是对为什么要把自己当成自己感到不理解。

作为男人，一定要把自己当成自己，不要因为把自己当作别人而失去了自己的空间；不要因为把别人当作自己而失去了自我；不要因为把别人当作别人而自我隔离。不论什么时候，都要以"我"的姿态面对这个世界。只有把这四句话有机结合起来，才能抵达自己快乐、别人也快乐的彼岸。很多时候，我们总是觉得为别人分担、付出是很难得的，是值得发扬和赞颂的。可是，如果因为别人的事情而丧失了自己的立场和存在感，那么，你就和垃圾桶没有什么两样，而不是一个可以为别人带来快乐的人。

点金术：男人如果学会拒绝，就会让自己的心情明朗，只有这样，才能发觉这个世界的美妙，而不是阴暗；男人如果学会拒绝，就会和朋友同事之间有更加轻松的关系，才能发现这种关系是美好的，而不是负担。

该放手时就放手

理想、梦想不过是着装的欲望，兢兢业业只是为了满足自己的欲望。欲望没有好坏之分，只是个人的取舍与喜恶而已。但是，欲望却好像手中的沙子，满心的欲望迫使你用力去抓住你想要的，然而无奈的是你越是急切，得到的越少。我们都知道用手从四周把沙子推向中间，然后，伸手轻轻一捧，便是高高的一个沙包。

这些说起来很简单，可是怎样做到却很难。当你担心别人来抢的时候，你会不自觉地想藏起它，这样一动，沙子就会从你指间滑落；当你紧张或是担心的时候，你的心会抽紧，手指不由自主地用力，沙子在你毫无知觉的情况下，从手指之间悄然滑落。如何捧起最多的沙子，最重要的是心态，不要看沙滩上美丽的贝壳，不去想有多少双手在你旁边挥舞，当你不慌不忙地用手去捧的时候，就像是从树上摘下一个苹果，从地上捡起一朵小花。这时，你会发现，越是不在意，收获越多。

每天上下班时间，看着挤公交车、挤地铁的人群，总觉得生活太压抑、太紧张。每个人都"紧绷绷"的，像严肃的等待检阅的士兵，好像一句玩笑话、一个小动作都会给自己带来麻烦，这样能不紧张吗？我们需要抓住太多的东西，工作、房子、爱情、婚姻、孩子等等。我们是自己的守护者，要日夜警惕，牢牢抓住这些象征着幸福的东西。

这个社会变化越来越快，人心也变得越来越难以捉摸，生活在其中，表面上风平浪静，实际上如履薄冰。我们总是希望把所有的幸福都抓紧，但是正因为抓得太紧，反而事与愿违，就像手中的沙子，你越用力握紧，流得越快。手心的压力让沙子承受不了，迫不及待地想要逃。同样，如果你把人生过得太紧迫，不允许出现任何的差错和失误，那么，世界就会像沙子一样从你手中逃走。

事业、爱情、婚姻、房子、车子、孩子、朋友等等，这些幸福的条件来之不易，怎能让他们流走？男人害怕打开手掌，害怕他们并不是自愿跟随你的，害怕自己最后两手空空。所以，男人握紧了手，用尽心力和各种手段，不管任何时候，都不敢有丝毫的松懈。

但是，握得紧就是拥有吗？在分手的千万个理由中，有一条不可忽视，那就是自由的呼吸空间。你害怕失去爱情，所以把对方看得很紧——能跟着就跟着，不能跟着就总打电话；什么事情都要对方向你汇报；除了你之外，不许她接触任何的异性等。这样做，也许能保证一时的心心相印、形影不离，但是，时间久了，有可能会彻底失去对方。爱情是很重要的情感需求，但并不是所有。每个人都需要有多个维度的生活，比如爱情、工作和朋友。你把对方只限定在你的圈子内，你看得越紧，抓得越牢，失去得越快。

你千辛万苦找到一份工作，特别满意，它不但是你的兴趣所在，而且工资高、待遇好。你一下子像进了天堂，都不敢相信这是真的。你是这样在乎，所以，你任何时候都不敢有丝毫的松懈，唯恐一眨眼就没了。你事事积极，连夜加班，尽可能提出更多的方案，把能想到的事情都做了。这样，自然获得了公司的认可。但是，你不是铁做的，如此高强度的操劳，你很快就累倒了。而这个时候，你还没有转正。公司会养一个病床上的患者吗？自然不会。你在意的反而更快地失去了。

还有很多这样的例子。有的时候，你自以为抓紧了，反而在失去，而且失去得更快。越在乎，就越想抓住，抓得越紧，失去得越快。男人要把凡事都看得淡然一点，为人要自信一点。是你的就是你的，不用费尽心力去抓紧；不是你的永远不是你的，你再怎么努力也抓不到。

点金术：欲望和手里的沙子一样，握得紧并不代表你已经完全拥有，有时反而会一无所有。你只需要摊开手掌，慢慢欣赏就好。男人要怀着平和的心态，把世间的得失看淡，让紧缩的心舒张开来。

第十二课

女人情商训练

情绪控制的钥匙

纷繁的社会生活,复杂的人际关系,难于名状的自身隐私,往往困扰着作为社会细胞的每一个人。正如古人所说:“月有阴晴圆缺。”人的心情也一样,有愤怒、有痛苦、有悲伤、有幸福……然而,人毕竟是社会大家庭中的一员,毕竟有很多事不能光从自己的天性出发,无限制地任其发展。学会克制自我情绪、保持情绪的平衡有很大的作用。学会驾驭情绪这匹烈马,它会带你通往成功的巅峰。

女性心情不好时怎么办

“唉!心情不好!不知该怎么办?”

或许你曾听过或讲过这样的话。我们心情不佳的时候,有时可能不知因何而起。制造快乐心情、蔑视痛苦,是每一个女性的愿望。一些学者指出,人的情绪的好坏与天气变化及我们周围环境有关。我们无法阻挡“心情不佳”的不期而至。然而,这种情绪延续多久,却取决于自己。

法国著名哲学家卢梭说过:“人们相信,任何痛苦,即使是最不堪忍受的痛苦,只要我们等闲视之,不予理睬,它就不能在我们的身上横行肆虐。对一个置身于痛苦之中依然蔑视那些制造痛苦者之居心的人来说,对一个决不会因为他人的毁誉而改变自我在自我心灵之地位的人来说,一切挑衅、报复、凌辱和委屈都不过是过眼烟云罢了。”

卢梭的话可谓一语中的,坚持“自我在自我心灵中之地位”,将一切环境的影响都看作是无足轻重的,以自我安慰的方式减轻烦恼。比如说当你遭到别人冷落时,你可以认为他们可能是因为遇到了不顺心的事,下次的态度会好起来。在适当的时候,多一点阿 Q 精神还是必要的,即使你已经看出他对你的冷落是因为你的地位或其他方面不如他们,也不应消沉、放纵自己悲观的情绪。相反,激发自己乐观、积极、上进的情绪,保持良好的心境,是以后成就事业、不被人冷落的重要一步。

心情不好的时候,也可以听听轻音乐,同朋友聊聊天或散散步。在一种轻松舒缓的心境中,把烦恼赶走;也可以静静坐一会儿,想点高兴的事,比如你的恋人、朋友的趣事,你刚买的心爱的衣服。这些方法都可以减轻烦恼。

走出忧思

据研究发现:女性陷入忧思的概率比男性高得多,女性患抑郁症的人为男性的两倍。女性陷入痛苦的概率比男性高的原因之一就是没有适当地发泄。女性发泄忧思的方式很少,不像男性那样可以"借酒浇愁",用强烈、奔放的方式发泄郁闷。专家认为:女性感到抑郁长久难以释怀,是因为有一股压力积存在体内已久,只是外人不知、自己不觉而已。

情绪是个人对外界影响、刺激的反映。情绪不稳定对每个人来说都在所难免。当你处于愤怒、焦虑、惊惧、苦恼等不良情绪的状态时,如果采用强制的压抑手段,不使自己的情感外露,独吞这颗苦果,这样虽然在表面上是平静了,但实际上,如果这种不良情绪不及时消除,在人体的潜意识中抑郁就会不断加深,对人体产生不良影响。这就像一个人对小病小灾满不在乎,然而日积月累,病魔的阴影越积越深,终于有一天当你卧病在床的时候,就会后悔当时没及时治疗。心理抑郁也是同样道理,如果压抑的心绪超过一定负荷,人就会不由自主地爆发,表现为狂躁、抑郁等不同形式。

一位心理咨询师曾为一位湖南的女青年进行过心理治疗。她在农村长大,从小就失去了父母,由姨妈养大,虽然姨妈待她也很好,但在她幼小的心灵里就有一种寄人篱下的感觉,形成了内向性格,从小学到中学她努力学习,成绩良好,但没有一个知心朋友。到大学后,她依旧在自己的世界里奋进,很少参加社交活动,每遇到不顺心的事只是自己独吞苦果,就这样忧思的乱麻将她越缠越紧,终于在一次课上,她突然表现得极度兴奋,一反常态,被送进了心理治疗所。

可见,学会适时地宣泄自己的不良情绪,对自己所遇到的不愉快的事不耿耿于怀、不钻牛角尖是相当重要的。女性,对于烦恼的阴影有自己独特的清扫方法,现在就把几种比较重要常见的方法介绍给大家。

(1)哭出来:美国科学家对于女性精神上处于不良状态时如何发泄自己的情绪这个问题的意见是:从医学观点来看,最好的办法是"出气"——尽量哭出来。田纳西州大学教授桑德拉·托马斯在学术著作《女人与愤怒》中阐述了这个课题。

哭,虽不是女性的专利,但可作为一种消愁的方法。让眼泪冲走你的不快,让清莹的泪水抚平你的心伤,没有人会因此而责备你,没有人会说你软弱。哭吧,该哭的时候就放声地哭,这才是你真正的自我。

(2)打破闭锁心理:少女一般在心理有很大的闭锁性,她们不愿轻易向家长、教师或其他人吐露真情,十分珍惜自己的小世界,爱遮遮掩掩。所以,旁人很难窥见她们的内心世界。尤其处于不良情绪中时,对自己的心里话更不愿倾吐。其实,少女时期因为缺乏正确的判断力,遇到烦恼的事应找知心朋友或师长倾吐,加强交流,把积郁的不良情绪宣泄出来,心里就会舒服。

(3)宽心法:遇到不顺心的事情,要想得开。凡事要往好处想,想一些开心的事,在适当的时候充实生活,把学习、生活、活动安排好,充实其内容。这样忧郁就无孔可入。

消除不良情绪的方法有许多,每个人应因自己的情况不同选用不同的方法。但有一条请记住:在宣泄忧郁时,不要忘了适时地关上理性的闸门。

情绪控制——不可思议的力量

新的时代,需要情商女性。情商女性都应具备良好的情绪控制能力。我们先从一个老故事说起:

这个故事发生在美国南北战争之前。那时,大卫刚大学毕业,一次偶然的经历,一件令他受益终身的事情发生了。那天下午,他来到他叔叔的磨坊。叔叔是个庄园主,拥有大量黑奴,正当他们攀谈的时候,磨坊的门轻轻地打开了,一名黑奴的女儿悄悄地走了进来。

叔叔回头瞧了她一眼,立刻恶狠狠地喝道:"你有什么事?"

女孩轻声细气地说:"先生,我妈妈让我来向您要五毛钱。"

"不行!"叔叔更加凶恶,"给我滚回去!"

"是,先生。"女孩说。她的语气仍旧那样柔和,可她却仍然站着不动,一点儿也没有要离开的意思。

叔叔回过头继续和大卫聊天,没有觉察到女孩还站在那里。大约过了一刻钟,他偶然抬起头来,才又看到了她不声不响地站在门口。这下,叔叔的火气更大了:"难道你聋了吗?我叫你滚回去,你听到没有!你要是再赖着不走,我就打断你的腿!"

"是,先生。"女孩依旧轻声细气地回答,可她却丝毫没有挪动,一双乌黑的大眼睛静静地看着她的主人。

叔叔终于恼羞成怒了,他操起一根木棍,凶狠地朝女孩走去。然而,女孩却没有退缩,反而迎着他走了过来。她仰视着他,眼里没有丝毫惧色,轻声而坚决地说道:"先生,无论如何我都要拿到这五毛钱!"

叔叔一下子呆住了,他上下打量她。良久,他放下了木棍,从口袋里缓缓地掏出五毛钱。小女孩接过钱,镇静地一步步退了出去。叔叔呆呆地望着她,脸上一片茫然。

虽然这是一个已离我们远去的故事,但这个女孩的意志和胆量却值得我们现代的每个女性学习。虽然在这个故事发生时,并没有情商这一学科,也没有情商中的情绪控制这一概念,然而从这个黑奴女儿身上,我们可以看到她情绪控制的闪光点。

情绪控制不但包括控制痛苦、忧伤、自卑的心境,同样包括控制愤怒和恐惧的心态。愤怒和恐惧是两种不同的情绪,但故事中的女孩能以平静的心态对待暴跳如雷的奴隶主,以自我情感驾驭对方的情感,终于赢得了最后的胜利,使磨坊主甘拜下风。

面对愤怒和恐惧,创造韧性的心理是至关重要的。正如一首打油诗所说的:"为了小事发脾气,回头想想又何必。我若气死谁如意,况且生气又费力。"学会自我调节,学会放松,彻底把愤怒和恐惧从你的生活中赶走。在生活这杯浓咖啡中加入糖,蔑视痛苦,可使你成为一个受欢迎的人,实现你心中的梦想。

点金术:请从现在开始,放松你的面部肌肉,微笑着说:"明天定会是个艳阳天。"

人际沟通的优势

德国著名女企业家琼·卢德斯在接受记者采访时说:"我成功的经验其实很简单,就是将每一个人都看作我的朋友,不管是我的下级、客户还是竞争对手。容纳每一个人是我制胜的法宝。"

中国当代著名诗人北岛的一字诗《生活》广为流传。虽然只是一字之诗,但从中可以概括出人生、社会的真实意象。人,作为社会的一分子,在这张大网的张合中,不免要互相摩擦,有时也会爆发出撞击的火花。

如何认识人际交往,如何建立良好的人际关系,是女性急切想解决的问题。

人际沟通:胜利者的助力器

人是社会的人,人际关系是维持社会平衡、稳定的重要因素。良好的人际关系不但能使你心情顺畅、克服不良情绪的影响,而且对于一个人树立自信心、营造一个和谐美好的氛围、树立良好的社会形象都起到积极作用。

心理学家罗伯特·凯特和珍妮特·卡普兰曾对贝尔实验室的工作人员作了一次分组研究。他们将贝尔实验室的科学家和工程师分成两组,这些工作人员都是可独当一面的人物。然而经过一段长期的追踪研究后，发现其中一组的成绩斐然，作出了在没分组以前达不到的成就，而另一组却成绩平平，相对第一组黯然失色。是什么导致具有同样智能和条件的两组在相同的时间内的成就截然不同呢？原因很简单，前一组的工作人员有广泛的人际网络，而后一组没有。前者在实验之前就考虑到实验中会出现的问题，同各方面的专家建立了稳固的联系，随时可以得到帮助和指导；而后者是在遇到困难的时候才“抱佛脚”，既浪费了时间，又不一定能得到满意的答复。

可见，成功的人际沟通能使你在轻松愉快的氛围中达到自己的目的，收到事半功倍的效果；而低能的人际沟通者，面对这个纷繁复杂的世界往往束手无策，在人际交往中屡屡碰壁后，悲观、失望、痛苦、迷惘地看待这个世界。在他们眼中，人际关系只是相互利用、互相倾轧，人与人之间只有利益的共振，而没有情感的共鸣。其实这是很不正确的，在心理学上，这是心理障碍的表现。一位名人说过：不是世界没有美，而是因为你缺少一双发现美的眼睛。

一位心理医生曾收到一封四川籍少女的来信，倾吐了她在人际交往中的苦恼。现将这封信摘录如下：

尊敬的先生：

我是一名17岁的少女，但我提笔给您写信时却鼓起了平生最大的勇气。我虽然处于花季年龄，但并不像其他女孩那样无忧无虑、天真外向。我性格内向，不善交际。遇到生人或不太熟悉的人，都十分拘束，找不到合适的话题，使我和对方都十分尴尬。渐渐地，周围的人因为我少言寡语，疏远我、轻视我，有什么事都不和我说。我的世界越来越如空中楼阁，没有依托，我多么自卑呀，我为什么这么笨？我渴望与别人交往，怎么样才能改变自己的性格，与别的女孩一样快快乐乐地生活，我该怎么办？真诚地希望得到您的指导。

孤苦无助的×××

对这位少女的遭遇人们完全可以理解，渴望与人交往，但又苦于言表，确实是很痛苦的。遇到这种情况就该努力，主动地学着与他人交往，学习一些交际方法也是十分必要的。

人生就是一次旅行，缘分使我们能同处一趟列车；我们为何不有说有笑，一边观赏窗外的风景一边亲切交谈，在歌声与笑声中轻松结束这次旅行呢？

当你背上行囊，收好情绪，整装待发的时候，请看一看阳光是否灿烂，前方是否有朋友的关爱和疲惫时栖息的驿站。在你上路之前，请备好人生的“润滑剂”，切不可匆匆上路，美好的未来并不是靠自己一厢情愿地努力就能实现的。

人际关系的几种误区

(1)言语障碍

在我们的日常生活中，往往会遇到这样的情况：在我们的交谈中，重要的不是谈话的内容，而是谈话的方式，即什么时候该说什么样的话。美国明尼苏达教育学院的罗伯·格林教授曾经做过这样一个有趣的调查，调查的对象是75名学有所长的专家学者，调查的内容是请他们说出平常最令自己焦虑和恼怒的事。结果表明，大部分被调查者的回答集中在以下几点：

①不听我的讲话，只顾自己滔滔不绝，口若悬河。

②在人多的时候爱表现，爱出风头。

③当自己的话还没讲完，就被别人打断。

④完全不考虑我的利益和观点，一意孤行，固执己见。

⑤当我说话时，别人不注意听，这是别人不尊重和轻视的表现。

⑥在别人的讲话还未讲完时，就掉头离去的人。

⑦不想听取别人意见的人。

⑧不想听取我所讲述的任何道理。

从这个调查可以看出，这些令人焦虑和恼怒的原因都与交谈有关系。言语交谈在人际关系中是相当重要的，有些人在交谈中不知不觉地犯了上述错误，在无意中伤害了别人，给自己以后的人际关系设下了障碍。

怎样才能知道你的言语合不合体？交谈得融洽不融洽？请先回答下面的问题：

①你认为与人交谈很困难吗？

②你在与别人交谈时，会不会出现精力不投入、表面上虽然在注意听，而实际上心里已经开始考虑其他事的情况？

③你在和生人或不太熟悉的人谈话时，会不会有拘谨的感觉？

④你是否在谈话时常常找不到使双方都感兴趣的话题？

⑤如果没有必要，你不喜欢和陌生人交往吗？

⑥你是否经常找不到恰当、合适地表达自己意见的词汇？

⑦你经常打断别人的讲话吗？

⑧当你被别人打断讲话时，你感到愤怒不安吗？

⑨当你开始讲话时，是否能感觉到别人的心不在焉？

⑩你与自己的亲戚、朋友交谈时，也会常常无话可说吗？

⑪你与别人交谈时，是否会常常发生争吵？

⑫你是否不喜欢与别人拉家常？

⑬对朋友或同事之间一些没有恶意的玩笑，你是否也很计较？

⑭你是否经常想尽快结束一次交谈？

⑮你是否经常要求对方赶快把要说的话说完？

对以上这15个问题，如果你的回答中有5个以上的"是"，那么，你的交际方式就很成问题，应该注意讲话技巧了。

(2)个性障碍

人是在社会中成长的，不同的社会环境和家庭氛围影响了一个人的性格。哲学家说，世界上没有两片完全相同的树叶。同样，世界上也没有两个完全相同性格的人，即使是双胞胎也不例外。这就决定了人们在交往过程中不可能取得完全一致的看法。如何"求同存异"是人际沟通的关键。

女性感情细腻，总是默默而仔细地观察她周围的环境及其身边的朋友。女性在同性之间交往更应该学会控制自己的个性，尽力迎合对方的口味。一个人如果个性太强，事事固执己见，不懂变通，就会和周围人的关系变得紧张。

个性强能够改变吗？当然可以。社会造就了你的个性，时过境迁，你的个性也会被社会这个大熔炉重新塑造。

当然，一个人个性的改变不会像旧衣换新装那样简单，需要一个循序渐进、有意识的自我约束和再塑自我的过程。

改变个性的关键是改变思想方法。不能自以为是地认为世界就像自己所想象的那样，别人的观点都必须和自己完全相同，稍有不同就大发雷霆，甚至拳脚相加。有些自以为是者虽不致如此暴躁，但对一切劝诫都置若罔闻。有时虽然表面上听取了别人的意见，而在内心早对说教者百般抵触，思绪如断线的风筝早已神游他处。

良好个性的形成，光靠外界的说教是不行的。更主要的是从自身做起，不管你认为自己的观点如何完美、正确，都要虚心听取别人的意见和看法，并把自己放在对方的位置设身处地地对对方的观点加以分析，再将其与自己的看法加以对比，这样才能得到较全面、正确的认识。长期坚持下去，以他人为镜，就能逐步改变你的思维方式，以随和代替固执，成为一个受欢迎的人。

(3)心理障碍

有的女性能和熟人无拘无束,朋友之间的关系也很融洽,这说明她的语言表达能力不差,能和朋友和睦相处也表明了她的交际能力不错。然而有一部分女性一碰到生人就显得手足无措,一扫原来活泼健谈的性格,变得拘谨,不能很快适应一个新的交际环境,这就说明这样的女性有一定的心理障碍。

心理障碍是一个很广泛的概念,上面所列的言语障碍、个性障碍在一定程度也属于心理障碍,只是相对而言比其他心理障碍重要些。

在人际交往中,盲目自大、高傲自持,对别人端出"天下老子第一"的架子,这样的做法毫无疑问是不对的,最终只能遭到别人的冷眼相待,使自己越来越孤立。但过分自卑、怯懦同样也是人际交往中的一种心理障碍。这些人在与生人的交往中,自卑情绪压倒了自信心,看到了别人的优势,却没有发现自己的长处。在与别人接触特别是与生人接触时,自己就把自己缩短三分,怕别人看轻自己,以致说的话扭曲干瘪,毫无生气。生怕给别人留下坏印象,且又得不到别人的理解。其实,克服这种心理障碍并不是很难。首先要认识到自己的优点,"我并不比别人差"。这是克服这种心理障碍的基础,同时要认识到你所接触的人,在人格上都是平等的,不存在谁贵谁贱,况且大多数人都是善良、热心的,也许他们对你的第一印象很好,不过是你的心理在作怪而已。即使对方真的轻视你,那又何妨呢?"我干吗非让你看得起?"你可以这样安慰自己,"就是你看得起我,又能给我什么呢?"这样,心情就会恢复正常。

我就是我,不需要用别人的评论来证实自己,挺起你的胸膛,前方阳光灿烂。

成功的交际艺术

(1)和陌生人谈话的技巧

交谈是人际沟通的钥匙,也是友谊的桥梁。新到一地,举目无亲,满眼都是陌生的面孔。在这种情况下,你也许会感到孤独、寂寞、无依无靠,仿佛自己独立生活在寒风苦雨中。其实,这是自我"三缄其口"的结果。冷落地对待身边的陌生人,警惕地防范着对方,心情始终处于紧张状态,这样的花季又有何乐趣可言?这样的青春岂不太苦涩、无味?

学会语言技巧,同更多的人建立广泛的交往、联系,以善意的胸怀对待陌生人,是开阔视野、沟通信息与情感的主要方式。

第一步:良好开端的建立。和陌生人在一起,我们首先从其举止和言谈中判断是否有谈话的必要。如果有,就应该开始谈话的"起动"阶段。在这个过程中,以关切的语言、柔和的态度和别人进行试探性谈话,以取得对方的好感。比如在一次不经意的对视中,你可以客气地问他(她)到哪里去,从哪里来,在问对方的同时,不要忘记介绍自己相应的情况,取得对方的信任和喜欢。

第二步:寻找话题。可从"今天天气很好"诸如此类的家常话开始,主要谈此时的感受,如果你知道此地的风俗人情、名胜古迹也可以作为谈资。但应当记住,不能在对方对你所谈的事物一无所知的情况下滔滔不绝,应在循序渐进的谈话中寻找兴奋点。

第三步:交流式谈话。在双方都寻找到能使对方感兴趣的兴奋点后,就应该以此为缔结情感的连接点,相互交流讨论。这样既增长了知识,又结识了朋友。比如你得知对方是洛阳人,你不妨就以你听说过或参观过的名胜与对方交流。再如,如果对方和你有共同的爱好,这也可以作为进一步的谈资。

第四步:适时结束谈话。谈话固然重要,结束谈话的方式在交际中也起着不可低估的作用。有些人虽然能按上面三个步骤和别人搭起话架子,但最终因为结束谈话不适时,使本来建立起来的交流基础瞬间消失,双方又都成为"陌路人"。

下面介绍两种结束谈话的方式:

①自然结束。每一次谈话,都有一个非常自然的终止点,此时,不可再拖泥带水地说下去,见好就收,使双方都舒畅自然,这是谈话中关键的最后一步。

②顺时结束。当双方谈话的中心内容已谈完以后,如果你认为再没有谈下去的必要,就要把握这个时机,结束谈话。

言语，人际沟通的钥匙。从学会和陌生人相处做起，运用言语这一个人人都会用的沟通工具，用自己的语言开启别人的心扉。

(2)会“忍”也是福

置身于社会这个大家庭中，每个人都有一条自我运行的轨道，平时相安无事。然而，一旦有一点纰漏，某一方行为出轨，就会与其他“星球”相撞，双方是剑拔弩张呢，还是豁达处之，恕而不怒？当然还是后一种方法可取。要达到这种境界就要学会忍。

有一首“忍”字诗说得好，“忍字心头一把刀，临事不忍把祸招。若能忍得心中气，事后方知忍字高。”细细品味，确能体会忍让的真谛。

中国古代的先贤圣哲就对忍提出过精辟的概述，兵家把“怒而兴师”、“愠而致战”列为大忌，认为“匹夫见辱，拔剑而起，挺身而斗，此不足为勇也”，要人们做到“临而不怒”，追求性情的臻境。

青年人遇到矛盾时，往往表现为气胜顶牛，好抱死理。学会控制自己的言行，不说过激的话，不做过激的事是很重要的。俗话说“退一步海阔天空”、“让人一步自己宽”。做人就要有宽广的胸怀，“大度”容天下难容之事，遇事忍一忍，再大的困难也能解决。有人认为忍让是懦弱的表现，事事争强好胜，这种做法是很片面的，即使忍让者当时吃了亏，但从长久来说，可以得到解决问题的时间和在精神上得到解脱。

“小不忍则乱大谋”——不论在社会还是在家庭，忍让是一门玄妙的学问。研究好了，既利于人也利于己。在某种意义上说，吃亏是福。

“忍”尽管只是一字之学，其中的玄机却需要我们仔细把握，认真探索。从小事做起，从言行开始，学会“忍”这一门既简单又高深的学问。

(3)给人一个台阶下

台阶，生活中最常见的物体。我们每天都会上下很多级各式各样的台阶，当你安稳地踏在这些台阶上时，不知你想过没有，如果你正要踏上的台阶突然失去，将会发生什么现象？你将会被悬于高处，进退维谷，陷入尴尬境地。也只有在这样的境况下，你才会真正体会到台阶的重要。

现实中真实的台阶是关键的，而在交际场合中无形的台阶也极为重要。学会让人体面地下“台阶”，可营造一个美好的空间。不仅可使别人保全颜面，而且还会获得他人的理解和尊敬，有利于树立良好的人际形象。

> 以优质的服务闻名全国的北京市21路公共汽车售票员李素丽，一次在查票过程中，一个小伙子左掏右掏，就是拿不出票来，李素丽看出小伙子没买票，但她并没有像一般乘务员那样对小伙子横眉怒目，责骂有加，而是柔和地说：“你可能一时着急找不到车票，要不，您再买一张，下车后您要是找到了，下次坐我的车不用再买了。”小伙子不好意思了，拿出2元钱，诚恳地说：“大姐，刚才我是骗您的，我没买票，您要怎么罚就怎么罚吧！”李素丽仍然没有生气，语气轻柔地说；“按我们的规定，下车逃票才罚款，您能及时补票就可以。下次请主动买票，这样就不会耽误您的时间了。”
>
> 此后，李素丽说：“每个人都有自尊心，售票员不能得理不让人，让乘客下‘台阶’，我的工作就上了‘台阶’。”

李素丽平淡、真挚的语言道出了在人际交往中给人面子，在别人尴尬时及时伸出援助之手，给别人一个台阶下，就等于为自己的交际之路又填了一块铺路石。

点金术：学会给人“台阶”下在交际中是一种有效而简捷的方式。用自己的心体谅别人的行为，用自己的行动打消别人的难堪，学会它，你在交际圈中会更游刃有余，左右逢源，逐渐走向成功和辉煌。

“妇人心”的调整

新时代的女性走出了封建礼俗的“围城”，以饱满的激情，迈向崭新的人生。然而，她们中间的很多人在潜意识中还存有女性的传统的陋癖。如何克服“妇人心”的心态，是她们在以后的生活和事业中应该学会的一课。

熄灭嫉妒之火

每个人都知道嫉妒不是好事，然而这片阴影总会在人们的心中徘徊。想想：熟识的朋友青云直上，一飞冲天，你除了祝福外，心底是否还有一丝难以名状的酸楚？

有欲望是人类的特点之一。在有意无意中，人总是同周围的人比较，“见不得别人好”是许多人共同的心理，只是有的人将其表现得淋漓尽致，有的人能克制化解。

有专家曾对女性的心理隐患进行过一次调查，发放问卷20000份，收回有效答卷17250份。调查结果表明，女性最想克服的念头中，“嫉妒”排名非常靠前。即使在兄弟姊妹间，这种念头也会时时出现。

克制内心的嫉妒，使之不表现于外，是每个女性都希望的。尽管达到此目的并非一日之功，但毕竟还是有技巧可寻的。下面就介绍几种技巧，供大家参考。

专家指出，嫉妒的来源是“比较”。无论怎么比，自己总有不如人的地方。比较是必不可少的，没有比较就没有改进。要减少由比较而产生的嫉妒的最有效的办法是，少和别人比，多和过去的“我”比。比如你是一名推销员，如果整日拿自己与某些推销大王比，会使自己堕入自卑的深渊，不但不能进取，反而会消沉下去。正确的做法是拿目前每日的销售额与原来起步时的比，这样就会在充满自信中激励自己。当然，你不可能全然无视在你所在的领域内的成功者，你应该学习他们在成功过程中的经验，而不应仅看到他们的结果，一味只盯在他们的成就上。

熄灭嫉妒之火，也可以通过心理平衡法。上面我们提到“自己总有不如人的地方”，但每一个人都有自己独特的优势，是他人无可比拟的。通过对比找到自己的优点后，就可以通过自我安慰的方式消除嫉妒。

在平衡嫉妒的过程中，最讳忌的就是以中伤的方式发泄私愤。比如你看到别人长得比你漂亮，你可能会想：“长得漂亮有什么用，还不是照样在饭馆里端盘子。”看到别人发财就想：“天知道靠什么歪门邪道，以后坐牢也未可知。”诸如此类的中伤，不但不会消除自己的嫉妒，而且更会显示出自己的卑劣。久而久之，就会产生心理疾病。

学会节制自己的嫉妒之心，将嫉妒控制在羡慕的范围内，“欣赏别人，尊重自己”，才能使快乐多于嫉妒。

避免说闲话

俗话说，三个女人一台戏。可见女性舌头功夫的精深。

过去妇女习惯在井边闲谈，这是由当时的小农经济决定的。在农闲时，长久闷在心里的话终于找到了倾吐的机会。现代女性闲聊的场合已大大扩展，女人能充分利用琐碎的时间表现自己的演讲才能。然而在你兴致勃勃、口若悬河的精彩演讲中，可能会不知不觉地得罪别人，在不经意中泄露朋友的秘密，从而使自己陷入众叛亲离的境地。

还有一种女性，虽然懂得“祸从口出”的古训，但缺乏判断力，人云亦云。即使别人说的话毫无根据也跟着附和，这种人往往比长舌妇还令人讨厌，成为可恶的长舌妇和煞有介事的造谣者的忠实听众。

喜欢道人长短、评头论足的女性，在现实中容易被人利用，成为别人的传话筒，这些话又会传到对方耳朵里，结果自己反成了众矢之的。

女性在交往中切记要管好自己的嘴巴，不随意评论别人，即使是在最亲密的朋友之间也不可掉以轻心。假如别人向你打听某人的隐私，即使你知道，也不可把它作为显示自己消息灵通的资本而大肆宣扬。

“沉默是金”，能做到这一点，就会给人善良、靠得住的感觉，就会有更多人主动和你接触。

大度量，女性也需要

在日常生活中，因为一句不饶人的话而使平时的一对朋友反目成仇的事例并不鲜见。两个外表温和文静的女性，因为一件小事而吵得面红耳赤，甚至大打出手的事件也屡有发生。这是她们缺少大度量的典型表现。

对于别人的错误，你应该表现得大度一些，不该斤斤计较。情商理论的研究者傅中权曾这样说过：“大度的女性是成功的青睐者。”成功的女性不应把自己束缚在鸡毛蒜皮的小事和闲言碎语上，以柔和的面部表情对待每一件事，每一个人，用自己的豁达和开朗化解每一次纠纷。

点金术：大度量，并不仅仅属于男性，女性也同样需要。拥有一份出自内心的宽广的胸襟，才可以让自己成为一个受欢迎的人。

承受挫折的能力的培养

对挫折的承受能力是情商的又一重要内容。无论在学习、工作还是生活中，失败的阴影始终会缠绕着我们。乐观、豁达的人把失败视为砥砺意志的磨刀石，勇敢地正视挫折，积极地驾驭失败。挫折同样是一种财富，同样是人生不可缺少的一部分。正如一位哲人所说：“一个人履历表上的单纯，反映了他的人生单调，临终他得到的悼词之呆板和花圈之单一是不难预料的。”

搁浅的生命之舟

人人都想成功，每一个人都想获得美好的事物，没有人愿意无声无息地惨淡而终。就在你壮怀激烈地驾着人生之舟寻找理想中的美好未来的时候，难免会遇到阴礁暗流、阴霾暴雨，这些障碍阻挡了你的行程，甚至会威胁到你的生命，也正是在这些关键时刻，才显出了庸人与勇者的不同。庸人在渴望成功的同时对失败敬而远之，绕道而行；而勇者则大胆迎接失败的挑战。两种不同的态度，导致了两种不同的人生。

《孟子·告子》中说：“天将降大任于斯人也，必先苦其心志，劳其筋骨，饿其体肤，空乏其身，行拂乱其所为，所以动心忍性，增益其所不能。”创业者要有所成就必须经过这样的“炼狱”过程，才能完成凤凰式的涅槃。

《圣经》里有一段箴言：“你若在患难之日胆怯，你的力量就要变得微不足道。”怯懦是无能的表现，在挫折面前胆怯，只会使失败的痛苦更加肆无忌惮地吞噬你。唯有勇敢地迎接挑战，才能走出困境。在我们周围有很多人一辈子在自己的岗位上埋头苦干，然而最终不能完成自己的夙愿，这并不能说他没有努力，也不能说没有机遇。主要原因在于他们缺乏冒险精神，在困难面前缺乏信心和勇气，不敢面对挑战后的失败。他们用故步自封的茧将自己脆弱的灵魂裹起来，不敢越雷池一步。在既想化蛹又留恋已有的舒适、安定的生活中老死在自缚的“茧”中。

赢得起而输不起，是现在青年人的普遍心态。他们在初入社会时，往往将生活想象的过于美好，心理准备不足。一遇到挫折就临阵逃脱，更不要说征服困难了。想要获得成功的人必须敢于面对失败，伟大成就的建立是以巨大的失败的考验为基础的。一位外国名人曾这样说：“失败并不意味着浪费时间与生命，却往往意味着你又有理由去拥有新的时间与生命了。”是的，失败造就了强者坚定的意志、顽强的性格、不屈的精神，丰富了他们的斗争经验，培养了他们健康的心理素质，磨炼了他们的才干，而这一切都是获得新生必不可少的条件，也是他们在以后的风雨中前进的资本。

生命之舟一旦搁浅，是返回浩瀚的海洋，还是就此消沉，完全取决于你，取决于你的勇气和信心。

信心，再生的力量

挫折并不可怕，我们在逆境中摸爬滚打，与失败作斗争的时候，还缺乏什么呢？我们缺乏的是信心和勇气。只有具备了这两样，再加上有一个理性的头脑，我们才能最终战胜挫折，证明自己是“笑得最好”的人。

“哀莫大于心死。”千年的古训说明了一个颠扑不破的真理：只要信心仍在，就可以再生。让我们先来看《封神演义》的一个故事：

忠实的比干被商纣王挖去心后仍未死，他在回家的路上遇到一位卖无心菜的老妇人。比干恭敬地问这位老妇人：“菜无心如何？”妇人说：“能活。”又问：“人无心如何？”老妇人本为妲己所变，便说：“必死！”比干的最后一线希望破灭了，抱着无限的遗憾倒地身亡。

生命虽不能再生，但只要心不死，仍可获得力量，战胜怯懦。《扬州日报》曾刊登过这样一则幽默小品。

跳伞员们站成了排。教练雷蒙德说：“小伙子们，今天你们将要登上飞机完成定点跳伞课目，这可不同于在伞塔上的训练，要勇敢、细心，一切按规范的要求办。还有什么问题吗？”

“假如……万一主伞和备用伞都打不开怎么办？”站在前排的托恩话中流露出一丝恐惧。

“哈哈哈……小伙子，45 年前我对着德国人的高射炮火从飞机上跳下去之前，也对我的教练提出过这个问题。你们猜猜得到什么回答？”雷蒙德双手叉腰，目光扫视着他的弟子们。

“你的教练一定会说，这种情况极少发生。”队列中的一名跳伞员大声说。

雷蒙德摆了摆手。

“他会说，你将会做自由落体运动，摔成……”另一位跳伞员言语吞吞吐吐。雷蒙德不等他说完，便打断了他的话题。

雷蒙德高高扬起右手：“我当年得到这样的回答：‘去赢得胜利的人心中没有那么多万一，只有一万个信心。’然后我的教练对着我的屁股飞起一脚，我就呼悠悠地栽了下来。”

“那你的屁股一定很疼。”托恩脸上恢复了平静的神采。

“那当然。要有一万个信心。小伙子，成功总是爱和勇敢者做伴。要不要给你屁股上来一脚。”

有了对挫折的正确认识，这只是通向成功的第一步，接下去就应该学会如何战胜挫折。信心在其中起着不可忽视的作用，正如上面的幽默小品所讲的“只有一万个信心”才能作为将来成功的依据。信心使受过挫折的人敢于自如地尝试任何事情，他们不再把失败作为最后一颗原子弹，而是把失败看作人生不可多得的财富。在西方没有破过产的企业家是不会被人重视的。可见，经历挫折并不是耻于见人的；相反，它是人生阅历丰富的体现，是自信心强的外露。

在青春时代，培养自信心，铸就一颗坚强的心对一生都非常有益。信心，给人以不竭的力量，永久的动力，是人们冲破困境，反败为胜的源泉。

成田真由美，这个在日本家喻户晓的名字，这个为日本奥运史上留下最辉煌一页的青年女性，谁又能想象出她是一个身体很多部位瘫痪的重残女子？

成田真由美 1970 年 8 月生于日本神奈川县，她从小就酷爱体育运动，是全校的体育明星。

然而,一次排球训练中,她的双膝突然不明原因地剧痛,住院后疼痛仍未减轻,并连续出现高烧。医生无情地诊断说:"脊髓炎,她以后一辈子都不能行走,连借助双拐的力量都不可能有,只能与轮椅为伴。"无情的现实也曾使成田真由美陷入痛苦的深渊,但与生俱来的坚韧不拔的性格使成田真由美与病魔的斗争产生了不可低估的力量。

成田真由美在重残以后并没有灰心、失望。她重新鼓起了生活的勇气,继续进行她酷爱的体育事业。在以后的轮椅竞技、篮球、排球等残疾人运动项目中她每每表现出超群的技艺,更使她增加了对生活的信心。

命运又向她提出了新的挑战,成田真由美在朋友们的一再鼓动下,转入游泳队进行训练。游泳对成田真由美来说是一个新的项目。在此以前,成田真由美从未游过泳,也从未有下游泳池的打算。在新的困难面前,她并没有退缩。随着坚持不懈的苦练,成田真由美的游泳水平不断提高,由一个门外汉变成了游泳队的主力。

命运之神并没有就此放过成田真由美,厄运又一次降临到她的身上,从仙台参赛后返回途中,成田真由美的车被一辆跑车撞毁。她也身负重伤,本已重残的身体又雪上加霜。她的右手完全失去了功能,成了一个扭曲的拳头。医生多次警告她,让她停止游泳。但在结束了将近一年的治疗后,成田真由美拖着无用的双腿,病残的右手,不顾高血压和心律不齐的威胁,毅然投入到高负荷的训练中。虽然身体比原来更差,但她相信自己的实力,相信在拼搏之后一定能得到满意的回报。

成田真由美前面的道路并不平坦,虽然她被选入第10届伤残人奥运会(奥林匹克)的日本代表队,但她的对手强者如林,而且有几国选手原来的成绩远在成田真由美之上,面对又一次严峻的挑战,她并没有气馁,以无比的自信给自己打气、鼓励。艰辛的汗水终于换回了成功的喜悦。她不但获得了1996年奥林匹克的游泳冠军,而且还打破了世界纪录。

成田真由美终于圆了她的奥林匹克梦,成为日本体育界的热门人物,也成为日本女性的骄傲。

这便是自信的力量,受挫的强者不会沉溺于无谓的痛苦、悲观的情感中。而是迅速地重新以火热的激情面对新的挑战。世界上没有永远的冬天,也没有永远的失败。在艰辛和不幸的日子里,要保持斗志、信心和忍耐。这就是成田真由美的事迹告诉我们的道理。

勇气,可以征服一切

碰到挫折,我们既不要畏惧也不要逃避,要用百倍的勇气去面对挫折,并有为战胜它而英勇拼搏的气魄。无论面对任何事情,勇于尝试就会有所收获。如果退缩了,不但不能拥抱成功,反而会陷入莫名的泥潭,溅了一身泥浆。

1995年10月7日,一个美丽迷人的周末,纽约大都会歌剧院里座无虚席,这里将上演一部广为人知的歌剧——比才的《卡门》。大多数观众都是慕名而来,他们想亲眼目睹一下本国"黑"卡门的风采。

出演卡门的就是当今美国著名的黑人女歌剧演员丹妮茜·格里菲斯。眼前的辉煌是她用艰辛的汗水和超出常人的勇气换来的。

丹妮茜自幼就喜欢音乐,有很高的音乐天赋。然而,黑人在美国历史上始终是遭人歧视的,小时候的丹妮茜无论在外边受了多大的委屈,也从不向妈妈哭诉。她在心里狠下决心,一定要超过白人。

上中学后,丹妮茜更加酷爱音乐。此时音乐几乎可以说是她的生命。然而,她面前的道路是艰难的。首先她必须接受正规的声乐教育,还必须从头学习古典外语;更重要的是,她必须挑战形成定势的世俗偏见——黑人不懂得歌剧艺术也不可能出类拔萃。丹妮茜的母亲也不同意女儿的选择，这条路毕竟太艰辛。丹妮茜并没有动摇，她坚定地说："我要演出，要让全世界的人看到，我要站在纽约大都会歌舞台上，成为最棒的一个！"

勇气，使丹妮茜敢于正视常人想象不到的困难，终于把自己塑造成一个成熟的女中音歌手。而以后的生活经历成为她将来辉煌的铺垫和准备。

正当23岁的丹妮茜踌躇满志的时候，噩运却悄悄地向她靠近。

在竞争参加国家歌剧节的比赛中，丹妮茜一路过关斩将，顺利通过初试、复试。然而就在快要进入决赛的时候，她感到喉咙有痰，声带很痛。"必须马上停止比赛，否则你将永远不能再唱歌。"医生毫无余地地说。这是她23年人生历程中最大的打击，在她距成功仅有半步之遥的时候，上帝却和她开了一个不大不小的玩笑，成功与她失之交臂。丹妮茜伤心地流下了眼泪，含恨退出了竞争。

嗓子对于一个以音乐为生命的歌手来说多么重要，失去了它就等于失去了生命的支柱。此后的丹妮茜陷入对未来的迷惘，生活似乎一下子失去了重心。

丹妮茜的嗓子经医生仔细检查，发现是由于甲状软骨错位引起的，经过治疗慢慢恢复了往昔的音色。在众人的鼓励下，丹妮茜又恢复了自信，更加坚强，决心以更大的勇气面对未来的挑战。

功夫不负有心人，经过7年的奋斗，丹妮茜终于实现了自己梦寐以求的夙愿，终于站在了纽约大都会歌舞台上。

丹妮茜面对各种阻力不是退却，而是迎难而上，才取得了今天的辉煌成就。如果她惧怕挫折，畏葸不前，就不会成为今天的"黑"卡门。

人在旅途，有跌跌绊绊是难免的，关键不在于"跌"本身而在于有没有勇气站起来。如果在跌倒后一味地后悔当时的不小心以致落到现在的地步，那你永远失去了重新前进的机会。只能眼巴巴地看着别人匆匆从你身边走过而兴叹。

勇气，可以征服世界上任何一座高峰。站起来，拍拍身上的尘土，说"没关系"的时候，困难便在你面前缩小，而你自己也会变得更加成熟和坚强。

活着惧怕挫折的人只是虚耗时日而已。无情的现实要求人们增强挫折容忍力，增强生活的勇气，来战胜失败。一位哲人说："迎头搏击才能前进，勇气减轻了命运的打击。"

既然勇气在战胜挫折、挑战未来中有如此大的作用。那么如何培养自己的勇气，如何消除胆怯心理，下面提几点建议供大家参考：

(1)要有明确的目标。有些人开始时也壮志凌云，然而一旦遭到挫折就改变理想方向，有的甚至自暴自弃。要知道尽管"条条大路通罗马"但每一条道路都不平坦，都有陷阱荆棘。一生中频频地改变方向，只能留下对往事不堪回首的伤感。

(2)走出小天地。现实中，有不少人很偏爱自己的小世界，把自己定位在一个无形的圈中，孤芳自赏，消极地应付外部世界。一旦遇到挫折，必然会产生恐惧、畏葸的消极思想。只要你走出自己的小天地，就会发现生活中回旋的余地是那么广大。生活并没有冷落你，只是你淡漠了自己。

(3)学会吸取经验、教训。《当厄运笼罩着你》的作者卡西纳说："厄运是很好的老师。它能使你真正学到很多东西，并永远铭记。厄运将使你认识到自己的能力，认识到自己的局限————这是一个人是否成熟的主要标志之一。"实践中受挫并不可怕，学会从中吸取经验、教训。在下次遇到挫折时就会有信心用自己的"真知"去战胜厄运。英国卓越的科学家威廉·汤姆逊在概括自己一生时说："有两个字最能代表我50年来在科学进步上的奋斗，就是'失败'二字。"可见，敢于失败，从失败中获得新的勇气，成就了威廉·汤姆逊的事业。

(4)诚实和信任是爱情的根系。诚实是做人的道德，更是寻觅伴侣的美德。真诚地善待对方，采取"亦报喜亦报忧"的积极态度，切不可抱着侥幸的心理，指望在达到情感浓烈时再吐露真情，以求得关系的维系;更不应采取造成既成事实的办法迫使对方就范。因为这样做不仅有损于道德,结果往往也是不幸的。保持始终如一的诚实态度的另一方面,就是应该信任对方。大凡幸福的爱情,首先应该是心灵的结合,而要做到这一点,就需要相互进行思想的交流和必要的考验。但是,在恋人之间,决不可把考验变成无端的猜忌。猜忌是埋葬爱情的坟墓。记得有位哲人说过:“离花觅春,春不可得。”恋人之间要达到“长相知,不相疑”的地步,靠什么呢?就是要靠彼此心灵的吐露,相互无限的信任。听到了有关恋人的流言蜚语,要冷静地思考,认真地判断和深入了解,切不可轻信而贸然责难。

(5)尊重和自尊是爱情的基石。恋人之间没有尊重就没有爱情,而尊重只有在自尊的基础上才能诞生。因为,一个人只有珍重自身的理想情操,珍重自身在社会交往中应有的道德品格,才有可能真正理解爱情的本质,懂得爱情的价值所在,从而使它获得经久的生命力。青年男女主张在爱情生活中“吸则合,逆则分”。他们认为爱情本身就意味着尊严,顺从就会伤害爱情的真谛。持这种主张的青年朋友应该懂得,爱情生活的园地,不是俱乐部的临时组合,不是支配权的角逐场,而是由互谅、互让、互敬、互尊推动的幸福之舟。正如燕妮所说的:“我希望卡尔(马克思)跟我在一起是幸福的,正像我自己希望跟他在一起是幸福的一样。”尊重相爱的人,在顺境时是一股激发人向上的力量;在逆境时还可转化为拯救自尊,还原勇气的有力杠杆。恋人之间要形成融洽的志趣,尊重与自尊是高效的推动力。

点金术:挫折同样是一种财富,同样是人生不可缺少的一部分。正如一位哲人所说:“一个人履历表上的单纯,反映了他的人生单调,他临终得到的悼词之呆板和花圈之单一是不难预料的。”

初恋的误区

有位伟人说过:“初恋,我们不懂爱情。那时,我们认为拥有了爱情,我们便拥有了一切,我们激情澎湃,我们懵懵懂懂,憧憬着未来,天地因之变小,我们渴望着地球的重新组合,渴望着我们的心灵能得到圣洁的沐浴。”正如法国著名心理学家诺底斯坦所言:“爱情已使我们忘记了世界的存在。”

小心初恋的火焰灼伤心灵

幸福的初恋,犹如睡莲迎着晨曦展开洁白的花瓣,朦胧绰约,令人心颤。然而,在这人生的绝唱中,有的人灼灼其华,有的人却昏昏颓废。初恋是爱情的序曲,它的旋律是否动人,常常决定着全曲的成败;初恋是人生一个新的生活阶段的开端,开端是否美好,往往决定着爱情能否获得理想的结局。初恋往往发生于少女时期,心理的准备和承受能力、生理发育以及对问题的认识程度还很不够。初恋,需要冷静。她在清醒理智的头脑面前,是温顺、纯洁的天使,使人既感到神圣、甜蜜,又可以焕发青春的活力,促进了对理想的追求和事业的进步;而在盲目的、爱情至上主义者面前,它却可以成为埋葬理想、毁灭情操的破坏性力量。莎士比亚把它比喻为炭:“烧起来得设法让它冷却。让它任意着,那就要把一颗心烧焦。”罗曼·罗兰则说得更妙:“初期的爱情只需要极少的养料!只消彼此能见到,走过的时候轻轻碰一下,心中就会涌出一股幻想的力量,创造出它的爱情;一点儿极无聊的小事就能使她销魂荡魄……”正因为如此,初恋者不能丧失高度的警觉。

为防止初恋的火焰灼伤心灵,注意掌握燃点十分重要。这里的关键是要求恋人之间在崇高的思想境界方面引起共鸣,以利于积蓄充分的能量,使爱的火焰一经点燃,能持久地燃烧。

要防止初恋的火焰灼伤心灵,注意控制增温的速度也很要紧。因为爱情是情感的融汇,而不是情感的依附。千万不可出于对容貌的愉悦,体态的倾慕或对风姿的拜服,急于表达内心情感的躁动(只能叫做躁动,因为它的产生缺乏必要的理性支柱)。因为一个人外在的表现形态,虽然在一定程度上可以反映品格和素质,但是,光凭仪态很难窥视一个人的心灵面貌。"以貌取人"是危险的!在初恋过程中每前进一步,都需要倾听心灵的呼声,以验证在你眼中出现的视觉形象。这是一个由理智驾驭,由激情发动,由憧憬美化的动人过程,这个过程往往可以把初恋中的情人引入精神昂奋和情操净化的高峰,从而体验到不可言状的幸福。

人生的初恋是精神成熟程度的一场考试,它往往可以反映出一个人理想情操的高低,个性品质的优劣,它往往会在人的一生中留下难以磨灭的印迹。生活中的弱者在初恋中由于获得了喜剧的结局,常常可以使其走上强者之路;而悲剧的结局,却往往可以把他们抛向痛苦的深渊。不过,对于生活的强者,无论在初恋中能否获得成功,都将无损于他们前进的勇气。

偷尝的禁果不甜

如果两性相爱太早地偷尝禁果,那么你的爱情便缺少了一半的魅力。现在,婚前同居现象不仅较为普遍,而且同居者似乎还振振有词:我们这是爱情的自我发展,我们没有触犯法律,关别人什么事。怎样看待婚前同居这种现象,人们见仁见智。有的年轻姑娘受西方"性解放"思想的影响,认为这是一种潮流,恋爱时期住在一起,没什么了不起,不值得大惊小怪。更多的人对此持非议态度,甚至嗤之以鼻。姑且不论对错,就目前流行的试婚现象,据调查,成功得到幸福的很少,大多以悲剧收场。刚开始都认为自己看得很开,可最后却发现没有人能真正看得开,除非他(她)是个爱情的骗子。不过,骗子也有骗累的一天。纵观人类历史,人们对婚前性行为经历了无名(无所谓的原始社会)——排斥、压制(奴隶社会后期、封建社会)——迷惘地认同——理智地看待等几个阶段。据一份最新调查资料显示:西方性泛滥的美国,多数姑娘已经开始排斥婚前同居——保卫贞操运动。我国某著名学府的一份调查材料显示,83.7%的姑娘还十分看重贞操,只有7.6%的姑娘认为贞操观已过时。

未婚同居是社会道德和法律所不允许的,但事实上却无法制止。现在大多数人都学会了宽容,相当一部分认为没有什么大不了的。其实这是对其危害缺乏了解有关。恋爱的目的是结婚,不是同居。但是,在恋爱时期就同居,这是一种违背感情发展规律的草率行为。我们说它草率因它是一种失误,因为未婚同居的结果往往是不美满的。

未婚同居带有一种神秘感和负罪感,这种心理压力几乎所有的未婚同居者都有。未婚同居现象是为社会道德和政策条文所不允许、不赞成的。这种人的行为往往是偷偷摸摸,带有一定的心理压力。性欲的满足与事情的败露是一对尖锐的矛盾,特别是那些对前途和名誉看重的人,这种负罪心理就更突出,女方更明显。因此,这种人常出现焦虑和紧张的心理状态。

未婚同居无法真正体验到新婚第一夜的欢愉。对姑娘们来说,即使是结了婚,也不过是个形式而已。婚前同居的性行为都是来去匆匆,留给对方的只是原始刺激和负罪感,其余的什么都没有。恋爱内容本是极为丰富的,结婚是恋爱感情升华的一个标志,而这种标志由于婚前性行为而变得模糊。对来得太肤浅、太容易的东西,人们的珍惜程度往往很差,这为婚后双方的感情发展设计了一个未卜的前途。

未婚同居现象的增多,会使恋爱双方产生无端的猜疑,无助于双方感情的培养。特别是那些有过恋爱史,一方提出同居要求,另一方并不拒绝的恋人们容易出现猜疑心理,这往往使事物走向反面。婚前同居,由于双方的高度焦虑、紧张等心理压力会影响人的中枢神经使之受损,使性生活无法达到高潮,久之会导致性欲减退,对性敏感程度降低,甚至会造成男性阳痿和女性阴冷等病症。

未婚同居限于性卫生知识的贫乏与居住条件的不良,极易发生泌尿系统感染和生殖系统的炎症,甚至有可能影响今后的生育能力。未婚同居极易导致未婚先孕,这对双方影响都非常大。有不少女青年为免遭外界谴责而去堕胎,甚至非法堕胎,严重损害了身心健康。未婚同居由于不受法律保护，给道德败坏者以可乘之机，却对许多女青年造成了人生的悲剧。

初恋，你不要……

年轻时我们不懂得爱，总以为只要我们全身心地投入，换回来的一定是花环、是玫瑰。对你来说，爱是一部天书，又不是天书，当你还没有掸落身上的稚气，还没褪掉脸上的天真，便匆匆忙忙地去恋爱时。

你刚邂逅了一个男孩子，你简直对他着了迷。在万籁俱寂之时，你呆呆地想着那男孩子的模样；在你和他约会之时，大段的时间从你身边溜走，你竟一点儿也没察觉；在你工作、学习的时候，你思想常常溜号，不时出现他的音容笑貌；在朋友相聚之时，你不知不觉总是提到那男孩儿……你初恋了。你此时也许觉得自己是世界上最幸运的人，生活捧给你的是大把大把的玫瑰，是大堆大堆的笑容。可是，年轻的姑娘，这仅仅是初恋，你们的感情还很幼稚，基础还不稳固，任何转变都有可能出现。以下任何一点都有可能伤害你俩之间的感情，要慎之又慎，不要踏入这初恋的误区。

(1)投入太快。当你与他初识之后，感情不可马上显得浓烈，表现出离开对方不能活，马上与对方海誓山盟。特别要珍惜自己的初吻，一定的距离和朦胧会增加你的魅力，投入太快反而会失去对方。

(2)打扮过分夸张。一身得体的连衣裙或西服套装会保持你的矜持，可有些女孩浓妆艳抹，过紧、过于袒露的衣裙往往会吓住对方。吸引力不是过分地卖弄性感，而是自然、大方。做作的效果往往适得其反。

(3)说话太多。别以为约会时就一定要不断地持续谈话。沉默是金。即使你很渴望能互相了解，也用不着在初始几次约会里就将以前的经历如数家珍般地道出。特别是对方敏感的问题，如个人感情经历、隐私等和盘托出，那样会把对方吓跑的。要知道，沉默往往是女性的魅力之一。第二次见面你便对他说爱他发疯，那很有可能不会有第三次会面了。

(4)说话太少。也许你和他在一起感到羞涩和紧张，也许初识感到不太自然。对方此时和你的感受也差不了多少，此时不必太羞于启口，主动一点有助于打破这种僵局。他问一句，你答一句，或问了半天，你连个回音都没有，这情形可不太妙。如果你真的渴望对方约你，那就落落大方。一问三不吭，以咄咄逼人的目光给对方设谜，多半会使对方失去再约会的信心。

(5)太骄横。温柔常常是女人向男人进攻的最有效的武器。要学会利用这个武器，使男孩拜倒在你的裙下。没见两次面便横挑鼻子竖挑眼，会使对方感到不自在。如果你真的想和他相处，那就策略一点。

(6)太快地与对方亲热。人的感情发展是有阶段的。第一次见面就主动与对方接吻、搂抱，甚至发生性关系，那对方非但不把你当回事，而且还会怀疑你以前是否同别的男孩也这样。你太快的亲热无形制造与对方的心理距离。珍惜自己、珍惜你的感情，以后可有你们亲热的时候。

(7)太快涉及其他人。每个人都有自己的生活圈，和你相处的是他，而不是他周围的人。要求别人这样，要求别人那样，对他周围的人品头论足，百般挑剔，不是嫌人家父母太啰唆，就是嫌人家姐姐不热情，这往往会伤对方的心。

(8)占有欲太强。没有人可以完全拥有另一个人。你不可能占有他的昨天和明天。你们分开的时候，不要问他都干了些什么，想些什么，跟谁在一起。除了你，他还有自己的朋友、亲属、工作，还有自己的爱好。不要嫉妒他与其他人在一起，更不要嫉妒他的从前，因那时你们还不相识。追问与审查是不明智的。

(9)过分地取悦对方。为了他可以不惜一切；为了他，完全不顾自己的修养和风度。贪慕虚荣、逞强好胜。不要在男友面前故意显示自己见多识广，处处显示出与众不同，任情放纵，不拘小节，讨厌凡夫俗子，显得孤芳自高。

(10)切忌过分隐藏自己，与对方捉迷藏。吞吞吐吐，扭扭捏捏，优柔寡断。对方对你充满一定的神秘感,会增加你一定程度的朦胧美,但过分地朦胧,那就会趋于晦涩,过于遮掩会使对方失去相处的信心。一点一点地揭开谜,你们会常见常新,展现出你无限的风采和魅力。

点金术:为防止初恋的火焰灼伤心灵,注意掌握燃点十分重要。这里的关键是要求恋人之间在崇高的思想境界方面引起共鸣,以利于积蓄充分的能量,使爱的火焰一经点燃,能持久地燃烧。

热恋中如何把握自我

爱情的火焰

有人说:爱情是天赐的礼物。可见,爱情有它神圣的不可亵渎的尊严。是的,爱情的确是我们人生中的瑰宝,需要我们倍加珍爱。用全身心去关注,任何对爱情的不恭,都将接受到最严酷的惩罚。

可是,不少人,或是由于心理不成熟,或是由于自以为是,一开始对爱情便存着玩一玩的想法,结果不是饮下自己酿造的苦酒,就是自甘堕落。永远尝不到爱情为之带来的甘甜,只能在爱情的熊熊盛辉下玩火自焚。

丽君,一是个热心的女孩,当她发现同班的一个男生因失恋而极度痛苦时,便主动给予关怀和帮助。开始,她还是以一位大姐姐的姿态出现,可是谁料,这男生早就对她存在好感,经她这一关怀,这男生更是把全部的孤独和依赖都投放在她的身上了,还在激动中拥抱她、亲吻她。同舍的女友们知道后都劝她,如果只是帮助就不要再维持下去了,该停止了。她却暗暗觉得有趣,在男女友谊的桥梁上又跨进了一步,居然和这位男生缠绵了起来,男生以为她真的爱上他了,便把所有的热情和生活的希望都寄托在了她的身上。可是随着时间的推移,她便觉得这男生在许多方面和自己都格格不入,她想婉言拒绝,抽身撤出,可是已经晚了,这男生再也受不了第二次失恋的打击了,发疯似的找过她两次,最后终于卧轨自杀。这事顿时把丽君吓得大病了一场,至今在她的心底上都留着浓重的阴影。

爱情——只有纯情是不够的

青年女子,对爱情的态度往往充满了纯情与幻想,把爱情设想得格外美好,再加之自由开放的今天,又为各种思想提供了温床。因此,我们的纯情女孩更加重视爱情的超然与绝对美好。为此一些女孩参与涉外恋、婚外恋、无婚恋的现象越来越多,把爱情玩得像自己手中的鸟儿,不成想一旦鸟儿飞走的时候,她已变成了童话中渔夫的老婆,依然守着那间破茅屋和旧木盆。

李英,是某市图书馆的管理员,与人相处见面就熟。图书馆是个丰富的精神粮仓,然而她却从大摞大摞的图书杂志中,发现了奇装异服、胭脂香水和国外猛男。她声称:"我要当外国人的老婆,在中国没有哪个男人能配得上我。"并且一次次请假、旷工,登庐山、下广东,到一些有外宾经常光临的地方去碰运气。

广州街头,回大陆观光的董某,一见到年轻而风骚的她就被吸引住了。于是便提出了与她结婚,她高兴之至,经过几天的同居,她便决定把自己的一生托付给他,和他结为百年之好。谁料想,他已有两房姨太太,和她只不过是消除一下在大陆的寂寞而已。

李英以纯情换来一次假结婚,她想潇洒地玩一把爱情,却不想被恶魔给玩弄了。

纯真爱情的获得,靠的是我们全部身心和人格智慧,光有纯情的依赖和幻想是远远不够的,如果没有对自我能力的全部实现，只凭义气行事，爱情是绝对玩不起的。

莫让情欲横流

生命的激情若化为真挚的爱情，将为我们的一生带来幸福，若失去控制，它就可能成为灾难。正如歌德在《少年维特之烦恼》说的那样：

> 青年男子谁个不善钟情？/妙龄少女谁个不善怀春？/这是我们人性中的至洁至纯/啊，怎么从此中有惨痛飞迸？

情窦初开的女孩，在茫茫人海中寻觅心中的白马王子时，往往会陷入纯情的陷阱，对涉外恋、婚外恋、无婚恋的危害意识不到，等明白过来以后已是："物是人非事事休，欲语泪先流"了。那么当你面对已婚或国外男子的情感攻势时，该怎么办呢？情商理论认为：感情的事需慎重，掌握情绪控制的技巧，精心策划自己的情感趋向，认真地考虑如下问题：

(1)他是否真的爱你

已婚的男子，特别是30、40岁的男性，他们大多在社会上都有了立足之处，有的还成就非凡，生活经验丰富，充分体现了男性的成熟美，很懂得如何讨女孩的欢心。但在他们身上存在着不可避免的缺点，一是这些人大多家庭观念较强，由于社会地位和背景的原因，他们大多都戴着人格面具，不愿掀起轰轰烈烈的家庭风波以影响自己的事业成就或政治前途。所以和女孩子相爱，大多逢场作戏，图浪漫刺激。二是，这些人大多精力充沛，年轻漂亮的女孩多引起他们的兴趣，因此与女孩子相爱，大多是宣泄欲望，满足性要求，根本谈不上真心相爱，但是他们很会花言巧语，百般哄骗。于是女孩便乖乖地成了他们感情的俘虏。

在与这些男子相处时，一定要搞清楚，他肯为你离婚吗？

(2)他会永远爱你吗

> 女孩娜爱上了已婚男子郑某，他们相爱了两年，郑某对娜百般爱恋，常跟她说，他们夫妻感情如何不好，如何相处不来，告诉娜说："等着吧，我早晚要娶你。"娜就这样痴迷地爱着郑某，等待终有一天能嫁给他。可是不料，一天郑某的妻子突然流着泪找到了娜说："我和丈夫同甘苦共患难了近10年，走到今天，两个孩子都懂事了，家庭一直和睦快乐。我不想看着他毁掉这个家，也毁掉他自己……你我同为女人，应该多一分理解与同情。我请你放了他……"面对这位既是妻子又是母亲的哀求，娜猛然醒悟了：这个夺人所爱的恋情预示着什么呢？假如真的与郑某结了婚，能够保证他在抛弃了结发妻子之后就不再抛弃自己吗？他对自己共患难的妻子都不爱，能永远爱自己吗？
>
> 经过了一连串冷静的沉思后，娜终于扼制了自己的情欲，毅然离开了郑某，告别了畸形的爱恋。

(3)正确看待自己的不足

美国心理学大师弗洛姆认为：爱是一种与人的成熟程度相关联的生活情趣，一种全身心的能力。说明了正确的爱情观是建立在我们身心都同时成熟的条件之下的。然而许多女孩14、15岁就吵吵着说自己已经长大成人了，什么都懂了。她们忽略了情商的价值，更忽略了情商并不受智力因素的控制，而更多靠的是生活阅历和情感经历的培育。

我们应该谦虚，要认识到自己的不足，以免陷入感情的漩涡不能自拔。

情商——摆脱欲望干扰

两千多年前孔老夫子就说："食色，性也。"近代医学、心理学大师洛依赖，更是认识到了原始欲望在生命中所起到的不可估计的作用，并且对欲望的压抑、宣泄与升华做了较为全面的论述。现代商业文明给人们带来的情感裂变，使得许多人欲望日益丰满起来，感情危机、占有欲等欲望的恶魔纷至沓来，给人们正常的恋爱、婚姻、家庭造成了不可避免的冲击。通奸、诱骗、追求性刺激都是以“爱情”的美名，堂而皇之招摇过市；再加之“潇洒走一回”、“过把瘾就死”的思潮泛滥，严重扰乱了视听，面对这纷繁复杂、良莠不齐的情感世界，又该怎么办呢？情商的理论告诉我们：

（1）正视现实，认清自己。情商理论认为，只有保持自己的冷静，才能注意观察他人的情绪变化，以便采取相应的对策。一个研究生被一个农民骗子卖到了穷山沟的真实故事，便向我们昭示了情商的重要性。

（2）抵制诱惑，自我激励。孟子有“威武不能屈，富贵不能淫，贫贱不能移”的训条。对我们来说，外在的物质条件，不能说明一个人的真实价值，相信自己的智慧和能力能创造一个富裕、温馨的家园。有一位学者向人们谈到过她的爱情生活：“一间房，两张单人床一并，一堆书，两颗相爱的心组成了我们温馨和谐的小家‘虽然外面的世界很精彩’，有人成了暴发户，可我不羡慕那个，我有我温暖的家庭和钟爱的事业，我已是很幸福、很富足的人了。我应该对我的爱人，对我的事业付出更多的爱。”

望着悠然自得的这位学者，我们庆幸在这位高智商的人身上，我们看到了情商发散的光彩，相信她的家庭和事业，在将来一定会更加美好。

（3）换一种方式考虑问题。处在感情的漩涡，不能自拔时，不如换一种方式考虑问题。诸如：多想一想可能出现的后果；考查一下自己做得是否愚蠢。

（4）开阔视野，广泛交际。古语有：“观千剑而后识器。”与异性初次交往，往往因为新奇感和神秘感而陷入魔圈，认为自己找到了意中人，容易受到蒙蔽。如果能在学习中，工作中广泛与异性建立起友谊，将是我们人生中一大快事。在广泛的人际交往中，我们能够开阔视野，接受来自各方面的信息和感受，有利于帮助我们分清良莠，明辨是非，人常说：“兼听则明，偏听则暗”就是这个道理。

点金术：有人说：爱情是天赐的礼物。可见，爱情有它神圣的不可亵渎的尊严。是的，爱情的确是我们人生中的瑰宝，需要我们倍加珍爱。用全身心去关注，任何对爱情的不恭，都将接受到最严酷的惩罚。

明天阳光会更明媚

拨开乌云，见太阳

我们必须清醒地认识到，失恋并不可怕，在恋爱中遭受过挫折的人会更坚强、更成熟、更完善。但是，这不等于说，我们就喜欢失恋，而是希望能在失恋和挫折中不断更新自己，重塑自我的完美形象，以便今后不再遭受类似的挫折。同时在面对新的挫折的时候，能够不断进步，不断升华自己，使自己真正成为情商富有的人，以迎接更美好的人生。

战胜挫折，从失恋的阴影中走出来，必须树立正确的观念，充分运用自己的才智和情商，否则就难以成功。下面就介绍几种情商手段，并加以分析：

（1）感知与预测

处在恋爱阶段的人，大都很盲目和很专注自我，没能冷静地去感知对方的反映，这是酿成失恋悲剧的现实原因。“爱情不是用眼睛去看的，而是用心去看的”。如果相信人有第六感官的话，如果相信人的第六感官具有判断力的话，用心则更能体察出对方情感的温度，用心更能够寻找出该不该去爱的理由。

问题就在于，有些人不相信人有第六感官并起着至关重要的作用，不相信有情绪智慧的存在并可以运用和调节。不相信自己的细微、真实的感受,一味地运用现实中的物质手段,是酿成失恋悲剧的主要原因。

其次,不预测结果,不根据自己真实的感受进行推演,一味地进攻,把对方逼在死胡同里,向你宣布感情破裂。那么在遭受挫折之后,由于事先没有心理准备,便会出现感情的无所寄托和自我价值的悬空感。

(2)心,不要等待

面对失恋的结局,心,不要等待,因为原处已经不在。有不少人,在失恋后还在苦苦地等待,等待对方能回心转意,等待出现一个为自己设计的灰姑娘的舞会。等待只能是浪费时间,等待只能让自己在痛苦中不断地煎熬。如果你想解决问题,必须重新选择进攻的方式和进攻的时机,为你挽回局面。

不等待、不依赖,主动采取措施,相信自己有解决困难的能力。期待,只能带给人失望,在恋爱的王国里,"怀才不遇"不是美德,耐心等待不算明智;良禽择木才是美德,随机应变才算明智。这是摆脱失恋挫折的主要原则。

(3)他山之石,可以攻玉

面对挫折,不要过早地自认晦气,从而失去了战胜困难的勇气。应该冷静下来,想想其他人是否也遭受过类似的打击,人家是怎么样加以克服的?问题的关键出现在哪里?只有找到问题的关键,合理地借鉴他人的方法,才能较好地解脱挫折。

在摆脱挫折时,我们反对等待帮助,主张开口求助,许多人,认为失恋很丢面子,羞于开口向朋友求援,自己又熬不过。殊不知世上没有不透风的墙,失恋的局面是无论如何遮掩不住的,与其硬撑着死要面子,不如坦率地向友人们诉说,求得援助。诚恳地提出自己的问题,倾听别人的建议,与朋友们心交心,你会发现,别人是多么乐意帮助你,自己的困难和挫折,痛苦与失意便可以顺利地得以解决了。

(4)永不停息的探索精神

我们都知道有这样一句名言:即使摔倒了一百次,也要一百零一次地爬起来。面对失恋的挫折也应该有如此的精神。这并不是说,我们可以肆意地挥霍我们的感情,宣扬所谓的泛爱论。而是说,面对挫折,我们不气馁,不退缩,我们可以珍惜每一段感情,但是我们不停留,不应咀嚼以往的苦涩。勇敢地抬起头来,迎接新一天的朝阳。

正如哲学上所说的:聪明人不是善于逃避问题,而是善于正确解决问题;不是不走弯路,而是善于在曲折的道路上走得更快些。聪明人不但勇于实践,而且善于学习,善于在拥挤的人群中走出自己的姿态。

重获第二次生命

人人都渴望爱情,没有人愿意一辈子不去品尝爱情的甜蜜,更没有人愿意失恋,使自己陷于困境。

我们已经从失恋的挫折中慢慢地走了出来,已经清醒地认识到失恋并不可怕,挫折可以战胜。但是,我们还需不断地努力,树立起废墟中重建罗马的勇气和信心,重新获得人生中最美好的爱情。

(1)勇气——支撑起我们的力量

最终战胜失恋的挫折,重获人生中美好的爱情,第一需要的是勇气,有了勇气才能有信心,才会付诸行动。面对失恋,我们不畏惧、不退缩,勇敢地正视它,鼓起战胜它的勇气。无论事情有多么糟,无论失恋的伤害有多么大,都不要失去打垮它的气魄。常言说得好:留得青山在,不怕没柴烧;只要有三寸气在,就休想让敌人吓倒。面对失恋,"大无畏的革命精神"依然需要,依然是支撑起我们的力量。

(2)如何重获勇气

勇气在战胜失败和挫折中如此重要，那么如何使自己有勇气，使自己充满迎接困难的斗志？

首先，要有对美好爱情的渴望。爱情，这一人生中的瑰宝，是无论如何也不该轻易放弃的。失恋，不意味着什么，只意味着自己失去了获得爱情的错误方法。如果谁能这么认为，谁就能重新鼓起勇气。

其次，走出自我的小天地。真实的爱情不在观念之中，而在人群之中，只有走出自己的小屋子，我们才能迎接真正多姿多彩的生活。你会发现有多少善良、有美德的人们，会向你伸出友情之手。

再次，提高本领，注重实践。理论来源于实践却不会永远高于实践。只有实践才能出真知，理论永远是苍白的。没有实践便没有切身的感受，没有切身的感受，就会觉得干事心虚，没有勇气。因此，实践越少，心虚感就越强，碰到挫折，就越瞻前顾后，越没有勇气。只有在实践中才能不断地检验自己，修正自己，补足自己，再造自己；才能真正地利用别人的经验，提高自己的本领。有了高超的本领，才算真正拥有了战胜困难和挫折的勇气，人常说"艺高人胆大"，就是这个道理。

(3)信心——战胜失恋的力量

有了勇气，只是有了战胜失恋的前提，也许挫折依然存在。只有信心，才能贯穿我们战胜挫折的始终，一如精卫填海、夸父逐日、愚公移山。

不管自己如何渺小，只要相信海可填，日可逐，山可移，并且付诸行动，我们就可成为精卫、夸父、愚公。只要相信美好的爱情可以获得，并且付诸行动，我们就可以成为成功的人、幸福的人。

(4)信心的建立

建立信心的过程其实就是战胜挫折的过程，是一系列行动的组合。在这个过程中，自信心是贯穿始末的，是万事成功必不可少的条件。

第一，挑醒目的位置坐。在日常工作和学习中，你是否注意到，在开会，听讲座，上大课时，后面的座位总是先被占满；在阅览室、朋友聚会、长桌会议时，把边的座位也总是先被抢占，而那些前排的或中央的位置，却久久地空着，因为那些地方"太显眼"了，许多人怕受人瞩目，其原因就是缺乏自信。

但是，坐在前面或中央能够建立自信。不妨把它当作一个规则试试看，从现在开始尽量往前坐，坐在中央。尽管这样比较显眼，但要记住，有关成功的一切都是显眼的，让人注目的。

第二，与人讲话时，正视对方。眼睛是人心灵窗户，在与人谈话时，用眼睛正视对方，既显出诚恳，又体现出自信，不敢正视对方的原因，无怪乎羞怯或自卑，感到不如对方。

因此，要学会用自己的眼睛为自己工作，让你的眼神专注别人，不但能给自己带来信心，同时也能为你赢得别人的信任，成功的因素就潜藏在这里。

第三，挺拔向上，加快步伐。在走路的时候，上身应保持垂直，不必羞涩，请挺立你的腰板，突出你隆起的胸部，步伐轻盈而坚定，快速而有力，这便是女性亭亭玉立、朝气蓬勃的美和自信。懒散的姿态、缓慢的步伐是和对自己，对工作以及对生活的不愉快的感受联系在一起的。所以，那些遭受打击、被排斥的人，走路拖拖拉拉，完全没有自信心。

因此，不论什么时候，都应该随时提醒自己：抬头挺胸走快一点，我就会感到自信心在滋长。

第四，练习当众发言。在公众场合，敢于登台亮相，当众发言，就会增加信心。不论参加什么形式的会议或聚会，每次都要主动发言而且不要最后才发言，更不要一言不发，如果能第一个发言，那就再好不过了。

完全不必担心自己会丢丑或显得很愚蠢，因为总会有人同意你的见解。这样，每一次发言后，你都会信心百倍，下次也更容易发言，更容易引起人们对你的信赖。

第五，爽朗大笑。笑能感染别人，也能感染自己，笑能给人实际的推动力，是医治信心不足的良药。爽朗的笑声，本身就悦耳动听，给人以放松。

爽朗的笑，不同于其他的笑，它能使开怀大笑的人陶醉在自身的喜悦中，同时自己也觉得开心、自信。不敢在人前爽朗的大笑，是自卑和怯懦的表现。

因此，要时常告诉自己：只要我觉得高兴就应该笑，应该爽朗地笑，让别人一同分享我的快乐，让人们都知道我是一个快乐的人、幸福的人、有自信心的人。

总之，勇气和自信是我们战胜挫折的两件法宝。获得勇气和自信，就能重新获得美好的爱情，重新获得自己的第二次生命。这一次的生命会更生动、更精彩、更顽强，这是一次对自我的重新塑造。

当我们重新站立在地平线上，我们发现天更美，海更蓝，空气更加清新，阳光更加灿烂。

点金术：战胜挫折，从失恋的阴影中走出来，必须树立正确的观念，充分运用自己的才智和情商，否则就难以成功。

走过情感的幽径

让自己变得可爱起来

根据情商的最新研究表明，女性仅仅靠服饰与化妆很难吸引别人，更重要的是要有各方面素质的综合配合。

(1)多微笑

一个时常保持微笑、以笑脸迎人的女人，其受欢迎程度一定高于一个具有相同姿色但又不苟言笑的女人。过分的漠然会给人以清高的感觉，拒人于千里之外。

有人说："微笑是生活中最灿烂的花朵，是生活的润滑剂。"所以，不论你是"艳如桃李"的绝代佳人，还是"素面朝天"的普通女子，只要有微笑，就会加深你在别人心中的印象，也就具备了受人欢迎和喜爱的先决条件。

(2)不自傲

女孩子爱幻想，所以往往容易自我感觉过分良好，尤其是具有某些优势的女孩子，更易陷入陶醉中，或多或少地表现出些傲气来。这是不可取的。

诚然，具有漂亮的外表、优厚的生活和工作环境，是件好事，自会多得他人的赞美，但不该因此而具有傲气。心理学家公布的十二类不受欢迎的行为中，自傲首当其冲。具有傲气的女孩子，往往不屑与一般人交往，同时说话口气也会透露出自负，自恃清高，漠视别人。殊不知，看不起别人也正是看不起自己。

自傲的人处处与他人格格不入，难以相处，自己也往往会因孤独和他人的冷遇而痛苦，但又不明白这其中的缘由。

情商的主要研究课题之一就是对他人情绪的感知和驾驭，所以，具有高情商的女性要明白什么样的言行会招致别人厌烦，及早加以避免，以保证别人不会对自己产生反感，这就是在控制别人的情绪，为自己创造有利环境。

应该特别谨记在心，千万不要犯自傲的错误。

(3)做一个有爱心的女人

女人应有一颗更为仁慈、宽容的心，能随时给别人以关怀和照顾，而不是单靠外在的形象美去赢得对方的喜欢。只有内心的美才能恒久，外表的东西不仅短暂而且脆弱，经不起岁月的洗涤和磨炼。

真正美的东西乃是内在的素质，如绿叶一般永远生机勃勃，伴随整个生命的旅程。

(4)做温柔体贴的女子

当男人在失败或落寞的时候,最需要的就是身边有个女人关心和鼓励自己,帮助自己克服困难,走出逆境,永远地抛开烦恼。其实,男人既要立业又要养家,这一副担子本就不轻。而且,男人往往会面临更多的困难,这时候便需要有一方宁静温馨的港湾,借以休养疲顿的精神。心理学中列举的人类的五大需要中,生存需要之后便是爱与被爱的需要。

因此,“能体贴”是所有男子心目中所希望的女伴的统一条件。适当地给男人以真诚的关心和体贴,是具有高情商的现代女性获得幸福的一大诀窍。

(5)知识广泛

时代要求女性走出“女子无才便是德”的意识误区。这也是现代女性追求个性解放的要求。

实际上,生活在当今社会中,所有的人都应该也必须尽可能地用各种知识装备自己,丰富自己。学识的渊博会使一个人的气质得到改观而更具有魅力,即使你拥有一切外在美的条件,唯独少了这一项,一旦在社交场合中一问三不知,就会令自己尴尬难堪,有损自己的形象。难以吸引别人,又怎么会让人对你产生好感呢?

(6)切莫多说话

喜欢论是非,动辄“东家长、西家短”的人,一定会令别人受不了。假使你长得很漂亮,却很喜欢搬弄是非,遇到问题总是一遍又一遍地反复唠叨,或者成天念经似的论说他人的缺点,即使你再美丽可人,也不会有人爱上你。著名的武侠小说家古龙先生道出了所有男人的心声:令男人最头痛的事是遇上一个爱唠叨的女人,比这更头痛的是遇到两个爱唠叨的女人。

(7)心胸广,不忌妒

忌妒是一种很微妙的情感,强烈但又很隐蔽。忌妒是弱者的激情,正如一句名言所说的那样:忌妒就是承认己不如人。忌妒别人的人面对别人的成就极不平衡,但又无可奈何,只有以冠冕堂皇、滔滔不绝的说词来气急败坏地攻击别人,以中伤别人的生活方式掩饰自己内心的失衡。

忌妒的人自己做不了什么事,出不了成绩,也不让别人做出成绩。这种人自私而又可悲、可怜。

做到心胸宽广,对女性来说是件不容易做到的事。女人喜欢计较,尤其是看到自己亲近的人与别的女子有说有笑时,往往会很恼火,脑子里唯一想到的事便是要当面问个清楚。甚至有时一阵暴风骤雨,弄得彼此很难堪,心情不悦。

所以,如果你心眼儿小而又爱忌妒,那么,不妨从现在开始调整自己的情绪,试着心平气和地以宽容的心面对生活。那样,会拥有许多更美好的东西。

当然,面对别人的忌妒,也要心平气和,泰然处之。因为我们都知道:不招人妒是庸才。

(8)能独立

女人最痛恨的事大约便是男人将她们喻为“衣服”。现今的女性都具有独立性,也在为此而付出更多的努力,不再像以前一样,只依附于男人,柔弱而不堪风雨。独立是现代女性的“特色”,失去这种特色,无论怎样迷人,都只能是别人手中的一枚棋子,根本谈不上选择自己的幸福。

六种错误的恋爱理由

女性在恋爱时往往很投入,因此常会受到伤害。即使恋爱时十分幸福,结婚以后也未必会幸福,甚至会痛苦不堪。调查结果表明,大约有37.5%的女性对现有婚姻状况不满意。除了许多客观的物质因素,与自己伴侣之间的关系问题也占有相当大的比重。

女性恋爱完全不需要理由。爱情本身就是一件可遇不可求的事,完全凭感觉。现代心理学指出:人有多种需要,但最为强烈的是爱与被爱的需要。这也是人与动物的本质区别之一。所以,追求包括亲情、友情、爱情在内的爱与被爱,是人类“与生俱来的本能”。

有很多女性初涉爱情,便陷入了窘境,因为她为自己寻找的恋爱的理由是错误的。

错误的恋爱理由归结起来大约有以下几种:

(1)为了寻求依靠

女性向来被视为弱者,需要男人的关怀和呵护。暂且抛却几千年来社会观念对女性地位的贬低不说,单是从爱情角度讲,男女是平等的。爱具有依赖性,但绝不是一方完全依附于另一方,成为他(她)的附属品。的确,在很多时候,女性比较柔弱,需要男人的关心与支持,但这种关爱是建立在以诚相待的基础上的。

很多女性为了寻找所谓的保护伞,往往被坏男人利用,走入误区,这种事例并不鲜见。这种女人只能成为装饰别人生活的物品,喜与悲全系于被依靠的男人之喜悲,完全没有自主权。

现代女性极力寻求自由,所以应该主动地为自己寻找自由。

情商所研究的重要内容之一便是情绪的自我调控和驾驭。每个具有高情商的女性都应该清醒地认识到"自我"的存在。

如果放弃了自己,那就真正可悲地成为别人的衣服,实在很可叹。

(2)为了有爱而爱

爱是可遇而不可求的。所以古人给后人留下遗言:强扭的瓜不甜。

女性爱慕虚荣,这是毋庸置疑的。而且,无论是多么可爱的女子,总会有妒忌心理,所以,每当看到别人成双成对,花前月下时,总会有些顾影自怜的莫名伤感,心里会不平衡,尤其是看到条件不如自己的女子有了男伴侣之后,这种心境会更甚。为了证明自己并不比别人差,很可能会贸然寻找一个男朋友。这种做法的直接后果是害人害己。

曾读过一篇小说,女主人公看到许多女孩追求男主人公便也乘势而起,想在众女子中脱颖而出,因而故作可爱,矫为清纯。男主人公终成为她的俘虏。但当他们真正走到一起时,又显得格格不入。男主人公尽管深爱女主人公,但由于贫穷无力满足她的物质需求,常常为此争吵,最终两人不欢而散。一年后,男主人公与他的爱人相伴而行,亲密快乐,女主人公怎么也不明白当初他们在一起时为什么一点都不快乐。

这个疑问我想每个人都可以替她作答:因为他们的爱情太草率。

爱不是信手拈来的,没有相互的了解和包容,就没有真正的爱。为了向别人表明自己拥有爱情而去随意爱一个人,是不理智的。情商的研究告诉我们:我们不仅要调控好自己的情绪,有自我意识,而且还要善于发觉和驾驭他人的情感。

在没有了解一个人的情况下便认定一个人为爱人,这是欠考虑的。无论他如何优秀,或许恰恰有一项缺点为你所难容。没有了解和理解,便没有完全意义上的爱;没有爱的恋爱是不道德的。

爱是一种机缘性很强的东西,切不可贸然强求。

(3)因为感激或报答而以身相许

对于真诚帮助过自己的人,女孩子往往会抱有极大的好感。也有不少英雄救美女,美女以身相许的佳话。

但这种做法不值得称颂。

真心助人或救人于危难的人固然可谓是好人,但好人未必便是你的爱人。真诚助人的人是不需要回报的。而且,报答别人的方式有很多种,未必就要以身相许。

女孩子们必须知道如何保护自己,有很多男人先施以小惠,再图他之所图,正是利用了女孩子的这一弱点。

(4)为了尝试

对于爱情,女孩子总是更多地充满幻想和好奇心,因为女人天生爱浪漫。但我以为,爱情是件水到渠成的事,所以轻易地去品尝爱情的滋味,是在拿自己作赌注。如果幸运的话,当然会很幸福甜蜜;但若不幸遇上坏男人,那绝不是件好事。天下人众,但真正适合自己的人并不多,有待自己去寻觅和发现。

(5)因为怕孤独而恋爱

谁也无法忍受孤独和寂寞,谁都希望自己快乐,身边有人关心。但这也不是可以勉强的。为了害怕孤独而恋爱,失败之后便更孤独,而且失落,实不足取。

爱是双方的,也正因为这样,所以我们才会告诫现代女性,特别是不谙世事的女孩,你是属于自己的,任何人都不应该左右了你,但也不应被自己茫然地左右,那样,你会陷入情感的误区。

相信爱情该来时总会来,我们期盼的不正是一种真实的收获么?在这点上,一定得充分运用你的情绪调整的能力(情商),唯如此,你方能拥有一份现实的可靠的爱情。

真诚——爱情的润滑剂

真诚,是一种美德。

无论亲人、朋友,还是爱人之间,甚至和陌生人之间,真诚都是交往之根本。

这里,我们单讲恋爱中的真诚,而且是以女性之真诚为主。

我们也一定都见过或听过这样的事:某女交朋友像换衣服,日日见新。人们以"水性杨花"、"见异思迁"之类的词来贬损她们。

实际上,这里批判的是这样的女性对恋爱的态度。的确,人不该勉强自己和不适合自己的人交往,也不应该随随便便地把情感托付给另外一个人,而应该寻求最佳伴侣。但这不能成为把爱情当成游戏和快餐的借口。

马季先生的一段相声讽刺那些"天下皆我情人"的女孩:某女和第8号候补未婚夫约会,见小伙子出手阔绰,谈吐得体,暗自欢喜。但当她得知小伙子乃是个木匠时,道声"再见了,亲爱的木匠"便寻找第9号候补去了。

故事毕竟有些夸大,但也真实地反映了现实生活中的某些倾向。

女孩子在选择伴侣时往往会考虑许多因素,如男方的工作、家庭状况、经济能力等。诚然,这是必要的。但爱情中最可贵的乃是相互间的关爱,这才是最应该考验和证实的。

没有爱,即便应有尽有也不会很开心。古往今来有多少贵妃宠姬在深宫中度日如年、孤苦寂寞,又有多少傍依大款的少奶奶们红颜愁老,没有乐趣!

婚姻是件很现实的事,许多日常事务需要面对,当然得找一个能够理解和体贴自己的人,在这点上,更应注重对方的内在素质,这才是最恒久的魅力。钱财、地位、权力等随时会来也可能失之一瞬。只要两情相悦,便能为自己开创一片温馨甜美的生活空间。

所以,在爱情中,也要利用自己的情商,选择最佳伴侣。真正的爱应该是爱一个人,而不是其附带的外部条件。枫叶在霜后才更显出其红艳。赢得爱,首先得学会爱,爱叶之绿而不是花之红。因为花之红会随季节而过早凋零,而绿叶却会伴随生命的全过程。

这里,读者可以平心静气地接受我的忠告:爱情追求的是一种永恒的欢乐,而非猎奇般的走马观花。

真诚去爱别人,才会成为可爱之人。

永远没有最好的

鲁迅先生有一句话很受大家推崇:不满足是向上的车轮。

每个人有所长也必有所短,不可能寻求到一个各方面都完美无缺的伴侣。女性在婚姻与爱情上,常会有所埋怨。嫌自己的伴侣不比别人,自有一番这山望着那山高的感叹。当然,这里不免有些只说说而已的成分,但也说明了一种不知足心理的客观存在。

这种不知足会使个人在爱情的沉浮中变化不定,同样也无法寻找到真正合适的爱人。

曾在大学校园里有一段顺口溜儿:头一年娇,第二年俏,第三年挑,第四年老了没人要。反映了某些女大学生的恋爱观。

恋爱时，要正确认识自我。

情商内容之一便是情绪的自我察知和调控。也就是说能随机地感知自己的情绪变化并加以调节，使之趋向于有利。

在恋爱中，便要有这种自察能力。首先要知道怎样才能使自己高兴，自己适合与什么样的人在一起，自己喜欢什么，反感什么，希望得到什么样的人，都要预想到。如此，寻觅起来也会容易一些。

当然，切不可眼光过高，不切实际。不能说“我非美国总统不嫁”。充分评估和认识自己之后，也就对自己意象中的伴侣有了初步的形象预计，这样，才能对恋爱更具有把握。

有一个健康、豁达、幽默、乐观、精明、体贴、英俊、魁梧的男友，是每个女孩的最大愿望。这是个美好的愿望，然而您是否觉得它美好得有些不切实际？

毕竟，这个世界上同时兼具以上几种好品质的男人还很少。所以，女孩子也应该现实一点，找一个自己所爱又爱自己的可以甘苦与共的爱人便已足够。

当你尚未发觉合适的人时，可以平心静气地等待，也可以借工作、朋友来排遣烦恼和寂寞，机会一定会有的。

恋爱未必要结婚

如果你认为恋爱之后一定要结婚的话，那么你错了。

恋爱只是对爱情的初探，恋爱的对象未必便是最适合你的人，可以通过较长的接触来增进彼此的了解，以找到双方的最佳切合点，同时也让彼此能适应对方。

人与人之间总是遵循着相识、交往、相知和相爱的过程，少了任何一种环节，其后来的发展必定会不扎实可靠。中国台湾情商研究专家曹又方女士认为有13种结婚理由是错误的。结合中国大陆的现状，笔者以为有如下几种结婚的理由也具有片面性，甚至是错误的。

(1)因为他有钱

时下盛行一种傍大款的风气。据报载，北京某高校本是培养文艺人才的地方，但这里一到周末，便名车云集，大款盈门，许多体态娉婷的俊女们与款爷携手共步，偌大一座女生宿舍楼里余人寥寥。

迷恋金钱和物质享受，是女性的悲哀；为了金钱而嫁给一个自己不爱的人，更不能不说是一种悲哀。难道中国的女孩子非要出卖自己才能得以生存么？

傍大款的女孩歪曲了爱情，她所爱的是钱而不是人。弗洛伊德很早就指出：“人的一生不能单纯地依赖于物质基础，完整的人格与精神不可分离。”为了钱而嫁给一个自己所不爱的人，自己不但不会幸福，也不会让别人幸福。面对自己真心所爱的人，有首歌里唱道，“一路上有你，苦一点也愿意，”所以，希望每一位时代女性都能在情商的帮助下寻找到正确的爱情方向。

(2)为了出国

总以为外面的世界很精彩，所以女孩子都想跑出去，进入花花世界里看看，但自身的客观条件又无法帮助自己实现愿望时，便会寻找一个可以依赖的人。这时候，千万记住：婚姻不是交易，情商要告诉你的是，女性不仅要学会了解自己，还要学会保护自己，情感永远是选择幸福的标准。

(3)为了能有一份好工作

寻找好工作，自给自足，是女性独立愿望的体现，但这除了自身的努力和亲友的真诚帮助以外，别无捷径可寻。如果为了这个目的而结婚，只能是作茧自缚，为了独立而失去了独立，依赖于男人了；一旦离开对方，自己也许将陷入困境。

(4)为了父母之言

每个人一生中唯一偿还不了的便是父母的养育之恩，因此我们毫无疑问地应该尊重父母，但又不能唯命是从。每个人相对都是独立的个体，婚姻关系到自己后半生的幸福，所以必须慎而待之。当父母的意见与自己意愿发生冲突时，要善于劝导父母，言明利弊，变被动为主动。我们在前文中已经讲过，情商可以帮助个人洞察和驾驭别人的情绪，这是被大量实验和实践所证明了的。

首先，我们可以同父母进行交流和沟通，向他们表示自己理解他们，也知道他们希望为儿女寻一个可靠伴侣的苦心，从而消除彼此间的隔膜和在这一问题上的对立情绪。

其次，可以心平气和地向他们讲明婚姻关系到自己一生幸福，应该由自己来选择，但必须倾听父母的意见，愿意和他们一同商量，使父母感觉到你对他们的尊重。

最后，可以婉言回绝父母为你选择而你又不喜欢的对象。可以请父母另外为你寻找，这样，直接避免了与父母间的对抗，会收到良好的效果。

当然，除此以外，为了寻找依靠、为了躲避孤独等缘由而结婚的女性也不乏其人，而且这样的婚姻多以不幸收场，这些结婚的目的本身就是缺乏理智的。

爱情不是生活的全部，但绝对要以彼此真诚为前提，以感情为基础。

鼓起勇气，克服心理障碍

美国心理研究中心部门的调查研究称，所有适婚女青年中，有60%以上的人存在各种各样的心理障碍，这些障碍严重影响了爱情的正常机制，因此有必要帮助这些人重新树立爱情心理。这些心理障碍主要集中表现为以下几个方面，希望我们这些初涉情商研究的人能带给适婚女性一点帮助。

(1)自愧不如的心理。从某种意义上说，爱情也是一种竞争，就女性而言，男人则是被竞争者。面对竞争，不少女性产生了自愧心理和示弱心理，常常有这样的担忧："我能竞争过她吗？""万一失败了怎么办？""碰了钉子多丢人哪！"这种给自己设置的心理障碍，往往使女性缺乏必要的勇气和信心。须知，幸福只有依靠自己把握。有人说女性在各方面获得成功的主要障碍不是别人，而是自己。战胜别人，首先得战胜自己。

(2)犹豫不决的心理。面对抉择，女性应当做到知己知彼，既不失时机，当机立断，又能充分展示自己，为自己争取更多有利的条件。女性的优柔寡断、犹豫不决的心理弱点往往会使一些女孩子产生"这山望着那山高"，以致白白失去为自己选择幸福的良机。

(3)自视过高的心理。一些女孩子因为个人条件优越，或者因为容貌出众、能唱会跳等原因，过高地评价自己，总有一种鹤立鸡群、一览众山小的想法。其实男人对这种缺乏自知之明、自视清高的女子是很反感也很有戒心的。

(4)自娇心理。娇气是一种柔弱的心理表现，娇气的人容易给人一种弱的感觉。有谁愿意娶一个娇里娇气，任性柔弱的女子，每天跟在她背后生气呢？

女性自娇心理切不可体现在爱情生活中，否则，你便会成为那种不值得可怜的可怜虫，耕耘之后也未必能收获爱情。

点金术：情商的主要研究课题之一就是对他人情绪的感知和驾驭，所以，具有高情商的女性要明白什么样的言行会招致别人厌烦，及早加以避免，以保证别人不会对自己产生反感，这就是在控制别人的情绪，为自己创造有利环境。

新同居时代

时代在发展变化着，人们的观念也在逐步走向开放，情感的湖面也不再如往日般风平浪静。贞女烈妇依然被传颂着，爱情依然被钟爱和迷恋它的人们保鲜、歌颂着。

然而，男人们发出了"天下纯洁的女子究竟有几个"、"爱情变质了"的慨叹，女人们也在不停地问自己："我该怎么做？这样做究竟是对还是错？"

贞操究竟是否还关系着每个女子的幸福与命运？道德与爱之间，如何衡量？孰轻孰重？人们在困惑中极力地寻找着答案。

爱情的坟墓未必是婚姻

因为害怕婚姻会埋葬爱情而不愿结婚，是未婚同居的人普遍存在的心理。

他们不想背上家庭的包袱。但从另一个角度讲，他们又把爱情局限化了。同居而不结婚，主要是满足性的需要。而实际上，爱情更注重的应是情感的默契与贴近。

爱情并不是坚不可摧的，相反它有时比玻璃更易破碎。

所以，不必惧怕婚姻，更不应贬低和否定婚姻，而应在明确认识之后，建立牢固的婚姻，来继续深化爱情。

同居比结婚更没有保障。

一般来说，爱情的不牢固有两种表现，一种是在性饥渴的驱动下把一时的激情的短暂的冲动当成爱情，另一种是陶醉之中把对方理想化和完美化。

性意识萌动于青少年的青春发育期，由最初的朦胧而日渐真切，由微弱而渐趋强烈。由于对性心理的长期抑制，使一些人将这种抑制状态积淀为“性饥渴”。这种人一旦到了择偶年龄，便出现“饥不择食”、“一见钟情”、“欲火中烧”的短、平、快式的爱情，力求速战速决。这种人看世界都带着玫瑰的色彩，一切都十分美好，天更蓝、花更红、草更绿。他们一切跟着感觉走，缺乏理智而一味偏重感觉，忽略了爱情复杂的实质。

爱情是一种复杂的综合体：它是生理吸引与情感交融的结合体，两方面缺一不可。

把爱情看成是单一的生物性，是对爱情的贬低和亵渎。爱情还包含着美感的体验，责任感的升华和精神上的丰富与充实。爱情是一种生理需求，同时又是一种“社会性活动”。一位未婚同居的女孩说：“我的姐姐两次婚姻都是匆匆而就，结果又闪电般地离婚，她为此而痛苦不堪。我不愿重蹈她的覆辙，但又不能放弃这种需要，所以只有先试一试，如果合适再结婚。”遗憾的是，不久之后这位女孩也被人抛弃。

正常的爱情之路

人与人之间总是由相识、相交、相知，进而相爱的。

美国著名社会学家里斯经过研究指出，正常的爱情应该走完四个阶段：亲密交往、自我表白、相互依存、需求满足。

这四个环节中缺少任何一个都不能建立和形成成熟的爱情，而不成熟的爱情即使有短暂的生命力，也是不会开花结果的。

(1)亲密交往

主要是相互认识之后，进一步交往，关系逐渐突破朋友界限，彼此有心声可以倾吐给对方，从对方那里获得理解和安慰，彼此有依赖感，可以用心去浇灌。这一过程中实际上已形成了一种介于爱情与友情之间的微妙的特殊情感。这种情是一种自然过渡。如果处理得当，进一步发展之后就会成为爱情，如果不得当，则会成为朋友关系，甚至可能会因各种原因而退化。

(2)自我表白

这一过程中，双方情感进一步升华，彼此已成为对方的需要，这时候剩下的工作便是捅破最后一层窗户纸了，也就是要做好确定关系的工作。但也应注意一点：你应该在具有绝对把握的时候再行表白。因为彼此虽然十分亲近也很依赖，但或许一方认为仅是知心朋友而已，贸然地提出，会令彼此关系不自然，而且一旦遭到拒绝，会陷入痛苦之中，或是不成爱人成仇人，或是继续这种单恋的局面。这不是抹杀恋爱中必要的勇气和信心，而是避免彼此之间的尴尬和因爱生恨。所以，更应在胸有成竹之后再行表白。

(3)相互依存

关系确定之后,彼此之间已经是一种更需要对方关心和帮助的关系了。这时,要更多地体贴和理解对方,才能将关系进一步巩固和升华。爱不仅是满足,也是一种依赖。双方可以共同完成一些事情,携手同行。

(4)需求满足

爱的需求,分为精神满足和性的满足,而且前者更为重要。精神上的满足指彼此间的关心、体贴、支持、理解等,这些是爱情中必不可少的因素。性的满足指的是给予对方在性行为上的需要。这种满足可以分为边缘性与目的性两种,如爱抚、亲吻、拥抱等都属于边缘性性行为;目的性性行为主要指两性的交合。

看清爱人,护卫爱情

情人之间往往会有晕轮效应,这使得爱情不够稳固,也会导致爱情容易破碎。

一方面,人都爱慕虚荣。恋人总会刻意地掩饰自己的缺陷和毛病,不轻易让对方察觉自己的弱点,而又很注重展示自己的优点;而另一方面,恋人总是雾里看花,只看见对方迷蒙的美,但注意不到伴随在这美两旁的其他的东西。这种晕轮效应往往使恋人将对方过分理想化、完美化。虽然幸福,但看到的既不是真实的自我,也不是真实的对方,甚至根本就迷失了认识真实的能力。

这种晕轮效应既欺骗别人,同时又被别人欺骗。

一位离异者说:“她的确很美,美的像玫瑰花一样,可谁知玫瑰花这样扎手呢?”

爱情关系与婚姻关系根本不能等同。爱情关系是单一的,平面的;而婚姻关系则是多重的、立体的。女性的秀美、男性的才干……都可以撩起爱情,成为爱情的导线。从心理学上看,这是人爱慕超俗的趋同性。而且,当人被这一方面的特殊条件吸引时,其他许多方面便被弱化和忽略了。这种被忽略和弱化了的东西会在以后的婚姻生活中渐渐地凸现出来,人便陷入失望之中,会感到以往的奇妙感消失得没有踪影。

一对离婚的夫妻各陈其词。妻子说:“我以前只看到他很有才气,真没想到他会是这种人。”谁知丈夫竟然十分赞同她的想法:“我也是。以前只知道你很美丽,没想到你身上也会有那么多污点。”

爱情很可能是促膝长谈,是一种单一的情感体验,但一到进入洞房之后,才发现生活并非这么简单,衣食住行、复杂的姻亲关系,都需要面对和处理,要比花前月下的恋爱生活难缠和乏味得多。所以往往会出现各种不适应,情感也产生滑坡。

这时候,妻子会对丈夫说:“你变得不通情达理,也不会体贴了,已经没有了往日的温情。”

而丈夫也会这样埋怨妻子:“你变得啰唆庸俗、婆婆妈妈,没有了昔日的清纯与可爱,失去了光彩。”

这种准备不足的婚姻自然不会幸福长久,所以应及早避免。

婚姻固然可能会埋葬爱情,但也不是绝对如此。但若视爱情为游戏,或是单纯地将之归结为性的需要,那样,爱情便失去了应有的光彩。

点金术:婚姻固然可能会埋葬爱情,但也不是绝对如此。但若视爱情为游戏,或是单纯地将之归结为性的需要,那样,爱情便失去了应有的光彩。

保鲜爱情

爱情是易碎品,同母爱、亲情之爱、祖国之爱相比,爱情最易破碎。《聊斋志异》说:“人情厌故而喜新。”婚姻期望值与现实值之间会存在着不可避免的差距。爱情也会陈旧。

幸福是一个过程

人具有能动性,夫妻之间既应改变自己也应改变对方,以适应彼此。恩爱夫妻绝对不是天造地设的,而是相互协调、相互默契的。

幸福就是一个相互协调、相互默契、相互适应的过程。

在这个过程中,夫妻双方需要做到以下几个方面:

(1)重视双方情感的交流

情感不是一种交换,而是交流。

著名教育学家,现代家庭研究专家马捷莎女士指出:婚姻不仅是“经济共同体”,也不是“生育合作社”,而是一个“心理文化共同体”。

思想和情感的交流对于夫妻和谐有着举足轻重的作用。

根据某法院对离婚者的资料统计来看,离婚者中15%以上的人对性生活都很满意。既如此,又为什么要离婚呢?看来,性生活并非婚姻生活的全部。夫妻之间仅有性是远远不够的,相比较之下,精神和谐比性和谐具有更加重要的作用。

贝多芬说:“没有爱情的肉体结合,是动物也会做的。”

幸福不单指性的和谐,更多的应该是夫妻双方在精神上的默契与和谐。

夫妻双方在情感与思想的交流过程中往往会伴有争辩等一系列小插曲,但这不会影响夫妻间的关系,反而会增加彼此的信任与亲密,而且会使对方更加深切地体会到存在于你身上的新鲜感,以达到一种认可。

一对经常发生争吵(在思想交流时)的青年知识分子夫妇谈话时,妻子问丈夫会不会变心,丈夫说:“我再也找不到像你这样与我心心相印的人了。你对我来说,是一本永远也读不完的书。”

一位青年男子结婚不久即有了外遇,他对别人说:“我妻子既不读书也不爱学习,我与她没有共同语言。而与现在这位女子在一起,我有说不完的话,我很满意。”

只有经常进行交流,才会使夫妻之间融洽、和谐,拥有更多的幸福。

(2)宽容地对待对方

罗斯福曾说:“结婚前要睁大眼睛,结婚后要睁一只眼闭一只眼。”

夫妻之间要彼此承认对方的优缺点,而且要多看优点,不要抓住缺点不放。

如果各用一张纸写出丈夫(妻子)的优点和缺点,不妨将写着缺点的一张藏起来,而常常让自己看到写着优点的那一张纸。这样,夫妻之间才能更加和谐。

如何做到宽容大度呢?这一点对于女性来说,尤其是件不容易的事。

夫妻之间是一个固然会存在差异的“共同体”,两人的步伐不可能完全一致,因为每个人都是一个在思想、言语、行为上相对独立的个体。在矛盾出现时,双方都做一点妥协,就可以避免矛盾和冲突,而若剑拔弩张,则只会推波助澜,使局面进一步僵化。正所谓:“进一步万丈深渊,退一步海阔天空。”

(3)相互关心、相互理解、相互体贴

每个人都有爱与被爱的需要。有一句广告词说得极好:“其实,男人更需要关怀。”在为事业奔波,为支撑家庭而努力工作之后,男人和女人一样,需要沐浴爱的光辉,感受家的温馨。

“爱情不仅是月夜里的散步,更是风雨中的携手同行。”

男人自当立业成名,但同时,他也是一个丈夫,还是一个孩子的父亲,要兼顾事业与家庭。你也许已给了妻儿足够的衣食,不愁吃穿,但千万不要以为你已满足了她们的一切需要。他们更需要情感上的关心与呵护。现代男性不仅要有“刚”,同时也要兼具“柔”。“刚”与“柔”应相济并行,既不忘事业有成,又要顾及妻儿家人。

丈夫要不忘对妻子的义务,父亲不忘对子女的义务,对事业的追求中亦不忘对家庭的义务。

作为妻子,就要适应自己身为妻子和母亲的双重身份,在情感上,既不能偏向孩子而忽略了丈夫,也不能因为丈夫而忽略了孩子。妻子要更多地体贴丈夫,关心丈夫,给他帮助和支持,使他心情愉快地顺利完成工作。

不要等到丈夫在落寞之余移情别恋,那时悔之已晚。

做一个可爱的女人,让丈夫时刻觉察你的可爱之处

赢得爱,在于两点:自己先去爱;值得别人爱。也就是说可爱之人才能赢得真正的爱。在夫妻之间,女性也应懂得如何适时地表现自己的可爱,以赢得丈夫更多的爱。

女人,应该活出女人的样子来,过分要强,会令人生畏;过分软弱,又让人觉得可怜。现代女性若要保持自己的个性,做一个独立的女人,就要做到既自强又温柔、既依赖又独立。这样,你才能成为一个可爱的女人,具有超凡的魅力。

在我们许多人的观念中,女人就应当嫁汉随汉,所以女人也就自然而然地看成了男人的附属品,好比男人是树,女人是藤,树必须支助藤的生存,没有了树,也就没有了藤的存在。所谓“树荣藤荣,树损藤损,树亡藤亡”。

男人固然可以张开宽阔的胸膛,让女人靠一靠。然而我们更应知道一点:男人也是人,他同样也具有脆弱的一面,只不过男人的脆弱具有较大的隐蔽性而已。

男人会成功,也会失败;男人有欢乐时也有痛苦之日;男人也会有疲惫的时候。这时候,男人也许便成为一个脆弱的人。有一首歌这样唱道:

我的脚步想要去流浪,
我的心却想靠航;
我的影子想要去飞翔,
我的人还在地上;
我的笑容想要去伪装,
我的泪却想投降;
我的眼光想要去躲藏,
我的嘴还在逞强。
我这样的男人,
没有你想象中坚强;
我这样的男人,
在尘世中飘荡。
如果你宽阔的胸膛,
是我停留的海港,
让我在梦想和现实之间找到依靠的地方。

坚强的男人也需要在妻子柔弱的肩膀上靠一靠。有很多妻子可以坦然地说:我当然可以给予。但依赖型的妻子却说不出来。

完全有依赖性的女子固然少见,但可以断定她一定不可爱;过分依赖,便失去了自我,总是被动地接受生活,最终也会迷失爱情和幸福。

妻子对丈夫的依赖,主要分为以下几种类型:

(1)金钱依赖型;

(2)家务依赖型;

(3)事业依赖型;

(4)心理依赖型。

夫妻之间的相互依赖是很正常的,因为要维系共同的生活,就必须借助于对方的帮助和配合。但无论是哪一种类型的依赖,都应有一定限度,一旦越过这个限度,则不但不会增进彼此情感,而且会使对方厌倦,甚至不堪重负,造成身心疲惫,这对于夫妻生活是极为不利的,要尽量避免。

建立更合理的婚姻模式

M. A. 拉曼纳认为婚姻有5种关系。

(1)冲突型

这种类型的婚姻中,夫妻常常面临巨大的不能解决的冲突,习惯于争吵,经常旧事重提,夫妻双方都承认彼此不适合,并习惯于这种紧张的家庭气氛。

偶发事件也会引起冲突,但这与上述的冲突关系不同。在冲突成习惯的婚姻关系中,所争论的题目似乎都是不重要的小事情,彼此根本不期待解决相互间的差异与分歧,似乎不退让是一种原则。

这种关系未必会导致离婚,从心理分析的结果来看,处于这种关系中的夫妻似乎已将争执作为一种需要,一定要得以满足才行。这种关系既损害夫妻情感,同时也严重影响家庭内部关系。

(2)了无生气的关系

处于这种关系的夫妻已经失去了原有的趣味、亲爱和意义。他们曾相爱、相伴,共同享受过生活,但眼下又非常淡漠,不常在一起,同时也少有性生活。

这种婚姻关系极具普遍性。他们认为:童年、少年、青年、中年等不同时期应该做不同的事,而且相处长久之后彼此的许多婚前未被发觉的缺点也显现出来,破坏了先前的美好的形象,造成两人之间的离析。

但这种人也不希望离婚,因为单身的孤独对他们而言,也许更糟糕。

情感的空虚并不一定是婚姻的凶兆,像那些接受此论的人们都相信,而且实际上也是如此。结婚许多年的夫妻都习惯于这种无生气的婚姻模式,他们常将自己跟相当多的其他人作比较,认为婚姻也就那么回事。

(3)消极同趣味型

消极同趣味型也就是功利性的婚姻。处于这种婚姻的夫妻,同样也比较注重感情以外的事。但他们所注重的事物又因各自社会地位、家庭环境等的不同而各有侧重点。“中上阶层的夫妇较重视市民及专业性的责任,以及其资产、子女及名誉;中下阶层则集中于对经济安全的需要,以及基本的交换利益及对子女的期望。”

处于这种婚姻的夫妇从不期望在感情上能从对方那里获得更多的东西,两人之间也不会有什么大冲突,仅仅满足对方的基本需要,也从对方那里得到这种满足,彼此之间也不亲密,没有什么可以吸引对方的地方,更没有亲近及依恋可言。

消极同趣味型的婚姻一般不期待不切实际的感情,也不会用离婚来终止婚姻。但如果他们在经济或事业升迁中不及时地填补婚姻时,也可能离婚或爱上其他的人。

(4)有生命的婚姻

有生命的婚姻关系与上面三种关系有很大的不同,它属于内涵性婚姻的一种。

有生命的婚姻是非常重视并享受彼此的相聚与分担一切。在这种婚姻关系里,夫妻间会觉得他们一起做事的兴趣并非来自于事物本身,而是来自于一起共事的心情。

然而这并不意味着有生命婚姻的伴侣就失去了对本身的认同,或是在他们有生命婚姻里就没有冲突发生。他们也会有冲突发生,但这冲突的发生集中于真正的事件,而并非仅是“在什么时候,谁先说了什么”或“我不想忘记当初你……”那种经常性冲突婚姻里的准则。如果冲突一旦发生,有生命婚姻的伴侣便试图尽快解决其争论,从而重新恢复双方有意义的婚姻生活与婚姻关系。当双方有不同意见时，相互就便试图尽快沟通，所以，双方关系紧张的局面在有生命婚姻里是昙花一现，不会长久的。

典型的有生命的婚姻伴侣认为，性关系是非常重要的，而且可使彼此感到生理上和心理上的满足。有生命婚姻的伴侣认为性行为在整个生命里不仅仅只是为义务上、仪式上的履行。可以说，在这种有生命婚姻伴侣中，性行为的作用是不能替代的，是婚姻关系的基石。

有生命的婚姻在现实中是很少的，关于这一点，多数的有婚姻伴侣是知道的。那些出现在古柏及哈瑞弗研究中的有生命婚姻的伴侣常发出感叹，表示他们的生活方式既不为他们的朋友所经历，更别说可以理解。

(5)全盘性的婚姻

内涵性的关系除了有生命的婚姻关系外，还包括全盘性的婚姻关系，全盘性的与有生命的婚姻有许多共同之处，但全盘性婚姻却包括更多的层面，在某些例子里，全盘性的婚姻对于生命中所有的重要事件都能分享。

全盘性婚姻的夫妻们可能共享共有的事业(例如，相同的工作，相同的老板；或共同制作一台戏)，朋友、休闲活动、共同的劳动成果以及家庭生活共享，他们可以共同安排美满的生活使他们两人在一起长期厮守。

有生命的与全盘性的婚姻都非常重感情。但是，全盘性的婚姻更为强烈，有生命的婚姻尚保留某些伴侣个人的活动，而全盘性婚姻的夫妻完全可称为“同起同落的比翼双飞鸟”。

全盘性的婚姻在现实中是非常少见的，不过它们确确实实的存在，并能持久。

点金术：夫妻之间的相互依赖是很正常的，因为要维系共同的生活，就必须借助于对方的帮助和配合。但无论是哪一种类型的依赖，都应有一定限度，一旦越过这个限度，则不但不会增进彼此情感，而且会使对方厌倦，甚至不堪重负，造成身心疲惫，这对于夫妻生活是极为不利的，要尽量避免。

来生还要一起走

“携手走过风雨飘飘的日子，此情只可天长地久，到永远。”温馨和美的家庭生活，是女人一生最大的幸福。

创造和谐的家庭氛围

一个家庭是否幸福和谐，不仅要取决于夫妻双方是否恩爱，更重要的则是要看家庭内部关系是否和谐。

家庭内部关系主要包括：夫妻关系、婆媳关系、妯娌关系等。

(1)夫妻关系

夫妻关系是家庭内部关系中最主要的，是家庭幸福和谐的关键之所在。

搞好夫妻关系首要是夫妻之间恩爱。相互恩爱是夫妻感情的基础，如果没有恩爱，谈不上有什么幸福，他们之间的婚姻也已名存实亡。

搞好夫妻关系，除了恩爱的基础之外，还需要相互之间的关心体贴。相互的关心与体贴就像春雨一样滋润着爱情，使夫妻关系更加的牢靠，夫妻生活更加美满。

一些丈夫一心只想着事业、朋友，根本不关心自己的妻儿，以为每日付给足够的生活费便是尽了丈夫和父亲的全部责任。这显然是不对的。

夫妻之间，除了要在物质上满足对方以外，还要从精神上关心和抚慰对方。

作为妻子，可能更要关心和体贴丈夫。男人一向被当作坚强的大树来依靠，既要建立事业，又要照顾家庭，妻子、父母、儿女、事业、家庭、生活，多重的压力往往使他们疲惫不堪。这时候，男人最需要的是妻子的关心和体贴。

试想，当丈夫拖着疲惫的身子推门进来，妻子迎头便喊："快去做饭！"那将是一种怎样的尴尬局面！也许丈夫会默默地承受，但这种没有体谅的婚姻又能维系多久呢？

此外，夫妻之间也应相互理解。

丈夫也许会忙碌于工作，因而暂时地冷淡了家庭，妻子这时候需要去做的，不是埋怨，而是尽量帮助丈夫完成工作，并对他说："安心工作吧，家里有我。"这种关怀和理解会使丈夫深感家的温暖与妻子的贤淑，最能融洽夫妻关系。

当然，这种理解也是相互的。

另一方面，妻子也应该理解丈夫与其他女性的正常交往，如工作上的同事、昔日同学、社交朋友等。女人做到宽容不容易，但宽容绝对是一种美德，一种家庭生活和夫妻生活的润滑剂。

(2)婆媳关系

女人要做一个贤淑的人，也并非一件容易的事。女人必须处理好各方面的家庭内部人际关系，婆媳关系便是很重要的一部分。婆媳大战历来是家庭生活中一个客观存在，也是很敏感的现实。不少文学作品和电影电视都涉及这个问题。

1995 年 5 月，41 岁的露特·加尔创建了德国第一家"媳妇自助小组"，平均每天她都要收到 20 封求助信。从调查结果来看，德国每 8 对离婚夫妇中有一对就是婆媳关系不和导致的。

如何看待婆媳之战呢？

由于一些婆婆对自己的丈夫失去了信心，把所有的爱与希望都寄托在儿子身上，不愿与儿子分离。一旦出现另外一个女子，她也许就会对儿子说："这个女人不适合你。"她们也许会千方百计地阻挠儿子结婚，这样，她们就能继续扮演主妇的角色；邀请儿子一起外出吃饭；为他熨衣服。她们不愿看到新来的竞争者夺走自己的宝贝儿子，她们恨儿媳妇。

据统计，有 80% 的媳妇感到时刻处在婆婆的监视之下，自己没有自由可言。一位妇女说："我婆婆经常随便进出我们的房间，以监视我是否把房间打扫干净，是否为我丈夫熨好衣服。"她的婆婆每次检查完毕，都要骂她"邋遢鬼"。对此，她那 78 岁的婆婆却反驳说："她在说谎，我是为我儿子好。有时我还贴钱给他们用。可这女人却不让孙儿们来看望我。她还夺走了我的儿子。"

婆婆自视照顾晚辈的举动在媳妇看来却是对媳妇生活的干预，以及为了掩盖其自私自利的心态而表现出来的一种假象。这些婆婆几乎不能忍受自己的儿子对妻子表现出来的爱。于是她们把一切怨恨与怒气全发泄到媳妇身上。在这种情况下，大多数儿子与媳妇只能屈服。

在家庭关系中，婆媳之间历来是一对矛盾的对立面，有人开玩笑说中国五千年妇女史就是婆媳的"圣战史"。在明清两代的民俗里有许多关于婆媳的有趣礼节，比如说有儿子娶媳妇时，婆婆总会在屋檐上写两个"铁蝙蝠"，在门后面放一把扫帚或杵，这意味着媳妇上门以后"服"从婆婆，并且会勤于家务。然而媳妇也不是省油的灯，在她上轿前系上一种波纹玉饰，在下轿进门时要在门槛上踩一脚，据说这样就能对付婆婆的那一套。

无论怎样说，到现今，婆媳关系问题仍是很重要的矛盾。除历史上的原因外，也存在着心理方面的原因。

婆媳对双方角色的期待过多。在现实生活中，人们往往都有自己的角色和期待，而由于期待不附之于实际，难免会有偏差。由此，现实期待值的差异就会造成心理上的失望与不快。婆婆根据以往的"三从四德"的类似标准要求媳妇，而现今的媳妇绝不可能像以前的媳妇那样唯命是从，逆来顺受。媳妇则有时会以母亲的标准来衡量和要求婆婆，有时甚至把她看成保姆。这些不切实际的期待与要求，势必造成婆媳双方的矛盾。

婆婆的"拒变心理"。媳妇未上门时，儿子对母亲在感情上比较依恋，再加上血缘关系，有种外人难以插足的心理默契。但媳妇上门后，儿子的心事和情感交流对象转移到妻子方面。这样婚前一直盼望儿子结婚的母亲就会在不自觉与自觉中有了"失落感"，认为抚养大的儿子，被媳妇一下夺走了，于是难免会对媳妇产生猜疑心理；而媳妇刚上门也难于意识到婆婆的心理变化，由此双方就会有矛盾冲突。

婆媳双方缺乏心灵的沟通。双方的沟通存在着时间上和价值取向上的区别。就时间来说，双方的心灵沟通和情绪交流需要一段很长的时间，然而他们的矛盾冲突根本不会等待那么长久的一段时间。而且作为两代人，都具有不同于对方的思维和价值取向，难以达成谅解。比如说，婆婆一代大多是带有保守色彩的封建伦理道德的支持者，随着社会的发展，媳妇一代则是具有新思想、新道德的人，这就形成了很难逾越的"代沟"。

一般说来，愈是独生子的家庭，嫁进来的媳妇愈要同婆婆搞好关系，这是夫妻关系是否和谐的一个重要因素。

(3)妯娌关系

自古至今，在家庭关系这个多事地带中，除了婆媳关系以外，就应该是妯娌关系了，随着计划生育的推行，大家庭的解体及社会经济的发展，我国家庭关系中的妯娌关系已经减弱或不存在了。但是在现今乃至以后的几十年间它仍是一种容易产生矛盾的家庭关系，并起着非常大的作用。

妯娌关系矛盾的产生主要是在以家庭为经济单位的地区，她们都是从各自不同的家庭走到一起组成了一个大家庭。相互间缺乏了解，没有共同习惯和深厚的感情基础，而且由于所在环境及受教育的影响，或者共同分担家务劳动，或者彼此地发生经济利益的联系，接触生活琐事后，大家都有比较细的心，唯恐在家庭中的地位、声誉不如别人，便容易争执和计较。这不如连襟之间的关系好处理。处理好妯娌关系，必须适合亲戚关系的规律和特点：

①礼貌谦让，互相理解尊重

亲戚间，一家人，礼貌不礼貌没什么关系。这是有些比较鲁莽人的说法。其实这是一种很荒谬的错误观念，是不可取的。对于妯娌之间来说尤为如此。这里除了指妯娌外，相互理解尊重还包括兄弟间。兄弟间不可再像未结婚时那样随便，应该注意到双方都已有了妻儿，应给予礼貌尊重。而且还应各自多做妻子的工作，培养她们相互之间的感情交流。

②不存私念，心胸宽广

妯娌来自不同的家庭，难免会有多种的差异，如文化差异，行为习惯差异，以及家庭教育差异等等。既然存在差异就容易产生相互之间的矛盾。而且双方都在同一家里，交往多了，更免不了会有些小误会、小气愤、小矛盾和小闪失。如果矛盾一旦发生，单靠家人难以解决，根本不能彻底解决。俗话说："解铃还需系铃人。"最好的办法，莫过于来点大家风范，谅解对方，与对方和解。

妯娌之间还要警惕产生私心，凡事要顾全大局讲风格，不猜疑与计较，努力做到既是妯娌，又像姐妹与同志，友好相处，共同努力建立和谐幸福的大家庭。

③情感交流，互相协商

妯娌是从不同的家庭走到一起组成了新的大家庭，互相不了解，因而双方应该进行情感交流，互相沟通，促进双方的了解和感情也就显得非常之重要，作为丈夫们的兄弟则应积极地为她们创造机会，而妯娌们也应该抓住这些机会，共同努力。家里有什么大的情况或需要都应坐到一起来商议解决，切不可擅作主张，弄"个人主义"、"英雄主义"，以引起家庭争端。

协助丈夫处理好人际工作

当丈夫的朋友或同事上门时，妻子可以表现得热情、大方，而不要拒之门外。这也是和谐夫妻生活的一个重要环节。

(1)不要因为与己不熟而漠然待之,应礼貌地接待。

(2)倾听丈夫与他们的谈话,可以适时地插话,但不要当面说贬低丈夫或令他尴尬的话。

(3)与客人的谈话中不要过分表现自己,冷落丈夫。

(4)不要轻易利用丈夫的人际伙伴,托他们办事或麻烦他们。

(5)可以对丈夫的不敬行为或不当言语予以制止。

只要构建好温馨的家庭环境,享受到家庭生活的甜蜜,就算拥有了人生之大幸。

有丈夫疼爱,又疼爱丈夫,何不说:“让我们牵起手,来生还要一起走!”

点金术:自古至今,在家庭关系这个多事地带中,除了婆媳关系以外,就应该是妯娌关系了。随着计划生育的推行,大家庭的解体及社会经济的发展,我国家庭关系中的妯娌关系已经减弱或不存在了。但是在现今乃至以后的几十年间它仍是一种容易产生矛盾的家庭关系,并起着非常大的作用。

如何做贤妻良母

贤妻的义务

(1)子女的抚养与教育

作为一名真正意义上的贤妻良母,顾名思义必须包括两方面的含义:即贤妻和良母的整合体。

据调查及经验,一般贤妻者大都为良母,中国传统式的贤妻良母一直备受世人称赞。她们同时也承担了很多义务。首先,对自己儿女的抚养与教育成为一名良母之标准。在一个家庭中子女的抚养与教育是非常重要的内容,因为它不仅影响孩子本身,更关系到整个家庭的将来。谁都希望自己的孩子从小受到细心的抚养及正规的教育(这里主要指家庭教育),这项任务也很当然地落到了做母亲的身上。出于家庭中其他人的希望和要求,更是基于母亲对自己孩子的爱护,她义无反顾且非常高兴地接受了这个任务,而且是全身心的投入。这并不是她想赢得个“好母亲”的称号,一切出于人类的本性。在这种情况下,她才真正成为了一位“良母”。

(2)赡养老人

“百善孝为先”,孝顺是人类传统的美德。作为一名贤妻,孝顺和赡养老人是分内之事。这种赡养是没有企图、是无私的。作为贤妻孝顺老人,在狭义范围内说是对公婆的赡养。由于婚姻的关系,她多了一对父母,她也应该无私对他们献出爱心,因为这是她作为一名贤妻应尽的义务。当然,在广义的范围上,贤妻在赡养公婆时,尽孝这是更高层次上的孝顺,包括从心理对父母的安慰、理解等。

(3)生活琐事和家务劳动

爱情是浪漫的,但婚后的生活却是实实在在的。在当今很多影片的影响下许多女性迷恋于电影中那种无忧无虑的虚幻情节,可在实际中,女性,为人妻为人母者要面对许许多多的生活琐事,就拿最平常的来说,洗衣、做饭、收拾房间、接送孩子等等,这些事时时都在发生。女性们,尤其是工薪阶层女性从一天的工作中解脱出来后,发现自己还有很多事要做,她们很累,可是作为贤妻良母,她们还得少休息、多受累。尽管面临的事可能是小的,但天天如此,也耗费不少精力。家务劳动谁也逃不了,她别无选择,因为她是无私的。

(4)面对丈夫的不良爱好

有这样一个故事,一位女青年在和男朋友聊天,男朋友说你会不会让我戒烟时,女孩并没有马上作出回答，沉思片刻后只说了一句：应该少抽点，如果我让你戒烟而你马上戒了，那么我和你或许走不到一起。故事的情节很简单，但却折射了这样一个问题。面对丈夫的不良爱好，该如何处理呢？最好的方法是因势利导，就像大禹治水一样，疏通的方法为佳，而如果像禹的父亲那样强堵硬塞则会效果很差，甚至适得其反。

聪明的妻子，也会以撒娇的方式委婉地规劝丈夫放弃某一不良爱好，而同时会让丈夫深刻地体会到妻子对自己是那样的关心和爱护。看来做"贤妻"仅仅尽义务不行，还得讲求技巧。当然对于丈夫更恶劣的行为应坚持原则。

(5)面对丈夫的大男子主义

做丈夫的总有一种优越感，强烈的权力欲望，有很多丈夫不同程度地有大男子主义的倾向。这表现在他们有时对妻子大呼小叫，命令她们去做这做那，如果妻子做的不合他的意思，他便会表现得很生气，甚至发怒。在这种情况下妻子确实很委屈。作为贤妻，面对如此境界，该怎么办呢？这还得分情况，如果丈夫只是出于一种不自觉的，"小小"的甚至有时孩子气的只是为了自己"虚荣心"的满足，做妻子的要有一颗宽容的心，可以装得很顺从，这种情况下丈夫也就不会再有大的动作，矛盾自然也就没有了。

但令人棘手的是，有些丈夫有时故意的发大男子式的脾气，他们可能因为这样或那样的原因对妻子的一切都感到不满，这种情况下，如果是他因工作、生活的麻烦而致，妻子依旧应该帮助他，如果丈夫毫无道理的打骂妻子，那么根本不必再迁就什么，更不必再争什么贤妻良母，勇敢地说："不。"

(6)关于花钱

真正的贤妻良母，处理好钱的问题，对维护家庭和睦起着很重要的作用。

现代家庭一般是这样，男女双方都主外，而内仍旧由女性主持，作为一名贤内助要有很好的经济头脑。双方挣钱都很辛苦，所以如何花钱就显得很重要了。精明的妻子，绝对是该花的钱一点都不吝惜，而不该花的钱一分也不外流。她掌管钱物，她知道这是丈夫和自己的血汗，她会很珍惜，也会利用它的价值。在这种情况下，她自己所花的钱绝对是家人中最少的一位，而给孩子、丈夫及老人花钱时(当然要花的有道理)她绝对不会说一个不字，好钢用在刀刃上。在这点上充分显示了新的"贤妻良母"概念所增加的内容。

以上六条是作为"贤妻良母"应尽的义务。无论从哪一条看，贤妻良母付出的很多，从本质上看，这乃是一种大公无私的奉献精神。贤妻良母应该得到社会的喝彩。

良母的责任

作一个贤妻不易，作一个良母更难。你所面临的，不仅是植树，还要呵护它，使之健康顺利地长大成材。父母们常犯的十类错误：

(1)褒贬过分

心理治疗专家詹姆斯，温德尔说："依赖表扬的孩子找不到自己的满足。"但她认为，过分批评更有害，她说："父母们只晓得指出孩子的不足，但忘了有些缺点会变为实现理想的预兆。"总之，表扬和批评都应恰如其分。

(2)乱发脾气

大孩子正玩着打仗游戏，小女儿在哭泣。这种烦人的时候你忽然大吼一声，孩子们就会屈服你的威胁，暂时被吓住，但你已失去了控制，这样下去，他们习惯了你的做法，就会无动于衷。心理学家建议，发怒时不妨"听听轻松的音乐或走进浴室再者让别人如父亲代管一下。"一旦平静之后，再向他们严肃地指示。大声训斥应用于紧急时候，诸如警告孩子远离电炉、电热器或爬上阳台等。

(3)过于民主

小儿科教授巴顿·施密特认为："孩子小时，父母愈是民主，孩子愈会变得娇宠。"因为你愈是民主,愈是对他不良习惯的放纵。过分的民主是不切实际的,你对孩子的过分民主,使他减少了对纪律约束的认识,无视纪律的存在。当然也不必老把规矩挂在嘴上,要孩子墨守成规。身教重于言传。待小孩长大了,开始对一些规矩问个为什么时,这时就该说理了。

(4)前后矛盾

要求前后一致不应与刻板混淆起来,父母们应该把要求讲明白。比如孩子穿什么衣服去上学,可以与孩子商量一下,但缺课等事则不容商量,必须严惩不贷。

当孩子知道有些要求是有弹性时,他们也会在那些不可以改变的要求上采取更合作的态度。

(5)忽略个性

儿童心理学家斯坦利·图瑞克说:“没有十全十美的办法。”对性情温和的儿子适用的方法也许会激怒暴躁的女儿。俗话说“萝卜咸菜各有所好”,对孩子的要求也应该因人而异。

学龄前的孩子需要那种有安全保障和阻止破坏行为的规矩,对学龄前儿童应确立尊重他人财物、与人为善的规矩。上了学的孩子对平等就敏感了。

(6)使用体罚

如果孩子看不到错的后果,就不可能吸取教训。没有劳动又何谈收获呢?温德尔说:“处罚并不错。”如果女儿上学迟到,就让她在晚上做作业弥补,如果儿子在周五回家太晚,就让他在晚上去叠已洗好的衣服。然而,打屁股只能暂时地纠正违规。

姑息迁就对于孩子是雪上加霜。一个挨揍的孩子不会懂得自我控制,他学到的是害怕,懂得的是大的打小的。

(7)管得太严

小女儿被她哥哥撒了一地的玩具绊倒而放声大哭,这时大人不应该去问:“怎么啦!亲爱的宝贝……”施密特认为:“父母不必把有限的精力放在关注这些琐事上。甚至在户外活动中,那些兴奋之余违规地拉头发、摔跤或相互掷投也没关系。”

如果对孩子管得太严,只能增加孩子的依赖而限制了他的独立性。

(8)奖励不当

“如果你不把洗澡水泼到地板上,晚上我就给你吃冰淇淋。”一位大人就这样对不规矩的孩子说。这样下去,当拿不出糖果来给孩子时,孩子就有理由不规矩。

温德尔说:“用奖励来制止不规矩是一种行贿。这意味着规矩本身失去了内在价值。”

(9)父母争吵

父母因家规而引起的争论让孩子听到后,会引起孩子的困惑。施艾弗警告说:“孩子会学着用一个来对付另一个。而且父母的形象及威严因而会有所减弱。”所以父母们解决分歧应在私下进行,以免误导孩子。

(10)往坏处想

读中学的孩子回家后抱怨同学打了他,做父母的不应该这样说:“一定是你惹了他!”

温德尔认为:“如果你想当然地认为是自己的孩子错了,无疑是在说他本质就坏。”父母应避免使用“总是”和“从不”的字眼,如:“你总是乱扔东西”,“你从不听我的话。”应该让孩子了解到即使这次没做好,你仍相信他,使他有了做好的动力,而不致破罐子破摔。

父母说话忌语六则

每个人都可能对自己的子女说过一些不顾后果的话,一般情况下孩子都能经受得起,可以毫发无损的长大。但如果这类批评经常出现,可能影响他们一生。以下六种评语是父母经常对孩子说而又最有害的:

(1)早就该这样做

美国心理学家兼广播电视台“与家长谈天”节目主持人凯文·莱曼告诉家长,切勿对孩子说:

“你本来就应该怎样怎样。”赞赏孩子的时候夹杂些批评的部分。你的5岁女儿自己铺好了床,你一面称赞她做得好,但是一面又立即把枕头拍松,这样她便会想:妈妈称赞我做得好,但是好像做得还不够好呢。即使是建设性的批评,如果提出的时间不当,也会产生相反效果。例如,孩子把功课做得一团糟,那正是他心情极不好的时候,你最好不要给予任何批评。

(2)你不是真的那么想

阿黛尔·费贝是《孩子在家庭学校学到的说话技巧》一书的作者之一。她回忆说,有一天她的女儿突然说:“我讨厌姥姥。”费贝立刻为母亲辩护,厉声说:“这种话不能随便说。你不是真的那么想的!”费贝很快发觉,她让女儿觉得自己的感受是不算数的。如果我们老是这么说,如果我们老是漠视子女的感受,久而久之,他们就会以为不应该把自己真正的感受表达出来,觉得自己应该把怒气或其他情绪埋藏心底。

(3)胖得像小山

精神病学家卡洛尔·利伯文医生指出,对孩子来说,出自父母之口的嘲笑是最难受的。“儿童视父母为镜子,要从父母口中知道自己在这个世界上究竟是怎样的人。”父母的嘲笑会令孩子疑虑不安,因为孩子不知道父母说的是真话还是假话,这种疑虑往往持续不消。一位女孩曾回忆道:“我小时候胖胖的,母亲常说我胖得像座小山。我知道她不是想要我难堪,她的意思其实是:‘看我的女儿长得多结实,多健康。’但我很不开心。这种对嘲笑敏感的反应,一直持续到我成年初期。”

(4)你真是条大懒虫

要怎样做才能让孩子知道你已经生气,又不伤害孩子的心灵呢?社会工作者克里斯蒂建议只批评孩子的行为,不要批评孩子本人。不要说,“你真是条大懒虫”,应该改说:“你的房间乱得要命。快点去收拾那些脏衣服。”同样道理,要避免使用标示性别的词句。例如,说男孩子是“娘娘腔”会加深他在性别方面的成见,对心理有不良影响。

(5)小心欠揍

波士顿市一家家长研究中心主任弗朗·利特文想起一个父亲在她主持的为家长之道研讨会中说的话。这位父亲有两个儿子,分别是3岁和5岁。他承认常常说这类话:“如果你不立即拿走这些玩具,我就揍你……”但自己不会真的这样做。他的孩子也知道他不会这样做。虚假的恫吓就像虚假的称赞,会使子女怀疑父母的话是否可信。

(6)现在不行

俄亥俄州立大学的传播系教授罗拉·斯蒂福说:“每次我到幼儿园去接儿子放学,常见的情形是孩子得意扬扬地向母亲展示他的手工作业,兴奋地说:‘妈,看我今天做了什么!’母亲总是这样答道:‘现在没空,回到家再看吧。’在孩子看来,这句话无异于‘你和你的作品都不值得我花时间。’”雪莉·古尔德曾任心理治疗师,著有《如何训练孩子性格独立》一书。她说:“儿童听了或看见他们认为是有鼓励作用的言词和行为,会精神焕发;受了惩罚或听了贬斥的评语,则会垂头丧气。”

如何培养孩子的能力

做父母的常常怀疑他们为促进子女的学习技能而花的心血,是不是都白费了!

越来越多的研究显示,父母逗引孩子注意力的行为,哪怕只是玩“捉迷藏”之类的简单活动,也能帮助孩子发展出复杂而又对促进智能十分重要的脑线路————如果孩子是幼儿,脑部正在成长,效益更加显著。

有很多证据证明大人对儿童的智能影响重大,其中最令人信服的,来自一项以“受刺激”儿童为对象的研究。拉美和另一学者法兰西斯·康贝尔研究一批贫穷家庭的儿童。从他们4个月大时开始研究。幼儿分为两组,其中一组在白天一个托儿中心内生活,有教师用游戏和歌唱刺激他们。另一组没有这些,但是幼儿时期却供给了营养补充剂。

学龄前那几年，早受教育组儿童的智商比另一组的高出 10～20 点。受刺激最多的儿童收获最大，到 15 岁时，他们读写和算术的成绩都优于其他人。原因何在呢？拉美等学者认为是幼儿时期的经历促进了他们大脑的发育。

做父母的怎样才能促进孩子的智商？莎朗·拉美和丈夫合作研究"早期介入"计划。她说："教导孩子不必一本正经。"应该营造轻松，有激励性的气氛，用潜移默化的方式教导。拉美建议在婴儿时期就开始采取以下的步骤：

(1)瞧着婴儿的眼睛

婴儿 6 个星期大时，两眼瞧得清楚的距离约为 18 厘米——约等于你把婴儿抱在面前瞧他脸部的距离。让婴儿这样看你，能帮助婴儿把与脑部相关的联系形成一种认知模式，每多看一次，模式就会牢固一些。此举也有助于婴儿分辨周围的世界，区别什么是熟悉的，什么是陌生的，什么是不同的，什么是一样的——这些都是对学习有重要作用的技能。

(2)说话、说话、多说话

心理学家、教授尼兰·赫登洛查说，让幼儿早一点学会掌握语言是很重要的，因为语言对促进智能十分有帮助。幼儿掌握了语言，所获不仅能说话而已。赫登洛查和他的研究小组做过实验，结果发现，父母在孩子出生后和孩子说话的量，对孩子词汇量的多少有重要的影响。

赫登洛查的研究小组在另一实验中测试两组幼儿园儿童的算术能力。其中一组来自贫苦家庭，家长可能没有多少时间和能力教导他们，另一组来自教育程度比较高的家庭。在计算测验中，研究人员从两堆硬币中偷偷取走或加进几个后，两组儿童都能数出加减后的数目。但是如果改用口述问题，例如："玛丽有三个苹果，给人一个，还有几个？"这时候，父母教育程度较高那一组儿童的成绩远胜于另一组。

(3)加点音乐

儿童从音乐学到的不止是节奏和旋律。研究人员指出，让 3 岁的儿童学钢琴或与众人齐唱，能大大改进儿童的时空推理能力。上过钢琴或歌唱课的 3 岁儿童拼七巧板时，比别的儿童准确快捷。每天都对孩子低声哼唱，你的歌喉也许平平，但你唱的催眠曲和儿歌能帮助孩子的头脑发展。

(4)鼓励探究

儿童到处探索，求取新经验，有助于促进智能，了解世界。拉美说："儿童天生喜欢探索新事物，不用你去推动。"孩子仍然躺在婴儿床上时，小眼珠便老是盯住各种不同的物体，观察新的世界，他们有无穷的好奇心，会用触摸、摩擦和放进嘴里尝尝等方式来满足自己的好奇心。做父母的要鼓励孩子好奇——应和孩子一起探索。不妨拿起一个玩具来仔细瞧瞧，然后递给孩子研究。也不妨伏在地板上和孩子一起玩。

(5)加上"标签"

有一位女工用手中的玩具做"标签"，帮助 3 岁的儿子学习辨别颜色。她说："我会说：'指给我看红色的恐龙。'然后又说：'现在指给我看绿色的。'"拉美说，就是婴儿也看得出红色和绿色的不同。他们不会说，可是不到一岁就知道各种颜色是不一样的。做父母的要给各种不同的颜色、大小和形状都加上"标签"，以增强孩子这些方面的理解能力。

(6)勿忘称赞

孩子初学会用杯子喝水时，你要称赞："真行！"孩子有什么成就便赞许，非但能让孩子开心，还可以加强孩子前脑皮层与中脑内主管情绪的器官的联系。婴儿学步时你加以称赞，婴儿会高兴，脑中也因此会释放出一股神经化学物质，把联系加固。相反的，如果婴儿的成就一再受到忽视，联系未能加强，渐渐地婴儿就不愿尝试新事物了。

孩子渐渐长大，实际智商也许没有显著的改变，但是在学校的学习能力却大大提高。在求学的那些年里，孩子的头脑不断发育改进，环境影响会继续发生作用。父母的关心不一定能培养出另一个爱因斯坦，但是对促进孩子的能力极有帮助。

点金术：家庭中和谐的氛围不可少，每个人都认识清楚自己的责任尤为重要。

家庭与事业的选择

女性应具有内涵品质

女性要承担家庭与事业两方面的责任，因此对她们便会有较高的要求，她们应具有以下几个方面的特殊品质。

(1)知识与修养

女性也许没有天生的姣好容貌，却可以拥有后天可得的知识与修养，这是一笔可以终生享用的财富。知识使人变得聪明睿智，深沉博大。修养使人豁达大度，幽默风趣。这些可以给女性增加一种精神上的不凡的魅力，使之具有持久的吸引力。

即使是外表非常漂亮的女性，假如没有一定的知识与修养，与之共事的人也会认为她是非常浅薄、没有任何深度的，这便不利于在事业上的发展。

(2)独立的个性

女性的个性必须是独立的，女性不应指望以相貌取悦于人，女性更应注重自己实际能力的发展。在与男性平等的竞争中，女性必须做到独立、果断、有主见、有魅力，如果她们仅仅是随波逐流，跟随男性的意志，那将会是多庸俗啊。

只有拥有独立的个性，才能使女性可以和男性并肩作战，成为与男性共担风险的战友。

(3)温柔的性情

聪明的女人应该善于进行角色转换，在外即使是力拔千钧，手腕强硬，在家、在丈夫面前就应表现出温柔的一面，注重生活中的情趣。即使让对方感到有点"小鸟依人"，也是无伤大雅的。

你是否理解一个女人的"家"

(1)有父母的家

这是一个"生活"供应站。饿了，回去找吃的；渴了，回去要喝的；累了，就回去舒舒服服地睡一觉；受委屈了，回去向父母哭哭啼啼地诉说；烦了，回去"躲进闺室成一统，任你春夏与秋冬。"

但是，在平时是不愿回父母家的，因为那思想陈旧的爸爸妈妈，成天絮絮叨叨的，我烦着呢！一个人整天在外面"疯"，多自在。

(2)有丈夫的家

这是一个温柔的陷阱。可是在丈夫的恭维下，她又轻而易举地背上了家庭主妇的"十字架"。不得不在丈夫的催促下，洗衣刷鞋；不得不在丈夫的反对下，减少每天的化妆时间；不得不在丈夫的猜疑里，与男同事少打交道；不得不在丈夫的渴盼里，让"爱情"把苗条的身姿破坏无遗。

后悔得有时只想撂"挑子"。可是，每每听到丈夫的两句"奉承话"，在丈夫的甜言蜜语的裹胁下，便又忘乎所以，继续重复每天的"不得不"……哎，这个挣不脱的陷阱。

(3)有儿子的家

宛如平常的一首歌。也像老爹老妈曾经对自己那样，整日对儿子唠唠叨叨，从不嫌烦。这时，才想起当年的父母，原来，那唠叨是一支爱之歌呀！遗憾的是，过去，怎么也没有体会到这爱意。于是，赶紧跑去看父母，惹得二老莫名其妙，不住地嚷嚷：又"疯"了，又"疯"了。

也和周围的姐妹一样，在甜言蜜语的"帮助"下，把丈夫的心紧紧地系在家里，让他每天"高高兴兴"地提菜篮子,捅火炉子,拿勺子洗盘子,擦桌子抱儿子……也让他好好体验一下做"家庭主夫"的滋味。

然而对儿子来说,这个家,也只是一个取之不竭的"生活供应站"。

所以,作为一个妻子,一个家庭主妇,她的家,有道不尽的酸甜苦辣,写不尽的爱恨交织。这还仅仅是她生命中的一半,而她的事业也有许多说不清,道不明的苦乐哀愁。要做一个妻子难,而要做一个妻子、家庭主妇、职业女性就是难上加难了。

职业女性的事业

(1)粉领工作

虽然从事劳动的女性人数不断增加,但是大多数仍属于低收入的粉领阶层的工作。

跟男性相比,女性的薪资多处于低水平。虽然女权运动要求同工同酬,但其差异仍然存在。

当我们仔细看看女性受雇工作的性质,就能发现在家庭中的工作及家庭外的低地位的女性工作的关系。大多数女性的工作是教师、护士,少部分是秘书或助手,这些工作跟传统女性在家庭中扮演的角色非常相似。

(2)为什么做妻子的要外出工作

如果妇女受雇于家庭之外的工作,在地位上和期待上就跟家庭主妇的角色一样,那么做妻子的为什么还要出外工作呢?这有几种解释:首先,这是跟权力有关;有收入就能提高妇女的自尊心、权力及做决定的影响力。有些妻子表示,能从其职业中得到独立及自主的感受。如果职业女性的角色是她自己选择、自己想要做的,那么她会比家庭主妇或情愿留在家中的却不得不出外工作的妻子们来得幸福。

另外,妻子出外工作的原因是她们不满足于家务事,而觉得应将其能力及专长放在其他更有意义的事上。在有子女之前就曾是职业女性的比那些未曾出外工作的妻子有更大的可能性重回到家庭之外的职业圈里。

在所有的原因之中,还有两项最基本的原因:子女较少,以及人们的寿命较长。家庭主妇角色里最重要、最有意义的部分是对子女们的照顾及社会化;一旦子女人数减少,其所要求的时间也相对减少;因此,当女性年岁较大,子女又较独立,不需长时间的教育和管制,她们便发觉家庭主妇的角色开始变得索然无味了。

然而,仍有部分的职业女性并非出于其本身的选择,而是被迫的。由于物价的飞速上涨,一些愿意留在家中的女性,因其丈夫的一份收入不能维持家用时,只得出外工作,换取报酬,贴补家用。

目前,许多人认为夫妻两人都应出外工作,虽然这有诸多好处,但也时常会产生矛盾。

丈夫对妻子出外工作如何对待

许多丈夫都不愿意,而做妻子的仍要坚持出外找上一份合适的工作,然后赚取报酬,取得经济地位上的独立。中等阶级的丈夫们,虽不像工人阶级直接表示其不满,但也有同样的感觉。他们都常在不情愿的情况下接受其妻子的职业女性这一角色。他们为了公平,为了见到妻子高兴,或许是明明知道反对不了,就只好接受了。当妻子外出工作后,丈夫的控制权减低了,于是他得应付那渐渐减下去的自我价值感;相反的,做妻子的自我价值感则在不断地增强。

妻子的就业与家务事的分离:妻子的就业常常改变了夫妻对家庭管理的想法与观念,却不能改变其实际的行动。在妻子未就业的家庭,1/3 的丈夫及 1/2 的妻子认为家务事是妻子理所当然的责任。而在职业女性的家庭中,少于 1/5 的丈夫及少于 1/3 的妻子认为家务事是妻子的责任。有一项研究提出了详细的数字:未就业的妻子每天平均花 8.1 小时在家务工作上,她们的丈夫大约花 1.6 小时;职业女性平均花 4.8 小时,她们的丈夫也大约花 1.6 小时。

职业女性兼家庭主妇是件很辛苦的事情,所以她们常觉得疲倦。做半天工的妻子才会觉得有较多的自由时间,较容易应付身兼家庭主妇的角色。许多做丈夫的并未有意去改变,他们常认为他的工作本身就是对家庭最大的贡献。通常做妻子的,不论工作负担有多重,也不习惯要求或命令丈夫帮忙做家务。

至此,我们所提的都是对妻子职业生活的劝阻及做丈夫的消极的一面。然而,有社会科学家指出这种现象是暂时的,为反应女子家庭角色的改变,男士在家庭中的角色正在扩展。

在这里,就像其他情况一样,选择是个非常显著的重要因素。在两个事业的家庭中,丈夫对分担家务事有各种不同的反应。如果他对家事的帮忙是出自妻子或婚姻的压力,那么他就比那些分担较少家务工作的丈夫们来得不愉快。但是那些主动帮忙的丈夫们,即使参与很多的家务管理,也不会影响一丁点婚姻的幸福。

总之,妻子并没有完全从家务工作或教养子女的繁重工作中解脱出来而出外工作,因为她们即使有份工作,仍然要做这些家事的。她们为了金钱的报酬,为了内在的满足而工作,不论是粉领工作或个人的事业,她们都依赖对其工作的自然满足,以充实其自我观念及价值。

点金术:作为一个妻子,一个家庭主妇,她的家,有道不尽的酸甜苦辣,写不尽的爱恨交织。这还仅仅是她生命中的一半,而她的事业也有许多说不清,道不明的苦乐哀愁。要做一个妻子难,而要做一个妻子、家庭主妇、职业女性就是难上加难了。

超重的负荷

“超重”的烦恼

因负责审理辛普森一案而声名大振的女法官克拉克,可以称作是一大女强人了,但是在她的实际生活中,却陷入了无法同时兼顾工作和孩子的两难境地。她的前夫指责她“一心忙于工作,无暇顾及孩子”,因此要求得到对两个儿子的监护权。女法官的这一家庭风波,引起了舆论对“事业型母亲”的关注。

今年41岁的克拉克,是洛杉矶的地方法院的一名首席检察官。从今年一月份起,她负责审理橄榄球明星涉嫌谋杀妻子一案。由于电视大量实况转播,克拉克一下子成了家喻户晓的人物。克拉克以“足智多谋”而出名,在本次审理中她的连珠炮似的提问,令辩方感到无法招架。

生活中的克拉克,已和36岁的丈夫离婚。目前,两人正通过法律手段解决对孩子的监护问题,其丈夫在法庭上对克拉克的育儿能力提出了质疑。他说,由于审理辛普森一案,克拉克每天晚上十点以后才回家,和孩子在一起的时间,一天只有一个小时。而他则每天傍晚六点准时回家,有更多的时间陪伴孩子。

克拉克则认为,自己将孩子看得高于一切,绝对不会放弃对孩子的监护权。最近,她以照顾孩子为理由,拒绝了庭长对她晚上进行加班审理案件的要求。

社会公众的舆论对克拉克现在所处的处境,纷纷表示同情,许多观众打电话到当地电视台的一个谈话类节目,指责其丈夫以审理辛普森案为理由,要求获得对孩子的监护权,是一种趁火打劫的行为。

克拉克于1980年结婚,婚后生育了两个儿子。去年6月,她和丈夫办理了离婚手续。根据协议,孩子随克拉克一起生活,并在每个周末去见他们的父亲。在美国,处理离婚涉及孩子时,法院的判决大多数都是有利于女方的。由于克拉克素有“工作狂”之称,其年收入是丈夫的两倍以上,对于这样的“女强人”,法院会作出何种判决呢?

源于清晨的心情

女性在家庭中是扮演主角的,因而生活对于她们来说是紧张而又忙碌的,所以,对待这种超负荷运转的生活，她们怎样保持充分的热情呢？下面就是一个女人改变生活方式的一种心情写照：

每天早晨都是在匆匆忙忙中度过的，即便是如此简单的三口之家。每日的铺床叠被、预备早餐、清理房间……出门上班之前，琐碎的家务就像游乐场中的海洋球一样，令你脚下打滑，停不下步，直不起腰。

做久了，就觉得很乏味。除了日期的更迭，几乎没有任何变化，自己形同一只被人操纵的邮戳，不断重复着昨天。

犹如一篇文章的开头，清晨的序曲差不多为这一天定下了基调。骑在自行车上，心里就恹恹的。见到同事，不自觉地模仿了一些人的口吻叹道：唉！活得真累。

有一天醒来，一看表只有5点钟。再睡又睡不着，便有无数的烦恼事像小妖怪一般不请自到地挤进了脑中，直把那儿搅扰得乱糟糟。待唤全家人起床的闹钟铃声大作时，已是仿佛从泥沼中挣扎出来似的疲惫了。

更糟糕的是这样的情形一连持续数日。夜晚临睡前越是担心，第二天越是要更早地醒来。再来做那套没完没了的事情，就如被人役使着一样既委屈又气恼。先生和儿子觉察到，便暗地里互递眼色，留神地提防着我，令人笑不出，又哭不得。

那天醒得又是格外的早。忽然，静寂之中，窗外传进一声清越的鸟鸣声，随之是一阵接连不断的啼啭，不啻一串透亮的玻璃珠凌空地抛起，划一道委婉的弧线在黎明的天宇之上，倏然又消失了。

我悄悄地起身，悄悄地走出家门。那只鸟儿的歌唱，令我想起童年之时房前的向日葵和扁豆花。受着鸟儿的引导，我走到了初夏荔枝般鲜润晶莹的乳白色天光之下。廓落的街道清洁安静，不由不令我以为更多地拥有着时间空间，拥有着世界。这使我意外地领略到了一份由衷的感动，并惊喜地发现，原来还有这样一段美好的时光是可以从从容容享受、自自在在消遣的呀！

这一切大大地改善了我的心境。每天我都在同一个时刻到户外去，走一走，跑一跑，我感到自信回到心头，我又做了生活的主人。人们常常会因为生活的单调而感到困顿或烦扰，就像只吃一种样式的菜败坏了胃口。而我们又不可能把今天和昨天安排得截然不同，有许多事情不得不重复地去做，于是，像一只车轮，虽然也在向前滚动，自身却落进了一个周而复始的圆圈。有时累的感觉并非只来自身体的劳顿，生活缺少变化和更新，更容易在精神上沦于疲倦和懈怠，陷入被动。

既然能够像我在那天早晨一样呼吸着清新的空气为自己创造出一副好心境，那么在别的时候，干吗不也去试一试，为自己多寻找一些快乐呢？从那个使人昏昏然的轮辙中暂时脱出身来，给自己单独留出点时间只做你喜欢的事情，让精神得以放松，情绪得以调节，这难道不是个好主意吗？

就像儿子在受到我的愉快的心情感染和鼓舞之时喊出的那样：妈妈的太阳又升起来了！

是的，我们一点也不缺乏热情，只是有时改变一下生活方式，来激发和唤醒它们。无论到什么时候，都不要放弃主动。为自己，为我们亲爱的人，心中应该永远高悬着一枚明媚的太阳。

妻子过重的负担及过低的地位

出外工作的妻子常常经历角色的冲突及负担过重的压力。同时，她们常在过多的角色及过多的要求里打转而感到负担的过重。当家务管理、子女照顾及丈夫的服侍等职责跟她个人的事业发生冲突时，这结果常是什么都赢不到。不论她选择完成哪一项工作，她仍会为那同样重要而忽略了的职责跟她个人的事业发展发生冲突，因而感到忧虑、紧张。

一个人支撑这过重的负担会导致身体的疲惫及心情的沮丧，许多妇女继续让这过重的负担加在自己的肩上，以消极的方法来应付，这并不能解决问题。

为了不让多种的角色职责同时出现而烦恼，一项最好的解决方法是重新安排角色，重新订定职责，以使家庭成员可以共同分担家事。这种家庭成员的职责分配跟协助配偶履行其角色的期待不同，当然角色的重新分配仍是很不寻常的。

如前所说的，妻子有工作的丈夫们虽不像妻子那般经历过重的负担，但这些情况也会影响到他们。他们经常的感受是被伤害、被弃之不顾，或跟妻子间的距离拉远了。许多丈夫感到一旦妻子开始上班，他们彼此间的沟通就受损；有趣的是，妻子则觉得自就业后，跟丈夫间的沟通就有了改进。

家庭主妇并不是直接的生产者；她们服侍那忙于经济及政治事务的丈夫，供应其每日所需（衣、食等）并给予其感情上的支持。

低收入：社会科学家柏纳德曾提议给家庭主妇发薪水，以提高其工作效率。家庭主妇的角色所承担的工作是社会经济的基础：清理、烹饪、看护、采购、照顾孩子、房屋的维护、金钱的处理、办杂事、招待客人等等，家庭主妇所提供的服务的价值估计大约是全国生产总额中的1/40。然而，家庭主妇并不算作一种真正的职业，不能赚取收入或取得地位。在职业名称的字典里做母亲及家庭管理的技巧排于最低的分类里，低于“训狗师”的职业。

无选择性：家庭主妇的角色与其他职业的最大区别在于妻子们没有选择的余地。丈夫可以依其能力及兴趣选择行业，而妻子，不论其才能如何，仍得做家庭主妇，即使她在家庭之外另有职业，也不能免。

孤立与压力：除了高要求、无报酬、低地位，以及无选择性之外，家务管理比任何职业都更孤立。以往，妻子们自发组成一个社交圈给予彼此的支持、互助、寻乐与认同，工人阶级的妇女特别常跟母亲、姐妹等亲人及朋友邻近而居。但是目前人们常会迁徙，而且更多的妇女在外工作，因此家庭主妇们原有的社交网络就较难维持。在这种情况下，家务事就成为她们唯一的事情，用以消磨时间，而家庭主妇就更与外界隔离了。

许多妇女发现扮演这种角色是相当困难的。一项研究工薪阶层妻子的报告指出，妻子们常觉得整天待在家里，整天面对墙壁，见不到人影闷得几乎要发疯，即使有其社交圈，她们的工作仍然跟实际的外面世界不一样，因为她们被局限在屋内和邻里之间。这种局限是心理、文化因素多于地理环境因素的。

由于家务事是卑贱的和孤独的，整天忙家务的妻子们比其他的妇女们更不满其生活与婚姻。

零碎及低充实感：当然理论上来讲，一位家庭主妇可以决定如何安排其时间，而且许多人认为家务事是自主的、有弹性的、有创意的。家庭主妇可以自己做主，没有人在后面督促，但这并不意味着她们有完全自由的时间去做自己想要做的事。因为总有那么多事要做，某些该做的事又被其他的事打断。在一天中可能有些空闲，却总是短暂的，更常被其他事物干扰。如此这般，任何有创意性的活动都难完成，而做丈夫的常认为妻子整天在家没做成一件事，做妻子的自尊心就更受损了。

点金术：为了不让多种的角色职责同时出现而烦恼，一项最好的解决方法是重新安排角色，重新订定职责，以使家庭成员可以共同分担家事。这种家庭成员的职责分配跟协助配偶履行其角色的期待不同，当然角色的重新分配仍是很不寻常的。

中 篇

哈佛智商课

I Q

Intelligence
Quotient

第一课

感受哈佛的智商课

成功者都是聪明的思考者

成功的人和失败的人对待困难的态度是截然不同的:成功者总是在寻求更好的办法以解决问题,而失败者绝对不会主动寻求解决之道;面对困难成功者的选择是迎难而上、找寻应对之策,而失败者只会当缩头乌龟;成功的人在挫折面前会进行自我反思,失败者只会掩面而泣或懊悔自责。他们的本质差异就在于是否会思考。

成功者都是善于思考的人,他们用思考寻找解决问题的办法,克服困难取得最后的成功。首先,那些会思考的人不会放掉身边任何一个机会,他们立足整体,把握全局,准确把握事情的演变和发展趋势,从而经过分析做出判断;其次,聪明的思考者在困难面前不会不知所措,他们懂得思考、汇聚智慧,并努力解决问题;再次,只有思考才能创新,才能不断寻找到更好的解决问题的办法。总之,成功肯定是属于那些善于思考的人的。

机会对每个人都是平等的,但是机会只属于那些有准备的人,有些人则白白丧失摆在眼前的许多机会,最终以失败告终。成功的人取得成功的诀窍就在于发现并抓住了那些被别人忽视的机会。

1950年,年仅22岁的李嘉诚下定决心要开始自己创业,他拿着借朋友的五万元还有自己所有积蓄开创了自己的事业——兴办塑胶厂。有一天,《塑胶》杂志英文版面上刊登了这样一则消息引起了他的注意:欧美市场上将会出现意大利某塑胶厂生产的塑胶花。李嘉诚经过分析发现,随着战争的结束人们的物质生活水平也不断改善,塑胶花物美价廉,经过加工以后肯定能占据更大的市场,因此他决定投资塑胶厂。七年过去了,李嘉诚和他的长江塑胶厂已经为全世界人所熟知。市场同时也是一个瞬息万变的战场,李嘉诚敏锐的把握了市场即将变化的信息,就在事业最顶峰的时候他决定退出塑胶花产业,向塑胶玩具进军。果然不出所料,两年之后塑胶花在市场上已经没有任何销路了,而他转投建立的塑胶玩具企业已经成为全香港最大的塑胶玩具出口企业。

20世纪60年代中后期,金融危机和政治危机影响着整个香港的经济发展。许多香港投资商开始了向国外的移民潮,香港的房地产瞬间就垮了,那个时候的房地产市场如同一片死水。

但是李嘉诚没有随大流，而是立足长远看到了香港未来的商业发展，开始大胆地收买地皮和旧楼。金融危机之后香港经济复苏，吸引了大量的人投资，包括之前外流的港商，房产的价格呈现一路走高、不断攀升的趋势。李嘉诚当初低价收购的旧楼和地皮现在已经翻了好几番，只保留有开发潜力的楼宇和地皮，把其余的楼宇和地皮都售出了。20 世纪 70 年代末，李嘉诚的长江实业有限公司应运而生，此时的他已经成为全香港最成功的房地产商。1997 年亚洲金融危机爆发，香港的房地产公司也受到了极大的震荡。李嘉诚再度出手，后来房价的大幅回升让他再次获利。李嘉诚手上的资金激增，这奠定了他不可撼动的华人首富地位。

当失败者遇到不能解决的问题时就只会放弃，而成功者则会从多个角度进行思考，做到“置之死地而后生”。解决问题的方法和途径是多种多样的，条条大路通罗马，我们不妨去尝试其他更多的的方式。

成功者一定是出色的创新者和模仿者。模仿并不是毫不改变的照抄照搬，如果什么事情都随大流，肯定不能走出一条属于自己的创新之路。成功者懂得他山之石可以攻玉。他们会总结别人成功的经验，然后再转身思考自己的长处和不足，这种方法对自己是否适用。

腾讯 QQ 总裁马化腾也是从一个打工者起步的，在一个机缘巧合之下，他第一次使用了以色列人发明的聊天工具，马化腾马上就意识到这种聊天工具可以在互联网上拓展并广泛应用。他看到 ICQ 肯定具有无限的发展前景，也发现 ICQ 只有经过中国本土化的改良才能得到推广应用。说干就干，马化腾就发动身边的几个朋友开始了创业，以 IN 为蓝本做参考开发出了适用于中国的聊天工具 QQ。

假如马化腾只是原封不动的照抄照搬原先的聊天工具，也就没有现在的腾讯 QQ。当时中国冒出了一大批模仿 ICQ 的即时通讯软件，比如 Picq、Oicq、OMMO，还有新浪的 UC。但是取得长足发展的只有腾讯 QQ，并且迅速占领市场、不断发展壮大。到 2006 年，QQ 注册用户达到 2.24 亿，在这笔庞大的数据之后是无限的商机。因为新的创意和设计在这个平台上一经推出就能得到大量的人员支持。在十几年的摸爬滚打和不断改良创新中，腾讯的发展格局有了全新的进步，构建了 QQ，QQ.com，QQ 游戏以及拍拍网 4 大网络平台，还将其联合起来形成了大规模的网络社区，目前的市场份额早就过了百亿。

成功路上的挫折是必然要经历的，而解决这些问题的途径只有思考。思考是通向成功之门的钥匙，可以帮助人们更顺利取得成功，用这把利剑他们一路上披荆斩棘扫清障碍，化解更多的难题。

点金术：成功者都是善于思考的人，他们用思考寻找解决问题的办法，克服困难取得最后的成功。

正确思考

只有做出正确的决策才有可能取得成功，一个决策的失误可能会导致满盘皆输。据美国兰德公司统计，决策上的失误，是世界上大部分企业倒闭的原因之所在。而导致决策出现失误的原因很大程度上是因为思考的偏差。只有经过周密细致的思考才有可能作出正确的决策。俗话说“小心驶得万年船”一点都没错，只有坚持全面地看问题，才有可能作出正确的决策。

有些人会把分析问题和决策的过程隔离开来。在他们的眼中，解决问题才是最重要的，分析只是过程无关紧要，但是决策的过程就是对一个具体的讨论话题做出评判。但是如果仔细地分析，这两种现象的本质说到底是一致的。要想做出决策就必须要进行分析，而分析又是建立在搜集大量材料的基础上的，在此基础上考虑解决问题的应对策略，从而选择出最适合的解决办法。

作出科学的分析离不开缜密的逻辑思维，假如没有经过认真仔细的分析，可能会丢三落四，做出的决策可能会片面、没有全局性。

1993年，“冰茶”这一概念由旭日升第一次提出并且在全国范围内得到了广泛的认可。随后在世界范围内出现了二百多个销售分公司，逐渐形成了庞大的旭日升营销网络体系。1998年，旭日升以高达三十亿的销售额，成为茶饮料市场中响当当的领军品牌。

面对已有的优异成绩，旭日升的决策者片面追求高速度，为了获得更高的销售额完全不计投入的成本，竟然将市场调研抛在脑后。在下属的分公司中，经理竟然与销售商私自协定，经销商如果愿意回款，他们将会给出最优惠的返利条件，这样一来才是双赢。面对着巨额利益的强烈诱惑，过期产品竟然出现在市场上。而公司的管理者竟然一点反应都没有，至于市场的变化更是没有考虑，因为他们只在乎获得了多少的收益额。

旭日升的高层管理者还在做着高利润的美梦的时候，康师傅、统一等一大批的茶饮料品牌如雨后春笋般地发展起来。旭日升也难逃优胜劣汰的结局。旭日升之所以由盛转衰、发展形势急转直下，很大程度上就是因为决策者只顾追求经济利益，在决策时忽略了对科学性、民主性和长期战略性的考察。

我们在遇到事情的时候不要慌张，要集中力量先解决主要矛盾。如果不分主次前后、不分重点与非重点，就会像一团糨糊。忙乱之中人们往往会感情用事，这就不能作出正确的思考和判断。只有保证自己头脑清醒，才不会在情绪化的时候做出不正确的决策。决策者必须做到处变不惊，必须经过严密的逻辑推理和程序再做出决断，这样才能避免在头脑发热时作出后悔终身的决定，进而才能做出对今后发展有利的决定。

当初，加藤信三临危受命，担任日本狮王牙刷厂的主管，之前产品滞销的问题亟待解决。上任的第一天，就有董事会研究出来的决策议案送到他的面前：这是董事会在三天之内研究出的整套的生产经营策略。然而加藤思量再三还是不认同这种没有实效的策略，要改变产品滞销的现状必须从改进牙刷质量上入手。经过分析之后，他认为改造牙刷的造型才是当务之急。

原来，加藤信三也用公司生产的牙刷刷牙，但是只要一用，就会牙龈出血。他决定先去技术部门给他们一个下马威，就在准备去技术部门发飙的途中，他逐渐放缓了脚步并且有了新的想法……他先让自己激动的内心平静下来，然后再带着同事们一起研究解决之道，如将刷毛做的软一些，将牙刷的整体造型做出一定的改观，刷毛排列的整体行状。在多次的改造实验和反复的观察中，加藤信三发现一个细节——刷毛的顶端都呈直角。突然一个念头闪过，如果将这些锐利的直角改成有弧度的圆角情况会怎样呢。他将多次的实验结果汇总上报给公司董事会。董事会认为这个提议非常好，决定投入资金将这项决策落到实处，把刷毛顶端尖锐的直角变成圆滑的锐角。经过这次改进，牙刷的市场销量得到了大幅的提高。加藤信三因改变了公司的发展现状而逐渐成为董事长。

做出决策的时候必须经过全面的考量。完美周到的决策设计当然是人人都向往的，但是如果将精力集中在“完美”二字上，可能会失去很多具体实践的机会。恰当的做法应该是经过思考从尽可能多的备选方案中筛选出能将决策的风险降至最低程度的方案。

有三个弟子跟着师父一起经过一片稻田，师父给他们了一个任务，从稻田中选出最大的一颗稻子，但是每个人只有一次机会，选定之后就不能改变了。

大徒弟进了稻田没走多久就找到一颗很大的稻子，他担心继续往前走就会错过这颗大稻子，于是抓住机会摘了下来算是完成任务了。但是当他继续走的时候，他才看到一路走来比他摘得那个稻子大的还有很多，但是选择的机会已经没了。最后只能望洋兴叹，带着无奈出来了。

第二个弟子进入稻田，先环视了一下四周，但是一直犹豫不决始终下不了决心。他总是想着大的会在前边，带着这种心理他走到了稻田的尽头，错过了选择的机会，无奈之下只能在尽头的地方选择了一个相对较大的稻子。

三徒弟没有直接进入稻田，而是先将这片稻田分为三块，他先整体观察了一下第一片稻田中稻子的长势，走到第二块稻田的时候就留心和之前的进行对比，从中挑选了在那一部分里面最大的稻子，看完之后他就出来了。有了之前的比较做基础，他现在拿在手里的稻子不一定是最大的，但是大小基本上和最大的也差不多。至少他不会因为没看到后面的稻子而后悔，也不会因顾此失彼而遗憾，经过这样的考察，他做出的选择才是最科学最理智的。

小心驶得万年船，无论什么事情都要做好最坏的打算。美国著名管理学家康拉德·特里普说："大家看到的是我在经营中的主动进攻，殊不知我在做出决策的时候是非常谨慎小心的。每一次决定投资，我都会先做好可能出现的最坏的情况的打算。"

点金术：只有做出正确的决策才有可能取得成功，一个决策的失误可能会导致满盘皆输。

靠思考不靠运气

失败的人总是为自己寻找各种各样冠冕堂皇的理由，"运气不好"往往成为他们最冠冕堂皇的借口。其实，运气不是成功的唯一决定因素，最重要是善于思考。好运气可能会是成功的助推器，但绝对不可能会是持久性的因素。如果万事都靠运气，而不通过自己用心的思考，用思考和智慧寻找通往成功的道路，那么，成功永远都不会属于你。

人们总说自己没成功是"时机未到"或者"老天无眼"。事实上，真的像他们说的那样吗？其实不是，是机会来的时候没有把握住，而让机会白白溜走了。殊不知机会总是属于那些有准备的人的。善于思考的人一定是随时准备好发现机会、抓住机会的人。

2003 年度福布斯中国富豪排行榜发布，位于福布斯排行榜榜首的是网易创始人丁磊。七年前的他还只是一名穷学生，当人们请他分享自己成功的秘诀的时候，他说："我最重要的成功秘诀就是思考。"

在丁磊看来，书本上的很多知识老师不教自己也可以自学。从大一下学期开始他就不去教室上课了，但是又必须要完成相关的课后作业，所以他开始思考老师上课的内容及传授知识的时候所用的方法。在他自己的思考及揣摩中，他的一个技巧得到了很好的锻炼，这就是他说的成功的秘诀——思考。学会了思考，自学就已经成为他的习惯。他读书的速度之快令人称奇，而且顺序常常是倒着从后往前看，在阅读中如果有不理解的地方，再翻到前面去寻找答案。有了自己的思考，在两到三周他就能掌握一门课的内容。

中国有了互联网以后，丁磊再次意识到思考的技巧对他的重要性，因为那时 Internet 初进中国，没有资料记载究竟什么是 Internet，也没有具体讲清楚软件的具体应用及相关程序问题。因此懂得思考技巧的丁磊很快成为中国上网用户的领军人物。

1997 年，丁磊在脑海中孕育着网易公司。每个人都想实现自己的目标，但是仅仅有勤奋努力的奋斗精神是不够的,勤奋向上和进取创新都是必不可少的。刚起步的时候他先致力于做免费的个人主页空间,还在模仿的基础上开发了电子邮箱。网易很快就在中国市场站稳脚跟、为人熟知,这一点和它之前免费服务打下的群众基础是分不开的。1998 年,网易的访问量每天就多达十万人,这十万人的访问量就是多达 10 万美元的销售额。

2000 年,网易股票上市。但是那个时候并不是好的发展时机,当时科技股正在崩盘,股价也是一天不如一天。2001 年 9 月,因为财务上的问题纳斯达克将网易摘牌。丁磊的应对之策就是依靠在线游戏等,还有一个最新研发的和 MSNExplorer 类似的产品来获得收益。2002 年,被摘牌之后的网易实现了首次的盈利,网易的成绩震撼了整个纳斯达克。

2003 年,网易仍然以迅猛的气势继续发展,由此开始缔造了网易的网络传奇。丁磊说:“我已过而立之年,经历了从意气风发到成熟思考的变化过程。现在也能做到‘不以物喜,不以己悲’,现在的我更不会因为金钱财富的多少而左右我思考问题的方式。”

那些有远见卓识的人不会在意眼前的得失成败,因为他们知道绚丽的彩虹总是在暴风雨之后。如果能坚持独立思考、合理安排,假以时日你会得到该有的回报。

蒙牛集团是现在乳制品的领军企业之一,但是最初也是非常艰辛的,当时不仅没有工厂就连基本的奶源都没有,就只有从伊利厂分出的十几个员工,还面临着同行中强大的竞争对手和压力。

蒙牛的管理者们大胆突破以往的经验,创造性地提出先打开蒙牛的市场,再根据市场位置建立工厂,逐渐地由点及面,不断扩大。首先,蒙牛选定了一家经营的不好的液态奶公司合作,蒙牛面临的问题就是有一定的消费市场但是还没有工厂,而这家没有市场的液态奶公司恰好能成为蒙牛的工厂,双方能互补,于是很快达成了合作协定,就这样蒙牛还是上市了。其次,蒙牛不仅局限于生产液态奶,还将经营范围扩大到冰激凌,于是在市场上就有了全新的蒙牛牌冰激凌。

为了进一步扩大蒙牛在大陆的市场营销,国际投资机构成为蒙牛融资的对象。后来许多投资银行开始支持蒙牛的营销,蒙牛已经建立了一套完备的市场营销体制。摩根等大的国际投资银行唯独看重蒙牛企业,除了认为蒙牛在中国乳制品行业首屈一指,更是对这个企业的经营团队和管理制度表示认可。

蒙牛的成功不能用偶然或是运气来概括。因为蒙牛的每一步决定都是经过深思熟虑的。可以说蒙牛今天的巨大成功源自于经营团队的策划、营销及品牌的建立。

纵观那些成功的投资者,他们必须对市场经营情况作出精确地分析和判断,从而找到能在市场上立足的办法。投资者从前人那里能获得最宝贵的经验,这就是最伟大的财富,经过思考总结得出适合自己的投资方式,运用这些合适的方式让自己一步步走向成功。

点金术:如果万事都靠运气,而不通过自己用心的思考,用思考和智慧寻找通往成功的道路,那么,成功永远都不会属于你。

思考有技巧

当一个难题摆在人的面前,有的人能巧妙地解决,但是有的人就是百思不得其解。同样一个问题,为什么会出现那么大的差距,归根结底就是因为前者懂得思考的技巧,遇到问题时反应机敏、头脑灵活。如果想让自己成为这样的思考者,就必须要掌握多种思考技巧并能加以灵活运用。有一定的技巧做基础,我们在解决问题的时候就能获得更多的办法。

在思考的时候常见的方式之一就是发散思维,所谓发散思维就是把自己的思路打开,尽可能多的找寻解决问题的方法。运用创造性思维,敢于另辟蹊径、走前人没有走过的路,那么你取得成功的概率就会高很多。因此,外界的条件不应该成为束缚我们的枷锁。如果权衡之后你觉得现有的两条路都走不通,那么经过思考你可能会发现第三条路。

转换问题的思维方式也是重要的思维技巧。有些问题从正面直接去解决会比较困难,有的可能还会进入死胡同。这时你不妨换个角度,你会发现其实事情没你想的那么困难。问题的主客观对象、重心等都可以转移。问题转换的实质就是用曲折的方法去解决问题,所谓转换可以简单总结为:将 A 问题转化为 B 问题,如果将 B 问题解决好,A 问题也就迎刃而解了。

一家建筑公司承建某公司的办公大楼,工程完工以后,办公大楼投入使用,但是投入使用之后该公司发现各楼之间行走路线并不方便。上班的时候员工们需要在各个楼之间办理业务,仅在路上行走就会浪费很多的时间。该公司就要求那家建筑公司在各楼之间设计人行道以节省时间。

设计师们根据这个要求修改了建筑方案,但是该公司不满意。这时工程设计似乎陷入僵局,在大家绝望惆怅的时候,有个设计师说:"既然是人行道为什么不让行人自己决定呢?为了节省时间大多数人走的路线就是最省时的,这条路线是行人自己走出来的。现在正是万物复苏的初春,我们可以在楼群里主要的人行道上种上草,这样人们走过的地方就会有痕迹。草上留下的足迹,肯定是最科学最节省时间的一条线路。"

这个提议得到了所有人的认同,于是就按照方案先种草。然后看着人们在草上留下的痕迹,开始设计路线,果然科学省时。

这位设计师的聪明之处就在于他巧妙地将难题进行了转化,究竟该如何设计人行道在常人看来应该是设计师思考的问题,但他却将此问题转化了,交给行人去解决。行人自己作出的决定才是最为科学省时的。

每一个问题都有一个至关重要的点,在这里汇聚着各种各样的矛盾,如果能准确把握这个关键点,可以说你的问题就解决了一半。一旦克服了关键的部分,其他的问题都能一步步的解决好。

1933 年 3 月 4 日,美国第 32 任总统罗斯福宣誓就职。当时的美国正面临着最严重的经济危机。这次美国的经济危机甚至波及了全球。在这次经济危机中所有银行无一幸免,接二连三的关门停业。人们的支票也不能兑换出来,人们对银行开始绝望甚至没有一点信心了。客户对银行的信心逐渐丧失,经济危机就愈演愈烈,越严重就越没信心,陷入了恶性循环之中。在经济危机之中各类银行都面临着严重的生存危机。

面对着一天比一天严重的经济危机,罗斯福当机立断,向全国发布命令:全国银行休假 3 天。就是说这三天时间里银行停止一切兑换支付业务,这三天其实是给银行进行内部调整的时间。经过看似不可思议的三天之后,超过四分之三的银行奇迹般的可以营业了。由此也拉动了整个金融市场的复苏和经济回转,各类股票和证券交易所也恢复正常交易,股市也逐渐回升。

可以说罗斯福这次的政策是一剂强心针,不仅挽救了濒临崩溃的银行系统,还刺激了经济的复苏。罗斯福率先去解决银行的危机,也就是找准了最关键最核心的经济问题。核心问题解决了,金融业再次赢得了人们的信赖和支持。此后,罗斯福还大刀阔斧的进行改革,用适当的政府干预挽救了这次经济危机。

宋真宗有个大臣叫陆宗道。有一次,宋真宗紧急召见陆宗道。当使者匆匆忙忙地赶到他家后,他却在酒楼喝酒,使者等了好久他才从外面回来。使者急着回去复命,但是又怕皇上治他拖延时间之罪,使者问:“假如圣上因此怪罪,我该如何回答皇上才不会怪罪于我呢?”陆宗道说:“那请您实话实说吧。”使者说:“不可,如果这么说皇上定会生气怪罪于你。”陆宗道回答:“喝酒是情有可原的,但如果因此欺骗圣上,那可是欺君的大罪。”使者听了他的建议就照实回禀皇上。

使者向皇上禀报完之后,才宣陆宗道上殿,宋真宗开口就毫不留情地责备他说道:“你为什么私下出去饮酒?”陆宗道回答说:“那是因为微臣家里贫寒没有钱买酒具,而今天有同乡来看望臣,我要请他吃酒就只能到酒家去了。并且我出门的时候专门脱去了官服,周围的人根本就不知道我是谁。”宋真宗听了他的解释觉得也有道理,而且通过这件事也看到了陆宗道的坦诚正直。之后,宋真宗就对陆宗道更加倚重了。

其实思考的技巧是多种多样的,我们在思考的时候还要考虑运用合适的原则和技巧,如果不遵循这些原则反而会把事情弄糟。前任微软全球副总裁李开复先生曾给追求梦想的年轻人提供了很多切实可行的参考建议,例如诚实守信不管在什么时候都是需要的。学会分享,懂得奉献,那么今后你获得的回报也就更多。

点金术:转换问题的思维方式也是重要的思维技巧。有些问题从正面直接去解决会比较困难,有的可能还是会进入胡同。

第二课

发散性思考法

学会发散性思考

有个实验非常有趣:老师拿着粉笔在黑板上画了个圈,然后问在座的大学生这是什么东西?大家异口同声地回答说就是个圆。还是这个问题换成幼儿园的小朋友来回答,没想到却意外地得到了多种多样的回答:太阳、月亮、圆球等五花八门。大学生回答是个圆当然没有错误。但是,幼儿园小朋友的回答却更加丰富,与小朋友相比,他们的回答就显得有些苍白单调,不是吗?而孩子们五花八门的答案是不是更加的精彩呢?

心理学家认为,最具开发潜能的人类大脑是在四岁之前的时候。四岁之后,人的知识和阅历也在不断增加,人的思维就被越来越多的因素限制。人往往会被固有的思维模式所限制,因此不能想出全面的方法去解决问题。如果现有的条件不能解决问题,有的人就不知所措了。这时候就必须通过发散性思维进一步开发思维空间。

所谓发散性思考,就是在现有信息的基础上,但是从不同的角度、用不同的方式重新审视问题,追求答案多样化的一种思考问题的方式。学者托尼·巴赞就曾创造性地提出了发散性思考的两方面含义,除了从中心某个点开始发散,还有一方面的含义就是思维的爆发。这种思维方式的基础就是敢于打破常规,也就是说遇到问题的时候思路越宽越好。发散性思考存在的价值就是追求多样化的结果。思路越是开阔,那么你也就越容易想出解决问题的办法。因为我们有选择的余地,能找出最适合的解决办法。

科学家每次提出新的设想、艺术家的新创造都离不开发散性思维。发散性思维旨在追求多样化的结果。吉尔福特是美国著名的心理学家,他在对创新思维的研究中指出,发散性思维是与创造力关系最为密切的思维方式。吉尔福特认为,思维发散的程度代表着人的创造力大小。也就是说,思维越敏捷越灵活,你也就越能激发出更强的创造力。

有人问爱因斯坦:“与常人相比,你的不同之处在哪里?”爱因斯坦回答到,爬行在球面上的甲虫,在他们眼中不管怎么看这个世界都是平面的,这就是普通人的思维;和他们不同,他的思维方式更像飞行中的小蜜蜂,在他的眼中世界是立体的、空间的。

没有发散性思维的人在有了一个想法之后就不会进行更多的思考，得到一个结果就不再考虑其他的可能性，久而久之就养成了非常懒惰的思维方式。对我们来说，培养发散性思维是一个过程，就要先掌握发散性思维的三种特性。

第一，发散性思维具有流畅性的特点，流畅性的存在能让你在短时间内获得大量的思路。

流畅性的思维更像是高山流水，总是能产生许多富有创造力的想法。心理学家克劳福德建议用属性列举法来训练思维的流畅性。下面几种训练方式可以供大家参考：

(1)在形容一个名词的时候，用尽可能多的定语。

(2)给一个故事设定多种多样的不同结局。

(3)针对同一个故事拟定尽可能多的标题。

(4)尽可能多的用给出的字组词并造句。

第二，灵活的变通性也是发散性思维的特点之一，发散性思维能带着你在思维的天空自由飞翔。

变通性就是要重新审视你现有的信息，学会换个角度看问题，找寻同等的替代物，这些同质的替代物可能是类别截然不同的事物。选择变通的事物越多越快，说明你跨域转化的能力也就越强。如果当我们讨论砖头的用途时，你可以和多数人回答的一样，说砖头能砌墙建房，其实，这个回答的共性都是考虑到了砖头的建筑作用。经过思维变通以后你回答砖头可以被做成磨刀石，这时你就跳出了建筑类的局限。

变通性的训练有利于触类旁通能力的培养。下面的方式是常用的几种训练方法：

(1)根据给定的词语，说出它能描述哪些东西。

(2)对一系列词语进行不同形式的分类组合。蝴蝶、轮船、燕子、鲸鱼、风筝等等，就可以按照多种组合进行不同的分类，例如会飞的、会游水的、活的等。

第三，发散性思维还是具有独特性的思维方式，运用发散性思维你能有很多不同寻常的想法和判断。

所谓独特性，就是说是别人想不到的、唯一的、非凡的思维方式。既然是独一无二，那么它的结果往往也是非常独特的。只有以流畅性和变通性为基础，才能保证思维的独特性，如果说流畅和变通是实现发散思维的具体途径，这些途径最终的实现结果就是独特性。当你产生了许多方案的时候，你才有可能从中找出更有创造力的思维方式。

此外，新的与众不同的观点也是发散性思维的必须要求。发散性思维必须要突破现成、固定答案的瓶颈，如果你敢大胆质疑墨守成规的答案，那么下一个更好的答案可能就是由你最先发掘出来的。华罗庚先生在中学的时候就曾对权威的数学理论表示质疑，并且用自己的演算证明教授在推导公式时出现了错误。

要创新就离不开发散性的思维方式，进而衍生出更多的具体方式。一些研究者提出可以用因果发散法、关系发散法、组合发散法、辐射发散法、头脑风暴法和特性发散法等方法进行发散性思考。以上这些方法对我们解决生活中的问题都是很有帮助的，借助这些方式我们会发现生活中的很多便捷。

点金术：发散性思考存在的价值就是追求多样化的结果。思路越是开阔，那么你也就越容易想出解决问题的办法。因为我们有选择的余地，能找出最适合的解决办法。

特性发散法

特性发散的思维方法最早是由我国学者杜永平在《创新思维与创作技法》中提出的，他给出的定义就是带着发散性思维,去发现事物的特性,从特性发散来看,事物的现象、形态、性质对我们认识问题都是有益的,能找出更多的途径。

当年,西部淘金热掀起了一阵飓风,而李维斯也在众多的人群之中。但是在他们组成浩浩荡荡的队伍去西部淘金的路上,出现了一条宽广的河流,这条河挡住了人们的去路,有些人就迟疑了,想打退堂鼓要回去了。但是李维斯鼓励自己:"这件事情既然发生了,就有可能对我有帮助。这条大河无疑是在给我制造发财的机会!"他所说的发财机会就是做摆渡生意,将淘金人群送到对岸去。很快,在淘金之前他做摆渡生意就赚了一笔钱。

渐渐地摆渡的人多了起来,生意也没那么好做了,他果断放弃了摆渡事业继续向西去淘金。到西部后,发现这里气候干燥、水源稀缺,可谓是滴水贵如油,大家怨声载道的:"如果现在有水,花多少金币我都愿意,我也会毫不吝啬的用它去买一壶水。"李维斯还是用同样的话鼓励自己:"每件事情的发生都有其意义。只要用得好,就能成为我的发财契机!"从人们的抱怨声中他看到了新的商机——卖水。慢慢的,身边聚集了越来越多的像他这样的卖水者,坚持卖水肯定是死路一条。

这时,他注意到淘金者由于长期的劳作,他们的衣服都被磨破了,但是在周围却有很多废弃的帐篷。李维斯再一次的自我暗示:"每件事的存在都是有意义的。废弃的帐篷也能带给我发财的机会!"因为他又想到将这些废帐篷做成衣服不是一件很好的事情么。于是世界上第一条牛仔裤就诞生了! 后来,"牛仔大王"李维斯就享誉全世界了。

李维斯能取得这么大的成功,特性思维方法帮了他很大的忙。宽阔的河面成为淘金者的障碍,但是有头脑的人从中看到了摆渡带来的商机;骄阳的炙烤让所有人饥渴难耐,但同时也给卖水者提供了商机;辛苦淘金的人们拿着钱却无处买衣服,为什么不去制造结实耐穿的衣服呢? 掌握了特性发散思考方式的人,就能在寻常的现象面前看到背后隐藏着的机会,再将这些隐藏的机会变成自己的商机。

我们面对随时都会出现的各类问题,要用联系的观点考虑对象的特性和哪些因素之间存在关系,进而才能找到更好的途径去解决问题。特性发散思考法让我们多视角地看问题,从而挖掘出更多的特性。下面的事例也是对特性发散思维的巧妙运用。

二战结束后,为了解决世界事务,战胜国讨论成立一个专门的机构——联合国。首要的问题就是没有土地建立总部大楼,必须先购买地皮才能建楼,但是那个时候联合国刚刚成立,想要筹集大笔资金无疑是非常困难的。当这件事情传到洛克菲勒耳朵里的时候,他毅然拿出870万美元将这块地买了下来,并且不计任何报酬的将其赠予联合国。有人高度赞扬洛克菲勒的高风亮节,但是更多的人表示并不能理解这一行为。事实上,洛克菲勒心中有其他的想法。

后来联合国在国际事务中发挥着日益重要的作用,附近的地价随之水涨船高。洛克菲勒的高明之处还在于他当时购买地皮赠予联合国的时候,把周围许多相连的地皮也一并购买了下来。虽然当时花了870万美元,但是他后来的收益却不知有多少。

投资就有风险,而洛克菲勒还是坚定地投资,就在于他已经看到了更长远的利益。看起来只是联合国需要一块地皮建总部大楼,但这件事情并不是一个单一孤立的事件,肯定还会由此引发一连串的关联事件。特性发散思考法就有利于我们看到潜藏在表面背后的机遇。所以,我们要用联系的观点看待某个事件与周围其他事情之间的关系,让自己多思考:

它的价值在哪里? 在哪里有它的用武之地、能实现它的使用价值呢? 或者,李维斯那种自我的积极暗示也为我们树立了榜样:"这件事情的发生肯定有它的意义。对我来说眼前出现的每一件事情都可能是千载难逢的机会!"

我们总是以为许多事情和自己是八竿子打不着的。多年来很多人形成了对和自己没有关系的事情就不闻不问的习惯，长期采用那种思维方式我们就会把自己局限在狭小的空间里，最后把自己紧紧地束缚起来。使用特性发散思考的方法，有利于我们打破这种“事不关己高高挂起”的思维方式，看似和我们没有什么关联的事务其实能找到存在的价值。特性发散思维的方式是可以训练的，下面的训练可在平时经常进行练习，比如：

什么时候需要用温度计测量温度呢？测体温、天气预报需要精确的气温预测、蔬菜种植需要合适的温度、养殖户们需要合适的温度以保证动物的生存、服装厂要根据气温的变化及时做出调整，决定衣服的厚薄程度……

熟练掌握特性发散法，能让身边很多不起眼的东西都为自己服务。比如，回收旧的报纸可以再利用，没用的硬纸盒子可以做成大小不一包装礼盒，喝完饮料之后瓶子可以改造成花瓶……

点金术：我们面对随时都会出现的各类问题，要用联系的观点考虑对象的特性和哪些因素之间存在关系，进而才能找到更好的途径去解决问题。特性发散思考法让我们多视角地看问题，从而挖掘出更多的特性。

头脑风暴法

头脑风暴法最早是由美国人亚力克·奥斯本提出来的，这是集合集体的智慧和力量进行思维的碰撞，从而掀起头脑的风暴，提出创造性想法的思维方式。他对头脑风暴的意义这样描述到：“让头脑卷起风暴，开发智力并不断地激励自己进行创造。”

美国北部地区的寒冬常常是暴风雪不断，记得一年冬天大雪如期而至，很多高压电线都被厚厚的积雪压断，一度造成电力、通讯中断。电讯公司也尝试了许多办法但还是没能缓解这种情况。后来，电力公司汇集了各个部门的技术人员开始进行头脑风暴。

会议上，经过思维碰撞产生了很多奇妙的想法：电线清雪机、用温度较高的电线融化积雪、或者想办法使电线震动起来以便将积雪抖动下去。这些独特的想法当然是很有创造性的，但是这些方法必须经过相当长时间的研究考证才可以，不能马上投入使用、也不能起到立竿见影的作用。除了上面的想法，甚至还有人提出直接用扫帚扫雪，只不过是坐在直升机上，听起来几乎没有可操作性，但是有一个工程师在此基础上做了进一步的思考，可以用螺旋桨代替扫帚，一个是用扫把扫，一个是用螺旋桨的转动来清雪，于是他就将这个想法整理出来。其他的工程师又在此基础上进行了更深入的思考，头脑风暴之后七八条飞机除雪的方案诞生了。

会后，科研技术人员又分别考证了这几条除雪方案，最终达成共识——用直升机除雪简单有效。在现场的检验中，这种办法得到了实践，其结果非常奏效。就这样，用头脑风暴的办法，集中大家的智慧，解决了以往每年都会出现的大雪压断电线的问题。

俗话说：“众人拾柴火焰高。”有个复杂的问题摆在眼前，这个时候需要集体的智慧和力量，把问题提出来大家一起进行思考讨论、碰撞交流，对一个人考虑不周的地方也可以相互补充协调，这样有利于产生创造性的想法。但是，不合适的会议模式就不能让人畅所欲言。为此奥斯本还专门对适合头脑风暴的会议模式进行了专门的研究，有利于企业进行发明创造和提出合理化建议。他的头脑风暴法，马上在全美掀起一股热潮，受到人们的广泛认可，并且流传至日本也得到了广泛应用。

头脑风暴的核心价值就是能够集思广益，为了最大限度的发挥头脑风暴所起的作用，他们还共同制定了四个严格的参照原则。

第一，自由设想。每一个参加头脑风暴的人都要敢于打破常规、拓宽自己的思路，能够畅所欲言的表达自己的想法。在这里没有任何人会批判你提出的观点，因此每一个参会者要敢说、要能说，根本不存在说谁的观点是正确的、谁的是滑稽的。

常规的会议里，我们提出一个想法之前肯定会经过深思熟虑，因为我们提出观点的目的是希望自己的观点得到别人的认可，因此对于自己尚未成熟的想法就不会提出来，殊不知在这个过程中原本杰出的想法已经被你扼杀在无形中了。在头脑风暴中我们可以任意发挥、所有看似离经叛道的想法都可以提出，任何参与者都可以毫无顾忌的随意表达，拯救那些即将被你扼杀的方案。

第二，延迟评判。也就是说头脑风暴的时候，对别人提出的观点不要马上进行褒贬评价，否则就破坏了畅所欲言的环境、打击了发言者的积极性。至于如何评判那都是会后再进行的工作。

在平常的会议中，我们对别人的提议总是非常挑剔的，总是能发现这样那样的问题，但正是这样的批判就秒杀了很多优秀的设想。以电讯公司进行头脑风暴为例，有人提出了乘坐直升机去扫雪，如果当时就有人表示这是无稽之谈，恐怕就没有飞机除雪的提案生成了。

第三，追求数量。头脑风暴的设想当然是提出的越多越好，设想越多产生优秀提案的可能性就越大。

日本松下公司为了改善公司的经营管理体制、对企业的管理模式提出新的建议和构想，也组织员工进行了头脑风暴，仅一年的时间就有十七万个设想被提出来。然后公司经过筛选、讨论和实践应用从中选出了最合适的应用方案，从而大大提高了公司的生产经营水平。

第四，引申综合。当听到别人的想法之后，与会者可以在此基础上进一步思考，可以将两个甚至更多的设想综合在一起，形成新的提案。

合作带来的成效远大于个体力量之和，萧伯纳是英国的大戏剧家，他有句名言说："你有你的思想，我也有我的观点，我们的思想经过不断地交流和碰撞之后，那么我们就拥有彼此的思想了。"头脑风暴并不是各种不同思想的简单排列，它还是一个思维碰撞激荡的过程，经过碰撞会产生新的思想。创新就是在交流、发展的基础上完成的。

头脑风暴取得的成效可谓是立竿见影，因此在世界范围内都得到了广泛的应用，还形成了具有国家和地区特色的头脑风暴模式，这样有利于满足不同团体对头脑风暴的要求。下面以美国、德国、日本的三种模式为例做详细介绍。

(1)美国的逆向头脑风暴法：这种创新方式来自于美国热点公司，显著特点就是重视批判、鼓励批判，从而在反复的批判中不断发展完善。这种模式的形成源自于美国人开放自由的性格特点。但是还有一个问题值得注意，就是避免因为批判过多导致大家不愿意畅所欲言。

(2)德国的默写式头脑风暴法：这种方式源自于德国人惯于沉思和书面表达的特点。它的具体形式就是每次会议安排六个人参加，与会者被要求在五分钟内提出三个设想，可以用数字概括为"635"。当会议主持人将议题告知大家以后，每个人会得到一张写有三个编码的卡片，每个编码之间还存在着一定的距离，保持一定的距离是便于其他人进行补充。五分钟之后，第一个人需要填好卡片上的三个设想，前一个人填完之后将卡片传给下一个人。又过了五分钟，以上一个人写的设想为基础，经过思考再写出三条设想。按照这样经过半个小时的传递以后，针对同一个问题的108个设想就产生了。

(3)日本的NBS头脑风暴法：这种发展模式的发起者是日本广播公司，它最大的特点就是事务性较强。步骤就是开会前主持人会将讨论的议题提前告知大家，随后就将一些卡片发至与会者手上，每个人需要写出至少五条的设想，但是每张卡片只允许写下一个设想。正式开会的时候，每个人都向大家展示自己提出的设想。如果哪一条设想刺激与会者想出新的提议，就马上在备用卡片上记下自己的新设想。所有的设想都展示完全以后，主持人会按照内容将收集来的卡片进行分类，再开会进行讨论、研究,选出最为合适的方案。

企业和设计性团体中最常用的办法之一就是头脑风暴法。此外,生活中也可以使用头脑风暴的方法,例如学校老师组织学生进行头脑风暴,讨论的议题可以是如何才能保持高效的学习,在平时如何才能保持高效率的学习等问题。还可以召集全家成员进行头脑风暴,可以讨论国庆小长假去哪里旅行的问题,如何搭配才是健康营养的晚餐等。并且,发散性思考的能力可以在平时的刻意训练中得到锻炼。

点金术:俗话说:“众人拾柴火焰高。”在事情的过程中有个复杂的问题摆在眼前,这个时候需要集体的智慧和力量,把问题提出来大家一起进行思考讨论、碰撞交流,对一个人考虑不周的地方也可以相互补充协调,这样有利于产生创造性的想法。

关系发散法

甲乙二人因为一件事情吵得不可开交,无奈之下他们去请一位有名望的高僧来评判。首先甲将自己的理由向老和尚陈述清楚,老和尚听后说:“你讲得很有道理。”接着,乙表达了自己的和甲截然不同的观点,谁知老和尚听过之后又说:“刚才你的陈述也是很有道理的。”他身边的小和尚大惑不解了:“师父,你怎么能说两人的话都有道理呢,这不是瞎搅和吗?甲和乙观点完全相反,肯定有一个对一个错。”老和尚说:“你说的也很有道理。”

可能你也认为老和尚的话本身就是前后矛盾的,但是正确与错误本来就是相对的。生活中很多问题的答案都不是唯一的。站在甲的立场来看,他的话很有道理;但是如果你能站在乙的角度上来看,乙也没错;作为旁观者的小和尚来看,他所说的那些话也不无道理呀。

这个社会本身就是复杂的、多面的,我们的行为处世都是有两面性的,正确与错误本来就是相互交织的,是非对错本身就是错综复杂的网络线。当我们在分析问题的时候,应该学会全面思考、避免片面单一的解释,否则会陷入片面、单一、钻牛角尖的死胡同去。

如果人类想在世界上长久的生存发展,就离不开关系发散法,也就是要立足整体、宏观把握,寻找切入点,这样才能得出较为客观全面的科学结论。我们常说那些善于处事的人非常圆滑,是八面玲珑的,这也是对关系发散的很好诠释。

关系发散还有一个含义就是站在不同的角度重新审视事物之间的关联。事物之间固有的关系已经被我们看作是理所当然的,并且认为这就是亘古不变、永久性的,因此我们从未想过它们能有什么变化。但实际情况是如果你留心,你会发现事物之间的关系远不止一种。

在生活中,这一层面的关系发散也是必不可少的。事物处在运动变化发展之中,并且矛盾双方随时都会发生变化。塞翁失马的故事大家都很熟悉,故事中的塞翁无缘无故地失去了一匹马,除了眼前看到的经济损失之外,其实也有意想不到的好处,即便那个好处没有马上出现在你的面前,但如果你运用关系分散法,那么其中的好处就不言自明了。

此外,在解答数学题的时候也离不开关系发散法。

某校的小学生正在进行思维培训练习,一年级的数学老师向思维培训师来取经。培训师没有多说什么,只是在黑板上写了一道计算题:

2 + 3 = ?

然后,他说:“这就是一年级的算术题,我们都认为这道题的答案肯定是唯一确定的,对与错也是非常明确的。但是慢慢地孩子们会认为所有问题的答案就是唯一的,久而久之就形成了扁平化的思维，就不会想到去进行多元化的探索。虽然数学题很大程度上是一题一解，但是如果运用关系发散思维，你会发现情况大不一样。”接着，他又拿起粉笔重写了另外一道题：

5 = ? + ?

当时在听课的数学老师顿时恍然大悟，换一种提法答案马上就是发散的、多元的，而第一题计算过程中的思维绝对是封闭的。

思维培训师只是进行了简单的调换，化未知为已知，原先未知的答案在这里变成了已知的条件，从求和变成了分解。这就是关系发散的处理方式。我们熟知的曹冲称象的故事就是关系发散法的应用。

> 三国时，曹操收到了东吴孙权赠的一头大象。曹操很兴奋，就想知道这头大象的重量。身边的谋士们纷纷地想办法，有的说造一个巨大的秤去称象，甚至还有人说把大象切成块再来称。但是曹操都不满意，这时曹冲说他有简单可行的办法。他沉着冷静地带着众位谋士一起走到河边，命令首先准备一艘大船，然后将大象牵上船去，由于大象的重量，船身开始下沉，待下沉平稳之后在吃水线的位置做好标记。然后，再命人将大象牵下船带回到岸上去，下一步就是往船上装石头，石头的压力也使船身开始下沉。当船身负重下沉到那条标记线的时候，就不再装石头了。这时大家才恍然大悟，只要称船上的石头就知道大象的重量了。

曹冲的巧妙之处就是将大象和石头有机联系起来，把一个整体的大象分解成与之等量的石头，看似不可解的问题就迎刃而解了。

> 一个莽撞的路人打翻了卖馓子的小车，顿时地上就洒落了一地的碎馓子。路人表示赔偿他50个馓子的价钱，但是卖馓子坚决不依，说自己的馓子有300个，二人争执了老半天也没达成共识。这时，孙宝恰好经过，看到这种情况，他让手下将掉在地上的碎馓子都收拾起来，接着只要称一下单个馓子的重量，用总量除以单个的量得到的就是数量了。这个办法让二人都非常敬佩并且无话可说，路人也心服口服的照价赔偿相关的馓子。

这也是关系分散法在生活中的典型应用，孙宝的立足点就是总量与个量之间的关系。馓子碎了以后形态发生了变化，但是他和完整的馓子相比重量没变，而小贩的每个馓子重量都不会相差很多，再经过一定的数学运算，就得出了馓子的数量。

点金术：如果人类想在世界上长久的生存发展，就离不开关系发散法，也就是要立足整体、宏观把握，寻找切入点，这样才能得出较为客观全面的科学结论。我们常说那些善于处事的人非常圆滑，是八面玲珑的，这也是对关系发散的很好诠释。

因果发散法

我们都知道因果联系具有普遍存在性：大暴雨导致河流水位上涨；“少壮不努力”导致“老大徒伤悲”；持续的高温天气导致庄稼被旱死；一个人因为平时乐于助人所以他的人缘很好……

上面的例子具有较为明显的因果关系。但是在更多的情况下，因果关系并不是清晰对应的。一因多果、一果多因也很常见，例如大暴雨带来的结果只有水位上涨么？除此之外还会不会有其他的结果呢？河流的水位上涨只能是大暴雨导致的么？除了下雨之外没有别的原因导致河流水位上涨吗？

因果发散法的实质就是以某个原因或结果为中心，然后从这一点出发进行发散性思考，尽可能多的找出导致这一结果的原因或是这一原因可能会引发的结果。在日常生活中,我们也经常用到由果索因的发散思考方式去解决问题,找到了问题纠结的核心之所在,就能将错综复杂的问题理清理顺。比如,公安部门在侦破案件的时候,总是紧紧抓住案件的结果这一中心,由果及因推断可能导致案发的原因,再综合作案动机、时间等进行一一筛选排除,那么最后的答案自然会彰显出来。

不妨先看看下面这个笑话轻松一下。

有一次,福尔摩斯和好朋友华生一起去野外露营,晚上二人搭帐篷休息,两人在不知不觉中很快就进入了梦乡。半夜,正在酣睡的华生被福尔摩斯叫醒,被问道:“看着夜空中闪烁的星星,然后把你的想法和推论告诉我就行。”华生思考了一下:“宇宙中的大小行星可以说是不计其数的,它们也有自己的运行轨道,可能也存在着像地球这样的行星,上面也有水,而那些星球上也很可能存在着生命。”

听了华生的一番推理,福尔摩斯对他说:“但是这时候我不得不告诉你的是,我们的帐篷不见了。”

二人在同一时间同一地点看着同样的星星,华生和福尔摩斯的推论却有着巨大的差异。如果是由果索因进行推理,福尔摩斯立足实际的推理是可取的,重点关注那些和生活息息相关的事情。

中医看病讲究望闻问切,其实就是为了找出病因,这样才能对症下药确定治疗方案,才能直接有效地治疗,才能药到病除。导致某种病症的原因往往是多方面的,就拿一个发烧的病人来说,可能是病毒性感冒引起发热,抑或是由于结核病导致身体发热,或者是经过大的手术之后身体组织的一些变化引起。医生在开方抓药之前总是和病人先交流,其实就是在逐个排除那些可能的病因,找出核心的原因,才能开出最直接有效的药方。

面对生活中出现的各种复杂问题,由果索因的推理方法是非常有效的。我们可以用该法来总结失败教训,例如在一次考试中成绩并不理想,我们不妨用因果发散法去分析考不好的原因是什么:是自己对此前所学知识的记忆不牢固,还是对这一类型的题没有掌握,或者是考试的时候注意力不集中麻痹大意,还是因为过于紧张而影响发挥……然后,再立足实际将那些不契合现实的原因排除,你就能找到最核心的原因。如果下次考试能避免这类问题再次发生,那么考试的结果可能大不一样。

以上是由果索因的发散思维方式,而由因到果的思考方式也是非常重要的。在这种思考方式下我们能推断事物可能的发展方向,在很大程度上可以减少盲目行事。例如公司在考虑是否要采用某一个提案,就需要考虑一旦采用了将会带来怎样的影响,除了带来的收益,由此可能带来的不利后果也不能忽视,另外也不能只想着自己,还应该想一想对自己的竞争者会有怎样的影响。经过对可能出现的结果的发散思考,我们才有可能做出更加全面的推理和预测,减少行事的盲目性,提前做好防范措施。

当我们获得了一些独具匠心的设计提案时,我们要考虑这些方案在具体实施的过程中可取么?一旦实行了会有什么影响?此时由因及果的发散思考法就能帮助我们进行初步的预测。当我们要做出人生中非常重大的决定时,必须要考虑到这个决定会给自己带来什么,综合利弊分析以后再做选择。

这种思考方式非常必要,当你正在纠结要不要做某件事情的时候,你不妨由因到果的思考,把可能出现的情况进行全面的预测分析。比如:

一个典型的浙江小女生爱上了一个东北小伙。在女孩的生日会上,男孩决定向女孩求婚,想一辈子和她在一起。这完全出乎女孩的意料,她说:“我需要好好地想一想然后才能答复你。”她回家后拿出日记本，将一页纸分成左右两部分，分别写下了“不嫁”和“嫁”。对应“不嫁”的那一部分，她写道：

(1)他没有稳定的工作，因此他每月的经济收入并不高。

(2)我和他的生活环境一南一北，差异很多，长期和他生活在一起可能会有很多的小矛盾和麻烦。

(3)他学历不高，没有接受过高等教育。

(4)他只是一个地地道道来自农村的人。

(5)他父亲很早去世了，家里还有体弱的母亲和年幼的妹妹，如果选择和他结婚家里的负担会非常重。

但是在“嫁”的那一部分，她只是认认真真一笔一画地写了一个“爱”字。

经过思考，“不嫁”那边的所有理由都被她排出了，只剩下右边的那个“爱”字，此时的她心中已经有了明确的答案。

当进行发散思维训练时，我们首先可以设置一个具体的情景，接着尽可能多的推断出将会出现的结果。在由因到果的分析推理时，常常还会产生许多创造性的想法。比如：

“过街的老鼠人人喊打”，如果没有了老鼠，世界会变成什么样呢？

首先就是在现有物种的数量上减少；没有了这种害虫，每年能省下很多的粮食；当然我们也因此可以永远避免鼠疫的发生；童话故事中与老鼠相关的故事也不复存在了；以老鼠为食物的猫和猫头鹰也会因捕捉不到老鼠而饿死，最后灭绝；大自然的食物链和生态平衡会因此被破坏，这是牵一发而动全身的连锁反应……

如果人类不再需要睡眠又会成什么样呢？

生活中24小时营业的场所会剧增；人们可能就不再需要床和安眠药；人们应该能有时间获得更多的知识；因为昼夜都劳动，能节约很多劳动力；但是因此消耗的资源、能源会翻倍；寂寞空虚将会是人的常态；恐怕犯罪分子也会越来越多；人类还将诞生更多的可供娱乐的场所和游戏设施；在单位的工作时间也会无限制的延长……

点金术：在日常生活中，我们也经常用到由果索因的发散思考方式去解决问题，找到了问题纠结的核心之所在，就能将错综复杂的问题理清理顺。

辐射发散法

辐射发散的时候一定有一个核心才谈得上辐射，从中心向四周散射，从而进一步找出中心点与外界事物的关联，从而找寻创造性的思维方式。最早提出这种思维方式的是美国心理学家吉尔福特，他要求人们在考虑问题的时候要拓宽思考的方向，站在不同的角度分析问题、解决问题。

顾名思义，辐射发散法最形象的解释就是自行车的辐条。

辐射发散法有利于产生新的科学技术领域，并且在此基础上将其拓展到更广阔的应用领域。比如，就以“电”为中心向周围进行辐射发散，可以想到电灯、电扇、电视、电脑、电磁炉、电动机、电饭锅、电热毯等等。同样，一项新的技术也可以作为辐射的中心，向那些传统的技术和设备辐射，寻找他们之间存在的联系，还有可能研发出更新的技术来。

运用辐射发散法思考，第一步要做的就是要找到中心点，这个中心点是我们要讨论研究的核心问题，有了核心再向四面八方辐射，寻找尽可能多的解决问题的方案。我们在考虑问题的时候不能局限于以往的点线面这样的平面空间，要学会多角度、立体的、空间的思考问题，在纵深的空间里去思考，敢于打破常规，提出新的思想和方法。当然除了空间的纵深拓展，时间轴上也可以延伸至未来，除了聚焦于眼下当前，还要学会回首历史、放眼未来。

例如我们需要对一些过时的旧事物进行升级换代，就可以将其确定为发散辐射的中心，然后呈放射状的散至周围，将那些看上去没什么关联的事务与之联系起来。这同样也是辐射发散思考法。在这种方式下很多的结果可能都没有使用的价值，甚至还会是听起来荒谬的、匪夷所思的无稽之谈，但它最大的好处就是打开我们的思路，不墨守成规，还可能会生成出让我们意想不到的创新方案。

事实上，两种事物之间的关联程度和能创造出的事物的新颖程度往往成反比关系，越是八竿子打不着的事物，二者结合创造出的事物新颖程度就越高。1942 年，瑞士天文物理学家卜茨维基提出的形态分析法就是以此为理论基础的，实际上这也是另一种形式的辐射发散法。在具体操作中，将研究对象划分成若干独立的个体，并从这些独立的因素入手进行辐射发散思考，寻找每一个个体需要的材料及方法，最后再将个体汇总，而原本的材料方法也进行新的排列组合，从而最终找到最合适的解决方案。比如，广告是现在最常用的宣传方式，在选择其具体形式的时候我们要考虑：吸引人的、形象宣传、可信的、对消费者而言买了这个产品能有什么利益，有了这些相对独立的个体分类，我们再寻找如何满足这些要求的具体因素。

吸引人的：显眼的位置、在日常的生活中出现频率较高的……

形象宣传：好看的、具备非常可靠的质量保证和售后服务、迷人的、完美的……

可信的：诚实的、权威的、官方的、获得国际上何种权威认证机构肯定的……

考虑到能给消费者带来某些好处的：折扣、回报、承诺、实惠……

由以上这些，我们不妨设想某个大型商城正在搞店庆活动，可以在人群集中的地方张贴大的宣传喷绘，还能因此而树立良好的企业形象；活动现场可以随机邀请来往路人参加，提高人们参与的热情；消费者还能从中获得较多的收益。

辐射只是一种形式，寻找多元化的备选结果才是目的，因此当我们考虑问题的思路越是开阔，也就越能提出创造性的方案。通过辐射发散思考，我们就会产生很多可供选择的备选方案，这其中就是有好有坏、参差不齐，有操作性强的，当然也不排除实践过程中难以操作的。我们还有一个非常重要的工作就是经过研究、讨论、分析选出最合适的方案来，辐射发散结束以后并没有完成工作，对这么多的方案进行筛选也是不可忽视的一个阶段。

这是一种能够集思广益的思考问题方式，尤其在各类创意征集活动中非常实用。2008 年奥运吉祥物“福娃”的诞生，就是前期通过辐射发散法得来的。

2004 年 8 月 5 日，北京奥运会组委会宣布面向全世界征集奥运吉祥物，3 个月的时间里已经征集了上万件的参赛作品。经过筛选共有 662 件作品有效，来自中国内地的参赛作品有 611 件之多，占总数的 92.3%，港澳台作品 12 件，占总数的 1.8%，还有 39 件来自世界其他国家的参赛作品，在有效作品总数中所占的比例为 5.9%。

面对征集来的有效的参选作品，下面的工作就是组织文艺领域的众多专家学者对这些作品进行评选，第一轮下来选出了 56 个作品进入下一轮筛选，接着由 10 位中外专家组成推荐评选委员会做出进一步的筛选，最后才确定在大熊猫、老虎、龙、孙悟空、拨浪鼓和阿福中选出作为可供修改的吉祥物。有了前期的这些征集、评选工作为基础之后，由著名的艺术家韩美林最终完成了吉祥物的修改设计工作。

如果以个体的形式进行辐射发散思考，应该对自己考虑问题的大方向做出一定的分类，然后再进行辐射拓展，这就避免了辐射的散漫性、无系统性，可以避免重复。相反，本来是有很多的想法的，但由于发散思考本身会缺少逻辑性和系统性，往往很重要的方案会被我们遗漏。

还是以前面的问题为例，砖头的用途有哪些。面对这个问题你能想到的答案有多少呢？一般人都不难想到盖房子、砌围墙、建桥梁、铺路、做棋子、当磨刀石、当画笔……假如在进行辐射发散之前你先分出几个大的类别，然后从不同的类别出发进行辐射发散，你得到的答案就会更加的全面齐整。首先我们进行分类：建筑类、游戏类、生活类、艺术类、科学类等几个大的方向，最后还有一些答案是无法归类定位的，则归入“其他类”。

建筑类：盖房子、砌围墙、建桥梁、或者是用于城市道路的建设、垒灶台、垒烟囱……

游戏类：当棋子、当球门、当道具、经过加工做成积木开发孩子智力、做丢砖游戏的材料、做气功表演的材料、当多米诺骨牌……

生活类：当磨刀石、当板凳、当枕头、当秤砣、当垫脚石、堵烟囱、堵鼠洞、当锤子……

艺术类：当画笔、当绘画颜料、当雕塑原料、当乐器、还可以制成精巧细致的首饰配件……

科学类：航天研究材料、做成材料用于化学实验和科学研究、测量压力和重力、做模具、做机器零件……

其他类：卖钱、自卫武器、爱情见证物、砖头还可以成为某种特殊的标记……

得到的结果非常明确，这样的分类方法会使分析问题更加的全面。以此类推，我们用同样的办法思考酒瓶有哪些用途？首先给自己分出几个大的类别，即思考方向，然后沿着几个类别进行辐射发散思考。

点金术：辐射发散法有利于产生新的科学技术领域，并且在此基础上将其拓展到更广阔的应用领域。

组合发散法

我们小的时候应该都玩过拼图游戏，把一张完整的图案切割成若干的小块，顺序全部打乱以后重新将这些小块组合，然后变成原来那一张完整的图案。其实我们大脑思考问题的那个过程，也就是相关因素进行排列重组的一个过程，综合考虑的时候我们可以做出一定的发明和创造，而分析的考虑我们就能立足整体、全面的思考问题。

组合发散法，从字面来看就是组合不同种类的事物，然后得出一个全新的事物来。而发散的方向也是向周围全方位的，正反横竖、多维空间的思考都是我们可以拓展的方向。

组合发散法在发散性思考中也很常用，我们说的发散，但并不是毫无原则的漫天撒网。就像去拼一张打乱顺序的图，如果不考虑它们彼此之间的关系，那么组成这张完整的拼图也就无从说起了。每一个事物都不是孤立的，它们肯定存在于一个与之相关的系统之中，在一定的逻辑关系之下才能组成一张完整的“图”。所以组合发散不能忽视事物之间内在的逻辑关系，要按照一定的逻辑关系有选择性的进行发散。

组合并不是简单随意地将几个事物并列在一起，而必须要遵循事物之间的逻辑关系，在这种关系之下进行有机联系，在这里还是以常见的拼图游戏为例，被切割成的小块之间必定存在着某种关系才能进行组合。而这种关联需要我们经过仔细地观察分析才能得出来，进而总结出规律性、结论性的东西，这样才有可能做出综合全面的分析。

组合发散法的意义主要有以下两个大的方面，首先组合之后能创造出新的事物，其次组合有利于加深我们对事物的理解。

这种思考问题的方法在很多发明创造中都有广泛的应用,许多新事物就是很多旧事物的重新组合排列。

> 现在随便走进一家文具店,里面各种各样的铅笔琳琅满目,人们可以随意挑选合适的用于书写。殊不知在很久很久之前,人们写字用的工具就是石墨。不仅笨重而且易断,通常情况下写字的人手都会被石墨染黑。后来,德国有位木匠巧妙的构建了石墨与木条的组合,这就是现代见到的铅笔最早的雏形。1662 年,弗雷德里克·施泰德勒以这个原理为基础成立了第一家铅笔厂,他设计了一个带槽的木条将石墨放在里面,再将加工过的木条固定在石墨的外面,然后做成圆柱形或者八棱柱形的笔杆。
>
> 1858 年,美国费城有一位名叫海曼·利普曼的画家在前人的基础上,进一步改进了铅笔——将铅笔和橡皮组合在一起,用金属片将二者牢固地联系在一起。这个只是在铅笔的上面固定了一小块橡皮,看似非常简单的一个不起眼的小创造,海曼·利普曼却很有商业意识,将此注册了专利,卖这个专利的时候他就净赚 55 万美元。

只要有了一定的原则,事物之间是可以进行组合的:将不同功能的事物组合在一起就产生了有更多功能的新事物,如将手机和音乐播放器组合起来就产生了各式各样的音乐手机;同样将不同性质的材料组合起来,也会产生全新的与众不同的材料,诺贝尔发明炸药时就是将易爆炸的液态硝化甘油转化成了其他的形态;另外颜色、声音、味道的不同组合形式也可以成为新的事物,在同一个瓶中按照一定的比例将不同的酒混合起来,由此鸡尾酒应运而生;即便是领域不同、性能不同的事物也可以组合,看似不沾边的台历和温度计可以同时出现。

面对错综复杂的问题,我们总是不可避免地会有些疏忽和遗漏的地方,方方面面都考虑周全也是不可能的。组合发散法的运用让我们将一个复杂的问题变成若干小问题,把这些小问题解读清楚然后进行组合,这样就能保证我们得出的结论更加客观、科学。

当有多方意见的时候这种分析方法是非常奏效的。因为固执己见或是偏袒某一方得出的结论都是不科学的,而运用组合发散的方法考虑问题,我们的评判才会不失偏颇、才会更加公正。

点金术:组合发散法的运用让我们将一个复杂的问题变成若干小问题,把这些小问题解读清楚然后进行组合,这样就能保证我们得出的结论更加客观、科学。

第三课

水平思考法

水平思考法

甲很穷，他从当地的富商乙那里借了一笔钱，如果甲不在期限内还清借来的钱，就必须在监狱度过他的后半生。富裕的乙看上了甲的女儿，但是这姑娘宁愿死都不愿意嫁给他。为此乙特地想了一个办法，他告诉姑娘："我在地上随便捡黑白两块小石头，分别装在左右两个口袋里。假如你能摸到白石头，你父亲借我的钱就不用归还了；如果你没有摸到白石头，那么你就嫁给我做妻子吧。"其实他早就想好了，背过身捡两块黑色的石子放进口袋就可以万无一失了。然而，不幸的是这个姑娘恰好看到他捡起的是两块黑石子。

试问，如果现在你是这个女孩，看到这种情况你会做出怎样的举动呢？请仔细思考，把你的答案记在纸上：

这个问题是水平思考法的创始人爱德华博士在解释水平思考法的意义时提出来的，常规的答案通常就是下面这三种：

(1)姑娘不同意他的提议——拒绝捡石子。

(2)当面拆穿乙，说他捡的两块石子都是黑色的。

(3)只有认命，随便去摸一颗石子决定自己的命运，然后被迫和乙结婚，违背自己的心意。

很显然，上面这几种选择都不是最好的办法。这个时候最好的选择就是用水平思考法，转移问题的焦点：把目光从口袋转移到地上，这个问题在这里就会有新的转机了。

这个女孩不再想着口袋里的石子了，而是看着地上的石子，她想到乙口袋里的石子本来就来自地上。于是，她假装思考了一会把手伸进衣服左边的口袋，准确地摸到石子，就在要拿出来的瞬间，神不知鬼不觉地就"一不小心"掉了。这时，她表示非常抱歉地对乙说："呀！你看我实在太大意了，不小心把石子弄掉在地上找不着了。不过没关系我们可以看看你右边口袋里的石子是什么颜色的，另外一个颜色就是我抓的这颗了。"

聪明的女孩巧妙运用了水平思考的方式，将原来注定失意的结果和情势大逆转，让狡猾的乙无话可说。

1969 年 9 月下旬,来自世界各地的广告学家在日本集会,因为世界广告大会将在这里举行。就在这次会议上,爱德华博士进行了水平思考法的发言,取得了巨大的反响。

《牛津英汉大词典》中有对“水平思考法”的解释,在词典中对它的含义是这样说的:“这是一种巧妙的解决问题的方式,而它常常又是超脱常规的思维、以非逻辑的形式出现。”看起来非常抽象,简而言之就是:“一个洞挖的再深也只有一个,而遍布四周的挖洞即使不深,但是数量很多。”说到底就是用不同的角度和路径看待身边的事物。

水平思考法要求我们敢于打破常规看问题的方式。爱德华·德·波诺博士认为:当你正在思考如何实现自己的目标的时候,必须打破传统观念的枷锁。如果我们始终不愿打破固有的思维模式,我们可能在无形之中已经忽略了很多的可能性。例如,人们都知道“人往高处走,水往低处流”,但是假如一直持有这种想法冥顽不灵,那就不会有从高处引水用于灌溉、发电等水利枢纽工程。

当我们运用水平思考的方式考虑问题的时候,我们是在一个平面上多角度的考虑事物的概念、特性及存在意义。同时运用可能想到的各种各样的方式,还有正反面的刺激和激励,促使自己改变固有的思维模式。比如,在考虑问题的时候进行创造性的停顿、设置每个部分的中心、进行多元的解读、概念扇、激发和移动、随意输入、地层、细丝技巧等等。在后面的文章中,我们将会进一步做出详细的说明。

在水平思考中,我们的目标就是提出各种各样不同的观点。这些观点没有正确与错误之分;不同的观点并不是随随便便推导而出的,它们都是相互独立的个体。运用水平思考法考虑问题时,即使同一个问题我们也要从不同的角度和侧面来思考,以研究对象为核心,和它相关的、甚至不相关的任何事物都可能成为我们解决问题的切入点。按照常规的思维方式,我们始终在追求唯一正确的答案,而水平思考法就和这个不一样,它总是力求对问题进行多元化的解读,寻找尽可能多的可能性。

水平思考法和发散思考法有一定的相似性,它们都致力于提出更多的可能性和机会,不同的是,水平思考法没有发散思考那么“散”,它有一定的逻辑限制是相对集中和收敛的,这种思考方式的价值在于改变传统的概念和感知,进而提出富有创造性的想法和概念。

点金术:当我们运用水平思考的方式考虑问题的时候,我们是在一个平面上多角度的考虑事物的概念、特性及存在意义。

运用概念扇

假如你现在接到了送信到对岸去的任务,那么,想到去对岸,你首先想到的肯定是渡河的交通工具——船。但是现在的问题就是如果没有船是不是就过不了河呢?那么还有其他的办法到达对岸完成任务么?

在这里船只不过是你到达对岸去的工具,我们将对岸设定为目标,有了这个目标我们就开始想能实现目标的可能的途径,最简单的例如自己游泳过去,或者直接在河的两岸架一座桥作为连接,还可以选择热气球来代替船,飘过去。

另外我们还可以这样思考:“我们去对岸的目的究竟是为了什么?”“目的性也很强,就是送信过去。”因此我们将送信设定为最终目标,然后再去寻找更多的到达对岸的方法。比如,直接绕过那条挡路的小河,还可以请射箭技术好的人将信直接射过对岸,抑或是直接通过邮局、信鸽等方式将信送到对岸去。

接着我们继续思考:“送信过去之后又是为了什么呢?”“要将信息告诉对岸的人们。”这时传递信息成为我们关注的重点,然后考虑更多的能将消息传递到对岸的方式,如现代化的电子邮件、传真、MSN 等。

针对以上的案例,我们进行了三种不同目标设定的分析,每一次对自己的设问都会带出一个新的概念,将这个概念解释清楚也就解决了我们遇到的问题,而这个问题就是我们要完成的阶段性目标。在此基础上我们进一步深入,由表及里、由外到内,直到引出问题的本源即本质所在,概念扇就形成了。

概念扇思考问题的模式可以归纳为完成型,对解决这样的问题是非常有帮助的。比如:

——我们通过哪些途径完成这个任务?

——解决这个问题有哪些可行的办法?

——为了实现这个目标具体应该怎样做?

概念扇包含目标、方向、概念和主意四个层次的内容,在上面的例子中“传递信息”是我们的终极目标,即概念扇四个层次内容中的目标层次。实现这个目标的前一层就是我们说的方向,以方向为固定点,寻找能实现固定点这一阶段目标的概念。方向和概念之间本身没有根本的区别,只不过方向比概念的范围稍宽一些,在上面的例子中,如果“到达对岸”是一个概念的话,“送一封信”就是一个方向。这个时候“传递消息”就是一个概念。在概念的基础上,进一步思考就是解决问题的方式方法了,就是我们这里说的“主意”。值得说明的是只有具体的、具有可行性的才可以成为主意。

我们可以用给人指路的过程来类比这个推导过程,告诉对方他想去的目的地的具体位置就是我们的终极目标,接着向对方讲清楚到达目的地的方向和具体路线,最后告诉对方哪条路线是最科学省时的便捷通道。

谈到概念扇的制作过程,确定目标是我们进行这项工作的第一步,然后推导出实现目标的可能的途径方法,即概念,再从这些概念出发进行思考以便得出创意,以利润增加为例进行具体的说明,我们的最终目标是实现利润的增加,为了实现这个目标,可能的途径有:

(1)降低成本。

(2)增加销量。

(3)走名牌路线。

从“降低成本”这个途径为出发点,我们可以引出以下概念:

(1)精简机构,裁剪人员最大限度地降低人力资源消耗。

(2)增加科技投入,提高科技在生产中的比例,走节约型发展道路,从而降低成本。

(3)合理融资,从而使投资的成本尽可能地降低。

如果从“增加销量”的途径来考虑问题,我们可以引出以下概念:

(1)不断引进投资,扩大企业的生产规模。

(2)运用多种手段开拓国内外市场。

(3)降低成本,从而在竞争中获得价格优势。

(4)研究合理的营销发展策略。

针对“走名牌路线”这个途径,以下三个概念也很容易被想到:

(1)发挥电视传媒的作用,广而告之。

(2)提升公司的公关能力。

(3)树立品牌意识,以质量取信于人。

这样,从以上三种实现目标的途径中我们得到了 10 个可供选择的概念。然后,每一个概念都可以成为我们的阶段性目标也就是固定点。比如,以“广告宣传”为固定点,我们还有一些具体可行的主意。

(1)在电视上做广告。

(2)在报纸上做广告。

(3)在杂志上做广告。

(4)在网络上做广告。

(5)做户外广告。

(6)做店面广告。

(7)做车贴广告。

同样从“公关能力”、“提升质量”等入手也有很多的途径和方法。经过这一思考过程概念扇的优势显而易见,不论哪一个途径下的概念都是显而易见的,有利于我们找到更多的备选方案。同样是“如何增加利润”这个问题,如果用发散思考法进行分析思考,也许很多潜在的方案就被我们遗漏了。

在制作概念扇的具体实践中,我们常常会不自觉地进行跳跃式的思维,例如脑海中突然灵光一闪,有了新的主意。

概念扇重在实践行动,而不是只顾着进行复杂的理论分析,我们能从中获得的是具体可行的实践方法。有一点必须要强调,在寻找方向和概念的过程中,很多问题可能会重复出现。如将“增加销量”作为方向,那么“走名牌路线”就是实现这个方向的一种途径。你可以将这个概念同时放在两个不同的位置上,只不过彼此的侧重点发生了变化,那么得到的主意自然也是不尽相同的。

在概念扇的框架中,我们可以找到多个固定点,而从这每一个点出发都能获得很多的备选方案。正常情况下我们提出某个方案就是因为看到了它潜在的价值,但是创造性思维模式可以打破这种顺序的局限,那就是先提出备选方案,然后从这些备选的方案中寻找它存在的价值。

一个新的概念摆在我们眼前,但是我们还没有明确的将其付诸实践的办法,我们不妨找到焦点,集中力量解决主要矛盾。

最后,面对多种多样的备选方案,肯定不能全部都用,因此评估也是不可或缺的一个部分。评估的实质就是做出思考和判断。下面几个点是我们必须要考虑的问题:

这种方案的可操作性如何,在工作中这种方法是否具有可行性?它的优势有哪些,如果采用了对人有什么积极的影响?是否有足够的软件及硬件条件保证这个方案的顺利实行?在当今社会的大环境下,这个方案是否契合规章制度、主流的文化氛围?

人类反映抽象的客观世界往往通过概念、判断、推理等形式实现。概念反应的是事物的特性,推理和判断必须以概念为基础。只要人在思考问题,那么就离不开概念,毫不夸张地说,概念始终在我们身边。只不过很多时候我们自己并没有意识到概念的存在,或者他们隐藏在事物的内部,发现概念并将其抽象出来以后,我们的头脑中才能看到并意识到清晰地概念的存在。

在前面的讲述中我们说过,创造性思考离不开概念的抽取工作。每一个概念都是一个固定点,然后从这个点出发找到更多的备选方案。此外,已经提出的概念也不是说就是固定不变的了,它或许还存在不足和缺点,这时候需要进一步改进以凸显它潜在的价值。对概念的内涵、外延及其存在价值没有疑问之后,也还要因时因地的不断做出调整,对原有的概念提出大胆的质疑和挑战。

如何挖掘隐藏在事物内部的概念呢?问自己下面几个问题是很有帮助的。比如:

——现在的这个主意蕴含着怎么样的概念?

——在这件事情中凸显了什么概念?

现在的主意不等于就是完美无瑕的,因此我们需要开发内部隐藏的概念,以此帮助我们开发新概念。为了更有效地创造备选方案我们要注意培养退回到概念层次的习惯。

有了一个主意,经过思考会产生不同层次的概念,从这不同层次的概念中找到最有用的并不是一件轻松的事情。比如:

——我们生产纯棉睡衣。

——我们生产睡衣。

——我们生产服装。

——我们生产人们需要的东西。

——我们是一家工厂。

从区域范围上说,这五个层次的概念表达的范围是依次递增的,在第一个层次的描述中我们尚且知道具体的产品是什么,但是到了最后一层描述我们只得到了一个笼统的概念——工厂。过于狭隘的概念会把我们的思考限制在很小的空间中,但是如果太过宽泛,这样的概念表述又是没有意义的。因此如果想要找寻最为合适的概念层次,我们除了依靠感觉没有别的办法,通常还需要反复的进行上下延伸探索以得出最合适的。

一般来说,几个词或者一句话就能描述一个概念。如果试图用特别精确科学的语言对概念下一个定义,那么概念在水平思考中的存在价值也就没有了。

概念有广泛意义上的一般性描述,也有严格意义上的定义。顾名思义,一般性的描述就是很宽泛的大致概念,很多事物可以同时使用这种描述,而定义的用途就在于将此事物与其他事物区别开来。比如:

夏天最常见的水果之一就是西瓜。

如果用一般性的描述来表达西瓜的概念,那就是夏天常见的水果,不仅能描述西瓜,哈密瓜、桃子也在其中。

西瓜的形状一般呈椭圆形或圆形,少数还有长条形的,成熟了的西瓜果肉多为红瓤,子是黑的,水分多、味甜。

这就是用定义的方式对西瓜这一概念进行界定,是西瓜这一类水果独自享有的定义。

对我们来说一味的揣摩不同层次的概念并没有特别大的意义,我们从已经获得的各种概念中挑选出最适用于自己的才是当务之急。

用于表达概念的词以描述性的居多,例如好玩的、有趣的、可爱的、胖的等。人们常用“风和日丽”表示天气很好、阳光和煦。但是,如果从在生活中的实际应用性来看,风和日丽太过抽象,对我们实际意义不大,对我们创造性思考更有帮助的是功能性的概念。

功能性概念根据侧重点的不同可以分为三类——目的概念、原理概念和价值概念。

(1)目的概念

人总是带着某种目的去做一件事情。即便你看到一个人貌似躺在那里什么也没做,其实他的目的就是让自己放松休息。用一般性的概念术语来表达目的就是我们所说的目的概念。

以椅子为例,它的目的概念可以解释为:供人们坐的一种工具。

(2)原理概念

原理概念从字面来看就是介绍事物运转的原理。某一件事情从头至尾的运作过程是怎样的?它实现最终功能的途径是什么?它又是如何达到自己预期的目的呢?椅子是如何成为人们的一种坐具的?

回答完上面的问题,我们得到了椅子的原理概念:具有能够稳定支撑的木质或铁质结构,有一个平面用于支撑、还有一个平面用于倚靠的一种坐具。

(3)价值概念

做了这件事情有什么收益和价值?我们如果进行了这样的行为能有什么收获?价值概念就是要在概念中表现出事物存在的价值。

椅子的价值概念是:能给人提供休息和放松的一种坐具。

对于最初尝试使用概念层次思考法的人来说,确定有用的概念层次会有些困难。如同其他的思考方式一样，概念思考法也是可以训练的，但是当训练达到一定的熟练程度之后，我们对有用的概念层次就会有一定的敏感度。我们有时候觉得做出合适的概念描述会有些难度，因为我们基本上不会将各种不同的描述方法都进行尝试然后筛选。当我们对问题做出定义的时候，也会尽可能多的进行描述，目的是从中找到最有效的描述方式，这也就界定了我们考虑问题的范围。

有了明确的概念之后，我们除了以此为基础找到新的主意之外，还可以对概念本身进行大胆的质疑，从而提出更有创造性的改造方式。按照这样的方式，我们分析概念扇中的不同层次概念，从而提出可供选择的更多方案。

点金术：对于最初尝试使用概念层次思考法的人来说，确定有用的概念层次会有些困难。如同其他的思考方式一样，概念思考法也是可以训练的，但是当训练达到一定的熟练程度之后，我们对有用的概念层次就会有一定的敏感度。

激发和移动

爱因斯坦经常进行思考的实验：他把自己想成站立在太阳表面的人，然后就抓住了身边的一束太阳光，带着自己以光速遨游太空。他能清晰地感受到自己距离宇宙的边缘越来越近，但是就在他认为自己已经到了宇宙边界时，却突然发现又回到了最初的起点。明明走的是直线而非弧线，为什么高速飞行了这么久又回到最初的起点了呢？

然后他又换了一个站立点进行第二次尝试，还是站在太阳表面抓住一束太阳光，最后的结果也是回到出发点。爱因斯坦没有觉得这种思考实验有什么不合理的地方，而是在此基础上做出了进一步的推断和设想：在宇宙中行走的人不管朝哪个方向，最后都能回到你出发时所在的起点，这就说明在你沿着自认为的直线行走的时候宇宙已经悄悄地发生了弯曲，并且宇宙还有一个尽头。在大量试验和逻辑分析推理的基础上，20 世纪天文学最伟大的一个设想产生了：宇宙不是人们认为的直线，并且还有一个尽头。

这个伟大的天文学发现却是从一个不合逻辑的设想开始，在一次次不合逻辑的设想中做出合理的逻辑推理。其实在现实生活中很多人都有类似的经历，有些事情表面看来和你没什么关系，但却能给你带来某种灵感，激发你的创造性思维，这种神奇的思考工具就是我们所说的激发。

激发的思维方式是神奇的，激发在水平思考法中是最基本的办法之一。激发存在的价值就是打破常规、开拓思路，旨在进一步探索出新的思路和设想。

在常规的思维模式中，考虑问题一定要有一个理由，以此为基础我们才有新的说法和思路。但是激发可以允许我们先提出一定的观点，进而再去探索它存在的价值和意义。激发可以没有依托而存在，在别人眼中离经叛道的想法都是可以提出来的，只要能从中找到对你解决问题有帮助的东西就可以了。即便是脑海中一闪而过的观点，从这个角度来看和头脑风暴有异曲同工之妙。

新的想法的提出一定要有前面的正确想法为基础，就算是推导过程也一定要契合逻辑。垂直思考的方式至少能保证我们最后得出的解决方案可以奏效。在激发思考中，激发点往往会毫无征兆的不期而至，给人带来惊喜，不需要理由、也不需要契合相关的科学原理。我们根据一个想法推导方案时，谁也不敢保证它一定就是行之有效的。因此得出方案之后进行的逻辑推理和分析就是至关重要的过程，通过分析显现出来的价值同样有重要的意义。

爱德华·德·波诺博士用单词 Po 来引出激发点，比如：

Po，知识是可以吃的。

Po,天花板上也能开出美丽绚烂的鲜花。

Po,人可以随心所欲地在云中游玩散步。

在我们上面所列举的几个激发点中,Po引出来的想法在常人看来就是天方夜谭。但是在一定的前提条件下,即便再荒诞的设想都有可能实现。可是,从常规的角度来看,激发都是不合理的,并且不知道这样的想法真的能给我们什么帮助。假设的意义就在于为我们思考问题提供了一定的方向,激发的意义是让我们摆脱常规思维模式的束缚,它扮演的角色是我们获得创意的中介。我们可能从一个激发点得到一些新的想法,但是这个想法本身和激发点却没有任何的关系。“知识是可以吃的”这并不是说让我们把书吃到肚子里,而是以此为基点,拓展到其他区域,联想到新的思路,例如有文字图案的饼干或面包等。

在中学课本所学的化学反应过程中,有些相对稳定的物质在催化剂的作用下会分解成不稳定的化合物,再经过化合反应成为另一种稳定的新物质。在思考中,激发的作用就像是这个化学反应过程,先前的不稳定是为了得到后面的稳定。

进行垂直思考时,我们所处的状态是相对稳定缓和的,因为前进的方向只有一个,没有更多的余地去做出选择。而水平思考就需要我们快速地实现在不同思考模式之间的转换。

怎样巧妙地脱离主干道的明显道路,进入不被人注意的侧面路径呢?这就是考验人的激发技巧的时候了。

激发和移动同时存在于思考的过程中。不管你拥有怎样巧妙神奇的激发点,如果空有激发而忽视了移动,激发的价值和意义也就无从谈起了,而移动却是以激发为前提和基础的。我们强调从激发的主干道转移至侧面路径,实际上就是为激发寻找恰当的理由。

移动也与激发点有关,从激发点向前进行移动,从而得出一个新的主意。这也是思考过程的一个重要的步骤,移动与判断截然不同。判断实际上还是在固有的思维模式中进行,一旦出现与现实或者常规经验不符合的想法时,它会毫不犹豫地予以否定,进而强行的让我们回到常规思维的主干道上,类似“知识是可以吃的”这种命题是决不允许出现的。我们可以用岩石和水去分别类比判断与移动的不同逻辑形态。坚硬的磐石很难搬动,基本上都是处于绝对静止的状态;奔流的江水一直不停息的处在运动之中。移动关心的侧重点并不是某个想法正确与否,而是由此出发我们还能获得什么新奇的观点。

移动并不像人们想象的那样神秘莫测难以捉摸,正如之前我们说的概念扇,也是移动。它经历的是“概念——主意——新的概念”的移动过程。在这里,移动能将激发的作用落到实处、归于具体,当激发点能和现实生活中的某些事物关联在一起的时候,激发有了新的价值和存在意义。

点金术:激发的思维方式是神奇的,激发在水平思考法中是最基本的办法之一。激发存在的价值就是打破常规、开拓思路,旨在进一步探索出新的思路和设想。

激发的出现

爱因斯坦的“思考实验”就是激发思考的具体表现。激发性思考不解决“是什么”的问题,也不致力于分析原因结果,关注的重点是为我们带来了什么。在某种程度上激发和假设有相似性,但是激发的内涵又远比假设更加疯狂。激发点可以是任何离经叛道的想法,是很难用言语将其表达清楚明晰的,爱德华·德·波诺博士用“Po”这个“反语言”的单词来引出激发点。

Po起的作用就像戴上了一顶神奇的帽子,当你戴上这顶思考帽,你就可以进行任何离经叛道的设想,不用担心身边的人会如何评判你。当你大胆地说:“让我们一起畅想,人类在云中散步的感受究竟是如何的呢?”大家的正常反应就是你脑筋不清楚,然后对你的攻击和批判就会源源不断地涌来。如果你说:“Po,我们正自由地在云中散步。”众人不仅没有人反对你,反而很快地进入移动的状态,将这个设想推向更深更远的层次。

我们都有这样的经历,正当你为一件事情眉头紧锁不知所措的时候,身边的人一句不经意的话一下子让你茅塞顿开,然后你就拨云见日有了奇思妙想。这时候激发点是主动出现的,因为你没有千辛万苦地去寻找,只是不经意出现的人说了一句话,或者只是在周围某个事物的激发下有了新的灵感。

1904年,一年一度的世博会在美国圣路易斯举行。哈姆威以卖薄饼为生,在会场的外面经营着自己的小生意,但是他的薄饼生意可以说是非常的不好。和他仅几步之隔的冰激凌摊位生意却异常火爆,顾客络绎不绝,都在争相购买。没一会,冰激凌外面那个托盘就全部用完了。卖冰激凌的正在发愁该如何盛放冰激凌,哈姆威想到把他卖的薄饼卷成锥形来作为冰激凌的托盘,于是他就把卷好的薄饼一个一个递给卖冰激凌的,然后将冰激凌放在这个薄饼卷中。让他意外的是改造之后的冰淇淋和薄饼都卖得很好,在世界博览会中大受人们的喜爱和欢迎。后来,经过不断的改进和研究,蛋卷冰激凌流传至今并广受世界人民的喜爱。

哈姆威能够灵机一动就是在外界偶然的事件的刺激下完成的。给他刺激的事件就是盛放冰激凌的托盘卖完了,薄饼不是也可以做成托盘来使用吗?一个偶然的外在刺激事件让他灵机一动。这样的典型事例在古今中外历史上也是不计其数的,特别是科学试验和发明创造领域不胜枚举。看似毫无关联的事物却成为叩开光明之门的钥匙,让我们从全新的视角审视问题、解决问题。

微生物的发现者是荷兰的科学家列文虎克。他并不是受过正规教育的生物学家,只是多年来一直有用显微镜观察事物的习惯。一天早晨醒来天空中下着淅淅沥沥的小雨,他就想雨滴里到底有些什么东西呢?于是,他习惯性地拿出显微镜开始观察雨滴。结果,一些细小的、像蛇一样的东西出现在显微镜的镜头里。他觉得这些小东西非常可爱,就将其称之为“可爱的小动物们”。不知不觉过了两个多世纪,人们给这些“可爱的小动物们”命名为细菌。

上面事例中的扮演激发点角色的就是小雨滴。在列文虎克眼中雨滴是再普通不过的了,也就是因为它的普通,很多人对其视而不见。只要留心身边的细小事物,奇迹其实是无时无刻不在我们身边的,只不过我们将其视为寻常不过的事物而直接忽略了。

如果你需要,一些简单的陈述都可以成为一个激发点,且不论你陈述的观点是科学的真命题,还是未经证实的不确定命题。比如,当你正在听对方阐述某个理论或发表自己见解的时候,假如你只采用判断性的思考方式去评价,你得出的结论只能是对或者错,没有别的可能性。但是,如果换成激发性的思考方式进行判断,他人的任何一句话、一个词都能帮助你激发新思想,以此为基础也许你会有全新的发现。

“一语亿金”这句话曾经一度在日本非常流行,其含义就是一句简单的玩笑却意外地给公司带来上亿元的收入。这句话最早来自一次性照相机的发明过程。

那个时候富士公司的相机还是依靠胶卷,一天销售部长来视察仓库看到了大量的胶卷堆在那里,随便开玩笑似的说了这样一句话:“要是能在胶卷上装上镜头和快门,现在堆在这里的不就全是相机了?”听到这话的开发部部长却没有只当成玩笑来听,随后他就组织小组成员进行技术攻关,用这个设想着手设计简易的照相机。他们潜心研究了很长时间,在无数次失败后依然进行反复的尝试,终于他们仅用26个零件组装成了一部照相机,原先组成一部相机所需的零件至少几百个。因操作方便、使用简单而备受消费者喜爱,成为日本市场的最新宠儿,还很快拓展至海外市场进行更大范围的销售，富士公司由此净赚十几个亿。

在生活中，对于那些荒谬的主意我们有本能的排斥心理，因此对看上去不可能实现的事情，我们从内心深处就不愿意去多思考。但是，我们已经知道了激发对创造性思考的重要作用，就要有意识的培养自己，不放过身边任何一个可能成为激发点的事物。经过这样刻意的训练一段时间之后，你就跳出了常规思维的束缚，拓展出新的思考空间。

我们刻意地寻找激发点，或是将别人的某个举动、某种言行作为激发点，可以说都是被动的在创造激发点。殊不知已经存在的事物理所应当可以成为我们的激发点，我们还应该主动地、有意识地去创造激发点，有意识的主动建立正式的激发。谈到建立这种正式激发的方式，水平思考中系统性的激发工具就不可或缺。有了这些工具做基础，正式激发也就有了逻辑保证，而不是一种漫无边际的疯癫状态。

点金术：如果你需要，一些简单的陈述都可以成为一个激发点，且不论你陈述的观点是科学的真命题，还是未经证实的不确定命题。

摆脱型激发

没有把手的茶杯难道就不行么？

有没有不是圆球形的足球存在呢？

鸟儿不要翅膀难道一定不可以吗？

电脑可以没有鼠标和键盘么？

不发光的电灯真的就不存在么？

摆脱型激发就是让我们不要忽视这些看上去司空见惯不足为奇的事物。首先，寻找生活中我们认为再平常不过的事情，然后，毫不留情地去除这些自以为是的想当然。从这个激发点出发，我们的思路就会被打开。比如：

茶杯必须要有一个把手才可以吗？

茶杯没有把手。

茶杯有两个把手。

茶杯有一个把手是理所当然的，这样的设计当然有它存在的意义：看起来美观，使用也很方便。但是，现在让我们将这些"合理"全部否定掉。将这一个把手去掉会怎样呢？你可能会觉得没有把手的茶杯更像碗，可以直接用手捧起来，或直接用勺子从杯子里舀水来喝。这样设计出来的茶杯，我们不用担心用一个把手端的时候会把水洒出来，也不用担心端茶杯的时候会将杯子打碎。

如果以"茶杯有两个把手"作为激发点，"茶杯有两个把手"会是怎么样的呢？有两个把手我们端起来双手同时用力会更加轻松。可能你会反驳说，一个杯子正常人谁还端不起来呀？但是如果对一个刚出生几个月的婴儿来说，一只手拿奶瓶对他们来说是很费劲的，这个时候如果奶瓶上有两个把手就方便很多。

我们踢的足球可以不是圆球形的吗？

足球是方形的。

有棱有角的方形足球没法在草地上滚动，但并不代表着在冰上也是静止不能动的。1857 年，最早出现的冰上曲棍球就是方形的。冰球的形状除了有常见的方形，圆盘形的也很多。现在体育运动中还是以圆球形的为主，因为是球形，所以在冰上滚动方便快捷，因此刚刚接触的人会觉得非常困难。那么对初学者来说方形的球是不是更有利于练习呢?

鸟儿一定要有翅膀吗?

鸟儿没有翅膀。

看到这个命题,你肯定会质疑:如果没有翅膀,鸟怎么能飞得起来呢?但是我要告诉你,这个命题只是我们引出新思路的一种方式和媒介,而不是说真的要将鸟的翅膀去除。看到飞行中的鸟儿,我们不难想到飞机,那么飞机也一定要带着“翅膀”才能飞么?没有翅膀的飞机还能正常的在空中飞行么?事实证明是可以的,直升机已经广泛运用于科技军事等领域了。此外,为什么飞机不能设计成宇宙飞船那样?

没有键盘和鼠标的电脑是否存在呢?

电脑没有键盘和鼠标。

全触屏操作的电脑的出现标志着这个激发点已经实现。只不过操作性和实用性不是那么强,但是,我们不妨重新改变一下自己的想法。比如,如果将自助存取款机变成全触屏操作,是不是使用起来更加的便捷呢?

无论从哪个角度我们都认为是电灯就该发光。

电灯不会发光。

以此为激发点,我们想到了什么呢?格拉斯的作品《关于写诗》中有这样一句话:“为了更好的看清灯泡,我们选择将灯熄灭。”如果灯泡只是天花板上的装饰,那是怎样的情景呢?阳光灿烂的白天当然不需要开灯照明,但是如果天花板是各种不同艺术造型的彩灯,我们看了也会觉得心情舒畅、愉快自得。此外,就算电灯真的都不发光了,那么还会有不用电的蜡烛来取而代之。人们普遍认为,闪闪的烛光更加浪漫、更有情调,因此情侣们都会选择和爱人进行烛光晚餐,同时烛光也更有利于思考者进行沉思和冥想。

我们还本能的认为电灯要一直不断的发光。

灯泡一闪一闪地发光。

灯泡一闪一闪的,如果看书肯定晃眼,那么如果在舞会的时候会不会有不一样的效果呢?灯光的闪烁反而成为一种律动的节奏,闪烁的舞台灯光不就是出自这样的设想么。闪光灯伴随着舞曲的节奏,人们随之翩翩起舞,这样的气氛不是更好么?我们还注意到闪烁的灯光在很远处就能看到,因此它也是非常好的危险信号——报警闪光灯。这一点在警车、紧急救护车上都已经使用。城市里闪烁的霓虹灯同样是为了引人注目而设计的。

茶杯有一个把手,足球的形状毫无疑问一定是圆球形的,鸟需要飞行的翅膀,电脑理应带有键盘和鼠标,电灯就是用来发光照明的,这些特征也是再明显不过的了。但是我们还需要去寻找隐藏在这些理所当然中的不一样之处。比如:

有电的时候电灯肯定能发光发亮。

就算没电,电灯也能正常地发光。

这是一个非常出色的激发点,但是在人类现有的能力范围之内能做到吗?生活中同样有很多东西发光是不依赖电的:阳光、月光、萤火虫。如果能将太阳能转化成电灯,那么没电的时候不也能发光吗?如果在日常使用的电灯外表面涂一层荧光粉会怎样呢?即使电灯熄灭了还有微弱的荧光。

摆脱型激发看起来相对容易,但是想要移动起来却是非常不容易做到的。摆脱常规的思路,我们只是将这种思路下的一种可能性淘汰了,如果将视线放在更远更宽的地方,我们就能找到更多的可能性。当然也会让我们的思路更加开阔,但是这样一来我们的办法就难免会落入俗套。比如,从蜡烛到电灯的变化,所起的作用都是照明。是不是还有更具创造性的想法呢?比如,灯光不能发挥它照明的作用时,我们就该果断放弃灯光。如在大雾天气,开了防雾灯也起不到什么作用,这个时候就应该毫不犹豫地果断放弃电灯。没有了电灯作为心灵依靠,反而让我们静下心来去研究其他的替代办法,雷达就是现有条件下非常不错的选择。

我们当然可以摆脱常规思维模式的束缚,寻找新的激发点,也许现在看来那是离经叛道的做法,但是不要紧,我们可以利用移动从中找到有意义的东西。在具体的操作实践中,把自认为理所当然的事情逐个写在不同的小纸条上,拿一个小袋将它们装好。你可以随机的从袋子里抽一张纸条,无论是什么内容,就把它当成你要摆脱的对象。

很多事情并不是我们认为的只能那么做,所谓的"应该"不过是在长期的生活中已经变成了我们的习惯,因此我们想都没想如果不那样做又会怎样。摆脱型激发的价值就是帮我们解除常规思维的枷锁。

点金术:摆脱常规的思路,我们只是将这种思路下的一种可能性淘汰了,如果将视线放在更远更宽的地方,我们就能找到更多的可能性。

踏脚石激发

激发的目的是拓宽思路、提出新想法,有了新思路才能提出创造性的想法和主意。我们没有要求激发点和现在思考的问题之间存在什么直接间接的关系。但是,人们往往按照自己的想法刻意的设计激发点,然后不自觉的选择自己需要的激发点。其实这是背离了激发的意义的,不能让激发者本人进行有效的思考。我们选择激发点的时候,最好的效果就是不知道将要去的目的地和方向。

在实际训练中,不能成功的对激发点进行移动是非常正常的,平均一半被提出的激发点是不能被采纳的。如果你每次都能非常成功的移动你提出的激发点,无外乎两种可能性,要么是你本人具有非凡的移动技巧,还有就是你带着主观设计故意制造激发点。激发就是勇于创新、打破常规,然后得到你此前从未想过的奇思妙想,按照自己的意图设计也就失去了激发原本的意义。

现在你要过河到对岸去,但是宽阔的河面阻挠了你的去路怎么办?如果将河中间放一些石头,原本宽阔的河面对你的威胁就消失了。这些石头就是我们说的踏脚石,它所起的作用就是一个过渡和引导的中介,有这个做中介的过渡,能让我们跳到新的领域。

爱德华·德·波诺博士提出了常用的四种踏脚石激发技巧:

(1)反向

意思非常明确,反向就是在事物发展的相反方向寻找激发点,先弄清楚常规的发展方向及发展趋势,进而沿着与之相反的方向设立激发点。

在1984年之前,世界上的国家都不愿意举办奥运会,因为那个时候的奥运会对主办国来说都是一个累赘,还会因投入太多让国家陷入债务危机。1984年第23届洛杉矶奥运会的举办打破多年来办奥运会亏损的局面,自此世界上各国争相申办奥运会。

改变这种局面的最大功臣当属尤伯罗斯。因为此前的奥运会都是官方的,由国家做东举办,他运用水平思考训练中的反向技巧,官方的奥运会何不变成民办呢?为此还特地提出了许多从未有过的开创性举措,对现在影响最大的就是将奥运变成电视节目,进行实况直播。现在看来这也理所当然的,但那个时候奥运主办方包括电视台都不愿意进行奥运节目的直播或转播,误认为那样一来到现场去观看的人数就会相应减少。然而,他的这个提议为他赢得了大笔的赞助,他成功地使第23届洛杉矶奥运会出乎意料的盈利2.5亿美元,这个结果完全超过了预想。更重要的是他开创了一个新的奥运时代,奥运经济的历史也在尤伯罗斯时代发生了巨大的改变,把奥运和经济联系在一起,也就是"奥运经济学"。

这就是反向踏脚石技巧的典型应用,此外,颠倒事物之间的主客关系也是不错的想法。爱德华·德·波诺博士以喝牛奶为例对颠倒主客关系进行分析说明:

我早餐喝牛奶。

早餐的牛奶喝我。

这种离经叛道的想法的激发点就是自己被泡在了牛奶杯里,然后灵光一现,他想到一个好主意:浴室的淋浴喷头上装上牛奶味的管子。

(2)夸张

夸张就是在各个方面都超出常规范围的激发点,夸张的超出常规范围可以是增多也可以是减少。在用数字描述的因素中它非常典型,如数量、频率、体积、时间、温度等。比如:

每个人有100把梳子。

从这个激发点出发,我们想到了人要保持良好的形象,我们很自然地想到:每天在包里放一面便携式的小镜子。

一天24小时睡觉。

一天都在睡觉肯定会影响学习、耽误工作,那么在梦里能不能进行正常的工作、生活和学习呢?很多伟大的发明或是杰出的文学创造都和梦境密切相关,因为在他们的潜意识里已经带有他们时刻都在思考的问题。这就激发我们思考:每天入睡前静下心来想想自己今天都干了什么,还有什么疑惑没有解答,也许你想要的答案会出现在梦中。

一辆可以装在口袋里的自行车。

从这个激发点出发,我们想到了轻便易携带的自行车,我们就从便携的角度来获得灵感:可折叠的自行车应运而生了。

提醒一点,夸张的时候有数量的减小,但是无论如何不可以成为零,如果直接缩减到零,那就变成了摆脱而非激发。

(3)扭曲

身边的事物多处于相对稳定的状态,并且还在长期的发展中彼此间有了一定的稳定关系,两个行动之间也要有先来后到的前后顺序。扭曲型激发就是要打破常规的联系和固有的次序。比如:

我们要先知道事情的结局,然后才知道事情的起因。

这个激发现在已经非常常见,文学上常用的倒叙就是来自于此。

运用扭曲型激发产生的激发点往往也是惊险刺激的,一旦运用扭曲型激发之后就很难回到原来的起点。但是,正是由于它的这一特点,要想真正使扭曲型激发产生效果,就需要思考者从自身出发去下工夫了。

(4)痴心妄想

这种激发方式的激发点就是绝对不可能实现的幻想、妄想。请注意,这里的"幻想"是我们经过斟酌特地使用的,既然为"幻想"就是要打破常规的目标。比如:

钢笔里永远有墨水。

钢笔能写出两种颜色的字。

"钢笔里永远有墨水"肯定是妄想,而与之相比后者就显得黯淡了,因为努力之后就能实现。

反向、夸张和扭曲激发法的共同点就是与现实中不可能实现的、超出常规的事物建立激发点,而痴心妄想就是要完全的不切实际、脱离现实,达到一种癫狂的状态。

只要你吹一口气,马上就有一桌可口的佳肴摆在眼前。

天空突然下起了暴雨而你又没带伞,但是一路上你头顶的那片云就不下雨。

原地旋转一圈,你就能到达自己想去的任何地方。

当我们进行创造性思维方式训练的时候,你需要尽可能多的寻找踏脚石。因为这有利于我们打破常规、打开思路。接下来,如何使用这些踏脚石就是你考虑的重点了。

点金术:激发就是勇于创新、打破常规,然后得到你此前从未想过的奇思妙想。

细丝技巧

爱德华·德·波诺博士使用的“头发”一词成为细丝技巧最初最早的来源。

细丝技巧是激活技巧的一种表现形式,具体来说也是将想法输入人的大脑。但是和那些更低层次的思考相比,它不是从宏观角度进行表述,它的着眼点就是微观的、细致的描述。在具体应用细丝技巧的时候,选定一个创造性的焦点是第一步的工作,第二步就是找出具体的词汇对焦点的特征加以概括,抑或是寻找实现这个焦点需要的必备条件。第三步,就是充分发挥自己的联想和想象,写出能够表述这一特征的相关词汇,每一个使用的词汇就是一根细丝。当我们集中注意力描述其中一个特征时,就不要再纠结于其他特征的含义,包括创造性焦点在必要的时候也要忘记,只有这样才能将随意输入的效果发挥到最好。

在我们完成了以上的步骤之后,为了得到主意还有两种常用的方式,一是被动地等待主意自己出现,或者还可以从细丝中抽取若干项目(这个抽取没有特殊的要求,有意识的或是随机的均可),最后将其汇总在一起形成系统的主意。

比如,以香皂的改进为例,我们演示细丝技巧的使用方法,首先我们列出自己期待出现的那些特点:清香的、赏心悦目的、去污力强的、耐用的、容易拿的。一束细丝代表改进香皂的一个特征。

清香的:柠檬香、橙香、茉莉香、苹果香、青草香、泥土香……

赏心悦目的:艺术品、色泽、花朵、水果、风景……

去污力强的:去油渍、洁净、除菌、焕然一新、高效……

耐用的:结实、使用周期长、不易耗损……

综合上面的概括描述,主意就会自己显现出来。或者再刻意的选择几种细丝进行自我创造思考,比如我们挑选:茉莉香、色泽、洁净、使用周期长、小巧。这时一块轻便小巧、带有茉莉清香的花朵状的香皂出现在我们的脑海里,只用一点就能产生满意的洁肤效果,由于小巧的体积,所以价钱不高,比较容易让消费者接受,消费者会觉得这类香皂物美价廉、非常实惠。

再以设计新款女式上衣为例演示细丝技巧的使用。首先,还是列出女式上衣的四个要素:颜色、面料、款式、风格。接着,赋予这几个要素与之相对应的细丝。

颜色:红、橙、黄、绿、青、蓝、紫、黑、灰、白……

面料:真丝、纯棉、化纤、混纺、皮革、雪纺、灯芯绒、呢子……

款式:V形领、圆领、尖领、立领、无领、长袖、中袖、七分袖、不对称、裙摆、花边……

风格:成熟、可爱、知性、简约、休闲、职业……

根据上面的四个要素,我们将其中的细丝进行任意搭配组合,许多款式新颖的服装就设计出来了,比如,蓝色、真丝、有裙摆的、可爱卫衣,或者白色、纯棉的立领职业衬衫等。

下面我们用细丝技巧来开一家创意的快餐店。首先,还是列出快餐厅必备的几个要素:卫生、美味、方便、实惠。接着从这些特点及要求中伸展出细丝。

卫生:干净、健康、绿色……

美味:香甜可口、津津有味、大快朵颐、齿颊生津……

方便：快捷、简单、便利、随身携带……

实惠：便宜、量大、质量好、省钱……

然后对这些细丝进行随机任意的组合搭配：健康、营养、简单、便宜等词来设计食品组合，例如水果、煮玉米等便宜易携带的食品。

当我们根据每个要素进行细丝伸展时，即使有亟待解决的问题也要暂时忽略，只关注于我们现在正在描述的要素的特点上。做到这样，我们的思路才能更加开阔，才能产生有创造性的想法和主意。

生活中遇到的多数问题都可以用细丝技巧来解决，步骤也非常简单，先找出那个问题具备的几个特征要素，将它们一一列出来，接下来就只要将列出的要求进行伸展抽丝即可。细丝技巧特别适用于设计型、发明型的问题，其产生的作用和效果是显而易见的。无论是随意的任其自然发展产生，抑或是根据主观意志进行的排列组合。

点金术：当我们根据每个要素进行细丝伸展时，即使有亟待解决的问题也要暂时忽略，只关注于我们现在正在描述的要素的特点上。做到这样，我们的思路才能更加开阔，才能产生有创造性的想法和主意。

第四课

灵感思考法

灵感的特征

可能你也有下面这样的经历:当你纠结于一个问题迟迟不能解决的时候,那就暂时不去想这个问题了,也许这个时候脑中会突然闪过一个想法,原本困扰你的问题也就迎刃而解了。其实这里灵光一闪产生的就是灵感。

我们需要的灵感不是随意就能产生的,一定是经过了很长时间潜心研究的。假如一个问题困扰了你很长的时间,让你百思不得其解,你不妨暂时将其放下或者想想其他的事情,这时外界的一个不起眼的事物可能会给你灵感,突然灵光一闪就产生了一个好主意。这是因为当你紧张的神经放松下来的时候,你的潜意识仍然处在活跃之中,还在继续思考着你前面想的问题,潜意识会敏感的抓住外界事物的刺激,在意识中继续思考。潜意识里蕴含的信息量是巨大的,里面的信息量远远超过意识层面的信息量。即使你放松下来,意识不再思考,你的潜意识依然处于工作状态,将其想到的信息与你思考的事物联系起来,如果出现了合适的刺激,马上就与意识取得联系,这就表现为我们通常说的灵光闪现。

灵感具有的特征如下:

(1)突发性和触发性

产生灵感会让人觉得异常的惊喜,因为我们不能预测什么时候外界的刺激会激发潜意识、会突然建立联系,会产生富有创造性的新想法和主意。当年,约翰·施特劳斯漫步在美丽的多瑙河畔,优美的风景让他陶醉,同时激发了他的创作灵感,但是因为散步时并没有随身带纸,但是灵感来了,他毫不犹豫地将灵感写在衬衫上,这就是后来享誉世界的《蓝色多瑙河》。为了不让随时可能都会产生的灵感消失,我们应该做一个有心者,纸和笔不离身,哪怕晚上睡觉也要在枕边准备着纸和笔,就是梦境也不能轻易放过。早在唐朝时期李德裕形容灵感的突发性时,就用了“恍惚而至,不思而至”八个字。你对其“上下求索”之时,它却像和你捉迷藏一样始终不肯出现;当你悲观绝望准备放弃时,它却不期而至。

灵感的触发性是指灵感的产生需要主客体的接触和碰撞,也就是说离不开外在事物的偶然性刺激。屠格涅夫泛舟莱茵河，看到了在岸边眺望远方的一对母女，这种场面刺激了他潜意识的灵感产生，终于写出了《阿霞》；由于被路边的牛芬花吸引，列夫·托尔斯泰创作灵感由此而发，写出了《哈泽·穆拉特》……

(2)瞬间性

灵感往往在某个瞬间产生，假如你没有好好把握，它就会一去不复返了，留给你的只有无尽的懊悔和遗憾。灵感的瞬间性源自于潜意识的指引作用，这样的指引如同镜花水月、如梦如幻，如果你注意力不集中，灵感就在不经意间溜走了。

> 宋代诗人潘大临的亲身经历是对灵感瞬间性的最好诠释。在一年一度的九九重阳节就要到来之际，一场秋雨不期而至。这场秋雨马上就让他诗兴大发，开口就来了一句："满城风雨近重阳。"待他正要继续做下一句诗时，不知从哪来了一个催租人，他的创作灵感也就被吓走了，有了这一句之后再也没有下文了。这个人走了之后秋雨还在继续，但是诗人却再也找不到继续创作的灵感了。

(3)情感性

灵感带给你的是茅塞顿开的感觉，你的情绪可能也会经历紧张、兴奋的状态变化。这一点在艺术创作领域最为突出，最能表现并解释灵感的情感性特点。

郭沫若创作《地球，我的母亲》的时候，灵感突然来到，他居然忘乎所以地脱去了鞋袜，近乎疯狂地光着脚跳来跳去，还忘乎所以地趴在地面上欢呼叫喊，与地球母亲亲密接触。

(4)模糊性

灵感的模糊性是说灵感指引我们的只是大致的道路方向，如果你想要取得一定的满意成果，还离不开自己在灵感的基础上进一步创作。有时，灵感给我们带来的是只言片语或是零星碎片，重要的是要以此为线索顺藤摸瓜，才有可能有所成就和突破。

(5)独创性

灵感带给我们的创造性主意常常是耳目一新的。只有创造性思维下才有可能产生灵感，过多的思维和逻辑推理是得不到灵感的，因为它只是一些表面的加工改造而不是根本上的质的飞跃。

灵感的不可重复和复制也是其独创性的表现。灵感突然降临时，潜意识就会和意识发生联系，一旦我们的注意力被其他事情占据，即使已经建立的联系不会进行积极的工作，等你回过神来，再次进行刺激时，也很难再找到刚才那样的灵感了。

点金术：潜意识里蕴含的信息量是巨大的，里面的信息量远远超过意识层面的信息量。

灵感的激发和运用

虽然灵感的产生毫无征兆，但是激发和运用灵感也是有方法可寻的。如果选择合适的方法，灵感也会青睐于你，重要的是灵感到来的时候一定要准确地牢牢抓住。

人们常说"机会都是属于有准备的人的"。其实，灵感和机遇一样，也偏爱有准备的人，它并不是像人们想的那样神秘莫测、难以捉摸，它的产生一定是以大脑中原来的信息为基础的。就算我们不能准确的知道灵感的产生时间，我们可以从灵感产生的原因及条件入手做好准备。

如何才能准确地抓住灵感、运用灵感呢？做到下面几点对我们是有帮助的：

第一，必须有清晰明确的思考目标。大脑中没有明确的目标那就是盲目混沌的状态，连思考的问题都没有,那么产生解决问题的灵感也就无从说起了。只有有了非常明确的目标之后,你的潜意识就在不断为解决那个问题而努力着,并试图将潜意识中的信息与你思考的对象联系起来,从而找出解决问题之法。

第二,拓宽知识面,增加与思考对象有关的知识储备。如果一个人对自己思考对象的领域什么都不知道,想产生灵感也是困难的。掌握的知识与积累的经验越多,那么获得灵感的可能性也就越大。一个人在某个问题领域的知识储备越丰富,他在探讨与之相关的问题时,就越有可能获得新灵感,激发新思想。

第三,灵感的获得还离不开勤奋刻苦的学习和善于思考的良好习惯。终日在家做白日梦,那么我想灵感永远都不会青睐你。音乐家柴可夫斯基曾经说过:“再伟大的音乐家都有灵感缺失的时候。虽然灵感是偶尔上门的客人,但是并不是任你随意招之即来的客人。想让这个客人光顾你,你不能躺在家里等它到来……你必须脚踏实地做好你的工作,时刻准备着,终究有一天灵感会光临,会给你带来突然的惊喜。”

在灵感产生前会有一个漫长的思考和煎熬的过程。这个过程是痛苦的,你就像在漫漫黑夜中看不到一点光明,你甚至会质疑自己是不是方向都选错了。因为所有的迹象都告诉你,你将走向一个死胡同,但是灵感就是这样在最不可能的时候突然光临。因为你平时工作的点点滴滴,都在潜意识中有了记载,只要你能坚持不懈的努力付出,潜意识还是会给你带来幸运、为你送来灵感。

第四,如果你希望能早些产生灵感,那么你想要解决问题的愿望就要非常强烈。爱因斯坦曾经说:“让一个普通人在草堆里找针,那么只要找到一根,他肯定就停下来不干了。但是换作是我,我一定要找出里面散落的所有的针。”这就是爱因斯坦之所以成为科学家的原因——有强烈的解决问题的欲望。当你越是迫切地想要解决问题,人的思维就越积极,也就越容易产生灵感。

很多灵感的产生都迫于强烈欲望的“压力”,当你解决某个问题的欲望非常强烈的时候,你的潜意识也更加积极活跃的思考问题。

第五,学会劳逸结合。虽然我们说解决问题的欲望非常重要,但并不意味着让你时时刻刻都保持高度紧张,因为过度的紧张会导致思维停滞,即便灵感想来也没有余地。我们进行积极的思考是在为灵感的到来做准备,在大脑放松的时候,人的灵感更容易光临。因为放松状态下外界的信息更容易进入人的潜意识,这样一来二者才能摩擦碰撞并产生灵感。

冥想对放松身心很有帮助,那是因为它能让人的心平静下来,让大脑进行自我的调整及修复工作。根据心理学研究,产生灵感的最佳状态就是冥想。

第六,抓住灵感。其实灵感出现的频率和概率远大于我们的想象,只是很多时候我们都没能把握住,让灵感从我们的指缝间溜走,让我们以为灵感压根就没有出现。灵感的确是匆匆的过客,它不会因为人的想法而做出妥协让步,怎样才能把握住转瞬即逝的灵感呢?首先需要我们从自身出发时刻做好准备。很多音乐家、作家、画家都是纸笔不离身,这就便于在灵感到来的时候准确的将其抓住。

既然灵感的产生是如此的不易,因此不要放过出现的每一个灵感,如果从你的手中白白溜走,那肯定让自己懊悔不已、抱憾终身。美国学者罗伯特说过:“生活中的很多人是切实的感受过灵感的到来的,只不过他们更多的是懊悔。就是因为提前没有做好充分的准备,没能牢牢抓住这些灵感,一旦消失之后,这些消逝的灵感就再也找不回来了。”

第七,把思想转化到实践层面。当灵感被我们抓在手上之后,紧接着就要进行实践活动,只停留在思想的层面是绝对不可以的,因为那样一来,灵感也就成了幻想,这样的灵感就失去了其原本的价值。

马尔柯姆是一个以开卡车为生的司机。有一次,他按照惯例将货车开到指定的港口,焦急地等着把货卸下来再装到船上。在他不耐烦的等待中,突然闪过一个念头:要是直接把货车开到船上不是更好吗？这不就不用等了吗？他及时准确地抓住了这个灵感并投入行动，在反复的尝试和改善之后，集装箱就产生了。后来，世界上第一个集装箱队由他组建成立。

我们周围很多人也有许多奇思妙想，但是他们没有将这些奇思运用到实践中去，结果导致已经出现的灵感变成设想和空想，没有发挥它们的价值。他们总是觉得自己的想法还不够成熟，其实所谓的不成熟是因为他们缺乏打破常规进行实践的勇气和决心，是自己不能战胜心中的懒惰和懈怠。如果当初马尔柯姆对那个想法只是付之一笑就过去了，却没有将其付诸到具体的实际行动中去，可能就不会有集装箱货运流传至今。

点金术：灵感和机遇一样，也偏爱有准备的人，它并不是像人们想的那样神秘莫测、难以捉摸，它的产生一定是以大脑中原来的信息为基础的。

逼发灵感

你跑一百米需要多长时间？假设这样一个场景，现在身后有只凶猛的老虎对你穷追不舍，你最快能跑多少？我想这个时候的你会刷新世界纪录。当人在生死存亡的紧要关头，身体中的潜能就被大大激发出来。以此类推，在面临危机情况时，大脑也会超常发挥，往往这个时候能创造出让人意外的奇迹，解决原本不可能解决的问题。在绝境中让我们置之死地而后生的灵感被称之为逼发灵感。紧急情况下潜意识的工作就会加剧，大脑的神经元会异常的活跃，加快产生灵感的脚步。

绑匪绑架了富商视为掌上明珠的女儿，他们直接索要1000万美金，如果敢报警或是不按时拿钱，这些绑匪们就会毫不客气地撕票。虽然是富商，但是一天之内筹集1000万美金也不是那么容易的，并且这种情况下报警才是最安全的。但是敌人在暗处自己却在明处，一点眉目都没有，富商像热锅上的蚂蚁急得团团转。在这万分紧急的关头他产生了一个想法，作为歌星的妻子最近发了新唱片，在新唱片的封套上有妻子的近照，而透过照片中妻子的大眼睛可以看到为她拍照的摄影师的模样。从这一点出发，他做了如下的引申，如果要求绑匪给一张女儿的照片，这样绑匪的头像不也就轻而易举地得到了么？因此他和绑匪交涉，要一张女儿的大头照，表示女儿现在是安全的没有生命危险。

绑匪表示可以接受，就拍了一张照片，富商把照片交给警察，警察将眼球放大以后，果然这个绑匪的相貌就清晰地印出来了。原来这个绑匪是警方正在拘捕的惯犯，警方已经掌握了很多他以前的作案线索。很快警方将其抓获，解救了人质。

在这个故事中富商灵光一现得到的灵感就是逼发灵感。人们常说“计上眉梢”，我们被一个难题困扰而愁眉紧锁的时候，大脑皮质的细胞正在加速运动，也更有利于找到解决问题的办法，那么灵感也就更容易被激发出来。

画家索希尔在英国非常著名，女王召见他要求他给皇宫做一幅壁画。女王和众位大臣在现场观摩，索希尔注意力高度集中地盯着自己的作品。大概他已经忘记自己是站在有四层楼那么高的脚手架上，他看着看着就情不自禁地不断向后退，不知不觉已经退到了边缘，差一步他可能就要摔下来。围观的人都吓得目瞪口呆，也不敢叫出声来提醒他，因为那个时候一声尖叫可能会让他受到惊吓直接掉下去。就在人们情绪高度紧张又不知道该怎么办的时候，索希尔身边的助理拿起画笔冲到壁画前，在上面乱涂乱画。索希尔大步赶上前夺下助手手中的画笔。

索希尔的助手在那种紧急情况下产生的就是逼发灵感。有科学研究表明,面对突如其来的灾难,只有少部分的人能及时采取行之有效的措施,索希尔的助手就是这其中的一员,女王和大臣们也属于这类人;10% ~25%的人自己就已经吓得精神紧张、不受控制了,这样只会在原来的灾难上雪上加霜,就像上面的故事中如果有人高声尖叫、不能自已,他们的尖叫声会吓到索希尔,使他直接摔下来。

逼发灵感的获得,最主要的就是保持头脑冷静、处变不惊,这是进行冷静思考的前提条件。着急忙乱对事情的解决是没有丝毫帮助的,同样逼发灵感的产生也需要潜意识和意识建立联系而产生的。

索尼公司最早的录音机因为体积大而非常笨重,价格还高,在市场上根本不受消费者的欢迎,公司决定研发小巧便捷、成本低廉的新型录音机。一天,老总将技术人员召集在一个温泉宾馆中,放了句狠话,十天之内要见到新的录音机设计方案。接到这样毫无商量余地的命令,技术人员开始了紧张的设计工作,他们没日没夜地进行讨论研究。

只要有人提出新的方案,大家就集中起来进行分析、讨论,设计方案经过一次次的改进、提高,不断得到完善。他们终于完成了老总的任务,在十天之内设计出了全新的磁带录音机。

与正常情况相比,压力较大的危机情况中大脑思维更加活跃。逼发灵感的获得就是强迫自己进行思考,不能因为一点困难就想要放弃,不要得到一点成绩就得意忘形、骄傲自满,在灵感的基础上进行更深入的思考,你就产生了更加奇妙的创造性想法。

点金术:逼发灵感的获得,最主要的就是保持头脑冷静、处变不惊,这是进行冷静思考的前提条件。

触发灵感

当你在很长一段时间内都在思考某个问题,突然被外部事物刺激产生某种灵感,这个问题就迎刃而解了,这样的灵感我们成为触发灵感。

笛卡尔建立解析几何学就是触发灵感在起作用。

法国数学家笛卡尔长期致力于研究将几何与代数有机结合起来,但是研究了很长时间还是没有眉目。有一天,他躺在床上盯着天花板,突然注意到天花板上有只苍蝇在爬,他对此非常好奇,就耐心地观察起来。忽然,他看着眼前的苍蝇、墙角及天花板,这不正是最佳的点线面组合吗?把它们之间的距离用数字表示出来不就是代数吗。想到这里他整个人都兴奋了起来,马上在稿纸上将刚才的想法用数学符号表示出来,这只苍蝇在数学中就用一个点来表示,而苍蝇到两面墙及天花板之间的距离就用字母A、B、C表示,由此建立了数与形之间的关系,无论哪个点都有固定的数据与之相对应。由此,解析几何学就产生了。

生活中苍蝇爬天花板的事情给笛卡尔带来了灵感,这个偶然的外部事件成为他一直思考的问题的切入点,从而巧妙地解决了自己长期思考的问题。当然,笛卡尔产生这样的灵感是因为他已经进行了相当长时间的研究,这时只要他在外界看到了与之相应的外部事件,潜意识就会发挥作用将其建立连接,寻找相似点,经过主观能动性的分析整理,问题就迎刃而解了。

触发灵感的产生有一个共同的特点,即能带来灵感的外界事物和思考的对象之间具有某种相似性,将同样的原理迁移到我们正在考虑的问题上,我们就能得出具体的解决问题的办法。

鲁班接到了一项工程任务，就是建造一个富丽的宫殿。就差屋顶整个工程就可以完工的时候，他没留神将做柱子的香樟木锯得太短了。这种香樟木非常稀缺，价格昂贵，以他那时的财力根本无力支付赔款，而且眼见就要完工了，如果这个时候重新购买，就不能按时竣工。

这可把鲁班难倒了，此时他已经完全不知道该做些什么来弥补。这时，妻子云氏走过来问他："你高还是我高？"鲁班说："这还用问么，我当然比你高出很多。"云氏说："你再仔细比比。"鲁班看到老婆脚上穿着厚厚的木鞋子，头发也梳的很高，发髻上还别了很多的头饰，一比较，原来比较矮的妻子反而显得高出来很多。

鲁班从这件事情上获得了灵感，为什么不在香樟木的下面和上面加点东西呢？如此一来难道还怕房柱不够高吗？于是他先算好相差的距离，做出精心的设计。完工以后，没想到厅堂比原先设计的还要华丽美观。

灵感到来之前的长期的思考过程是不可缺少的，这个过程其实是在为灵感的到来做铺垫，有了合适的外部刺激，灵感就不期而至了。

诺贝尔年轻的时候一直在从事液体炸药硝化甘油的研究。因为一旦有了这个，开矿山、挖隧道就会容易很多，但是液态的硝化甘油很难保存、也很难运输，稍微不慎就会爆炸造成巨大的危险。有一次，就在他做实验的工厂发生了爆炸事件，当时就有五人被炸死，包括他的弟弟在内。这次事故非常严重，政府明令禁止他重新修缮生产，他只好悄悄地到一艘船上继续做研究。

有一天，他把用于实验的硝化甘油从火车上搬下来，有一些液体的硝化甘油漏了出来滴在了地上。他注意到沙子很快吸收了这些滴漏在地上的硝化甘油。他注意到了这个现象并进行了仔细的观察，硝化甘油被吸收后就开始凝固了，从此再也没有发生任何的爆炸事件。

从这件事情上，他马上获得了灵感，奔回实验室，他开始制作吸附剂，主要成分就是硅藻土，这样能使硝化甘油凝结，在运输的过程中就能避免爆炸。后来，有了这样的研究基础，黄色炸药和雷管被他陆续研究出来。

如果你正潜心对某个实验进行研究，你的注意力就高度集中在上面，而此时一点异常的现象都会让你注意，都能给你启发、带来灵感。当你对一个问题百思不得其解的时候，你不妨暂时将其放下或转移注意力，让自己转移一下注意力，可能外界的某个信息就激发了你的灵感，给你带来意想不到的收获和成就。

点金术：触发灵感的产生有一个共同的特点，即能带来灵感的外界事物和思考的对象之间具有某种相似性，将同样的原理迁移到我们正在考虑的问题上，我们就能得出具体的解决问题的办法。

诱发灵感

诱发灵感在某种特定的环境下产生的与生理、心理、爱好及习惯等相契合的灵感，便于在头脑中产生能解决问题的方案。大文学家欧阳修曾说："余生平所作文章，多在三上：乃马上，枕上，厕上也。"也许欧阳修认为当他在所说的那三个位置的时候，他的思维及大脑活动正处在积极的活跃状态，这样的环境也更有利于诱发灵感的产生。

第二次世界大战期间，美军具体的作战计划由大将军赖特负责制定。他的领军能力和作战能力都是一流的，只要他出面总是能出其不意、克敌制胜。他的助手留心观察了自己的这位上司，他说，每当赖特和下属一起用完午餐之后，他就会消失一个小时，这一个小时谁也不能去打扰他。他会自由随意地躺在办公室的沙发上，眼睛眨也不眨的一直盯着天花板。一小时后他又重新出现在人们眼前，至少有一个新奇的方案已经在他的脑子里了。

赖特的消失其实是为了诱发灵感的产生，为灵感的产生营造合适的有利环境，从而尽快产生解决问题的方案。根据心理学家的研究，人的心理和生理在轻松愉快的状态下，灵感往往更加容易产生。因为身心放松的时候大脑的优势兴奋中心就被控制了，而兴奋状态会扩散至中心周围的细胞，诱发灵感产生能解决问题的办法。

酒精对大脑神经系统有一定的刺激作用，因此适度的饮酒对诱发灵感也是有帮助的。

唐代大诗人李白在友人的举荐下，曾在长安做官，唐玄宗曾一度非常赏识他，准备对他委以重任，让他做翰林。有一天，唐玄宗陪同杨贵妃一起赏牡丹，看到美丽高贵的牡丹，唐玄宗诗兴大发就想到了李白：如果有诗文记下此时的良辰美景，不是一件美事吗？于是就派高力士去将李白找来，不料此时李白正在长安的一家酒楼畅饮。

李白跟着高力士摇摇晃晃地来觐见唐玄宗，唐玄宗看到眼前喝得醉醺醺的李白，顿时气不打一处来："叫你来是想作些诗文赞美这雍容华贵的牡丹，让贵妃能更有兴致，但是看你现在这副烂醉如泥的模样，如何能写文作诗呢？"李白说："陛下有所不知，臣喝得越醉，写出来的诗就越有味，只要皇上肯赐酒，臣就能做出好诗来。"唐玄宗一下子兴致高了起来，让高力士准备笔墨和好酒，李白豪饮三杯，大笔一挥如行云流水般，于是就有了流传后世的《清平调》三首。

一般在什么情况下我们的大脑相对放松呢？散步是许多从事文学创作的人经常选择的捕捉灵感的方式。因为在放松状态下人的意识比较轻松，在这个间隙，潜意识可以进入，不受意识和潜意识之间障碍的阻挡，从而人的意识可以收到有用的信息。在潜意识相对比较活跃的时候，也就更容易找到解决问题的恰当之法。

此外，假寐和冥想也不失为诱发灵感的好方法。假寐是有特制的时间阶段的，指的是清晨刚刚睁开眼睛似醒非醒的精神状态，再回忆一下一直困扰着自己的问题，力求在这个时候获得解决问题的灵感。假寐的时候思考问题其实是一举两得，既调动了意识层面的信息，还能把潜意识的状态梳理清楚，就算没有马上得到什么奇妙的灵感，也算是对之前的思考工作进行了简单的总结和归纳。如果养成每天都以假寐的方式思考问题，对我们培养创造性思维是很有帮助的，从而有利于提高灵感发生的频率。冥想的含义就是终止正在进行的所有意识活动和思维，将注意力集中在自身的某些意识或者就是调节自身的呼吸，似乎将自己隔离在一个密闭的空间内。如果你能保持内心的澄澈清净，困扰你的很多不良情绪就会逐渐平复下来，有利于大脑皮质细胞活跃起来，充分发挥潜意识的思维能力，这种状态对诱发灵感也是有益的。谈到冥想，具体的方式也是多种多样的，在佛教参禅的时候有打坐冥想，音乐冥想和芳香冥想也是很常用的方法。

这些诱发灵感的方法的实质都是一样的，那就是让大脑尽快地放松下来，因为放松了之后耗氧量也会随之降低，有利于为意识和潜意识的交流创造良好的条件。每个人能让自己诱发出灵感的需求环境也是不尽相同的，我们应该立足自身条件找到适合自己灵感诱发的具体方法。

点金术：根据心理学家的研究，人的心理和生理在轻松愉快的状态下，灵感往往更加容易产生。

自发灵感

如果你长期坚持对一个问题进行研究，那么你大脑中获得的信息就会相互交融碰撞，有外界的刺激你就突然间恍然大悟，产生灵感然后找到解决问题的办法（完全没有受到外部环境或某些事物的影响），其实这种情况下产生的就是自发灵感。

自发灵感的根源实际上是潜意识的大量活动。科学家们经常用自发灵感解决很多研究中的难题。例如数学家侯振挺对“巴尔姆断言”的证明，凸显的就是自发灵感所起的作用。

在相当长的一段时间内，侯振挺对“巴尔姆断言”的研究似乎陷入了僵局无法突破。他每时每刻都在想着这个问题，包括吃饭、睡觉、走路，这个问题始终占据着他的大脑。他有的时候甚至感觉到答案就在触手可及的地方，但是总是在边缘徘徊而没能找到突破口。这么长时间潜心的研究，他的脑中已经有了大致的证明轮廓及形式，但总是有些问题制约着他进行下一步的工作。

到了后来他甚至感觉自己的思考已经到了极限无法突破了，于是就将现有的研究成果和进度整理成文件，想请一位校友带回母校交给老师，请老师指导。当他拿着这份文件朝火车站方向去的时候，忽然脑海中闪过了一个奇特的想法，他似乎在高山峡谷中找到了一条曲折的小路能通向光明。就在火车准备发车的时候，他决定自己留着这份文件继续思考，他直接坐在车站旁边的椅子上将他刚才闪过的灵光用于计算推导过程，终于那条小路变成了宽阔平坦的大道。一刻钟过去了，原来高高的大山已经被夷为平地了。原来就这么简单！困扰了他这么久的难题竟然在十几分钟内就解决了！

自发灵感依靠的就是潜意识里已经保存的各种信息，平时的积累到一定程度时，自发灵感就会光临你，将大脑皮质细胞激活，使神经兴奋起来。当自发灵感光临我们的时候，鉴于它的神秘性和自身巨大的创造力，思考者常常会保持高度兴奋紧张的状态。

很多人都不知道世界第一男高音帕瓦罗蒂其实是个乐盲，因为他完全不识谱。当媒体把这个消息公诸众人的时候，让所有人都大跌眼镜——大音乐家居然不识谱。但是，这的确是事实，帕瓦罗蒂事后也坦然地承认，他就是人们说的乐盲，完全不识谱。所有人都大惑不解，连乐谱都不认识又怎么能唱歌还成为音乐家呢？帕瓦罗蒂这样说道：“只有音乐家才需要懂乐谱，而我并不是音乐家。因为唱歌和作曲本来就不是等同的，我只要用我的心、我的头脑和整个身体唱好歌就可以了。”帕瓦罗蒂说的意思，其实就是在唱歌的过程中运用自发灵感去诠释音乐。

自发灵感的产生有一个特点——长期积累、偶然得到，而具体的解决问题的方法就隐含在长期的潜意识里，只要时机到了，你就能见到风雨之后最美的彩虹。冥想有利于梳理潜意识和意识，并建立联系，冥想带来灵感还有另外一种表现形式，也就是通过梦境来实现。民间广泛流传：“日有所思，夜有所梦。”无数实验都证明这句话是正确的，如果你长期研究一个问题，就算你在睡梦之中，那么你的大脑潜意识也并没有休息，它还在继续思考着这个问题，只不过这时候你的潜意识是模糊的、杂乱无章的，但是有的时候也隐含着我们需要的灵感。

在梦境中，我们能对大脑白天的活跃思维进行自动地筛选，创新的一个非常重要的途径就是做梦。诺贝尔奖获得者英国科学家克里克在谈到梦的作用时，曾提出“在梦中能自动消除无用信息”的观点，从而加快我们的反应速度和思维敏捷度。化学元素周期律的发现者门捷列夫的经历，是对在梦境中获得灵感的最好解释。

门捷列夫从23岁开始就致力于各种化学元素性质之间规律的研究。他用很多小卡片一张张地写出现在已知的元素，再用许多方法对这些卡片做出不同的排列组合，目的是想找寻它们之间是否存在着某种规律性的东西，他这一研究就是二十年。有一天，他仍然继续他的卡片排列，但是因为疲倦倒在桌子上睡着了。睡梦中的他看到每天自己研究的那些小卡片在桌子上跳跃，按照一定的规律自发地进行排列。梦醒后，他马上把刚才梦中的一切记录下来，排好顺序，并且还大胆地预言了尚未被人类发现的11种新元素。

当记者采访他时，都很好奇他是怎样在梦中进行元素周期表的排列的，他说："事情并不是像你想象的那样容易，因为我在上面投入了二十年的时间和精力。"

点金术：自发灵感的根源实际上是潜意识的大量活动。科学家们经常用自发灵感解决很多研究中的难题。

第五课

转换思考法

学会转换思考

转换思考的实质就是多角度思考问题。对一个问题试着进行多角度地分析观察，坚持用辩证唯物主义的观点看问题，你就能得出更加科学全面的客观认识；当你看问题考虑的层次、角度越齐全，你所得出的解决方案也就会更加完满。

假如你用一种方式考虑问题时将自己困在圈子里，那么你为什么不换一个角度考虑问题呢？也许从另一个角度看，你会发现“山重水复疑无路，柳暗花明又一村”。

有两个商人结伴来到非洲经营卖鞋的生意。那时的非洲人刚走出穿兽皮、披树叶的阶段，虽然他们已经穿了衣服，但是那个时候的非洲人还没有穿鞋的意识。其中一个商人一看他们连鞋都不穿，要是在这里卖鞋肯定会赔死，果断决定换地方去寻找更广阔的市场。和他一起的另一个人就不这么看：他们全都不穿鞋，如果让他们从此开始穿鞋，那么所需要的鞋子数量将是非常可观的，如果好好把握绝对能有机会赚大钱！因此他决定就在这里做生意，他鼓励人们开始穿鞋，将自己的鞋卖给这些原本光脚的人，成了富甲一方的大鞋商。

转换思维还可以考虑同一事物的不同层面，以保证我们做出客观公正的科学评价。比如，法院上的法官进行最后审判的时候，必须要考虑原告和被告双方的观点。假如法官只听一家之言，就很可能会发生冤判错判的现象。因此他必须考虑这件事情的两个层面，弄清楚事情的来龙去脉和原委究竟之后，做出的审判才是公允的，才能让人信服。

转换思维有利于我们对事物的外延和内涵有精确地理解，从而给事物下一个准确的定义。语言学家格雷马斯说：“我们对概念进行定义的时候要有不厌其烦的决心和毅力，做到最大限度的精确，目的就是保证概念本身的单义性。”什么是“不厌其烦的定义”，实际上就是要转化考虑问题的角度和方向，站在不同的角度和层面作出全面的分析。

此外，转换思维还有利于打破思维的定势，这对于发明新事物有重要影响，每一个新视角的背后可能都会有一个新的发明。

帕斯克特是美国著名的玩具制造商，但是他注意到现在的设计师设计出的玩具过于单调，根本没什么新的突破和新的设计，更别说让孩子喜欢。这很大程度上是因为设计师以成人的眼光去设计玩具，多年来他们已经形成了固定的思维模式，很少会为孩子着想。如果希望自己的玩具受到小孩子的喜欢，首先就应该清楚地知道孩子们的喜好。因此，帕斯克特特意地请来了玩具设计顾问——五岁的小男孩罗塔斯，所有设计出的玩具都要让小罗塔斯先过目指出不足，询问他的喜好、征求他的意见。有了罗塔斯作为小小的设计顾问，帕斯克特生产的玩具很快就占据了美国市场，深受小孩子的喜欢。

从上面的例子可以看出成人和孩子之间的思维是需要转化的。此外，男人和女人、过去、现在和将来、整体与局部、集体和个体都是可以发生转化的，正确与错误之间在一定的条件下也会发生转化，只要时机成熟了，文艺和体育也会发生转化。思维转化的具体方式是多种多样的，具体的转换训练方法有以下几种。

1. 反向转换法

《道德经》里就有这样一段关于反向转换的记载："有无相生，难易相成，长短相形，高下相盈，音声相和，前后相随，恒也。"老子用最朴素的辩证法告诉我们的道理就是反向转换。其中的道理简言之就是反其道而行之，如果你能从事物的反面入手进行思考，你可能会发现原来表面的背后别有洞天，还会有令人意想不到的收获。事物的结构、价值、存在的功能都可以成为反向转换的对象。转换结构和功能你可能会有新的发明创造，而转换价值你可能会将原来没用的东西进行回收利用，转换态度或许你会变得心胸开朗豁达。

2. 相似转换法

当我们想要对同一对象和问题进行整体系统的把握时，这种方式非常有效。比如下面的两组词语，各组词语之间存在一定程度的相似性。

生命、血肉、植物、爱情、真理、繁荣

原始、开端、最初、胚胎、萌芽、发展

从每一个词出发，我们都可以从全新的视角去理解本组其他的词语。相似转化法能够启发我们寻找事物之间内在的联系，在科学研究建模应用中能起到重要作用。

3. 重新定义法

像之前讲述的那样，转换思维之后我们能得到精确的概念的定义；同理，如果我们对事物的已有定义重新审视，对我们转换思维能力的培养是很有帮助的。翻译文字也有利于训练我们的思维能力，台湾诗人余光中就曾坦言："翻译是神圣的，是进入到一个新的灵魂去感知另一个生命的经验。"在翻译的过程中得到的"经验"能极大地开阔我们的视野。

4. 征询意见法

一个人的思路不可能是全面的，如果想进行多层次、多角度的思考，就离不开集体的智慧和团结合作的力量。征询别人的看法和意见有利于你更深入地认识某一个问题。央视版电视剧《三国演义》中，鲍国安饰演曹操，当时他为了演好曹操这个角色，就进行了不同年龄、学历和职业的人群的调查访问，悉心征询他们如何看待曹操这个人。然后将这些意见收集起来，他对曹操的认识也就更加丰富，因此他塑造的曹操是有血有肉的，是人们广泛认可的。

5. 实践转换法

实践转换强调的是实际的操作，在实践中得到新启发，完善自己之前的想法，从而发现新的价值和意义。比如，现在很多大学生在写学术论文的时候，往往过分强调理论的阐述，但是，如果能带着理论进行相关的实践，那么你对理论的认识也会更加深入。此外，人生多一些经历和体验对我们认识世界也是有益的。

点金术：转换思维还可以考虑同一事物的不同层面，以保证我们做出客观公正的科学评价。

转换目标

目标转换顾名思义，就是当眼前既定的目标面临很大的困难，我们不妨曲线救国，先实现一个间接目标，接着再向最终目标努力，或者从另一个方向去看原来的目标。

巴拉甘藏是个聪明的小伙子。一天，巴拉甘藏在路上遇到一位骑马的财主。财主对巴拉甘藏的聪明也早有耳闻，就想故意出难题考考他。他坐在马上问巴拉甘藏："如果不允许你碰我，你有办法让我下马吗？"

大家想一想，换作是你，遇到眼前的这个问题你会怎么做呢？

巴拉甘藏诚实地说："先生，我很确定你提的这个要求我做不到。不过如果你愿意下来，我就能不碰你的身体再让你回到马背上。"财主觉着不可能，身子一跃，翻身下马，因为他更想知道巴拉甘藏有什么办法让他回到马背上。谁料想巴拉甘藏却大笑了几声："先生，我没有接触您的身体，您已经从马上下来了不是吗？"

巴拉甘藏完成这个任务就是巧妙地运用了目标转换的思维方式。首先他提出假设，作为自己达到目的的间接目标，这其实也让财主放松警惕，没想到原来的难题也就迎刃而解了。

有时，直接解决某个问题是非常困难的，假如一条路走到底就是死胡同，我们不妨趁早放弃这条路，转换自己的目标重新考虑，用中间的间接目标作为过渡以实现最终的目标。

解放战争时期，有一个富商需要从武汉把一批银元运到上海。那时，长江沿线有很多的土匪强盗专门打家劫舍，他担心万一遇上土匪就会人财两空，但是思来想去也没有找到合适的应对之法。后来，有一个姓李的年轻小伙子说能帮他万无一失地完成任务。小李没有直接运银元，而是在武汉将银元全都买了洋油，装在船上运到上海，无论如何运油都比运银元要安全得多。洋油顺利到达上海，他马上将这些油全部卖掉，然后再去把洋油兑换成需要的银元，这么一转换，难题就解决了。更意外的是将洋油从武汉运到上海，洋油的价格已经比原先上涨了好几番。聪明的小李不仅完成了任务，自己还从中赚了一笔。

我们正在为一个目标而不懈地努力付出，可能有时我们会做一些与最终目标无关的事，这些事情可能与其他领域来说息息相关、意义非凡。这个时候我们就该果断放弃原来的目标，以新事物为研究对象，这样一来我们就能有全新的收获和突破。

治疗疟疾最好的药就是奎宁，但是天然奎宁的数量有限，如果一段时间内疟疾大范围的肆虐盛行，奎宁就会严重短缺。19世纪40年代，霍夫担任英国皇家化学学院的院长，他一直想用化学的方法合成奎宁以缓解紧张的状况。学生柏琴跟着导师一直进行试验研究，但是实验都失败了。然而失败没有让他半途而废，他坚持不懈地努力着。有一次，在尝试一个新的实验之后他无意中发现反应之后的化学试剂是紫红色的。他想：这种鲜亮的紫红色不是很好看吗？做染料应该很受欢迎。于是，他由此开始对这个全新的领域进行研究，在他的研究之下，发现了"苯胺紫"。为此，他将这项技术申请了专利，还着手建造了一家合成染料厂。

如果我们始终坚持常规思路，朝着我们的目标努力，这样就会错过沿途中很多优美风景。而目标转换法就告诉我们考虑问题的时候，千万不要忽略了你眼前的沿途美景，也许你出门就是为了摘苹果，但是途中经过的梨树林你就视而不见吗？

点金术：有时，直接解决某个问题是非常困难的，假如一条路走到底就是死胡同，我们不妨趁早放弃这条路，转换自己的目标重新考虑，用中间的间接目标作为过渡以实现最终的目标。

转换材料

传统材料在生活中的应用是非常广泛的，用砖头盖房砌墙，用木头做桌椅板凳，用纸制作本子……这些材质已经成为我们默认的材料制品，久而久之被我们当成理所当然的事物。其实这些习惯实际上是自己给自己设置的枷锁，没有哪种物品的材料质地是一成不变的。在这里我们不妨转变常规的思维方式对材料进行大胆地设计和转换，用新型材料代替这些常规的、习惯性材料，从而研发出新的材料或是研究出新的功能。

以杯子为例，通常人们选用玻璃、陶瓷或合金类材料制作杯子，但是它们的弊端是易碎、不易保存，为了改善这一点，人们又发明了一次性纸杯，这就是材料转换的典型事例。

再举个例子，家具都是木质材料，但是木家具因为体积大、质量重，因此观赏性不强。当你搬家的时候这种感觉尤为明显，又大又笨的家具不方便携带。这个时候运用材料转换思考法，新型的家具材料应运而生。因此市场上就有了简单轻巧、方便携带的布衣橱，类似的还有改变材料制成的充气沙发等构造简单、质量轻巧、易携带的新型材料家具。

考虑研究材料的结构、功能等因素，我们就能找到更适合平常使用的新材料。这些新的思考问题的方式有一个共同点——不能墨守成规。只有大胆设想、勇于突破，才有可能发现新问题、提出新思路。

一个个体老板经营着一家小饭店，但是饭店里的馒头一直卖得不好。有一天，他眉头一皱，计上心来，馒头的颜色为什么不能是多种多样的呢？因此他就和厨师商量将果蔬汁和在面里，如青菜汁、萝卜汁、茄子汁等，于是就产生了绿色馒头、红色馒头和紫色馒头，吃起来还带有一股淡淡的蔬菜香味。这些色香味俱全的馒头摆在小店里，冷清的小店一下子变得热闹起来了。以此类推，他又联想到我们每天吃的包子无外乎素的、肉的或是豆沙的，能不能制作一些与此不同的新包子馅呢？想到了就去做，他尝试着将各种水果酱、坚果仁等做成馅，制作出了一系列的果仁包子。又是一批全新的包子，果仁系列的包子更是受到人们的喜爱，而这家小店在附近早已是家喻户晓，每天来的顾客络绎不绝。

除了用于食品加工，在医学领域也广泛的应用材料转换的方式，例如早已广泛使用的假肢给残疾人带来的生命的希望，就连人的心脏都可以用心脏起搏器取而代之。此外，随着医学的发展，越来越多的人造器官相继问世，如人工皮肤、人工角膜等。在医学界，专家普遍认为，在人体的器官中，一半以上都可以用人造材料代替。但是，刚开始提出这种替代方式的时候，大多数人都持质疑和否定的态度，不知情的人还说这是“妖言惑众”。

18世纪中叶，波兰籍医生加迪尼大胆地提出用人造水晶体代替晶状体的设想：他认为白内障患者经过手术之后，如果将人造水晶体植入眼睛，那么让患者重见光明也不是不可能的。这种设想在当时简直就是天方夜谭，人们甚至认为他异想天开、妖言惑众，并因此将其告上法庭，更荒谬的是法院居然因此将加迪尼下狱治罪。

一个世纪过去了,英国眼科医生理得利给患者进行了眼科手术,但是手术后却因为疏忽将一个有机玻璃片留在了患者眼中,当时他还不知道,手术后很长时间才发现。但是让他奇怪的事情就这样发生了,这片有机玻璃没有让患者眼睛感染发炎。在此基础上他又进行了更为大胆地尝试,直接用这种材料制造人造晶体,用来替代患者摘除的浑浊晶状体,没想到手术后病人的视力逐渐恢复到正常水平。如今,人造晶状体每年都为数以万计的白内障患者带来福音。

材料不同就决定着事物性能和特点不同,转换材料之后很多新特点、新功能也随之产生,因此在产品创新领域应用材料转换思考法是非常有价值的。例如现在常用的树脂眼镜片,这种新型的材料耐用、经摔,为戴眼镜的人提供了方便。

点金术:材料不同就决定着事物性能和特点不同,转换材料之后很多新特点、新功能也随之产生,因此在产品创新领域应用材料转换思考法是非常有价值的。

转换原理

原理转换的含义就是当我们遇到一个难题,不要循规蹈矩、墨守成规地去思考问题,要尝试着从一些看似不相关的问题入手,使用它的原理,进而创造性地提出新的解决问题的方法。

第二次世界大战时,有个流浪汉自称是比利时人,当时法国的反间谍军官怀疑他是德国的间谍,但是他没有足够的证据证明自己的判断。突然军官灵光一闪有了个好主意。他命令流浪汉从一数到十,流浪汉很流利的用法语数出了这十个数。军官有些失望又无奈地对流浪汉说:"现在你可以走了,事实证明你就是平民百姓。"流浪汉紧张的神经一下子放松下来,还流露出了一丝难以掩饰的狡诈笑容。这时,军官非常确定这人就是德国间谍,马上下令将其抓获。大家知道军官做出这一判断的依据是什么吗?

因为当流浪汉用法语数完一到十之后,军官告诉他"你可以走了"这句话是用德语说的,流浪汉马上放松下来还带着笑容,说明他听懂了刚才那句德语,毫无疑问眼前的流浪汉就是德国间谍。军官就是先让流浪汉放松下来,然后运用转换原理的思维方式,判断出这个流浪汉的真实身份。

在不同领域之间也可以进行原理的转换。一个原理的适用领域不是单一固定的,将其转换到其他领域同样也是适用的,同样也会有不一样的收获。

帕西·斯潘塞是一名电工技师,无意中他发现了一个奇怪现象:每当他在高空安装雷达天线时,装在上衣左侧兜里的巧克力就会化掉。身边没有热源,为什么巧克力就会自动被熔化了呢?为了弄清楚这个问题,有一次,在安装雷达天线之前他特地拿了一块巧克力放在上衣兜里。他注意到等他爬到雷达塔上的时候,巧克力就自动熔化了。由此他判断,巧克力的熔化很可能是雷达发出的电磁波导致。

为了证实自己的猜想,斯潘塞进行了大量的研究和考证,他终于可以科学地解释这个现象了。巧克力之所以会熔化,是因为在微波的作用下,食物内部分子进行了激烈的运动,在激烈运动中产生了巨大的热量。随后,根据这个微波加热的原理,世界上第一台微波炉由此而生。

科学的发明创造都离不开转换原理的思考方式,其实很多新产品使用的原理还是常规的、普遍原理。我们利用这一原理创新的时候不妨从以下四个方面入手:第一,尝试着在不同的领域应用最新的原理,从而结合各领域的特点研发新产品;第二,将现在最新的原理用于已经产生的旧事物、旧产品中,将原先的旧产品不断地改造、升级、换代;第三,从原理入手,将已有的旧原理进行升级更新换代,经过改造和创新将其变为新的产品和工艺;第四,新旧结合,也许原来的旧产品会产生更多的特性和价值。

18 世纪,莱布尼茨从朋友鲍威特那里得到了一本拉丁文译本的《易经》。当读到八卦那一章的时候,他发现书中的基本素数竟然就是 0 和 1,在《易经》中被称为阴爻“ --”和阳爻“—”。利用这个原理,他创立了数学中的二进制,并将其定性为世界上最先进的数学进制。

20 世纪最伟大的发明就是计算机的发明和应用,计算机语言就是莱布尼茨二进制的进一步延伸运用。计算机电路使用的元器件性质决定了在计算机中只能采用二进制。计算机里有两个稳定的二值电路,每一个二值电路分别用 0 和 1 两个数码来表示,如果是低电位,代表数码是 0;如果是高电位,代表数码是 1。二进制的运算模式,运算简单、操作方便、成本还比较低。

在中国《易经》阴阳原理的启发下,德国数理哲学大师莱布尼茨发明了二进制,从而成为现代电子计算机技术的基础和起点。

当我们运用转换原理法分析问题时,要尽可能多地讲究某个原理能发挥作用的领域,而对于比较简单的问题,则要尽可能多地找寻和这个问题相关的所有原理,力求寻找到更多解决问题的办法,从而选出最佳的原理。

点金术:在不同领域之间也可以进行原理的转换。一个原理的适用领域不是单一固定的,将其转换到其他领域同样也是适用的,同样也会有不一样的收获。

问题转换

问题转换的含义就是化繁为简,将陌生的问题转到自己熟悉的领域进行解决,这样一来可以减小解决问题的难度。

英国某报纸进行了一次有奖征答活动,并且设置了非常高额的奖金作为鼓励,这次有奖征答设置的问题是这样的:

有一个热气球但是充气量不足,上面坐着三位科学家,他们都直接关系到人类的兴盛存亡。一位是进行原子能研究的,他的存在关系到全球和平,地球能否躲过被灭亡的悲惨命运直接关系在他身上;一位是环保领域的专家,他的研究成果可以将无数人从环境污染造成的疾病中拯救出来;另外一位是粮食种植研究领域的资深专家,即使干旱的地方他也能利用专业知识种植出人们赖以生存的粮食,他的存在能挽救成千上万饥饿的人。

但是因为充气量不足,热气球随时都会坠毁,为了减轻载重必须将一人丢下去,只有两人可以活命。但是这三位科学家都这么重要,该把谁丢下去呢?

这个有奖问答开始以后,为了高额奖金前来应征回答的人络绎不绝。把谁扔下去的答案都有,而且每个人都有一番合情合理的解释。最后巨额的奖金花落谁家呢?一个六岁的小男孩的答案让很多人意外,那就是将最胖的人丢下去。

三位科学家在各自的领域都是无可替代的,从对人类的贡献来看,很难做出决断。实际上这次问答考察的就是看人们能不能跳出常规的思维模式,小男孩考虑的肯定不是哪位科学家的价值最大，他将问题转化做出了回答，问题也就迎刃而解了。

面对困难问题我们常常不知道从何处下手，这是因为我们在自我设置的圈套中徘徊，原本简单的问题在过多的分析之后就错综复杂。最后变成一团乱麻，真像古诗词所说的“剪不断理还乱”，原本一眼就能看出来有直接简便的方法，或是能轻而易举完成的任务，却把自己弄得一团糟不说，还出力不讨好。

有位哲学家曾说：“自然界选择最简单的道路。”这本身就是最简单、最基本的事情，为什么我们要化简为繁、自己找麻烦呢？因为这样一来费时费力，对问题的解决还不一定有帮助，可能还会越来越糟糕。因此，凡事顺其自然最好，不要自己跟自己过不去。因为想把简单的事情变复杂很容易，但是想要化繁为简却不是容易做到的。

面对从未接触的新问题，经常会觉得茫然，一时不知道该从哪里下手。但此时如果将这个陌生的问题转化一下，变成自己所熟知的那一类问题，那么原本看似复杂的问题就很容易解决了。

法国园艺家莫尼哀在园艺设计过程中，想要一个坚固的花坛。对建筑他是很不清楚，但对植物生长规律十分了解。他想到参天大树能屹立不倒就是因为根系能抓住土壤。如用在建筑上，就能保证花坛坚固了。他用水泥替换土壤，用铁丝替代植物的根系，像根系固定土壤一样用铁丝固定水泥。一个结实的花坛诞生了。不久，他的这项发明被建筑界大为推广，即新型建筑材料钢筋混凝土。

转换思考法的关键是转换。首先要了解思考的对象，盲目转换不可能解决问题。结合实际转换，不能从主观出发，要不更难解决问题。爱迪生发明灯泡时，让助手阿普拉去测量灯泡的容积，阿普拉刚从大学数学专业毕业。阿普拉将灯泡的直径和周长进行了测量，用公式一个劲地计算。可由于不规则的灯泡形状导致计算困难，一直没出结果。爱迪生过来问情况，发现他测量困难。爱迪生在灯泡上打了个灌水的小口，注满水后再倒出水测量水的体积，从读数看容积。

“变通”是问题转化的关键。诺贝尔经济学奖得主诺斯有句名言：“生活有多种选择，一条不行走另一条。”当你在常规路上不能前进时，就应该换个角度思考，从别的方面寻找解决之道。根据环境、时间、事件、地点的不同转换思考对象的内容、形式、方法和概念。问题转换思考法使我们灵活转换思维，切忌被困难吓得停滞不前。

点金术：面对困难问题我们常常不知道从何处下手，这是因为我们在自我设置的圈套中徘徊，原本简单的问题在过多的分析之后就错综复杂。

价值转换

法国空想社会主义思想家傅立叶有个观点：“垃圾也是财富。”所有东西都有价值。价值转换思考法让我们全面评估事物价值，积极地挖掘新的价值。

由于大意，德国一家造纸厂的技师把胶加进了造纸工序中，大批纸张被浪费，墨水极易扩散。损失很大，技师估计自己要被解雇了。当他一筹莫展时，忽然灵光一闪，这种纸易吸水的特性正好可以用来做吸干墨水的纸。他将这种纸申请了专利。这种吸墨水纸广受消费者好评，造纸厂也因此得到了很大利润。

那位技师能发现吸墨水纸的价值，正是得益于价值转换思考。生活中任何东西都有其自身价值,要是我们都用价值转换思考法,就能发现事物更多的价值。

一天,唐代商人裴明礼看见交通要道上有一个臭水坑。水坑周围商贩来往众多,大家只能绕行。裴明礼花了很少的钱把水坑买了下来,将一根高木杆立在中央,把一个竹筐挂在木杆顶上,张榜称:"如果能把石块、砖瓦投入竹筐,就赏百文铜钱。"行人纷纷投掷砖瓦,但是没人能投进又高又远的竹筐。人们都来试着投篮,孩子们更是乐在其中,臭水坑很快就被填平了。裴明礼停止了活动,修复地面,并为过往的商人搭建了几个牛棚和羊圈。那块地又堆积了厚厚的牛羊粪便,给农人种田用。裴明礼卖出粪便,赚了一大笔钱。他再拆掉牛棚羊圈,盖了房屋种上花草,弄了个蜂房。短短几年,他成为了大富商。

一般来看,我们重视事物的某一领域价值,忽略其他方面的价值。比如杯子用来喝水、椅子用来坐、笔用来写字……常规的、显而易见的价值蒙蔽了我们的双眼,不能发现事物价值。椅子还能垫脚。笔为什么不能去当锥子或者当鼓槌?杯子里能不能种花或者养鱼?价值转换思考法让我们获得了很多价值。如果你觉得一件东西没有用,应当好好想想其他用途。

明尼克·波达尼夫是法国一位青年艺术家,某天他发现一双破高跟鞋看上去像一张人脸。他把鞋加工成人脸的样子。他的鞋子脸谱受到朋友们的称赞,这让他想到把鞋子变成艺术品。于是他找来破鞋子开始创业。鞋子被制成各种脸谱:贵妇、商人、顽童、政客……朴素、唯美、搞笑、精致,各种脸谱都很受欢迎。作品还在全球展销,售价高达3000美元。

人们称明尼克·波达尼夫为"鞋脸奇才",他只回答:"我只是展示出鞋子的灵魂和性格。"

"钻石大王"查尔斯·蒂凡尼,最初只是个珠宝店小老板,他的发迹全靠一根报废的电报电缆。很多年前,美国需要更换大西洋底破损的电缆,查尔斯·蒂凡尼听说后,马上买下破损的电缆,人们对他买来废弃的电缆非常惊讶。查尔斯·蒂凡尼胸有成竹,他洗净电缆,剪成小段,装饰上珠宝制作成精美的纪念物。拥有铺设在大西洋底的电缆,能给人带来荣耀。于是他赚了钱,为了名利双收,随后,他又买下一枚价值连城的"皇后钻石",围绕这颗钻石举办展示会。参观的人络绎不绝。高额的门票让他挣了一大笔钱,还被人称为"钻石大王"。

转换事物价值是查尔斯·蒂凡尼的成功关键,让其为自己所用。电缆既能传递信号,又具备收藏价值。皇后钻石的价值包括升值、收藏和观赏。经过价值转换,表面看着没价值的东西到他手里变得有了价值或价值更高。

点金术:生活中任何东西都有其自身价值,要是我们都用价值转换思考法,就能发现事物更多的价值。

视角转换

"横看成岭侧成峰,远近高低各不同"。景观随视角不同而不同。视角单一,你不能看见全貌。如果换个角度,世界就像万花筒一样五彩缤纷。对同一事物从不同的角度去思考,从而获得新的认识,这就是视角转换原理。我们解决不了问题,总是一成不变,找不到出路。但换个角度,问题就能迎刃而解。

一位富翁有个花园,树木葱翠,花团锦簇,非常漂亮。经常有人进来破坏了花木,地面狼藉不堪。富翁因此竖了个牌子,写着:"私家花园,禁止入内",但没有一点用。花园受到践踏更加严重。富翁又想到了一个办法,他将禁止入内抹去,写上:“如果你不幸在花园中被毒蛇咬伤,离此地15千米处就有医院,半个小时就能驾车到达。”此后,再无人进花园。

正是视角转换的思维方法解决了花园问题。起先,他站在自己角度,严令外人不得闯入花园。这种警告激起人们的逆反心理,达不到富翁想要的效果。视角转换后,富翁从对方角度出发思考,要是惧怕自己人身安全受到威胁,就可以阻止他们。

同样,一件事虽然可以看成不妥,站在别的角度看也许就是对的。如果你要人家服从安排,你必须设身处地考虑问题。下级从自己角度出发无法改变领导,家长也无法用自己观点代替孩子思考。让别人接受观点必须先让人觉得对自己有利。有两个人都喜欢吸烟。有一天,他们先后找牧师询问吸烟的问题。第一个人问:“在祈祷的时候能吸烟吗?”牧师很生气,说:“绝对不行!那是对上帝的不敬。”这个人很遗憾地退了下去。第二个人走上前问道:“吸烟时可以祷告吗?”牧师高兴地说:“当然可以!吸烟时还祷告,可见你很虔诚。”在这个世界上,有的人觉得自己什么都不会,非常自卑;有的人自负,认为自己不可替代、无所不能。过犹不及,因为人们不能清醒地、客观地对待自己的优点和缺点。运用视角转换,人们才能正确评价自己,不妄自菲薄,也不自高自大。

我们总不满意别人或环境。可我们换一个角度与人相处,就能发现别人的优点,远比我们想象得好。具体来说,将思考对象进行分解,打破常规思维模式,多寻找思考对象不同侧面,各种角度进行思考,综合不同思考对象各种观点,最后形成全面的思考结果。非对即错是不可取的思维模式,这个世界并不是那么简单,还有很多灰色地带。只有进行视角转换,才能全面地看待问题,看一看除了对和错之外,是不是还有第三种可能。1964年,被流放的越南籍僧人一行禅师旅行到华盛顿特区,希望美国帮助制止越南战争。他被询问的第一个问题就是:“你来自南越还是北越?”一行禅师的回答是:“都不是,我来自中间。”看似没有用处,弯曲的大树才能保全性命;会打鸣的鹅,因为有用而得以保全性命。那么,作为人应该怎么做呢?庄子认为人应要处于有才和无才之间。运用多个视角,你会发现这时眼前出现了更富有创意的选择。

点金术:一件事虽然可以看成不妥,站在别的角度看也许就是对的。

第六课

类比思考法

运用类比

类比思考法在于比较两个或两类事物,做逻辑推理,找出两者异同,运用同中求异或异中求同的方法来发明。类比思考法包括直接类比、间接类比、幻想类比、因果类比、仿生类比和综摄类比。我们会在以后的章节中进行介绍。创新是类比思考法的意义所在,体现在两点:首先,去发现事物未知的属性。如发现考察对象有某种属性,就能推测类似事物也具有相同属性。例如,橘子和橙子样子相似,橘子是甜的,可断定橙子味道也是酸甜的。其次,进行类比应用,发掘新功能。要是对象具备某种功能,如果我们将其用在另一个相似对象上,找到类似的功能。例如,茅草的锯齿状叶片会把手划破,用在铁片上就是锯子,可以把大树锯断。

创造学领域有种重要的思考方法,即类比思考法,应用广泛。世间万物都能用到类比思考法,拓展我们的视野,开拓新的思路。很多重大的发明创造也得益于此。经过长期考察研究,李四光发现我国东北平原和中东地址结构相似。中东石油丰富,东北平原也许会成为下一个盛产石油之地。用类比思考法推断,李四光得出肯定的结论。经过勘探,大庆油田被发现。类比的两个事物必须具备共同属性,我们推断的属性必须和已知的共同属性联系很紧密,确保推论的可靠性。

大棚蔬菜栽培能手雷安军,在给塑料大棚培土的时,发现有几个小腋芽从快要拉秧的西红柿冒出来。联想到青椒的情况,残株再植需要去掉老枝叶。西红柿和青椒都是茄科植物,那西红柿肯定也能残株再植。他试着剪掉了西红柿的老枝叶,按时浇水施肥。不久冒出新芽,开了花结了果。西红柿的生产期由此延长了两个多月,产量有了很大提高,成果几乎占到总量的五十分之一。

雷安军用类比法思考西红柿和青椒,和青椒一样,西红柿也能用。类比思考法给他带去很大好处。但如果拿黄瓜做实验,就不会有效果了。虽然都是蔬菜,但是黄瓜、青椒分属葫芦科和茄科,没有可比性。必须找到事物异同,才能运用类比法进行思考,做到同中求异和异中求同。

1. 同中求异

同中求异是在类似事物中找出区别,再来发明创造。不同点能带来新视野,使我们多角度思考,不被传统思维束缚,寻找新的功能。

2. 异中求同

异中求同是在不同事物中找出共同点,来发明创造。熟悉的某种事物的属性或功能如果应用到相关事物上,让人容易处理陌生问题。例如太阳东升西落是常识,但是人们弄明白太阳发光发热的原理都到了20世纪30年代。100年前科学家们认为,按照能量守恒与转化定律,在引力的作用下太阳分子会向中心坍缩,分子的动能就会变成光和热。可经过计算,这种假设是错误的,只是通过分子运动来释放热量,太阳光热也只有几亿年,不可能存在几十亿年。

上个世纪三十年代,人们发现在极高的温度下原子核会发生聚变,变成新的原子核释放出能量。美国物理学家贝特将此原理用到太阳发光发热的现象上,找到了太阳发光发热的原因:太阳内部温度高达2000万度,氢原子就会变成氦原子,能够释放出巨大能量。核聚变算出太阳能量释放值与观测到的数值一致。运用类比思考法,你能周全地考虑事物,从貌似没有关系的事物中找到隐藏的关系,再进行推理判断,找出新方法。

点金术:运用类比思考法可以拓展我们的视野,开拓新的思路。

综摄类比

1944年,美国麻省理工学院的教授威廉·戈登提出综摄类比法,即用外物启发思考。戈登认为大部分创新发明不是判断推理的结果,而是来源于日常生活。这些外部事物包括自然现象、社会现象和幻想中的事物等,范围广泛。综摄类比按照外部事物或已有的成果,用“异质同化”和“同质异化”进行思考,利用创新解决问题。

“异质同化”强调将陌生变熟悉。如果遇见陌生问题,易于处理和接受。“同质异化”强调将熟悉变陌生。我们就能从新角度去思考问题,摆脱旧观念,诞生新想法。两大思考原则都体现在了解问题和解决问题阶段。了解问题阶段时我们要坚持“异质同化”,熟悉陌生情况;“同质异化”则用来解决问题,将熟悉的东西变成陌生。两个思维阶段特点不一样,但都要发挥创造性的作用。

用分析法去了解问题,做到全面认识问题,把握主要方向。人类天性反感陌生事物,如果陌生与熟悉事物有联系,对陌生事物多加了解,让人易于接受。尽管对细节的掌握越多越好,可不能对细节过于沉溺,否则会舍本逐末、耽误发明。

确定思考对象才是了解问题目的所在,将发明课题确定好。要用全新的视角去解决问题,摆脱常规习惯的约束,以全新视角研究熟悉事物。当自己是外星人,所见所闻都很新鲜。此时,思考者可以拿任何事物来做练习,威廉·戈登说了三种技巧:

1. 亲身类比

这种方法关键是设身处地,想象如果自己是对方会怎么办。进行换位思考。技术问题由此方法解决,例如,将自己当成想自由活动的机械,就应加点润滑剂……这种类比要求我们换位思考,将思考对象的问题当作“自身”的问题对待,在技术领域依靠人的情感体验解决抽象问题。这种类比能打破常规,效果显著。

2. 比喻类比

比喻类比应用范围非常广泛,联系不同类事物。例如我们说A像B,说明A和B都具备双方的属性。青年朝气蓬勃,如早上八九点钟的太阳,和年轻人一样充满了活力。两者相似之处不少,但还有许多不同点。不同点可以带来动力,能把熟悉的事物变得陌生,让我们获得新的想象,找到灵感。

直观的外部结构、事物的功能是比喻类比的激发点。发明创造几乎都由此产生,雷达通过模拟蝙蝠发明出来,左轮手枪通过模拟船的舵柄发明出来。这种方式对直接类比、间接类比和仿生类比同样适用。

3. 象征类比

在古代传说、小说、科幻作品、童话、寓言中,我们都能应用这种方法。激发点体现了事物逻辑关系,例如电脑是人脑的模拟。我们在训练时要学会询问:“要是童话小说里有了这样的问题会怎么办?”通过幻想情景来解决问题。综摄法是一种思考工具,更应用在小组讨论中。不同知识背景的人在一起创造,在讨论过程中相互启发,会激发出很多奇妙的设想。积极发挥此类方法长处,讨论小组的成员应喜欢冒险和创新,需要强烈的好奇心和比喻能力。还需一名强有力的组织者,注意把握讨论方向,告诉成员如何得出正确方法,总结成果。

综摄类比法具体操作包括:①问题的明确:陈述思考对象和思考目标,外部提供问题,自己也能确定。②问题的分析:解释给定问题,将陌生问题当成熟悉问题。注重主要方面,确定好思考的方向。从不同角度去理解问题,不受已知定律和常规思维干扰,找到症结所在。③问题的引导:亲身类比、比喻类比、象征类比都可以用来打开新思路。④问题的解决:结合想法与思考运用亲身类比、比喻类比和象征类比法,得出有效方法。通过对类比事例得出理论上结果,再进一步得出具体解决方案。

点金术:用分析法去了解问题,做到全面认识问题,把握主要方向。

仿生类比

我们对周围的生命觉得理所当然。但是猎豹、蜜蜂、苍蝇、毛毛虫、鸽子并没有我们想象的那么简单。鸟儿的身体为什么具有完美的曲线?蜘蛛为什么能编织出经纬度恰到好处的网?蝙蝠如何在夜里飞翔?这些都引起了人们的兴趣。仿生学于20世纪60年代诞生,工程应用上可以借鉴很多。

仿生类比思考法是应用仿生学,在机械设计、工程原理中运用生物结构、功能,发明新的功能技术。雷达原型就是蝙蝠。此外,根据人类的手臂原理,人们制作出了机械手。蜻蜓的翅膀也启发人们开发超轻的高强度材料……

我们应留意平时忽视的小生物。苍蝇传播细菌,人类深恶痛绝。但通过形象思考,应用苍蝇身体独特的结构和功能,人们按苍蝇的揖翅的导航原理制成“振动陀螺仪”。火箭和高速飞机安装这种仪器,可以自动驾驶。

苍蝇的眼睛是由三千多只小眼组成的复眼,模仿复眼人们做成了“蝇眼透镜”。作为新型光学元件,它广泛用于多种领域。“蝇眼透镜”的镜头可用于“蝇眼照相机”,照出很多张照片。这种照相机对提高印刷制版和大量复制电子计算机的微小电路等领域的工作效率有显著作用。

人类向动物学习历史悠久,从鸟身上学习筑巢,从青蛙身上学游泳。但有意识地研究生物构造和习性,是从20世纪60年代开始,运用仿生类比方法,从生物的构造、行为和习性来探索价值:如利用生物的构造,模仿蜂巢结构的墙壁,减轻了建筑物自身重量;如利用生物的行为,模仿袋鼠育儿袋的装置可以拯救早产的婴儿;如利用生物的习性,英国的一位人类学家研究出高效杀菌剂,就是来源于猩猩的食物。

仿生类比法帮助人们从萤火虫身上发明了日光灯。发光动物里,萤火虫发出的冷光不仅效率高,而且很柔和,强度高而且适合人眼。科学家发现萤火虫的发光器在腹部,包括发光层、透明层和反射层。发光层有几千个发光细胞,细胞有荧光素和荧光酶。荧光酶作用下,荧光由荧光素与细胞内的水分、氧气化合而成。萤火虫会发光,是因为将化学能转变成了光能。人们根据这个原理发明了日光灯,让灯丝通电后发热,水银蒸发成气体能够放出电子,紫外线产生于电子高速撞击,紫外线在荧光粉的作用下发出自然而柔和的灯光。

尽管人类是万物之灵,在自然界的基础上创造了新的世界,也制造了很多精美的物品,但还是不如大自然来得精妙,人类制造的任何一种机械都比不上生物与生俱来的功能和结构。只有向生物学习,人们才能提高各种仪器、装置和机械的性能。仿生学与控制论密切相关,而控制论是比较生命现象和机械原理,将其进行研究和解释。人类在机械设计上很受生物体的结构与功能的启发,类比两者,能得到新的思路。

我们能类比生物的感觉功能与信息接收系统,类比生物的神经功能与信息传递系统,类比生物的造型与机械的结构。例如,潜水艇的设计可用到海豚的体形或皮肤结构的原理,能避免潜水艇在水底行驶时产生紊乱。仿生学产生时间不长,但取得的成果已经极大地开阔了人类思维的深度和广度。类比生物的功能与机械设计和工程原理,有助于我们发展独特技术。

点金术:向生物学习,人们可以提高各种仪器、装置和机械的性能。

因果类比

因果类比要求我们寻找两个事物属性中蕴含的因果关系,根据已知推出未知。例如,质量很轻的泡沫塑料隔热、隔音,合成树脂里加了发泡剂就能形成这种特性。可以用因果类比,将发泡剂加入水泥中。经过试验,具备质轻、隔热、隔音的气泡混凝土被发明了出来。

在此,因果类比思考法具备以下过程。首先我们要善于发掘潜在价值和功能,推导出特性发生的原因和得到这种特性的途径。接下来,让其他事物也获得这种特性,在研究对象上运用这套因果关系。这种思考法带有创造性和预测性,所以,必须通过试验来验证是否正确。

1781 年,业余天文学家威廉·赫歇尔发现天王星,并发现天王星的实际运行轨道与预测的轨道存在偏差。有天文学家在 1846 年发现海王星,但海王星的存在不足以证实天王星的实际轨道与预测轨道的差异。到了 19 世纪末,有天文学家猜测,海王星的轨道范围外肯定还存在着远于海王星的行星,引力影响了天王星的运动。于是人们按这个位置寻找行星, 直到 1930 年,劳威尔天文台的唐包夫发现了这颗新行星,将其称为冥王星。

天文学家能够发现冥王星,是由于他们掌握了其他行星运行规律。理应预测行星轨道,如果轨道出现偏差,就因为存在未知天体的影响。他们套用在天王星上,推测有其他行星引力的影响,因此运行轨道会有偏差。在科学研究和发明创造中,因果对比应用很广泛。它是我们解决问题的好方法。例如可用河蚌体内培植珍珠的原理去培植牛黄,让牛黄产量大增。

牛黄是牛的胆结石,因为产量很小所以价格昂贵。人们按照胆结石产生原理,提取牛、羊等家畜的胆汁来研制人工牛黄,临床医疗功效远不如天然牛黄,医学专家就要寻找新方法去解决。某药品公司的科研人员想起河蚌植入沙粒,会分泌出黏液形成珍珠,应该把这个方法用在牛的身上去产生牛黄。在意义不明确的牛胆囊中放入异物,不久就培育出牛黄,医疗效果和天然牛黄一样。

此案例就是因果类比的运用,按照珍珠的形成原理去培养胆结石,用“插片法”去培植牛黄。如果用心观察,找到事物的因果关系,将已知有效的因果关系应用在关心的问题上,就可以找出解决问题的方法。

因果类比思考法对我们的成功有很大的指导意义。市面上成功人士介绍成功经验的书很多。

让自己应用别人的成功法则，既然别人能成功，自己也可能成功。模仿的成功率相对较高。参照成功者的做法，借鉴他们的成功经验，节省时间和精力，也可能获得这些成就。

成功学大师安东尼·罗宾说："你要成功，你就要模仿那些成功的人的做法。"他曾帮助美国陆军进行射击训练。他从几名神射手身上找到了他们成功的原因，掌握射击要领。然后用射击高手的经验训练新手。课后测试大家及格，比起平时，优秀等级的人数达到了3倍以上。

训练因果对比时，我们要分析积极效果的产生原因，思考总结事物具备因果关系的原因，由果溯因，找到积极的、有用的结果。这种方法有助于我们理解事物因果关系。

例如物理老师对比水流和电流，让学生很容易就理解了电流产生的条件。水流动的条件需要水和落差，可以向下流动，产生电流的前提就是有自由电荷，自由电荷受电场力的作用在电场里自由地流动，电荷流动如水流一样，主要是电压在起作用。

点金术：训练因果对比时，我们要分析积极效果的产生原因，思考总结事物具备因果关系的原因，由果溯因，找到积极的、有用的结果。

幻想类比

幻想类比是类比思考对象与超现实的理想、梦幻和完美的事物，找到创造性的方法。这种思考法思考路径有两条，其一是类比神话故事或科幻小说中的事物与现实中的事物，改进现实中的事物，赋予新的特性和功能。古代的神话故事是当时的人们的幻想，反映了对大自然的恐惧，幻想在科学技术日益发达的今天启发意义更大。

一位物理学家思考如何让变压器增大电压。一次他偶然地看见了雷公的画像，画像中的雷公形象威武、背负大鼓、手持铁锤。黄色杂有黑色虎皮的花纹让他灵感一现："按照虎皮花纹将电线排列成一个线圈，电流在过线圈的时候会产生磁场，将磁场转化成电能，强如闪电般的瞬间电流肯定能产生强大的电阻。"按照这个想法，他发明出了变压器。运用了幻想对比，这位物理学家解决了问题。

另一途径是根据眼前的事物来幻想，发明新事物。威廉·戈登说："出现问题时，应该想象最好的事物来予以帮助，让最合适的解法由最好的见解引导出来。"

只有得到幻想的空间和自由，科学家们才能有突破性的发明创造。威廉·戈登认为："他要想象问题的解决方法，将常规推导出的定律放在一边。这样才能想出理想方法。"

伽利略看见孩子们玩放大镜，他想到可以做一种看到遥远的太空的镜子。他在1609年10月制作出了望远镜，能放大30倍。伽利略自制望远镜去观察夜空，首次发现月球表面高低不平，有山脉和火山裂痕。此后陆续发现了木星的4个卫星、太阳黑子的运动，证实太阳在转动。

进行幻想类比思考，我们要充分地想象，不受逻辑和常规思路限制，才有助于解决问题。例如，河流上游和下游的水位落差相当大，船从上游驶到下游或从下游驶到上游。船怎样才能从上游平稳地行使到下游？

用幻想类比法思考，你首先要想象自己无所不能，能够改造自然、用想象力解决问题。然后再运用幻想寻找方法。因此你可以用超能力让船从空中飘向下游，或者潜入水底避过激流。

按照这个原理我们来想象让船保持平稳，需要让上游水位与下游水位持平，我们可以把船开进像连通器那样的闸室，两侧用墙挡住水，设一个阀门在底部。船从上游驶向下游，进入闸室后，打开下游阀门放水，保持与下游水位持平。同样，船从下游开向上游，打开上游方向的阀门使水位上升，与上游水位持平。用幻想类比法很容易解决难题。

点金术:只有得到幻想的空间和自由,科学家们才能有突破性的发明创造。

间接类比

间接类比就是去比较不同类的事物。寻找解决方法时,在缺乏同类事物的情况下,用间接对比。间接类比运用范围有限,可以使类比扩大,让我们思考更多事物,帮助人们开拓思路,产生创造活力。

空气中的负离子能够消除疲劳、延年益寿,有效治疗哮喘、高血压、心血管病。但高山、森林、海滩、湖畔处的负离子才比较多,人们很少享受得到。为了创造出更多负离子,运用间接类比法,科研人员用水冲击法和电子冲击法产生负离子。负离子发生器的工作原理就来源于此。

从上述案例,我们可以发现间接类比的特点就是可以得到某一种有益属性,可是不能全盘模仿,要从别的途径达到目的。除此之外,同一原理应用于不同领域也是间接类比的表现方式之一。例如,瑞士科学家阿·皮卡尔就发明了世界上首个自由游动的潜水器。

阿·皮卡尔本来是研究大气平流层的,他设计的平流层气球可以飞到15690米的高空。随后,他拿大气和水类比,海水肯定也能用上大气原理。他想到可以在深潜器里用平流层气球原理。那时深潜器只能依靠钢缆,行动也不自由,限制活动范围,水下2000米已经是极限。

平流层气球的原理不难,气球中都是比空气轻的气体,利用气球的浮力让载人舱上升。皮卡尔认为,加个浮筒在深潜器上,就可以像气球一样自行上浮了。他在船形的浮筒内充满汽油,这些汽油的密度比海水还要轻,可以提供浮力给深潜器。他制造钢制潜水球,用铁砂压舱,让深潜器沉入海底。这样就不用借助钢缆,不论海水深浅,潜水器都可以自由游动。他设计的潜水器"的里斯特号"能到最深的海底。很多道理都一样,可以互相借鉴应用。我们可以运用间接类比来打开思路,用新的角度去观察老问题,找到解决问题的新方法。例如,在乐器演奏中就可以应用到惯性原理,自如地运气,易于用口腔和手指的动作,使演奏更加精彩。

我们分配个人任务时,最先考虑的是这人承担的责任。这可以当作杠杆的支点,责任越重大,由于支点离施力点的距离,就越难撬起来。其次要看利益与权力是否匹配,如果权力固定的话,不变动支点到受力点距离,利益大的话,撬起来越容易。通常,企业中高薪水决定了高责任,这帮人的办事效率也较高。

随着时间的推移,人们慢慢了解到各个领域中的真理是可以互相通用的。我们用间接类比思考法去比较不同领域内的事物,将一类事物中抽取可供几类事物通用的原理,在别的事物上运用,带来新创意和新想法。

训练间接类比时,你试着随机选取两类不同事物,把一个事物特征用到另一事物上,看看结果是什么。围绕思考对象应用间接类比处理问题,匹配自然科学和社会科学中的理论与思考对象,寻找解决问题的新方法。扩大某一理论或事物的特征运用范围就是间接类比的意义。看到事物一个特征,我们要看看这个特征还能运用到哪些方面,有什么益处。

点金术:训练间接类比时,你试着随机选取两类不同事物,把一个事物特征用到另一事物上,看看结果是什么。

直接类比

直接类比即在自然界或社会现象中寻找与思考对象类似的事物，受原型和已知成果的启发产生新的灵感，用新方法来解决问题。这种类比法聚焦在事物外部结构上，雨伞的发明就源于荷叶。

据说鲁班发明了雨伞。为方便路人，鲁班在路边造了许多亭子，给人们避雨遮阳。一天，正下着大雨，他看见一个急着赶路的人在亭子里躲雨。那人好像有急事，没停多久就继续前进。鲁班有了想法，要将亭子移动起来。

某天，鲁班看到头戴荷叶的孩子们在玩耍。他想到荷叶也能遮阳挡雨，就是个移动的亭子。回家后，他找来竹子做了支架，再盖上一块羊皮，根据荷叶的结构造出了伞。为了更好携带，他又做出开合两用的伞。

在科学研究、工程设计领域，直接类比应用很广。用直接类比的方法，你可以用自然界中或社会中的各种现象和原理，使其发挥更大作用。

19 世纪 20 年代，英国要在泰晤士河下修建地下隧道。作为传统的地下施工方法，“支护施工法”进度慢、塌方事故多。为解决这个问题，工程师布鲁内尔绞尽脑汁。某天，布鲁内尔观察到小虫子钻橡树皮的过程，它挖出树屑后，用自身硬壳挺进去边深挖边前进。他将其与挖隧道联系起来。如果在松软岩层打入一个空心钢柱体，然后就能安全地在这个“构盾”的保护下进行施工。付诸实践后效果很好，他创造了“构盾施工法”。

19 世纪某天，一位贵族女性来找雷内克医生看病，她面容憔悴、病得不轻。听诊完后，雷内克判断她是心脏病。要想确诊，就得听心肺的声音，得隔一条毛巾把耳朵贴在病人的胸廓上去听，但不适合贵族小姐。

雷内克思考着新的方法。他想起一件事：在木料堆上几个小孩一起玩，一个孩子拿铁片在木料一端敲打，让另一个孩子在另一端去听声音，雷内克也跑去听了一下。他灵机一动，决定试试这个方法，拿纸卷成一个圆筒，分别按在小姐心脏部位和自己耳朵上。效果很好，小姐心脏跳动的声音连其中轻微的杂音都清清楚楚。于是他便确诊开了药方。后来，他制作了一个长 30 厘米、口径 0.5 厘米的中空木管，由此诞生了世界上首个听诊器。

你很难用单手捏碎鸡蛋。薄薄的蛋壳能承受巨大的力。英国消防队员试验鸡蛋的受力情况，在草地上停了辆消防车，将救火梯子伸直，消防队员从 21 米高空扔下 10 个鸡蛋，竟然才破了三个。有人发现鸡蛋均匀受力时，受力达 34.1 千克。鸡蛋的承受能力非常大，主要是因为其蛋形曲线和科学的结构。一个鸡蛋长度大概 4 厘米，蛋壳厚度才 0.38 毫米，厚度与长度的比例大概是 1∶1300。

建筑学家开始注意蛋壳的结构，不仅材料很少，还能承受强大的外界冲击力。这种具有曲线外形、厚度小、承压大的结构，在建筑学上有个专门的名字，叫薄壳结构。1924 年德国蔡斯工厂天文馆用了薄壳结构。过去，屋顶不敢被建得太薄。1925 年，德国耶拿斯切夫玻璃厂用球形薄壳建造厂房，40 米直径的结构中只有 60 毫米的壳，建筑材料用钢筋混凝土，厚度与跨度的比例是 1∶667。

直接类比的方法已被广泛运用在建筑上，像鸡蛋壳那样的建筑越来越多。直接类比要求较高的观察能力，大自然充满了神奇的现象，我们要善于观察。我们需要善于发现事物有用的属性，应用领域越广，价值也就越大。

点金术：直接类比要求较高的观察能力，大自然充满了神奇的现象，我们要善于观察。

第七课

倒转思考法

运用倒转思考法

倒转思考法也被称为逆向思维法,要求我们从思考对象的反面或侧面寻找解决方法。哈佛大学教授艾伯特·罗森和美国佛蒙特州投资顾问汉弗莱·尼尔共同提出这种方法,他们认为这种方法的关键在于从对立面思考。请你思考下列问题:

4 个一样的瓶子,为了使任意两个瓶口的距离相等,应该如何摆放?全部正立摆放的话你很难找到方法。把其中一个瓶子倒过来,将 3 个瓶子摆成正三角形的图形,在三角形的中心放上倒过来的瓶子,创造出几个等边三角形,任意两个瓶口之间的距离相等,且等于正三角形的边长。

瓶子可以倒着放,可没有人会倒过瓶子来摆放,因为人们习惯用常规方法解决问题。然而,传统观念和思维习惯也许很难找到出路。你突破惯性思维,从反方向思考问题。倒转思考法就是让我们打破常规思维模式的束缚,全面分析了解思考对象的情况。此外,进行倒转思考的人还要有敢于冒险、勇于创新的精神。

用倒转思考法,容易让我们找到解决问题的另一角度,深挖事物的本质属性,找到解决问题的新方法。丰田喜一郎是日本丰田汽车公司的创始人,他认为:“我取得的成功,那是由于我经常倒过来思考。”可见倒转思考法的作用了。

南唐每年要向北宋进贡。某年,博学善辩的徐铉被南唐后主李煜派去北宋进贡。依照惯例,北宋一名官员要陪同徐铉入朝。但是朝中大臣认为徐铉的学问很高,又擅长辞令,因为怕丢脸,所以没人应战。宋太祖很不高兴,他怕派去的人会有辱朝廷。随后,宋太祖就派了大字不识的几个侍卫去接待徐铉了。

徐铉见了侍卫开始滔滔不绝,但是侍卫一直不说话。徐铉认为接待官员深不可测,只好不停说话。接下来几天侍卫还是不说话。等宋太祖召见徐铉时,他都不知道该说什么了。利用逆向思维,宋太祖得体地应对了进贡官员。

以正常思维来说,用能言善辩的人来对付能言善辩的人才对,而不识字的人却更有效果。徐铉按常规想法思考,他以为来接待的官员肯定学富五车。但他猜不透不说话的侍卫在想什么。

1935年前,英国一般出版精装书。显然铜版纸上的字让人看着舒服,读者容易被大篇幅的图片所吸引,这样帮助读者省去时间。而且,因为读者都是贵族,高价的精装书能体现他们的品位。出版商靠出版精装书赚了很多钱,他们愿意制作更精美的书。

艾伦·雷恩于1935年建立了企鹅出版社。他有自己的想法,别的出版商就只考虑制作精美图书,他准备出版平装书,每本书只有6便士,跟一包烟价格差不多。书商觉得不可思议:"6便士的书利润都很低,根本赚不了钱。"作者们也担心挣不到钱。伍尔沃斯公司赞同艾伦·雷恩的想法,他们买的商品只在6便士以下。

结果,售价6便士的企鹅丛书广受好评,人们踊跃购买。而且,企鹅公司由于出版平装书,逐渐发展成大品牌,艾伦·雷恩也成了英国出版史上的一位大人物。传统观念认为只有高价的精美图书才能创造很高的利润;艾伦·雷恩反其道而行之,出版朴素的平装书,把价格降到最低,这正是对倒转思考法的运用。事实也佐证了他的判断。

在现实生活,倒转思考法有很大作用。倒转思考法让人们换一种思考方式,创造惊人奇迹。如果沿着一条路前进受阻时,如果需要新颖的方法解决问题时,如果想突破常规思维时,都可以试试反方向思考。倒转思考法非常科学,我们可以倒过来思考事物条件、作用、方式、过程、观点、属性和因果等因素,颠倒人物、情景、结果进行思考。以后的章节,我们将详细分析这些方法。

点金术:用倒转思考法,容易让我们找到解决问题的另一角度,深挖事物的本质属性,找到解决问题的新方法。

条件倒转法

条件倒转是反方向思考事物的相关条件,从反方向找新方法。事情的存在和发展离不开相应的条件,条件的变化带来事物的变化。当我们倒转思考时,会增加对问题的认识,从而找出解决方法。凡事都能用条件倒转思考法,可以化不利为有利。例如,狂风本来是具有很大破坏性,条件一倒转,风力可以用来发电;粪便的恶臭让人厌恶,待条件倒转后,粪便、杂草、秸秆、树叶等废弃物会散发出可以发电的沼气。由此可见,腐朽也能化为神奇。

倒转条件,我们会发现创新的契机很多由困难的条件而来。正式运用倒转的思维方式,业余发明家雷少云找到很多方法,完成了许多发明。"听难声、找难事、想难题"是雷少云的特点。有一次,他听到油漆工人抱怨用直毛刷刷深圆管很难刷,而且还费料。他把此当成了发明创造的机会,经过反复琢磨、不断试验,终于发明了一种圆弧形的漆刷。这种新型的漆刷松紧可调、使用方便,油漆工人的工作效率也由此提高了很多。后来,他又加上了一种自动供漆系统,使操作更加方便。

一次,雷少云坐着卡车去办事。卡车出了问题,半路上司机钻车下修车,弄脏了衣服。他从这个难题想到,他想到人可以躺在平板车上修车就不会弄脏衣服,方便出入。于是,他将修理车装上轮子。这种修理车既能方便出入,还能装上升降装置、伸缩弹簧挂,提高了修车效率和功能,大受司机好评。接着,医院里也开始推广这种装置,使卧床病人和行动不便的人方便了很多。

生活到处都是难题,只要我们善于观察分析,从困难中寻找机遇,就会创造出新的发明。

点金术:当我们倒转思考时,会增加对问题的认识,从而找出解决方法。凡事都能用条件倒转思考法,可以化不利为有利。

作用倒转法

作用倒转是逆向思考事物作用，负面作用变成正面作用，延伸某一领域作用，从而得到独特方法。儿童玩具一直被认为要设计得美丽可爱。某天，一位美国玩具设计师发现孩子们很喜欢玩奇丑无比昆虫，玩具设计师想到丑陋的东西也能做玩具，于是他专门设计“丑八怪”的玩具，倒转美的作用。孩子们很喜欢这些“丑八怪”。

作用倒转法能改变事物某方面的性质，与事物原来的功能正好相反。事物作用不同，改变性质、特点就能改变事物的作用。例如，长竹竿做船篙、短点的做拐杖、再短的做笛子。

倒转思考能够将事物不利作用转化成有利之处，让没用的东西也能有积极的作用。一般来说，我们经常判断事物作用，如果作用不积极，就否认这件事物的价值。可以说，任何事物都有积极的价值，关键是我们倒转事物的作用，化腐朽为神奇。有些化学试剂，如氢氟酸会腐蚀玻璃。所以，玻璃容器不能用来放氢氟酸，只能用塑料或铅制的容器。

一般来说，氢氟酸应和玻璃隔绝起来。但是倒转作用后，可以用其腐蚀作用做很多工作，可以在玻璃上钻孔和刻花。由于质地很硬，玻璃只能被金刚石切割开，也很难钻孔和刻花。玻璃工匠先在熔化的石蜡中浸泡玻璃器皿，蜡水凝固形成蜡层，将花纹刻在蜡层上，将蜡层刻透，再在纹路中涂上氢氟酸。蜡层刮去后就显出了美丽的花纹。

人们习惯约定俗成，固化事物的作用。实际上，我们应积极思考，事物作用不能局限。倒转思维和发散思维应该结合起来用。倒转思考法充分发挥事物价值。比如一个小金鱼缸，我们可以用来养鱼，也可以用来种花。倒转事物的作用之后，废弃的“垃圾”也能变成宝。

纽约州政府1974年修葺自由女神像。自由女神身上的铜块被当成了垃圾。商家可投标处理，但没人感兴趣。垃圾处理商怕被环保分子捣乱，怕处理过程中被麻烦缠住。后来，有个人在巴黎旅行，正好看到了这个消息。他发现有生意可做，便买下了这些旧铜块，随后，用这些旧铜块打造出很多小铜章，卖给游客。这些铜块加工之后迅速增值。铜块都是从自由女神像上取的，意义重大，因此能卖更高的价格。果然，这人凭借卖铜章赚了350万美元。

看似无用的东西反过来想，就有可能发挥积极的作用。生存在肮脏环境里的苍蝇，还会传播疾病，人们总是灭之而后快。运用作用倒转思考一下，苍蝇在肮脏环境的生存能力很强，可见它抵抗细菌的能力很强，这会不会在医学上给我们带来某种启发呢？再比如乙醇是臭味极强的气体，即使含量在空气中仅占五百亿分之一都能被察觉出来。人们利用这个作用，把它加入无色无味的煤气中，以便于人们察觉煤气的泄漏。

点金术：我们应积极思考，事物作用不能局限。倒转思维和发散思维应该结合起来用。

方式倒转法

方式倒转即颠倒处理问题的方式，从对面的角度找解决问题的方法。高灵敏度的电子管对锗的纯度要求非常高。当时锗的纯度已经接近100%，很难达到100%的纯度。为了保持领先地位，索尼公司一直寻找解决方法。江崎博士带领一个研究小组，投入大量精力攻关。

小组成员黑田小姐刚大学毕业，她缺乏经验，经常出错，因此常受到批评。黑田说："我能力有限，提纯锗的工作我做不过来，往锗里掺杂的话就会干得很好。"这句话引起了江崎博士的注意，他由此想到：倘若锗里加入其他物质会怎么样呢？

通过多次试验，江崎博士发现了电一晶体现象，发明了电子新元件，震惊电子技术领域。电子新元件可以让电子计算机缩小到原来的1/10，提高运算速度达十几倍之多。这项发明使江崎博士获得诺贝尔物理学奖。

平时有很多事是约定俗成的，方法单一。人们不会突破常规，例如，提纯就必须分离出杂质。大家没想过往锗里添加杂质。可是，令人惊喜的效果往往出现在不合常理、荒谬的做法上。江崎博士取得成功也正源于此。

自然界中任何事物都是矛盾统一的。人们只熟悉某个方面，而另一面的价值更值得去挖掘。倒转思考法能凸显对立面的价值。事物要起作用，与事物性质、特点、作用密切相关，倒转事物作用，就能发挥事物性质、特点、作用等新的特点。

传统提取中药有效成分的方法是热提取工艺。可是，当研究人员提取抗疟中药青霉素时，往往达不到目的。对热提取工艺的改良还没有效果。不久，中医研究院的研究员屠呦呦想出新方法："热提取办法是得不到有效的药物成分的，药效在高温水煎的过程中遭到破坏。可以试着用乙醇冷浸法，应该可以成功。"按照屠呦呦的提议，研究人员开始试验，发明了世界级抗疟新药——青蒿素。

事物受不同方式影响产生不同作用。如果传统方法不能解决问题，就要运用倒转思考法去解决。改变作用事物的方式，也会改变事物的结构来解决一筹莫展的问题。吸进尘土是吸尘器的工作方法。在"吸尘器"发明之前，为了清理讨厌的尘土，"吹尘器"是人们首选，而不是用鼓风机吹跑尘土。

1901年的某天，英国伦敦火车站举行了用吹尘器除尘的表演。启动吹尘器后，尘土飞扬，效果很差。都伯·布斯用方式倒转的思考法想出个办法：如果吹不行，也许吸可以。他开始动手尝试。他用手帕蒙住口鼻猛吸灰尘，果然吸进了灰尘。他看到吹的方法的确不如吸的效果，于是用真空负压原理发明了吸尘器。

人们对传统方法习以为常，甚至觉得无法改变。实际上，倒转思考方式，会产生意想不到的效果。倒转思考法作用很大。正常的思维逻辑不能解决所有问题，会进入死胡同，毫无益处。用倒转思考法，打开思路，寻找新方法。

点金术：令人惊喜的效果往往出现在不合常理、荒谬的做法上。江崎博士取得成功也正源于此。

过程倒转法

过程倒转即颠倒事物发生作用的过程，进而解决问题。逆向思考事物的发展过程，刺激大脑创造性，找寻多种可能。过程倒转也许不可思议，挑战常规思维模式的勇气也非常重要。

《道德经》第三十六章这样写道："将欲歙之，必固张之；将欲弱之，必固强之；将欲废之，必固兴之；将欲取之，必固与之。"也就是"欲擒故纵"。辩证法无处不在，由强变弱，兴盛到顶就会颓废，付出积累了就肯定有回报。《三国演义》里常体现这种思考价值。诸葛亮七擒孟获，花了很多兵力和时间,使孟获心悦诚服,取得了更好的效果。

点金术:过程倒转也许不可思议,挑战常规思维模式的勇气也非常重要。

结果倒转法

一位财主家丢了一颗夜明珠,非常名贵,据推断肯定是家里人偷的,但是调查不出来谁是小偷。财主灵机一动计上心来。他特意请来算命先生召集全家人,告诉大家:"这位大师非常厉害,可以抓住小偷。"算命先生把一堆小木棍拿在手中,念念有词地施了套法术。财主说:"大师做法了,现在大家拿到的木棍长度一样,一人一个。明天就会出结果,窃贼木棍会变长。"

第二天财主检查每人的木棍,一看李管家就有问题,财主就问:"李管家,你的木棍怎么变短了?"李管家哑口无言,财主质问夜明珠的下落。这个案例体现了结果倒转的思考法,即通过验证假设来达到目的。财主知道小偷肯定会掩饰,怕法术弄长木棍,他便会弄短小木棍。正是利用这一点,只有贼才会弄短木棍。

阿凡提的毛驴脾气很倔强,你让它走它就站着,让它不走,它就偏要走。一天,阿凡提骑着驴去磨坊。毛驴走得不到一半就不走了。越赶驴越退,没有一点办法。阿凡提想出个办法,磨坊在东边,他让毛驴对着磨坊另一边。随后,阿凡提赶驴,驴越赶越往后退,就退到了磨坊。

有时我们想达到某个目的,径直很难解决。这时就需要结果倒转,用别的方法达成目的。使事情的结果出乎意料是结果倒转的形式之一,能给人们警醒和启示。如果学生不能完成作业,老师按常理应该处罚他。可是学生容易逆反。结果倒转的方法不是这样,应该"奖励"学生,让学生有所醒悟。看似荒唐,但效果很好。美国的一个警察局对青少年罪犯有独特的方法。犯了轻罪的青少年,他们用送回去上学来取代监狱或处罚。毕业证拿到后就能免受处罚。这种方法挽救了很多失足少年,顺利毕业为社会作贡献。

点金术:有时我们想达到某个目的,径直很难解决。这时就需要结果倒转,用别的方法达成目的。

倒转人物

倒转人物即把不同人物在事件中的身份进行倒转,探寻事物潜在原因。我们在人物倒转后会有新的思考角度,进而思考挖掘事物背后的原因,使思维变得更广阔。《心智漫游思考法》中,有个新闻事例可用来说明倒转人物的具体方法。

一位大叔在公交车上打电话,声音非常大,他后排的青年提醒他小点声,可大叔竟然对青年大骂,非常粗鲁,以至于青年道歉才化解。这一场景被偷拍发到网上,引起了社会广泛关注。针对此事,我们倒转大叔和青年的身份进行思考,看会发生什么。如果打电话的是青年,坐他后面的是大叔会发生什么?如果大叔提醒青年说话放低音量,青年可能会降低声音不会大骂。

而且,青年和公交车上的乘客们也能被倒转。如果青年只是一个旁观者会怎么办?作为"见义勇为"的人,他可能会调解。潜藏的问题被挖掘出来了,为什么车上其他乘客漠不关心,这个现象恰恰体现出社会道德的滑坡。我们联想到，只有公众道德意识加强，才不会有人高声打电话骚扰别人，也不会发生公交车上肆意骂战的现象。

人物身份固定了我们对其的看法。我们不能被人物身份束缚住。随意将人物关系打乱，肯定会暴露平时一些没留心的问题。当你是局外人时，倒转双方位置就能发现问题根源所在；设身处地思考后，才能理解对方的想法。

要理解别人必须做到换位思考，而倒转人物就是换位思考。不同的人对同一件事会有不同看法。如果只从自己利益考虑问题，就会和人发生冲突。只有从别人角度出发才能清楚对方的想法，进入人的内心世界，才能进行心灵的沟通。

当别人犯了错，不用急于责备，换位思考你会发现他的道理。比如说，交通部门让交警和司机互换位置，体验了交警工作的不易，司机也能对其增加更多理解，交警也能体验司机的辛苦。活动结束后，交警和司机增进了对彼此的谅解。“己所不欲，勿施于人”，设身处地地去思考，自己希望别人如何对待自己？如果是老板就要思考员工的需要；如果是员工就要想想老板的要求。父母要站在孩子角度，理解子女的需要；子女也要多为父母考虑。

点金术：要理解别人必须做到换位思考，而倒转人物就是换位思考。

倒转情景

倒转情景要求我们想象不同情境下问题发生的状态，找到解决问题的新方法。不同的情景会导致一件事有不同的结果。如果人们只知道沿着传统道路前进，难以突破。颠倒之后的情景让我们豁然开朗。汽车不应该只能在路上跑，汽车在水里会如何？或加上翅膀让汽车在天上飞翔。

倒转情景可能会让事情很滑稽，但思考方式作用很大。例如，汽车在水里或天上行驶。可是，水陆空的汽车不是我们最终目的，而是聚焦于倒转情景。汽车在水里，引擎就会被破坏，但是可以在车顶安装引擎。这种设想意义很大，水深时可以把引擎安在车顶。只有减轻汽车重量，才能使其飞上天空。陆地上的汽车也能减轻重量，可以将汽车设计得更加轻便。

倒转情景后，很多习以为常的情景会表现出来，多个情景来看一个事物，可以获得更全面的信息。例如那个公交车吵架的例子，如果不是在公交车上，如果在私人场所就不会这样争论。这说明人们关注公共场所的道德。而且如果发生在其他公共交通上，火车上由于私人空间大，吵架可能性不高；飞机上更没可能，飞机上要求电话关机。

倒转情景思考法的关键在于大胆设想，有助于科学创造。例如，一般来说，医生操作手术必须在病人身体外，倒转后可以让人到人体内部去做手术。好莱坞 1966 年拍了部名叫《神奇旅行》的科幻电影，几名美国医生缩小成了几百万分之一进入病人体内去操作血管手术。40 年后，可以穿行于血管的微型机器人被科学家发明了出来，直径仅 1 毫米，能被注射进病人的血管中为病人治疗。

微型机器人本领独特，即使医学治疗再复杂也能执行。它能导航，并在血管中爬行，还会逆行，穿行于人体静脉或动脉中。还有“手臂”，用于抓住血管中的东西。有了微型机器人，就能够治疗那些复杂部位的疾病了。发明者称，癌症病人可以通过它们来治疗。许多不同领域的医学专家都认为微型机器人会有很大作为。

倒转情景思考法需要大胆设想，即使想象的情景很疯狂，也不放弃。抛弃常规情景去随意联想，在疯狂的情景中尽力解决问题。不同地点都能情景倒转，也能从时间跨度上去想象。设想一下，某件事在过去会怎么样，或者其在未来的状态如何。

栽培蔬菜的技术包括塑料大棚栽培、无土栽培、气雾加温栽培、磁力栽培，可是农药残留会破坏人的健康。倒转情景思考古代的栽培方法，就会更加注重绿色、健康和营养价值。而且，我们可以去想象未来蔬菜栽培的高科技水平，从太空中带回的种子也许能不停生长。这些设想可以启发我们，开阔思路。

点金术：倒转情景思考法需要大胆设想，即使想象的情景很疯狂，也不放弃。抛弃常规情景去随意联想，在疯狂的情景中尽力解决问题。

第八课 形象思考法

运用形象思考

形象思考即解决问题时注重事物直观形象，主要反映事物的形象的思考方法。这是本能，幼儿记忆依靠形象，形象思维逐渐过渡到抽象思维。形象思维只是初级阶段，但不是说形象思维比不上抽象思维，形象思维的作用不可或缺。

艺术家们创作时常用形象思考，形象思维创造了文学、艺术作品，基于生活实践去进行想象创造，生动形象，想着不存在的事物。艺术创作通常被认为要进行形象思考，科学研究只需要抽象思考是不对的，形象思维有助于艺术创作，同样在科学领域也不可或缺。科学研究、技术应用、发明创造同样需要形象思维，列宁说："不能只认为诗人才需要幻想，没有理由，是愚蠢的偏见！数学也需要幻想，微积分也离不开幻想。"

爱因斯坦在一封信中说很难表述科学哲学思想，他不以那样的方式思考，用形象和图表思考。如前所说的爱因斯坦抓着阳光在太空旅行的"理想试验"。自由想象才能建立广义相对论。某次，爱因斯坦正在发呆，突然意识到，一个人自由下落时，是无法感觉自己体重的。爱因斯坦认为这个实验对自己影响非常深远，使自己提出了"相对论"。

伽利略十分擅长形象思考，凭借形象思考实现了科学突破。他不仅用数学方法分析科学问题，还将思想用图像、图表来形象化。与众多大科学家无异，他也一样擅长幻想和想象，成就很大。一天，他发现比萨大教堂吊灯来回摆动，突然想到，吊灯的摆动幅度与其完成一次摆动所需要的时间没有正比关系。经过研究他发明了钟摆原理，后来把它应用在钟表设计上。

引起联想、诱发想象、激发灵感是形象思考的关键，是创新的好方法。其作用如下：第一，形象思考能促进发明创造。大部分发明创造都基于对事物原形的想象，例如飞机有飞鸟的原型，雷达由蝙蝠原理发明……第二，形象思考和抽象思维互为补充。抽象思维作用很大，可是，不能片面地依赖抽象思维，否则极端的话会破坏左右脑思维，左脑、右脑分管逻辑、数字和形象、直觉。一个思维方法就会限制大脑的思考力，要想开发大脑的创造力必须坚持左右脑并用。最后，形象思考有利于建立理想模型。文学艺术和科学研究领域都离不开模型，运用形象思考建立理想的模型。例如，形象思考法创造出小说人物。模型必须具备现实基础,幻想和想象并存。科学研究中也需要大量模型,霍金通过形象思考创造出宇宙形态的模型。我们虽然看不到宇宙全貌,但是可以根据理论想象。很多理论发现都源于想象的模型。

点金术:引起联想、诱发想象、激发灵感是形象思考的关键,是创新的好方法。

引导想象

引导想象是将实现的目标具体想象出来,实现目标让人充满喜悦。一位女士得了个很难治愈的病,一位名医来到她居住的城市,她慕名找到这位医生。名医开了药,说:"这药很名贵,专治你的病。"女士非常高兴,连续用药几个疗程,恢复了健康。这药很普通,不过是维生素 C,她需要的是良性的暗示和积极的想象。

医学实验说明,安慰剂的效果能达到药剂的 60% ~70%,医生和病人相信安慰剂,效果显著。引导想象,说白了就是心理暗示,患病的女士拿着"很昂贵的药"时,她就暗示自己:吃完药,我能把病治好。这种暗示能调整人的精神和肉体状态,达到目的。

训练引导想象能使人尽快获得成功。按以下方法做:

(1)如果遇到困难或艰巨任务,要有信心。积极发挥想象力,想象克服困难之后的情景。这种想象能调动积极的力量使你达到目的。

(2)在你努力的过程中,要把目标具体化、视觉化,以具体的图像来表达,然后贴在你视线的右前方。这样做的目的是让目标不断在你的意识中强化,发挥潜意识的作用。

陈安之是成功学大师,有一次,他想买奔驰 S320,可没钱买不起。接着,他贴上那辆汽车的图片,觉得贵就换成了奔驰 E320 。实现目标得付出行动,为了达到目的,陈安之靠努力工作收入大增。钱存够了就去买车。就在买车前一天,陈安之看见几个学生,发现他们也买奔驰 S320。陈安之为了胜过学生,临时买下了奔驰 S320。戏剧性的变化使他实现了目标。潜能开发专家告诉我们人脑里有资源导向功能。目标明确后,你的大脑会以此为目标,带动身体力量去实现目标。

(3)不自信时,也能用想象模拟成功,或回忆过去的成功经历,想象自己各种优势。这种想象增加了你的激情和信心。

欧雷里有一支优秀的棒球队,选手们都很厉害。但在比赛中,因为输了几场,队员的情绪都很低落。欧雷里认真研究之后,认为关键不在于技术,而是队员信心低沉,他们水平被消极的情绪限制住了。

欧雷里听说有位著名的牧师在附近。他被认为有神奇能力,当地人都去请他赐福。欧雷里拿走选手们的球棒,让他们必须等他回来才能离开。不久,欧雷里回来高兴地告诉大家牧师已经给球棒赐福了,球棒威力无穷。受到了鼓舞的选手对赢得比赛充满了信心。第二天果然所向披靡,赢了对手。

点金术:训练引导想象能使人尽快获得成功。

取代想象法

取代想象就是换位思考，站在别人的角度思考问题，考虑别人的感受，从中找到解决方法。通过揣摩别人的想法，你就能对别人的言行有更好的理解，全面看待问题。总会有人提出和你相反的观点和意见，你会不会很奇怪对方为什么会和你想法不一样？那是因为大家的立场不一样。你可以用取代想象，就能找到原因了。

有位盲人晚上外出总是提着一个灯笼。一个路人觉得非常奇怪，就问："你又看不见，干吗要打灯笼？"盲人说："当然有用。"盲人给出了个意外的答案："我并非为自己打灯笼，而是给别人看的。这样就不会在黑暗里忽略我，撞到我。"

做销售的人要格外理解消费者的心理，要想做好自己工作，必须先满足别人的需求。景德镇瓷器闻名世界，可是在欧洲瓷茶杯却不受欢迎。原来西欧人的鼻子特别高，用我国生产的茶杯喝茶的时候，鼻子容易沾到茶水。有一家厂商发挥取代想象，按照欧洲人的习惯制作了斜口瓷杯，很快就打开了销路。

在商品丰富的年代要满足消费者，商品除了有基本功能，还要人性化设计，对消费者关怀体贴。用取代想象去为消费者着想，考虑国家、民族、年龄、性格的不同因素，还包括情感。运用取代想象才能研发出满足顾客需求的产品。

以瘦为美的时代女人都在减肥。买衣服时，较胖的女人一般不喜欢说自己要大号或特大号的衣服。如果被推销大号服装，她们肯定会反感。美国的女企业家南茜站在这些女性的角度，找到避免尴尬的方法。专门用玛丽号、玛格丽号、伊丽莎白号和格丽丝号来称呼小号、中号、大号和特大号，消除了顾客的不快，增加了服装的销售量。

心胸狭隘的人只会为自己考虑，他们不愿走出自己的空间，站在对方角度考虑问题。他们把自己和别人割裂，无法理解别人的想法。跳出局限换位思考，你会很宽容，扩大你的世界。美国哲学家、诗人爱默生经历过这样一件事：

一天，爱默生和儿子想把牧场上的小牛犊赶回牛栏。小牛犊很不情愿被他们赶到牛栏旁，便死死地抵住地面，不肯往前走。满头大汗的父子俩站旁边束手无策。此时，家里的女佣见此情景，手上拿了点盐给小牛闻了闻。小牛闻了一下，开心地舔了舔她的手。女佣走进牛栏，小牛也跟着进去了。

要理解亲人、朋友、顾客和合作伙伴应该用取代想象，营造和谐的人际关系，更好对付敌人。有道是"知己知彼，百战不殆"，从敌人利益去考虑问题，就能获得成功。处于守势，必须考虑敌人的想法，必须首先去思考敌人可能采取的行动和方法，才能很好地迎战；如果势头对自己不利，在敌人的应对基础上布置好后招。

"沙漠之狐"是蒙哥马利将军的外号。蒙哥马利在自己的流动指挥所里一直挂着对手隆美尔的画像，他经常看这张画像，用取代想象把自己当作隆美尔，他会怎么做呢。这就是他屡创战绩的原因。蒙哥马利 1942 年 10 月向隆美尔的部队发起进攻，挽救了英军的北非败局。这就是著名的阿拉曼战役。

点金术：有道是"知己知彼，百战不殆"，从敌人利益去考虑问题，就能获得成功。

组合想象法

组合想象是将已有形象组合成新形象的创新方法。可以将元素和材料、技术和原理、功能和过程进行组合。组合想象关键在于建立陌生事物间的联系，组合的新事物会具有新的特点和功能。在发明创造领域，人们非常广泛地运用这个方法。爱因斯坦说："发明家能找到已知装备的新的组合。"

组合想象与发散思维中的组合发散非常相似，都强调创新组合。但二者有区别，组合发散很理性，注重实际探索，组合不同事物。组合发散可以用积木来比喻，各种圆形、三角形、四方形的积木排列组合，组合成一个房子，也有可能是列车。组合想象比较感性，侧重于头脑中的想象，即使现实中没有，也可以通过组合来创造。例如《西游记》中猪八戒的形象的塑造就是组合想象，组合了猪和人的因素。

北京著名的老字号火锅"东来顺"羊肉，历史延续百年。丁德山是"东来顺"的创始人，追求完美、精益求精。羊肉馆生意上了轨道后，他不按"买进原料卖出成品"的方式经营，而是创立一套与过去不同的经营模式：建立牧场和羊群为"东来顺"提供优质羊肉；建立自己的加工作坊，专门制作"东来顺"羊肉的调味料；建立自己的酱园为"东来顺"提供风味独特的酱料；建立自己的铜铺专门提供"东来顺"自己的火锅。这种想法非常新颖大胆。

终于，他达到了目标。他买了几百亩地放养优质羊。到吃涮肉的季节，"东来顺"就能为顾客提供最好的羊肉。羊身上除了提供1/3左右最好涮的地方，其余都提供给羊肉铺。随后，他又开了天义顺和永昌顺当酱园，调制芝麻酱、辣椒油、卤虾油、黄酒、腐乳汁等各种调味料。特制酱油再加上甘草和白糖，咸鲜带甜，成为"东来顺"独特的风味。

不久，他又在自己土地上种了大麦、大豆、小米、芝麻和蔬菜。开办"长兴铜铺"制造独特的涮羊肉火锅。放炭火的炉筒大于一般火锅，火力旺盛容易涮熟羊肉，更好地让羊肉保鲜。

在20世纪初，丁德山就办出了农工商牧一条龙的产业，作为民族商号的骄傲，享有盛名，经久不衰。这种经营模式对现在的经营也有很大的启示意义。这正是组合想象的很好体现。作为涮羊肉的行家，他对羊肉、调味料、火锅非常了解，知道涮出最好羊肉的关键在于材料。他提供最好的羊肉，组合各个环节，使一切都在掌控中。

比起发散组合，想象组合更加自由，想象不受已知条件的限制，可以任意组合。组合想象可以应用在宽广的领域，你可以组合各种东西，从而产生奇妙的效果。例如，唐装里的盘扣、对襟等传统元素可以运用到现代服装设计中，服装样式很独特。

人类常常陷入固定思维，例如习惯了容易归类和分组熟悉的思考对象，性质不同的、相互冲突的事物不容易放在一起。实际上，对比强烈的组合更有新鲜感，并迸发出新思维。组合想象可以从一个微小的点，逐步扩大范围，在广阔的思想舞台找到可以组合的事物。训练组合想象时，首先选定一个对象，以此为中心发挥想象，努力将其与别的想象事物结合一起。

国外有些科技人员要得到新颖的方案，可用随机组合。可以对着商品目录簿随意指出两种商品，再看看新组合是否能开发出新产品。另外可以将产品要素编在卡片上，随机制定两个以上的号码，组合卡片产品要素，看能否组合成新产品。虽然这种做法有盲目性，但有助于开阔思路。

值得注意的是虽然想象力能带来新颖的组合，但不能只依靠没有实际依据的想象。德国诗人歌德曾经说过："世界上最可怕的事情就是有想象力却缺乏鉴别力。想象和理性必须结合起来。"因此发挥想象的同时我们不能抛弃逻辑推理，不能摆脱理性指导。要严格审核思考结果，并加以完善和修改。

点金术：组合想象与发散思维中的组合发散非常相似，都强调创新组合。

运用飞越联想

飞越联想即自由联想，即不受任何约束的想象，要求充分展开想象力，联系几个貌似没有关系的事物，从内部找寻解决问题。如果用飞越联想就能产生这种价值。例如可以联系一下绷带和输油管的关系。

在南极，日本考察队遇见了难题，输油管的长度不允许他们将基地的汽油输送到探险船上。没人想到解决方法。此时，队长西崛荣三郎想出个办法。首先将长方形的冰块做成管子。很容易就能在南极找到合适的冰块，并且不能破裂。西崛荣三郎想到可以用医疗绷带绑在铁管上，绷带上浇水，等水结成冰后就抽出铁管，就成了个冰管子。

西崛荣三郎借用南极的冰，联系绷带和输油管的关系，找到了问题的解决方法。飞越联想让我们极大地去开发思维潜力。如果你能进行大胆设想，就能发现很多东西。

20世纪50年代苏联兴起绘画艺术，很多青年从事绘画工作。一位叫普法利的学生从地质工程专业转而开始油画学习。他利用参观各种油画展来开阔视野。参观油画展时，他对一幅风景画很感兴趣，光秃秃的山峦显得荒凉、神秘和诡谲。普法利联想到画中的山可能与某种矿物质有关，但不知所然。

他想找到画的作者来解答自己的问题，不幸的是画家去世了。他把画家创作日记借了出来。根据描述他发现那是西伯利亚的一个人迹罕至的地方。光秃秃的山脚下有个奇特的小湖发出银色的光芒。等他来到湖边才发现这其实不是湖，静止的“湖水”全都是水银。他找出画面诡异的答案就是由于大量的水银，因此周围根本无法生长草木。

普法利从画里找到了一个水银矿，他正是发挥了飞跃联想。他之所以能看出不同之处，是因为地质方面的专业知识。只有具备丰富的专业知识，才能更好地发挥联想的能力。知识多的话我们才更易于自由联想。

飞越联想不等于胡猜乱想，将“白日梦”成为有价值的现实结果，想象的过程必须注意逻辑。“科幻小说之父”凡尔纳，联想能力很厉害。现实中潜水艇、雷达、导弹、直升机没发明出来时，他用想象在小说里创造了这些东西。我们可以用飞越联想通过貌似没有关联的事物，了解到相关事物。

一战期间，德国著名的女间谍玛塔·哈里要从法军重要官员莫尔根那里套取情报，并窃取英国19型坦克设计图。丧偶多年的莫尔根年纪不轻了，很快爱上玛塔。在结束任务前的晚上，她让莫尔根喝下安眠药，开始行动。她发现有个保险柜在油画后面，却不知道密码。试了几次，都不管用。

莫尔根记性不好，他肯定会在哪里留下记号提醒自己，避免忘记密码。玛塔找各种数字，最后挂钟吸引了她的注意。挂钟指针停留在9点35分15秒，93515只有五个数字。当她正要挪开视线时，突然想到，9点就是21点，凑足了六位数。她赶紧输入213515这个号码，果然打开了保险柜，顺利拿到了图纸。

创造力与想象力缺一不可，超凡的想象力有很大的创造空间。飞越联想关键是联系各种事物引发新设想。

建筑大师伊罗·萨里要在纽约肯尼迪机场建造一座独特的建筑。伊罗·萨里一直没做出满意的方案。一天,他突然注意到桌上放着的一个柚子。柚子的外形让他觉得很有趣,他发现柚子形状很美,能不能尝试把建筑设计成这个样子呢?他将柚子带进设计室,将柚子的外形用到了建筑上。这座建筑竣工后为他赢得了广泛的赞誉。流体的式样如同鸟在天空飞翔。创造的源泉是想象力。

点金术:创造力与想象力缺一不可,超凡的想象力有很大的创造空间。飞越联想关键是联系各种事物引发新设想。

相对联想

相对联想即对比联想,是指根据事物的特性联想其相对的特点。事物特征、属性、功能都能进行联想,一方面可以认识事物新特点,另一方面可以找到解决问题的新方法。事物的特点都是相对的。你可以用相对联想由“快”到“慢”、“大”到“小”、“黑”到“白”……相对联想也能应用到逆向思维,因此得出的结论常常不合常理。可更多时能够取得意想不到的效果。

20世纪40年代的一天,奇怪的事发生在纽约市一家银行贷款部。一位衣着光鲜的老人要求贷款,营业员询问他借多少钱,老人说:“我借1美元。”“才1美元?”贷款部的营业员很惊讶。营业员估计老人是来测试银行服务的。营业员热情地说:“有担保借多少都可以。”老人拿出一大堆股票、债券,说:“我拿这些做担保。”营业员整理了一下说:“这是200万美元,足够做担保了,年息为6%的利息。只要在1年内归还贷款,就可以全部取回这些股票和证券,请办理手续吧。”

办完手续后,营业员不禁问道:“先生,您拥有200万美元,干吗要借一美元呢?”老人笑着说:“办好了手续我也就能告诉你原因了。我需要外出一年,想请人保管这些东西,但租金库的保险箱费用很高。因此以担保来寄存这些财物,1年才6美分,安全而且费用低。”营业员这才明白。精明的老人用相对联想思考法,由寄存联想到了担保,效果显著。

相对联想即一起联想正反两方面的事物,正反对比很鲜明,可以是属性、结构和功能相反。对比可以突出事物特点,引起人们的注意。例如一个日本玩具厂的“抱娃”系列销量不好,厂长想:如果在模特雪白的手腕上放上黑色“抱娃”两个字,效果醒目,大受欢迎。

应用相对联想的典型例子便是法国作家左拉的小说《陪衬人》。小说中杜朗多先生在金融交易场用对比联想发财致富。身为经纪人的杜朗多先生,并不了解美学。一天,他对外广告,宣布开办小姐、夫人们的“陪衬人代办所”。这些“陪衬人”都是相貌丑陋的女佣人,杜朗多把她们按特点分好类,定价出租,陪伴主顾衬托她们的美貌。

显然,为了满足虚荣,小姐、夫人们纷纷租来“陪衬人”,“代办所”大受欢迎,杜朗多借此成为百万富翁。尽管不懂美学,但杜朗多能利用美丑概念赢利,长得丑的女人必须用更丑的人衬托。

对非常规问题不能用常规方法,可以运用相对联想,从事物对面去思考解决之道。过去,牧场上一位老人生了两个儿子,同时他养了一群马。老人临终前让两位儿子赛马,胜者可以得到那群骏马。他除了规定赛马的地点,还要求谁的马跑得慢谁就赢了。

老人去世后，兄弟俩开始赛马。二人都不想前进半步，谁也不撒缰绳，两匹马一动不动。第二天仍然这样。来一位智者看见二人谁也不动，就上前询问。了解了事情后，智者想出个办法："你们大可换骑对方的马来比赛。"两人立即按他的方法，很快便有了结果。

换骑对方的马后，兄弟俩为了让自己马慢，让对方马快跑。幸亏他们遇见了智者，不然这俩兄弟只能一辈子僵持着。相对的作用过程也体现了相对联想的意义，甲推出乙，乙也能推出甲。例如，金刚石的主要成分是碳，摩尔沃1799年将金刚石转化为石墨。人们就提出了能否将石墨转化为金刚石的问题。最后证实金刚石和石墨的确可以互相转化。

相对联想能挑战我们的思维能力，我们必须全面地看待问题，把握问题的正反两方面。提高相对联想的能力，第一，用知识去拓展思维广度和深度；第二，要转换思维角度，用对立面来解决问题；第三，要敢于突破常规，找出解决方法。

点金术：相对联想能挑战我们的思维能力，我们必须全面地看待问题，把握问题的正反两方面。

相关联想

相关联想是接近联想，即由熟悉的事物联想出与之相关事物的特性，从相关之处找寻解决问题的思考方法。相关联想既能从概念上引发联想，也可用于时间和空间。事物存在的基本形式是时间和空间，事物时间和空间都有相关性。例如，一提到《三国演义》，刘备、曹操、孙权、诸葛亮等人会立刻出现在我们脑海中。一提到金字塔，你就会想到埃及、法老和尼罗河。

世间万物都有各种关系，包括因果、包含、从属等等关系。这就是相关联想的基础。科学家们运用相关联想得到了核能。美国物理学家费米在1934年后发现了一系列半衰期不同的同位素。一位德国化学家在1938年下半年，发现铀受到中子轰击后会产出钡，质量是铀原子的一半。1939年初，原子核的裂变原因得到证实。

铀-235裂变可以产生大量的能量和中子，费米联想到，铀的裂变可以自行维持，能形成巨大的能源。到了1941年3月，费米拿加速器加速中子照射硫酸铀酰，首次得到另一种易裂变材料，即钚-239。费米在中子源的帮助下，于1941年7月确定了不同材料的核物理性能，研究了实现并控制裂变链式反应的条件。为了躲避法西斯的迫害，费米只好流亡到美国。

不久，在1942年12月2日下午3点25分，他着手建立了第一座石墨块反应堆，反应堆里的中子引起了核裂变，人类终于可以制造并控制裂变链式，人类由此掌握了一种崭新的能源——核能。费米发明的过程，就是由已知到未知、由局部到整体的相关联想。

过去，澳大利亚草原常有狼群出没，吃了很多羊，让牧民损失惨重。随后政府杀光了狼群，羊群数量也不断增加，牧民非常满意。但是没多久，羊群数量又急剧下降。羊群体弱多病，繁殖能力也不断降低，羊毛的质量也很差。由于缺少天敌，羊群生活过于安逸，委靡不振。而且由于草原上的草被过多的羊群破坏，没有充足的食物，羊群体质就下降了。

牧民们发现了这一点，请求政府再引进野狼。狼群增加了羊群的生存危险。羊群在危险的环境中又变得健康了，数量也增加了。

在草原生物链上，狼是重要一环，狼灭绝就破坏了生态平衡。狼虽然危险羊群生存，但也会使羊群提高警惕，保持健康。事物的联系很复杂，牧民开始时只看到了狼的威胁，而在解除天敌威胁后,羊群又萎靡不振,这就是大自然之间共生共存的道理。

企业家善于运用相关联想来灵活处理各种难题:四川万县食品厂大批罐头食品没卖出去;由于缺钱四川航空公司没有自己的飞机;俄罗斯古比雪夫飞机制造厂大批飞机滞销;俄罗斯轻工业的基本生活用品无法满足人民需要。

企业家将这四件事联系起来。他找到古比雪夫飞机制造厂谈判,签订了易货贸易合同,用食品和服装等产品换购四架飞机。然后,飞机被卖到四川航空公司,航空公司可用运营收入支付,以飞机做抵押再向银行申请大笔贷款。再用这笔钱购买万县食品厂等三百多家轻工业厂家的商品,运往莫斯科。通过这种方法这位企业家大赚了一笔,同时使食品厂、飞机制造厂、航空公司三家赢利,皆大欢喜。

因此,相关联想要求人们进行宏观思维,作出正确的决策。现代社会信息传播,各种信息铺天盖地,看似无关的信息蕴含着某种联系。善于把握和利用信息联系就可能取得意外效果。

点金术:相关联想要求人们的宏观思维,作出正确的决策。

相似联想

相似联想就是联想事物的现象、原理、功能、结构、材料,解决方法的思考过程。通过观察找到事物相似点。你能发现事物都有相似之处。在《榕树的美髯》中,秦牧描述:"……松树使人想起志士,芭蕉使人想起美人,修竹使人想起隐者,槐树能让我联想到威武的将军。而这些老榕树呢,它们使人想起智慧、慈祥、稳重而又历经沧桑。"仔细一想,松树与志士、芭蕉与美人、修竹与隐者、槐树与将军、榕树与老人之间真的很像。

相似联想有助于文学创作,同样有助于促进科学研究和发明创造。相似联想扩展了,事物都有多个特征,人们可以以一个特征为出发点去联想。精神病学专家利伯某次注意到海水潮起潮落的现象,他知道这是由于月球引力,每到农历初一、十五就会有大潮涨落。他又联想到月圆之夜医院都会增加很多病人,病人们的情绪激动,病情加重。月球的引力有没有什么特殊作用呢?

为了找出联系,利伯进行了详细地调查研究,证实人的生理和精神的确受月球影响。人的身体也有"潮汐",像大海一样,月圆之夜心脏病的发病率也会增加,肺病患者也比平时咳血多,胃肠出血的病人也会加重病情,病人的死亡率有所提高。发现月圆之夜的影响后,利伯因此推断月球会影响精神病人的病情。道理都是一样的,相似联想有助于我们对事物的认识。我们可以运用相似联想把已知的某一领域的道理推广到其他领域。

点金术:相似联想有助于文学创作,同样有助于促进科学研究和发明创造。

妙用联想

大风吹起来会让木桶店赚钱。"大风吹起来"和"木桶店赚钱"之间能有联系吗?例如:大风吹起沙石,瞎子增加,就会让琵琶师父增多,人们会更多地用猫的毛替代琵琶弦,导致猫减少,增加了老鼠,而老鼠咬坏木桶,木桶店就会因此赚钱。

这是个笑话,但告诉我们事物间有着纷繁复杂的联系。联想思考法有明确的激发点。简言之,联想即由一个事物想到相关事物,概念和意义上都不相同。联想思考是大脑的基本思维方式之一,它的意义有以下3个方面:

一方面是预见事物间彼此的影响,如大风和木桶。

改革开放初期出现了一批营业性舞厅,正为市场发愁的幻灯仪器厂厂长想到:舞厅的增多肯定会使舞厅需求增多,只要占领这部分市场,肯定能赚大钱。所以,厂长马上开会,说了想法,大家都很赞成。不久,这个厂子生产旋转彩灯、声控彩灯、香雾射灯等产品,赢得了市场。

另一方面是运用另一事物的特征、功能或原理,这对发明创造很有帮助。

"电话之父"贝尔一次做实验,将音叉放在相连的两个带铁芯线圈前,音叉振动时,使线圈产生电流让另一个音叉振动,发出同一个声音。然后他用金属簧片替换音叉,说话声就能引发金属簧片的振动,另一端金属簧片的振动会转成声音,就可以即时通话了。

他开始试验,由于过小的电流,试验虽然失败,但贝尔仍然继续,他将金属簧片用薄铁片代替,将铁芯用磁棒代替,并且加大电流。这次他成功了,铁片随着声波节奏的变化而振动,引起线圈中产生相应的电流,通过导线给另一个线圈,由振动的薄铁片发出讲话声音。1876年3月,贝尔通过把电流变成声音,发明了电话装置,获得了美国专利,他也因此建立了首个电话工厂。

除此外,开阔思路可以帮助我们认识事物本身以及事物之间的联系。联想思考可当作形象思考,用一个事物去解释另一个事物,加深对事物的理解和认识。哥洛万斯和斯塔林茨是前苏联著名的心理学家,他们发现任何两个概念或词语都可以建立起联系。例如桌子和青蛙看似没有联系,不过用联想这个工具可以把它们一一串联:"桌子—木头—森林—水塘—青蛙"。书和小麦也是,"书—知识—精神食粮—粮食—小麦"。

此类事例生活中比比皆是,联想思考的成果之一便是自行车充气轮胎。自行车轮胎最初是实心,卵石路上会很颠簸。某天,外科医生邓禄普手里握着有弹性的橡胶水管浇花,想到发明充气的自行车轮胎能减轻震动。随后,他发明出充气轮胎。

如何自由运用联想?首先就要从广度和深度来增加知识储备。必须储备渊博的知识,从不同角度、领域展开联想,范围越广,就越可能获得新成果。联想时只关注有兴趣或熟悉的事物都不可取,还要看看陌生的东西,开始新发现,找到新方法。

联想思考需要不断训练,树立联想意识,利用机会寻找事物联系,有目的地寻找事物间的联系。联想训练有两个方法,首先是形象联想,比如一看见圆形,就会想到太阳、苹果、气球、西瓜、帽子等圆形事物;其次是概念联想,就是指从熟悉概念想出新的概念,概念能反映出事物本质,事物间的关系由概念关系来体现。形象联想与概念联想相辅相成,例如橡胶水管和自行车轮胎间,也包含了形象联想。如果需要联想思考,首先就要广泛地开展联想,越多越好,追求数量;第二步分析得到的联想,用最合适的方案获得最大价值。

点金术:开阔思路可以帮助我们认识事物本身以及事物之间的联系。

第九课
图解思考法

图解思考法

语言和文字都是人们常用的表达方法,可以用图画来表达。其实人类早期都是用图画交流,汉字本身就是从图画而来。可以说,图画让人更好地表达思想,能帮助我们思考和交流。图解思考法最重要的是"用眼睛看",通过插画、图形、图表、表格、关键词表达信息,促进人们增加分析和理解问题的能力,解决方法。

世界著名的心理学家、教育学家东尼·博赞致力于大脑的潜能的研究,发现伟大的艺术家达·芬奇的笔记本中画满了图画、代号和连线,他认为达·芬奇因此取得了很多领域的成功。东尼·博赞据此于20世纪60年代发明了思维导图,受到全球欢迎。达·芬奇的笔记本非常有价值。达·芬奇用了大量的图像、图表、插画和各种符号来捕捉灵感。他能在艺术、哲学、工程、生物等领域成绩显著都源于这种思考方法。图像语言是笔记本的核心部分,文字作用不显著。

生物学家达尔文同样喜欢应用图解法思考。他在提出进化论的过程中大量收集物种的信息,分析物种关系,解释复杂的自然现象。为了达到目的,他设计了思维导图笔记,如同分叉的树枝。他发现这能有效地收集整理数据,花了15个月的时间绘制出树状思维导图,确定了进化理论。

这种方法很有创造性,能有效提取大脑信息,表达图画。这种思考法可以让你组织枯燥的信息,组成清晰易记的图。东尼·伯赞提出:"电脑、汽车说明书都很厚,但是人的大脑这么复杂,却没有说明书来解释。"大脑的使用说明书就是图解思考法,能详细直观地阐述大脑的工作原理。大脑工作并不复杂,就是联想和想象。如果看到文字"汽车",你会想到什么图画?不会是"汽车"二字,而是行驶在公路上的汽车的图像,抑或4S店里供销售的汽车,又或者奔驰、宝马等汽车的品牌,以及开着这辆车时候的感受。总之,一接触某个对象,大脑中立即呈现出这个对象的立体图像,一瞬间就可以产生,你的大脑非常善于思考。

然而,如果大脑处于无意识联想状态,工作效率就会降低。你可能有过类似经历,工作总结或策划方案时绞尽脑汁也写不出来。思路很乱找不到有用的信息。思考一下,你去杂乱无章的图书馆借书,管理员没好气地让你自己去找书,就很麻烦。实际上,大部分人的大脑就如同没有次序的图书馆，存储的信息都很无序。图解思考法能理清大脑里的信息，加强大脑的存储和检索功能。

图解思考法能充分显示大脑图像的思考内容，理清信息条理，让人一目了然。人的思维就可以尽量发散。如同城市地图，大脑可被图解思考法制作出思维导航系统，把思考对象当作城市中心，引发主干道代表由思考对象引发的主要想法，非主要想法则用二级街道表示。可以用特殊符号表示感兴趣的某一点。以某一点出发描绘出全景，就是从大脑中提取大量信息，明确出达到目的的途径找到富有创造性的解决问题的方法。

点金术：图解思考法能充分显示大脑图像的思考内容，理清信息条理，让人一目了然。

为什么用图解

图画能反映出人的潜意识。用语言文字表达思想人们会有防御心理，将真实的自己用图画展现出来。比起语言和文字，图画传达的信息更丰富、更具体、更形象、表现力更强。图解模拟了大脑的思考，体现了人们加工思维的途径——简单化复杂的事物，立体化平面的东西，能够化抽象为具体、化无形为有形。所以，图解思考法在理解、记忆信息和制订计划、解决问题上都有显著优势。

图解思考法有助于学习和存储信息，并分类信息，明确思考的条理。图解思考法增强了大脑的联想作用，建立了大量的联想，放入更有效的信息，提取出大脑的信息。可以说，图解法比文字法优势更大。

阅读文章只能逐字逐句依照前后顺序，不能断章取义。用文字记笔记也一样，从上到下一行行地写，也没有重点显示，理解起来也得花费精力。前后连续的文字让我们只能“循序联想”。这种方法不易理解和记忆，还要花费更多的时间精力。

而图解思考法无论注意点在哪里，都能很好体现图的意图，各个关键词间的关系清晰可见。这样“随机存取”的联想所需时间很短。用文字和语言去沟通经常会前后矛盾以及信息不足。特别是长篇大论时，表达的一方可能会遗漏信息。阅读者不好掌握作者想法，无法把握文章的脉络。要是图解文章信息，就会显示出矛盾和缺失，让人容易理解传达的信息。逻辑矛盾的话就无法用图解法来描绘出来。

人的大脑如同图书馆，存在很多散乱的信息。图解法能清晰展现出信息间的关联，一提到某个就能联想到其他相关信息，这样有助于我们的学习。你应该有过这样的经历，不容易记住学习内容，特别是历史事件和政治理论，死记硬背的结果就是极易忘记。图解思考法有助于人们更好地记忆、学习。如果用图解法来表示文字内容，容易记住并理解信息，由于大脑的工作原理与图解法相同，能系统整理出文字内容。

东尼·博赞十几岁时就发现一个矛盾：笔记越多，学习和记忆力就越差。针对这种情况，他用红色表示笔记中关键点，重要的地方画上框，很快提高了自己的记忆力。创造性的记笔记就体现了思维导航模式，将信息用颜色、符号、图像和关键词描绘出来，成为一幅容易记忆的彩色图画。

几乎所有的人都用文字、直线、数字、逻辑和次序的方法记笔记，虽然有用但不完整。这种方法忽略了右脑的作用。掌管视觉的右脑负责处理影像、图形，因此右脑灵活的人有很强图解的能力。人脑对图像的加工记忆能力比文字强得多。然而大多数人的右脑处于沉睡状态，只开发了不到3%，要是能利用其全部功能，我们的大脑的思考能力将提高30倍。

企业的决策、研发过程都能用到图解思考法，例如美国波音飞机公司就用一张7.6米的思维导图描绘了飞机维修手册，理解这些数据本来要花费一年多的时间，而思维导图让员工短时间内就了解了情况。波音公司负责人迈克·斯坦利就提到：“图解有助于提高公司质量，而且还节省了1000万美元的支出。”

图解思考法有助于我们清楚明白地表达思想，梳理思想，看到全景。文字表述容易偷懒，用“等等”来忽略各种信息。例如用等等表现公司除了销售、采购、人事以外的部门。图解思考法就能清晰全面地表达出信息。图解法能整合发散思维的创意。用语言和文字来表述时，大脑可能盲目、无序，忽略掉问题的解决方法。将人的思想变成图解，就会条理清晰，才能寻找各种可能性，有助于快速找到解决方法。

我们用黑色、蓝色钢笔或圆珠笔来进行文字表述，如果笔记单调呆板、乏味、让人感到厌烦，图解思考法会充分利用文字、数字、符号、颜色、意象、节奏、音符等调动左右脑的功能，用图像去创造。我们应充分发挥想象和联想，在不同领域产生创意。

点金术：图解思考法有助于学习和存储信息，并分类信息，明确思考的条理。

进入读图时代

“读图时代”这个词意思是说：人们厌倦了文字，图片能给我们便利地传递更多信息，灵活多变的图片能刺激人们的眼球，刺激我们的求知欲望。繁琐的文字不如图像简单易懂。两三个字就能解释含义深刻的图画，让人明白。图解一目了然，任何东西都可以绘制成图。

有时图画能提升信息传达的效率。例如我们每个月的工作安排，与其用文字逐字逐句描述，不如图表用得清晰。图画表达不会给沟通带来问题，不用担心，因为图画本来就是为了沟通存在的，然后才会是美学。实际上，比起文字，图画能更有效直观地传达信息。

你可以尝试着用图解法去进行演讲、处理家务、购物、计划一个浪漫周末或说服别人。家庭妇女对家庭琐事都很心烦，她们既是妻子，又是母亲，还有自己的工作，要是不合理安排事物，生活就会陷入一片混乱。儿子到学校后才想起抱怨没带球鞋；丈夫可能会提醒她有一个重要的商务晚餐；明天有朋友来家里吃饭，但是可能没有足够的食物……

一位家庭妇女把家庭事务每天、每周、每月的计划用图解法呈现出来。为了每天能看到图解，她贴在了冰箱门上。所有事情井井有条，效率很高。周末做好下一周家庭事务的计划图案，接下来不断完善。

如果想理解一篇艰深难懂的文章，或将信息牢记时，也能运用图解的方法。在纸上用图解表现出一本书的内容。每一个图像都包含很多词汇内容，一个图形能想出很多相关信息。对一次商务风险投资未雨绸缪地进行规划，也能用图解法。每个人都有美好的愿望，图解是非常高端的思考工具，用图解视觉化后能加大实现的可能性。

准备一张纸来爆发想象力，你可以在纸上描绘出心里的愿望，事业、学业、婚姻以及其他领域都可以。你也能憧憬未来的规划图像，不断修正和补充。目标视觉化后，你的大脑就会深刻记忆这种图像，并指导你前进。现在有不少人用图解去规划未来，发现它的力量很大，不多几年，他们的愿望基本都实现了。

理想生活中每天的生活都能用图解表达，描绘要素并力求实现。生活因此更加快乐和充满希望。图解思考法能让你的生活会变得更加高效和丰富。图画能表达一切，倘若你发现无法使用图解，可能由于信息不够或存在矛盾。

点金术：理想生活中每天的生活都能用图解表达，描绘要素并力求实现。

图解的类型

图解思考法越来越完善,诞生了很多类型。不同类型的图解适合不同的问题。我们介绍几类常用的图解类型。

思维导图

东尼·博赞发明的思维导图,有助于记忆问题的某一方面。这种图解法围绕纸的中心,绘制出问题的中心,再引出主要枝干,再引出问题的细节。用这种方法可以把整本书的内容放在一张纸上,或表现一周的家务或者职业规划等。

逻辑型图解

逻辑型图解能帮助人们全面地解决问题。问题的解决方法都不止一种,面对问题时要思考多种方法。例如在研究如何增加利润时,增加销售和降低成本虽然是常用手段,但还是可以寻找其他手段。图解绘制时就能加上其他收益的选项。

换位思考是解决问题的好方法,我们应该常常站在解决方法的角度思考问题,我们要寻找这样做的原因。系统思考连接了对象和关键词之间的关系,避免重复和遗漏。逻辑树和金字塔是逻辑型图解的基本形式。逻辑树从左到右去推导;金字塔表示向上积累的事实,推导结论。除此之外,定义关键词关联的方法就是算式。以逻辑树的方式将解决方法陈列出来后,要排列出这些方法的优先顺序,最有效的放在首位。

矩阵型图解

1. 参数型矩阵

数学惯用变量和坐标轴来描绘图表,参数型矩阵主要借助变量与数轴。数学参数由横轴和纵轴代表,在平面上四个空间填充相关要素。将四个空间进行分类,左边的图解是产品组合管理矩阵,常用于市场营销,横坐标和纵坐标分别表示市场占有率和市场成长率,箭头所指的方向即表现由低变高的参数。

右上方业务,市场占有率的变化代表市场成长率的变化,发展前景很好,即有竞争力的"明星业务"。右下方表示高额的市场占有率带来高的利润,是"现金业务"。左上方表示市场占有率低且成长率高,正在发展,调整后可能提高市场占有率,可用"问题业务"表示。左下角的市场占有率低,而且市场成长率低,很难占有市场,要退出市场,这是"瘦狗业务"。

2. 情报型矩阵

这种图解擅长整理信息,简而言之,就是分项列举的表格。首先画好外框,四方形图案,在最上行和最左列分别填上项目的名称,并将文字资料填在其余表格中,例如课程表。

3. 检查型矩阵

检查型矩阵以表格为表现形式,可是文字是被符号替代,常做标记。可以将对错用"Y(N)"或者"√(x)"表示,已有的或已做的用"."代表,未发生的用"○"代表。

过程型图解

1. 过程图

过程图有助于展现公司的运作过程,工作几乎没有能做到一步到位,过程图构架出作业过程。绘制过程图能检查出工序中不规范的地方。例如产品行销过程中的市场调查环节,人们对其的重视度却不高。过程图就可以显示各个环节的作用。简单的业务过程图每个环节都能被继续展开,展现出各个细节。

2. 流程图

整体过程都能呈现在过程图中,流程图由于重视细节,所以适用于复杂的作业。流程图既能体现部门间的联系,也能呈现出多个部门业务间的联系。

图表型图解

数据整理经常用到 Excel 软件,按照顺序排列的数据有利于人们看出事物发展趋势,使我们根据掌握的情况想出解决方法。如用图表体现某产品销售额的递增顺序,我们就很清楚销售额大的时间,可以找到提高销量的规律。除上述图形外,饼图、柱形图、折线图、圆环图、雷达图、气泡图也常用到,增强视觉,更好地表现数据间的关系。除此外,适用于分析目前形势的还有 SWOT 型图解,透视型图解擅长帮助某点吸引注意力,模式型图解就适合程式化运作。

点金术:不同类型的图解适合不同的问题。

如何画图解

通过了解前面介绍的图解思考法的功效,你可以试试自己绘制图解,开始可能时有些难度,但实际上很容易。不用文字是绘制图解最基本的原则,可以借用图形、表格、图表和插画表达意思。第一,写下事情的关键词,用想象和联想去记录想要的信息,将事件用线条来连接,事件间的关联则用符号表示,这样就完成了一半的图解。在整体的基础上将基本图形和插画充实细节,用视觉来呈现效果。图解就更生动形象了。

图解思考法也需要一定时间的训练。在一张大白纸上绘制图解,保持自由的心态在白纸上画画。开始时用大篇幅的纸张,因为难免开始时有逻辑错误。图解必须具备逻辑性,练习有助于减少错误。这非常有必要。图解思考专家西村克己认为:"橡皮擦是绘制图解的必备工具。"

绘制图解要清楚自己的目的,是理解文章、制订计划、还是追求新鲜创意?按目标去搜寻信息,才能画出全景图来。

绘制图解注意以下几点:①绘图前要确定好整体的布局和结构,使图解美观大方。②将思考对象放在图纸中心,留出空白。用简短的大号字表现出解决的中心问题,自由展开想象。③用图画或图像表示值得关注的问题。图是刺激大脑想象的工具,生动的图画使大脑兴奋。④尽量在绘制中使用彩色。色彩能刺激大脑变得活跃。重要的是,色彩可以摆脱呆板、单调、沉闷,让图解变得有趣。⑤连接思考对象与由此引发的思考点,明确各部分间的关系。发挥大脑联想功能,有效理解信息。⑥分支上写上关键词,避免短语和句子。用几个关键词去指引方向,又可以开阔思维。⑦尽量使用图形。图形显示的内容非常丰富。注意图形间的和谐和美感。⑧一张纸只解决一个中心问题。一张纸上表达的问题不要太多,否则不利于解决问题。对复杂的思考对象,可以按照几个项目来思考。

找到隐藏在信息中的大量关键词是需要技巧的。表达意思时,删掉没有意义的修饰词和连接词,或者用连线和箭头。平时阅读时,如果需要着重注意或理解,可以在下面画上横线,训练寻找关键词的能力。与思考对象相关的关键词一多起来,就应该避免用单一的颜色或单一的图形来表达意思。表达关键词是有技巧的,关键词分为三类,分别用不同颜色或图形来表示。要是把 A 作为一类,与 A 类相反的信息当 B 类,其他就是 C 类了。用红、黄、蓝三种颜色来表示 A,B,C,或是圆形、方形、三角形。

找到关键词,就把它们组合同义词,重复的话要忽略一个。随后,圈上关键词的图形,弄好图解的大致样子。然后再用箭头连接因果关系、包含关系、对立关系,全景图就完成了。不要想着一步登天,初学者不容易把握图形的整体布局和结构,很难对信息进行有效处理。所谓熟能生巧,只有不断练习,才能掌握好图解技巧。

点金术:图解思考法也需要一定时间的训练。

好的图解,不好的图解

比起文字来,图解虽然更有助于人们理解和记忆信息,但是如果使用不当反而会加深问题的复杂性。好的图解必须实现图解目的,否则就不是好图解。

图解的目的在于:(1)清晰展现问题,宏观上把握思考对象;(2)传递信息,防止遗漏;(3)展示思考点间因果、包含等关系;(4)注重信息的逻辑性和顺序性,避免矛盾;(5)擅用颜色和插画来丰富图解内容。

图解是一种美学,好的图解能很好地传递信息。赏心悦目的图解让人容易接受;单调的、杂乱无章的图解只会让人厌烦,不能把握宏观信息。整体感和均衡感也是必要的。图形和文字的大小适中,并留有空隙,松紧适宜。太紧凑或太松散都不好。颜色和图形的搭配都要在图解中体现出来。

绘制图解前先要将图解排版规划好,在画好图形的基础上添加文字,考虑配置好整体的图解。图解的版面是否视觉性强。简单来说,好的图解就是要使信息和逻辑能很清晰地表现出来。

绘制图解要简单利索,人们更容易理解简单清晰的图解。图解高手把握好图解信息的主次之分,去粗存精,让图解清晰明了。多张图解说明一个问题就要保持其风格和逻辑上的一致性。下面再来看看图解好坏的对比。注重关键词的逻辑是好图解的重要因素,要不然图解信息就会混乱。一定要让图解有逻辑,把整体以及各关键词之间的逻辑掌握好,包括因果、包含、对立和并列关系。用箭头代表因果关系,大圆套小圆是包含关系,双向箭头是对立关系,并列关系用两个关键词独立来表示。

除此之外,图解的形式也应灵活多样。绘制图解时为了丰富视觉效果,可用色彩、阴影、立体化和插画等元素来绘图。绘制图解时应该删除多余的信息,突出主要内容。

此外,运用色彩、立体效果、阴影效果能让图解更加生动、形象。

点金术:绘制图解要简单利索,人们更容易理解简单清晰的图解。

提升图解的说服力

了解构成要素是提升图解作用的前提:

1. 从宏观至微观

准备好零件才能开始组装机器,少了哪怕一个螺丝钉也不行。而且零件要互相匹配。零件多么先进都必须使其相互配合。绘制图解前必须统观全局,把握整体轮廓,否则会出现“只见树木不见森林”的现象，避免出现遗漏和逻辑错误。

宏观到微观的思考模式能帮助我们对信息内容有快速地把握。一本书必须有内容简介和目录，如果不每页阅读，你无法去了解整本书内容。有了内容简介和目录，你能短时间知道书的主要内容，了解各部分的逻辑关系。你也能直接去读自己感兴趣的内容。可以说，内容简介和目录就是书中内容的图解。

人们习惯从整体到局部、从宏观到微观的去接受信息，与辨别、理解和记忆信息的能力相适应。人们很难掌握整本书页的内容，看了后面也会忘记前面。要是绘成信息图解，就能快速掌握大体的轮廓。作说明报告或分析事情经过，都要遵从从宏观到微观的顺序，不容易忘记，而且自然就能想到这幅图。

描述出宏观的事物轮廓后，就是描绘细节，从微观上整理大量信息。虽然我们能宏观表现工厂的业务过程，要具体了解每个环节，关注微观运作流程。以产品研发为例，就要重视细节的展现。宏观到微观的思维模式有利于把握思考对象的整体情况，确定重点和非重点信息，着重理解和分析重点内容，过滤掉非重点信息。

2. 随时注意是否有遗漏和重复的信息

要是遗漏了信息，就会片面了解问题，导致信息混乱，失去很多机会，更会使问题难于应对，时间和精力都会被浪费。如果提高图解说服力，就不能遗漏和重复信息。进行信息分类能避免出现遗漏和重复情况，宏观分类不能涵盖所有的信息的话，细节就会遗漏信息。分类要是交叉了，填充详细信息肯定能发现。例如我们曾讨论提高企业利润的方法。可以把解决方法聚焦在提升营业额和降低成本上，会对其他信息有所忽略。将“其他收入来源”添加进分类，就能提高收入。

3. 排列信息的优先顺序

信息有重要大小之分，对解决问题的关键信息我们不能忽略。如果关注信息太多，精力就会浪费。所以在绘制图解时要排列好信息的重要、非重要顺序，舍弃不用的信息，注意力集中。比如，当你为高档汽车寻找目标消费群的时候，应该寻找那些富有的客户，而不应该把过多的精力花费在打工者身上。

点金术：信息有重要大小之分，对解决问题的关键信息我们不能忽略。如果关注信息太多，精力就会浪费。

第十课 十根思考棒

喋喋不休

喋喋不休就是不断重复自己的话，让别人相信他的话。如果你想通过这种方式来证明你的观点，那么很遗憾你得不到任何有力的支持，不过是不断重复。即便如此，这种控制手段同样产生着巨大的影响。正如催眠医生可以给人洗脑，不知不觉你便认为这种观点有道理。

很多广告都采用这种方式，大众认可的品牌都是这样慢慢发展起来的。你越多接触某个品牌，那么某种品牌对你来说就更有吸引力。随着技术的发展，广告片信息不断地进入生活，使你渐渐了解了某品牌，可是你仅仅知道这个牌子名称，你未必对它有多深刻的认识。就算这样，这个品牌已经足够让你在逛街的时候付钱，你宁愿选被洗脑后残留下的结果。你的决定对你自己的影响很小，可是这对于想要销售掉这个产品的人来说却很重要。如果他们的产品没有销路，生意就难以继续维持，因此他们肯定将广告轰炸式地投递给你。

这种控制方式所产生的效果对那些身居高位的人来说会更好，当某些老板们假装很自信地对你阐述他们自己都不相信的理论时，人们却更乐于相信他的话，虽然很多时候他们的话毫无证据。但是，他们完美地利用了他们的公众效应和演讲才能，并充分利用了他们所谓的人格品牌去推广产品，因此几乎没有人对此有异议。

如果重复性灌输和不正确的类比结合会产生更好的效果。人们习惯于通过诸如比喻的错误类比误导消费者，因为反复强调的渲染力度会大大增强。故事听上去越动听，越详细，人们就会越相信你。只要你的表演具有足够的煽动性，或许只需要一次，别人就会断定它是真的。

“华尔街教父”本杰明·格雷厄姆，他在各大场合都讲过一个盲目投资的故事，这种控制手段在故事中得到了很好的阐释。

天堂门口走来一个勘探石油的死者亡灵，彼得拦住了天堂口的亡灵说：“你可以进天堂，但额定给石油居住者的空间已经没有了，所以我也很遗憾。”听到这里，亡灵灵机一动，讲了一个诱人的提议：他想亲自对住在里面的石油勘探者说句话。

于是他扯着嗓子喊道：“很多石油在地狱里！”突然天堂大门打开了，天堂里的人都向打了兴奋剂一样冲向地狱。彼得吓了一跳，现在天堂有位子了，他只好让开道。这位石油勘探者竟然犹豫了一会儿说："我已经改变主意去地狱了，不去看看怎么知道到底有没有！"

重复描述某一概念或某一观点在辩论中可以成功地将话题和注意力转移。如果你想把谈话的焦点从自己身上转移，那么赶紧滔滔不绝地谈论其他话题吧，让大家听到你想让他们听的。这种手段在律师那里得到了广泛应用。

有人控告一位母亲虐待她的孩子。她的律师开始滔滔不绝地谈论这位母亲的美德，他说："为了证明我的当事人有合格母亲的资格和能力，我们先说说到底什么样叫好母亲。"他滔滔不绝地讲了许多赞美母亲的词语，比如，慈爱、关怀、乐于助人、有学识、有涵养……完美母亲的优点在他口中一个又一个蹦出来，然后他慢慢地说："难道有人能否认一个合格母亲的形象吗？"没有任何人是十全十美的，任何人都无法完全符合。他马上抓住这个来之不易的时机："既然如此，你们为什么要这样要求我的当事人呢？"其实，在他汪洋恣肆地表达的过程中，将偷换概念的手段运用其中了。

还有一种不断说话的方法，好像是传达了一些很重要的内容但其实那完全非废话。产品包装就是很好地表现这种手段的场所，例如食品包装上印有"本品通过加热温度会有所上升"的提示语。

连那些貌似充满着哲理的句子所包含的其实也只是再简单不过的道理。举个例子，我们通常对别人这样说"车到山前必有路，船到桥头自然直"，是指很多事情自然而然就得到了解决。这话等于没说，因为一切问题都会在时间维度上得以解决，可解决的方式到底是什么样的却没有说清。保持大脑的清醒是应对这种聒噪式灌输的好方法，不要让对方反复强调一个观点，要看看他到底能提供多少有力证据。此外，对任何事物和观点都保持警惕和怀疑，如果你不知道真相，那么就算被重复了无数次，或许仍然不是真的。

点金术：重复描述某一概念或某一观点在辩论中可以成功地将话题和注意力转移。如果重复性灌输和不正确的类比结合会产生更好的效果。

错误类比

错误类比主要是利用形象的比喻、有趣的古诗、让人印象深刻的事情与当前问题比较，使自己的观点得到证实。然而这些并非证据本身，这些只是修饰了控制者所表达的中心思想。它们极具诱惑力，以便让人们同意这种观点。通过这些极具魅惑的手段，人们缜密清晰的思维变得迟钝而模糊，不知不觉就跟着控制者走了。

妙语连珠和曲折的故事连实质问题都说明不了，这只是煽动表现力促进表达的一种手段。这利于陈述者本身，而对于接收这些信息的人来说则相反，因为受到感染的你，可能会把自己丢在这其中，根本没有考虑所对比的两个事物有没有对比的价值。

如今我站在这看着1000个毕业生，但并没有遇见1000个精彩的人生，并没看到1000个行业的1000名卓越领导者，我最多看到十分之一。你们非常受打击，我能理解。为什么？因为我——艾利森，一个退学学生，却在美国最好最著名的大学里这样厚脸皮地妖言惑众。

我来为你揭开谜底。因为，我——艾利森，地球上财富第二多的人，是个退学学生，你却是个老实的好学生。因为，比尔·盖茨，地球上的财富之王，也退学了，而你却是个老实的好学生。艾伦（微软共同创办人），世界第三富豪，同样退学了，而你仍然是个老实的好学生。再举一个有力的例子，戴尔，世界第九富豪，曾经也退学了。而你，一直是那个老实的好学生。

你们很伤心难过，我明白你们的感受。这些工作习惯将成为你们工作的技巧。

你未来需要接受如此"治疗"。它们对你来说太重要了，因为你没退学，因此你没有成为富翁的机会。哦，当然，也许，你一直如此努力或许可以成为第10位、第11位，就像斯蒂夫（苹果总裁）。可是，你们不知道他在为谁卖命，对不对？根据记载，他是读研时退的学，他醒悟得有点晚。

你很难想象这是赖瑞·艾利森面对2000届耶鲁大学毕业生做的演讲。历史上称这次演讲是最疯狂的演讲，虽然艾利森还没有完成他的演讲，就被"请"下了演讲台。不过，他还是很巧妙地运用了错误类比法，在他的滔滔不绝和汪洋恣肆下，貌似只有退学你才能成功。然而，他并没有提供证据证明那些他口中的富翁和当时在场的学生在学识方面有哪些可比性。

正如之前我们提到的那些例子，这种方式被CEO们所利用："根据我们的资料来看，我们的竞争方也做过类似的事情，可他们失败了。"听众王先生听后情绪低落，放弃了自己的看法。现在思考一下，如果将你放在他的处境中，你会如何反击呢？

第一，对方跟我们的资源、实力以及更具体的操作方法都不同，因此两者的失败与成功之间不存在必然联系。第二，对方没有成功，那已经过去了，现在市场中的很多因素都变了，不能用过去的标准判断现在的对策。

要强调一点，类比也不一定是错的。准确地运用各种修辞手段是可以帮别人更好的理解你的话。像前面说的，或许竞争双方的情况在不同层面上都具有相似性，并且市场没有任何变动，王先生的方案与对方的方案竞争力上差不多，如果是这样，怎么可以放一起比较呢？

所以，当你用比喻、举例或者类比的方法阐述自己的观点，一定要有区分能力，判断那些事正确的而哪些是具有执行性的，避免被骗。想想类比是否合适？这故事能说明什么确切的问题吗？实际上无论观点正确与否，类比手法的使用对陈述者来说没有坏处。想要识破这种伎俩，首要的是保持头脑冷静，因为你很可能掉进热闹的讲述中，然后摆正自己的观点。一旦你看穿对方的伎俩，要知道说话是为了达到什么目的。总而言之，运用这种手段进行表达的人无非想否定你，想间接告诉你，你没有实力、办法实现理想。从这以后，你就要用证据击碎这种无稽之谈，想办法反对他然后证明自己观点的正确。

比如，他或许说："百分之九十的人都失败了，你成功的机会太小了。"他是为了否定你的能力，但没有任何证据支持他的这一论点，不过是运用掩人耳目的方法。你只需要对症下药——告诉他你与众不同就可以了。对方没有换位思考，他没有识人的眼力，因此他认为你会失败。

自己对自己是最了解的，当你又一次被人否定时会对自己说："别人说我会失败，那是他的想法，并没有什么有力的证据支持这一观点，但我相信我自己，我的行动会证明的。"

所提到的那些控制方法具有一致性的是，你越为自己解释越没有用，辩解毫无用处，这样你倒会被人设计。总而言之，这种方法能够发挥其作用，就因为它会让你狂躁不安，而反抗却是最本能也最无用的，它什么都说明不了，只能让你失去长久的耐心和头脑的冷静。故此当别人对你表示怀疑的时候，千万不要辩解，辩论所产生的结果没有任何用处。你心里只要明白他们心里真正想表达的含义就可以了。记住，躬身实现的结果会是最好的反击。

相反，如果有人用错误类比让你相信自己很轻松就能获得美好的未来，同样要小心对待。正如艾利森在演讲中暗示时说，学生不退学就不可能成为超级大富豪一样，总会有些人跃跃欲试。

无数励志类的书籍都耍这种小伎俩，想要让别人相信这是一条通向成功的捷径，因此你也行。这种方法可以帮助人们树立成功的信心，如果你不假思索地相信这些精神鸦片，不能够做到具体问题具体分析，你必将失败。

点金术：如果有人用错误类比让你相信自己很轻松就能获得美好的未来，同样要小心对待。

制造两难境地

鱼和熊掌必须二选一，你要哪一个？如此一问，你的第一反应是不是该想一想选哪个对自己更好？既然如此，你不免落入了“制造两难境地”的陷阱中了。或者你可以提一句：如果我都不选呢？“制造两难境地”的方法就是为你设计一个“或者或者”的境地。它通常通过两种途径表现，要么将问题强加给你，要么让你选择想象中的一种。

所谓问题强加就是你只能从两种选择中筛选，可其实你并不想从这两个之中挑一个，但事实上这种选择非要让你选择一个才罢。比如，AB 两个选项中你必须选择一个，如果选择 A，那么你被大家接受，如果选择 B 你被大家唾弃。谁愿意承认自己是一个坏人呢，没办法只能选择 A。

开会时，任何一个想法都会引起与会者的争论。绝大多数人认可了，可你还想知道得更细一点，希望让你的分析更加完整。这时，或许有人这么讲：“你的态度到底是什么，同意还是不同意，快说吧！”如果你拿不定主意，其他人就会觉得你不赞同这个决定，然而这不代表你的最终想法。于是，你希望对此作出解释：“我不是那个意思。”对方就想听你这句话，他会抓住机会说：“很好，既然你同意，那就让我们进行下一话题吧。”

如果企图控制你的人不想让你在这个问题上发问，别人还会给你戴上“麻烦制造者”的帽子，指责你妨碍会议的继续。他让你必须做出一个选择：要么同意他的说法，或者就被说成是麻烦制造者。如果你的情绪因此而受到影响那么你就已经输了一半，为了辩解你可能说：“难道我是麻烦制造者？我为什么不想让会议顺畅进行呢？”当你的注意力已经被吸引到这个问题上时，这已经离你最初的想法越来越远了。知道自己要做什么，这样便于你作出更正确的决定。

对方这么做是为了跳出给定的选择范围并重新定义。

对方让你选择的几个选项其实是从他的角度设计的，其中对和错都是他说了算的，他把自己安排在正确这一方，我想你也不愿意站在错的一方，所以你肯定被动地站在他那一方了。然而，任何一个问题都可能存在对与错之外的第三种选择。他给出的选项存在着纰漏。他可能说：“你有两条路可选，赞同我，否则你就在制造麻烦。”你或许能这样说：“你的思路太简单了，这跟我同意与否没关系，我不过是想多知道些，以便做出更正确的决定。”

“问题强加”这种手段是强迫性质的，而另一种“选择想象”则让你不知不觉就中了对手的埋伏。对方给你两个选项，让你在两种之间选择，非 A 即 B。这种方法巧妙就巧妙在你的思维被限定在 A、B 中了，看似你把握了主动权，而事实上这种主动权的假象不过是一种心理安慰。

《庄子·齐物论》里面讲了一个例子。有一个人养了一群猴子，给他们安排食物时说：“早上给你们 3 颗栗子，晚上给 4 颗，如何呢？”猴子们叽叽喳喳表示恼怒：“凭什么早上的少啊？”养猴子的人眼珠一转说：“那么，白天有 4 个可以充饥，但是到晚上吃 3 个好吗？”猴子们欢天喜地又蹦又跳。很显然，这是一种骗人的把戏，不管是“朝三暮四”，或者是“朝四暮三”，对喂养的人来说是背着抱着一般沉的。看上去猴子们似乎有两种选择，其结果却只有一个。

当另一个人给你选择的机会时,你应该了解到,这两种选择都是对方心仪的,这样你就能知道对方心里真正想要的是什么。举个例子,放假了,你的朋友们对你说:"我想咱们可以在放假的时候去海滩,去西藏也行,你选一个呢?"毫无疑问,你的朋友正在用"制造两难境地"这种技巧,而你已经透彻的知道他的伎俩——他有两个想要去的地方,并且他需要一个人陪他,无论是去海边还是去西藏,他都能满足愿望。要是你也想去这两个地方,你当然可以二选一,可如果你觉得这种选择很困难,你可以突破这两种选择问他:"为什么非在这两个里面选呢?去别的地方如何?"

你甚至可以不需要顺着他的心意:"我们换个方式度过这个假期如何?我们还有很多别的方式度过假期。"最直接也最简单的方式是开门见山对他说:"难道我们不能选择其他的吗?"

点金术:鱼和熊掌必须二选一,你要哪一个?如此一问,你的第一反应是不是该想一想选哪个对自己更好?既然如此,你不免落入了"制造两难境地"的陷阱中了。

玩文字游戏

一个汉字经常有很多意思,这样就容易产生歧义。商家们常常在这种多义性与歧义性上做文章,设置陷阱。假如你是贪小便宜的人,便很容易落入陷阱,你必须承认这是一种相对高明的手段。

卖房子的销售会这样"引诱"你:"买房子送家具。"很多人觉得太合适了,迫不及待地付了款,之后向房地产商要家具。这时对方哭笑不得的回答才让我们明白我们上当了:"你买好家具需要送的时候给我们打电话,我们免费出人力。"原来"送"不是"赠送",却是"运送",房地产销售者对消费者心理了如指掌,跟消费者玩了一个文字把戏。

想要对付这种伎俩最好的办法是提高警惕,尤其是天上掉馅饼并且恰巧砸到你的时候,你一定要跟对方确认你所理解得对不对。商家搞优惠活动时,你往往会看到这样一行字"本活动解释权归本公司所有",既然"解释权"是对方的,你最好收起你的一切想当然,与对方沟通看看你的理解是否正确。

你无法确切地说明一些词语到底表达什么意思,比如,快乐、未来、美好、升职等。但公司的领导却在动员员工时经常说,经常将这些词语挂在嘴边,给员工许下一个个美好的承诺。这些词语的意思很模糊,很空泛也很概念化,这些可以作为精神鸦片让你的情绪快乐很多,虽然每个人对具体的解释又有所不同。

如果你无法从这种虚幻的美好中清醒过来,就别设计了,因为对方没有给你任何有效的实际兑现方式。如果有人对你说这种意义不确切的词,你可以要求对方给出有效的描述,比如,这个美好的未来具体的表现形式是什么呢?提升的幅度有多大?

人们常常利用一些词语本身的感情色彩,例如销售者喜欢用"酬宾",管理者喜欢用"授权"。谁都想获得天上掉下的馅饼,有一天商家亮出"优惠价"的招牌,买东西的人恐怕就要落入陷阱了。其实,你不见得能在这些活动中得到什么实际的好处。什么是授权?就是用一种高高在上的姿态给予对方一定好处,接受者则会享受到一种满足感。

其实,被授权的人往往会承担更大的责任,然而却没得到相应的回报。因此,对于在经济上具有发言权的人的语言,我们时刻要保持警惕。

一些人为了证明自己是"专业人士",常常使用专业术语好让别人发懵。说专业术语也是一种文字游戏的方式,它容易在不知不觉中让外行人生畏。如果一个企业中的咨询人员告诉你"测验多样化系统"、"信息关键标准"等等这样的专业术语,外行人会对他产生一种心理崇拜。专业术语只适用于懂这个专业的人，假如你不是专业人士，就直接说“我不明白你的意思”或用其他方式，让他说明问题。真正的行家是能够深入浅出地解答专业问题的人，而不是在外行面前充当能人。

偷换概念也是文字游戏的一种形式，例如销售人员经常把“投资”与“消费”相混淆，使消费者失去判断能力。高消费化妆品推销员经常这么说：“小姐，你应该意识到，你不只是在给你自己买化妆品，还是在为你身体的健康与外貌的美丽投资。这些投资可以让你青春永驻，也可以帮助你事业发展的更加顺利，婚姻关系更加稳固。”听了这一大堆美丽的辞藻你一冲动就花了许多钱，所以很多人在高高兴兴回家之后才后悔不该买这些东西。

还有一类通过文字进行的控制手段是通过“三段论”的方式欺瞒受害者，对方似乎进行了一次非常正确的推理，这样得出的答案貌似无法撼动，实际上，论据和最终结果之间没什么必然关系。比如，赞成建核电站的人都不在乎后代们将生活在怎样的环境中。而你却赞成。因此，你是坑害后代的人。

两个说法都是正确的，但是这个结论是如何得到的呢？假如这时候你开始质疑结果，对方会这么回复：“你不赞同我的说法，可是你却赞成前面的话，这难道说得通吗？”事实上他说这话本来就没什么道理，如果你这时候懵了，心里非常慌乱，从而落入陷阱，最终同意他的说法。

还有一个方法也是通过“三段论”的方式来对对方进行误导，即在错误的前提下引出错误的结论。例如，已知，金融界的成功者都是男人。小芳是女人，所以，小芳难以在金融界有所作为。

推理形式是没问题的，不过前提条件我们却应该思索，凭什么说“金融界的成功者都是男人”呢？怎么证明呢？假如你觉得对方某些说法让你觉得不能认同，赶快分析出哪里出现了错误，不要让这种正确的假象所蒙蔽。

点金术：如果有人对你说这种意义不确切的词，你可以要求对方给出有效的描述，比如，这个美好的未来具体的表现形式是什么呢？提升的幅度有多大？

因不及果

种瓜得瓜，种豆得豆。这道理人人都懂，一分耕耘一分收获。然而，我们的生活里，并非所有因果关系都如此简单，并没有这么简单。

有这样一个老实人被冤枉的故事。他某天打了个喷嚏，然后就起了一阵大风，这时晾衣绳上的床单就掉到地上了。床单的女主人认定了这是老实人干的。老实人辩解道，床单是风吹掉的。然而那时并没有风。女主人白了他一眼又把床单挂上了。刚搭好床单，老实人又打了个喷嚏，偏偏赶巧床单这时候又被风刮了下来。

女主人气愤极了，说：“还狡辩！难道你能说衣服不是你弄掉的？看你干的好事。”老实人心里特别委屈，可他又不知道怎么解释，吓得他不敢吱声了。

打喷嚏在先，床单落地在后这本身没问题，然而这并不是因果关系只是先后关系。但是，经过这两次的巧合，老实人吓坏了，他开始怀疑床单掉下的事与他有着不可分割的联系。女主人运用了“因不及果”的方法，通过把先后关系错误的认定为因果关系，凭空给他人填上一个莫须有的罪名。让别人觉得有压力，觉得是自己的过错。实际上，先行后续的关系与前因后果的关系完全是两回事儿。

这种陷阱非常巧妙，一般人不容易看出来，别人非常容易受到影响。因为一旦有人看似有理有据地指责你犯了错时,你就会觉得自己真的做错了事,不能客观地思索真正的原因。

虽然原因总是在前,结果总是在后,然而并非所有先行后续的关系都是因果关系,这是应该注意的。比如说下雨之后,地会湿漉漉的。坠落的雨导致地面的潮湿,这两者之间是因果关系。在雷阵雨到来时,先看到闪电,后听到雷声,很久以前人们认定是闪电引发雷鸣。很久之后,经过科学家验证人们才知道两者是同时发生的,那是因为声速慢光速快,所以有先有后。因此闪电与雷声只是先后关系,不存在因果联系。

当别人想通过"因不及果"来影响你的心情,他需要做的非常简单,仅仅需要将先后关系说成因果关系,然后再告诉你,你之前的做法是错误的。

"你要是当时不那么做,现在根本没有这样的后果,感到后悔吧?""都怪你,当初不让你那么做你非不听,我们也不会像现在这样。""跟你说过多少遍了,千万要三思而后行,你却一意孤行,你看现在多少人为你的鲁莽在买单。"

当别人这样指责你时,你是不是也觉得自己做错了呢?面对如此巨大的内心压力和暗示,你的心理肯定后悔做了当时的决定。或许事实上你并不需要负主要责任,或者不管你的事,可你的情绪被别人利用了,你的大脑已经无法冷静思考,看着就像是自己需要负主要责任一样。对方的语气越是愤怒,你就越觉得是自己做错了,绝大多数人无法在别人如此自信的指责面前保持内心的冷静进而清晰地思考。或许问题很简单,可是你就是在当时无法识破他的小伎俩。

当你被设计之后,你或许会说:"我当时真没想到会这样。"可你只要一解释,就说明你已经"俯首认罪"了。那么手段的操控者就会得寸进尺,让你去承担事情的不良后果,或者你想回避这种对指责的尴尬:"那有什么办法现在已经出现问题了,我们划清楚到底是谁的责任也没用,现在最重要的是找到解决问题的办法。"这样一来就说明你认错了,控制手段的操控者就会想方设法让你承担主要责任。

等到一切都过去了,你才反过劲儿来,这事儿跟我有什么必然关系吗?为什么我要来承担这种错误的指控?

虽然这种伎俩非常容易让你有大幅度的感情起伏,难以冷静地思索,但想要破除这种手段也很容易,只需要做到以下几点:保持冷静、控制情绪、询问理由。

第一,保持冷静。这是最重要的,听清楚对方对你的责难,明白他究竟要说什么。例如我们刚才说的例子无非一直在讲两个问题:你做过一件事情;目前的状况很不乐观。可他并没有告诉你二者之间有什么必然的关系,只不过他的指责让你头脑发蒙罢了。第二,要控制情绪。指责你的人想通过大声急切的控诉让你晕头转向、内疚或混乱,把你的注意力从问题上转移到自己。不能让情绪做你的主人,集中你的精神去处理问题。冷静地想想,想一想事情是不是因你而起。如果你的行为与导致的恶劣结果之间有因果联系,必须要真诚地认错道歉,努力将功赎罪。可如果你的行为与结果之间并没有什么关系,就只能说明对方在耍小伎俩,那么你接下来要做的是第三步。第三,要质问对方指责你有什么根据。如果有人这样暗示你,要是你没做出糟糕的决定事情是不会这样的,那么你接着应该冷静地问他:"你能不能仔细说说,我所做的是怎么形成这个后果的。"

你可以对他侧面暗示,表明你已经知道他在用"因不及果"的伎俩:"我知道我当时的行为与这个结果的产生有先有后,可是这两者之间好像没有什么必然联系。"

点金术: 虽然原因总是在前,结果总是在后,然而并非所有先行后续的关系都是因果关系,这是应该注意的。

因为你错，所以我对

“因为你是不对的，所以我是对的。”当看到这个说法，有人会问：“凭什么这样说？就算我错了，可这和你的对错有什么关系！”然而在实际的讨论当中，我们却常常落入这样的陷阱。这种伎俩的最关键特点是弄混了分析和总结的区别。对方会细致分析你的观点然后找出漏洞，然后扩大这种纰漏的严重性来转移你的注意，然后就得出一个错误的结论：你应该为此负责。这种手段隐蔽性极强，因此其杀伤力也是巨大的。

我们之前说过，大家喜欢进行批判性思考，就算你的言谈再完美也总会有漏洞。假如别人想跟你作对，他会费尽心机在你的言谈中找纰漏，他需要做的只是仔细听你的发言就行了。一旦他抓住你言谈中的漏洞，足以使你自乱阵脚。特别是在你当众发言时候，一旦别人确实证明你说的某个细节错了，你的情绪会受到影响，你的自信也会下降，你在大家眼中的形象也会大打折扣。

然而，分析是分析，结论是结论，不少分析者都是眼高手低，很多人只是能够说出你的方案不好但他们却不知道提出更好的建议。完美的答案需要创造性思维，仅仅对眼前现象作出判断是不够的，提出解决方法才是王道。例如，开会时你阐述了一个方案设计，有一个人认为你的方案不好，或者说不完全同意你的设计，但又没有提出更有创意的想法。这时，当你认真地投入到自己阐述的方案中时，他听得很仔细，一旦你哪里说得不特别充分，他就忽然站起来对大家说：“他提到的例子有问题，并且是很大的问题。”

可是，你说的那个不充分的例子与中心观点并没有特别紧密的联系，可他就是死咬着这一点让你为难。他给了你难堪，你的威信也降低了。每个人此刻都盯着这个甚至没什么大作用的错误，然后将错误的影响扩大——你竟然说了个毫无说服力的例子来佐证自己的观点，那么别的地方或许也有错误吧。或许你的想法很有创造性，可能更加有价值的观点你还没说，然而这个小小的失误让大家对你产生了质疑，没有人想继续听你的想法了。

反对者一旦看到这种情形，肯定会抓住机遇将论证过程与最终结论相混淆：“你的例证与事实不符，错误是有目共睹的。你的设计还有太多需要完善的地方，因此我觉得不具有可操作性。”如果对方斩钉截铁地下这样的论断，你的心慌了，难道我的方案真的不具有操作性？其实，他根本没有可靠的证据证明你的想法是错误的，他只不过告诉大家你犯了一个无关紧要的错误。然而，你要知道，某个论据不严谨，并不能推翻你的整个方案。你的论断或许是正确的，一个无关紧要的论据说明不了什么，就算删掉那个论据，你的结论仍是不受影响的。

对付这种伎俩，充足的准备可以为我们避免不少的麻烦，仔细审核自己所要说的数据是否准确，运用最恰当的论据，尽量减少错误，避免被别人抓小辫子。另外，这也体现出了你周到细致的态度，仔细思索每一个细节，会使你的方案更加精彩。反过来说，假如你过于不拘小节，在细节上有了问题，别人对你就会产生顾虑。就算整体上看你的方案很好，其他人也可能不再相信你的话了。

然而，古语云：“智者千虑，必有一失。”不管你怎样细致地准备，你总是会犯这样或者那样的“错误”。如果有人纠正了你的问题，第一要思维清晰，告诉自己这也不是什么大事儿。别人告诉你哪里错了，说明大家都在仔细听你说话，别人对你的阐述很在意，这实际上是对你的尊重。其次，看看自己的讲解中是否的确存在纰漏，需要说明的是，假如真的出现了错误，千万别多解释。当人们遭到否定的时候，常常会出于本能用掩饰和辩解表示反抗，这不仅会使情况恶化，甚至你连信任都无法保住。

最正确的做法是立即道歉，谦虚地说：“你眼神真好啊，我这儿还真是犯了错误呢。感谢提醒，使我意识到问题的错误，我会将整个计划逐渐完善。现在我想请您帮我看看后面的内容是否也需要完善。"喜欢被恭维是人的天性,发自内心的赞美和致谢会让对方感受到你的善意。不过,如果你被证实的确存在太多的错误的地方,那么就不是对方有意拆你的台了,而是真诚地帮助你,你也需要谦虚地接受意见。

如果反对你的人咬住你的某个小错误然后对别人宣扬,你可以这样做:"如果你对我刚才说的这个以外的其他内容认可,那么当我修改完这个问题,你就能接受我的方案了。"你只需要淡定,冷静思考,看清楚对方的面目就能避开不必要的陷阱。

点金术:大家喜欢进行批判性思考,就算你的言谈再完美也总会有漏洞。假如别人想跟你作对,他会费尽心机在你的言谈中找纰漏,他需要做的只是仔细听你的发言就行了。

对人不对事

对人不对事似乎跟人身攻击相同,让你不再考虑事情本身,而是把注意力放到是否受到尊重上了。然而,二者还是有明显区别的,他并不以侮辱人作为方式,而是对不同的身份所产生的不同行为举止进行批评。

很久前,父子使用驴子驼货赶集,这一天生意不错,晚上拉着驴子回家。走一半,有人指指点点:"傻瓜,现成的驴子都不知道骑!"然后,爸爸让儿子骑着驴,自己走路,接着往前走。不一会儿,又有人说:"怎么有这样的儿子,自己享福,让老父亲走路。"听后,儿子马上下来把父亲推上驴背。没走多远,又听到别人议论:"怎么有这样的父亲,让孩子受累。"当爹的赶紧把儿子也拉上驴背。突然又有人说话:"两个人这么重却都坐在驴子上,这畜生也真可怜,这头驴子肯定不是他们自己的。"父子二人赶紧下驴,用绳子捆上驴子的四条腿,扛着驴往前走。

从这个故事中我们可以看出,父亲和儿子都受到别人的影响。例如,作为小辈怎么能让父亲走路自己骑驴呢?尊卑不分啊。又或者说,当爹的怎么能自己享清福让儿子走路呢?太残忍了。社会给人们套上了各式各样的行为模式,大多数人都习惯于代入。因为你扮演着家长、孩子、教育者、领导、员工、男性、女性甚至更多的角色,你就该做出符合"身份"的事情。一旦别人对你指指点点,你的第一反应就是辩解,事情也就走调了。

各种角色都与利益息息相关,当别人不信任你或者对你有所成见时,就会认定你的所作所为是自私自利的。更明显的体现在利益有冲突的两者间,总是因为没有信任感而相互埋怨。举个例子,家长希望子女留在自己身边生活,想让孩子找个近点儿的工作。孩子或许指责父母:"你们就想自己从来不替我的发展考虑。"然后,父母经常说:"我把你拉扯这么大容易么,你现在有能耐了,家里太小容不下你是吧。"

在公司之中,上下级也有这样的矛盾,领导要做一件事情,员工很可能骂他是剥削阶级的傀儡。当员工说一些自己的想法时,领导或许认为这是偷懒的表现。当彼此不信任相互埋怨时,大家都会不自觉的为自己辩护,就不能冷静淡定地分析问题了。

想要应付这种伎俩的有效方法是多交流,学会换位思考,实现双赢。为所谓尊严而费尽唇舌是最无效的,相反应该将问题的焦点集中在讨论的中心,实现双赢,让参与的双方都满意。如果两方面仍然不满意新提出的方案,如此,最好找局外人来帮忙。

一切的角色在生活层面或者工作层面都有弊端,比如公司老一辈们思想落伍,公司的新人又没什么阅历。这时候如果青年员工"对人不对事"就会对老一辈员工说:"你想的那些已经跟不上潮流了，已经要落伍了。”老员工很生气，为自己解释是肯定的，同时，新员工也会被老员工这样说：“凭你的资历，轮得着你对我指指点点？”

人们历来对某些角色有一些习以为常的认识，老年人跟不上时代，年纪轻的缺少阅历。这种认识让矛盾的双方互相猜忌，甚至是为了找茬而找茬。一旦某个人对你没好感，就算你把天说出来也无法让其信服。他的注意力不在事情本身，而是把你认可的一切与对你的成见联系起来之后，对人不对事地进行反驳。

当对方对你有成见时，你仍然展示你的才智就是非常愚蠢的，因为无论你说什么，对方都会以一种对抗的心理否定。就算你是好意，他甚至也会认为你不会平白无故送上橄榄枝，也使你好心被当成驴肝肺了。所以，正确的方式是在彼此相互信任之后再说你的看法。如果你没有获得对方信任，不要继续讨论下去了，将彼此的关系修复到最佳状态才是当务之急。

任何变动之中，总有一些角色陷入“对人不对事”的陷阱。例如，有一个老师突发奇想想做生意，就会有很多人说：“你根本经不了商，当老师多好啊！”如果一个女孩想要当一个警察，那么家里人反对：“你能不能不这么幼稚？你以为当警察很酷吗，女孩子当警察多危险，你知道吗？”

这些人都陷入了固定的行为模式中，他们将目光都集中在角色上，却忘了关注问题本身。要是你也碰到这样的状况，想清楚什么是自己真正想追求的，千万不要被自己现在的状态所局限。有些人想要妨碍你，解释是没用的，给他们看你成功的结果就好。这种“对人不对事”的控制手段许多时候来自于我们的潜意识。很多人潜意识里都很自卑，经常对自己做出消极的评判：“我上年纪了，已经被潮流所抛弃了”“我相貌丑陋”“我不会交际”……这样的自我贬低让自己自卑得抬不起头了。所以你就会掉入自卑得无法自拔的深渊，以至于忘了最终的目的。

处理这种状况有两种好用的方法：第一，看到任何判断都是相对的，你只是跟某些人相比较显得年纪大、难看、木讷、不善言谈，比上不足但是比下有余。第二，转变心态，不断突破自己的短处。例如将“我年纪太大”看作“我的阅历是别人不具有的”；把“我不美”变为“我笑容阳光”；把“我不善于交际”变为“我认真沉稳”。如若如此，不是更好吗？

点金术：各种角色都与利益息息相关，当别人不信任你或者对你有成见时，就会认定你的所作所为是自私自利的。

人身攻击

当年，苏东坡因为与朝廷权贵政见不同，被贬谪到瓜州。当时他总是跟长江那边金山寺的禅师佛印聊天。这一日，苏东坡想到这样的一首诗：稽首天中天，毫光照大千。八风吹不动，端坐紫金莲。

苏东坡自我感觉很好，于是满心欢喜地让人将诗送给佛印阅读，希望得到他的肯定。佛印读过之后，只写了“放屁”二字便命人送书信回去。当这俩字跃入眼帘时，苏东坡十分气愤，一脸不高兴地来找佛印理论，向他讨个说法。佛印站在门口等着他，脸上一副“我就知道”的表情，看到苏轼的脸色，佛印哈哈大笑：“八风吹不动，一屁过江来。”

其实佛印所使用的方式就是“人身攻击”控制手段，并成功控制了苏东坡的情绪，苏东坡的所作所为，好像没什么问题，可事实上他已经用行动证明他输了。通过这样的方法，可以使当事人不知道原本自己要干什么。如果识不破这种伎俩，你就会像苏东坡一样被人控制了情绪，忘了主旨，与对方纠缠辩论。

一旦人的尊严受到威胁，保护自己是本能，而情绪起伏正是这种本能的反应。人们对这点很敏感，一旦遭到反对，就会戳你尊严问题上的痛点。假如你不断为自己解释，那么你就输了一大半，当你因此心烦时说明你的注意力已经由讨论的内容转移到为自己的尊严做辩护的问题上来了。

容易预见，当这种情况发生在你身上时，你的一切优雅的举止都会瞬间消失，暴躁不安，其他人对你也会产生怀疑。你显然偏离了目标，讨论已经变得没有意义了。

英国政界有一个小事件恰恰反映了人身攻击的重大影响作用。有一次开会时，一名工党议员正在清晰有力地阐述自己对即将进行的教育改革有哪些看法。这时，一个来自保守党的声音在会场出现："你明白教育为何物吗！你上学时念的书是不是都白读了?"此人举止让人们大跌眼镜，这种表现实在粗鲁。工党的议员将注意力转移至此，对其粗鲁举止表现不满。其实，这场骚乱是他的一个伎俩，他明白人们会忘了原来的问题转而攻击他，早已忘了工党议员有什么建议了。

一味地为自己解释，其实对你是不利的，有时候你会给自己一个乌龙。例如，如果你习惯于反驳别人评论你的言语，如果有人对你说：你很爱替自己解释，你肯定会反驳道：没有，不是这样的。可是你的回答已经证明了他说的那些内容，事实胜于雄辩。

故此，你应该时刻警醒，千万注意不要被如此巧妙的伎俩算计到。当你发现有人对你不尊敬的时候，就立刻对自己说：攻击你的人已经在辩论中占下风了，他已然心虚不已了，只是在找茬，却不能说出什么有力的论据，便只能这么办，想要让我思维混乱。一想到此，你就猜到他已经没什么花招好耍了，因为你快要成功了，所以你应该开心。

当你发觉你正在受到这种手段的操控，你的情绪显然受到了影响，保持冷静仔细分析是最应该做的。比方说你可以攥紧拳头再松开，使自己平静下来。同时，下面为你提供三种有效的方式来应对卑鄙的攻击：

1. 视若无睹

我们都听过这样一句话："当对手出现错误时，我从不告诉他。"当我们已经知道对方的意图时，跟他一样岂不是侮辱了自己的智商吗?

2. 谈笑风生

幽默一下，让关注点重新回到你所重视的话题上。俄国有一个叫弗·奥·格瓦列夫的教授，在一次上课时，有个孩子特别调皮地学公鸡叫，同学们都被逗得大笑因此无法继续上课了。教授面对这样的情境，镇定自若地掏出表看了看，说："看来我的表坏了，原来现在是凌晨了啊。但是，大家要知道，公鸡是低等动物，而高等动物是不报晓的，现在咱们回到课本。"

3. 延迟讨论

让对方明确此刻正在讨论最关键的问题，或者应该提醒他应该把注意力集中在会议内容上，一些小问题往往不能影响大局。就像刚才说到的英国国会的例子，工党人完全可以这样说："我个人的问题可以先放在一边儿，现在我想将我的发言继续下去。"如果这时你暴躁的与对方骂战，那么你已经掉入陷阱了，你就被成功的影响了。为了保持自己的尊严不受侵害而与对方撕缠，你觉得你没做错；你大怒以至于与对方大动干戈，可能你还暗自得意尊严得以维护。可是，实际上这种做法很愚蠢。你根本无须解释，只要时刻保持清醒，正确而快速地分析的处理问题，这才是最要紧的。

点金术：一旦人的尊严受到威胁，保护自己是本能，而情绪起伏正是这种本能的反应。

制造恐惧、疑惑、不确定

为了开心幸福的生活,千万别忘了为自己的保险投资!如果你不买保险的话,你的身上很可能会发生不幸的事情。你肯定已经开始考虑这件事儿了吧?然而,你出意外事故或生病住院的可能性特别特别小,但也没准儿。我们感觉要是再不买就晚了,因此越来越多的人买保险。

你可以不这样,但后果自负!你有没有被吓到?你感觉到有很强大的恶果等着你去承担,你会怎么办?其实,谁也说不准会有什么后果,也许会出意外,但也可能恰恰相反。想到有严重的结果,你最终买了保险。

这就是人们口中常说的FUD("恐惧、疑惑、不确定"的英文单词的第一个字母),也就是说人们会对某些自己也无法确定的事情感到恐惧,使你的情绪受到影响,让你做出不理智的判断。你若根本不用理会这些不确定的因素似乎不太可能。所以,人们就默认了,因为大家都觉得宁可信其有不可信其无。

IBM有一段很绝的广告语:"从来没有人因为购买IBM的产品而被解雇。"我们没有从这句话中看到IBM产品哪里优越,也没说比其他同类产品好在哪里,却是使用一种模棱两可的方式告诉你IBM产品能让你保住饭碗。人们应该想:IBM产品真的有那么神奇的效果吗?买别的产品我就被解雇?不怕一万只怕万一,就选IBM好了。就算IBM与你的饭碗是否能够保住没什么直接的关系,可大家宁愿选择相信。这就是这种控制手段厉害的地方。

FUD的理论其实不难:或许你不完全信任我所说的内容,但我做到了让你们不敢反驳。

平时的生活里,也有许多人在利用FUD理论,当你知道道理何在时,你便可以沉着应对,不会再受他人影响。我没有私心完全是为了你,当然你也可以不听,但出什么恶果我不负责。

所谓的恶果其实是否会发生你也不清楚,如果你为此感到恐惧,那么那个坑就是给你挖的。或许你可以问他你按照他的说法去做会有什么好处。

应对FUD有个简洁的方式,索要证据是最直接的方法。毋庸置疑,胡搅蛮缠只会让事情不断走向糟糕。不看任何证据就傻乎乎地跟着别人的思路跑,其实这才是危险本身。你需要的是证明这种可能性会发生的证据而非杞人忧天式的担心。实际上证据与决策风险之间有着这样的关系,有更多的证据,会降低你的决策风险。

快停止吧,否则你的损失会更大。当别人奉劝你之后,千万不要被"损失会更大"而吓到,你可以这样应对:这个计划的未来的确有需要担心的地方,你能告诉我你为什么这么说吗?为什么这么讲呢?经营和管理的地方有什么问题吗?如此一来你就可以知道怎么处理问题了,或许用我们说过的"DNA策略",难题就可以迎刃而解了。

往往质疑的声音不是来自外界,而是来自你的大脑。当事情进展不顺利时,你开始怀疑自己,你不断地否定自己认为自己不行。或许你这样想:这个项目不简单,我似乎不能完成。还是别对那个喜欢的姑娘表示我的爱慕了,她肯定不会接受我的。我没有演讲经历,万一冷场岂不是很尴尬。他们都那么厉害,退赛或许是更好的选择。

貌似这种低落的情绪有一定的依据,可是很多时候只是自己不够自信的缘故,不确认自己可以出色地完成任务,因此预测出不好的结果。其实,事情不一定像你想的那样,你并没有足够的证据来证明你做不到。

同理,不想再受FUD控制的办法就是用证据说话,迎难而上。更细心更努力,应该能把项目做好吧?要是我变得更优秀,她就会接受吧?之前细致地想想相关问题,应该不会出现冷场的状况吧？说不定很多人都准备退出呢，或许并没有那么多人真正用心准备了，并且别人到底有没有能力赢过我还不一定呢。而且，你也能通过不断地为自己拔高而克服掉不良的心理因素，关键时刻推自己一把，也许你就能成功。

点金术：往往质疑的声音不是来自外界，而是来自你的大脑。

玩权威牌

并非权威就一定代表正确，权威专家的话也只是某一段时间内最明智的，他们提出的观点和理论只是在一定时期和一定范围内代表着短时真理。人们对于事情的了解和判断是不断丰富的，如果没有人站出来反抗权威，世界将无法进步。

20世纪70年代，了解物理学的人都知道所有的基本粒子是3种夸克。3种夸克好像可以说明一切问题，当时的权威认为只有3种夸克。当时有人想："这世界上会不会有4种夸克呢？"费米国家实验室和西欧核子中心认为这种猜想很愚蠢，于是拒绝建造高灵敏度探测器，大家都觉得他的做法非常愚蠢。可是，权威的名声并没有吓到他，他最终经过多方周折做了这个实验，两年后他终于发现了一种新的夸克，从此3种夸克的权威论断轰然倒塌。这个人就是丁肇中，他于1976年拿到了诺贝尔物理学奖。

记者让他谈谈他的感受，丁教授告诉大家："现在发现了第4种，将来或许会发现第5第6种，这样就推翻了以往的认识。"

这个故事里面，费米国家实验室和西欧核子中心在要权威，但是丁肇中敢于违抗权威，不断坚持创新与突破，想办法证实自己的观点，终于促进了物理学界的突破和发展，告诉我们权威不一定永远正确，世界是变化发展的。

诚然，权威的确是值得人们信服的，因为很多时候他们说得都有道理，人们习惯对权威所说的一切确信不疑。很多人认为质疑权威是自不量力，几乎没有人去愿意"冒天下之大不韪"地否定权威。所谓权威就是一种有着深厚专业知识的专家，他们的观点一般都是经过长久地实践检验的。事实上舞动我们的权威是传统和群众的观点，他们的结论毫无依据，人们只是盲目崇拜而已。面对错误权威我们可以按照下面的方法去做。

那些对传统做法过于依赖的权威认为"既然我们都是这么干，这种做法肯定没问题"。乍一听好像是那么回事儿，假如这么做不对，怎么会一直延续用这种做法呢？其实传统是由于偶然的因素形成的，因此谈不上原因，我们就没有必要墨守成规了。

我们都知道盘子是圆的，原因是最初人们是用圆形的转轮做盘子的。可现在没人用转轮做盘子了，用不同的模子可以做出不同形状的盘子。

"人们一直都是如此做事的"只说明这是个存在的事实，但不能成为理由。这好像"我家门前一直有个水坑"，不等于"我家门前应该有个水坑"。即便是这样，不可否认的是传统的力量还是巨大的。某种程度上，这的确可以蒙住一些人，普遍人们不愿接受改变，这表示变化和动荡。从另一个角度看，这句话的意思是"你这样是不合规矩的"，这样你会感到很焦躁甚至愤怒，因此不记得之前自己想要表达什么。

没准你会变得极端，也可能因为不自信而停下来，或者急于证明自己是对的。那么这个时候你就已经远离了初衷，注意力已经转移到如何维护自己了。

当别人用“我们一直这样做”这句话来回答你的时候，你应该做的就是闭上嘴巴什么都不说。如果你不断为自己的计划辩解，对方就会更激烈的攻击你，他们太固执了以至于无法沟通。最好的办法是聪明地去反击，想办法让他去解释自己的说法，听听他们为什么非要这么做，看看有没有更好的解决方法。

如果想得到有用的消息，应该有相应的策略，最好不说“为什么”，因为那样他们会感到受到威胁，情绪不安，你应该用“是什么”这样的句子，他们通常会给你肯定地回答。例如，“我们会因为这样做获得什么利益”，还可以说“如果按照原先的方法有哪些不妥呢？你觉得怎么做更好”等。这样你可以得到有价值的信息，还能避免争执得面红耳赤，有时候还可以让对方变得开心友善。

如果你想发表看法，用词也很有讲究，人们经常说“是的，但是……”，你可以这样说：“是的，而且……”。因为“但是”转折的意味太强，会让对方心里反感；“而且”却代表你对前面的话非常认同，已达到笼络感情的目的。例如，别人说“这样做可以节省时间。”你可以这样表达：“说得对，时间是很宝贵，我能感觉到你对时间非常重视，而且我发现了一种更省时的方法，或许我们可以试试？”你的话满足了对方的心理，而且是在帮助对方，对方就会乐意接受了。

还有另一种权威性是——群众权威。当群众舆论异常强大时我们总不知如何是好，只能随大流。这就是抛弃自己而选择了所谓权威，跟从主流声音，其实并非全然如此，不能完全跟从群众权威，因为绝大部分人是没有自己的思想的，真正在发声的不过是少数的“意见领袖”。他们利用群众，假借群众之名表达个人观点。

想很好地应对群众权威，第一，你应该选取“擒贼先擒王”的方式，跟意见领袖单独聊聊，各个击破，那些所谓的群众观点就会消失。第二，跟那些群众中相对有思想的人谈谈，言明利弊，最好让他改变原来的认识，这不仅为自己增添了胜算，又分化了群众力量。第三，要对自己的选择有信心，千万不要随大流。对付群众观点跟对付传统权威相同，让他们找论据解释他们行为的合理性，但不能让他们觉得他们做的是完全正确的。

点金术：世界是变化发展的，权威不一定永远正确。

下篇

哈佛财商课

F Q

Financial Quotient

第一课

转变财富观念

自己做主

“我从来就是冠军。”有谁敢这么自信满满地宣布？

“去考虑你自己的事吧！”遗传进化学家谢菲尔德说，“在整个世界历史中，没有任何别的人会跟你一模一样；在无限的未来中，也绝不会有像你一样的另一个人。”

激烈的竞争由你的诞生开始，它们必须以成功告终。想想吧：参加了巨大战斗的精子细胞，然而其中只有一个赢得了胜利——就是形成你的那一个！

这是一次大规模的赛跑，宝贵的卵子便是唯一目标，这个为精虫所争夺的比针尖小的东西，而每个精虫也小得要被放大几千倍才能被肉眼所见。然而，你的生命由来的战斗就是在这么微小的场合中展开的。

数以百万计的精虫中，每一个头部都包含一个宝贵的物质，它由 24 个染色体所构成，同卵的微核包含 24 个脱氧核糖核酸。精虫中的染色体所包含的全部遗传物质和倾向，是由你的父辈祖先所提供的；卵核中的染色体所包含的全部遗传物质和倾向则是由你的母辈祖先所提供的。二十多亿年来它们为生存而战斗。于是，一个特殊的精虫——最快、最健康的胜利者——同等待着的卵结合起来，形成一个微小的你。

地球上就这样开始了一个个的生命。你已经是一名冠军，你继承了潜在的力量，而这有助于你达到你的目的。

请相信你自己！你生来便是一名冠军，现在无论有什么阻碍和困难出现在你的道路上，都小于你成胎时所克服的困难的 1/10！

《妇女家庭》杂志的编辑爱德华·包克小时候就有一个梦想：总有一天，他要创办一份自己的杂志。因为树立了一个明确的目标，任何机会他都不肯放过，哪怕这个机会实在微小，以致我们大多数人都会不予理睬。

有一次，他看见一个人打开一包纸烟，一张字条被抽出，那人随手把它扔到地上。包克弯下腰拾起这张字条，见那上面印着一个著名女演员的画像，在照片下面还印有一句话：一组中的一幅。原来,这是烟草公司为了促销而发布的一组照片。

包克把这张纸片翻过来,注意到它的背面是完全空白的。

包克一机灵,在等待机会的他感到机会来临了。他推断:如果把附装在烟盒子里的印有照片的纸片写上有用信息,例如:在它空白的那一面印上照片上人物的小传,这种照片的价值就可大大提高。于是,他就走到这家印刷平版画公司,向这个公司的经理说出了他的想法。这位经理立即说道:"如果你给我写100位著名美国人的小传,每篇100字,我给你每篇10元的稿费。你需要弄来一张名单,并把它分类,你知道,可分为总统、将帅、演员、作家等。"

机会被包克抓住了。他的小传需求量与日俱增,以至他需要请人帮忙。他于是请他的弟弟帮忙,如果弟弟同意,他就付给他每篇5美元稿费。不久,包克还雇佣了5名新闻记者帮忙写小文,以供应给一些平版画印刷厂。包克就这样胜利了。

从自卑到积极,其实是一场心理上的胜利。

库柏自小贫穷,他的父亲是一个移民,是一个裁缝,收入很少。为了取暖,库柏常常拿着一个破桶到附近的铁路去拾煤块。

库柏为此感到困窘不已,他常常从后街小心进出,是为了不被从学校出来的孩子们看见。但是事情很不凑巧,一伙孩子还是看到了他。他们躲在库柏从铁路回家的路上攻击他,以此取乐。他们常把他的煤渣撒一地,使他流着眼泪回家。

一本书改变了库柏,这就是荷拉修·阿尔杰著的《罗伯特的奋斗》。因为读了这本书,受到鼓舞的库柏转而积极乐观起来。

在这本书里,讲述了一个像库柏一样奋斗的少年。那个少年遭遇了巨大的不幸,但不幸被他的勇气和道德力量击垮了。库柏也希望具有这种勇气和力量,于是他读了他可以借到的每一本荷拉修的书籍。整个冬天,他都坐在寒冷的厨房里阅读勇敢和成功的故事,心态在不知不觉中变得积极起来。

读完《罗伯特的奋斗》几个月后,库伯又到铁路捡煤。远远地,他看见三个人影在一个房子的后面晃动。他想转身就跑,但很快他记起了他所钦羡的书中主人公的勇敢精神,煤桶被他握得更紧。库柏一直向前大步走去,就像荷拉修书中的一个英雄。

一场恶战开始了,3个男孩一起冲向库柏。库柏把铁桶丢开,坚强地挥动双臂反抗,这使得3个恃强凌弱的孩子吓破了胆。库柏的右手打到一个孩子的嘴唇和鼻子上,左手击中这个孩子的胃部,这个孩子便停止打斗灰溜溜地跑了。这让库柏自己都大吃一惊。这时,另外两个孩子还在对他施以暴力。库柏推走了其中一个,把另一个打倒,用膝部猛击他,而且狠狠的连击他的胃部和下颌。剩下的那个猛然袭击库柏的头部。库柏设法站稳脚跟,并把他拉到一边。这两个孩子站着,相互凝视了一会儿,最后那个孩子一点一点地向后退,最后跑了。库柏拾起一块煤掷向那个退却者,表示正义的愤慨。此时库柏才知道他的鼻子在流血,被拳打脚踢的他,已变得青一块紫一块了,但这是值得的!在库柏的一生中,这一天是一个重大的日子。因为,恐惧终于被他克服了。

把梦想变成现实,这要求我们敢于行动。

和许多孩子一样,当罗伯特阅读儒勒·凡尔纳栩栩如生的幻想故事《80天环游世界》时,这故事激发了他的想象力。"别人能用80天环绕世界一周,现在,我为何不能用80美元周游世界呢?"于是,罗伯特就从他的衣袋里拿出自来水笔,列出了所有可能遇到的问题,并记下解决每个问题的决策。

最后的决定拟定时,他就行动起来:

1. 与大药物公司查尔斯·菲兹签订了一个协议,保证为他提供他所要出游的国家的土壤样品。

2. 获得一张国际司机执照和一套地图,保证以提供有关中东道路情况的报告作为回报。

3. 努力找到了海员文件。

4. 取得了纽约警察局开的关于他无犯罪历史的证明。

5. 预备了一个青年旅游招待所会籍。

6. 与一个货运航空公司达成共识,该公司允许他搭飞机越过大西洋,仅仅需要他答应拍摄照片供公司宣传之用。

当这个26岁的青年制定了上述计划时,他就在衣袋里装了80美元,乘飞机离开了纽约市。他此行的目的是用80美元周游世界,如下是他的部分经历:

1. 早餐在加拿大纽芬兰岛吃的。他是怎样付餐费的呢?他给厨房的炊事员照了相。他们非常高兴。

2. 花4.8美元在爱尔兰买了4条美国纸烟。那时,在许多国家,纸烟能像纸币一样使用。

3. 从巴黎到了维也纳,以一条纸烟作为费用。

4. 从维也纳搭上火车,越过阿尔卑斯山到达瑞士,4包烟就是车票。

5. 坐公交车到达叙利亚的首都大马士革。罗伯特给叙利亚的一位警察照了相。这位警察为此感到十分骄傲,命令一辆公共汽车免费为他服务。

6. 给伊拉克的特快运输公司的经理和职员拍了一张照。这使他从伊拉克首都巴格到达了伊朗首府德黑兰。

7. 在曼谷,一家极豪华的旅社主人把他当国王一样招待,因为罗伯特提供了那个主人所迫切的信息——一个特殊地区的详细情况和一套地图。

8. 做“飞行浪花”号轮船的一名水手,他从日本到了旧金山。

用80天周游了世界吗?不,罗伯特·克里斯托弗周游世界用了84天。但他的确达到了目的——用80美元周游世界。

如果一个人是正确的,那他的世界也就是正确的。

一个牧师讲述了这样一个故事:星期六的清晨,他正在准备他滔滔不绝的讲道,妻子出去买东西了。那天在下雨,他的小儿子吵闹不停,令人心生厌烦。最后,心情低落的牧师拾起一本旧杂志,一页一页地翻阅,停在一幅色彩鲜艳的大图画——一幅世界地图。他就从那本杂志上撕下这一页,然后把它撕成碎片,撒在起坐间的地上,说道:“小约翰,如果你能拼合这些碎片,我就给你2角5分钱。”他以为这件事会难为孩子,但是没过10分钟,就有人敲他的房门——是他的儿子。牧师惊惶万分,约翰竟如此之快地拼完整了一幅世界地图。

“孩子,你是如何做到的?”牧师问道。

“啊,”小约翰说,“这很容易。在另一面有一张照片。我想,如果这个人是没问题的,那么,这个世界也就是无误的。”

牧师微笑着,给了儿子2角5分钱。“我的讲道也准备好了。”他说,“如果一个人是准确的,他的世界也就会是正确的。”

身残志坚的故事总令人感动。

琼斯在美国威斯康星州麦迪逊附近经营一个小农场,日子并不好过,他好像不能使他的农场生产出比他的家庭所需要的更多的产品。这样的生活年复一年地过着,直到发生了改变一切的事情。

琼斯患了全身麻痹症,久病卧床。他已处于晚年,没有了生活能力。他的亲戚们都确信:他将成为一个永远失去未来、失去幸福的病人,他也许再不会有什么作为了。然而,琼斯创造了奇迹,他为自己带来了幸福的生活。

琼斯创造这种变化的背景是什么呢?他应用了他的心理。的确,他的身体变得麻木了,但是他的心理并没有受到影响。他每天都在思考、计划。有一天,正当他致力于思考和计划时,他意识到了那个最重要的法宝,他做出了决定。

他把计划讲给别人听:“我永远不能用我的手劳动了,所以我决定用我的心理从事劳动。如果可以的话,你们每个人都可以代替我的手、足和身体。让我们把农场每一亩可用地都种上玉米,然后我们就养猪,用所收的玉米给猪吃。当我们的猪还幼小、肉嫩时,我们就把它杀掉,做成香肠,然后把香肠包装起来,由一些商家出售。我们可以在全国各地的零售店卖这种香肠。”他微微轻笑,接着说道:“这种香肠将像热糕点一样售出。”

这种香肠确实被当作热糕点一样出售了,几年后,名为“琼斯仔猪香肠”竟成了家庭的日常小菜,变成最能吊起人们胃口的一种食品,最终,百万富翁行列又多了一个人——琼斯。

照片也有不同以往的意义。

一个国际性公司的总经理在视察他的旧金山办事处时,注意到在一个名叫多萝西·琼斯的私人秘书的办公室里,他本人的大幅照片被挂在墙上。

“多萝西小姐,房间这么小,这张照片不显得过于大了些吗?”他问道。

多萝西答道:“当一个问题困扰我时,你知道我想做什么吗?”她就做出了一个姿势:两肘放在写字台上,两只手交叉在一起支撑着头,眼睛向上看着照片,嘴里说:“老板,这个鬼问题你想如何解决呢?”

多萝西的话似乎是很幽默的,然而令人吃惊的是她的想法。也许你在办公室、家里或你的口袋里放有一张照片。这张照片也许是你的母亲、父亲、妻子或丈夫,也许是富兰克林或林肯,也可能是一位有声望的人。当你面对着一个严重的问题时,你能给你的照片提一个问题,听它所给予的回答。没错,你的照片可以给你生活中的重要问题提供更好的答案。

点金术:每个人生来都是自己的主人,没有什么能阻止自己的成功,除了自己。

克服恐惧

你应经常敲打自己,不要被恐惧打倒,更不能屈服于人类所制造出来的恶魔阴影。因为各种恐惧会互相结合,加强力量,你越是恐惧,越会被自己的恐惧所吞噬。其实这些恐惧归根结底还是对害怕失去我们所珍惜的事物的恐惧。

自己制造的恐惧不应与保护自己所产生的恐惧感混淆。当你对某物产生恐惧时,对方偏偏就会找上你并对你造成伤害。所以,当你能够面对你所恐惧的东西,并且能够克服它时,你就是成功的。

大多数情况,知识是克服恐惧的唯一、有效的手段。一般而言,恐惧乃是最强大的“否定式动机”,恐惧会对人产生强大的吸引力,你的“否定式动机”也会随着你的恐惧的增多而增多。

有时别人的否定会让你产生恐惧。

通常,批评会对人的心理造成一定压力。这种对受批评的恐惧感,会抑制你的活动。然而,这种恐惧只不过是从想象中产生出来的否定式幻影而已。亨利·福特冒着外界的压力计划大量生产汽车，尽管汽车本身无可挑剔，但是人们依旧否定那种东西的可靠性，认为其不宜大量生产。福特身边的人都对此很是不屑："这些好事者制造出来的东西只配待在实验室。"

无论走到哪里，都没有人愿意分给福特汽油和橡胶，别的材料也经常不够用。掌握资金的银行家们也批评福特说："在当今价位如此高的市场，是没有人会去购买的。"每个知道福特计划的人都有自己否定福特的理由，并想办法扯他后腿。只有福特太太一直在他身边鼓励他，她仅说了一句话："无论别人如何看你，你都要相信自己，努力完成它。"她让福特充满了信心。

不自由，毋宁死。

大多数人都知道，对于一个丧失主权的国家，这个国家的人民的悲惨生活可想而知。即使还能够维持基本的生存，甚至还有奢侈品，但如果没有办法谈论自己内心的想法，没有一个自由的人生，那么就算你拥有再好的生活也是空谈。所以，热爱自由、追求自由的人生的人更容易克服恐惧。

有一个男人一直渴望得到一份工作。因为他是一个刑满释放的人，在谋职的过程中，他总是很诚恳地告诉面试官他曾服刑，所以一直找不到工作。最后，甚至连他的家人都开始排斥他。

但他从不会因此放弃自己，相反，这更加坚定了他一心向善的意志。终于，他获得了工作。事后他说，他最高兴的事就是靠自己的双手谋生，重新被家人接纳。"只有克服恐惧，才能真正使我获得自由。"

衰老和疾病一样让人恐惧。

通常来讲，老人即代表失去许多东西的人，这种根深蒂固的观念把人们逼进了恐惧中。另外一些人为了看上去年轻去装扮自己的外表，这是很可笑也很可怜的做法。

75岁老人如是说："我以前是个以短打而闻名的业余棒球好手。"接着他叹口气说："可现在呢，连时速为2千米/小时的球也接不住了！"

由此可知，许多人不愿意老去。这是一种负担，存在于他们的内心。强烈地自卑让他们以为年轻人的观念可能压倒自己的成熟想法，因此他们对老去充满恐惧。因此，即使他们在巅峰的状态，他们还会因此担心。

我们都知道这些是能够控制的，我们也都知道没有一个人是可以永远存活在这个世界上的。当你感受到死亡是每个人都必须经历的过程，并且尝试去接受它时，就再也不会有其他令你惧怕的事物了。你的心会得到新生，你会肯定其他事物，让预测变为现实。

再列举几条成功的秘诀作为补充：

(1)很多时候，我们会害怕被人否定，此时受害程度远比不惧怕时更大。

(2)你若想实现愿望，你就必须能够抵挡其他事物的阻碍，去做好那些自己认为该做的事情。因为对受批评的恐惧，有时会让你更受损害。大多数成功者都明白，只有克服自己的压力，不再对他人的批评而耿耿于怀，才能看到前方的希望。一个人的信心是他自己强有力的动力，是治疗一切的良药。

(3)自由存活于自己心里，和他人无关。而自由的丧失也发生在内心，即使你再佯装一副自由自在的模样也无济于事。人世间最美好的东西是自由带给一个人的光芒。因此，当失去自由，奴隶们开始不安分，四处胡作非为时，就必须去找寻自由。

(4)大自然会对其夺走的东西采取弥补的措施。虽然你不再如当初那样年轻，但你却获得了当初没有的智慧和经验。

(5)没有人知道在死亡的另一端到底存在着什么，所以也无需刻意地去窥视。那些我们不能控制的事物，没有任何值得我们恐惧的地方。因此，不管岁数多大，内心积极开朗，就不会被死亡的恐惧打倒。

恐惧是可以克服的，只要我们正确认识恐惧，找到正确的方法，就一定可以做到。

点金术：恐惧是可以克服的，只要我们正确认识恐惧，找到正确的方法，就一定可以做到。

坚守诚信

好的借债信用和偿还能力，可以让你的隐形信誉资产不断提升。我们应该知道，在当今社会信誉是多么重要。我们可以说信誉甚至比金钱还要重要。如今，谁都不愿意过什么都没有的日子，我们虽然都喜欢钱，但我们都有这样的愿望，成为理财能力强的人，正因为如此我们的社会才会永不停止地进步，我们应该鼓励这种想法。

钱对于人来说很重要，我们生活在社会里，金钱对我们来说是必不可缺的，喜欢钱没什么问题，必须正确认识和定位金钱，金钱在某种程度上代表了当代人自我价值与社会价值的双重实现，有的人却成了金钱的奴隶，认为如果有了钱，生命就有意义，不愿把钱花在刀刃儿上，那简直是太糟糕了，同时也是一种错误的想法。

商场如战场，温州人出了名的会做生意，温州人赚钱是有诀窍的，其中一条最重要的诀窍就是：做生意有信誉，让自己的信用成为一种无形的资产。

温州法派服饰企业有限公司获得了全国服装行业“双百强”企业和温州市银行公会授予的“信用百佳企业”的殊荣，是一家在全球拥有300多家专卖店的连锁公司，产值达数亿元，而他们才用了四年就实现了目标。他们是怎么做到的呢？彭星作为董事长这样对记者解释，“法派”极其注重品牌、管理、人才、信誉这四个因素在企业发展中的作用，特别是信誉。

重视信誉，是“法派”提高企业信誉打造名牌企业的基础。彭星说，如果拿人体作比喻那么诚心就是人的心脏，当心脏不在运动时，机体也就死亡了。“法派”内部管理人员透露，2000年，“法派”曾一次性销毁价值数百万元本来可以次充好的产品，当时的他并不能明白为什么这样做，后来经过对企业文化的认识的不断加深，他明白了“没有诚信企业就无法发展”。彭星说：“企业文化中的诚信建设需要循序渐进，企业的成长要从各个方面不断完善，让‘守信光荣、失信可耻’成为一种传统。”

越是有理财头脑的人越会发现，诚信不仅提升了企业的软实力，而且是公司长足发展的必要因素，同时也体现这一个企业的精神内涵，还是企业的长足发展的根本因素。不遵循市场诚信，或许能会在某一段时间有所得，但绝不会永远赚钱。

无论是人还是企业，它的发展都立足于诚信。做到诚信不只是着眼一笔生意是否赚钱，它关乎一个企业品质的体现。“先做人，后经商”是每一位成功商人心头的准则。

每个人都知道，企业家沟通、联系了社会资源，并且创造社会财富。他们从“诚信”二字中获益匪浅，同时如果不讲诚信那么损失也将是巨大的。温州商人做生意的过程中，将会更理解诚信的意义。正泰集团董事会主席南存辉说：“诚信的品德，就是一种无声的诺言。没有诚信就无法立身，诚信还关乎企业最终的发展。”这是这样，正泰在温州市场中迅速崛起，并不断发展，最终成为中国低压电器行业的一级企业，在国内名声很亮，这正是恪守诚信的结果。

温州人刚刚开始经商时，走了一段很长、很弯的路，“假冒伪劣”是很多人对温州的第一印象，很多的人不信任“温州制造”，每每提到温州人做生意的历史，几乎所有人都会想到那段不堪回首的往事，这种经历也让温州人知耻而后勇不断改良产品技术提高产品质量。

温州人都很难以忘记1987年8月8日。那天，“温州制造”的5000双假冒伪劣皮鞋在杭州武林门的熊熊烈火中化为灰烬。熊熊大火中烧掉的不仅是劣质皮鞋，同时也是温州人的信誉。老一辈的上海人或许还有印象，当时有许多南京路上的商店，都曾在玻璃窗上张贴过“本店无温州货”这样的字。可是，痛苦的经历让人清醒，在艰苦环境下，一大批温州企业家严把质量关从头再来，在企业的发展中时时刻刻绷着一根诚信的弦。

温州奥康集团刚起步的时候，当时“火烧温州鞋”事件刚刚发生，可以想象起步的艰难。推销员出身的董事长王振滔不仅用最严格的标准要求工人生产最好的皮鞋，而且亲自到湖北鄂州一个展柜销售。在艰难的第一个月后，王振滔的作坊皮鞋因为比国营大厂的鞋质量、信誉、生产速度更好而赢得了发展中难得的机遇。如今的“奥康”有21条最先进的生产线，而他们始终铭记作为一个奥康人要“做鞋如做人，先做人后做鞋”。

富兰克林有一句话说得好：诚信是看不见的钱！现在温州的一些企业家，不用办担保抵押手续，只要自己的一个签字，就能从银行贷款上千万。根据一些统计我们得知，不少温州老板拥有这样的“金笔”。

这样的事情不仅发生在鞋界，服装界的美特斯·邦威的周成建就有一支极其可贵的“金笔”。2000年2月，他签了第一笔额度为2700万元的贷款。相关工作人员表示，除因美特斯·邦威公司运营良好之外，周成建的个人信用也是考虑的重要因素。创业时期，他曾经卖了祖上老宅只为还债，现在的老板们还为此事津津乐道。

“黄金巨头”之一的天正集团董事长高天乐是中国工商银行历史上最早的签名即可贷款的人，其第一笔签名贷款3000万元是在2000年7月。

南存辉的金笔可贷款最多，仅温州的中国农业银行就可以让他贷款多达两个亿。1998年末，他第一次运用信誉贷款，他用一个签名就从农行顺利借走了3000万元。当时各界的声音几乎是一致的：南存辉的签名有这样大的作用不仅仅是因为他本人的信用魅力，更因“正泰”绝对是中国商界的诚信老大哥。

上面这些事告诉我们，好的借贷信誉与偿还能力，可以帮助你赢得循环借贷信用。也许不经意间，在资本运作的过程中，你不知不觉就积累了无形的资产，这就是好的借偿信誉，这对你未来的发展有着巨大的促进作用。假如结果正好相反，你没有盈利，无法偿还借款，借贷信誉也因此遭受破坏，你的信用也失去了，可能就会身败名裂。

因此，借款一定要谨慎，还债要有计划，否则就只得拆了东墙补西墙。所以，在借款时一定要做好多方面的准备。现在，银行期限比较宽松，并且都是用借款人的固定收入作为偿还。当我们决定借贷时，要正确评估自己的偿还能力，以及自己是否在截止日期前有能力还款，还有很多因素需要考虑，包括选择哪一种偿还形式对自己来说更加适合等，这一切都跟自己以后每期所应偿还本息金额的大小息息相关。

故此，生意人做企业最重要的是要落实到诚信上，使信用良性循环下去。

点金术：好的借贷信誉与偿还能力，可以帮助你赢得循环借贷信用。

不发横财

一般人看来，会理财的人都很贪婪，重利轻义，唯金钱马首是瞻，他的钱都不干净。事实上并非如此，为数众多的高财商人士都有着高尚的情操，这些人品行端正，取财有道，喜欢为社会做贡献，有着很好的声誉。

最伟大的品质是信誉的洁净。取财要有道。在社会上，如果你真的想闯出自己的品牌事实上也很容易,你只需要时刻铭记——“戒欺”。

胡庆余堂药店刚刚起步时,胡雪岩为了使自己的药店吸引众人,使自己的生意做得更好,当时就用了“戒欺”二字。他童叟无欺生财有道,不义之财一文不要。胡庆余堂药店的大堂里,有着一块很大的牌匾。这块匾与众不同之处在于,不像其他药店的大堂上的匾额与对联一般朝外悬挂,它却是向里挂着,坐堂经理一抬头就能看见。“戒欺”这幅匾额,上面的字是胡雪岩亲自写的,大意如下:

做生意不能骗人,药业与百姓的生命息息相关,更不能欺诈。要怀着救死扶伤的心,绝对不能坑蒙百姓,希望大家做到这一点,认真工作,不瞒着我欺骗百姓。这是造福苍生的事业,我们一起努力,先做人再经商。

如胡雪岩牌匾上的话一般,药店全体工作人员被如此告诫和要求,这也帮助胡雪岩的胡庆余堂制定下了店规,即:首先,药方要准确,而且必须选好料,再进行精心炮制,病人食用的药材必须是上等好药。其次,店里上下全体工作人员,除了要勤快能干,还要热情、真诚。因为只有真诚的店员,才能切身为病患考虑,也能注重用好药。如此一来,药店才能被众人认可,积攒声誉。在药店的休息区内总是挂着这样一副对子,大意是说虽然没有人能看到我如何凭良心做事,但上苍可见我无愧于心。售药是良心活,药店人员必须严于律己,卖药材才能赚取安心钱。

未经煎煮的药材,有一些含有对人体不利的成分,入药之前须水火炮制才行。而药材在抓取、搭配、选用之时,又因着许多因素的影响,煎制而成的药材的药效也不尽相同。作为经营药店的商人,一定要本着悬壶济世的心做好人,做好药。

大名鼎鼎的中药“丸散膏丹”的修合,一般都是秘制的,其制作流程是非常保密的,根本不允许外人知道。并且,这种秘制药品的成品品质往往有好有坏,如果买药的不是专业人士,想分辨出来不容易,假如卖药的药店心不善,出售假冒伪劣药材,或者偷工减料,这一点都不困难,所以“药糊涂”虽害人害己,却从古就有。基于这些原因,胡雪岩才在牌匾上对自家药店的店员严格要求。

心不正的人售药,特别是卖煎好的药,选用的材料不好,也缺斤短两,买药的人服下后,不仅对治病没有好处,甚至还会耽误病情。胡雪岩对此自然是非常了解,也正是因为这样胡雪岩才在匾额上有所强调,说药业与百姓的生命息息相关,不能欺诈。

不仅如此,在《胡庆余堂雪记丸散全集》中,也有警诫的话,大意是说大多数药真假难分,丸散膏丹更是这样!要卖真药,用真心对待卖药的工作。别说别人看不见,要知道老天爷在看着呢,卖假药的报应可能危及自己,往远说会危机子孙,怎么能不认真对待呢!千万谨慎!从这些内容中,我们能够感受到胡雪岩是如何实实在在做人真诚诚信经商的。

如胡雪岩所说:“‘说真方,卖假药’是不可行的。”他对药店的工作人员说,卖药务必要货真价实,比如当归、黄芪、党参必须采自甘肃、陕西,麝香、贝母、川芎必须来自云、贵、四川,而虎骨、人参要到关外才能买到,就连陈皮、冰糖等常见的药材,也不能有一点差池,必须是广东、福建的货,才允许抓来卖给顾客。

胡雪岩还说,必须让买主能对所买的药十分清楚,让买药的知道,这家药店真的是在实实在在做人做事。故此,他甚至提议在每次炮制每一味特别的成药之前,比如淬炼“十全大补丸”等,可以提前告知百姓,请他们来观摩制药过程。还有,为了让顾客知道这家药店使用真货做真药,绝对不允许蒙骗顾客,可以在店里展示药材来源,如果卖鹿茸,就养几头真鹿在药店后头,如此一来,越来越多的人相信胡庆余堂了。

就这样,诚信卖药的名头慢慢地打了起来。

商业道德是每一个成功商人都必须重视的。成功的企业家认为做生意最应该遵守的就是诚信二字。商业伦理道德是处理好商业活动内外关系的核心。它是从善恶、公私、正邪、虚实几个角度来评判的。胡庆余堂在胡雪岩手下能够名扬四海，是因为同北京同仁堂一样，他同时也要恪守着诚信经商童叟无欺的做买卖的原则，做到了先做人后经商。

当胡庆余堂刚刚创办之时，西征将士对成药和药材的需求量很大，从外面买原料不仅花费很多，在时间上也不赶趟，胡雪岩负责提供后勤补给，自然要仔细盘算。他开药店，主要是可以节省时间、节省费用并且用药方便，是否赚钱并没有在考虑范围之内，在一段时间以后因为原料好、代煎药喝着见效等原因，他盈利许多。赚来的钱不仅只用于投入再生产，还经常用于为贫苦农民解决生活困难。由于多年的天灾，瘟疫流行，他捐赠了很多药材，全都是用赚的钱去支付的，胡庆余堂的钱从没被使用过。

因为当年本着扶弱济贫的思想，胡雪岩在选用店员时，肯定不一样。诚实是首位要求，胡庆余堂门口有一副笔力遒劲的对联："修合虽无人见，存心自有天知。"卖药的人如果品质不好，特别是代煎好的药材不好，剂量不够，反倒无益有害。第二要有慈悲的心肠。医生要救死扶伤，卖药则要悬壶济世，全心全意为顾客着想，如此才会将注意力集中在药材本身的质量上。第三肯定是要精明干练，要不然上面那些优点，反倒容易使店员受欺负。根据这几条选出的人，不用成天想着也为老板赚钱，肯定会尽力经营药店，老板不存私心，别人也不容易各怀鬼胎，加上工资福利很优渥，根本不用想着刮油水。

正因为这些，当胡雪岩陷入低谷时，胡庆余堂并没有关门大吉反而是正常营运，胡庆余堂的档手也没有在胡雪岩低谷时落井下石。恰恰相反，经药店的所有营业人员讨论得出结论：胡雪岩善良可靠，就一定会有好的结果，他一时陷入低谷，却一定会东山再起。因此，全体工作人员一如既往，每天正常做好本职工作，药店的运营没有受到丝毫影响。

正直地做生意，总是可以收获很多，就算某一次买卖失利了，也总有再次复出的那一天。如果总想着旁门左道，不踏踏实实地走，别人会鄙视他，一朝失败就可能再也爬不起来。因此，假如某个人定要做众叛亲离、身败名裂的事，那就真的太笨了。

真正会发大财的人，向来强调"君子爱财，取之有道"，这也是做大生意的人自古恪守的要求。这个"道"字，对于不同的人而言，理解也许不同，可无论如何说，它的主要内涵是正路而非歪门邪道。只要每一分钱对得起良心，君子爱财也会成为美谈。

"从正路获取的财富才是真正的财富。"胡雪岩如是说。

君子爱财，取之有道，也就是要凭借才华、诚实、灵活的头脑，凭借辛苦的劳动和勤勉的经营以赚良心钱赚干净钱，而非整日想着飞来横财，靠着胡作非为和歪门邪道去生活。

听过这么一句俗语说，"马无夜草不肥，人无横财不富"，事实上这种说法不正确。实际上在事业上真正有所成就的人都明白，如果不依靠信义、诚信、好的声誉、正直的心、对工作的热爱、勤劳这几个因素，那么生意是做不成功的。总而言之，只有走正路踏踏实实做事，才能将生意越做越大，赚钱才能顺风顺水，也不至于惹祸上身。

胡雪岩坚守取之有道的原则，比如他经营的胡庆余堂要求产品一定要是正品，万不可"说真方，卖假药"，绝不能坑蒙百姓。他开店向来坚持这几个方面。首先应该想方设法赚钱，但绝对不会损人利己，也绝对不能为了自己而贬低同行；其次应该充分利用关系网获得利润，但绝对不为了金钱而背弃朋友；第三应该把怎么赚钱放到头等大事来看，但既应该积德行善、悬壶济世也要慷慨大方，把每一分钱都用在刀刃上；第四为了赚钱可以剑走偏锋，但绝对不会碰触法律的底线；第五为了赚钱可以用些技巧，但是绝不昧着良心赚黑心钱，做最真实的自己。

点金术：最伟大的品质是信誉的洁净。

商誉靠人性化服务

在做生意时不仅要诚信可靠，还要贴心温和，从客户的角度考虑问题，进而提升信誉。

有一个姓蔡的老板来自温州，在上海开了一个商店专门卖建筑材料，刚开始生意并不红火，他找不出是哪里出了差错。

经过一段时间的调查，他发现，上海人特别节省，哪怕有再多钱也不愿浪费，更不用说大手大脚了。上海人善于精算房屋装修费用。然而，无论如何精打细算，总会有些算计不到的地方，当房子装修一新后，总会有一些余料，如何是好呢？自己留着，好像没用；当作垃圾，好像又浪费了。

当蔡老板了解到这种心理后，他贴出告示：如果你是在我的店里购买的家装材料，剩下的能够退款。其实他这样做一点没吃亏，相反生意越来越红火。聪明人能看出来，大部分家装材料都卖出去了，只有很少的一部分需要退款，就算是退回来的也可以便宜卖掉。正如常言道："买的精不过卖的。"

有一位卖涂料发家的生意人说得好："我们常以为市场竞争是大鱼吃小鱼，其实并不全然如此，事实上很多情形正是相反的，真正的规则应该是快吃慢，那些不灵敏的鱼往往才是被吞并的。或许一个刚刚起步的企业规模不大，但如果很有创意很有执行力，在人性化服务上做到位，市场眼光敏锐，胜过一个大企业是可能的。"

当时的建材业，历来都是先付钱，这样一来客户很被动。为了让更多客户选择自己，李先生出奇制胜，实施一种销售策略即先拿货后给钱，还建议客户们把自己的涂料跟价格昂贵的进口涂料对比，如果感觉不好就不收取一分钱。有一天，他到佛山做推广业务，有一个家具商店的老板联系他，要看看他的货。李先生马上派人将产品送到刘先生的工厂，仔仔细细地跟他讲解如何用，还上手为他示范，没有一句话谈到钱。当对方问到价格，他满不在乎地说你先试试，行再给钱，只留下一张名片就回去了。从此刘先生成了李先生的固定客源，金冠涂料也因此口口相传。

依靠好的质量和好的声誉做企业，这才是生财之道。包括深圳在内的许多国内地区经商风气都不正，商家与客户之间关系十分不和谐。在这种风气存在的情况下，似乎商业上的关系没有那么简单纯粹的，诚心似乎不过是一句空话。然而李先生做生意时总让人觉得舒服，他的态度也让人感动并且让人相信他是真心诚意为客户服务，客户们都对他竖起了大拇指。正因为李先生从来不把钱挂在嘴上，反而更容易争取到客户的信赖，另外产品确实质量过关，因此他的买卖越做越好。

自然，李先生也不是对所有顾客都不设防，他明白，跟信誉好的人做生意大方一点也不会吃亏，货款肯定会到位，可如果一个人不讲究信用，跟他做生意就丝毫不能马虎，每一笔生意都计算得很清楚了。

李先生能够为自己的生意打开局面的另一个重要原因是他对客户的责任心。李先生做生意很讲究，他相信客户服务是影响公司发展的重要因素。

一次，有一个厂家半夜急着要货，他不由分说跳下床爬起身，将货物亲自装配上车，披星戴月地走了很远的路，及时为这家厂家解决了缺少材料的问题。客户是商家的财神爷，所以大多都会摆出大爷样，但看到李先生星夜赶路，最后及时将商品送到，特别的感动，他拉着李先生的手激动地说："这次真的太谢谢你了，没想到你会这么及时。就凭你这么为我们客户着想真心为我们服务,以后只要你家有的原料我绝对不用别人家的。”

依靠着真诚的态度和对客户的一片真心,金冠涂料在业界营造了良好的企业形象,不久就脱颖而出,成为中国的知名品牌,旺季时候往往供不应求。这正是李先生将企业做大做强的历程,企业逐渐发展壮大,渐渐成为了一条“大鱼”。

客户不一定要选择你家的商品,市场上不只有你一家供应产品;但毋庸置疑企业却不能失去客户,只有得到客户的认可,企业才有发展的空间。当我们意识到这一点后,就知道到底如何做了。我们都知道要想做大做强不能只跟客户打一次交道,与客户建立长久关系才是长久之计,李先生很真诚很实在,对客户的服务也十分到位,切实地关心用户的体验和需求。李先生的生意经其实很简单:联系客户、为客户服务。

为了做到这两方面,李先生首先在产品价格和服务上给予客户最大的让利。他做出这样的保证:产品质量比进口的好,价格却比普通的低,在保证质量的同时价格低于同类产品的多个百分比,某些性能甚至更优越。为了实现经销商与公司互利双赢,李先生对其经销商郑重承诺:保三年质量,奖励产品质量投诉;后续服务如销售策划、售后跟踪、人员指导等均有免费专人实施操作;有专门人才、高级技术人员免费进行全程指导和后期跟踪服务;媒体方面推广电视、广播专题节目特约以及报纸广告等多种形式的帮助;免费为客户提供企业宣传、运营计划等。

同时,中国市场范围内提供免费的专门人才技术支持,做到了产品在使用前、中、后的三期服务。整套的销售讲解、销售操作、销售计划,还将培训的面辐射到全国各地;售后服务也能够及时有效地解决用户困难,这一系列支持使客户可以放心采购,让客户格外安心;全国各地的信息都可以通过互联网共享。

种瓜得瓜,种豆得豆。有一位云南的经销商发来感谢信:“如果问我做销售有什么成功的秘诀,那么我想就是与你们公司合作。”1998 年中旬,这位经销商带着现金三万元来进货,可是不巧他带的现金在途中被偷了。他非常担心地来到公司,不仅钱丢了他非常失落,还担心要白跑一趟。

李先生拍着他的肩膀亲切地说:“放心吧,我相信你,不论我们是否能够将钱追来,我肯定给你发货,你回到云南,这边货也马上跟你到云南。”李先生马上吩咐要加班加点地为王先生配货,三天之内就赶制出了王先生要的货物。与此同时也在当地派出所立案,根据线索,在公安人员的行动下,3 万元货款失而复得。

有一次,一位四川的经销商急需一些涂料,于是致电公司寻求帮助,出乎意料,第三天就收到了公司航空托运过来的货物。平时来看空运是一种非常奢侈的运输方式,因此这次生意中根本赚不了钱甚至多少会亏本,可李先生认为这根本不算什么。他觉得只有满足客户需求才能长久赚钱,这点运费算不了什么,解决了客户的需求客户才能更好地与公司合作。该经销商打来电话特别激动:“凡是我想到用油漆,我总是第一个就想到你们公司,你们是我最信赖的朋友。”

谈到对客户的人性化服务,他在做生意时还坚持一点,就是不给白眼。许多企业有个陋习就是习惯看人下菜碟,遇到有钱的大主顾,点头哈腰;对小客户则飞扬跋扈,态度蛮横。他绝对不允许他的员工这样,他强调,客户没有大小之分,所以不能卑躬屈膝,也不要傲慢无礼;对待每一位客户都做到亲切周到,不卑不亢。一旦发现有业务员势利眼,轻的就批评教育,重的就开除。他的做法是见成效也是必要的,小客户的力量是不容忽视的,在公司的经营过程里要处理好对待客户的关系,一视同仁,树立了公司良好的形象。

不只是这样,李先生还要求对小公司给予尽可能多的照顾,不断帮助其发展,对他们的扶持培养不仅体现在优惠力度上，甚至还出人力给予指导，有专门人才帮助他们拓宽市场。如此，如果小客户壮大起来，会长久地将李先生的公司作为进货的第一选择，公司阵容也不可小觑。

正因为如此优质的服务，也因为其产品质量一直受到赞誉，该公司在市场上形成了诚信优质可靠的形象，并形成了为数众多的愿意与之“荣辱与共、肝胆相照”的兄弟经销商阵容。企业在全国各个省市地区都有着庞大的客户群，成为了中国涂料业最成功体系最完整的企业。

一句话，李先生的公司原本并非一条大鱼，虽然也遇到过很多困难经历了很多风雨，可是凭借灵活的营销策略，良好的经营策略和人性化的服务，它迅速成为了同行的领头者，越有越快，成为成长迅速动作敏捷的海中之王。

点金术：真正的规则应该是快吃慢，那些不灵敏的鱼往往才是被吞并的。

注重信誉

在经商的历史上，犹太民族生意上的守信用是有口皆碑的。犹太民族因为其社会、历史环境的特殊性，形成了对公民经商的一系列要求和现代商业运作不可缺少的信守合约的商业意识，这为犹太人经商成功提供了巨大优势。在犹太人的眼里，契约有着跟法律一样不可撼动的地位。现代我们所谈到的合同，即商业上的契约，在交易时，起到维护双方利益的作用，签署的双方必须完全严格执行所列条款，合同是有着保护双方权利与义务作用的。

犹太人做生意的历史，与契约的发展史息息相关。犹太人之所以富有，就在于他们对契约的严格执行，无论中途遇到什么问题签署双方都必须严格执行合同条款。

他们坚信合同的另一方也会像他们一样守约，犹太人确信：我们之所以会在地球上出现，是因为我们与上帝之间有约定。假如我们不按照约定行事，那意味着不遵循与神祇的约定，别人就会因此受到不公正待遇，那么上帝就会动怒惩罚人类。签约前谈什么条件都不算过分，可以议价，也支持商讨，如果双方觉得不合适甚至可以不合作，这些是正当权利，但是签约后就要履行义务，不能有一点水分。

因此，犹太商人做生意的时候，似乎没有“不履行债务”的状况发生，假如有一个人真的不执行条款，犹太人将会深深地厌恶他，必然不给予宽恕，对于自己应得的赔偿也丝毫不客气；如果谁违背了契约，所有人便一致孤立他，没有人再跟他做生意，最终他将无法在商界立足。

国际上的商人在跟犹太人打交道时，丝毫不怀疑对方会违约，他们也会严格要求自己守约，就算合约里有一些在别的地方有点匪夷所思的条款。犹太人的这种行为方式对整个世界也有着巨大的影响。在日本大家都听过一个“东京银座犹太人”的商人，曾无数次对他的同胞说，与犹太人做生意千万要守信，要不然，将不会有任何犹太人再跟你做生意。

有一次一个老板雇佣了一个劳工，规定老板雇佣工人时，工资一周一结算，可他不付现金，而是让工人去隔壁商店取货折算，老板最后跟店主清算。一周后，工人跑到老板那里说：“老板告诉他，他家的店必须用现款交易。因此，我需要现金你还是给我现金吧。”不多久，商店的老板过来要钱，他说：“你们的工人已从我这拿了东西，快给我钱吧。”老板当时就懵了，他不明白到底谁说谎了，他反复调查，可双方都说自己没撒谎，但双方都没有证据证明自己没说谎。可想而知，最后只能老板吃了哑巴亏。因为只有他一个人对两方做了承诺，可是另外两方之间并没有用契约维护关系。

财商高的人把守约本身当作第一义务,而不是将其看作是累赘。这些人把信用看得非常重,有时做生意时都不需要签合同,口头协议足以,他们觉得神是这次许诺的见证者。

信誉对于现代社会尤其是商界来说非常重要。信誉是企业的灵魂,任何企业的发展都在此基础上。因此,良好的信誉是企业做大做强的金字招牌,据我们知道,商业世界中首先提出"不满意可以退货"的公司是希尔斯·罗巴克百货公司。这家公司是由美国犹太商人朱丽叶·斯罗森沃尔德创办的。朱丽叶做出的这一项决定,当时被传为街头巷尾的大新闻。也能理解,这已经大大超出一般合约所能规定的常规范围——甚至把允许对方"毁约"都算在自己的义务中了!

所以,犹太商人特别重视对方的信誉,在他们看来履行约定的义务是再自然不过的事情了,他们能够在守约方面做到这么高的境界,不仅是在于散居世界各地的犹太人在商业上比任何一个民族都获得了更好的声誉和商界信任度,同样也是因为他们为了更好地生存下去,他们需要和谐地处理好跟其他国家与民族之间的关系,能不发生冲突就不发生,所以,犹太人强调各民族间应该有共同的约定交际,这就是后面发展成的"约"。

不管是那些征服他们的人,还是跟他们共同混居的国家,还是种族内部,法律对他们而言都有着非凡的意义,犹太民族就是凭借这种精神发展延续的。无论犹太人住在哪里,他们都会严格遵照居住国的法律,甚至由政府将他们树立成为本国居民学习和效仿的对象。商业活动中,最遵循约定的便是犹太人,他们是绝对不会偷漏税款的,一切都按照社会契约履行。能赚到钱靠的是他们无与伦比的聪明才智,因为他们有这种财商。想要赚钱,对于犹太商人而言,靠实力足以,赚黑心钱是完全不必要的,这是犹太民族长久以来养成的良好行为规范。因此犹太商人可以说是世界上最优秀的商人也是最成功的商人,犹太人眼中,信誉与金钱可以画上等号。犹太人因为这样很成功,其实无论哪国商人,想要成功都得这样。

20世纪80年代末,外国企业不再为中国供应"高压陶瓷电子"。这种打火装置我国当时还没有能力生产,"巧妇难为无米之炊",需要这种打火机的企业几乎全部停产瘫痪,工厂停工,工人失业。徐勇水认识一个老板,这位老板承诺为他提供50万个打火装置,但必须一手交钱一手交货。

这时候,徐勇水仅仅有部分现款,还需要80万现金才够,没别的办法,徐勇水到广州五羊城酒店筹款,因为几乎所有温州生意人都把这里当作大本营。他焦急地对所见到的每个生意人说:"我急需钱,现在你给我五万,一周后我多还你一万。"就这样,差的那80万巨款竟然在24小时内搞定了,徐勇水的口头合约救了所有温州火机厂。

信誉在当今这个社会越来越重要,特别随着市场经济的不断发展经济泡沫的越来越多,没有信誉就做不成生意,特别对一个白手起家创业的人来说。想要开创一个好的公司特别难,假如缺少信誉,没有良好的口碑,那么这个过程就会更加艰巨,因此如果你想创造属于你自己的商业奇迹,就要诚实守信,步步为营,不断进取。诚信体现在一个人身上一个企业身上,甚至在我们生活的任何一个行为里。诚信体现了企业的信誉,也代表这老板的人格,懂得诚信签约的商人才有机会将企业做大做强。

点金术:犹太人之所以富有,就在于他们对契约的严格执行,无论中途遇到什么问题签署双方都必须严格执行合同条款。

第二课 学会组合投资

健康保险规划的意义和作用

1. 家庭健康保险概述

通俗地说，任何一个家庭面临的人身风险有三种（见表1）。

表1　人身风险与保险

人身风险	风险事故	保险责任	保险种类	保险期限
寿命太短	疾病死亡	死亡	死亡保险	长险
		医疗	疾病医疗保险	短险
	意外死亡	死亡	死亡保险	长险
		医疗	意外伤害医疗保险	短险
生活很惨	疾病	医疗	疾病医疗保险	短险
		残疾	重大疾病保险	长险
	意外	医疗意外	意外伤害医疗保险	短险
		残疾	意外保险	短险
寿命太长	养老	养老	养老保险	长险
	护理	护理	长期护理保险	长险

（1）寿命太短。寿终正寝是人生的理想，而英年早逝则带来太多的遗憾。频发的英年早逝案例中，漠视健康和生命是主因。人们常常因工作忙、担子重、压力大、不注意身体、不注意及时就医，结果责任未完成就匆匆告别了人世。

（2）生活太惨。生命本是丰富多彩的，但是疾病的降临可以让富贵之家捉襟见肘；可以让小康之家举步维艰；可以让平民之家家破人亡。重病而没有充足的资金，意味着缺乏有效的治疗，没有生存的希望;丧失人性的尊严;背负沉重的债务。

(3)寿命太长。医疗技术的进步使得世界拥有前所未有的老龄人口。老年人的需求主要有三个方面的内容,那就是经济供给、生活照料和精神慰藉。然而,随着社会流动性的不断提高,子女能生活在父母身边的可能性越来越小,而且大部分核心家庭依靠夫妇的双份收入维持工作,很难有一方能照料年迈的双亲。现代医药水平能延续病危患者的生命,但却无法使其恢复正常的生活能力。老人长期护理的需求,越来越成为家庭的沉重负担。

健康保险所要解决的,就是“疾病”和“伤残”的风险。人们购买健康保险的目的,就是为健康提供经济保障。根据《健康保险管理办法》的规定,健康保险是商业保险公司通过疾病保险、医疗保险、失业保险和护理保险等方式对健康因素导致损失给付保险金的保险。

健康保险的保险责任,包括对被保险人医疗费用损失方面提供经济补偿,对被保险人因疾病或伤残而不能工作引起的收入损失提供经济补偿,以及对生活不能自理者所需要的护理费用提供经济补偿。

健康保险所关注的,不仅是被保险人遭受保险事故损失后的经济补偿,而且更加关注被保险人遭受保险事故损失前的预防保健和健康教育,以及被保险人生存期间的健康管理。因此,不论是现在的医疗保险,还是失业保险和护理保险,都应该加上对被保险人遭受损失前的预防保健和健康教育,以及对被保险人生存期间的健康管理,才能称得上真正意义上的健康保险。

2. 健康保险的意义和作用

据估算,我国城市居民一生的医疗总费用平均约为10万元。随着时间的推移和医疗技术的不断发展,医疗费用还呈现出不断上涨的趋势。此外,令人烦恼的是,这些巨额医疗费用分布极其不均衡。据统计,人一生中后20%的时间要用去一生医药费的80%。然而,人们大部分的钱都是在占一生40%时间的中青年时期赚到的。由此,就产生了工作赚钱和医疗花费之间的时间差和数量差的问题。

从财务角度看,健康保险规划的意义在于“花小钱买安全,以确定的保险费支出防范不确定的医疗费用,稳定家庭财务”。合理的健康保险规划,才能使人们做到病有所医,突发事件能够从容面对。

从家庭的角度看,健康保险可以熨平不同时期、代际之间的财务压力和心理压力,达到家庭和睦安康。

从社会的角度看,健康保险是社会互救,投保的人群都需缴纳费用,集中赔付不幸发生事故的个体,是人人为我,我为人人。

健康保险是与广大人民群众生活和利益密切相关的保险。

点金术: 从社会的角度看,健康保险是社会互救,投保的人群都需缴纳费用,集中赔付不幸发生事故的个体,是人人为我,我为人人。

健康保险规划流程与方法

健康是人类永恒追求的主题,一场不期而至的疾病会给个体带来收入的中断和大笔医疗费用的支出以及其他一些损失,如何规避管理这一人身和财务风险是摆在每一人面前的重要问题。

按照风险管理的方法,我们先需要明白我们面临的风险、风险的损失频率和损失严重性,弄清防范这些风险的途径有哪些,购买保险需要注意什么。

1. 健康风险

健康风险是人类一生中无法避免的风险,同一般纯粹风险一样具有客观性、损害性、某一风险发生的不确定性、大量风险发生的可测定性、风险的发展性等共性。健康风险还有以下突出特点：

(1)多发性。人吃五谷杂粮焉能不病，生病和就医已经成为日常生活的组成部分。21世纪人体的十大风险包括疾病、食物、自然灾害、环境污染、中毒、暴力冲突、交通事故、吸烟、药物、毒品，所有这些风险都将集中在人体疾病和遭受意外伤害上。

(2)复杂性。其表现在：第一，疾病种类繁多，而且大量存在同病异症、异病同症的现象，个体差异性明显。第二，疾病治疗和康复不仅与病种有关，还与医疗水平、诊断技术、治疗时机有关。第三，新技术和新药的使用既为治疗带来新机会，同时使费用效益评价非常困难，被冠以“白色迷宫”之称。

(3)社会性和易变性。某些疾病具有传染性，不仅会危害个人，而且可能大规模爆发，如20世纪初的流感全球大肆虐，造成的死亡人数超过了第一次世界大战。同时很多病毒容易发生变异，使得许多病“无药可治”。如每年导致全世界约20万～30万人死亡的流感病毒就是如此。

2. 健康风险因素

(1)广义健康风险因素

社会环境因素。水、空气、食物等污染，生产环境的职业性危害，噪声及不安全的交通设施都会对健康造成威胁。经济收入、居住条件、营养状况及文化程度等都对健康有很大影响。

个人生活方式。吸烟、酗酒、滥用药物、缺乏体育锻炼、不合理的饮食习惯等不良生活方式大大增加了健康风险。

年龄、性别、遗传因素。一般来说年龄越长，健康风险越大，恶性肿瘤、高血压、冠心病等的发病率会上升。有些疾病如系统性红斑狼疮仅在女性发病，而前列腺癌只可能侵害男性。还有一些疾病如血友病、蚕豆病等都是遗传性疾病，与遗传因素密切相关。

(2)健康危险因素。健康危险因素系存在于人的机体内外环境中与疾病发生发展有关的诱发因素。根据病因学研究，很多疾病与危险因素的联系已经很明确。

如冠心病与血压、糖尿病史、体力活动、吸烟、体重、家族史、血清胆固醇含量有密切联系。

乳腺癌，如母亲和姐妹中有乳腺癌史则你患病危险因素增高，有无定期乳房自我检查及医学检查也是一个重要测定指标，患者年龄和母乳喂养史也是测定危险因素的重要参考指标。

肝硬化、饮酒(饮酒种类、饮酒量、饮酒时间)、肝炎史、血吸虫病史是预测肝硬化危险因素的参考指标。

由于我国经济发展，人民生活水平提高，人口老龄化和不良生活方式、环境污染的存在，疾病谱发生根本变化，慢性非传染性疾病已经成为主导疾病。慢性非传染疾病发病率高，同时有很强的发病率和致残率。

与健康危险损失幅度紧密相关的一个概念，就是疾病经济负担。它又可以分为直接经济负担和间接经济负担。

医疗费用的发生有很大的不确定性。一方面个人对自身健康的关注、对高质量医疗服务的无限渴求，使医疗费用的支出往往处于有高度弹性的状况。另一方面医疗费用差异性很大。不同地区价格又不均衡。在同一地区，一个人患同一种疾病在不同医院、由不同的医生治疗，费用结果也不一样。即使是同一医院、同一医生、同一患者，仅仅单纯从用药上，在临床经常也有好几套方案可以选择。比如用进口药，价格很昂贵；用新特药，价格适中；用常规药，价格较低。而保守治疗和手术治疗费用更是相差迥异。按疾病临床疗效，同一病种分治愈、好转、死亡三个付费等级，每一个付费等级费用差异是20%左右。

由于现代科学技术的发展和应用，新的风险因素不断增加，伤病的可能性增大，同时医疗技术的不断发展又导致了医疗费用的急剧增长。据美国人口普查局的统计和预测，65岁以上老年人比重从7%上升到14%所经历的时间，法国115年，瑞典85年，美国68年，英国45年，日本26年，而中国大约只要27年。中国在比一些发达国家短得多的时间里进入老龄化，所以今后几十年仍可能是医疗费用猛涨的时期。

健康管理是对个人及人群的各种健康危险因素进行全面监测、分析、评估、预测以及进行预防的全过程。健康管理的流程有：

第一步，了解健康——健康评价，也就是发现健康危险因素的过程，主要通过体检、收集生活方式等形式，进行健康与疾病评估。

第二步，管理健康——健康计划，个人化的健康管理计划是鉴别及有效控制个人健康危险因素的关键。健康计划即生活行为方式、健康、工作效率的整体服务，目的是生理、心理和社会功能的整体健康，提供饮食、运动等生活方式和疾病的全面干预。

第三步，改善健康——健康行动，积极采取行动来实现个人健康管理计划的目标。

基本医疗保险的五大限制：

(1)时间空间限制

截至 2011 年，我国参加基本医疗保险的人员超过了 13 亿，基本医疗保障的质量也明显提高。但是国家很多城镇的看病难、看病贵的矛盾还是未被解决，甚至愈演愈烈。

(2)支付能力限制

支付原则：低保障，广覆盖，以收定支。

支付比例：下有起付线，上有封顶额，分段报销，累计相加。

支付范围：各种项目中多有报销限额，自付比例，自付内容的规定。

(3)规定手续限制

定点医院数量有限。

门诊报销每年一次，周期长，手续烦琐。

住院每年的起付线随当地人均收入的提升而上涨。

住院每次有结算的有关规定以及结算期及押金的限制。

(4)保障责任限制

保障范围：交通事故、责任事故、医疗事故、工伤、职业病、国外就诊等都不能报销。

保障项目：大型的先进检查治疗设备及多项生活服务设施、部分药品等需部分或全部自费。

(5)收入补偿限制

门诊、住院的医疗费用均有不同程度的自付额。

社保医疗不负责补偿误工费及生活费用的支出。

点金术：如何规避管理人身和财务风险是摆在每一人面前的重要问题。

教育金保险规划的意义和作用

随着恩格尔系数逐年下降，我国居民文化教育娱乐项目支出不断上升。在城市，居民文化教育娱乐项目支出比重已经超过 12.6%，超出衣着和居住支出，成为继食品支出之后的第二大支出项目。

不久前我国发布的第一份《中国教育与人力资源问题报告》指出，从城乡居民消费结构看，20 世纪 80 年代初期我国民众消费重点是以吃、穿等基本生存需求为主；而后在食品消费支出比重下降的同时，衣着支出比重也在下降，而用于人力资本投资的教育、文化、卫生、保健支出比重却不断上升。除了城市居民教育支出已成为第二大支出外，我国农村居民的教育支出也超过衣着，成为继食品和居住支出之后的第三大支出项目。在未来 20 年，我国居民的教育支出比重还将进一步扩大。

报告同时指出，在家庭消费结构发生剧变的背景下，对家庭成员的人力资本投资成为家庭在时段之间和代际之间财富传递的重要方式。目前，我国家庭对人力资本的支出成为一种市场导向和发展取向的理性投资行为。

据经济学家估计，各级教育投资的平均收益率为17%。

好货自然不便宜。教育投资所需金额大、时间长，需要慎重规划。

保险是为人生财务目标包括准备子女教育金的最好工具。人的惰性使长期财务计划常常难以实现。教育金保险目的明确，具有半强制性，有助于长期准备子女教育金计划的贯彻实施。

点金术：我国家庭对人力资本的支出成为一种市场导向和发展取向的理性投资行为。

教育金保险规划流程

教育金规划与退休规划基本特点相同，计算的步骤和方法也一样。

设时点 t_1 的学费标准为 St_1，点 t_2 的学费标准为 St_2，

t_2t_3 时段学费总额终值为FV，现值为PV。

计算可以分为三步：

第一步，算出时点 t_2 的学费标准 St_2

公式：$S_{t2} = S_{t1} \times (1+c)^{t_2t_3}$

方法：使用CASIO金融顾问计算器复利计算功能键CMPD

子女教育备用金需求的测算公式如下：

子女教育备用金需求 = $\sum$ 就学阶段生活费用 + $\sum$ 就学阶段学习费用 + $\sum$ 择校费用

2000年7月，国家统计局城市社会经济调查总队在我国10省市对1万户城市高收入家庭进行了调查（共取得有效样本9 956个），调查结果如表2所示。

表2 2000年我国城市高收入家庭教育 支出单位：元

就学阶段	生活费用	学习费用	年人均择校费用	每年小计	总计
硕士以上	8 182	8 454	5 485	22 121	66 363
大学本科	7 376	8 012	7 949	23 346	93 384
大学专科	4 618	5 139	11 167	20 924	62 772
高中	3 922	4 038	5123	13 083	39 249
初中	3 030	2 110	5013	10 153	30 459
小学	3 451	1 916	3004	8 371	50 226
幼儿园	1 824	2 463	1823	6 112	18 336
总计					360 789

第二步，算出 t_2t_3 时段学费总额在时点 t_2 的现值。

公式：$Sn = E \cdot \dfrac{\left(\dfrac{1+c}{1+i}\right)^n - 1}{c-i}$

然后，运用公式，或使用 CASIO 金融顾问计算器一般计算功能键 COMP 直接计算 t_2t_3，时段学费总额现值 PV。

第三步，算出 t_1t_2 时段平均每年要投入的金额 A。

实质：求年金 A

从年金终值公式 $FV = A \times \frac{(1+i_1)^{t_1t_2}-1}{i_1}$

可得：$A = FV \div \frac{(1+i_1)^{t_1t_2}-1}{i_1}$

方法：将第二步计算出来的复利现值 PV，作为学费目标终值 FV，使用复利计算功能键 CMPD，或运用公式直接计算。

点金术：教育金规划与退休规划基本特点相同，计算的步骤和方法也一样。

房产项目合法早知道

现在房地产市场项目众多，鱼龙混杂，一不小心就会买到“低价”的“小产权房”，或存在其他隐患的手续不全的房屋。那么，作为一名投资者如果买到不合法或违规的房屋，非但不能达到投资升值的目的，甚至有可能落得“血本无归”的悲惨下场。因此，当投资者开始“海选”投资楼盘时，第一个基本要求就是要看目标楼盘是否合理合法。

投资者在购房时应要求房地产开发商和销售商提供齐全的“五证”、“二书”，这是法律对销售方的基本要求。

“五证”是指“国有土地使用证”、“建设用地规划许可证”、“建设工程规划许可证”、“建设工程施工许可证”（即“建设工程开工证”）、“商品房销售（预售）许可证”。“二书”是指“住宅质量保证书”和“住宅使用说明书”。

“五证”中最重要的是“国有土地使用证”和“商品房销售（预售）许可证”，二者表明所购房屋属合法交易范畴。“商品房销售（预售）许可证”的预售范围为本项目可销售楼盘，购房者务必看清购买楼层是否在预售范围之内。

“两书”可以作为商品房买卖合同的补充约定，并且是房地产开发企业在商品房交付使用时向购房人提供的对商品住宅承担质量责任的法律文件。

现在国家相关部委规定，上述“五证两书”开发商必须在售楼现场显眼位置进行明确公示。如果投资者在售楼处没有发现上述公示，可以要求销售人员出具上述证件以证明其项目的合法性。

投资者在查看上述证书尤其是销售证书时，一定要仔细看清销售证上标明的销售楼栋和销售范围，看自己选择的楼号和位置是否在销售证所标明的可销售范围之内。因为，开发商在项目销售过程中存在分批、分次取得销售证的可能性，如果只是草草观看一下销售证，有可能想要投资的楼盘还尚未取得销售证，容易被开发商蒙混过关。

点金术：现在房地产市场项目众多，鱼龙混杂，一不小心就会买到“低价”的“小产权房”，或存在其他隐患的手续不全的房屋。

如何挑选商品房

1. 商品房销售常用名词

(1)楼花:“楼花”一词最早源自香港,是指未完工的在建物,一般称“卖楼花”为预售房屋、“买楼花”为预购房屋。

(2)实际销售面积:是指报告期已竣工的房屋面积中已正式交付给购房者或已签订(正式)销售合同的商品房屋面积。不包括已签订预售合同正在建设的商品房屋面积,但包括报告期或报告期以前签订了预售合同,在报告期又竣工的商品房屋面积。

(3)预售面积:是指报告期末仍未竣工交付使用但已签订预售合同的正在建设的商品房屋面积。报告期预售又在报告期转正式或协议销售的商品房屋的面积应列入实际销售面积,同时统计为销售收入。

(4)可售面积:是指报告期末已竣工的可供销售或出租的商品房屋建筑面积中尚未销售或出租的商品房屋建筑面积,包括以前年度竣工和本期竣工的房屋面积,但不包括报告期已竣工的拆迁还建、统建代建、公共配套建筑、房地产公司自用及周转房等不可销售或出租的房屋面积。

(5)单元式住宅:是指在多层、高层楼房中的一种住宅建筑形式。通常每层楼面只有一个楼梯,住户由楼梯平台直接进入分户门。一般多层住宅每个楼梯可以安排 24~28 户,所以每个楼梯的控制面积又称为一个居住单元。

(6)期房:是指房地产开发商从取得商品房预售许可证开始至取得房屋所有权证(俗称大产权证)为止所出售的商品房。消费者在购买期房时应签商品房预售合同。

(7)现房:是指消费者可以即买即住的商品房,即开发商已办妥大产权证的商品房,消费者签订商品房买卖合同后立即可以办理入住手续并取得产权证。

(8)商品房的起价:是指商品房销售时各楼层销售价格中的最低价格。

(9)商品房的均价:是指商品房销售价格之和除以单位建筑面积之和所得出的每平方米价格。

(10)复式商品房:是一种经济型房屋,在较高的楼层中增建一个夹层,从而形成上下两层。

(11)跃层式商品房:有上、下两层楼面、卧室、起居室、客厅、卫生间、厨房及其他辅助用房,并采用户内小楼梯连接的房屋。

(12)水景商品房:是指依水而建的商品房。

(13)联排别墅:正确的译法应该为城区住宅,是从欧洲舶来的,其原始意义是指在城区沿街联排而建的市民房屋。

(14)灰空间:最早由日本建筑师黑川纪章提出,其本意是指建筑与外部环境之间的过渡空间,以达到室内、室外融和的目的,例如建筑入口的柱廊、檐下等,也可理解为建筑群周边的广场、绿地等。

(15)商住住宅:是居家办公住宅观念的一种延伸,属于住宅但同时又融入写字楼的诸多硬件设施,尤其是发达的网络功能,是在居住的同时又能从事商业活动的住宅模式。

(16)会所:就是以小区业主为主要服务对象的综合性高级康体娱乐服务设施,会所应具备的软硬件如下:康体设施应该包括游泳池、网球场或羽毛球场、高尔夫练习馆、保龄球馆、健身房等;中西餐厅、酒吧、咖啡厅等餐饮与待客的社交场所;还应具有网吧、阅览室等其他服务设施,一般对业主免费或少量收费。

(17)外飘窗:是指房屋窗子呈矩形或梯形向室外凸起,3 面玻璃使人们拥有更广阔的视野,更大限度地感受自然、亲近自然,通常窗台较低甚至为落地窗。

(18)中空玻璃:中空玻璃是对传统玻璃的革新,是现代门窗生产中的一项新的玻璃加工技术,它由两层甚至更多的玻璃密封组合而成,最重要的是两层玻璃之间必须形成真空或气体(例如加入惰性气体)状态,故称“中空玻璃”,这种技术的运用使门窗的隔声、阻热、密封、安全等性能都大为提高。

(19)基价:即经过核算而确定的每平方米商品房基本价格,商品房的销售价一般以基价为基数增减楼层、朝向差价后而得出。

(20)均价:将各单位的销售价格相加之后的和数除以单位建筑面积的和数,即得出每平方米的均价。均价一般不是销售价,但也有例外,前段时间某高层物业推出的“不计楼层、朝向,以2800元/平方米统一价销售房屋”活动,即是以均价作为销售价,这也不失为引人瞩目的营销策略。

(21)五证:房地产商在预售商品房时应具备“建设用地规划许可证”、“建设工程规划许可证”、“建设工程施工许可证”、“国有土地使用证”和“商品房预售许可证”,简称“五证”。其中,前两个由规划部门核发,“建设工程施工许可证”由建设部门核发,“国有土地使用证”和“商品房预售许可证”由国土资源部门和房屋管理局核发。

(22)酒店式服务公寓:是指提供酒店式管理服务的公寓,它始于1994年,意为“酒店式的服务、公寓式的管理”,其市场定位很高,集住宅、酒店、会所多功能于一体,具有“自用”和“投资”两大功效。除了提供传统酒店的各项服务外,更重要的是向住客提供家庭式的居住布局以及家居式的服务,让人有宾至如归的感觉。

(23)RUN智能家居布线系统:是一种物理网络系统,建立在国际标准之上,以TIA/EIA570A为核心,以每户为单位,支持家庭和小区内所有弱电(电话、电脑、视频、BA楼宇控制系统),由双绞线、同轴电缆、光纤和连接配件组成,所有的连接均端接于分布在每个房间的插座和面板上,并可简单、自动地连接相关设备,如电脑、电视、传真、防盗警报系统等,为每一户成员提供安全和舒适的生活环境。

2. 如何挑选商品房

(1)挑选商品房的原则

①挑价格:目前,有些开发商为了加速资金周转,会以低于市场价的价格进行推销,购房者应适时抓住机遇,购买升值潜力大、质量有保证、价格相对低廉的楼房。

②挑地段:所谓地段,即是指商品房所处的地理位置。一般情况下,老年人多选择靠医院较近的城区或郊区地段,便于就医看病,也有利于老年人的生活起居;青年人多选择城中闹市区的黄金地段,那里便于互相交往及上下班;有小孩子上学的家庭大多选择靠近学校的地段,便于孩子就近入学。当然,具体地段还要根据购房者各自家庭的经济实力而定。

③挑质量:挑质量的实质就是挑毛病,可以从两方面入手。首先,查阅档案资料。主要查看各建材生产厂家及产品质量合格证书、各施工工序质量监督验收单、工程竣工验收报告、工程质量等级报告等资料;其次,从表面细看外观。土建工程外表只能看墙柱和地基是否下沉、墙外是否有裂缝、层面是否有渗漏等。装饰工程可查看地面是否平整以及墙的批档、内外粉刷、油漆是否平整、光滑等。

④挑开发商:在购房时,应该对房地产开发商进行多方了解,例如,开发商是否具备房地产开发经营主体资格、商品房建设项目是否合法、土地使用有无批件、开发资金实力如何、是不是靠预付款来维持工程进度等,总之,一定要挑有信誉的房地产开发商,以减少后顾之忧。

(2)如何选择商品房周边环境

红花还需绿叶衬,好的建筑物还需要有好的环境相配,一般来说,买房看环境指的是近看小环境、远看大环境。

小环境主要是指楼群、小区环境,例如,是否是封闭小区、物业管理怎样、绿化覆盖率是多少、居住者成分如何;大环境是指小区所处的周边环境、地段、交通位置以及人文状况等。

封闭式小区入住后的安全性和私密性更高,比不封闭的优越。物业管理现在已非常普及,一个公认的观点是:专业的物业管理公司要比衍生出来的物业管理部门能力强。

绿化覆盖率是用绿化面积除以建筑面积。绿色令都市人有回归自然的感觉,绿化面积的多少也是衡量小区档次的一个标志。

配套设施包括便民商店、运动场地、健身设施等,高级的有网球场、歌舞厅等;规模大的小区还建有幼儿园、小学、超市、公共汽车站等。

周边环境的考察包括:最好靠近宜人的风景点,或是高等学府等文化气氛浓厚的单位;附近要有集贸市场、商业区;还有,交通问题也极为重要,是否有主要干道通过、公交车站有多远等都需要细致考虑;最后,不妨考察一下有无污染源,例如不能靠近有烟囱的工厂、不能紧邻嘈杂的交通主干道等。

(3)细节取胜——买房十看十不看

①白天不看晚上看。了解入夜后房屋附近的噪声、照明、安全情况等。

②晴天不看雨天看。看房最好选在雨天,因为这是了解房屋承受能力的最佳时机,再好的伪装也敌不过连续降雨,漏雨、渗水此时便可一览无余。

③不看建材看格局。不要被漂亮的建材迷惑,房屋优势是否有效发挥有赖于格局设计是否周全。

④不看地面看墙角。看墙角是否平整、有没有裂缝、有没有渗水。如果是刚贴上的新墙纸,就要留意是不是用来掩盖水迹的。

⑤不看装潢看做工。尤其是每个接角、窗沿、墙角、天花板等的做工是否细致。

⑥不看窗帘看窗外。有的商品房给住房配好了漂亮的窗帘,这时应该特别小心,因为这可能是在掩盖通风和采光上的缺陷。

⑦不看电器看插座。有的开发商为了偷工减料,连电线和插座也不放过,购买住房前要仔细检查这些地方,否则将来会很麻烦。

⑧不看电梯看楼梯。楼梯即安全梯,对于高层建筑来说,如发生火灾,安全梯是唯一的逃生之路。

⑨不看家具看空屋。有的商品房样板间摆满了家具,这时应该意识到,家具往往是伪装,空屋才是真面目。

⑩不看屋主看警卫。任何房屋在屋主眼里都有可能是最好的,而管理员或警卫却了解房屋环境和治安上的真实情况。

3. 怎样才能买到最划算的商品房

对于大多数买房人来说,房价空间到底有多大是一个谜。有趣的是,许多购房者对自己的购房价格三缄其口,而不一样的购房者对同一房产也能得到不一样的报价。种种迹象表明,房地产价格存在较大的弹性空间。但是,并不是所有的购房者都能吃到房价折扣这块"蛋糕",稍不注意就会成为"冤大头"。那么,房价的正常打折范围有多大?买房人怎么砍价最有效?怎么才能买到最划算的商品房?

(1)商品房的利润空间。据有多年房地产开发经验的相关人员说,房地产开发市场有非常多不可预知的因素,包括政策因素、土地因素、成本因素、市场因素等,如果前期没有充分估计,有可能增加3% ~5%的成本,利润如果低于8%就可能赔钱。一个规范的开发商,其利润空间也就在3% ~20%之间,如果运作得好,能达到15%或更高一些。一般情况下,各开发商对项目的利润情况均讳莫如深,几乎每位都打起诳语:"不可说,不可说。"

(2)抓住5次砍价机会。房地产开发商的"诳语"是有道理的,3% ~20%的利润空间为消费者砍价提供了丰富的想象力。一位业内资深人士告诉我们,对于消费者而言,他们有五次砍价机会。

①期房开盘之初,为了吸引购房者,往往会有一些优惠,但是这种优惠是与期房的升值预期挂

钩的，房价从期房到现房的涨幅一般在10%左右，所以优惠幅度一般被控制在10%以内。

②在买房人一次性付款时可以得到优惠，其折扣空间一般高于存款利率而低于贷款利率。

③团体购房时可以得到优惠，因为开发商不仅节约了宣传费用以及代理费用，也不用操心楼层、朝向的调配，当然会让利销售。

④买尾房可以得到优惠，一般来说，开发商为了尽快收回资金或为下一楼盘做宣传，会将尾房打折出售，有的尾房甚至可以拿到8折的优惠价。

⑤已经买房的业主再带人来买房子，有时候开发商也会提供一些优惠措施作为回报，至于优惠的具体形式则视情况而定，例如转变成物业管理费或者通过其他形式体现出来。

点金术：房地产价格存在较大的弹性空间。

投资看房五原则

1. 上网查询

在去售楼现场之前，您可以在网上详细查询该项目的情况，尤其是应该在该楼盘业主论坛上看看大众对该项目的评价。根据经验，这些评价往往比销售人员现场给您讲解的要真实得多。

2. 多听多看

到达售楼现场后，要多听售楼人员的介绍，不要打断对方的介绍并马上进行洽谈。另外，要多看模型、样板房、说明书，充分了解产品。

3. 沉默是金

购房者在洽谈时要尽量保持沉默，让售楼人员多讲话、多介绍，而不将自己的底牌过早亮出，这样可以使自己始终处于比较有利的位置。

4. 敢于说“不”

“老谋深算”的销售人员往往会提出选择性的问题来让购房者回答，往往任何一种回答对你都不是很有利，因此购房者要学会说“不”。

5. 注意倾听

可以多听听那些已经买房的人或正要买房的人的看法和观点，同时结合自己的认识来辨别信息的真假。同时在看项目过程中，可以向销售人员打听周边竞争项目的销售状况，往往在这个时候销售员为了留住客户，会尽可能地把竞争对手楼盘存在的弊端全数分析给您听，这对了解楼盘的真实情况将有很大的帮助。

点金术：可以多听听那些已经买房的人或正要买房的人的看法和观点，同时结合自己的认识来辨别信息的真假。

收藏的概念和定义

“收藏”一词，人们并不陌生。然而，对于收藏的定义，人们却又有着不同的认识。

收藏是指人们把某些认为是美好的，或有特殊意义的自然产物和人类在社会历史实践中创造的物质文明和精神文明的各种载体，从不同角度，通过不同渠道，搜集、整理，并妥善地保护、存放起来，用以观赏、研究、思考、追忆或供人鉴赏，从中得到愉悦、寄托，或解读其中贮存的信息，并获得知识，认识人与大自然的历史及其创造力的一种有意义的活动。

收藏是人们的自觉行为，也是一种文化现象。

收藏的目的不是为了买卖牟取经济利益，也不是为了使用、消费或贮藏备用。囤积物品为卖出赢利或以后使用者，称为“库存待售”（商品）和“贮藏备用”（用品），而不能称之为“收藏”。

收藏已不再是昔日的“玩物”，而是一种内容多样、全新的文化休闲和经济活动。然而，目前的民间收藏还存在着种种问题，如观念滞后、法规不健全以及收藏市场赝品充斥、商家的无序竞争等，这些直接影响到民间收藏的健康发展。

点金术：收藏已不再是昔日的“玩物”，而是一种内容多样、全新的文化休闲和经济活动。

当前经济态势说“收藏”

观复博物馆馆长马未都认为：“我国历史上的收藏热统计起来大约有五次：第一次是北宋时期；第二次是晚明时期；第三次是大家熟知的康乾盛世；第四次是晚清到民国初期；第五次就是今天。今天的收藏热，我们每一个人都可以感受到它给我们带来的愉悦。”国内已有千余种收藏类图书公开出版，数十种收藏类期刊公开发行，百余种综合性报纸开辟了收藏类专版。

所谓“乱世藏金银，盛世兴收藏”。近年来，收藏品已经成为了继证券和房地产之后的第三大投资热点。事实上，国外的许多银行都将收藏品作为资产配置的重要组成部分，借此规避金融市场风险。

2005 年 1 月 21 日，在中国收藏家协会举办的新年联谊会上，与会者一致达成这样的共识：“收藏与投资将获得双赢。”对于诸如此类的论断，我们一定不会感到陌生。因为许多资深收藏家，例如北京环碧堂文化艺术有限公司董事长李国胜早就指出：“收藏与投资的结合将会给收藏者带来丰厚的收益。”不过，收藏乐趣与投资回报的双赢，并非没有前提条件的。这个前提条件就是我们对“收益”的理解。事实上，收藏乐趣与投资回报能否获得双赢，在很大程度上正是取决于我们如何定义收益这个概念。如果我们简单地将收益理解为物质收益，即货币化的收入。在大多数情况下，收藏与投资就成了难以兼得的鱼与熊掌。因为收藏与投资实际上是两种很不相同的行为。假设一个人只是纯粹地喜欢收藏，那么他大可以完全不在乎这些收藏品的市场评价、交割能力和存世数量。只要自己喜欢，能够给自己带来心理上的满足与精神上的享受，就完全足够了。可是，如果一个人想要投资收藏品，那么他在购买收藏品时，就不得不认真考虑这些收藏品的市场评价、交割能力、存世数量、品质高低和品相好坏等。以便能在日后顺利转让，获得令人满意的物质利益。套用英国著名经济学家凯恩斯的一句话，我们可以将收藏与投资的最重要区别简要概括为：收藏是购买自己喜欢的东西，而投资则是购买别人感兴趣的东西。

也许有人会问，假如自己与其他人的偏好相似，那么收藏与投资岂不是就可以两全了？从表面上看，确实是这样。但事实并非如此简单。如果一个人购买的收藏品“别人感兴趣，自己也喜欢”，那么，我们很难想象，他怎么能够在收藏品的价格上涨之后，轻而易举，毫不犹豫地忍痛割爱？在大多数时候“买货容易卖货难”的收藏品市场上，一旦错失最佳的出货时机，购买收藏品所带来的物质收益显然就会大打折扣，甚至血本无归。但是，如果我们对收益的理解既包括货币化的收入这种物质收益，也包括心理上的满足与精神上的享受这类精神收益的话，情况就大不相同了。正如哈佛大学商学院教授凯夫斯所说：“收藏家总会珍惜自己通过拥有艺术资产所获得的快乐，并认为从收藏品上所获得的预期收益与常规投资的预期收益不同。”事实上，我们购买收藏品的终极目的并不是为了获得物质收益，而是希望获得快乐——这是以物质为基础，但又超然于物质之上的一种主观精神感受。正如浙江财经学院教授陈惠雄指出的那样：“人们的一切行为，最终都是为了实现各自精神上的快乐满足，无所不包的人类行为都是在一定的精神快乐需要支配下而产生的，都是为了实现一定的快乐满足而展开的。”换句话说，我们所要追求的并不是物质收益的最大化，也不是精神收益的最大化，而是包括物质收益与精神收益在内的快乐最大化。事实上，这才是我们购买收藏品的终极目的。在绝大多数情况下，只有当我们所追求的目标既包括物质收益，也包括精神收益的时候，收藏乐趣与投资回报才有可能获得双赢。否则的话，收藏乐趣与投资回报显然只能是鱼与熊掌难以兼得。

点金术：在绝大多数情况下，只有当我们所追求的目标既包括物质收益，也包括精神收益的时候，收藏乐趣与投资回报才有可能获得双赢。否则的话，收藏乐趣与投资回报显然只能是鱼与熊掌难以兼得。

收藏品分类

随着社会发展、文明的进步，人们生活内容越来越丰富。生活环境变迁频繁而迅速，再加上人民生活水平逐步提高，古往今来繁杂的世界为收藏者提供了极为广泛而丰富的题材和物质基础。收藏的范围几乎扩展到人类生活的各个领域。为了便于收藏研究和收藏活动有序地进行，对收藏品进行分类归纳是必要的。现将具体的分类法加以概述：

1. 人文类收藏品门类

人文类收藏品分为历史文物类收藏品大类和近现代人文物品收藏大类。

(1)历史文物类收藏品大类，包括远古（史前）、上古（夏、商、周）、中古（秦、汉、三国、魏、晋、南北朝、隋、唐、五代、宋、元）、晚古（明、清）历代文物、古董、收藏品大类。古远、上古时期文物收藏品具体有：

①石器类。如投掷器、砍砸器、石刀、石斧、石锛、石簇、石磨、石纺锤、石铲等旧石器和新石器。

②骨器类。如骨刀、骨簇、骨针、骨管、骨纺锤和骨饰品等。

③古陶器类。按陶质分为红陶、灰陶和黑陶类。按品种分为三足陶钵、平层陶碗、双耳陶壶、陶弹丸、陶纺轮、陶罐、陶盆、高柄豆、单耳陶杯等。

④古玉器类。包括最初的玉石制作的武器、工具、饰品和祭祀用祭器、礼器，如璧、瑗、环、琮、圭、璋、璜、玉刀、玉戈、玉戚、玉钺、玉玦、玉镯、串珠等。

⑤甲骨片类。如龟、鳖甲板、牛肩胛骨等。要特别留意的有文字、符号等。

⑥青铜器类。如钺、戈、戚、矛、刀、鼎、尊、爵、俎、豆、觚、钟、各种武器、工具、用具和礼器等。

中古、晚古文物收藏品类别主要有：

①竹、木简牍、文书类。

②历代圣旨、官文、文书、文件、契约类。

③历代古钱币类、历代石雕类。

④古建筑残留物类。

⑤历代书法、碑帖、字画类。

⑥历代（古）文具类。

⑦历代古乐器类。

⑧古代兵器类。

⑨历代家具类。

⑩古代漆器类。

⑪历代服饰类。

⑫历代古籍类。

⑬历代金银器类。

⑭古代珠宝玉器、玉雕类。

⑮古代印章类。

⑯历代雕塑类。

⑰历代陶器类。

⑱历代瓷器类。

(2)近现代人文物品收藏大类,包括清末—民国—现代,反映近现代社会政治、经济、军事、科学、技术、文化、艺术、民风、民俗、生产、生活等各方面的收藏品大类。具体有:

①近代革命历史文物(含反帝斗争)类。

②抗日战争之文物、纪念品类。

③工艺美术品类。

④民间工艺品类。

⑤农、牧、副、渔、猎及特种手工业生产的工具,有特色的生活用具类。

⑥手工纺织、印染、织锦、刺绣类。

⑦民情收藏品类。

⑧手工编织类。

⑨少数民族手工艺术品类。

⑩反映科技进步的不同时期各系列产品类。

⑪近现代文具类。

⑫奖章类、证章类、纪念章及证书类。

⑬各种票、证类。

⑭特殊时期商品供应票证类。

⑮邮品类。

⑯精美的包装纸类(含火花亚类、烟标亚类、糖纸亚类及其他包装纸亚类)。

⑰老照片类。

⑱各种类的模型类。

⑲各种玩具类。

⑳现代金、银、珠宝、玉器、首饰类。

㉑中、外钱币类。

2. 自然类收藏品门类

自然类收藏品分为地球及宇宙物质组成大类和生物标本大类两部分。

(1)地球及宇宙物质组成大类。包括:

①陨石类。

②各种矿物标本类。

③各种矿石、矿产资源类的标本类。

④各种成因不同和物质成分不同,结构、构造不同的岩石标本类。

⑤反映地球的各种动力地质作用现象的岩石标本类。

⑥千姿百态，璀璨缤纷的矿物晶体标本类。

⑦天然珠宝、玉石类（原石）标本类。

⑧观赏石类。

⑨古生物化石类。

⑩各地各类土壤类型标本类及砂样类。

⑪大陆各水体水样标本类。

⑫各种矿物、岩石的显微镜薄片类及各种砂样的显微镜薄片类。

（2）生物标本大类。包括：

①动物复原标本（模型）类。

②动物骨骼整体装架及动物头骨、角、牙类等的标本类。

③爬行类、鸟类的蛋标本类；蛋壳画及蛋壳工艺品类。

④各种形状、色彩美丽的贝壳、螺壳类、海生（如棘皮动物）外骨骼标本类。

⑤各种类蝴蝶标本类、各种类昆虫标本类。

⑥各种类植物的花、茎、叶和种子标本、植株整体标本。

⑦各种鸟类的羽类收藏。

⑧各种类动物植物的部分组织显微镜切片及细胞切片类。

⑨各种微生物显微镜薄片类。

以上分类远不是收藏内容的全部，而在这里提到的各种矿物、岩石的显微镜薄片类；各种砂样显微镜薄片类；各种动、植物的组织显微镜切片类和各种微生物显微镜薄片类这些方面的收藏目前主要是在一些相关单位和科研人员中进行。但是，这是一个奇妙的世界，进入这个新的领域，我们可以更进一步更深入地认识自然，也认识人类自身，当然，还可以增长很多知识。

点金术：收藏可以使人更深入地认识自然，也认识人类自身，当然，还可以让人们增长很多知识。

收藏品选择

并非任何一件收藏品在市场上都看好，也就是说，并非每一件收藏品都适合投资。投资者必须从浩如烟海的收藏品世界中挑选出有升值潜力的收藏品。一般而言，适合投资的收藏品应具备以下四个条件：

1. 真

收藏品的真伪是最主要的投资条件。谁都知道，由于代笔、临摹、仿制以及故意伪造，收藏品鱼目混珠，在收藏品市场上花大钱买回假货，不但失去盈利机会，还可能血本无归。

2. 精

收藏品由于其个性和风格不同，作品也不同；就一个艺术家而言，其一生的作品数量也是可观的，但其中不少是应酬之作，称得上是精品的并不多。

以精为条件选择所要投资的收藏品，并不意味着大家的一般性作品就没有市场。对许多中小投资者而言，根本无力问鼎一件逾百万元的作品，艺术大家的一般性作品也就有了市场。以精为条件选择投资品的原则是，在相同或相似的价位下，应尽量从其中挑选出最优秀的作品。这样，收藏品才具有较大的获利可能。

3. 全

如八屏条或四屏条的字画，缺少其中一条幅，就会极大地影响其升值的潜力。对于单件收藏品而言，如被虫蛀等，就为不全。此类收藏品卖价大打折扣，甚至无人问津，不适于投资。

4. 罕

在艺术史上，那些独树一帜的艺术品，是收藏投资的稀罕品。那些具有创新意义、开先河的收藏品也极有投资价值。如达·芬奇的《蒙娜丽莎》，乃稀世之珍品，根本无法估价。

对于收藏品投资种类而言，也是"物以稀为贵"。在社会大众还未意识到某一类收藏品的收藏价值之前，抢先进行收藏，不但收购的机会较多，而且收购价格较低。一旦该类收获品的收藏价值为社会大众所认同，收藏的难度就要大得多。而此时，抢先入市的投资者就可以高价售出他的收藏品，凭借其独到的收藏眼光而获得巨大的投资回报。

点金术：对于收藏品投资种类而言，也是"物以稀为贵"。

方便的投资方式——股票

自从有了股市，你就可以把钱投资于那些上市的公司，如果你很看好哪家公司，认为它将来必定会有大发展，你就可以在市场上买入它的股票，成为公司股东的一员，即使你的钱再少，只要有够买100股的钱，就必定能买到，没人会因为你的钱少而歧视你。如果你忽然改变主意了，也可以在随后的一天马上卖出股票，没人会因此而认为你出尔反尔不讲信用。要说民主，没有比股市更加民主的地方了，不管你是男人还是女人，信仰什么宗教，拥有什么政治观点，或者是什么血型、星座和生辰八字，你都可以去买卖股票，就同任意一个股民那样，人人平等。至于这家公司的老板是不是讲诚信，市场上自然有无数双眼睛紧盯着呢，还有政府部门，诸如证监会、公安局、检察院，在必要的时候它们也会介入。

通过股票这个媒介，世界上几乎任何一个行业你都可以涉足，任何一家上市公司，你也都可以入股，别人无法拒绝你。投资股票等于投资所有行当。通过股票的自由流通，你还可以随时随地改变看法和立场，一旦你觉得这家公司不合你的投资意愿，那你卖掉它的股票就是了。投资股票还能让你从无聊的电视剧或球赛里解脱出来，开始真正去关心一下国民经济的运行情况，盘算一下提高准备金和加息会有些什么连锁反应，这难道不是一种进步吗？股票还有一个极大的优点（对某些人来说是缺点），由于市场上的人群会集体乐观、集体悲观，因此你会发现，有时候某家公司的股价会便宜得就像是白送一样，有时候这家公司的股价又会贵得不可思议，这样一来你就可以通过别人的错误来赚钱了。

在经济发展过程中，这么多行业并不会一齐兴旺、一齐衰落，总有个先后次序，股市提供了这样一个舞台，我们可以在每个行业的高速发展期进入，增长乏力时退出，这是任何其他投资方式都做不到的。俗话说男怕入错行，女怕嫁错郎，而选择投资股市则是任何行业、任何"郎君"随你选择，甚至连"分手费"都不用给。投资股市也是一门可以活到老干到老的职业，从事任何行业都有退休一说，但投资者几乎无人按时退休，君不见那些著名投资家都是七八十岁的老人吗？这也是难得的一个从业人员越老越吃香的行业，在这儿不流行吃"青春饭"，而是流行吃"重阳糕"。

如果说投资股市有什么缺憾，那就是很多服务性质企业是不上市的，但随着金融业的日渐发达，越来越多的禁忌正在被打破。例如，澳大利亚的一家律师事务所竟然也成了上市公司，很多人都知道律师很赚钱,但一般来说你不可能去投资律师业,现在就不再是问题了。新东方这类学校(培训机构)也成了美国的上市公司,这在十多年前是想也不敢想的事情。将来必然是一个资本化的时代,我们都应该及早做好准备迎接变化。

股票的好处还远不止这些,股市是人类社会发展的必然,如果没有股票,大约我们现在还处于中世纪的经济环境。

点金术:股票的好处还远不止这些,股市是人类社会发展的必然,如果没有股票,大约我们现在还处于中世纪的经济环境。

认识股市的基本游戏规则

1. 如何开户

股市投资的第一步就是办理开户手续。投资人在入市投资前需要办理股东账户和资金账户。

个人投资者办理开户的程序是:

第一步:投资人持本人身份证到当地证券登记公司办理股东账户(股东卡),分上海、深证两个账户。

第二步:持办好的股东账户(股东卡)到自己选定的证券营业部存入一定资金,取得资金账户(资金卡)。投资人选择证券营业部一般看其是否属于正规合法的证券公司,设施情况怎样,有没有开设网上交易,服务如何,离家远近,方便与否。

办理完开户手续后,就可以入市操作了。目前在证券市场的投资委托中,主要有两种方式:一种是自助式买卖委托,即投资人在证券市场的交易厅内或在家里通过电脑网络交易系统自行买卖;另一种是投资人通过电话或协议方式委托证券公司进行买卖。有人觉得在家里炒股清静,不受他人和市场气氛干扰;而有人则觉得在股市里炒股热闹,可以跟别人商量。具体在家还是在股市炒股,应视自己的喜好和效果而定。

2. 什么是证券

证券是用来证明持有人具有某种权益的凭证,是现代金融投资工具。它是商品经济和信用制度发展的必然产物,通过证券这种信用形式进行大规模的融资,为规模商品经济的发展提供了充分的资金保证。

证券有狭义和广义之分。广义的证券是指所有能够证明持有人具有某种权益的凭证,包括各种有价证券和无价证券。有价证券主要有股票、债券、基金、银行支票、汇票、本票等;无价证券主要有借据、收据、保险单、财产证等。通常我们所说的证券仅指有价证券,而且主要指股票、债券和投资基金。可见证券是一个大概念,股票是一个小概念,股票只是证券中的一种。

3. 什么是股票

股票是股份公司公开发行的,用以证明持有人的股东身份和权益,并据以获得股息和红利的凭证。它属于一种有价证券。股票一经认购,持有人不得退还股本,只能通过证券市场以转让的方式出售股票。投资人在股市中买卖的股票是一种网络虚拟交易,你买卖股票的情况在你的资金账户中详细反映,看不到股票的实物。但是股票的内容还是有的,它一般在公司上市的招股说明书中有详细的反映,比如公司名称、主营业务、发行数量等。股票的流通性好,变现容易,买卖方便,这是其他理财工具无法相比的。

购买股票是一种投资行为,投资者理应得到回报。股票的收益主要来自两个方面:一是股票持有人从公司的分红中得到红利收益,这是非上市公司投资者的主要收益形式。而作为上市公司来说这种收益往往得不到,因为交易所在公司分红后要做一个除权除息价格的技术处理,即从股价中减掉你从公司分配中得到的好处。二是投资者通过在股市中买卖股票赚取差价,这是上市公司股票的主要收益方式。投资人之所以要炒股,就是认为自己有能力从股价的波动中赚取差价受益。

股市有风险,炒股是一种风险投资,这几乎成为一种社会共识。其实我们强调风险,并不是在吓唬人,并不是说因此大家就不敢炒股,不敢入市,而是告诫大家什么是风险,在什么情况下应该躲一躲,只要你认识它也躲过了它,风险也就没什么可怕的,留给你的自然就只有收益了。这也跟开车一样,只要你对各种危险有一个清醒地了解和认识,并能在有危险的情况下及时熟练地采取正确措施,你就是安全的。

4. T+0、T+1 制

T+0 交易制度是一种当日回转交易制,即投资人的资金可以反复使用,当日买进的股票当日可以卖出,卖出后可以再买进,如此反复不受限制。在这种交易中,投资人比较倾向于做短线,股价容易大起大落,投机性比较强。为了抑制投机,稳定市场,我国股市从 1995 年开始实行 T+1,停止使用T+0 制。

T+1 制对投资人的交易有所限制,即投资人当日在卖出股票后,可以使用卖出股票所得资金再买进股票,而买进股票后股票就被冻结不能卖出,若要卖出股票须等到次日。由于 T+1 制对当日交易的这种限制,使得股票当日的交易频率大大降低,股价的波动也趋于缓和,投机受到一定限制。但这种交易制度对于那些善于打短线的投资者有很大的限制,当日获利无法套现,一看行情不好无法及时出逃。

5. 集合竞价制

证券交易所的价格形成机制实行集中竞价制,即所有参与买卖证券的投资人将自己拟买卖的股票的数量、价格通过电脑网络终端输入交易系统,证券交易所电脑主机系统将按照价格优先、时间优先的竞价原则,进行集中排队撮合成交。

根据价格优先的原则,在买入申报时,买入价高的申报优先于买入价格低的申报;在卖出申报时,卖出价低的申报优先于卖出价高的申报。

根据时间优先的原则,同价位买卖申报时,按照申报的时间先后顺序进行排队,申报时间以交易所电脑主机接受的时间顺序为准。

证券交易所的竞价方式有两种:集合竞价和连续竞价。

集合竞价仅限于每日开盘价的产生,在每日开盘前,所有想要参与买卖的投资人根据自己对行情趋势的判断,将自己的买卖证券数量与价格进行申报,在此期间电脑主机系统只接受委托而不撮合成交。等到开盘前某一时刻,电脑主机系统将所有申报委托买卖进行集中撮合成交,并产生一个成交价格,此价格即为证券的开盘价。目前我国沪深两市每日的开盘时间为上午 9:30,电脑交易系统在 9:10 到 9:25 之间的 15 分钟内集中接受投资人的委托,9:25 产生集合竞价,形成当日的开盘价。

投资人申报的证券委托,其结果有三种情况:即全部成交、全部不成交和部分成交。对于全部成交来说,就意味着交易的结束;对于全部不成交的委托和部分成交的交易来说,只要投资人不撤销委托,交易系统会按照交易原则在有效期内(仅限于当日)连续执行集合竞价,直至交易日结束,当日交易结束后委托自动作废。

6. 撤单

投资人发出买进指令后,如果股价一路上涨,可能会由于报价过低而无法成交;当投资人发出卖出指令后,由于股价一路下跌,也会使得原先过高的报价无法成交。在这两种情况下,如果投资人买入或卖出股票非常坚决的话,就可以进行撤单操作,改变原先委托重新进行委托报价。

交易系统在委托执行的有效期内,允许委托人撤单,但其前提是委托申报未成交,交易系统对已成交部分的委托不作更改。撤单申报以往是收费的,目前证券营业部普遍实行免费。

7. 清算交割

清算交割是指证券的买卖双方在完成交易后履行的钱货两清手续。最早的股票交易与其他商品交易一样,采取实物交易方式,即买入股票的一方需付出货币而得到股票,卖出股票的一方则要让出股票而得到货币。因为股票是一种权益性证券,在交易时一般都要办理过户手续,即在实物股票的背面登记股票所有人的姓名,这种手续也称背书。这种当面买卖,钱货两清,并进行登记的交易,就是最早的股票实物交割。

如今的证券市场已经发生了翻天覆地的变化,网络化、信息化交易取代了传统的场内实物化交易,投资人买卖股票并不需要双方直接见面,只需要通过网络系统进行交易,至于股票卖给谁,买谁的股票,以及有没有拿到股票实物,投资人并不关心,也没有必要关心,股票的交易完全是一种网上虚拟交易。但不管怎样改革,股票交易的手续不能省略,投资人的买卖清算交割都通过证券交易所的证券结算公司集中统一处理,委托人只要利用证券公司的交易系统或成交回报显示系统进行查询,即可知道自己的委托成交情况。当然股市也有一些例外情况,如由于股价异常波动、机器故障等造成的当日成交无效,所以法定的成交结果应以次日的交割单为准。交割单一般应载明以下内容:

①成交日期及具体成交时间。

②成交数量。

③证券名称。

④受委托的证券营业部名称。

⑤成交价格和数量。

⑥过户费、佣金、印花税。

⑦交割日期。

在股市中,交割单是股权的凭证,也是营业部与投资人之间的责任凭证,具有法律效力。

8. 涨跌停板制

对于当日股价的涨跌幅度是否限制,交易所一般有限制与不限制两种管理办法。在股价涨跌幅度不受限制的市场中,股价会出现暴涨暴跌的大幅波动行情,当日内股价翻倍或损失过半并不罕见,真可谓一夜暴富或一夜血本无归,给投资人带来很大的风险。为了防范风险、稳定市场、抑制过度投机,交易所通常采取涨跌停板制,对当日股价的涨跌幅度加以限制,使股价的波动维持在一定的范围之内。

对于涨跌停板的限制幅度,不同的交易所或不同的交易品种都有差异。目前我国证券市场对股票采用10%的涨跌幅度限制,对ST类股票采用5%的涨跌幅度限制,期货市场的交易品种一般采用3%的涨跌幅度限制。对于涨跌停板的计算,以前一日收盘价乘以停板幅度四舍五入计算。

涨跌停板制能在一定程度上,特别是在短期内对股价的波动有所限制,但并不能改变股价的运行趋势。这一点投资者特别要有清醒的认识,切不可以为有了这种风险控制机制,就放松风险意识。对于一些极端强势或弱势的股票来说,涨跌停板的使用常常有助涨或助跌的作用。特别是一些庄家利用涨跌停板制造逼多或逼空行情,一连串十几个涨停板或一连串十几个跌停板的情况,在股市中时常可以见到,从而加剧了市场风险。

9. 停牌与复牌

证券交易所对市场中的一些特殊情况,如股价异常波动、上市公司召开股东大会、公布重大事项或其他违规行为等采取暂停股票交易的措施,以防止股价剧烈波动,这就是停牌。停牌只是股票暂时停止交易,其后股票仍要恢复交易,即复牌。停牌的时间应视停牌原因而定,上市公司开股东大会发布消息以及股价异常波动等，一般停盘半天到一天。对于其他违规行为，则视情节而定，少则半天多则一两天甚至一两年，沪深两市对停牌、复牌有具体规定。

停牌、复牌对行情的影响较为复杂，具体受行情大势、停牌时间长短以及停牌原因等影响。一般在大势处于盘整行情当中，停牌对股价影响要小一些，而在牛市或熊市当中，其影响力要大一些，往往停牌在这种极端强或弱市中具有助涨或助跌的作用；停牌时间短，影响力要小一些，停牌时间长，影响力则要大一些。在市场中常有那些停牌时间长的股票，由于压抑过长，一旦被复牌，就出现报复性上涨行情。如以往的四川长虹、琼民源、四纱股份等都出现过由于长达几个月甚至几年的停牌而引起复牌后股价暴涨现象。

10. 特别处理与退市

（1）特别处理

根据1998年起实施的深、沪证券交易所股票上市规则，对状况异常的部分上市公司股票交易实行特别处理。特别处理的股票前面是“ST”标记，“ST”是特别处理的英文“special treatment”的缩写。

“特别处理”的内容包括：公司股票日涨跌幅限制为5%，中期报告必须经审计，股票的行情显示有特别提示。

特别处理不是对公司的处罚。特别处理期间，公司的权利义务不变。证券交易所的职责是对上市公司信息披露的监管，而不是对上市公司经营业绩的考核。特别处理的目的，是为了向投资者提醒风险，防止股价异常波动，以维护市场交易秩序，保护投资者利益。

（2）退市

对于处以特别处理的上市公司，如果其经营业绩在下一年度还未扭亏为盈，按规定交易所将对其股票进行终止上市处理，即退市。上市公司终止上市后，于终止上市后的45个工作日将其可流通股份在代办股份转让系统（即三板市场）挂牌交易。

点金术：具体在家还是在股市炒股，应视自己的喜好和效果而定。

认识股票的种类

1. 依据股票的上市地点和所面对的投资者，我国上市公司的股票有A股、B股、H股、N股和S股等的区分

（1）A股。A股的正式名称是人民币普通股票。它是由我国境内的公司发行，提供境内机构、组织或个人（不含港澳台投资者）以人民币认购和交易的普通股票。

（2）B股。B股的正式名称是人民币特种股票。它是以人民币标明面值，以外币认购和买卖，在境内（上海、深圳）证券交易所上市交易的。在深圳交易所上市交易的B股按港元单位计价；在上海交易所上市的B股按美元单位计价。

（3）H股、N股和S股。H股，即注册地在内地，上市地在香港地区的外资股。同理，上市地在纽约的为N股，上市地在新加坡的即为S股。

2. 按投资主体来划分，我国上市公司的股份可以分为国有股、法人股及社会公众股

（1）国有股。国有股指有权代表国家投资的部门或机构以国有资产向公司投资所形成的股份，包括以公司现有国有资产折算成的股份。由于我国大部分股份制企业都是由原国有大中型企业改制而来的，因此，国有股在公司股权中占有较大的比重。

（2）法人股。法人股指企业法人或具有法人资格的事业单位和社会团体以其依法可经营的资产向公司非上市流通股权部分投资所形成的股份。目前，在我国上市公司的股权结构中，法人股平均占20%左右。

(3)社会公众股。社会公众股是指我国境内个人和机构，以其合法财产向公司可上市流通股权部分投资所形成的股份。我国投资者通过股东账户在股票市场买卖的股票都是社会公众股。我国公司法规定，单个自然人持股数不得超过该公司股份的5‰。

3. 根据股票交易价格的高低，我国投资者还直观地将股票分为一线股、二线股和三线股

(1)一线股。一线股通常指股票市场上价格较高的一类股票。这些股票业绩优良或具有良好的发展前景，股价领先于其他股票。大致上，一线股等同于绩优股和蓝筹股。一些高成长股，如我国证券市场上的一些高科技股，由于投资者对其发展前景充满憧憬，它们也位于一线股之列。一线股享有良好的市场声誉，为机构投资者和广大中小投资者所熟知。

(2)二线股。二线股是价格中等的股票。这类股票在市场上数量最多。二线股的业绩参差不齐，但从整体上看，它们的业绩也同股价一起在个体上市公司中居中游。

(3)三线股。三线股指价格低廉的股票。这些公司大多业绩不好，前景不妙，有的甚至已经到了亏损的境地。也有少数上市公司，因为发行量太大，或者身处夕阳行业，缺乏高速增长的可能，难以塑造出好的投资概念来吸引投资者。有些公司虽然业绩尚可，但股价却徘徊不前，也被投资者视为三线股。

4. 配股及转配股

(1)配股。配股是上市公司根据公司发展的需要，依据有关规定和相应的程序，旨在向原股东进一步发行新股，筹集资金的行为。按照惯例，公司配股时新股的认购权按照原有股权比例在原股东之间分配，即原股东拥有优先认购权。

(2)转配股。转配股又称公股转配股，主要包括上市公司实施配股的过程中，国家股和法人股或因主体缺位或因资金短缺而难以实施配股时，其他法人和个人根据有关制度让其部分或全部配股权而购买的股票。其产生有以下几个来源：

一是国有股转让的股权给社会公众股；二是法人股转让配股权给社会公众股；三是已有转配股接受送股或配股后所产生的新股。由于国有股与法人股目前仍不能上市，故而转配股暂时也不能上市交易，但它却同上市股票一样享有分红配股权力。

转转配股是指个人所持有的转配股在公司按股份事务处理决议再次筹集配股时，又参与了国有或法人股放弃的配股权，由此获得的股权就称为转转配股。转转配股实际上和转配股没有本质上的区别。它可看作第三种来源形式的特殊情况，即转配股所接受的配股权是由国有或法人配股权所放弃而得来。

5. 按股东的权利可分为普通股和优先股

(1)普通股。普通股是随着企业利润变动而变动的一种股份，是股份公司资本构成中最普通、最基本的股份，是股份企业资金的基础部分。

普通股的基本特点是其投资收益(股息和分红)不是在购买时约定，而是事后根据股票发行公司的经营业绩来确定。公司的经营业绩好，普通股的收益就高；反之，若经营业绩差，普通股的收益就低。普通股是股份公司资本构成中最重要、最基本的股份，亦是风险最大的一种股份，但又是股票中最基本、最常见的一种。在我国上交所与深交所上市的股票都是普通股。

(2)优先股。优先股是相对于普通股而言的。主要指在利润分红及剩余财产分配的权利方面，优先于普通股。

优先股的主要特征：

一是优先股通常预先定明股息收益率。由于优先股股息率事先固定，所以优先股的股息一般不会根据公司经营情况而增减，而且一般也不能参与公司的分红，但优先股可以先于普通股获得股息，对公司来说，由于股息固定，它不影响公司的利润分配；二是优先股的权利范围小。优先股股东一般没有选举权和被选举权，对股份公司的重大经营无投票权，但在某些情况下可以享有投票权。

可以说股票是金融投资领域中获利性最高的投资品种之一，同时也是现在最流行、最火爆的投资工具。大部分人围绕股票构建自己的投资理财计划，再结合其他投资工具建立投资组合。追求高额的利润来进行资本的下一轮扩张，这是投资最根本的目的。大多数投资者的积极性都是由能否获利以及获利的多少而决定的，如果一个项目无利可图，人们是不会将大把的资金投入其中的。投资者能否获利，取决于其对投资市场和投资品种未来价格走势的预测水平和操作能力。

有利润就有风险，这是不争的事实。但股票的可操作性强，不管在投资手续还是投资时间上，股票的可操控性远远优于其他金融性投资，更不用说那些实物性投资了。海外的大量历史数据表明，股票的长期收益率几乎不受通货膨胀率的影响，是一种出色的长期保值工具，而银行存款、各类债券、短期票据等固定收入资产都无法与股票相提并论。

我们知道美国的证券市场至今已经历了二百多年的历史，研究美国市场的发展历程无疑具有较好的借鉴意义。其中就有专业机构对美国证券市场中的股票、长期政府债券和短期政府债券三类资产在不同阶段的收益表现进行了对比，资产收益率的数据都是剔除了通货膨胀后的实际收益率，以反映各项资产购买力的增长情况。

点金术：一线股享有良好的市场声誉，为机构投资者和广大中小投资者所熟知。股票的长期收益率几乎不受通货膨胀率的影响，是一种出色的长期保值工具，而银行存款、各类债券、短期票据等固定收入资产都无法与股票相提并论。

如何拥有真正值钱的股票

同样都是炒股票，有的人可以慧眼识珠，买到真正值钱的股票，而有的人左顾右盼，总是无法摆脱掉进垃圾股陷阱的悲剧。是这些人命中注定没有财运，还是这些人时运不济又遭穷途末路呢？

对照一下下面介绍的几种炒股技巧，也许你能从中找到答案。

1. 眼界要跟你的品味一样高

不要像苍蝇似的老盯着那些已经过了辉煌期开始走下坡路的公司，它们通常是垃圾股的繁殖地，在这里你淘不到任何有升值空间的潜力股。

心比天高，有何不可？下决心非最优秀公司的股票不买。只要坚定这个信念，你的投资本领就会慢慢得到提高，更重要的是会练就你的“火眼金睛”。到时候，就算你不刻意地避开那些垃圾股，它们也会对你敬而远之的。

优秀的公司不仅仅是相对于国内市场来说，最好将它放到国际市场上去接受考验。虽然在选择公司上要耗费你很多的精力和时间，但是，等到你买到真正值钱的股票的时候，你就会觉得“劳有所值”了。

2. 百里挑一，精挑细选

要么不选，要么就选这样的股票，它必须是“集万千宠爱于一身”，拥有独一无二的竞争优势，不存在影响公司长期成长和增值的重大障碍。

在所有的股票投资中的理论，投资大师们最常用的就是“长期好友理论”了，通过这一理论，延伸出这样一个不二法则——严格选，随时买，不要卖。

但有很多投资者总是偏爱“随机漫步理论”，这个理论源自猴子掷飞镖的故事，基本大意是说投资者的选股就像猴子乱掷飞镖一样，不管在选股上下多少工夫都是徒劳的。这与我们所讲的“严格选”原则是背道而驰的，那些被比作猴子的投资者通常都是一些名不见经传的平庸投资者。千万要记住，无论任何时候，选股都不能掉以轻心。

3. 让蝇头小利靠边站

有些股民虽然相信自己的股票具有无限的升值空间和良好前景，但是他们经常会因为股票的起伏而患得患失，比如一点差价就能让他们耿耿于怀，一个波段就能让他们夜不能寐，甚至是挂高挂低的几分钱也要斤斤计较，翻来覆去，最终什么都没赚到，白白给证券公司交了手续费。

放长线才能钓大鱼。要使我们手中的股票成为最值钱的股票，就要考虑做长线投资，世界上没有哪个投资大师是靠炒短线扬名立万的。

4. 良好的心态是定心丸

很多非职业的股民，每天上班时，都会偷空看看所持股票的涨跌，看着股价的红绿跳跃，悲喜无常。也有很多股民常常给自己的股票“算命”，甚至赶上专业的“短期走势预测专家”了。其实这都是心态不稳的表现，而心态不稳是股市投资的大敌。

如果想获得长期回报，就必须稳定自己的心态，无需做短期预测，只要关心上市公司的基本面就行了。

投资者应该将眼光放远，牢牢握住优秀公司的股票，不要太在乎一时的起伏涨跌，而要坚定信心，长期持有。

5. 不要将技术太当回事

高抛低吸、底部顶部、时间之窗、黄金分割位、金字塔结构、牛市策略、熊市策略……各种层出不穷的技术分析手段，令很多股民眼花缭乱。可是，如果真的依靠技术就能赚大钱，那些所谓的技术分析大师不就早发大财了吗？何至于每天辛辛苦苦地在各种媒体上发表文章，给别人做分析指导呢？

其实说穿了，技术分析只是股市投资的辅助工具，而且它只适用于短线炒作，起决定作用的是宏观经济大环境以及所持股票的基本面和未来成长性。单纯依靠技术理论，而忽视了与公司的基本面相结合，只是空对空地以价格变化去解释一切，不仅赚不到钱，而且还会破坏你的心态，影响到你的投资理念。

在长期的投资中，要坚持自己的投资理念，学会“以不变应万变”，这样才能把握住可能遇到的好股票，就像持有万科 18 年而成为香港巨富的刘元生那样。

点金术：技术分析只是股市投资的辅助工具，而且它只适用于短线炒作，起决定作用的是宏观经济大环境以及所持股票的基本而和未来成长性。

什么是债券

1. 债券的含义

债券是发债人为筹措资金而向投资者出具的，承诺按约定支付利息、偿还本金的债务凭证。

从本质上讲，债券是一种表明债权债务关系的凭证，证明持券者拥有按约定条件向发行人取得利息和到期收回本金的权利。它包含了以下四层含义。

首先，债券的发行人（政府、金融机构、企业等机构）是资金的借入者。

其次，购买债券的投资者是资金的借出者。

第三，发行人（借入者）需要在一定时期还本付息。

第四，债券是债的证明书，具有法律效力。债券购买者与发行者之间是一种债权债务关系，债券发行人即债务人，投资者（或债券持有人）即债权人。

2. 债券不仅仅是债权凭证，更是投资工具

如果债券仅仅存在于债权人和债务人之间，只是被债权人锁在保险柜里，那它就是一个债权凭证，待债务到期时，债权人再将它拿出来，维护自己的权利。

可问题是，债券不会这样，它是要流通的，是要被交易的，是要被用来回购的，是要被用来作为期货、期权的标的券的……

它是有生命的，它在金融市场上流动。投资大众可以买卖它，买卖大众之间会产生利润或亏损……所以，它已经是一个投资工具了，而且形成了庞大的市场。这才是债券的主要含义。

3. 债券的构成要素

债券的基本构成要素有票面价值、债券价格、偿还期限、票面利率和利息支付方式五个方面。

（1）票面价值

债券面值，是指债券发行时所设定的票面金额，它代表发行人借入并承诺于未来某一特定日期（如债券到期日），偿付给债券持有人的金额。目前，我国发行的债券，一般是每张面额为100元。

在债券的票面价值中，首先要规定票面价值的币种，即以何种货币作为债券价值的计量标准。确定币种主要考虑债券的发行对象。一般来说，在国内发行的债券通常以本国本位货币作为面值的计量单位；在国际金融市场筹资，则通常以债券发行地所在国家或地区的货币或以国际上通用的货币为计量标准。

此外，确定币种还应考虑债券发行者本身对币种的需要。币种确定后，还要规定债券的票面金额。票面金额的大小不同，可以适应不同的投资对象，同时也会产生不同的发行成本。票面金额定得较小，有利于小额投资者购买，持有者分布面广，但债券本身的印刷及发行工作量大，费用可能较高；票面金额定得较大，有利于少数大额投资者认购，且印刷费用等也会相应减少，但却使小额投资者无法参与。因此，债券票面金额的确定，也要根据债券的发行对象、市场资金供给情况及债券发行费用等因素综合考虑。

（2）债券价格

债券的价格包括发行价格和交易价格。

债券的发行价格可能不等同于债券面值。当债券发行价格高于面值时，称为溢价发行；当债券发行价格低于面值时，称为折价发行；当债券发行价格等于面值时，称为平价发行。

债券的交易价格则是随市场状况不断波动的。

（3）偿还期限

偿还期限指的是发行人清偿债务所需要的时间。

债券的期限越长，债券的投资风险也就越高，因此要求有较高的收益作为补偿，而收益率高的债券价格也高。所以，为了获取与所遭受的风险相对称的收益，债券的持有人当然对期限长的债券要求较高的收益率，因而长期债券价格一般要高于短期债券的价格。

债券的偿还期限是个时间段，起点是债券的发行日期，终点是债券票面上标明的偿还日期。偿还日期也称为到期日，在到期日，债券的发行人偿还所有本息，债券代表的债权债务关系终止。

（4）票面利率

债券的票面利率是指债券利息与票面价值的比率，通常用百分数表示年利率。它是债券发行人的筹资成本，又是债券投资人的收益。债券的票面利率越高，则债券持有人所获得的债息就越多，对投资人越有吸引力。

（5）利息的支付方式

利息的支付方式指的是利息是到期时支付，还是定期支付，抑或是发行时就支付。不同的支付方式意味着具有不同的投资收益率，对债券投资人的收益有比较明显的影响。所以，它也是债券的构成要素。

点金术：在到期日，债券的发行人偿还所有本息，债券代表的债权债务关系终止。

债券的主要种类

债券的分类有很多种，不同的分类具有不同的视角，不同的投资属性。

1. 按发行主体分类

按债券发行主体分，有公债、金融债券、企业债券和国际债券。

公债是指由政府发行的债券，包括中央政府发行的国债和地方政府发行的市政债券。

金融债券是指由银行或非银行金融机构发行的债券。

企业债券是指由企业发行的债券，又称公司债券。

国际债券是指由各种国际组织、一国政府、金融机构或企业在国际金融市场上发行的债券。

2. 按付息方式分类

按付息方式分类，可分为零息债券（又叫"一次还本付息债券"）、附息债券、贴现债券和剪息债券。

一次还本付息债券是指在债券到期时，按照票面载明的利率一次性向债券持有者支付利息并偿还本金的债券。

附息债券是指定期支付利息（不是在债券到期才支付利息）的债券，比如每年支付一次利息的债券。

贴现债券又称贴息债券，指在发行时按一定折扣率以低于票面金额的价格发行，到期按面值偿还本金的债券。债券面值和发行价格的差额就是应支付的利息。

剪息债券是指在券面上附有定期支付利息凭证的债券，债券持有人可以凭债券上附有的利息支付凭证，剪下息票，兑取到期的利息。

3. 按债券的期限分类

按债券的期限分类，可分为短期债券、中期债券和长期债券。

一般来说，偿还期限在10年以上的为长期债券；偿还期限在1年以下的为短期债券；期限在1年或1年以上、10年以下（包括10年）的为中期债券。我国国债的期限划分与上述标准相同，但我国企业债券的期限划分与上述标准有所不同。我国短期企业债券的偿还期限在1年以内，偿还期限在1年以上5年以下的为中期企业债券，偿还期限在5年以上的为长期企业债券。

4. 按债券募集方式分类

按债券募集方式划分，可分为公募债券和私募债券。

公募债券是按法定手续和监管机构的要求，在市场上向社会公众发行的债券，这种债券上市后可以公开交易，但也要披露相应信息。

私募债券是面向特定投资者发行的债券，发行手续简便，无须信息披露。通常，私募债券的利率要比公募债券高。

5. 按是否记名分类

按照债券上是否记名，可以分为记名债券和无记名债券。

如果债券上登记有债券持有人的姓名，投资者领取利息时要凭印章或其他有效的身份证明，转让时要在债券上签名,同时还要到发行公司登记,那么,这种债券就称为记名债券,反之称为无记名债券。

6. 按债券的实物形态分类

按债券的实物形态,可分为实物债券、凭证式债券和电子记账式债券。

实物债券是一种具有标准格式实物券面的债券,它的券面上印有面额、利率、期限等债券票面要素。我国1981年恢复发行的国库券就是实物债券。

凭证式债券是债权人认购债务的一种收款凭证,而不是债券发行人制订的标准格式的债券。凭证式债券可以记名、挂失,但不能上市流通。我国通过商业银行发行的凭证式国债就属于凭证式债券。

电子记账式债券是在电子系统中以记账形式记录债权,而不表现为实物形态的债券。这种债券的发行和交易均无纸化。

7. 按利率是否固定分类

按债券利率是否固定分类,可分为固定利率债券和浮动利率债券。

固定利率债券指在发行时规定利率在整个偿还期内不变的债券。固定利率债券不考虑市场变化因素,因而其筹资成本和投资收益可以事先预计,不确定性较小,但债券发行人和投资者仍然必须承担市场利率波动的风险,如果未来市场利率下降,发行人能以更低的利率发行新债券,则原来发行的债券成本就显得相对高昂,投资者则获得了相对现行市场利率更高的报酬,原来发行的债券价格将上升;反之,如果未来市场利率上升,新发行债券的成本增大,则原来发行的债券成本就显得相对较低,投资者的报酬则低于购买新债券的收益,原来发行的债券价格将下降。

浮动利率债券是指发行时规定债券利率随市场利率定期浮动的债券,也就是说,债券利率在偿还期内可以进行变动和调整。浮动利率债券往往是中长期债券。浮动利率债券的利率通常根据市场基准利率加上一定的利差来确定。美国浮动利率债券的利率水平主要参照3个月期限的国债利率,欧洲则主要参照伦敦同业拆借利率(指设在伦敦的银行相互之间短期贷款的利率,该利率被认为是伦敦金融市场利率的基准)。

8. 按有无担保分类

按债券有无担保分类,可分为信用债券和担保债券。

信用债券又称无担保债券,指仅凭发行者信用所发行的,既没有抵押财产做担保,也没有第三者担保的债券。信用债券的发行人要有较高的资信。

担保债券是指以有形财产作为抵押或是以第三者为担保而发行的债券,当发行人不能按期支付利息和本金时,持有人为满足清偿要求可以将抵押品出售或要求第三者清偿。

9. 按计息方式分类

按债券计息方式来看,分为单利债券、复利债券、贴现债券和累进利率债券。

单利债券是指在计息时,不论期限长短,仅按本金计息,所生利息不再计入本金计算下期利息的债券。

复利债券与单利债券相对应,指计息时按一定期限将所生利息计入本金再计算利息,逐期滚算的债券。复利债券的利息包含了货币的时间价值。

贴现债券指在票面上不规定利率,发行时按某一折扣率,以低于票面金额的价格发行,到期时仍按面额偿还本金的债券。贴现债券属于折价方式发行的债券,其发行价格与票面金额(即偿还价格)的差额构成了实际的利息。它与前两者的区别在于,前者是在发行时将利息预先扣除,而后者是在债券发行后才按期支付利息。

累进利率债券是指以利率逐年累进方法计息的债券。与单利债券或复利债券的利率在偿还期内固定不变不同,累进利率债券的利率随着时间的推移而递增,后期利率比前期利率高,呈累进状态。这种债券的期限往往是浮动的,但有最短持有期和最长持有期的规定。

10. 按债券是否可赎回或回售分类

按债券是否可赎回或回售,可分为附选择权债券和无选择权债券。

如果债券是可以被发行人赎回的,或者持有人可以将债券回售给发行人的,就叫附选择权债券。反之就叫无选择权债券。

选择权债券是一种被赋予了提前赎回或回售权利的债券,它给予了债券发行人或持有人一种选择权,它们可以根据市场变化,采取对自身有利的、赎回所发债券或将所持债券回售给发行人的行为。

选择权债券,由于赋予了债券当事人选择的权利而使得债券投资变得更灵活,当这个选择权的内容是提前赎回时,就叫发行人选择权债券;当这个选择权的内容是将债券回售给发行人时,就叫投资人选择权债券。

(1)发行人选择权债券

发行人选择权债券又称提前赎回债券,指发行人有权在债券到期之前按事先约定的价格买回债券,这种债券的存续期是不确定的。

发行人选择权债券的特点是:在规定的时间内,发行人有选择提前赎回的权利,是否提前赎回的主动权操纵在发行公司手中,而并非在持有人手中。发行人是否会选择赎回该类品种,主要是由以下两个因素决定:一是目前市场收益率曲线中所隐含的远期收益率状况;二是该类品种后续票息附加值的高低(假设发行人不赎回)。如果两者相比,前者高于后者,则发行人不会行使选择权,该类品种更加向长期收益率靠拢,反之则向短期收益率靠拢。

发行人选择权债券在发行之后的一段时间内是不可以赎回的,这被称为赎回保护。在过了这个赎回保护期以后,发行人可以随时按事先确定的价格赎回债券。

发行人选择权债券的价格是变动的,通常会随着偿还期的靠近而不断下降。发行人提前收回债券时,为了补偿持有人,其偿还价格应大于债券面额,大多少取决于债券的剩余到期期限,期限越长,差距越大;期限越短,差距越小。

(2)投资人选择权债券

投资人选择权债券,又称可回售债券,指债券持有人有权按事先规定的价格将债券返售给发行人,这种债券赋予了持有人提前兑付的权利。至于债券持有人是否会行使选择权取决于远期利率和票息的高低。

投资人选择权债券给债券持有人持有长期债券提供了一个释放风险的机会,可以增强投资人持有长期债券的信心,当投资人对利率未来走势看不清时,它给投资人提供了一种灵活的选择,这对投资人而言无疑是一种保护。

点金术:发行人选择权债券;当这个选择权的内容是将债券回售给发行人时,就叫投资人选择权债券。

债券与其他金融工具的比较

居民开展投资活动,既要根据自身资金的特点,又要比较各类投资工具、投资方式和投资渠道的特点,为投资决策奠定基础。下面通过对金融市场中不同产品的比较,初步了解它们之间的异同点,同时也进一步加深对债券市场的理解和把握。

1. 债券与股票的异同点

(1)产权与债权

股票是一种所有权证书，是公司的资本；债券则是借款所形成的负债。投资于股票相当于购买公司的一部分产权，代表持有人对发行股票的公司拥有的股份权；而投资于债券的资金相当于一笔贷款，产权与债权的区别是股票与债券的根本区别。对股份公司来说，普通股持有人有权过问企业事务，参与企业经营管理，有权选举董事会，并通过董事会确定经营管理人员；而债券购买者和发行者之间只是一种借贷关系，前者握有债权，后者负有债务，债权人只关心按约定收取利息，到期收回本金，无须过问也无权过问其他事务，不参与筹措资金的使用和管理。

（2）投资期限

股票没有期限，债券则约定在一定期限内返还本金。就是说，股票投资作为企业自身资本是永久性投资，具有不可逆性。投资者要收回本金，只有将股票转售他人才得以实现，其收回额根据市场对企业的评价而发生变化。债券则不同，债券虽然也可以通过转售收回本金，但是最终仍由发行人来偿还债务，即它是一种事先约定能够收回本金的证券。

（3）投资风险

债券是承诺到期偿还的凭证，除了获得固定的利息外，一般到期还可以收回本金，因而风险较小，但也存在着到期不能偿还及市场价格波动的风险。股票投资则风险大。股票投资获利多少，全凭企业的经营好坏，公司一旦破产，本金就有可能部分或全部丧失。此外，投资者在二级市场上买卖股票，要面临价差损益的风险。

（4）收益稳定性

债券偿还期限固定，最终收益固定，市场价格的波动幅度较小。股票价格的波动比债券剧烈得多，其价格对各种信息非常敏感，公司情况、宏观经济形势、市场供求状况、国外经济形势，甚至一些小道消息也能引起股价大起大落。特别是投资者若急于用钱而在股价低迷时抛出股票将会遭受重大损失。当然高风险也伴随着高收益，然而对每一个投资者来说并不是投资股票的收益就一定比投资债券的收益高。

（5）清偿权利

债券利息作为企业的成本，其偿付在股票股息、红利发放之前。如果企业破产，股票持有人只有等到债券持有人及其他债权人的债务充分清偿后，才能分配剩余资产，一般很难得到全部补偿。

2. 债券与银行存款的异同点

银行存款是居民将货币的使用权暂时转让给银行的信用行为，存款和债券都有期限，到期后均须归还本息，但两者仍有不同点。

（1）期限

债券为投资者提供了更多的期限选择，而定期存款最长利率对应的期限只有5年，债券从几个月到几十年的期限，长、中、短期相结合，能满足投资者不同期限的投资需要。

（2）投资收益

存款的收益是利息收入，而债券的投资收益除了利息收入外，在买卖时由于价格变化还可能得到资本收益，若考虑复利，分期支付利息还会产生再投资的收入，因而债券投资收益较高。

（3）流动性

流动性指投资工具在短期内不受损失地变换为现金的能力。投资者若急需现金而支取未到期的定期存款，只能按照活期存款利率计息，存款数量越大，期限越长，利息的损失也越大。如果手中持有债券急需资金时，一种方法可以卖出持有的债券，得到本金和持有期利息。另一种可以将债券质押，办理贷款时通过回购业务融入一部分资金，使用一段时间后，再归还资金和回购期间的利息。

3. 债券与基金的异同点

基金是由不确定的多数投资者不等额出资汇集成的集合性资金，然后由专业性投资机构管理，投资机构根据与基金持有人商定的投资最佳收益目标和最小风险，把集中的资金再分散投资于各种证券和其他金融产品等。从投资基金的特征看，它有着其他投资方式所不具备的优势：规模巨大、风险分散、经营管理专业化、专家理财、获利机会多、获利能力强、资产的流动性强等。

就投资的风险性而言，基金投资与债券投资都是投资者乐于选择的方式，两者都比较符合三种投资人的投资心理需要。一是既想投资且又不满足于简单的储蓄存款的投资者；二是既想获得较大的投资收益，又希望风险降至最低的投资者；三是既想参与投资，又缺乏足够时间和必备专业知识的投资者。因此，基金投资与债券投资在风险较低、收益稳定等方面都有共同点，但两者仍有差异。

(1)投资自主权

基金的收益完全依赖于基金管理人的运作水平，投资者没有决策的自主权，而进行债券投资完全可以由投资者自己决定。

(2)利益分配

基金投资的盈利分配权依投资基金总体的投资组合状况而有所不同，但它可以获取组合投资的平均利润，而且投资基金可随同所投资实业的资产增值以及所投资证券的内在价值的升值而获取分红和升值。债券投资则不同，债券本金是不能升值的，而且债券的收益率相对稳定，即使有所波动，其波动幅度也是较小的。

(3)资产流动性

封闭型投资基金和债券都属于实际意义上的长期投资。封闭型投资基金在基金封闭期内不可随意收回投资份额，这与债券在约定投资期内不能收回本金是相同的。但开放式基金的流动性要比债券的流动性强。开放式投资基金的原投资份额可以随时存取，自由方便，但赎回费用较高，而债券回购和现货交易的成本较低。

(4)投资收益

基金投资者可以在基金投资中获取股息、红利以及资本增值等收益，其收益具有多元化的特点。债券投资者获取的收益包括债券的利息收入、利息再投资收入以及在二级市场上买卖债券的价差收益。

4. 债券与保险的异同点

保险是以科学计算的方法建立基金，对特定的灾害、事故的损失和经济上的需要进行经济补偿或给付的一种方法，它一般由保险公司来承办。一旦参保单位和个人遇到自然灾害或意外事故造成损失，保险公司就会给予经济补偿。债券与保险的差异见表1。

表1 债券与保险的差异

比较项目	债券	保险
1. 投资行为	债券投资是单独的投资者追求各自投资收益的行为	保险是有众多投保人参加的共同行为。保险是多数人存钱保障和帮助少数人
2. 投资流动性债券	投资的流动性强，可以自由地流通转让	从全体来看，保险随时都可能会动用，但从个体来看，有的投资者就可能只交付保险费而得不到保险赔偿。因此，无论是财产保险和人身保险，被保险人总是要符合保险合同中的某些规定，才能获得保险赔偿和保证金
3. 投资回报	债券投资最后的收入是投资本金加利息	对于被保险人来讲，如果他不遭受灾害事故，不受到经济损失，就不能得到补偿；一旦因自然灾害、意外事故而在经济上遭受损失，他得到的保险赔款一般超过所交保险费

点金术：银行存款是居民将货币的使用权暂时转让给银行的信用行为，存款和债券都有期限

债券投资的品种

国债,是指中央政府为筹集资金而向投资者发行的、承诺在一定时期支付利息和到期偿还本金的债务凭证。

1. 国债的特征

(1)安全性高。由于国债的发行主体是中央政府,中央政府是国家的权力象征,它以该国的征税能力作为国债还本付息的保证,几乎不存在违约风险。因此,中央政府债券是证券市场上信用等级最高、风险最小的一种债券,投资者一般不用担心债券偿还能力。

(2)流动性强。国债由于信用等级高,因此在证券市场上很容易变现,流动性非常好,对投资者有着很强的吸引力。当债券持有人在需要变现时,随时可以以合理的价格将其出售。

(3)收益稳定。国债的偿还期限固定,利息率固定,其价格很少受到经济波动的影响,这就决定了国债的市场价格相对平稳,收益也就较为稳定。

(4)免税待遇。大多数国家都规定,购买政府债券的投资者可以享受优惠的税收待遇,甚至免税。中国的国债利息收入免税。

(5)交易场所多。中国的国债可以在全国银行间债券市场、商业银行柜台债券市场、上海证券交易所、深圳证券交易所交易。

2. 国债的形式

国债的形式,按照不同标准可以分为不同类型,但一般以券面形式为依据,把国债分为无记名(实物)国债、凭证式国债、电子式储蓄国债和记账式国债四种形式。

(1)无记名(实物)国债。无记名(实物)国债是一种票面上不记载债权人姓名或单位名称的债券,通常以实物券形式出现,又称实物券。无记名(实物)国债的一般特点是:不记名、不挂失,可以上市流通。由于不记名、不挂失,其安全性不如凭证式国债,但购买手续简便。其可上市转让,流通性较强。目前,投资者可直接在销售国债机构的银行柜台购买或卖出。我国自1981年恢复发行国债时发行的就是实物国债,现在已经没有实物国债了。

(2)凭证式国债。凭证式国债是指国家采取不印刷实物券,以“凭证式国债收款凭证”记录债权的方式发行的国债。这种国债类似储蓄,通常被称为储蓄式国债,是以储蓄为目的的个人投资者理想的投资方式。凭证式国债可记名、挂失,不能上市转让,但可提前兑取,变现灵活。投资者如遇特殊需要,可以随时到原购买点兑取现金。提前兑取时,除偿还本金外,利息按实际持有天数及相应的利率档次支付,经办机构按兑付本金的1‰收取手续费。目前我国的凭证式国债仍以纸质的统一的“中华人民共和国凭证式国债收款凭证”为主,在国债承销团成员的营业网点发行。

(3)电子式储蓄国债。电子式储蓄国债是财政部在我国境内发行、面向个人投资者销售、以电子方式记录债权的人民币债券。电子式储蓄国债的期限不等,有2年、3年、5年、7年、10年等种类,发行时规定了票面利率,利息免税,但电子式储蓄国债不可流通,与凭证式国债相比,品种更为丰富,发行时到指定的银行购买即可,相对而言,比较方便。只要是我国公民,在银行开设债券账户、资金账户后即可购买电子式储蓄国债,但是开户必须用实名制,不能找他人代办,一个姓名也只能开一个国债账户。每个账户最低购买额为100元,并以100元的整数倍累加,但是最高购买上限为100万元,以确保中小投资者的投资机会公平。我国从2006年开始正式发行电子式储蓄国债。

(4)记账式国债。记账式国债又称无纸化国债,它以记账形式记录债权,即将投资者持有的国债登记于投资者在国债登记机构中开设的证券账户中,投资者仅取得收据或对账单以证实其所有权的一种国债。这种国债通过证券交易所、商业银行的柜台等机构发行和交易,可以记名、挂失。

由于记账式国债以无券形式发行和交易，既可以防止证券的遗失、被窃与伪造，又可降低证券的发行成本，所以效率高，安全性好。上市后价格随行就市，有获取较大收益的可能，但同时也伴随有一定的风险。

点金术：由于国债的发行主体是中央政府，中央政府是国家的权力象征，它以该国的征税能力作为国债还本付息的保证，几乎不存在违约风险。

认识黄金

黄金是一种带有黄色光泽的贵金属，是金属王国中最珍贵、最罕有的金属之一。黄金的化学元素符号为 Au，是拉丁文“Aurum”的缩写，意为“黎明前的曙光”，在古埃及文字中的意思是“可以触摸的太阳”，古埃及的法老坚持要埋葬在黄金这种“神之肉”里。古代印第安人把黄金视为“太阳的汗珠”，《圣经·启示录》形容圣城耶路撒冷的街道由纯金制作……黄金在各个时代都被赋予了神话般的力量，它在诱惑着人们，更在折磨着人们。美国经济学家彼得·伯恩斯坦在《黄金的魔力》一书中说：“从来没有人搞得清楚，是我们拥有黄金，还是黄金拥有我们。”

1. 黄金的属性

黄金之所以被人类最早认识，是因为黄金的特殊性质所决定的。黄金在自然界可以以单质形态存在，而其他金属往往以化合物的形态存在。纯黄金能够反射出艳丽的黄色，掺入其他金属后颜色变化较大，如金铜合金呈暗红色，含银合金呈浅黄色或灰白色。当黄金被熔化时发出的蒸汽是绿色的；黄金在冶炼过程中它的金粉通常是咖啡色；若将黄金打造成薄薄的金箔时，对着光亮处看黄金是绿色的。

黄金在门捷列夫周期表中的原子序数为 79，具有很好的化学稳定性。

黄金有良好的物理特性，它的熔点高，达 1 064.43 摄氏度，“真金不怕火炼”就是指一般火焰下黄金不容易熔化。密度为 19.31 克/立方厘米、直径仅为 46 毫米的纯金球其重量就有 1 000 克。黄金具有极好的韧性和延展性，人们可以随心所欲地将它铸造成任何形状。1 克纯金可以拉长到 3 000 米以上，如果做成金箔，面积可达 9 平方米。黄金抗氧化能力非常强，单质黄金的物理稳定性非常好。黄金易被磨成粉状，这也是金元素在自然界中呈分散状的原因，纯金首饰也易被磨损而减少分量。

早在人们把黄金当作货币使用之前，由于它的耐久性、密度以及金光闪闪的特点，黄金很自然地已成为财富的象征。如果要把目前存世的黄金装入一个空间，需要一艘大型油轮，它们的总重量大约为 16 万吨。

由于黄金具有这些特殊的自然属性，人们赋予它社会属性，也就是货币流通功能。黄金成为人类的物质财富，成为人类储藏财富的重要手段。货币天然不是金银，但金银天然就是货币。在 20 世纪 70 年代前，黄金是世界货币，目前依然在各国的国际储备中占有一席之地，是一种同时具有商品属性和金融属性的特殊商品。

2. 黄金的分类

黄金分布的范围很广，存在铜和铅矿中，存在石英矿中，存在河流的沙砾中以及硫化矿中（硫化铁）。其实海水中也有惊人的金矿含量，但是利用海水来提炼黄金是非常不经济的。

黄金按其来源的不同和提炼后含量的不同分为生金和熟金。

（1）生金

生金亦称天然金、荒金、原金，是从矿山或河底冲积层开采的没有经过熔化提炼的黄金。生金分为矿金和沙金两种。当矿石含有天然金时，金会以粒状或微观粒子状态藏在岩石中，通常会与石英或硫化物的矿脉同时出现,这称为脉状矿床金或岩脉金。天然金也会以叶片、粒状或金块的形式出现,它们由岩石中侵蚀出来,最后形成冲积矿床的沙砾,称为砂矿或冲积金。冲积金比脉状矿床的表面含有更丰富的金。在岩石中的金与邻近矿物氧化后,再流入河流,借助流水作用形成金块。

(2)熟金

熟金是生金经过冶炼、提纯后的黄金,一般纯度较高,有的可以直接用于工业生产,常见的有金条、金块、金锭,各种不同的饰品、器皿、金币,以及工业用的金丝、金片、金板等。由于设备、技术等多种原因会导致黄金成色不一。

对熟金我们还可以作进一步的分类:

①根据成色的不同,可把熟金分为纯金、赤金、色金三种。经过提纯后达到相当高的纯度的黄金称为纯金,一般指成色超过99.5%的黄金。赤金和纯金的意思相接近,但因时间和地区的不同,赤金的标准也有所不同。国际市场出售的黄金,成色达99.6%的称为赤金,而中国境内赤金的成色一般为99.2%~99.6%。色金,也称次金、潮金,是指成色较低的黄金。由于黄金中其他金属含量不同,成色高的达99%,低的只有30%。

②根据含其他金属的种类和数量不同,熟金可分为清色金和混色金。若黄金中只掺有白银成分,不论成色高低,此类黄金统称清色金。清色金较常见于金条、金锭、金块及各种器皿和金饰品等。天然金通常含有8%~10%的银,银含量超过20%的可称为银金。银含量越高,颜色就越白,重量也越轻。混色金是指黄金内除含有白银外,还含有铜、锌、铅、铁等其他金属。混色金又可分为小混金、大混金、青铜大混金、含铅大混金等。

3. 黄金的计量方法

市场上的黄金制品成色标识有两种:一种是百分比,比如G999等;另一种是K金,比如G24K、G22K和G18K等。国际上对黄金制品印记和标识牌有规定,通常要求有生产企业代号、材料名称、含量印记等。

(1)黄金纯度计量方法

①用"K金"表示黄金纯度。黄金饰品通常分为足金与K金。K(开)金是指黄金与银、铜等其他金属按一定的比例融合而成的合金,"K"是国际上用来表示黄金纯度(即含金量)的符号。一般来说,K金含银比例越多,色泽越青;含铜比例大,则色泽为紫红。我国的K金在新中国成立初期是按每K含纯金4.15%的标准计算的,1982年以后,已与国际标准统一起来,每K(英文carat、德文karat的缩写)含金量为4.166%。计算K金成色的方法为:

成色=K数×4.166%

市场上交易的K金多为24K金、22K金、18K金、14K金等几种。纯黄金成色为24K,含金量=24×4.166%=99.984%。

黄金的成色如表2所示。

表2 黄金的成色

名称	金的百分含量	金的K值	千分金含量	印记
纯金	99.99%	24K	999.9	
千足金	99.9%	24K	999	24KG
22K金	91.6%	22K	916	22KG
18K金	75.0%	18K	750	18KG
14K金	58.3%	14K	583	14KG
9K金	37.5%	9K	375	9KG

②用文字表达黄金纯度。有的金首饰上或金条金砖上打有文字标记,规定足金的含金量不小于990‰,通常是将黄金重量分成1000份的表示法,如金件上标注9999的含金量为99.99%,而标注为586的含金量为58.6%。在上海黄金交易所中交易的黄金主要是9999与9995成色的黄金。

③用分数表示黄金纯度。例如,标记成18/24,即成色为18K(750‰);标记成22/24,即成色为22K(916‰)。

④用阿拉伯数字表示黄金纯度。例如,99金表示“足金”,999金表示“千足金”。

(2)黄金重量计量方法

与任何物品一样,无论是金块、金条或金币,黄金都有其重量规格。黄金重量的主要计量单位为盎司、克、千克(公斤)、吨等。国际上一般通用的黄金计量单位是盎司,在中国习惯于用克作为黄金计量单位。由于世界各国黄金市场交易习惯、规则与所在地计量单位等不同,各国黄金交易的计量单位也有所差异。全球黄金市场上较为常用的黄金计量单位主要有以下几种:

①金衡盎司。国际上计算黄金、白银等贵重金属的基本单位是金衡盎司,也称“特洛伊”盎司。

盎司旧称“英两”,系英制中的计量单位。金衡盎司是盎司中的一种,是专用于黄金等贵金属商品的交易计量单位,其折算关系为:

1金衡盎司=31.103 477克=0.62 207市两(中国10两制)=1.09 714常衡盎司

②司马两。司马两是目前中国香港黄金市场常用的交易计量单位。

1司马两=37.4 285克=1.203 354金衡盎司

③市制单位。市制单位是中国黄金市场上常用的计量单位,现在上海黄金交易所用克为单位。

1市斤=10两=500克=16.07 536金衡盎司

杆秤1市斤=16小两=500克

④日本两单位。日本黄金市场使用的交易单位为:

1日本两=3.75克=0.12 057金衡盎司

⑤托拉。托拉是一种比较特殊的黄金交易计量单位,主要用于南亚一些地区黄金市场,如新德里、孟买、卡拉奇等。

1托拉=11.6 638克=0.375金衡盎司

点金术:黄金之所以被人类最早认识,是由黄金的特殊性质决定的。

黄金投资的特点和优势

1.黄金投资的概念

投资就是投入金钱、资产或者其他东西以求将来获得金钱上的回报或者其他利益或好处的一种行为。

黄金投资俗称炒金,是指通过对黄金及其衍生物进行购买、储藏及销售等过程获得财产保值、增值及赢利的行为。虽然说购买黄金首饰也是一种投资黄金的行为,但通常所说的黄金投资主要是指买入金条、金币以及纸黄金等,而与购买黄金首饰相区别。

2.黄金投资的特点

(1)安全性。投资者投资黄金,能极大地增加个人财产的安全性。这是与黄金本身的特点分不开的。作为一种金融投资产品,黄金具有以下特点:黄金品质十分稳定且质地均匀;黄金无须折旧;转移较快;交易迅速;全球通用;变现容易。因此,黄金投资是一种相对安全稳健的投资。

(2)与股票、外汇等投资品种的走势负向相关。国际投资市场,大量的投资资金总是在股票、外汇、商品期货、黄金之间流动不停。以外汇和黄金的关系为例,二者负向相关明显,美元升值黄金降价,反之金价走高,这是十分明显的现象。

(3)金价波动大。根据国标黄金市场行情,按照国际惯例进行报价。因受国际上各种政治、经济因素,以及各种突发事件的影响,金价经常处于剧烈的波动之中,可以利用这差价进行实盘黄金买卖。

(4)交易服务时间长。每个交易商结合不同的情况,经营时间有所不同,最长为每天 18 小时交易,涵盖主要国际黄金市场交易时间。

(5)资金结算时间短。当日可进行多次反向交易,提供更多投资机会。

(6)操作简单。投资者有无基础均可,即看即会,比炒股更简单,不像选股那么麻烦。

(7)双向操作。黄金涨,可以做多赚钱;黄金跌,可以做空,也赚!

3. 黄金投资的优势

与其他投资产品比较,黄金投资的优势体现在下列几个方面:

(1)税收优势。黄金投资可以说是世界上所占税项负担最轻的投资项目。在我国,购买投资性金条、金币比购买黄金消费品在税收方面要少交增值税、特别消费税等税项负担。

(2)产权转移便利。黄金是与货币密切相关的金融资产,因此很容易变现。不像房地产那样,当转让人向受让人转移产权时须经过复杂烦琐的产权过户手续,缴纳大笔过户税。而黄金任何人都可以公开购得,还可以自由转让,没有任何类似于登记制度的阻碍。

(3)最好的抵押品种。由于黄金是一种国际公认的物品,是一种世界性的绝对财富,根本不愁买家承接,因此,无论是向银行申请贷款还是典当,这都是最好的抵押品。

(4)黄金能保持久远的价值。普通商品由于时间的推移,一般都会出现物理性老化和破坏的现象,其价值会随着使用的年限增加而逐渐降低直至消失。而黄金作为一种贵金属材料,其质地不会发生根本性变化,其基本价值依然存在。

(5)黄金是对抗通货膨胀及政治经济动荡的最理想武器。近几十年,通货膨胀愈演愈烈,导致各国货币大量缩水,给以存款为主要方式的投资者的个人财产带来了巨大的损失。相反,黄金则会随通货膨胀而相应地上涨,所以投资黄金,才是避免财产在通货膨胀中被蚕食的最佳办法。另外,国际地缘政治局势动荡不安,中东战争、国际恐怖主义造成在这些国家货币信用崩溃,黄金已成为人们财产最好的避险工具。

(6)黄金具有永恒价值,可作为投资组合中的重要工具而长期持有。在投资组合中,可以利用黄金冲销风险,保证资产的价值。黄金具有世界价格,可以根据兑换比价,兑换其他国家货币。

(7)黄金市场很难出现庄家。任何地区性股票市场都有可能被人为操纵,但黄金市场却不会出现这种情况。金市是全球性的投资市场,全球一样的投资对象,一致的价格,现实中还没有哪一个财团具有可以操纵金市的实力,黄金投资者也就获得了很大的投资保障。

(8)无时间限制,可随时交易。一方面从时间上看,伦敦、纽约、香港等全球黄金市场交易时间连成一体,构成了一个 24 小时无间断的投资交易系统;另一方面,黄金的世界性公开的市场不设涨跌停板和停市,个人可以通过次日凌晨 4:00 前有效的挂单交易,锁定收益和风险。这令黄金市场投资起来更有保障,根本不用担心在非常时期不能重入市以平仓止损。

点金术:黄金投资俗称炒金,是指通过对黄金及其衍生物进行购买、储藏及销售等过程获得财产保值、增值及赢利的行为。

黄金投资的准备

我国个人黄金投资才刚起步,广大投资者普遍对黄金投资感到陌生。进行充分的前期准备工作,应是黄金投资者的必修课。

1. 组合准备

作为综合投资理财的一个组成部分,黄金是家庭不同投资标的中的一种,不同的投资目标和风险控制要求,不同时间段投资标的侧重的不同,都会使黄金在家庭投资组合中的比例不同。另外,投资者所居住的国家的政治、经济、社会安全性高低不同和该国对黄金管制的松严度也是投资黄金比例高低的主要参照系数。最后,一段时期内其他投资标的的预期投资收益的高低也是影响黄金投资比例的重要指标。

由于我国政治安定,经济快速发展,能够获取较高投资回报的投资工具很多,这样特定的大背景就决定了家庭投资黄金的比例不宜过高,以免错失其他良好的投资机会,造成投资机会成本的上升。对于普通家庭而言,通常情况下,黄金占整个家庭资产的比例最好不要超过10%。只有在黄金预期会大涨的前提下,可以适当提高这个比例。

2. 知识储备

投资者首先要掌握黄金投资的相关基础知识,如黄金的交易品种及其优缺点,黄金的定价机制,金价与美元、国际原油价格的波动关系等;还要掌握黄金投资的一些基本分析手段,如我国个人黄金投资的基本面情况、供求情况,如何根据重要的经济数据来分析金价走势等。

3. 目标准备

人们投资黄金,从时间上可以分为短期投资、中期投资和长期投资;从获利要求上可以分为保值和增值两种;从操作手法上可以分为投资和投机两种。上述因素再结合黄金市场价格的波动和可供使用的资金、个人对黄金价格和黄金品种的熟悉程度、个人投资的风格等,就可以基本确定自己的黄金投资的目标。

目标制定好以后并不是一成不变的,投资者应该根据实际情况不断修正自己的目标,以真正达到在控制风险的前提下努力使收益最大化。

4. 品种选择

(1)目前四大国有商业银行获准开办的个人黄金买卖业务,主要包括两大类产品。第一类是账户黄金系列(也称纸黄金),即通过电子记账方式实现,与股票、基金、国债类似,投资者可通过低买高卖获取金价波动的差价收益。其优点是成本低、操作方便,适合有条件关注黄金市场走势的投资者,尤其有外汇买卖经验的投资者。第二类是实物黄金投资系列产品,即通过商业银行网点购买黄金实物,如标准金条、金币等,其特点是适合投资者用于保值、收藏和馈赠。由于实物黄金费用高,投资的便利性和赢利性不如账户金。目前比较具有代表性的实物黄金产品有中行的"奥运金"、建行推出的"龙鼎金"等。

(2)账户金和实物金的区别

①交割不同。账户金通过客户开立的黄金账户,以记账方式进行交易,一般没有实物交割;实物金以资金和实物的转移来完成交易。

②价格不同。账户金由于不涉及实物的加工、流转和仓储,报价不含附加费用,加价幅度较小,交易价格比实物黄金价格低,流动性强;实物金在金价上还要添加加工费、运输费、保险费、税金等,交易价格比账户金高,流动性较弱。

(3)交易不同。账户金交易起点10克,实物金交易起点50克。

(4)需求不同。账户金满足投资需求;实物金满足保值避险、收藏和馈赠需求。

投资者在进行黄金投资时应根据投资需要、投资特点或投资偏好来确定投资产品。

5. 信息准备

由于影响黄金价格涨跌的因素非常多,并且从全球范围考察黄金市场的交易特点是24小时不间断的,所以投资黄金对于信息的要求是比较高的。由于资讯业的发达,现在个人要获取黄金及与之相关信息的成本已经大为降低。

目前,国际上几大通讯社基本都有与黄金相关的信息。国内的信息源也很丰富,除了上海黄金交易所网站外,不少财经类报纸和杂志都有相关的信息。另外,不少报道邮币卡行情的网站也有黄金价格的信息。

6. 风险准备

2005年以来国际市场上黄金价格主要是以上扬为主,我们国家的黄金价格是与国际市场上黄金价格接轨的。如果有暴利机会,应该是由于我国开放个人黄金炒作业务刺激国内黄金需求大增而导致国际市场上黄金价格的暴涨。这样的可能性虽然不能排除,但要成为事实的概率是非常小的。

黄金作为投资标的的一些缺点,投资者应该有所了解,如黄金本身不会产生类似存款的利息,也不会像股票那样有分红的可能,保管的费用也较高等。

7. 心理准备

2006年5月3日,由于美联储第8次加息,美元短期强势得到进一步巩固,由此带动国际金价出现调整,一些前期介入的投资者由于缺乏心理准备,表现出不安情绪。这充分表明,金价波动带来的风险是客观存在的,在进行黄金投资时,我们必须具备足够的风险意识和必要的心理准备。

8. 投资周期

投资黄金时要区分短期趋势和中长期趋势,对投资周期作出合理选择。

(1)如果希望自己的资产增加一定的安全性,以保值为主,可选择黄金作为长期投资。

(2)如果为获取投资收益,使自己理财组合多元化,选择黄金作为中期投资。

(3)如果仅希望通过金价波动获利,就可定位于短期投资。

另外,普通投资者如果对金价的短期走势很难判断,可选择一个相对低点介入,以中长期投资心态拥有,这样既方便又省心,切忌采用股票、期货的操作方式进行短线操作。

点金术:由于我国政治安定,经济快速发展,能够获取较高投资回报的投资工具很多,这种特定的大背景就决定了家庭投资黄金的比例不宜过高,以免错失其他良好的投资机会,造成投资机会成本的上升。

第三课 年轻人财商训练

金钱是人在社会中自由的保证

罗曼·罗兰曾说:“人不能光靠感情生活,人还要靠钱生活。”的确,金钱是人立足社会的基本条件,没有钱,你连做人的基本自由都没有。

美国作家泰勒·希克斯在书中写到:“金钱可以使人们在 12 个方面生活得更美好,即物质财富、娱乐、教育、旅游、医疗、朋友、退休后经济保障、更强的信心、拥有更好的生活、更自由地表达自我、提供从事公益事业的机会、激发人们取得更大成就。”

事实上,人类社会发展的过程也表明:金钱对任何社会、任何人都是重要的;金钱是有益的,它使人们能够做很多有益的事。个人在创造财富的同时,也使他人和社会受益。

随着现代社会的不断发展,人们对物质享受的要求在日益提高,现实生活中,每个人都承认,金钱不是万能的,但没有钱却又是万万不能的。谁都想有宽敞的房屋、时髦的家具、现代化的电器、新款的汽车等,但只有有了金钱才能购买。人们的消费是永无止境的,当你拥有了自己渴望得到的东西时,你会渴望得到更新、更好的东西。

世上再没有比金钱更可以让人安心的东西了。或者银行里有存款,或者保险柜里存放着热门股票,无论那些对富人持批评态度的人怎样辩解,金钱都能增强通过正当渠道赚钱的人的自信心。想想吧,只要你足够有钱,你就可以周游世界,买任何钱能买到的东西。

在实际生活中实例很多,随着一个人财富的增长,他的自信心也会随之增强,也就是我们所谓的“财大气粗”。拿破仑·希尔说:“钱好比人的第六感官,缺少了它,就不能充分调动其他的五个感官。”这充分说出了金钱对于消除贫穷感的作用。

拿破仑·希尔还指出:“口袋里有钱,银行里有存款,会使你更轻松自在,你不会在乎别人的看法。如果有人不喜欢你,没关系,你可以找到新的朋友。你不必为几百块钱的开销而操心,你可以潇洒地逛市场,自由地进出酒店。”

如果你渴望自由,如果你渴望表现自我,大可把追求金钱作为动力,这种动力也是强有力的刺激源。许多不以挣钱为目的的失败者都会批判追求金钱的人,说他们是自私的。但不能否认的是,世界的发展少不了金钱的作用。

鲁迅先生曾说:“我们有钱的时候,用几个钱不算什么,直到没有钱,一个钱都有它的意味。”诚然,赚钱不是一个人活在世界上的唯一目的,虽然不能只想着赚钱,可囊中空空如也,也很难拥有思想的时间和空间。

点金术:金钱对任何社会、任何人都是重要的;金钱是有益的,它使人们能够做很多有益的事。个人在创造财富的同时,也使他人和社会受益。

让金钱发挥它的价值

在现实生活中,没有钱寸步难行,然而,有钱却不知如何合理消费,也是不行的,只有在用钱来制造快乐时,钱的作用才会得到体现。正如托尔斯泰所言:“财富就像粪尿一样,堆积时会发出臭味,散布时可使土地变得肥沃。”

安妮和弗兰克有5个孩子,经济拮据,而全家人在假日一定会去滑雪。为此他们要购置7副滑雪板、7双长靴、7副撑杆及每人的滑雪衫。当然,还有别的开销。

邻居们都认为安妮和弗兰克一家简直是疯子。十几年后,邻居偶遇安妮,此时,她的孩子们都有了自己的家庭。“当然,我们那时日子清贫,”安妮说,“但最近,一个儿子在来信中说,他怎么也忘不了小时候滑雪时的快乐。”

有些人在把钱花在那些能为家庭和自己的生活增加乐趣的事情上时,总是犹犹豫豫,只想着攒钱备荒而错失了生活的许多美好。其实,他们这是只知紧摸手中的麻雀,而忘了逮野地里的孔雀。

正如托尔斯泰所说的那样:“钱只有在使用时,才会产生它的价值,如果放着不用,就根本毫无意义。”所以,要让金钱为你所用,而不要做守财奴,这样才会拥有快乐的人生。只要有眼光,看准了那些能使你幸福的东西,就应用金钱去获取它,因为只有当金钱能使你获得幸福时,它才是最有价值的。

点金术:精明人往往精打细算地生活,虽然事事顾全了,但生活总觉得无趣;而聪明人则会把钱花在自己喜好的事情上,如果难以做到兼顾的话,他们会有轻重之分。

不要只知道赚钱,还要懂得享受

金钱并不是唯一能够满足心灵需要的东西,虽然它能为心灵的满足提供一些途径,但在现实生活中,你却不能只顾享受金钱而不去享受生活。片面地享受金钱只会使人堕落,而享受金钱带来的幸福却能够让人身心满足。片面地享受金钱会让“金钱”两个字充斥着自己的生活主题,整天为金钱所困惑,为金钱痛苦而难过,生活便会沦为围绕一张钞票而上演的闹剧。懂得享受生活的人则不在乎自己有多少金钱,而是在乎自己能否处处感悟到生活。享受金钱带来幸福的人会感觉人生是无限美好的,只有这样,才会让生活更有意思。

美国石油大王洛克菲勒出身贫寒,在他创业初期,人人都夸奖他年轻有为。当黄金像火山流出的岩浆一样进入他的腰包时,他开始变得贪婪、冷酷。深受其害的宾夕法尼亚州油田附近的居民对他深恶痛绝。有的受害者甚至做了他的木偶像，亲手将“他”处以极刑。此外，他收到了无数充满憎恶和诅咒的威胁信。甚至兄弟们也因讨厌他，而特意将儿子的遗骨从洛克菲勒家族的墓地迁出，他说：“在洛克菲勒支配下的土地内，我的儿子变得像个木乃伊。”

由于洛克菲勒为金钱操劳过度，身体状况很差。医师们终于向他宣告了一个可怕的事实，以他身体的现状，活不过50岁，并建议他必须改变拼命赚钱的生活状态，他必须在金钱、烦恼、生命三者中选择其一。这时，离死不远的他开始觉悟到贪婪的魔鬼牵制了他的身心，于是，他听从了医师的劝告，退休回家，开始学打高尔夫球，去剧院看喜剧，和邻居聊天，经过一段时间的反省，他开始考虑怎么用他的财富去帮助其他人。

于是，他在1901年设立了“洛克菲勒医药研究所”、1903年成立了“教育普及会”、1913年设立了“洛克菲勒基金会”、1918年成立了“洛克菲勒夫人纪念基金会”。

他在以后的日子里开始学会了享受生活，他喜爱滑冰、骑自行车与打高尔夫球。就这样，到了90岁，他依旧身心健康，日子过得很愉快。

他于1937年逝世，享年98岁。他死时，只剩下一张标准石油公司的股票，因为那是第一号，其他的产业都在生前捐掉或分赠给继承者了。

点金术：所以说，对待金钱必须要拿得起、放得下，活着不仅仅是为了赚钱。假如人活着把追逐金钱作为人生唯一的目标和宗旨，那么，人也就变得可悲，人将会被自己所制造出来的这种工具捆绑起来，被生活所遗弃。

正确认识金钱

时代在发展，社会在变迁，不同的时期对成功也有不同的定义。但是，只要人类存在，成功者就有其存在的意义——成功者必须做大事，挣大钱。只是，社会的进步对成功者提出了更高的要求。

为什么有些人一辈子为金钱焦虑？为什么有的人一辈子面朝黄土背朝天，最终却还是处于贫穷状态呢？为什么有的人挣到的钱总是不多？为什么有的人总是担心损失金钱而害怕投资？

下面是我们做的几组比较：

1. 资产与负债

想在二十几岁时成功的人士，必须能清楚认识自己的资产和负债状况，这样的人才有可能成为成功的创业者。我们可以把资产和负债放在更宽广的范围去思考，赋予它更多的内涵和外延，如情感、道德、心态、健康、社会责任等。总之，要让自己处在比较宽松的环境中去创造更多的财富。

2. 职业与事业

(1)你的职业通常是为别人打工，工作是为了金钱。换句话说，你关注的是他人的职业，你的职业不是你的职业。关注你的事业不是最重要的。

(2)你的事业是你不需要到场也能给你带来现金，你的职业是你必须亲力亲为。

(3)不懂得事业和职业的不同是你财务知识贫乏的具体表现之一。

3. 投资与消费

(1)投资与消费是财富增加和减少的重要方面。穷人的消费是财富减少，而富人却能将消费变成投资。

(2)投资能转化为消费，消费也能转化为投资，有时富人的消费反而是一种投资，而穷人的投资则变成了一种消费。

(3)穷人对微小的消费也会斤斤计较,表明他们对失去金钱充满恐惧。而富人则敢于大胆地、合理地消费,因为他们懂得转化。

4. 梦想与手段

(1)梦想是成功的第一步,但如果人只有梦想却没有手段,那所有的梦想都不可能实现。

(2)手段的重要性是显而易见的,但所有的手段都必须以正确的思想做引导,这样,才能结出善意的硕果。每个人都有梦想,但很多人无法实现自己的梦想,而更多的人则是缺乏实现梦想的手段。要想过河,就必须有多种交通工具,否则,"过河"根本就不会变为现实。

5. 赚钱之道在于积累

不少人都有这样的愿望,总梦想自己有一天能拥有很多金钱,出人头地。但大多数人终其一生,都难以梦想成真。原因是什么呢?因为有些人赚钱太心急,小钱看不上,大钱赚不到,不懂得小溪汇集在一起能积聚成大海的道理。

日本明治时代有名的船舶大王河村瑞贤,年轻时虚度光阴。后来,生活日见拮据,他想:"我不能这样贫穷下去,我要拥有自己的事业。"于是,他拿出少许钱给乞丐,叫他们把别人丢掉的生菜拾回来,然后便宜卖给一些清贫的劳工。当他开始做这项生意时,不少人讥笑他、讽刺他,甚至有的朋友拒绝与他来往。但河村并不在乎,他拼命地干,认定这些"小钱"是他事业的全部基础。果然,没过几年,他就因投资船舶业,成了著名的船舶大王。

有一个外省来的补鞋匠,从几毛钱的缝缝补补做起,其年收入竟也高达数万元。这不起眼的生意,虽然挣的都是小钱,却可积少成多。

正是由于他们这种细致、认真,不齿于赚"小钱"的做法,才让他们财源广进。这对我们来说,是值得学习的。如果我们抓住身边的小钱,不让赚钱的机会从身边溜走,莫以利小而不为,由小钱赚起,相信必有一日会拥有大钱的。

点金术:人的行为会被观念所左右。若想年轻有为,必须拥有正确的金钱观。树立正确的金钱观,定会让你有所收获。

培养储蓄的好习惯

拿破仑·希尔说:"对所有人而言,要想成功都必须会存钱。但是,没有存钱的人更关注自己应该如何去存钱。"

要知道,养成储蓄的习惯,并不会限制你赚钱的才能;而恰恰相反,这样做,不仅能使你赚得的钱都很好地存起来,而且还会给你带来更多的机会,你的观察力、自信心、想象力也会因此而大增。

人们把"无情的主人"这一称号给予了债务。贫穷的力量足以使希望和自信一举毁灭,如果再加上债务,那么,任何人都将生活在黑暗中。

身上负有债务的人,很难完美地做完事情,也很难得到人们的尊重。因此,许多生命中的远大目标也就无从实现了。

拿破仑·希尔有位朋友月收入大约1.2万美元,他的妻子喜欢社交活动,经常说他家能赚2万美元。结果,他们月月透支。他的孩子也继承了母亲乱花钱的习惯。现在,孩子该上大学了,但家庭债务沉重,读大学已成了希望渺茫的事,子女与父亲的争吵也就不在话下了,整个家庭处于战争的混乱状态。

许多年轻人在结婚之前就负债累累,并且,他们对怎样解除债务并没有充分的考虑。当新婚的甜蜜感消失后,夫妻二人就会受到沉重债务的威胁。而且这种感觉会不断增大,最常见的结果就是二人只好分手。

背负一身债务的人,自然无心致力于他的理想和志愿。结果,随着时间的消逝,在意识中开始产生了种种限制自己的思想,让自己包围在恐惧之中,永远也难以破墙而出。

“仔细想想,你的家人和你是否欠别人的。然后,决心将所有欠的东西都还清。”这是一条非常诚恳的建议。许多人都有过这种经历,很多很棒的机会就是因为债务而白白地溜走了。

如果一个人要想改变负债的状况,同时不再害怕贫穷,他应该首先改掉借钱购物的毛病;然后还清债务。

在解除债务的后顾之忧后,你的意识习惯就会得到改变,这样,你才会更接近成功。你要把固定收入按比例存到银行,哪怕只有一块钱,贵在坚持。不久之后,你将体会到储蓄的乐趣。

假如习惯是建立在一个已熟悉的模式之上,那么,停止最初的习惯。“花钱”的习惯必须用“储蓄”的习惯来代替,这样,才能争取经济的自主独立。

仅仅中止一种不良习惯还是不够的,因为你不了解什么时候它又会开始缠着你了,除非它在你的思想意识中彻底消除。

假如你一直渴望经济自主,而你也克服了贫穷,并且用储蓄的习惯取代了它,那么,积累起一大笔财富也并非什么难事。

爱迪生是世界上最伟大的发明家之一,但假如他没有节俭的习惯,也没有高超的理财能力,就没有人会注意到他,世界上也许就没了许多发明创造。俗话说:“人不理财,财不理你。”那么,该如何有效地利用每一分钱?如何及时地进行投资?答案就是开源节流。所谓开源,便是争取资金收入;所谓节流,便是有计划地消费。成功的理财可以增加收入,减少不必要的支出,从而提高生活水平,使你走上富裕的道路。而利用理财致富又是人人办得到的,也是每个人都应该去做的。

点金术:很少被债务缠身的人往往能清醒地面对自己的现实生活。但对那些背负债务的人来说,那些债务就如同泥浆一般,让债务人无法自拔。

人的第一桶金非常重要

第一桶金对年轻的投资者来说非常重要。第一桶金就如同投资人的一颗财富种子,它将是财富增长的起点。如果你得不到人生的第一桶金,你的投资就可能会很荒唐。因此,年轻人应该积累,并好好打理第一桶金。

那么,什么是第一桶金呢?对于年轻人来说,积累第一桶金主要表现在两个方面:第一就是积累资金,第二则指的是个人经验和人脉关系的积累。现在的年轻人很热情,也很有知识,但缺少经验与金钱。二十几岁的年轻人,大多数人都是能依靠自己的能力去打拼的,那么,年轻人如何获得第一桶金呢?

很显然,对于经验上的“第一桶金”,你可以通过工作,依靠各种历练去获得,但是,怎样获得金钱上的第一桶金呢?第一,平时要注意理财;第二,要学会投资。

个人的理财能够实现大多数人的第一桶金。现代社会的压力使这些需求只有从个人生活、家庭事业出发,通过合理理财才能得到满足,因为理财已经渗入生活的点滴细微处。虽然理财很艰难,但你可以因此富裕一辈子。

美国学者托马斯·史丹利对上万名百万富翁进行调查研究。他发现,其中84%的富翁都是从储蓄和省钱开始的,大约70%的富翁每周工作55小时,但还是不忘在理财规划上花时间。而且,这些富翁一年的生活花费不足总财产的7%。也就是说,即使没有工作收入、坐吃山空,也能平均撑12年。

百万富翁况且花时间进行理财规划,如果你想积累"第一桶金",你就更应该审视自己的收入,约束自己的支出。但可惜的是,很多年轻人不但不会存钱,反倒养成了拖欠信用卡债务的恶习,结果,人生并非始于零,而是始于负数。没有"第一桶金"的财富种子,又怎么可能进行投资呢?

因此,从现在开始,除了赚钱,你还要存钱、省钱,努力累积"第一桶金"。如果你想把钱省下来,就必须通过记账来弥补自己的财务漏洞。而存钱则要学会寻找较高的储蓄率,其中,寻找高获利的投资工具是一个好办法,你应该像富翁一样经常逛银行,搜集理财情报等,为日后的投资打基础。

理财开始得越早越好,当有了一些积蓄,你就可以投资了。不过,开始的时候,要尽量避免实体投资,为什么呢?

如果你去请教那些有经验的长者,他们就会告诉你:"年轻人的第一桶金最好不要投资实体。"因为年轻人往往没有很多积蓄,这就必然导致投资规模会很小,更重要的一点就是,年轻人缺乏管理观念、经营知识,所以,他们投资的项目在与同类成熟行业的竞争中必然会失败。年轻人一旦进行实体投资失败,结果多是血本无归,这对刚刚有些积蓄的年轻人来说是巨大的打击。

因此,刚开始最好别有做老板的想法,你可以尝试一些股票、基金投资,也可以炒炒房产,或者到银行办理一些投资品种。这类投资不怎么受投资金额限制,钱少可以少投,钱多则可以多投,只要自己把握好止损点,就不至于孤注一掷或失败后倾家荡产。

建议资金不雄厚、尚在积累本金的年轻人,可以投资基金。为什么说投资应从买基金开始呢?因为许多投资工具是有投资门槛的,所以,我们只能牺牲部分投资成本,先借用基金公司专家的投资能力,来累积日后自己理财投资的本金。

举例来说:股票交易市场中最低要买1000股的股票,但是,有很多市场前景看好、绩优的股票则一股就是上千元、上万元,这使得许多刚理财有成而想要投资股市的人望而却步。虽然股票也有市值很低的,但这些股票很有可能会下跌,甚至变成"垃圾股"或者"仙股",让你赚不到股息。

基金则可避免以上尴尬情况,它面额较小,门槛较低,同时,风险没有股票高,因为基金本身就趋于回避风险。它收益比股票稳定,费用与风险也不是很高,另外,基金还可以有效利用投资专家的知识,使你把人生的第一桶金运用好。

总而言之,有很多投资机会,可是,积累到"原始资本"并不容易,所以,你应该重视"第一桶金"的积累。现在很多年轻人没有"第一桶金"的概念,或者认为"第一桶金"太少而失去兴趣,要赚就赚大钱。如果你怀有"不是0,就是100万"的想法,那么,你的"第一桶金"永远积累不起来。1000块不多,1元钱也不少,二十几岁的年轻人应从现在开始存钱、省钱,然后进行积累型投资,力争奠定好自己的财富基础。

点金术:第一桶金对年轻的投资者来说非常重要。第一桶金就如同投资人的一颗财富种子,它将是财富增长的起点。如果你得不到人生的第一桶金,你的投资就可能会很失败。因此,年轻人应该积累,并好好打理第一桶金。

欲投资,必先控制消费

要投资,想致富,积累"原始资本"是关键,既然要积累,当然要想办法控制消费了。如果你的消费控制不住,工资一到手就花掉,那么,资本积累只能是空谈。所以,投资之前,你先要控制住无休止的消费欲望。

可是,在我们周围,很多年轻人都在不停地消费,根本不知道存钱。我们常被“清仓大减价”、“免年费信用卡”等广告所诱导,将积累“原始资本”的机会一次又一次错过。

事实上,大多数年轻人对金钱缺乏足够的认识,没有忧患意识,眼前只有享受和消费,而把积累资金的重要性完全忽略了。我们常听说“负翁”、“FLY 一族”、“月光族”等名词,“用明天的钱,圆今天的梦”,这句广告语已经成为年轻人举债消费的理由。如今,消费大军的主力就是 25 ~ 30 岁的人。

2004 年 4 月,奢华品牌阿玛尼的第 30 家店在上海外滩开业,同样奢华的杰尼亚的旗舰店也在外滩十八号开业。同年年底,以手工制作的皮鞋与箱包而知名的意大利品牌托德斯的总裁宣布,将在全球建立 70 家直营店,其中有 20 家就处在中国内地大城市。

而全球第一大奢侈品集团——法国 LVMH 集团对外公布,该集团旗下的“路易威登”连锁箱包店已在中国开设了 15 家分店。

顶级汽车品牌宾利,从 2002 年进入中日市场,到目前为止就有了三项纪录:亚太地区总销售量第一、销售增幅全球第一、宾利 728 的销售量全球第一。

据统计,中国大陆奢侈品市场约有 20 亿美元的价值,成为了全球第六大奢侈品市场。那么,究竟是谁在消费这些奢侈品呢?

关于这个问题,意大利顶级品牌艾特罗总裁表示,25 ~ 30 岁的大陆年轻人很喜欢买奢侈品。而登喜路亚太区行政总裁在接受国内媒体采访时,也说:“以登喜路为例,中国内地的消费最低年龄大约比欧美国家低 5 岁,大概只有 25 岁。”

如今,因为年轻人追求奢侈消费,贷款消费也成为一种潮流。尽管这一切都在推动经济的发展,但是,财富却在消费的过程中越来越多地集中到了少数人手中,将贫富差距不断拉大,削弱中间阶层的力量,使很多金领、白领在消费过程中,手头变得拮据。

王小姐是个年轻的海归,回国后做了一年多白领。在她身上可以看到年轻人所标榜的生活追求。

她因为舍不得父母,所以,放弃了英国月薪 2000 英镑的工作。回到国内,她就职于一家上海国企,月薪 5000 元,但几乎是月月光。她说:“由于父母的影响,要有大宗花费了才开始攒钱。”工作是为了满足欲望,她深受母亲有钱就花的观念影响。在英国读书的时候,她曾为买一个施华洛士奇的胸针给母亲,打了两个礼拜的工。当然,她也为自己的旅费和购物欲望而积极打工。

在国外学习期间,由于压力不是很大,因此,她的工作更多是玩票的心态,消费不太谨慎,但也没有遇到过特别困难的时候。可自从正式工作以后,情况就变了。

由于每月消费很大,经济上就有了一些压力。房租 1000 元/月,交际娱乐交通费大约 1000 元,剩下的悉数奉献在了自己想买的物品或旅游上,这样一来,几乎没有剩余。她既不存款也不打算买房。虽然有工作了,但父母还是会担心她的钱不够花。

王小姐是时尚、高低消费并存的代表,安于享受本身收入的水准。她在这个城市月薪多少钱都能过下去,待收入高时,她会更加疯狂地享受奢侈品。拥有金融学与经济学硕士学位的她,善用所学并投资股票,可是,尽管获利颇丰,但对消费欲望却仍无法控制,因此没有什么积蓄。临近 30 岁时,她仍没有什么进展,最后,只好找了一个金龟婿,靠老公来养活。后来,她离婚了,虽然得到了一笔离婚费用,可是习惯消费的她已经根本不知道如何把握自己的财富了。于是,她的生活一直徘徊于拮据之中。

如果消费毫无节制，就将会导致贫穷，甚至毁掉美好的人生。所以，消费必须把握原则，你要学会节约，要有投资智慧，要杜绝冲动购物，停止不停消费。投资之前，你必须有所积累，这样才会有钱投资，而要有积累，你就要停止无节制消费。

强制储蓄是克制消费的重要办法，12 张存单储蓄法就是保证你的月工资被有效储蓄的方法。具体操作如下：你可以将 50% 的月薪都定时按照 1 年定期存入银行，这样一年下来，你就有 12 张一年期的存单，到期日分别相差 1 个月。有急用之时，就可以支取到期期限最近的存单，而其他的存款还能有利息可得。

点金术：要投资，想致富，积累"原始资本"是关键，既然要积累，当然要想办法控制消费了。如果你的消费控制不住，工资一到手就花掉，那么，资本积累只能是空谈。所以，投资之前，你先要控制住无休止的消费欲望。

上班的真正目的是攒钱投资

有的人认为，赚钱是上班的目的。这种想法是正确的，不过，如果你想要成为富翁，那么，这便是一种极其幼稚的想法。你必须让自己的思想升级，改变那种老掉牙的观念，认识到"上班的真正目的不是为了赚钱，而是为了攒钱投资"的道理。

我们知道，对于大多数普通人来说，仅凭上班想生活得愉快是很难实现的，既然如此，上班又是为了什么呢？也许你认为赚钱就是上班的目的。如果你这么想，那你的财富梦就很难实现了。

如果你上班的目的只是单纯地赚钱，那么，你就很容易陷入过度消费的漩涡之中。就拿买房来说吧，对于上班族而言，上班的目的之一是买房。不可否认，有些人是把买房作为投资来做，但绝大部分人购房还是为了过好日子。换句话说，多数人购房仅仅是为了消费，而上班赚钱正是为了这项消费。

显然，不应该把上班当成实现个人消费的方式。尤其是对年轻人来说，把上班当成赚钱消费，而不是积累本金的手段，就更不妥了。如果梦想拥有财富，却并没有投资计划，那么，你就必须学会把上班变成攒钱的手段。只有把钱攒下来，积累出本金，你才有机会投资赚钱。

对于大部分上班族和年轻人来说很有必要学会攒钱。如果你想要和钱打交道，并利用钱去获得更多的钱，就要注重平时的积累。不要说年轻的上班一族，其实，很多成功的富豪都是从积累第一桶金开始的，即便他们成功之后，攒钱的习惯也依然没有改变。

比尔·盖茨和一位朋友同车前往希尔顿饭店开会，由于去晚了，以致找不到车位。于是，他的朋友希望把车停在贵宾车位。

可是，比尔·盖茨不同意："噢，要花 12 美元，价钱太高。"

"我掏钱。"他的朋友说。

"那不合适，"比尔·盖茨坚持道，"他们这是超值收费。"

由于比尔·盖茨的固执，汽车最终还是停在了普通车位上。为什么比尔·盖茨不愿多花几元钱将车停在贵宾车位呢？

原因很简单，作为一位商业天才，比尔·盖茨深知攒钱的重要性，更知道不慎花钱会侵蚀财富。这足以证明，一个人只有用好他的每一分钱，才能做到事业有成，生活幸福。

既然世界首富都积极攒钱，年轻人就更要攒钱了，二十多岁的上班族们本来就没有多少钱，如果盲目消费，没有资金积累，就算挣的钱再多，也不会富有。

年轻的朋友们，当你有了一份工作，别总想着赚钱，更要懂得攒钱。王永庆是台湾著名富豪，他曾说："赚来的钱不是你的，只有攒下来的钱，才真正属于你。"这是积累投资本金的正确思想。

汉托和乔吉娜夫妇1960年从古巴到美国留学，那个时候，他们两人由于钱不多而艰苦的生活着。1966年，他们大学毕业之后便做了记者。尽管薪水可以糊口，但他们并没有安于现状，把挣的钱消费掉。他们决定致富，而致富的策略就是节省每一分钱。

他们的生活很节俭，总买打折商品，还经常从报纸上剪折价券去买便宜货，上班带盒饭。他们把大部分收入都存入银行，由于当时银行储蓄是按复利计算的，所以，夫妇俩每月都把钱存入银行。

1987年，他们拿出积蓄中的1250美元投入了共同基金，8年之后，他们就成了百万富翁。

不错，投资是一种"花钱"的方式，但是，它能让"钱"生"钱"。同样是花钱，如果你选择投资，显然比迫不及待享受生活的花钱方式要好得多。

我们都知道投资能够实现财富的急剧膨胀，可是，你能否抓住使财富膨胀的机会呢？如果你总是一味地挥霍，如果你总是一贫如洗，那么，即便你眼前有财富膨胀的机会，你也将无能为力。

所以，趁年轻还能上班，要多积累财富，为自己的投资事业收集财富的种子。别沉浸于眼前的好日子，更别为了享受而胡乱消费，否则你会丢失财富增长的好机会。作为二十几岁的年轻人，你需要积累，要知道，上班不仅为了赚钱，更应该为了投资而攒钱，只有拥有这样的观念才能实现投资。

点金术：投资者的目光需长远，绝不能仅为眼前的好日子而上班。对于成功的投资者而言，上班工作是为了积累财富的种子，也就是积累投资的"第一桶金"，而唯一目的却不是为了赚钱而已。

二十几岁时最好不要把买车作为投资

在生活中，多数人还用旧标准审视一个人的身价：是否拥有车子、房子。于是，二十几岁的年轻人也赶起了时髦，好不容易存点钱，买车是首要目标。但是细细研究，买车有其限制条件，并非任何人都适合将其当作理财项目，如果规划错误，买车就会使你的财产在很大程度上得到削减。为什么会这样呢？

因为购买汽车属于无法累积的"消费财"，而非"资本财"。支付之后，对财富的累积不但没有正面的增值效果，反而会随着时间的推移，必须支出一些维修款项，使得总支出增大，这就是"消费财"的特点。

还有，新车每年都会贬值，另外，各类税金（例如牌照税、燃料税等等）、罚单、停车费用、油钱、车险，这些支出，会让你在车款之外，每月要另外负担数千元之多的费用。

所以对于二十几岁的年轻人来说，如果没有必要，不应随意购置汽车。如果买车很必要，你也应全面考虑，买车对于投资有什么好处，购车的原因是什么？千万不能为了消费而购车。

每个人都要从买车认清投资与消费的不同。

小明和小张是同学，毕业5年后，两人都积累了20万元的储蓄，而且二人也都想到了买车。不同的是，小明将车作为代步工具，而小张买车的目的是搞运输。结果，多年之后，小张成了一个身价几百万的小老板，而小明却依然做着忙碌的工作，他的车子因为折旧，价值跌了一半。

很明显，两人资产变化巨大，但最初他们都有着同样的收入，而且是同样的学历、基本具备同样的社会经验，但为何最终二者的财富会有这么大的差距？

其实很明显，投资是小张买车的目的，现金虽然转移成了物品，但实际上并没有单纯地消耗掉，而是创造了价值。

而小明买车则是为了消费。二手车用过一段时间之后，价值贬值。要知道，车跟房子不一样，房子可以增值，但车子却要折旧。

如果你一定要买车，那就要在购买车子前，将以下问题想清楚：

(1)你有足够的经济能力吗？基本上可以这么说，车子是奢侈品，你很多的支出都要花在车子上，如此，买来后要支付燃料费、保险费、修理费、保养费、停车费、违规罚款等等费用，所有的总支出至少要高出乘坐大众交通工具费用的10倍。

(2)你买车是为了虚荣感吗？如果是这样的话，那就太不经济了。事实上，现在买车的炫耀效果已经大打折扣了。在以前，一辆进口车数十万元，拥有车子的确象征尊贵的地位，但是如今车子价位不一，有些昂贵的名车买个二手的，价钱也不高了。如果你只是为了炫耀，那么，最终只会失望而归。

(3)你的支出不多吗？人的一生总会有很多支出项目，例如，养老退休、子女教育、医疗保险等等，除非你是真正财务自由的有钱人，或者有营业方面的考虑，否则，对于一般的工薪阶层而言，购买车子的时候要思虑再三。

其实，交通工具对我们来说，只要便利就行，而事实上现在去租车、搭乘大众运输工具都可以，并没有必要拥有私车。因此何必因为购买汽车而加重自己的负担，甚至浪费自己的第一桶金呢？

孟先生平时乘公交上班，尽管同事们都劝他买辆车，但他却毫无此意，并且说："不同的人对买车的看法不一样。在我看来，买车就是浪费钱。浪费的不仅仅是那些支出的钱，更重要的是，浪费了钱生钱的机会。假如用20万买辆车，15年之后，只剩5万的价值，而如果将20万用于投资，按10%的回报率算，15年后，我就可以得到80多万。"

总的来说，除非你的考虑比较特殊，例如投资或赢利方面的需求，否则，从投资报酬率的角度来看，你还不如把相同的资金投入到报酬率较高的产品中去，比如股票、基金等。

点金术：年轻的朋友们，如果你拥有了第一桶金，不应花在买车上，而应该把这桶金变成资本去投资获利。

投资一定要留有后备金

做投资就怕满仓操作，不怕重仓出击。可是，年轻人胆子大，他们对满仓操作已经习以为常了。这种投资手法，很多投资高手并不采用。因为一旦失败，你千辛万苦积累的第一桶金就有可能蒸发掉，如此一来，东山再起几乎就是不可能的。因此，一定要留下投资的后备金。

谁都不否认，追求利益是投资的最终目的，正是因为证券投资存在较高的收益，人们才去投资证券，即便知道高收益必然伴随高风险也在所不惜，但是，高风险绝不只影响收益，而且还包括本金在内。所以，再高的收益率也要以本金为基础，要是本金都没了，你的投资就不能实现了。

所以，进入投资领域，尽量不要满仓操作，保本很重要，要为自己留下再投资的后备金。

尽管赚钱是投资的目的，但保存实力才是最重要的。在投资市场中拼杀，无数的教训都给了我们这样的忠告——“剩者为王”。重要的并不是一时的输赢，只要还有后备金，总有东山再起的机会，只有活下来，才有资格谈论以后的投资计划。如果持仓过重，或满仓操作，很可能坚持不到价格回升就已经出局了，因此绝对不要做“成败在此一举”、“放手一搏”等蠢事。

在股评中，常常听到一些“专家”说，某某股票庄家已介入，将要大幅上升，应“满仓”介入。所以，以后的投资计划满仓操作的并不是散户，而是机构大户。作为一个散户投资人，如果你对这些机构大户充满好感，显然是愚蠢的。如果你听信股评专家的说法，满仓出击，那结果将与待宰的羔羊类似。

不要进行满仓操作。打仗最忌全线出击，要有一、二、三梯队。情况不明时，你想操作，可以先试一下，来个火力侦察，试验一下，如果不行就赶快退出。手中保持一定的现金，就好像有了预备队，在变幻莫测的股市，还是小心点比较好。

对于一般散户来说，既不空仓，也不满仓，手里有压仓筹码，要把心态放平，做到进可攻，退可守。

将本金的80%投入股市已经是大胆的做法了，对于股票的仓位操作，最好不要超过全线的50%。而基金比股票风险小，但如果能长期持有，可以满仓；如果短期持有，还是不要满仓为好，仓位保持60%即可。至于像期货这样的高风险投资，更有必要控制好自己的仓位了。

郑先生投入股市几年，对于大盘指数的感觉自以为良好，于是，便对股指期货跃跃欲试。由于股指期货相比指数基金具有保证金放大机制，可以数倍地赚钱，郑先生对此很羡慕。

2007年，他参加了某期货公司举办的股指期货仿真交易比赛。幸亏这是模拟，在这次模拟大赛中，他收获了很多。

在比赛中，郑先生得到虚拟资金100万，当时沪深300指数大约在3700点的位置。刚开始的时候，他接受了公司的建议，先学习，后行动，对保证金控制严格。

在5月15日，他买入了2手仿真0706合约，成交价格在4120元，按当时7%的保证金比例，每手投入保证金约18.54万元，在总资产金的40%以内。

随后，沪深300指数持续上升，到了23日，涨至3939点，而郑先生所买的2手仿真合约价格也相应地大幅度上涨，平均获利近15万元。一下子入账30万元后，郑先生信心饱满。他想：“100万资金可以买到5手，当时若是多买2手，就能多赚30万，太可惜了。”

于是，郑先生放弃了40%的资金控制要求，他认为，要抓住好机会，就要充分利用资金，现在的资金加上前期盈利约有130万元，多买几手完全是可以的。于是，在5月24日，他又加买了3手。此时，他共投入约99.3万元保证金，占总资金比例的80%左右。在5月29日，随着指数继续走高，郑先生的5手仿真合约共获利近160万元。

此时，郑先生信心大增，于是，他决定将此前累积的盈利继续加仓。当日，他再次买入4手，保证金超过了总资金的90%。

尽管已经非常危险，但郑先生却窃喜自己的操作。

可是当夜却出现了可怕的利空消息。第二天，沪深300指数大跌了281点，仿真0706合约大幅跳水。郑先生一下子变成了蓝色账户，并且被要求追加保证金约50万元。

其实，这时他可以进行止损操作，只要果断将所有多单平掉，账面资金依然能够保证在180万元左右。但他认为，这种状况不会维持太久，指数很快就会止跌回稳。

然而，6月1日至3日，沪深300指数连续大幅下跌，累计最大跌幅超过700点。郑先生终于傻眼了，他完全失策了。

经过这次模拟操作，郑先生感慨：“我从来没想过资金管理这么重要，这次经历让我懂得了这个道理，如果盲目满仓操作，随时都可能被回调打败。”

俗话说："留得青山在，不怕没柴烧。"年轻的投资者们，一定不要有投机取向，有远大的志向没错，但千万别寄希望于一夜暴富，不要将本钱搭进去，记住一句忠告：就算天塌下来，也要将翻本的资金留出来！

点金术：在投资过程中，有这样一个公式：高仓位＝高收益＝高风险。可是，很多人只注意到高仓位＝高收益，而将高仓位＝高风险忽略了。

最好别做赢得起但输不起的投资

投资之前，你必须估量自己所能承受风险的能力，尤其是对自己的投资本金和将要投资的目标进行一番认真的考察。最好不做赢得起但输不起的投资。比如做生意，精明的商人会计算自己的承受能力，他会放弃输不起的投资，其实投资也是一样。

在赢的时候，投资信心暴涨，恨不得一次就赚个盆满钵满，而输的时候，对风险控制不了，以致输掉所有。

郎咸平是著名经济学家，在他的著作《标本》中，认为大部分国内地产上市公司资产负债率过高，风险极大，一旦遇到危机，崩溃的风险很大，属于典型的"赢得起，输不起"。

大多数房地产公司确实如此，表面上风风光光赚钱，名头响当当，但是它们通常有很高的贷款额度，一旦出现危机，仅仅靠信用的力量，根本无法承担风险。而能够独立承担风险的生意才是最让人放心的。

长期投资要想成功，享受"复利"带来的快乐，就要避免风险，不至于中途被"消灭"。如果你无法承担风险，一拳就被击倒，那投资就等于将本钱浪费掉。所以，你必须以自己的本金作为出发点，去思考自己应该做何种投资，并规划自己的投资方向。

有的投资风险很大，如果你没有足够多的本金，还是少去介入，因为一旦出现高风险，最容易吞没小资本，这就好比是一滴水进入大海，一点残渣都不会剩下。

二十几岁的年轻人，最好不要投资"权证""股指期货""股票型票据"和"股票型债券"之类的金融衍生品。对于他们来说，最好的投资方式应该是优质公司的普通股或基金。

如果你对风险不能进行准确地预估，也无法确知自身有多大的承受能力，你可以先试一下，不过在投资尝试的过程中，一定要严格控制资金投入量，开始的时候不要超过20%的本金，即便决定要进入该投资领域，也要将投入资金控制在50%以内。

控制风险还取决于个人的止损力度。如果你不能果断止损，那么即便本金很雄厚，你的本金也会被市场吞吃掉。因此，在投资之前，你必须为自己设置止损点，并且严格执行。就蚀本而言，最好控制在35%的本金，如果你的本金损失达到一半，那就不要停留，赶紧撤退。

做投资虽然是为了获得更大的收益，但不能有一夜暴富的心态。事实证明，能够一夜暴富的属于极少数，即使侥幸成功，也终有一天会被陷进去。所以，你要找到适合自己的投资，既要赢得起，也要输得起。

对于积累"第一桶金"的年轻人而言，要首选保本的投资产品。总体来说，保本产品可以规避通胀风险，实现保值目的，而且收益比银行储蓄要高。国内银行目前销售的保本理财产品，大多为投资国债、信贷资产、央票等产品。这些产品大部分为固定收益产品，还有少部分是浮动收益类的保本产品。二十几岁的年轻人选择时可以根据保值需要进行选择。

总而言之，在二十几岁的时候，投资一定要做能够输得起的。如果你还处在积累第一桶金的时期，最好要选择保本产品，当然，如果想提高掘金的速度，并获得更多的投资经验，一些低风险的投资方式是一个明智的选择，比如长期持有优质公司普通股，或者基金，对于一些高风险的投资工具，比如期货、权证等，年轻人本金有限，最好不要涉足。

点金术：选择保本产品，并非拒绝了其他投资方式，事实上，为了以后的投资，你必须对多种投资方式加以了解，并从中选出适合自己进行本金增值的投资工具，比如，股票、基金等。

投资不是赌博，要懂得资源配置

投资关键在于资产配置。我们在看影视剧时，经常会有这样的场面出现：双方把所有的筹码全推了出去，决定一决生死。一切都那么豪气冲天、惊心动魄，让人倍感刺激。但需要提醒你一点，那是赌博，和投资有着巨大的差异。在此，必须强调，投资不是赌博，在投资场上，更不能有赌博的心态。

有的人很喜欢在投资上“豪赌”，集中资金买某只绩优股，这就是一种赌博心态的体现。投资市场是千变万化的，不存在万无一失的投资，所有的投资者都应该明白：并不是每一次投资都能赚钱，就算是股神也做不到如此。如果你抱定某只股票，或者只有一种投资方式，最后很有可能赔了夫人又折兵。换言之，专注，从某种意义上说并不适合投资场合。

在投资界，有这样一句至理名言：“鸡蛋最好分放在不同的篮子里面！”这可是投资者赚钱的秘技之一，这句话体现了投资的资产配置问题。

在莎士比亚的著名剧作《威尼斯商人》中，在剧幕开头，安东尼奥告诉他的老友，其实他并没有忧虑货物，他说：“不，相信我。感谢我的命运，我的买卖的成败并不完全寄托在一艘船上，更不是依赖着一处地方。一年的盈亏不会影响我的全部财产，我更不会因为一年的盈亏而受到影响，所以，我的货物并不能使我忧愁。”

在这里，我们能看见一股闪烁动人的光芒——“分散投资”的思想。很明显，安东尼奥所说的话——分散投资的思想——降低了投资的风险系数。因此，投资的时候，别把所有的资金集中于一个项目中。事实上，正常做股票投资的人，都不会孤注一掷，当然，不理智的赌徒除外。即使是股神，也无法保证每次都能在最佳时期买入最好的投资标的，关键在于资产配置。

当然，资产配置不仅在于降低风险，分散投资思想也不等同于资产配置，不过，分散投资是资产配置的一个基本原则，或者说是资产配置的重要模型之一。这一思想不仅适用于投资，而且还适用于生活理财方面。

即便你的资金不多，也没有关系，你的投资组合做好了，通过稳健的资产配置，不仅可以保证正常生活，还能够优化投资的资本，而且也比较容易创造收益。比如，可将每月收入采取“三三三”分配的原则，即 1/3 作为日常生活的支出；1/3 进行定期定额投资开放式基金；最后 1/3 用于储蓄，以备不时之需。

专注于资产配置的优化，是稳坐钓鱼台的投资法门，只要你有好的资产配置，就能从中得到利润。

张先生 26 岁，研究生毕业之后在一家设计研究院工作，月薪约 7000 元，加上年终奖金和节日补贴等其他收入，税后约有 8 万元的年收入。

虽然张先生工作时间不长，也没有太多积蓄，个人积蓄不算丰厚，但其父母均已退休，家庭经济较宽裕，因此，经济上还算过得去。前期他尝试了股市投资，基本上没有获得收益，后来，他买来理财书籍研究投资，为自己的投资进行了规划：首先，预计 4 至 5 年后结婚，需要准备购房首付款和购车款约 30 万元。其次，撤出股市资金，配置适合基金。他的心里是这么想的，为了未来的购房、购车，乃至更长远的子女教育、退休养老等，积累资金应从现在开始。

于是，他统计了自己的日常开支，大概为每月 2000～2600 元，分析这些开支，他发现，自己在吃喝娱乐方面比较随意，如果严格要求自己的话，每月 2000 元已经足够日常消费了。

接着，他把剩下的 5000 元薪水进行了规划，从股市中撤出了大部分股金，只留了一小部分股金，这是因为他觉得自己经验不足，在股市上很容易亏损；另一方面，他这个年龄阶段，最重要的是干好本职工作，争取成为行业精英，积极寻求升职或抓住收入更高的机会。

于是，他把余下的薪水，分别买了债券、基金，另外，他还给自己补充了商业意外险以及其他一些相应的疾病、定期寿险等方面的商业保险。

经过一番规划之后，张先生发现自己的生活开始发生了改变。首先，他能更好地投入工作了，而不再整天惦记着"做生意""发财"；其次，他的生活更加有条理了；第三，他发现自己渐渐没有了乱花钱的习惯。

过了 5 年之后，他结婚了，此时，他不仅有了房子、车子，而且还拥有丰厚的存款。

现在很多年轻人，花钱比较随意，不能控制好自己的日常开支，以至于常常沦为"月光族"，如果没有任何改变的话，那就谈不上投资了。因此，资产配置的第一步，就是把日常生活开支控制在月收入的 33% 之内，如此才有可能较快地积累财富。

此外，要有合理的资金配额。一般而言，年轻人的投资期限很长，愿意把较多的资产投资于股票。从经验方面出发，应投入与你年龄相当的资金在债券上。比如，你今年如果 25 岁，那你最好持有 25% 左右的债券，以此类推，其余的资金用于可投资股票。但要注意的是，你还必须配置一定的资产于高流动的品种（如货币基金），关键时候可以随时取用，一般建议预留 3 到 6 个月的生活开支。

在选择债券基金时，中期类的投资比较合适，因为它们在获得收益的同时又不会有太大的利率或信用风险。同时，长期类投资也不能少，这样，年轻的投资者可以做到更高质量的分散化投资。

在配置资产的时候，不能忽视的问题应该尽可能地以低成本构建组合。由于年轻的投资者初始投入不大，于是，减少成本就显得非常重要。因此，在挑选投资产品时，一定要考虑各项可能发生的费用，要首选费用较低的理财产品。

点金术：学习构建一个相对平衡的投资组合，分散风险，我们的投资才会进行得顺利！在生活中，要注意资产配置，日常消费、储蓄、投资应该合理搭配；在投资中，要分散投资，将风险分散。在投资收益中，几乎 94% 依赖于其合理的资产配置，因此，你应该做一个资产的合理配置者。

注意形势变化，进行投资组合

学投资，就要学习资产配置，既然要讲资产配置，就必须知道怎样进行投资组合，也就是说，投资不能太过单一。如果我们将资产配置的视野放得更宽一些，就会有更多的选择，更多的样式，这样我们就可以通过投资组合，来满足我们投资的多方需求。

单调的投资方式,带来的财富并不多,可风险却很大。这也是为什么我们强调资产配置的其中一个原因。根据一项针对美国82只退休基金,投资总额超过千亿美元的10年投资绩效调查发现,决定基金长期投资绩效的关键并不在于选择投资标的和进场时机,而"投资组合"则被大多数基金经理人认为是真正决定投资成败的原因。

我们知道,要选好投资标的和进场时机相对来说并不容易,对于一个二十几岁的年轻投资人来说,要想真正把握这两点,存在着很大的困难。因此,了解投资组合与如何做好投资组合,对于年轻的投资者而言就显得非常重要了。

随着经济社会的发展,投资方式也越来越多元化了,同时,也为我们的投资生活增添了很多机会,作为新时代的年轻人,又何必局限在一个投资产品中呢?

请记住,切忌固执己见地只投资一个品种,随势变动投资对象才能赚大钱。

你应该明白,就算是市场环境相同的时候,不同的投资工具,也有着不同的风险程度,有时甚至截然相反。如果你只做一种投资,把资金全都集中在一种投资上,局面往往是要么大赚,要么大赔,需要承受很大风险。

我们可以假设,如果你的全部资金用于储蓄投资或股票投资,当国家银行利率上调的时候,储蓄存款收益率高,风险很小,而股票市场将要面临股价狂跌的风险,收益率甚至面临着变为负数的风险。

而当银行利率下调的时候,储蓄投资收益率低,风险加大;但是,此时的股票市场则会因股价大幅上涨,收益率达到前所未有的高度。

很显然,只进行一种投资,你将面临着高风险,而如果你将资金分别投资于储蓄和股票,利率上升时,储蓄获利会抵消股票投资上的损失;而利率下降时,股票投资上的收益又会弥补储蓄上的损失。因此,可以将资金分别投资于储蓄与股票,形成投资组合,使得投资风险降低,从而保持收益的稳定。

这就是投资组合的好处,其目的在于分散风险,稳定收益。

许多人盲目地跟着市场、他人去投资,哪只股票涨幅居前,就追买哪只,毫不考虑资金安全问题。对于年轻人而言,在入市之前,应该学习一下怎样去投资。

股票市场不景气,就投资黄金;黄金市场不理想,那就买基金——这是投资的窍门所在。你不能让钱闲下来,要看市场形势去投资,别抓住一个项目不放。现在投资赚钱的地方有很多,既然机会那么多,为什么非要只投那一个呢?

当然,讲投资组合,并不代表任意组合,在你的投资组合当中,核心投资不能少。比如,投资组合为"股票-债券-基金",若专注于股票投资,那么,核心投资就是股票。

另外,在一个投资项目中也有组合。比如,股票投资中,有"核心——卫星"的投资策略,又比如,买基金的时候,你可以在主动型、偏股票型、平衡型等多种基金中选择,或者选择适合自己的、业绩稳定的优秀基金公司的基金构成组合型的投资。

对于年轻人来说,在组合中可以增加风险性投资的比重,比如,45%的股票、35%的基金、20%的储蓄。股票组合中25%的资金可以炒短线,20%的资金则长期持有优质增长股;在你的基金组合中,用10%投资债券基金和货币基金,用15%投资业绩表现出色的卫星基金,从而得到较高收益。这样的组合,既可以有效地避免市场风险,保住一定的资本,又可以让你在投资中积累丰富的经验。

事实上,通过投资组合来投资,要比单纯地盯着一个投资工具好很多。例如,一个股票占40%、国债占40%、定期存款占20%的投资组合,在1996~2003年这8年中,平均年回报率可以高达9.07%,远远高于完全投资中定期办理存款,同时,其风险程度没有100%投资于股票那么大。

当然,现在的投资种类繁多,不仅有股票、基金和储蓄,而且还包括保险、房产、黄金、珠宝、古玩、艺术收藏品等，这类投资手段都很不错。你可以根据自己的喜好和兴趣特长去规划投资组合。总之，不要把资金都集中在一个品种上，而要通过投资组合，随势变动投资对象。

点金术：投资者不能把所有资金集中在一种投资上，而应该将资金分成若干部分，分别选择不同的投资工具，在不同的领域里投资。

要注意投资品的风险、收益、流动性

作为一个投资者，要了解投资的三要素。投资品的三要素，包括风险、收益和流动性。当你要做投资的时候，面对你的投资对象，要深入考虑如下三个方面：收益如何？风险有多大？流动性有没有问题？

很明显，投资肯定要考虑收益。事实上，大多数人参与投资，第一个想法就是获得丰厚的收益。如果没有收益的话，谁还会去投资。虽然有很多投资产品属于保值产品，但若没有一定的收益来抵偿通货膨胀带来的损失，想达到保值的目的也很难。因此，在投资过程中，必定会考虑到收益问题。

然而，很多时候，由于过分追求收益，很多人忽略了投资风险，认为“高风险有高收益，只有冒险才能获得高报酬”，但这种做法不值得学习。

实际上，对于投资人而言，投资风险是首先要考虑的问题。而我们主张在投资过程中进行资产配置、整理投资组合，其目的是为了分散风险，获得稳定的收入。

我们经常可以看到在理财专家给投资者提出建议时，会根据你的投资属性或年龄，将股金在股市和债市中合理分配。例如，年轻人不妨持有股票七成、债券三成，上了年纪的人就要改成股票三成、债券七成，这就是根据投资属性或年龄差异来合理配置资产。

没错，高回报率说明承受的风险也高。比如，期货、权证等投资工具，都具有高回报的特点，同时它们的风险也相对较高；股票与偏股型基金的风险性也是偏高的，同样，它们报酬也挺高；而风险性最低的是债券、定存基金和储蓄类投资工具，因此，它们的收益也就比较低了。

但如果我们只考虑投资的回报高低，而不考虑投资风险，即使是牛市，其风险也是很大的，当风险成为现实，发生下跌的时候，大多数人是无法承受的。

顾先生在2007年时开始了他的投资生涯，当时是春节，他到一位朋友家玩，在他们闲聊时，朋友向他谈及股票，并信心满满地说：“现在这种形势，1个月赚20%～30%绝对没问题。”

顾先生听了，十分动心。于是，他回家之后，心中打起了算盘：要是将买房的25万元投入股市，1个月赚20%，只需半年时间就能入手一套很好的商品房了。

抱着这样的想法，顾先生在朋友的帮助下，迫不及待地在股市中投入了10万元资金，准备大赚一笔。

一个星期之后，顾先生果真净赚了23%。预期一个月赚20%的目标，竟实现得如此轻松，心里别提有多高兴了，于是，第二个星期，他把手里剩下的15万元全部投入了股市。他先后购买了大唐发电、巴士股份、南山铝业、大秦铁路、格力电器等股票。结果，牛市的各个股票暴涨，5月28日，他的股票市值已经突破50万。

正当顾先生兴高采烈的时候，股票市场有了一些变动。50多万的数字只保持了两天，就突然出现了跌盘，到了5月30日收市的时候，他的股票市值只有37万了。接着连续几天出现了5个大跌，股票接连跌停，到了6月7日，他的账面上只剩15万元了。

看到这样的情况，顾先生几乎要晕过去了。顾先生很心疼损失了的资金，特别想把损失补回来，然而，虽然股市后来又出现了反弹，但是，他手中的股票并没有涨。结果，到了2008年，他的账户上仅剩下9万元，买房计划也随之泡汤了。

在投资过程中，盲目地追求高回报、高收益，忽视风险，有可能带来巨大的损失。即便是牛市，风险也会存在。有的投资者的头脑被胜利冲昏了，忘记了风险的存在，而盲目地冒进，以至于对操作把握不到位，最终赔了个一塌糊涂，实在是令人惋惜。

所以，年轻人进入投资领域，要克制贪利之心，不能只看见丰厚收益而忽视了风险，在做资产配置的时候，要结合实际情况，衡量投资风险。虽然你的年龄小、负担轻、风险承受能力较强，可以进行积极投资，但千万不可盲目地进行投资，尤其是一些上有高堂、下有妻儿的上班族，更需要稳健投资。

除了收益与风险之外，在资产配置与投资组合中，也必须考虑资金的流动性。虽然我们说手上的资金不能闲置，但也不能全部投出去，在生活中难免会遇到一些突发状况，所以，还必须有一笔应急资金作为调度，甚至有时候你还需要将投资资金调出来应急，因此，在资产配置中，还应该考虑到投资资金的流动性。

根据资金需要，可以选择不同期限的产品。一部分可以长期持有，而另外的一部分则可作为短期投资，而且期限越短越好，最好比货币基金回款快，现在银行拥有的超短期理财产品有1天、3天和7天的。这些选择都很不错。有的银行还推出了"周末理财"产品，理财期3天，周四发售、周五下午3点半销售结束，当天起息，三天之后到期，这是专为股民量身定做的流动性投资品，既可以避免资金闲置，还能使资金得到升值。

总之，作为投资人，我们必须了解投资品三要素。在投资过程中，我们不仅要兼顾风险与收益，还应该考虑资金的流动性因素。不同的投资品有不同的风险、收益和流动性，你可以根据自己的需要和实际情况综合考虑，进行选择。

点金术：可以这么说，决定投资配置比例是出于风险考虑。虽然投资的回报率与投资风险是呈正向关系的，但是，我们绝不能忽略投资的风险。

分散投资风险

在投资过程中，到底是集中好还是分散好呢？针对这个疑问，长期以来，很多人都有不同的见解。不过，关于这一问题的争论大多属于形式上的，作为刚刚开始投资的年轻人，应该结合自己的实际状况，这才是正确的投资思想。

对于经验不足的年轻人来说，保护资金最为重要。由于你没有足够的投资经验帮助你发现机会、抓住机会，因此，和经验丰富的投资者相比，你的投资将面临更大的风险。这个时候，首先要考虑的是如何减少风险，所以，对于年轻的你来说，散弹打鸟显然更适合。

在钓鱼的时候，常常能看见一个垂钓者侍弄着好几根钓竿，将鱼饵分别放在几根钓竿上，这样即便一处鱼饵没被咬钩，其他的竿也会有所收获。垂钓者这样做的目的就在于分散投入风险，保证收益。

其实，不仅钓鱼如此，投资也是同样的道理。常听人说："不要把所有鸡蛋放在同一个篮子里"，这句话在投资场上可谓是老生常谈了。尽管巴菲特不同意这句话，他说："投资像马克·吐温建议的，把所有鸡蛋放在同一个篮子里，小心翼翼地保护好它。"不过，具有丰富经验的投资老手可以这样选择，因为他们具备看好它的能力与胆识。可事实上，二十几岁的年轻投资者不具备这样的本事。

年轻的投资者不能依靠直觉进行投资，因为缺乏经验的直觉并不可靠，所以，你需要的是更加安全的投资法门；孤注一掷并不适合你，分散投资才是你的最佳选择，因为从风险管理的角度来看，适度分散投资也能够把风险分散，从而使收益趋于稳定。

举例来说吧：有个人现有资金25000元，他准备进行投资。现有五个投资方向可供选择，这五种投资方向收益率各不相同，有+15%、+5%、0%、-5%、-15%，但是，投资人并不能确切地知道这5种投资方向分别属于何种报酬率，这个时候，他该怎样组织呢？

假设他只投其中一个方向，那么，他只有2/5的机会获利，有3/5的概率不赚钱。要是押中了0%的投资方向，他还能保住本金，但是万一押进了-5%、-15%这两种投资方向，就赔钱了。

显然，这种做法是赌博而不是投资。如果你选择这样的方式投资，那么，你还不如去掷骰子赌大小，因为那至少有1/2的概率获利。告诉你，真正的投资者不屑于赌博。

那个人很聪明，他没有成为一个赌博者，不是冒险只选择其中一个方向，而是把资金分成5等份，分别投资于5个项目。这样的话，5种不同报酬率的投资方向都有5000元的投资。若持有这些投资项目长达20年，这样会获得多少回报呢？

单看报酬率，你会觉得很可笑，认为他得不到任何回报。可是，事实却并非如此。按报酬率计算，他能获得10万元的回报总额，是最初投资额的4倍！也就是说，实际上，他的投资获得了7.29%的年度回报率！

这样的结果一定让人很吃惊吧。若论单个投资，你对这个投资组织不会有太好的看法，因为在5个投资项目当中，有两个是一直在赔钱的，还有一个20年始终没有作为。在这样的情况下，还有赚钱的机会吗？

不错，这就是分散投资思想在资产配置中的妙处。

分散投资绝对经得起时间考验。如果你只买了一只股票，错了就会前功尽弃；但是，你如果买的是20只，就不太可能每只股票都涨停，当然也不太可能每只都大跌，正所谓“东方不亮西方亮”，在涨跌互相抵消之后，哪怕是赔钱也只是小数目，不至于伤筋断骨。很显然，把全部的钱押在一只股票上的风险，比分散投资在20只股票上的风险要高得多。

2000年初，全球网络、电讯、科技股上都出现了崩盘，很多上市公司的股价下跌超过了95%，像雅虎、亚马逊，都跌到快没影了。如果你当时把资金全都集中在网络、电讯、科技股上，可以想象后果有多严重。

实际上，投资和赌博不一样，对于年轻人来说，往往没有经验，也缺乏理论指导，所以，不适合采用集中火力猛攻的投资方式，而分散投资最为重要。再次提醒一句，保护好自己的资金，别把所有的鸡蛋放在一个篮子里，以防打水漂。

点金术：在进行分散投资时，只要一部分投资取得佳绩便足够了，而不须所有的投资都表现得出色。这样做在避免风险的同时，还能够保证你的收益。

注重理财，稳中求好

能够供自己自由支配的钱越来越少了，想要由贫转富也就越来越难，但这绝对不是自我放逐的借口。越艰难的环境，反倒越要拼命。既然没有钱，就先不要考虑怎样得到高的回报率，也不要想一下子成为富翁。要先求稳，再求好，而求稳其实很简单，就是老生常谈的“开源节流”罢了！

“节流”比“开源”更重要，就好比开水龙头，不管有多大的水流量，如果出水口更大，那么，你就无法累积水源，尤其是在失业率俱增的时代，上班族要靠开源来增加收入越来越难。有时候连当老板的都泥菩萨过江——自身难保了，更何况是打工的呢！

所以，我们一方面起码要有稳定工作，要有固定所得，不要频繁跳槽。另一方面，要量入为出，减少消费，控制支出，掌握现金流量，购买前要考虑是否真的需要，有余力再去开拓财源。

点金术：越艰难的环境，越要拼命。既然没有钱，就先不要考虑怎样得到高的报酬率，也不要想一下子成为富翁。要先求稳，再求好，而求稳其实很简单，就是老生常谈的“开源节流”罢了！

节流——支出等于收入与存数的差值

现代人身上的担子很重，房贷、车贷、教育、医疗、养老，林林总总、包罗万象，不要说那些奢侈的欲望了，仅仅只是起码的生活所需，都常常会把工薪族压到连头都抬不起来。

有这样一句名言：“集腋成裘，积沙成塔。”也就是说，要想人生富贵，就必须注意这些芝麻大点儿的小事，也不能小看了分文小钱。

有这样一个小故事：汽车大王亨利·福特有次应邀赴宴，在掏口袋时，一个硬币掉了出来，他急忙蹲下，在地毯上寻找，身边的人都觉得非常奇怪，他为什么要介意一枚小小的硬币呢？亨利·福特面带微笑，认真地回答道：“正是靠着这一枚一枚的积累，我才能拥有今日的财富。”

你也许不知道富豪经商的秘诀，但是，绝对可以学习他们的节俭，现在推荐给大家一个公式：“收入减存款等于支出”，当你有薪资收入时，首先要将准备存钱的数目扣除掉，数目不拘，200 元不嫌少，1000 元不嫌多，剩下的金额，才是你本月用来支出的。要坚持控制预算的观念以及记账的做法，长期下来，你就能在不知不觉中积累大笔的财产。“节流”的具体做法有两步：

1. 控制支出

支出就是花钱，有的支出有急迫性，但有的完全是浪费。控制支出项目可以节约很多钱，总的来说，支出包含以下几个方面：

(1)固定支出

包括房租、房贷、人寿保险、汽车保险、房屋保险、税金、子女学费等，这些开销是为了维持日常生活，很难避免和减轻。

(2)非固定开支

衣食、水电煤气、电话费、上网费、交通费，每月都会有不同的金额，这些开销虽然必要，但是，同性质项目可能用替代的东西，例如，上班乘出租车与乘公交车的花费就不一样；外食与自己带便当，其降低支出效果也是不一样的。

(3)弹性开支

大多数指交际应酬或者娱乐等临时开销，如果能省下这笔花费的话，对“节流”肯定有很大帮助。所以，在不降低生活质量的前提下，这部分开销应尽量减少。

(4)目标性开支或其他开支

为达到短期的特定消费目标而增列的消费项目，目的性较强。例如，换购家具、旅行费用等等，因为短时间无法备妥，准备的时间较长，以储蓄的方法满足。

2. 储蓄存款

经营之神王永庆说："赚的钱不是自己的，只有存起来的钱才是自己的。"在这个不确定的年代，落袋为安才真正让人心安，积累存款达到一定数量之后，通过复利的惊人效果，用钱滚钱方能将本钱做大。

点金术："大富由天，小富由俭"，今天储蓄的成绩，决定了你明天的生活质量。

开源——从赚小钱到赚大钱

要遇到赚大钱的机会非常困难，多数人一生都遇不到。但是在日常生活当中，靠辛勤劳动赚小钱的机会随处可见，就看你愿不愿意找，愿不愿意多加利用了。

开源的财务项目不外乎兼职所得、资本利得与额外收入，下面分别对各种兼职方式进行了说明：

1. 兼职所得

根据调查，在上班族中有三成的人都在做着兼职，而尚未兼职的上班族中，也有高达八成的人有这样的打算。兼职的项目从网络销售到计时的服务业、程序设计、翻译写稿、宠物照顾等等，种类相当多，甚至连出租车司机也会在车上贩卖商品，如果顺利的话，一个月也会有一千多块的额外收入。

2. 资本利得

资本利得也就是操作投资工具获得的收益，对不知如何理财的人而言，不妨购买那些进驻全球型的股票基金，或者通过零存整付，慢慢储蓄，同时还可以领取高于活期的利息。

3. 额外收入

对于年终奖金、彩票收益、中奖奖金等额外收入，不要认为是额外收入就随便乱用，反而更应该珍惜这得来不易的财富。要想成为有钱人，就要利用好正财、偏财。

点金术：日常生活当中，靠辛勤劳动赚小钱的机会随处可见，就看你愿不愿意找，愿不愿意多加利用了。

积小钱才能成大钱

对于小钱，你所要做的，就是不要急于将每次收到的小钱花出去。大钱与小钱的最大分别，就在于理财方式的选择上。钱越少，能够选择的理财方式越有限，钱少的时候，理财也就相对比较困难，而且，花钱的欲望也就越强烈。因此，只有不断积累小钱，你才有可能把小钱变成大钱。当你对小钱投资都熟练时，就更能把握好大钱的投资了！

点金术：导致"口袋空空没有钱"有很多方面的原因，不过，如果你想要有钱，就应该尽量接近聚财的地方，研究招财的信息、培养爱钱的习惯。只有你爱钱才会有钱，才知道应该珍惜钱。

关于理财的六个错误观念

以下是人们常有的6个错误的理财观念:

1. 只有富人才需要理财

"理财都是富人的事,我没钱也就不用费这份心了。"这样的人认为,每月就入账那几千块"辛苦钱",解决完生存问题后,剩下的钱根本不够理财。

殊不知这种想法就如"我不用去学开车,因为根本就没有车给我开"的论调一样经不起琢磨。其实,有不少家境殷富的人也并非一夜暴富,只要合理地安排自己的收入支出,正确地投资理财,成为百万富翁就不再是梦想了。

如果每月你只需拿出500元进行投资,假设年投资回报率是10%的话,那么30年后,你就真正的富有了。所以这个世界可能只有两种人不需要理财,一种是富比李嘉诚的超级富豪,另一种则是穷极了的乞丐。作为我们这些比上不足比下有余的一般人来说,有着比富人多得多的经济问题,我们考虑更多的可能是楼款何时还完,子女的入学赞助费从哪出,养老问题怎么解决。因此,富人固然想将"雪球"越滚越大,而我们则需要积少成多。一个富翁设立一个信托基金使下一代获得合法财产,与我们每月将省下的500块钱进行投资从而追求财富的积累增值,二者的本质一样。因此,如果连你自己都不学会如此筹划未来,那么,还能指望天上真的掉馅饼吗?

2. 自己还年轻,理财先等等吧

"理财十年后也不晚,现在不用着急",持这种观点的人士以刚步入社会、参加工作的年轻一族为多。他们年轻,信奉"活在当下"、"享受现在",注重追求眼前的幸福享受,未来怎样并不考虑。他们号称"零储蓄",自诩为"月光一族"(每月都将薪水花得精光),更有甚者为"负资产"人士(以透支信用卡度日)。他们没有为家庭问题担心过,抱着"一人吃饱全家不饿"的观点,在这个世界中尽情享受着生活之乐。但精彩的背后同样蕴含着无奈,这个问题迟早要面对,现实是残酷的,人生会有很多意外风险,与其到时被弄得措手不及、焦头烂额,倒不如现在就早下手为强。

3. 理财就是投资,就是想办法多赚钱

理财不就是想办法赚钱吗?错!实际上,理财并非只是为了赚钱。

理财的目的是通过客观、合理地评估自身的现状、预期发展和生活目标,合理配比收入支出,全面考虑风险,为现在和将来构筑一个安定富足的生活体系,使人生的理想得以实现。它是一个综合规划和安排的过程,涉及金融投资、家庭消费安排、职业生涯规划、房地产投资、实业投资、保险规划、资金流动性安排、资产安排和配置、税务规划、债务控制、财产公证、遗产分配等方面。

从这个角度看,投资赚取更多的钱只是帮助我们实现理财与生活目标的一个直接而有效的手段,是整个理财范畴中重要的一环,但绝不是唯一的一环。如果用持久战来形容理财整个过程的话,那投资只是一个小战争,尽管战争的最后取胜离不开战役的胜利,但一场战役的成败并不必然预示着最终战争的胜利,更不能代表整个战争。

理财不是简单地找到一个发财的门路,也不仅仅是做出一项英明的投资决策,它十分漫长。孤立、片面地强调投资赚钱,不仅将理财的主旨曲解了,而且还会被现实的怪圈套住。正如你不断将打来的水倒进一个没有底的水缸一样,就算你累到半死,最后还是一无所获。所以,只有全面、综合地审视整个理财活动,进行统筹规划,全盘考虑,例如,在某些阶段合理地调配收支比例,在增收有一定困难的情况下开支合理一些,间接地增加收入与积累,或者阶段性地调整自身的理财、生活目标,保证实现最终总目标,才是真正的"理财之道"。

4. 因为别人是这样投资理财的，所以我也这样

“大多数人都这么办，那也这样做吧！”正如就业、求学、追星等很多事情一样，在理财领域，大多数人也跟别人一样，盲目地选择与身边其他人相同的投资理财产品，形成一种“羊群效应”，但却没有认真思考，这个投资产品是否满足自己的要求，自己能否承受相应的风险，是否损失了自己的机会成本。

例如，用于子女教育基金或自己养老基金的资金积累，本来应着重它们的安全和长期稳健的收益增长，但禁不住股市的诱惑，见别人在股市搏杀中屡有斩获，于是耐不住寂寞杀了进去，可股市却最终大跌，弄了个鸡飞蛋打，后悔也没用。

又比如，某些人害怕风险太大，固执地将所有资金都放在低风险、低收益的投资产品中，却在无形中导致了机会成本的损失。如果在自己的风险承受能力范围内，适当地拿出一部分资金择机而入，将获得高于银行存款利息数十倍的收益。因此，理财投资不能盲目和僵化，一个理智高明的投资者不应人云亦云，跟随他人意愿，而是应该根据自身的风险承受能力、专业知识技能、资金积累的用途需要和时间限制，合理地选择投资工具，科学地搭配组合，以求得投资风险与收益的最佳结合。

5. 自己没有时间、精力和专业知识，没法理财

“我又没学过理财，我怎么会呢？”其实，理财很容易学会。随着社会分工的越来越细和科技手段的日益发达，没有时间、精力和专业知识的人们可以咨询专业机构，甚至选择专门的金融产品轻松地实现投资理财。

目前，越来越多的银行等金融机构纷纷开办了理财俱乐部、个人理财中心，由专业的理财客户经理帮您出具理财投资报告，设计投资理财方案。此外，帮你理财的产品还有很多，例如，证券投资基金就是将广大投资资金集合，然后由专家团队在证券市场上进行投资操作，这样，即使您平时忙得无暇一顾，一点不懂证券，也可以分享到国民经济增长的丰硕成果。

银行、基金、证券公司推出的一些新业务也可以帮助普通投资者轻松投资。比如，一次签约就可以每月将一部分工资自动从代发工资的活期账户转入零存整取或是定期账户，避免损失利息；只需一次签约，在每月特定时间自动帮您将指定金额的资金投资购买投资基金，进行长期固定投资。因此，理财的必要条件不再是时间、精力和专业知识。关键是要具备理财的意识。

6. 三天打鱼、两天晒网，幻想一步登天

“理财的效果怎么这么不明显呢？”持这种看法的人，总是希望自己今天理财，明天就能发财，结果，往往见不到“效果”就匆匆“鸣金收兵”。从某种意义上说，决定理财成功与否的关键并非理财技术和手段，而是理财的心态。也就是说，做好理财需要耐心和恒心，选择适合自己的理财工具和方法，而后应持之以恒、一如既往，不能朝三暮四、三天打鱼两天晒网。同时，理财还要有一颗平常心，千万不能有急功近利的心态。

总之，理财需要的是耐心，考验的是持久力，而不是一时的爆发力，正如前文所谈到的，只要你有足够的恒心与耐力，人人都可以成为百万富翁。

点金术：对于理财一词，很多人有些错误观念，比如说，“理财是有钱人的事”、“理财需要专业知识才行”等等。

中国人存在的五个理财错误

现在在中国尚没有理财的风气，好多人以“没有数字概念”“天生不擅理财”等借口回避与每个人生活休戚相关的理财问题。似乎一般人易于把“理财”归为个人兴趣的选择，是生下来就具有的，甚至与所学领域有连带关系，无商学领域学习经验者自认为与“理财问题”绝缘，从而“自暴自弃”、“随性”而为，当重大的财务问题出现时，不是任人宰割，就是自叹没有金钱处理能力。以下就是我们理财时常出现的错误：

1. 急功近利，把赚钱当作第一

公众中有80%的人认为，“理财就是生财，让财富增值，赚钱是第一位的”。其实，这种理解容易让人滋生急功近利的心理。不少理财者倾其毕生的储蓄，投资于股票市场，后来就再也拔不出来了，使其生活品质受到了很大影响。

美国理财师资格鉴定委员会将个人理财定义为：“个人理财是指如何制定合理的财务资源规划，实现个人人生目标的程序。”

我国理财规划专家认为：“为自己及家人建立一个安心、富足、健康的生活体系，实现人生各阶段的目标和理想，最终达到财务自由的境界，这就是个人理财应该达到的目标。”

大部分公众不赞同“理财就是为了赚钱”这个观点，但也有20%的人同意该观点。其中，年龄越小的人越同意这个观点，收入越高、学历越高的人越不同意这个观点。这说明年轻人缺乏成熟的理财心态，梦想骤然间能成为富翁，而学历高、收入高的人，认知就相对成熟。

理财的核心目标是合理分配资产和收入，实现财务自由，既要考虑财富的积累，又要考虑及保障财富；既要为获利而投资，又要对风险进行管理和控制；既包括投资理财，又包括生活理财。理财规划涉及这个阶段的人生目标，构成一个完整的规划体系。所以，个人理财首先要保证满足自己正常的生活需要，其次是合理安排剩余财产，将生活开支和可投资资产合理划分开来。

2. 我只存银行

“高风险与高收益并存”，近七成的公众都认为，高收益意味着高风险，所以，大多数公众认为，把钱放在银行是最安全的。

有调查发现，公众的年龄越大，同意这个观点的人也就越多。说明年龄越大，人们的观念越趋向保守。而收入越高的公众就越不同意这个观点。学历越高，不同意这个观点的人也就越多。这说明，学历高、收入高的公众，相对而言会更多地关注理财手段。另外，有30%的公众明确承认，“我现在只懂得把钱存银行，没有理财、投资的观念”。而同样有30%的人认为，“钱长期存在银行，资产也会迅速消失”。

随着人们对理财知识的掌握和理财信息的了解，会有越来越多的人意识到存款是一种形式的投资而已，还有一些效率更高的“钱生钱”之道。

3. 节俭就能生财

长期以来，中国的储蓄一直居高不下，因为我国居民一直有“节俭生财”这个传统观念。有调查显示，有48.80%的公众同意这个观点，也有38.5%的公众反对这个观点，这种对立说明，传统与现代的理财观念正在发生着激烈的碰撞。

有调查显示，在50～55岁的公众中，58.6%的公众同意“节俭生财”的观点，并认为这是理财的“关键”，且年龄越大，持有此观点的人越多。但是，也有40%左右的公众不同意节俭生财，50～55岁之间的人也有36.9%对此持否定态度。这些情况说明我国居民的理财观念正在不断更新。

中国的储蓄居高不下，这在西方人眼里是不可想象的，但在中国人看来就很简单，其中，中国的生活成本很高是主要原因。教育、医疗、房地产，这些与人们生活息息相关、密不可分的领域长期以来收取的费用居高不下，并且逐年增长。调查显示，公众年龄越大，对“节俭生财”这一观点越同意，收入越高的公众同意这个观点的越多。因此，在一定时期内，一定条件下，持有这个观点的公众数量将稳定在一定水平。

很明显,节俭是一种变相的理财、聚财。但如果家庭的生活质量因节俭而降低,因噎废食,节俭则会束缚理财。想想中国人的老话:开源节流。看来,相比较而言,开源的重要性更大。

4. 鄙视专业理财机构或人士

持有这种观点的人不在少数:银行顾问只是为了获利或者销售业绩才向自己推荐某种产品的。因此,许多人不会完全相信理财顾问而说出自己的资产情况。

那么,为什么有如此多的人都持有这个观点呢?因为受计划经济时代的影响,相当一部分企业的服务意识不强。实际情况是,中国的服务意识不如美国强,因此,当有人给自己提供更好的服务的时候,便会产生错觉,不肯轻易相信。那么,问题该怎样解决呢?只有银行顾问增强自身的素质,为公众量身推荐理财产品,才能真正打开理财市场。

我们都需要一位理财师,这是为什么呢?俗话说:"术业有专攻。"若能借助专业的、熟悉理财领域的理财师,在投资理财过程中予以指导,我们就可以减少不必要的消费,及早有所收获。这主要缘于几个方面:

(1)经济环境的变化使大众接受新的理财方式,实现资产保值增值。

(2)市场现有的理财产品,了解、认识、选择它们需要专业知识。普通人要通过学习知识了解产品,成本较高且不易实现,因此,可委托理财师相协。

(3)资本市场变幻莫测,可循的规律不多,尤其是在我国没有完全市场化的资本市场,影响因素更多,理财师经验丰富,能帮助我们在风险中得到报酬。

(4)经济与信息技术的发展,使人们得以接触大量资讯,但并非所有信息都有效,仅靠个人难以甄别,此时就需理财师协助进行筛选分析,提供理财咨询。

(5)个人从事理财规划,往往时间与精力不够。委托理财师操作,在时间、精力与财富增值方面都比较划算。

5. 没空理财

"我没有时间"是现代人最常说的话。因此,很多人认为:"理财要花很多时间与精力,而我没有时间与精力。"

每日忙于工作,常常觉得时间不够用的人,就像常怨叹钱不够用的人一样,是"时间的穷人",似乎都有恨不得把时间加倍的愿望。但上天给予每人一样的时间资源,谁也没有多占便宜。因此,在相同的"时间资本"下,个人的方法很重要,有些人是任时间宰割,毫无管理能力,把时间白白浪费掉了;有人却能"无中生有",将零碎时间有效利用起来;而有些懂得"搭现代化便车"的人,干脆利用自动化及各种服务业代劳,"用钱买时间"。

"时间即金钱",忙碌的现代人更深刻体会到了这一点,每天时间都在分分秒秒的流失,虽不像金钱损失到"切肤"的程度,但是,钱财失去尚可复得,而流失的时间却永远不可能回来。所以,如果你无法有效管理一天24小时,不仅可能和理财投资的时机性失之交臂,甚至还可能一生碌碌无为,可见"时间管理"对现代人理财的重要性。既然想向上帝"偷"时间是不可能的,那么学着自己"管理"时间,把时间用在刀刃上,提高效率,挤时间理财。

点金术:其实,没人天生会理财,能力来自于学习和实践经验的积累,最重要的就是,别陷入自以为是的误区,犯一些不该出现的问题。

使你误入歧途的八种理财方式

家庭理财首先必须避免以下八种原则性错误：

1. 不动用储蓄，借钱投资

有人宁愿借钱也不愿动用储蓄。不错，看着自己辛辛苦苦存起来的钱分文不少地待在存折里的感觉很好，但是，这是在欺骗自己。只有当贷款利率高于存款利率时，才更推崇借钱投资。但除非你能够得到零利息贷款或者信用卡公司提供免息分期付款购物优惠，否则，存款利率永远低于贷款利率。且一般来说，免息购物都有时间限制，一旦未能在期限内将全部货款缴清，贷款利息就会更高。

2. 不重视信用卡上的赤字

很多人因为使用信用卡没有金钱数量观念，如果不认真核对银行每月寄来的信用卡账单，就可能不会发觉自己多能花钱。银行总会把那些看起来很有诱惑力的东西介绍给我们分期付款购买，无论透支总额已经累计多高，“最低还款额”总能让账单看起来微不足道。然而，别的不说，单单是十几、几十期的分期付款加起来，你算过其中有多大的比例为利息吗？

明智的做法是，消费时要看清自己的实力，争取当月的消费当月全额还清，否则，不但要交利息，而且消费积分也白费了。此外，每月的还款金额至少要达到最低还款限额，否则，就只能交纳高额滞纳金。

3. 试图通过借钱来摆脱财务困境

还钱是天经地义的，俗话说，天上不会掉馅饼。银行广告总是在宣传借钱消费能让生活变得多么轻松。但令人感到懊恼的是，贷款，尤其是抵押贷款，其实质往往是以一项大额贷款来偿还多项小额贷款而已，这样的结果，不能解决问题，只能添乱。在很多实例中，人们只能越借债越多，最后债台高筑。尤其是在使用信用卡时，有些年轻人自作聪明，同时申请几张信用卡，到了还款日再相互拆借，但结果只能是用其他卡来还其他卡。而且更糟糕的是，一旦养成了刷卡的习惯，就再也抑制不住消费了。

明智的做法是，无论是申请抵押贷款还是透支消费都应谨慎，都需量力而行。别忘了，银行的钱早晚是要还的，而且，越早还越划算。

4. 认为立遗嘱是不必要的冒险

“死”是不吉利的象征，在身体仍然健康的时候就忙着立遗嘱更是自寻晦气。但我们要以防万一，谁也不想在百年之后还要被家人的财产纠纷闹得在地下都不得安生吧？因此，要及早立遗嘱。因为遗嘱可以保证我们所认定的继承人顺利得到遗产，保证我们的亲人，特别是未成年子女得到良好的照顾。

明智的做法：虽然有多种立遗嘱的方式，但为了不至于发生法律纷争，遗嘱最好经过法律公证。公民申办遗嘱公证，应亲自到其户籍所在地的公证处提出申请，别人是不能代理的。但如果当事人行动不便，也可以请公证处指派公证员到立遗嘱人住所办理。

5. 死要面子，不肯行使自己应有的权利

有些人的看法很奇怪，认为没有能力的人才会去申请公积金买房，因此，申请公积金买房会有损面子。

其实，这样想就大错特错了。法律规定的利益并非施舍，而是每个人应该享有的。别忘了，你是纳税人。既然国家赋予每一个纳税人同样的权利,那你就不要犹豫。实际上,申请公积金贷款买房一点儿也不比商业贷款买房掉价,甚至贷款利率优惠更多,何乐而不为呢?

6. 滞纳养老保险

总有一些年轻人觉得养老金离自己还很遥远。

养老保险是政府通过立法强制执行的一种社会保障制度。一旦滞缴养老保险,就只能面临两种后果:一是退休后领取不到养老金,二是等着以后再用更多的钱把拖欠的养老金补齐。有些人认为,多年缴纳养老保险,而自己却要到退休时方能享受此项福利,因此,认为年轻时这一项缴得越少越划算,但事实并非如此。根据劳动保障部的规定,个人账户和社会统筹组成了养老保险。其中,个人账户中的是个人每月交纳的部分,是个人缴纳养老保险的累积,在本人达到养老金领取条件前不准任何单位使用。换句话说,这就相当于国家强制个人建立一个存款账户,帮你存钱,它和普通的存款一样也有利息。年轻时缴得越多,退休后可领取的金额也就越高。

7. 轻视保险的作用

很多人都认为:"很少发生意外,买保险就是浪费!"但是,自己的未来谁也没法预测。无论你的收入是不是家庭的主要经济来源,现代家庭都需要保险。它虽然不能防止发生风险,但却可以起到雪中送炭的效果,因此,在财力允许的条件下,我们应该适当购买保险,做到未雨绸缪。

明智的做法:目前中国的保险市场什么都有,所以,应在全面了解的基础上,进行谨慎选择。

为确保理财组合平衡及家庭财务安全,购买保险的费用可占家庭收入的10%~20%;如果希望追求一定的资产增值目标,也可考虑分红类保险;如果子女的教育费用已经成为家庭开支的主要组成部分,可考虑购买适当的子女教育保险来支持孩子完成学业。

8. 在房屋维护方面节省开支

"反正我马上就要搬走了,房子的好坏与我无关。"这种观念实在是太落伍了。别忘了,房子的维护情况会影响房的售价——滴水的龙头、脱落的墙皮,你的经济利益与这些小事密切相关。

明智的做法:在房屋正式挂牌出售前应进行适当修缮,妥善保存修缮费用的发票以做证明。要知道,房子的装修程度和房龄影响着房价和出售速度。按照市场惯例,装修折旧一般按5年制计算,折旧方法按第一年10%、第二年20%的递进方法计算。5年以上的装修价格可以忽略不计。

点金术:对于合理的理财方式,很多人都有一点"鸵鸟心理":一方面,会非常谨慎地花费大把精力和时间来进行一项财务决策,但转过脸去又会因为冲动或贪小便宜而糊里糊涂地做出错误决定,最后往往什么也得不到。

需要注意的理财陷阱

理财规划真的有那么重要吗?可以体会一下下面的故事:

有一个家庭原本很幸福:一对40多岁的夫妇,收入稳定,没有小孩,是上海白领阶层的典范。妻子原来在浦东中学教书,丈夫则是上海某报社的一名编辑,而且喜好写作,有额外的稿费收入。

但人生总有不测,妻子在医院查出患了癌症,一年后,丈夫也在单位体检中被查出得了癌症。为了治病,他们花光了所有积蓄,此外,还要支付约30万元的医药费。夫妻俩以前只买过养老保险,但没有买重大疾病保险。两人每月自付医药费高达7000~8000元,但他俩每月只有1800元的病休工资,而且还欠有房贷,家庭顿时陷入了严重的财务危机。

从这个故事中,我们可以强烈地感受到理财规划对于人生的重要意义,因为,这样的家庭财务危机完全可以通过合理的理财方式来避免。然而,理财的陷阱多多,上班族应多加留心。以下就是我们常见的理财陷阱:

1. 糊涂生活

中国老人和外国老人生活完全不同。在发达国家,一些有钱的老人过着让人羡慕的“银发生活”,他们尽情地环游世界,生活惬意而舒适。而在中国,有许多白领一族,年轻时不懂理财,退休后却用他们毕生赚来的养老金投机股市,结果资产大大缩水,随后,也就只能糊里糊涂地生活,大大降低了生活质量。

因此,对于白领一族而言,虽然收入令人羡慕,但你有没有想过,如果有一天面临失业,上半辈子赚来的钱能否解决养老问题?当突发事件来临时,平日稀里糊涂的人肯定会陷入困境。

建议:规划人生理财是对人生进行全面规划的一种方式。首先,理财目标不可缺少,然后,要请专业理财师按照目前的资产状况、家庭情况、收入水平、社会发展等诸多因素来确定合理的理财与生活方式。这其中包括:教育规划、养老规划、投资规划、遗产规划、税务规划、风险管理规划等。只有这样,才可以保证整个人生生活稳定、衣食无忧。

2. 透支健康

钱也有买不到的东西,比如健康。坦白地说,现在有很多人是在用今天的健康换金钱,明天的健康用钱来买。在日趋激烈的竞争环境中,越来越多的白领阶层面临着工作的压力,往往小病拖着不看,不断透支身体,以致生大病后收入受损,财政困难也随之而来。

建议:投资健康亦是一种投资,要锻炼、营养与劳逸结合。为了明天的工作与生活,要适度休息,不能劳累过度。

3. 保险障碍

几年前,人们十分“憎恶”保险推销员。在保险市场迅速发展时期,出现了许多保险代理人。由于代理人队伍素质有高有低,使得许多市民对上门推销保险者嗤之以鼻,由此,也就产生了两种极端的保险障碍:要么一概不买,要么照单全收。

在上文的故事中,或许有人会说,只有缺乏保险意识的人才会做那样的选择。但其实不然,实际上他俩都买了保险——养老保险,可问题是买的不合适。因为,这些保险都不算是“有效保险”。保险的目的,归根到底是转嫁自身风险。因此,在选择保险产品时,应充分认识自己或家庭的最大风险是什么。如果您是一名教师,单位离家很近,很少出差,那么,航空意外险显然不可取。

此外,购买保险时,在认清风险的同时,还需要考虑家庭收入中保险支出的比重,保险费一般以不超过家庭总收入的15%为宜,根据具体情况确定金额,家庭收入稳定的,可以将年薪的6~7倍作为保障额。

4. 过度投资

投资也可能过犹不及,过度投资也是一种不明智之举。

近年来,红火的房地产市场造就了不少富翁。在财富效应的驱动下,有些投资者开始举债投资,购买多套房子以期增值,因此,“负翁”也有不少。但日本、中国香港房产泡沫的历史教训告诉我们:过度的投资,最终会导致财务危机。因此,建议年轻人控制自己的债务。用明天的钱圆今天的梦固然很好,但要有个度。一般而言,家庭债务的合理比例不能超过家庭总收入的50%,否则,一旦市场波动或家庭发生意外的话，就很可能破产。

5. 单一投资

分散是减少风险的措施，因此，在理财时，投资方式不能过于单一。如今市场上的理财产品名目繁多，一些人听到预期高收益率的产品，就立即上前争相购买，却不关注它的风险。遇到市场变化，如股市不好，则马上谈基（基金）色变。于是，总有人在问，现在应该投资什么？他们往往投资方式单一，一旦发生投资风险，就会导致财务危机。

点金术：天下没有免费的午餐，高收益与高风险并存。即使投资安全的产品，如存款，也可能会有负利率。因此，在做理财规划时，要根据自身的风险偏好、风险承受能力、年龄、收入、家庭等情况，兼顾收益与风险来构建一个高效的投资组合，这样获益才稳定。

第四课

男人财商训练

没钱的男人会自贬身价

男人处于一时的贫穷没关系，一时地位低些也没关系，这些都只是暂时的，是可以凭自己的努力改变的。但很多男人因贫穷而自我贬低，甚至有时自己作践自己，于是，自我贬低便成了多数没钱男人的致命弱点。

所谓“自轻自贱”，并不是说人从内心深处认为自己低人一等。事实恰好相反，他们在内心深处还是把自己看得比较高的，只不过在行为上会表现出“不屑”的态度。

这种“不屑”是如何表现出来的呢？最常见的是对他人冷冷淡淡，对事情漠不关心。这表明这个人此时对生活缺乏激情，也许是在生活上遇到了烦心事。其次，他们说话不够慎重，信口开河，胡言乱语，不考虑后果，或者开一些无聊的玩笑。

由于没钱的男人总是往坏的方面、差的方面想，因此，在他们的潜意识里，自己是渺小的、无能的，因而产生自轻自贱的心理。

很多人不是因为被别人看不起而垂头丧气，而是因为自己一直自欺欺人，所以变得无精打采、毫无斗志。这些人将自己身上的缺点和毛病放大了。如果你认为自己满身缺点和毛病；如果你认为自己不聪明，是一个总是面临不幸的人；如果你承认你绝不能取得其他人所能取得的成就，那么，你失败了，只能是因为你贬低了自己。

若你的神色看上去一直是狡黠的，就好像你捡了他人丢失的东西一样，那么，你将会被人们视作小人。的确，别人对你的评价和你自身的成就、状况息息相关，你不可能摆脱这种关系。

若你对待人生时用征服者的态度，就会留给人们这样的印象：你相信自己将来会有所成就，而且，这种信心是坚强有力的，是充满必胜信念的；若你对待人生时用屈服者的态度，你就会以悔恨、自我贬损和避开他人的态度面对世人。正是这两种不同的心态，造成了世界上形形色色的人。

为什么没钱的男人要小心翼翼地跟在别人后面，做人家的跟屁虫呢？为什么你总是亦步亦趋地模仿他人，而不敢向自己的思想或灵魂求助呢？没钱的男人要挺起胸、昂起头来，学会善待自己，好好评价自己，相信自己有能力完成自己心中想做的所有事业。

其实,人生总是不断地重复我们心中的理想图景,一直都在复制我们心中为自己描绘的画像,所有人都不会超越他的自我评价。一个人目前的整体能力是不是很强倒不太重要,因为,他的自我评价将关系到他的努力结果,将决定他是否能取得成就。一个有很强自信心但无多大能力的人所取得的成就,往往比一个具有卓越才能但自信心不足的人所取得的成就更大。

低劣、平庸的自我贬低所产生的有效力量远远比不上伟大、崇高的自我评价的力量有效。如果你拥有的自我评价是伟大、崇高的,那么,你身上的所有力量就会紧密结合起来,帮助你实现理想。因为,人生总是与你确定的理想紧紧相随,我们总是朝着人生目标确定的方向走。

你对自己的评价一定要崇高而且重要,一定要相信自己有非常光明的前途。如果你能坚持不懈地努力实现越来越高的理想,如果你能够孜孜不倦地努力,提出越来越高的自我要求,那么,由此而产生的精神动力就会对你实现自己的崇高理想有帮助。

信心能对一个人产生极大的鼓舞作用,勇气则是人的生命中的一股力量。你的信心越大,富有的未来就离你越近。

点金术:许多男人如果在年轻时适当地调整和加强自信心,那么,他们也能从穷人加入到有钱人的行列中去。

没钱的男人有交际恐惧心理

人生中,很多成功都是从良好的人际关系得来的,而良好的人际关系来自良好的交往。但世人存在着许多冷漠与虚伪,让一些不富有的男人在交往中不断受到挫折,承担了不少压力,最后心灰意冷。于是,恐惧交往的消极心理就产生了,正是由于这些消极心理,剥夺了没钱男人获取成功的机会。

我们在社会上生存,求人办事,难免会碰壁。社会上的一切并不是专为你而安排的,它的运行不可能完全符合你的意愿。但没钱的男人碰壁以后,却疑神疑鬼,投鼠忌器,犹豫不前,这样的人取得成功的可能性很小。

1. 没钱男人的防御心理

大多数没钱的男人习惯于用一种不坚强的心理去探究外面的精彩世界。在这种世界的"精彩"导致他们难以承受的时候,他们自然而然就产生了一种防御与戒备的心理。在他们的心里,世态炎凉、人情冷暖、人心惟危、人心叵测,总是让人无法预防。于是,他们信奉"画虎画皮难画骨,知人知面不知心"的座右铭,相信"逢人且说三分话,莫论他人是与非"的至理名言,从而在进入交际场后,失去对他人的一种深刻、真挚的信任感与坦率感。

2. 没钱男人的居中心理

这是一种能而不为,处事小心谨慎的心理倾向。一个人若拥有此种心理,一方面会对社会、人生、他人当中的一些阴暗面产生一种恐惧心理,因不信任他人而小心翼翼地与人交往周旋,尽量拉开心理上的距离,其理论依据就是"距离也是一种美"。但另一方面,为了避免孤独、消除寂寞,感情、温暖、友善也是他们渴望拥有的。人际交往中持有这种居中心理的人占大多数——对人不冷不热,处事不温不火,心与心的距离不远也不近,不轻易得罪一个人,也不希望拥有知己,抱着顺其自然的态度。

3. 没钱男人的互惠心理

在实惠与情义面前,实惠一般会是没钱男人的选择。因此,在物质与精神面前,没钱的男人容易摒弃精神。

此种功利价值观是没钱男人比较典型的特征。带有这种心理倾向的人，在人际交往中，往往以眼前的明显名利为目的，选择交际对象的标准是能否从他人那里得到实惠，其交际活动带有典型的市侩气息。所谓“穷居闹市无人问，富在深山有远亲”，正好曲折地反映了这种客观存在的交际心理。

4. 没钱男人的等级心理

没钱的男人总把自己等同于一个平民，够不上层次与级别，一旦与不同圈子的人相遇时，便不免自惭形秽，缩手缩脚。

5. 没钱男人容易产生恋旧心理

恋旧的男人不一定不富有，但没钱的男人一般是恋旧的。

只要还活着，我们就必须做人，成为一个有人情味的人，做一个有礼有义的人。因此，没钱的男人要走出以上分析的各种心理误区，在新的时代、新的形势前，敢于面对现实，不惧怕人生的所有严酷与冷漠，以增强自己生活的勇气和信心。既要正确地看待我们生活中的苦与乐、真与假，也要正确地看待和我们时时刻刻在一起的一个人或一群人。

点金术：人间自有真情在，若我们拿出真心，以真情换得真情，就必定能使我们的人生丰富精彩，让身边的人心中暖暖的。

没钱的男人易遭冷落

有些没钱的男人在不知不觉中失去人心，受到周围人的冷落。他们说话没人爱听、观点没人支持，仿佛总有一种不太“合群”的感觉，其实是自己不“合群”，以至别人不屑与之为伍了。

若人们讨厌你，一般是因为你有过错。也许你没有钱，也许你太苛刻、自我控制能力不强，谁同你在一起都会感到阴云密布，可你自己并未感觉到自己的所作所为。你眼中看到的是办公室的人们相聚于酒吧，唯独没有邀请你，没钱的男人因此伤了心。

是什么原因导致一些人到了如此不受欢迎的地步？答案很简单，想一想吧，可能是以下这些原因造成的：

1. 没钱的男人爱抱怨

在现实生活中，人们不喜欢爱抱怨的人。如果你对别人说什么都不感兴趣，那么，别人对你不感兴趣时，你也大可不必惊讶。

2. 没钱的男人爱否定

没钱男人听别人的话，有时容易太过头了。他兴趣昂扬地听着有关行凶或强奸案件的报告。当他人兴高采烈地定完去加勒比海度假的船票后，他会对人说：“听说，一位旅游者在海滩被人掐死后又被分尸了。”要知道，几乎所有人都讨厌专门带来不好消息的人。

3. 没钱的男人依赖心太强

要适度依赖他人，若超过了这一限度而自己又意识不到，人们就会疏远他而去结交新朋友。

4. 没钱的男人要求太多

人们喜欢自我赏识，对别人的发号施令很反感。

5. 没钱男人太苛刻

若一个人时时刻刻都在挑他人的错，朋友们只能离他而去。

点金术：没钱的男人还有许多被人讨厌的原因，但只要他很好地控制自己的感情，就不必担心这些问题。多为他人考虑，就会结下自己的人缘。

没钱的男人交际范围窄

没钱的男人并不缺乏朋友，但是，在他们周围聚集的都是像他们一样不会挣钱的人。在这样的交际圈当中，他们遇到值得学习的人的概率几乎为零。因为，在这样的交际圈中的人身上，缺乏他们所不具备的长处或个性。所以，单从这一点来看，与能挣钱的男人相比，他们就已经输了。不过，并非性格因素导致了此结果，而是由于缺乏交际能力造成的。这就是平时懒于自我投资、缺乏自我磨炼处世本领的男人所遭受的损失。

没钱的男人若将自己身上的特长找出来，自然就能发现自己的不足，或是比别人差的地方。

如果你接受了自己的缺点，别人的价值和长处就会呈现在你面前，而不再只是惧怕别人的能力。在这个基础上，你就能将他人的优点学到手，用来实现自己的目标。

利用别人并不是什么坏事。如果仅仅是为了利己而利用别人确实会破坏人际关系，但是，如果两人能够学习彼此的优点，就可以互惠互利，形成对等并互相激励的关系。

最重要的是，学习别人的优点有利于扩大交际圈。因为，不管是比自己差的人还是比自己强的人，你能够第一时间看到他们的长处，而不会由于自卑变得畏首畏尾。因为没钱而自卑会让你不能以正常的心态和对方交流。

除此之外，有的时候，你遇到的一些人可能会非常有个性，比如大家公认的怪人，或是性格执拗难以亲近的人，或是警惕性极高的人。这些人通常不容易相处，但是，只要你能发现这些人的优点，就能与他们相处愉快。还有，通过网络与不同肤色的人交流也非常有趣，而且，你无法预料等待你的将是何种商机。如果只是跟与自己同一类型、同一水平的人在一起，迸发的想法不会具有创造性。

不论是企业还是个人，会挣钱的个体与广大的人脉资源息息相关。

点金术：只要你将自己的长处了解透彻，那么，即使你现在很穷，也能通过自己的交际手段获取丰富的人脉资源。

没钱的男人如何处世

我们知道，人越缺钱就越怕交际，也就越没发展，从而将越没钱。因此，当你囊内羞涩到只剩一块钱时，你也要与他人共享一根冰棍，以换取别人的真心。没钱的男人之所以不善于与人打交道，是因为害怕自己没有经验，缺乏资本去应酬。其实，这样的想法是不正确的。

社会发展到今天，不只是人们的生活方式在改变，交往方式也发生了变化。只有调整自己，才能适应社会，让自己的生存空间更广阔。那么，每个人都要学会正确的处世待人方法，也就是学会如何交际。如果你不敢处世待人,就意味着你害怕交际。

现实中,这两种关系并不是独立的。有时候,即使是出于功利目的的交往,也会使人彼此产生某种评价、某种感受,引发感情上的共鸣;有时候,交往虽属于情感领域,也会带来双方物质上的支持与互相帮助。人际交往的最基本动机,就在于希望能从交往对象那里获得自己需要的满足。在人的各种需求中,不仅仅有精神需要,物质需要同样不可缺少,因为人是有功利得失概念的。

1. 没钱的男人处世要主动——给别人爱你的理由

人和人之间是互动的、对应的交往。坚持主动原则,给别人爱你的理由,就是说你要先爱别人。交往无论是顺应情感走向还是功利走向,要想顺利并持续地进行,都应先从自己开始。当你成为别人的朋友时,你也就拥有了好朋友。你要想有爱的收获,就需要播撒爱的种子,这与金钱并不是绝对的对应关系。

2. 没钱的男人处世更需要以诚待人

不论交往是以情感定向的还是功利定向的,都需要真诚相待。现代人际交往中,越是坦率承认功利定向上的交往,就越需要真诚。真诚是一条永恒的交往原则,是跨时代、跨国际的,在现代交往中,这一点尤为突出。

3. 没钱的男人处世有距离意识

人际交往既需要拉近心理距离,同时,也需要拉开心理距离。也许,你对拉近心理距离有足够的准备,但并不了解拉开心理距离,怕距离太远了不利于交往。其实,保持适当距离是最佳选择。你不要怕因此而中断友谊,因为,自然的法则是淡淡的花香味更久。

4. 没钱的男人要自立

一个人如果因为没有钱而迷失了自己,生活就会全无意义。传统上,我们缺乏个体独立性,在人际交往中多依赖他人。比如,我们到一个地方找工作,不是先安顿好自己,而是先去找朋友,为了解决住处和工作而向朋友寻求帮助,好像朋友理应承担这份责任。其实,这也是导致处理不好人际关系的原因之一。

只要做到以上这些,男人没钱处世也容易,不花钱照样交朋友!

点金术:没钱的男人要懂得如何为人处世,要会给人爱你的理由,这样才能在社交场所游刃有余。

男人要努力使自己成为“淘金者”

假如你想拥有更大的成绩,就应当意识到在激烈的竞争中,仅仅靠这一点意志与体力是很难取得胜利的。一个成功的创业者依靠灵活、敏锐的头脑和科学、丰富的经营感觉决定胜负。我们要不断地接受新的东西,磨炼经营感觉,培养掌握许多与经营感觉相关联的东西。怎么看待每天不断更新的事物,怎么吸收,对眼前的事物怎么感受、怎么思考?要在这当中好好磨炼自己。

纽约的一位富商吉姆·道格拉斯的奋斗史,可能会给我们一些启示。

他刚来纽约时,只是在商店里替人扫地,薪酬一周只有6美元。他的一个朋友对他说:“你这工作既累又不挣钱,每天加班到深夜,这样有什么意义呢?”道格拉斯不同意他的看法,他觉得任何工作都是一个学习的机会。即使是在店内扫地时,他也在学习老板与客户打交道的方法。他总是在不断地观察、学习、总结,不工作的时候,他就试着与客户交流,了解他们的消费观念和消费需求。有时,他也会向老板问一些关于经营的问题,时间久了,他就积累了许多经商的经验。虽然当时只有6美元的薪酬，但他却学会了经商的方法。他以后的成功，很大程度上得益于他在商店扫地时的自我训练。

多问"为什么"，对于一个创业者来说很重要。关于"为什么"的思考是探究事物本质的出发点。比如，在咖啡店喝咖啡，觉得很好喝，这是不善于思考的人给的回答。即便稍好一点的人，也至多是对朋友亲人说"那儿的咖啡味道不错"，仅仅起到一个传达信息的作用。问"为什么"的人会去思考咖啡好喝的原因，确认其是用什么煮的，探究咖啡豆的种类和搅拌方法，还会找机会与老板探讨探讨。经过进一步探究，会明白除了咖啡本身的味道差别，店内的环境及氛围也起了作用。就这样，对"为什么"的思考深入下去，从感到咖啡好喝入手，就会得到各种各样的情报。

分析性、创造性和实践性，是一个人获得成功的不可缺少的因素。

名古屋的商人尚学录，他的学问与金钱虽然不多，但是，他有善于搞策划的能力，这就是脑本钱。十多年前，当他还在当机械外务员时，就意识到日本的毛纺织业比欧美落后，他认为这个行业颇有发展的余地。有一天，西德那边来了一份商品目录，其中有新开发上市的一台2000万元的新型羊毛纺织机械。他比别人更懂新机械，为了进一步了解详情，他立即开展行动，对日本的毛纺织业进行了很详细的调查。当他深入了解了纺织工厂后，又知道用西德的这项新机器，生产成本大约可降低三分之二，但生产率可能会成倍提高。但是他并没有向日本人推销这种新机器，他把这些新产品目录及对于如何经营纺织工厂的构想带上，去找住在日本的一位韩裔富翁林伯态先生。林先生对纺织虽然一窍不通，但一经尚学录的解释，大喜过望，马上采用了尚学录的想法，开工厂，从西德购入4部机器，在名古屋市设立羊毛纺织公司，由尚学录出任总经理一职。原本默默无闻的外务员，摇身一变成为大工厂的经营者了。

一个人如果从来都没有想过成功，即使财富就在他跟前打转，他也会视而不见；而一刻也不停地去寻找机遇以获得成功的人，远远地就能嗅到金钱的气息。笨男人未必智商低，但在财商上，比起那些感觉灵敏、很会整合资源的富人还是差了一些。培养自己对财富的嗅觉，可以从每一个时段、每一种行业开始，借用一句广告语：今天，你又发现了吗？

点金术：同样是在街上漫步，无心的人一般是没有什么感受的，而有心人，比如常常求新的创业者，就会把一些事物和现象牢牢地刻印在大脑里，时刻为自己补充能量。

时间就是金钱

"时间就是金钱"的口号已经喊了很多年了，现在，它给我们的冲击力，显然不如刚提出这种概念时那么强了。在很多人的印象中，这也就是一句话而已，不值得过分关注。真正把时间等同于金钱的，还是那些精明的犹太商人。

一个犹太富商曾做过这样的计算：他每天有8000美元的收入，那么每分钟约合17美元，如果别人浪费他五分钟的时间，就相当于自己的85美元被盗窃了。

在中国人眼里，这是一种太过于计较的态度。但是，问题的重点在于：要树立起正确的时间观念，把时间就是金钱的口号落到实处。在生活中，我们不光要对金钱锱铢必较，在时间问题上，也要拿出分秒必争的态度。而实际上，我们往往是对金钱看得过紧，对时间却过于放松。

富人的时间和效益是可以直接挂钩的。相比之下，穷人的生活就缺少这种节奏和变化，穷人的日子明天和今天差不多，后天又和明天没什么区别，从来没有什么重大问题等着他们去处理，也不用去签十万火急的合约。这样一来,时光就漫长得很,穷人缺的是银子,多的是日子。不知道你是否注意到,在经济发达地区,人们的行走速度普遍要比经济相对落后地区的人快。在纽约、香港等地的闹市区,人们永远都是步伐飞快;而在一些小城镇,大家却往往举止懒散,一副来日方长的样子。

在时间问题上,穷人比富人的节奏慢还只是其一,后果更严重的是,穷人对时间重要性没有足够的认识。拿生活中最常见的彩票问题来说,穷人和富人对它绝对会有完全不同的看法。调查发现,玩彩票与一个人的净资产水平之间有明显的反比例关系。对这件事,穷人的想法是拿钱买运气,反正一周不过几元钱,也不会伤筋动骨。富人考虑的就不仅仅是钱的问题,他们更重视的是时间的投入。应该把买彩票的交通时间和排队时间都算进去,假如花10分钟买一张彩票,即使一周只买一次,一年也要花去500多分钟,折合9个小时。这实际上就等于每年花500分钟的时间去做一件听起来要赢一罐黄金,实际上却几乎没有可能性的事。富人的作风是务实的,既然坚信自己赚钱的实力,他们肯定不愿意每周都耗费一定的心力和时间,而回报仅仅是一种憧憬。他们完全可以拿这9小时去做一些更有益的事,比如工作、学习、与家人和朋友聚会。

这种观念反映在实际生活中,往往是富人为了赶时间不吝惜金钱,相反,穷人则花费大把的光阴去省一点点小钱。让我们来看下面两个例子:

有一辆开往温州的中巴车,车速比较慢,同车有10个急着去温州卖货的商人,本来互不认识,但当即有人牵头,每人40元,一共集资了400元,让司机违章超车,以备罚款。于是,中巴车一路狂奔而去。

在一个城郊的居民区里,每天早上人们都排起近50米的长队,等候1个小时购买一份2.80元的早点。而50步之外,就有一个餐馆,如果去那里,立刻就能吃上饭,只因为价格贵了2元,场面就冷清得多。

从交通安全上来说,当然不能效仿那几个温州商人,但他们做生意的时间意识却可以给我们一个很好的启示:时间有限,它能创造出无限的价值,如果我们能把眼光放得长远一些,无疑就向成功迈进了一步。

而另一方面,大多数人又陷入了一个“时间廉价”的怪圈里。因为他们的时间是廉价的,所以他们喝酒、打牌、侃大山、晒太阳,把大好的光阴浪费掉。因为他们的时间没有创造出相应的价值,导致他们的身价再一次贬值。

点金术:钱是可以借用的,但是,时间借用不了。因此,时间远比金钱宝贵。

养成节约的习惯

世界上最富有的犹太人出门买东西,无论花费多少,都一定要有账单。所以,许多犹太人到一些地方,看到餐厅竟然没有账单,就会觉得有些不可思议。许多民族对待金钱的态度比犹太人马虎得多。一位希腊人去餐厅,每次吃大致相同的饭菜,但每次结账,价钱都不相同。他的犹太朋友听后很生气,要追究到底。希腊人说:“这么一点小钱,何必认真?”犹太人一边摇头,一边向上帝祷告。

犹太人很吝啬吗?其实不是,他们只是想让钱花得有价值。犹太人认为这是他们最大的优点,是重视金钱的表现。

富豪保罗·盖蒂被人称为野人,他是一位精于计算,充分利用每分钱的人。

在伦敦，保罗住在里兹饭店的最小最便宜的套间里。他出差时，就要求改写邮件，而不是装入新信封寄出，因为这样可以节省邮资。即便在蜚声国际之后，保罗仍然不喜欢为聚餐买单，所以他很少这样做。有一次，随笔专栏作家马克斯·韦尔交给保罗一张账单，安排他为一群国际人物付账单。保罗却十分吝啬地仅仅留下了自己的那一份饭钱便扬长而去，任凭马克斯·韦尔暗自生气。

保罗曾经在萨顿庄园里装有一部投币电话，它被装在公共场所的墙上。庄园里的各个部门，仅有几部普通电话并且还装上了锁，内部人才有钥匙。

保罗这样解释电话上锁的原因："第一，萨顿庄园不是我私人的，而是保罗石油公司的。因此，萨顿庄园实际上属于保罗石油公司的股票持有人。第二，萨顿庄园开放后，人来人往，有些是来拜访的商界人士，有些是来改装的工匠和工人，还有一些是送商品来的店员。第三，萨顿庄园里的电话费突然增高了许多。原因很简单，电话是免费的，各种人都利用这种机会打电话。他们利用萨顿庄园的电话打给日内瓦或乔治亚的女朋友……他们的电话费却由萨顿庄园来付。"

这就是富人们对待金钱的态度，当公司扩张时，他们绝不吝惜金钱的投入，但前提条件是这种钱必须花得有价值。而他们在生活中看重每一分钱的态度，则反映了富人的金钱观。只有一个人真正珍惜金钱时，金钱才会真正地体现价值。

为了获得独立，生活上量入为出是必不可少的条件。要节俭并不难，只需要一般的力量和普通人的克制能力。实际上，节俭只不过是秩序原则在正常事务管理中的运用：它意味着适度安排、合理规划。

许多人对随手扔掉的零钱不屑一顾，对一些小额支出不当回事，便注定了他们以后的拮据生活。节俭是我们最实用的励志课之一，节俭是在责任心上向富人看齐，恒久坚持。

实际上，很多富人并不是站在巨人的肩膀上。很多大富豪都是从伙计做起，著名政治家可能曾经是小职员，很多将军也是从小兵做起，很少有人一走上社会就真正"做大事，赚大钱"。所以，如果你没有优越的条件，也没有良好的家庭，"先做小事，先赚小钱"绝对没错。你绝不能拿"机遇"赌，因为机遇是偶然的。

"先做小事，先赚小钱"最大的好处是可以积累工作经验，同时，也可以借此了解自己的能力。当做起小事来顺当时，就可以做大事。赚小钱既然没问题，那么赚大钱就不会太难。何况，小钱赚久了，也可累积成"大钱"。

此外，"先做小事，先赚小钱"还可以培养自己踏实的做事态度和良好的金钱观念，这会为以后做大事打下基础。

你千万不要自夸自己只赚大钱，而不屑做小事、赚小钱。要知道，连小事也做不好、连小钱也赚不到的人，别人是不相信你能成大事、赚大钱的。

点金术："不做无把握的投资，节约一点一滴，使每一分钱都有价值。"这条定律既适用于白手起家的年轻人，也适合富可敌国的人，因为，很多富可敌国的巨富都是按照这条定律走过来的。

管住自己，把钱的价值发挥出来

那种有100元去饭店、有10元钱喝啤酒、哪怕只有1元也要将它花掉的人，在城市是过了今天不想明天的街市闲人,在农村是流浪汉。我们若想改变自己的生存状态,就应该脚踏实地,凡事都要有所节制。

藤田田是日本麦当劳的巨头,创造了麦当劳在日本的奇迹。据报道,他手下的麦当劳分店在日本星罗棋布,营业额已经突破40亿日元。

藤田田1965年毕业于日本早稻田大学。毕业后第六年,也就是在他31岁时,麦当劳来到日本。当时日本的快餐连锁开始兴起,田田对麦当劳的发展态势很看好,他终于决定在日本开创此行业。

但根据麦当劳总部的要求,要申办麦当劳连锁店有两个条件:一是必须有75万美元的现款;二是必须有银行的信用支持。条件非常苛刻。可是,他当时打工六年,存款不足5万,怎么办?

藤田田不甘心失去这个机会,他鼓起勇气找日本住友银行,希望以自己的诚挚争取得到帮助。

在谈到自己只有5万元存款时,藤田田恳切地对总裁说:"先生,您可以听听我如何存下5万元吗?"

"可以。"总裁欣然表示同意。

"那是我6年中按月存款的结果。"于是,藤田田开始叙述,"这6年里,我每月都要存下工资的三分之一,从不间断。6年里,我无数次面对过度紧张或手痒难忍的尴尬局面,但我咬紧牙关,挺了过来。因为,在跨出大学门槛的那一天,我就立下宏愿,要在10年内存下10万美元,然后,自己创业,出人头地。现在,我找到机会了,要开创事业……"

送走藤田田后,总裁立刻开车找到他所说的那家银行,柜台小姐听完来意后,兴奋地说:"哦,您是问藤田田先生哪。他可是我见过的最有毅力的年轻人。6年来,他真正做到了风雨无阻、准时来我这里存钱。老实说,这样严谨、诚信的人,我真是佩服得五体投地!"

这样的评价使总裁动容,于是,他决定坚决支持藤田田开拓麦当劳。

很多人习惯于把他们所赚的钱用于眼前的吃喝,直至挥霍一空,这种习惯让他们陷入被动中。对那些心存大志的人来说,正当挣钱和合理使用是极为重要的。要想正当赚钱,就要吃苦耐劳、坚持不懈;而合理使用,是精明能干、富有远见和自我克制的体现,只有做到这些,才能培养刚毅的品格。

海产大王蔡继有生于1930年,原籍广东中山,祖先世代务农。由于家庭状况不佳,他读了两年书就辍学了,帮助父亲耕种和捕鱼捞虾。

蔡继有长大后,开始为一家鱼类批发商打工,他每天用自行车驮着水产到拱北卖。在做小商贩的过程中,蔡继有注意到水产批发行业很好赚钱,于是,他很快取得了行商证。然后,他开始往来于大陆和港、澳之间。1950年,蔡继有进军香港,他把赚到的钱全都存起来,1954年,他又到澳门开阔视野。

在澳门,蔡继有的房租是每月10美元,一家人省吃俭用,煮饭用木糠代替柴火,吃便宜的碎米,把钱都用在事业上。1956年,经过两年苦斗的蔡继有生意大有起色,便和妻子及三个子女换了房间,月租20元。但除此之外,蔡继有在生活上仍例行节约,把钱全部投在事业上。1957年,蔡继有在西环开办了自己的鱼档,做批发生意。

那些信奉今朝有酒今朝醉的人,表面看来享受了人生,但这些享受是暂时的。经济危机、信誉危机和碌碌无为的空虚感,不久就会到来。你只有把钱用在正当的投资上,才能保证人生无忧。

点金术:能成大事的人,首先要很好地控制自己的欲望,在我们缺乏资源的时候,更要合理经营手中的资源。节俭对成功人士来说,是不为表面上的奢华所动,坚持物有所值的价值观;对普通人来说,则是自律,能够培养做富人的素质。

要学会量入为出

随着穷人与富人概念的模糊,很多高薪族总是没钱,还经常借钱,挣得不少,花得更多。有钱时他们什么都敢玩,什么都敢买,没钱了便哀叹一贫如洗。拿着丰厚的薪水,却打起贫穷的旗号,这就是诞生于写字楼里的"穷人"。他们往往生活很独立,其中又以单身男人为多。他们可以无牵无挂地花钱购物、玩乐,过"有上顿没下顿"的生活。花钱给了他们快乐的感觉。他们消费各种与原始功能无关的附加产品,甚至广告。因为他们拥护精致文化。

这种生活态度看起来挺现代,其实却隐藏着深层的危机:时光如逝水,不再年轻的你怎么度过余生?

成熟的人绝不会为了面子"装阔",会赚钱才能拥有快乐的人生。世界上最会赚钱的人,无不是最会花钱的人。小气,并不是讽刺,这是有钱人的看家本领,精打细算的人生才是真实的。

有一位身兼数家大公司的董事长,经常被人称为"小气财神"。他和朋友去餐馆吃饭时,大都随便点一些菜,并不讲究要多少名贵的菜品。有些人则不行,本来不如别人有钱,却担心招来轻蔑的眼光,硬要点一堆名贵菜。

如果你再留心看那些旅游观光的外国客人,他们的穿着打扮都随和普通,甚至不修边幅。事实上,这些人中不乏富豪。

男人都是有虚荣心的,刚赚了点钱的年轻人,却非要请朋友吃高级餐馆,入高级歌舞厅。有些蜗居在十几平方米小房间的男人,却非要倾其所有积蓄买一部汽车带着女友玩。试想,这样的人又怎能不穷呢?越装阔越穷,越穷越装阔,这就是贫穷的恶性循环。

无论在什么情况下,消费的时候都不能倾其所有。贫穷是人类的敌人,它会破坏人们的自由生活,并且,它会阻止人们实现自己的价值。节俭带来安逸,而且它是一切善行的基础。

如果你是"月光族"的一员,就要学会规划自己的金钱,遏止不必要的支出。其实,这件事做起来并不像想象中的那么难,甚至不用多久,你就会为自己的精明而骄傲。

在消费方式上,我们最应该牢记的一句话是:收入高于支出才能免于烦恼。

著名的成功学大师卡耐基曾经每小时只赚5美分,但他仍然可以计划消费,让自己的生活稍有盈余。所以,能否打理好自己的收入,与赚多赚少无关,关键在一个人对金钱的看法、对生活的态度。一般来说,每年都能存些钱是最好的。如果自己想转换工作环境、进修或者创业,手中有一笔钱是相当重要的。

点金术:量入为出代表着一种自我克制,这样自律的人可以为实现自己的财务独立打下良好的基础。

用知识武装自己

一个人一定要拥有渊博的知识,有了知识,他可以放眼世界,站在经营大师们的肩膀上俯瞰脚下的金钱,还可以从世界巨富那里取经,学习他们的挣钱秘诀。而一个学识浅薄的男人,很多方面都不如学识渊博的人,具体到经商活动中也会失败。犹太人正因为拥有如此广博的知识,具有高智商的头脑,才能在生意场中久战不衰,成为公认的"世界第一商人"。在犹太人眼里,知识和金钱是成正比的,若想在生意场中少犯错,就应努力学习各种知识,拓展出广博的知识面。这既是能挣钱的根本保证,也是商人的基本素质。

当今世界,依靠知识致富已不是天方夜谭。这其中,最令人崇拜的人是比尔·盖茨。这个1955年出生在美国西雅图市的"知识财富巨才",20岁从哈佛大学退学,以400美元创办"微软公司";27岁就已经登上了著名杂志《金钱》的封面;39岁时,以个人净资产100亿美元成为美国首富;40岁时,财富已经达到120亿美元,成为世界首富,被誉为"20世纪最伟大的计算机软件巨人"。目前,盖茨仍是全球最富有的人。在美国,其影响力仅次于总统。盖茨对IT业的发展贡献了很多力量,美国政府及时因势利导,促成了全国性的知识经济的形成和几乎成几何级数的膨胀,美国经济因此也有了长达10年的迅猛发展,其国民总收入超过了世界总收入的30%。随即而来的,是知识经济被传播至全球。

以知识为武器而跳槽加薪的事例不少,原外经贸部参与入世谈判十多年的处长王真,被国际著名的慕尼黑保险公司以百万年薪聘为驻华首席代表。广东众多企业开出六位数年薪,在全国范围内打响了一场专家型人才的争夺战。据2002年美国的一份调查显示,按平均计算,学历与收入是正相关的关系。该国的中途辍学者一生收入大约为100万美元,中学毕业者为120万美元,大学毕业者为210万美元,博士毕业者为340万美元,专业学位者为440万美元。这些都说明知识越丰富、学历越高的人,挣的钱也会越多。上海已经明确规定了人才的价格,即招工单位已对各类毕业生的月薪明码标价。过去曾有人说"知识就是力量",然而,现在的情况是:知识等同于财富。

点金术:古人云:"书中自有黄金屋。"知识与金钱是成正比的,知识是财富的源泉,财富是知识的成果。男人如果有丰富的知识作基础,赢取财富也就不在话下了。

挣钱要有创新思维

总是跟着别人干事情,做别人正在做的买卖,是很难干出大成绩的。男人应该多思考,勤动手,善于发现尚待开发的领域,找到别人尚未发觉的挣钱领域。

1992年12月,中国著名的卫星发射基地西昌发射场汇集了很多媒体,全世界的广告人都不由得赞叹:这是创世纪的广告创意大手笔。随着"澳星"被"长征"火箭射到太空,广告客户的形象在举世瞩目中扬威四海,同时,也成就了一个年轻人。

他叫李光斗,当时只有26岁。他就是整个发射现场广告的策划人。那是1992年3月22日晚,李光斗正在收看中央电视台的节目:中国为澳大利亚发射第一颗通信卫星。也就在这一刻,一个想法顿时蹦入他的脑海:为什么在澳星发射现场看不到广告呢?这可是做广告的最佳时机。当中国第二次为澳大利亚发射卫星时,他的广告设想成熟了。

1992年11月7日,北京的各大报纸刊登出了《澳星发射现场首次招揽广告》。消息一出,众多企业争相报名:五粮液、万家乐、小霸王……这些国内名牌企业纷纷在最短的时间内作出了赞助广告的决定。广告的具体操作由李光斗所在的公司全权负责。经过长时间的选择和策划,在"澳星"发射前夕,五粮液、万家乐、小霸王等公司的数个20多米的广告牌被固定在了火箭发射架台上。

12月14日,火箭发射架上有两条显眼的广告条幅,"澳星"由广告簇拥着,在正午的阳光下,与长征二号火箭徐徐对接,众多记者纷纷按下快门和摄影按钮,拍下了这一历史性时刻。国内外的媒体也争相报道了这次航天广告的出现,人们为此议论纷纷。"澳星"加上广告,顿时成了舆论的焦点。

早在 1991 年 3 月,李光斗就被安排做怡华集团公共关系部的整改工作,负责这家拥有二十多家子公司的企业集团的公关事务。后来,他做了怡华公司的法人代表。秘书问他:开了公司,要开设银行账号,没有钱怎么办?注册资金是向总公司借的,已经还掉了。于是,他掏出了口袋里全部的钱——88 元人民币,嘱咐秘书兼出纳存入银行。由此,他是全球最寒酸的老板:一无流动资金,二无专业人才,三无固定客户。

广告公司要想生存、发展,就一定要另辟新路。他注意到世界一流的广告公司总是把策划大型的广告活动列为重中之重,通过策划各种大型国际项目的机会,比如奥运会、国际博览会等盛会来提高企业的知名度。因此,他这个学新闻出身的人就想把广告和重大事件联系起来。

广告要广而告之,让大众传媒和民众都知晓,重大的历史事件可以满足广告这方面的要求。因为此时的受众注目率达 100%,正是宣传的最好机会,他在寻找这样的机会。机会终于被他抓住了,就是那次澳星发射。这次的广告给李光斗带来了甜头,使他坚定了“不做则已,一做惊人”的广告理念。

每年的“两会”长达半个月,众多电视台都会做报道,而此时的电视收视率也高得出奇。李光斗又把目光瞄准了两会现场。

中央电视台的现场直播是不允许插播广告的。所以,就不要想把广告牌放到人民大会堂里了。但是,他发现,记者是这些场合最活跃的人,而新闻记者中最抢眼的是摄影记者。于是,他以迅雷不及掩耳之势做了一些摄影 T 恤,背心印有“小霸王”及其商标,派人送到北京。

通过电视转播,这些广告一下子吸引了千万人的注意,众多新闻报纸又报道了一番。

寻找新意就是要不走寻常路,走与常人不同的路。这就要求男人有丰富的想象力与创新精神,不要在“一棵树上吊死”,而要换着路子走,另辟新路。有道是“条条大路通罗马”,会挣钱的人是不在一条路上堵死的,认准目标,旱路不通走水路,大路不通走小路。如此,就会有新的点子产生,带来全新的结果。

点金术:如果你想成功,就应该朝新的道路前进,丢掉已经被踩烂了的老路。找到新的道路,能够更快地走向成功,挣钱也是一样。

Financial Quotient

第五课

女人财商训练

经典哈佛财商课

理智消费

休闲时光，女人往往酷爱逛街，不仅能够放松疲惫的身心，还能够购买到称心如意的衣物。因此，女人永远都对逛街乐此不疲，说白了，消费对女人而言是个永恒的话题。

如果你能够理智消费，做好财务管理，就肯定不会在消费方面栽跟头，小钱也会随之积累。只有精打细算，才能将钱积少成多。

1. 理性消费，精打细算

很多白领女性、成熟的单身女性，甚至年轻的妈妈，正是由于不节制的消费，最后变成"月光族"、"透支族"，甚至是债台高筑的"负债族"，然后跻身"跳楼一族"。看来，女性朋友一项非常重要的理财课题就是合理睿智地进行消费并且搞好财务管理。因为，花钱消费的目的是为了让自己的生活过得更好，而不是让自己背负债务，或者在年老之时丧失养老的应有储备，那真是得不偿失！

青子的月薪虽然逾万，但是3年下来，其信用卡上却有着将近5万元的赤字。因为做出口工作的她，有时接到一张大订单，奖金马上就有几万块，所以她觉得赚钱很容易。然而，由于工作的压力，她会冲动地购买名包、服饰、首饰等奢侈品犒劳自己，信用卡一刷就是成千上万，但又没有记账，结果每个月赚1万多，有时候却要预支下个月的工资。年逾三十，随便换工作对她而言有难度；男友也受不了她的消费方式，感觉未来的前景渺茫。为此，她开始陷入财务和爱情不顺的痛苦深渊中。

理性消费是如何做到的呢？

(1)要有预算的观念

购物是一件让人心旷神怡的事情，聪慧的女性在这方面往往精打细算，省钱购物，让自己在买东西时省下"小钱"，然后让"小钱"滚"大钱"，这样才不至于看着刷爆的信用卡和每个角落里堆着的东西而慌神。

(2)追查你每一分钱的来龙去脉

要想追查每一分钱的来龙去脉，做好存折管理是极好的方法。现在大部分人都把钱存在银行，存折会记载你在银行所有资金进出的记录。每个星期至少刷一回存折是聪明女性之举，她们经常在网上银行查看金钱进出的往来状况，只要几分钟的时间，每一分钱的去向就能了如指掌，进而提醒自己要开源节流。

（3）养成记账的习惯

聪明的女性对自己的收支情况比较敏感，身边总是有一个小账本，把每天的消费支出都记下来，然后每个月进行比较总结，了解一下花在哪些地方的钱比较值，反之则不必。然后在下个月消费时加以注意，从而节省开支。收集发票也是一种简单的记账方法，因为支出复杂的情况往往发生。将发票按日期收纳好，不但可以兑奖，还可以从中分析自己在衣食住行上的花费，成为小富婆也就指日可待了！

有人说，美丽的女人懂得投资外在，而投资内在则是聪明女人的举措！做个内外兼顾的美丽女子，做好预算，把钱花在刀刃上，是最基本的理财功课。要想使每一分钱都在人生中起到恰到好处的作用，就要优化自己的理财观念。

2. 拒做“Buy”金女

倩倩在上学期间是个典型的“Buy”金女，每次一闪过购物的念头，便会兴高采烈，走过的服饰店，她每家都要进去看看，还要试穿好多衣服。看到试衣镜里的美装，她二话不说，非得买下来。

每次逛街，她总是满载而归，大包小包挂遍全身。次次的高消费让她苦不堪言，却又没有办法控制，每当花完钱之后，抑郁的心情也随之蔓延。可是，她买的很多衣服连一次都没有穿过，买的那些首饰基本上也从来都没有碰过。

工作之后，父母断绝了金钱供给，她也知道了钱的来之不易，慢慢地，她拒做“Buy”金女。因为她深刻地知道了做“Buy”金女的辛酸：付出了不必要的感情和时间不说，金钱也打了水漂。

多年形成的习惯并不是那么容易改变的，每当她抑制不住消费念头之际，就把朋友约到家中，或者和朋友出去爬山，花费大大减少。偶尔出去逛街的时候，也绝不大扫荡般地往家扛东西了，而是斟酌一番再做决定，看看买的东西是否会“长年不动”。

渐渐地，在买东西上，她不再是“Buy”金女，并且随着良好习惯的养成，合理消费在她的整个行为习惯中凸显出来了。

有一次，她接到银行发给她的一份信用卡开支年度分析表，从这张表中，她发现通讯费用是自身最大的花费，仅次于房贷支出。除了经常打国际长途电话之外，有时在固定电话旁她也用手机拨号，这样一来通讯费就多了。

在看了这张分析表之后，她立即购买了一张 PHS 手机卡拨打电话，原来的电话只用来接听，以此节省通话费。同时，还用 Skype 和国外通电话。这样一来，每个月的几千元钱就轻易省下了。

聪明消费，拒做“Buy”金女，哪里该用，哪里不该用，应有严格的界限。理智一点，聪明一点，克制一点，这样金钱就会慢慢积累起来了，宽裕的生活也就指日可待了。

点金术：美丽的女人懂得投资外在，而投资内在则是聪明女人的举措！

别被卡“卡”住

有些女人花钱如流水，一到消费市场便大肆消费，把疯狂购物看作是疏解压力的唯一方式。对于自己想要的东西，不论金额大小，刷爆了才甘心，仿佛刷的卡并不是自己的卡。

信用卡、优惠卡、贵宾卡，这个时代，只要你一出门，“卡”的陷阱便层层包围了你。刷卡消费固然风光便利，然而手中的钱却在不知不觉中流失了，烦恼只能独自品尝。需求是消费的唯一理由，这一点女人一定要清楚，千万不要被那些小卡片套住。

1.“管”好信用卡

钱包里揣着几张卡是现代女性的特质。各大银行的信用卡是卡族的主力，其他各种名目繁多的优惠卡、贵宾卡就更加数不胜数了。名目繁多的卡片都是吃钱的，不知你是否感觉到了，你的钱就是它们最好的营养品。

很多女性喜欢逛街购物，看到喜欢的东西不论金额大小都刷“卡”。假如你是她们中的一员，不同的是每一次全额缴清欠款对你都不是太大的问题，那真要恭喜你，因为你是一位能充分利用信用卡的消费者！倘若上述的特性你全都具备，可是每次却只能负担最低应缴金额，并且还继续累积高额的利息，那么，你并不是在“用”信用卡，只能说是信用卡已经把你给套牢了！

许多人容易被欲望所迷惑，再加上大手一挥之际我们并看不到票子的流动，也没有付钱的感觉，所以很多人容易刷卡过度。尤其是女人，更加感性，刷起卡来毫不手软，最后导致无力偿还。这种时候，多数女性朋友们会选择开其他银行的信用卡，拆东墙补西墙，滚雪球般的利息随之而来，一旦出现突发事件，她们就只能捶胸顿足。

梅娇是一位快乐的单身女郎，没交男朋友，自己也赚得来钞票，很轻松。开始的时候她花钱就已经比较大手大脚了，后来经朋友介绍办了张信用卡，她从此喜欢上了购物一刷的快意。她每天都很认真地工作，下班后就疯狂地逛街，一旦逮着了中意的东西，她就开始狂刷，从来不管刷卡记录。她几乎每天都穿着与昨天不同的衣服上班，同事们艳羡的眼神让她愈加感到无限风光，因此不由得得意扬扬。

慢慢地，她发现自己的工资已经满足不了日常的消费了，多起来的却是信用卡当中的欠款。可是这种消费习惯她已经习以为常了，一到商店就情不自禁地拿出卡来刷，信用金额用完后，她拆东墙补西墙，继续开通了别的信用卡。最后由于银行催款，她把自己的家都卖了，还跟别人借了一大笔钱，勉强还上了所欠的资金。她所在的企业也因为她的挥霍行为而认定她没有自制力，因而开除了她，更别提她在银行中的信用点数了。

从此，梅娇开始了自己的另一份工作，但由于没有自己的房子，历经种种痛苦，她终于彻底脱离了刷卡的魔咒。

许多人往往无法控制住购物的欲望，结果一发而不可收拾。刷卡支出的不是现金，人们感觉不到钞票出去了的可惜，有些女性朋友很容易就超额刷爆了卡，使不当消费成了一种恶习，从先享受后付款变成了先享受后痛苦。一旦无法付清全额的账单，就得动用循环信用，支付未付清的账款产生的利息，新利息再滚进账款，进而影响了个人信用。现代的信用消费使我们的消费变得更为便捷，但是，每一位女性朋友都应该思考：“这些虚拟的货币交易真的对自己合适吗？”除非自己能做好信用卡管理工作，才不至于陷入消费的陷阱。

是不是你也在拿到信用卡账单的时候对自己消费的大额金钱不知所云？或者在刷完信用卡之后，随手就把签过名的收据丢弃了？正因为“理债”比“理财”更为要紧，现代女性朋友在使用信用卡之际做好支出管理就变得尤其重要。

2.“理”好信用卡

“管”住自己刷卡的关键在于少刷卡、少刷不必要的卡、刷的金额也不要超支，而“理”好信用卡则是要在刷完信用卡之后，建立结算机制，管理好消费小票。还可以在每月底或者每月初的时候统计缴费的金额，打印相关消费记录的消费清单，对不必要的开支要警醒。这样一来，既可以保证所刷金额与卡内扣除的金额相同,也可以使你意识到哪些消费是占支出比重的大块头,超出预算的部分可以通过减少哪些方面的支出来抵消。

如果每月一次的对账不能很好地督促自己的消费,那么就要因人而异地想出点子来,比如缩短到十天或者更短对一次账的好办法。只有及时地回顾自己的消费情况,你才能更好地把握住自己的钱袋。如果信用卡成了你的提款机,动不动就去取用,那你马上就会踏入负债的漩涡之中。

我们了解到很多人的包包里面都揣有若干信用卡,它们颜色各异,有工商银行的、建设银行的、农业银行的、招商银行的……不足为奇。这其中有一部分是因为银行扩大业务,大肆鼓励办信用卡。银行的目的仅仅是扩展自己的业务范围,给年轻人传播提前消费的观念,同时放宽办理信用卡的限制。国内银行相较国外,信用管理机制不健全,导致了信用卡的泛滥,一些人因此成了时代的牺牲者,过的是自己感觉的舒坦日子,花的却是人家的钱。虽然别人的钱花得很痛快,享受了奢侈的生活,但是人人平等是现实原则,你必须为你的超前支出付出高昂的代价。

女性们对各种会员卡、打折卡可谓情有独钟,她们拥有数张各式卡片早已不是什么稀奇事儿了。许多情况下,用卡消费确实能省钱,但有些时候用卡花的钱更多、给你的诱惑更多。有的商家规定,取得会员资格的途径是消费必须达到一定金额,如果单单是为了办卡而突击消费,就不一定省钱了;这些商家策划的优惠活动,譬如回馈会员等活动,实际上并不比其他普通商家省钱;还有一些美容、减肥的会员卡,以超低价吸引你把钱乖乖交出来,然后一走了之,或者服务大打折扣,让你的会员卡变成废纸一张。

女性买东西,多喜欢成群结伙,大家议论纷纷,对商品进行一番点评。事后如果买得满意,又受人夸奖,还会为商店和所买品牌打起广告,大肆吹捧这是好东西,劝自己的小姐妹也赶快效仿购买。如此一来,被"卡住"的概率一路飙升,花钱花到手软。

刷完信用卡后,要将当月的收据整理好,这样可以随时随地地了解有多少钱的债务被刷掉了,并且可以核对账务。若是你刷了信用卡,然后在下一次缴款期限前缴清支出,信用卡绝对是一种方便的理财工具。如果信用卡到了你这里,充当了提款机的功能,那么,你马上就会负债累累,身陷苦恼。

"理"卡,就是要减少没有必要的持卡张数,这样一来,就可以减少自己出去乱消费的行为。

同时,还可以将自己的花费集中在几张信用卡上,集中管理支出,通过对自身的收支状况进行管理,促使自己合理消费、支出。控制刷卡次数的同时,要做有效的刷卡计划。这样,不但可以因此而得到满足感,更可以证明自己能够有节制地进行储蓄,进而内心获取一种平和感。成为时尚一族的同时,还要摆脱"月光族"的窘态,这样自己将来的人生才能多一份从容。

所以说,只有"管"、"理"好自己的信用卡,人生才能活得精彩,这才是生活的长久之道!赶紧清理你包里的卡,别让这些卡片桎梏你的身心。

点金术:只有"管"、"理"好自己的信用卡,人生才能活得精彩,这才是生活的长久之道!

信息让上班族实现"财务自由"

"财务自由"一词,很让大家向往。想想看,即使你在家睡觉或者在外旅游时,钱也会源源不断地流进你的账户,这真是令人向往的事情。

而要真正实现财务自由,那就必须先有自己的产业,拥有多种收入来源和持续性收入。最直接的生财之道就是以钱生钱,如果一个人有巴菲特般的经济实力和投资眼光,那就等着钱源源不断地进来吧。其次，你可以出卖自己成型的经营模式和专业技术，比如说麦当劳和肯德基就可以什么都不做，每个月也能够获得全球所有加盟店营业额的4%作为权益金。但对一般工薪阶层来说，让他们都站到行业塔尖上是不现实的，我们的当务之急就是千万不要好高骛远，一边踏踏实实地做事，一边在自己的工作中寻找突破。

假如你要自己创业，推销员的工作是一个最好的铺垫。一方面，推销的工作如果能做好，可以得到比一般员工更高的薪酬，从而为你的创业积累资本；另一方面，通过推销工作，你可以在熟悉市场的前提下对投资做判断，还可以直接掌握客户资源，这些信息对于你都是不可多得的财富。

不同的人情况不同，如果你是个厨师，可以向饮食业发展；如果你是个医生，可以开个诊所、医院；如果你是搞科研的，可以开发出一个有市场的新产品；如果你继承了一栋房屋，可以把它租出去，以此得到固定的收入，以后也可涉足房地产生意，这样就可以增加自己的固定收入。

总之，如果你的脑子里已经拥有很丰富的信息了，处于“行业知情人”的位置，那么，做相关的生意就容易起步，也容易成功。

霍英东是香港的一代富商，他主要经营博新公司，此外，还包括地产、航运、石油等大型企业，总资产超过130亿港元。但他只是船民之子，起点非常低。

霍英东人生当中的第一份工作，是在往来于九龙与香港的一条渡轮“维多利亚”号上做杂工。他从小生活就不顺，吃遍了各种苦头，但在他的内心，赚钱的欲望很强烈。一天早上，他在报纸上看到一则战余物资拍卖的消息。他充分地考虑了市场以及自己的情况之后，买下了一批需要小修的军用小艇、廉价舢板和舰船上的发动机、水泵之类的机械。购买这些物品，对于在驳船上有一定经验的霍英东来说，无疑是驾轻就熟，他一眼就可以识别差价与经营的可行性。买下后，经过自己或请人稍加修理，顶多一个月就可以找到下一个买家。就这样，霍英东慢慢存了一笔积蓄。之后，他不放弃任何机会，由航运起家，4年之内成为香港业界新贵。

工作不会使你致富，可是，却可能让你即使待在家里也能成为富翁，你能不能致富，就看你能否利用你的业余时间创建资产。为什么很多人一旦下岗，就会感到无所适从？原因在于：平时他们都没有在创造资产，甚至很多人只有一份工资收入，所以，一旦他们没有了工作，就陷入了困境。当你在为别的企业做事的时候，应该通过对你所知的信息的筛选整合，多给自己铺一条路。

你在公司上班，工作的时候要尽全力去做，以自己的劳动换取应得的报酬。但这并不表示，你没有自己的私人时间，最起码，你的心胸、头脑、眼光、技术还是自己的。期望路路畅通、多方面发展的人，不要浪费身边的宝贵资源与信息。

点金术：把自己当前的工作当作创业的梯子，是很让人放心的途径，但如果你认为没有必要另立门户或者时机和条件还不成熟，就利用闲暇时间来扩大自己的事业吧。

创造财务自由

一些女性以“没有数字观念”为由回避理财的误区，这是对自己不负责任的态度。一旦被迫面对重大的财务问题时，她们只能听之任之，完全没有主动权。理财的最高成就是“财务自由”，为了将来源源不断的持续性收入，很值得你现在投入时间和精力。

1. 追求财务自由而非职业保障

如果说人生的重要目标之一就是幸福和快乐，相信大家都不会反对。但是你追求的是一时的潇洒还是长久的保障，这其中有很大的区别。有些女人热衷于提前消费，享受当前的快乐，她们追逐名牌，到处流连山光水色，花多少钱眼睛都不会眨一下。在一般人看来，她们生活得很快乐。事实上，这种快乐不能持久地维持下去，因为当她们感到精力疲惫、知识落伍、职业优势被更年轻的人替代的时候，她们才开始产生创业的想法，但遗憾的是，她们目前所能利用的优势并不多。

真正成功的女人会慢慢咀嚼生活的滋味，在自己还有能力、有冲劲的时候未雨绸缪、打下基础，以便让自己今后衣食无忧。

过去，可能一个家庭的经济来源就是单一性的工资。现在，很多家庭都有两个或两个以上收入来源，如兼职收入、资产收益等。如果没有两个以上的收入来源，很少有家庭能生活得非常安逸。而对于未来，即使家庭能够得到两份收入，也很难过一个体面的生活。所以，让自己拥有多种收入来源是很有必要的。如果其中一种出了问题，就会有其他收入来源支撑着。

假如你想多拥有一种收入来源，做一份兼职是你的首选。但这并不是真正意义上的多种收入来源，因为这是支付自己的精力为别人打工。你应该有属于自己的收入来源。

这个收入来源就是“多次持续性收入”。这是一种循环性的收入，不管是否开展具体工作，也不论你人在不在现场，这份收入都不会中断。“你每个小时的工作能得到几次金钱给付?”如果你的答案是“只有一次”，那么这种收入方式就只能归类为单次收入。

最典型的就是工薪族，工作一天得一天的钱，一旦失业就没钱了。自由职业者也一样，例如出租车公司的职员，只要不出车就没有收入；演员演出才有收入，不演出也没有收入；很多企业的老板，他们必须亲自工作，否则就无法使企业正常地运转，这些都叫单次收入。多次持续性收入则不然，它是在你经过努力创业，并且这一创业得到很好发展的情况下，即使有一天你什么也不做，仍然可以凭借以前的付出继续获得稳定的经济回报，比如特许经营、作家的版税以及存款利息及其投资收益。

其实，有钱人真正的财富，并不在于金钱的多寡，而是他们拥有时间和自由。因为他们的收入都属于持续性收入的范畴，所以他们有时间潇洒地花钱。

因此，财务自由并不是指你有多少物质财富，而是拥有花不完的钱，至少拥有比自己的生活所需要的更多的钱。自由是人们最渴望的东西，“不自由，毋宁死”。但自由要有金钱作为保障，有钱就有更多的自由和保障。如果你兜里钱囊鼓鼓，那么你就可以随时休息，不必为生计奔波；反之，如果你没有钱，不去工作的想法就会显得太奢侈。所以，女人追寻的并不是职业保障，而是实现财务自由。

2. 投资方式要选对，拥有多次持续性收入

财务自由是如何实现的呢？对于大多数在这条道路上刚刚起步的女人来说，从投资理财中寻找突破，是最普遍也最现实的门径。找到一种适合自己的投资方式是你现在唯一要做的事情。一些大企业家和富翁以男性居多，这可能跟男性比女性敢闯、敢冒险的特性有关。但是，女性从理财和消费习惯上来说，要胜于男性。专家们指出，耐心、谨慎、谦虚、多识是善于理财的人们的特点。

耐心、谨慎、谦虚这三个特点女性优于男性，不过，在知识方面，一般男性占据优势，但毫无疑问，在理财素质上，更符合优秀投资者条件的是女性。男性习惯于选择高风险的证券投资，投机心理强于女性，而稳定的投资项目则是女性的专长。这种项目倾向于多元化分散投资，投资方式更谨慎，所以就投资成绩而言，女性强于男性。

专家管理的集合投资方式当属基金，这与女性的投资需求相适应。根据中国证券投资基金法的规定，基金的特征就是管家管理、利益共享、风险共担。与股票和债券相比，基金价格较低、波动较小、投资风险也相对较低。通常，基金的交易是由经验丰富的专家进行的，所以不要求较高的投资专业性。同时，由于不同基金的投资目标、投资品种不同，因而不同投资人的投资偏好都能够得到满足。因此，对于专业性不高、投资量不大的女性而言，基金是比股票、债券更好的选择。

如果你的风险承受度足够高，并且进行了充分的研究，那么新兴市场的股票型基金值得你考虑，这样一来，投资组合的成长潜力就能得以增加。如果你认为条件已经成熟，或者遇到了合适的时机，也可以考虑向能为你赚钱的地方直接投入资金。

李晓晓就职于事业单位，工作挺清闲的，平时在单位不显山不露水，但你到她家去看看，定会使你大吃一惊。在业余时间里，她经营着一个庞大的小人书流通网络，而且获利颇丰。江小芬，一个在北京工作的温州女子，在工作之外，与朋友在北京、天津等地投资了三个加油站，每个加油站年收入至少可以达到10万元。她每年外出旅游一次，然后收获30万元人民币回家。

这些收入就可以归类于多次持续性收入。这是一种循环性的收入，不管你在不在场，有没有进行工作，这些收入都会稳稳地落入你的囊中。

有的女同志生活方式放任不羁，她们相信“船到桥头自然直”，理财的事儿可以往后放一放，或者干脆认为自己没有数字观念，天生不是这块料，这些都是对自己不负责任的态度。一旦发生重大的财务问题，她们只有任命运宰割的份儿。事实上，任何一种能力都非天生就有，关键在于耐心学习、积累经验。对于财富，先经营后享受，这样才有可能获得真正的财务自由。

点金术：任何一种能力都非天生就有，关键在于耐心学习、积累经验。对于财富，先经营后享受，这样才有可能获得真正的财务自由。

理财要坚持到底

如果姐妹们已经把理财当成了自己下一步的目标，而且抱着积累财富的巨大决心，那么就不要三心二意，也不要好高骛远地梦想一夜暴富，这只会让你对当下的财富积累速度异常失望，你理财的积极性也可能会因此打消，毁了你的财富未来。

李嘉诚曾说，必须在理财上花费较长的时间，短时间是看不出效果的。“股神”巴菲特也曾说：“我不懂怎样才能尽快赚钱，但随着时日增长，肯定赚得到钱。”

任何一种理财方式，都必须经过时间的沉淀才能见分晓。正因为如此，失去更多的人往往是急性子的。就以基金为例，在众多的理财方法里，基金定投最能考核人的毅力。这种方式能自动做到涨时少买，跌时多买，不仅投资风险能够得以分散，而且单位平均成本也低于平均市场价格，最主要的一点就是要长期不懈地坚守。

有的人，能够坚持十年，尽管这些年可能遭遇不少惨境，也经历过小涨小跌的平缓期，但都没有半途而废，而是用十年的时间，最终让自己达到同期基金中最高水平的收益。

1998年3月，当我国第一只封闭式基金得以发行时，王女士参加了申购，从此开始了与基金长达十余年的不了情。最初，一千份金泰基金被她以两万元申购到了，上市后价格持续上升，身边炒股的朋友劝她卖出，但她坚持等到涨了两倍时才卖出，用两万元本金居然轻松挣到了四万元！这是王女士在基金上挖到的第一桶金，士气大振，心里别提有多高兴了。之后，这一市场连续几年走势良好。

但天有不测风云，没过几年，中国股市的熊市就悄然降临了。漫长的熊市让大家感到痛苦和无奈，经济学家的预测不灵了，甚至破灭的还有基金的投资神话。在2005年，黎明前的黑暗中，王女士将封闭式基金卖掉了，仅留下一千份兴华基金。

2006年9月，她偶尔听到了一场基金讲座，让她忽然发现中国的证券市场已冬去春来了！

于是,40岁那天她做了一个大胆的决策,她果断地将10万元投资到华夏红利基金中,"周围的人都认为我疯了,但是我清楚这钱不会白白投出去,等了这么多年,该是收益的时候了!"

果然,只用了八个月,翻倍有余的收益就降到了她的头上。她庆幸自己在最惨淡的时候没有半路放弃,而是咬牙坚持了下来,最终的收获给这十年画上了圆满的句号。

试问一下,谁能像王女士一样十年如一日地坚持?尤其是对于那些患得患失的女性朋友来说,上涨时就沾沾自喜、津津乐道,一旦稍微下跌,就动摇甚至放弃,如此反复,良好的收益怎么会光临你呢?

坚持是理财最重要的原则,尤其是在最糟糕的情况下坚持,坚信时间会改变局势。对于那些半途而废的理财人士,当她们看到本来可以到手的利益白白流失就是因为自己的提前放弃时,相信她们一定会懊悔自己当初信念不够坚定。风险性本来就伴随在投资左右,相信很多理财人士在投资之前都有遭遇风险的心理准备,按理说,时间的考验应该不是太大的问题。可事实并不是这样,当风险来临时,当初的豪言壮语被大多数人忘却了。有坚持的想法,却没有坚持的决心;理由充分,但缺乏行动力,最终只能是小打小闹。这种坚持之心,不是通过训导就能够说服的,只有亲自体验这种甜头,才会真的相信坚持的魔力。

因此,那些富豪们不该成为我们羡慕的对象。因为她们当中的大部分人其实和你一样,她们的成功源于初始的积累。不同的是,她们成功了,而她们成功的原因并不在于她们有多么高的智商,而是因为她们把坚持精神发挥到了极致,并且一以贯之。

点金术:理财时如果我们能够做到坚持,就算成不了"大富豪",也可以当当"小财女"。

花小钱过优质生活

物价在不知不觉中越涨越高,而工资的涨幅却跟不上物价的涨幅,我们这才发现节衣缩食还是可能坐吃山空。其实,对于会理财的女人来说,要过得像贵妇那样优雅不一定非要挣大把大把的钱。接下来,我们看看怎样花小钱过优质的生活。

1. 晚上9点以后去超市

超市的果盘、沙拉、糕点、熟食等为了保质,都会在晚上9点开始打折,价格可能是标签上的一半不到,而我们可以借此储备第二天的食物,让生活更划算一些。

2. 买机票在上午去买

机票的折扣通常隔夜后会进行调整,因此上午买机票是最划算的。另外,周一上午和周四晚上坐飞机的人特别多,如果不是时间紧迫,尽量避免这两个时间坐飞机出行。

3. 举办婚礼选择淡季

凡事不要赶在旺季,结婚也是如此。旺季结婚,酒店、婚庆公司因为生意好了,所以会趁机加价。如果安排在淡季,花费可不是省一点点那么简单。

4. 选购超市自有品牌

很多超市会推出日常生活用品的自有品牌,不仅物美价廉,而且质量与品牌商品相差无几。

5. 电影看打折的

去电影院看电影是一种享受,但票价却越来越贵。除了众人皆知的星期二全天电影半价外,有的电影院特地推出了"女士之夜",或者是情侣第二张半价的优惠。有些信用卡也有打折的功效,或者是特别便宜的早场,都是省钱娱乐的最佳方式。

6. 换掉大衣橱

女人喜欢购买衣服,而衣橱太小自然不行。但是,千万别换大衣橱。实际上,大衣橱里塞得满满的衣服,究竟有哪几件常穿,又有哪几件穿过一次就压箱底了?衣橱越大就会越刺激购买欲,结果盲目开支、买后后悔,浪费了大笔的钱。

7. 把不喜欢的礼物转送给别人

逢年过节送收礼品很正常,但这些礼品很少有特殊的意义。把那些不对自己口味的、没有意义的礼品送给别人,是不错的选择。可以换一个包装纸,把你不需要的东西送给需要的人,大家都受益。

8. 选择容易打理的发型

爱美是人的天性,不管男女,都在乎自己的发型。但是打理头发并不是每个人的特长,尤其是为了头发总去理发店,会无形中增加开支。所以,选择一种比较好打理的发型,不仅可以节省你的时间,也可以节省你的金钱。

9. 选择网购美容品

美容品不一定要去大型商场购买,大型商场价格太高,通过网络购买美容品是个省钱的好方法。

10. 购买电器时认准节能标志

节能电器的购买价格比一般的电器要高,但别忘了它更节能。这意味着电器运转成本更低,也更环保,使用数年后你会发现,真正节省下来的电费绝对高于当初的购买价格。

11. 上班自带午饭

很多人为了省事,每天午饭都叫外卖,甚至连早餐也要下馆子。一个月下来,不但人没有吃到好东西,而且花了不少钱。还不如自己做午饭带到公司里,想吃什么就带什么,花费绝对比叫外卖便宜得多。

12. 找到比购物更持久的快乐

终于完成了一个大项目,想到有奖金可拿,便开始自我奖励,买了平时根本难得穿的昂贵鞋子。久而久之,会发现自己的钱包仍然没有鼓起来,奖金也早就消耗殆尽了。购物快感来得快去得也快,研究显示,运动和阅读才是能创造更持久的快乐的源泉。

点金术:对于会理财的女人来说,要过得像贵妇那样优雅不一定非要挣大把大把的钱,而要学会花小钱过优质的生活。

注意性价比

我们都有过讨价还价的经历,这是购物的必备技能。为什么会讨价还价呢?其实就是我们潜意识里需要对所买的商品的功效、耐用性等进行考虑,也就是商品的性价比。所以,通常来说,具有多种功能的产品比单一功能的产品好卖,而那些耐用而且比较容易维修的产品会受到欢迎。比如,美国经济危机时期,女人几乎不买化妆品了,最多抹点口红。一个厂商推出一种两头都可以用的新式口红,可以涂两种不同的颜色,结果很受欢迎。

居家过日子,避免不了"消费"两个字,讨价还价因此变得寻常了。如何消费,买什么样的东西,怎么买东西,这直接决定了我们的生活品质,也直接决定了我们是否能够省钱。

不过,买便宜的东西不一定就省钱。我们可能都遭遇过类似的尴尬:因为贪图便宜买了一件物品，结果便宜不省心，三天两头地出问题，要么维修，要么买新的，一来一去，不但没省下钱来，反而添了不少麻烦。

我们常说：好货不便宜，便宜非好货。这的确是我们购物时的一个悖论。但是，这省钱之道也就存在于商品的差异性中了。不是所有便宜的东西都可以买，然而，也不是所有的东西都要买贵的。买东西的艺术在于你能分清物品的重要性，哪些东西应该买便宜的，哪些东西应该买贵一点的，哪些东西应该买价格适中的，应该什么时候买……将所有的问题综合考虑，然后衡量一下性价比，再考虑是否购买。这可不是一件简单的事。

1. 使用年限长的、重要的物品要买耐用的，这时候商品的“品性”最为重要

比如，家用电器、家具、汽车、油漆、地板、瓷砖、水管、电线、洁具（特别是马桶）等，这类物品的使用时间比较长，质量越高，使用寿命越长。在首次购买这些物品时，一定要选择质量有保障的商品，货比三家，买质量好的、有品质保障的、耐用的，甚至连售后服务也要考虑在内。装修方面的有关人士说道：“马桶、水龙头一定要买名牌。客厅瓷砖买好点的，卫生间可以买质量中上等的砖，颜色和图案都很大气。厨房建议自己打框架，再去订门板之类的东西，效果不亚于买现成的，但费用可能低很多。卫生间的柜子也可以这样做，又能节省一笔。把省下来的钱用在家具和软装饰上，会明显提高房子的整体品位和档次。”作为房子的女主人，这些都要牢牢记住。

对待家用装潢物品，千万不要因为一时贪图小便宜，或者因为资金不足，而购买一些价格便宜的商品。这么做，虽然价格低了，但品质也次了。等用上三五日后开始出现麻烦时，需要花费的资金更多。

“装修房子的时候，我们家为了节约点，买了外观和高档货一样，但质量比较差的水龙头。结果，今天早上水龙头下面的螺丝口断裂了，家里水漫金山，所有的地板都被泡得翘了起来……”这是一个朋友的亲身体验。因为贪图一点小便宜，没有考虑性价比，一个小小的水龙头就让他遭遇了种种麻烦，结果还得重新装修地板，厨房、家具也要做保养，得不偿失。

如果不想受这些罪，还不如在最开始的时候就买质量好点的。就算花费较高，但总比出现问题后费心费钱来得省事省心。

2. 一次性的消费品，可以更重视商品的“价格”，购买更便宜的即可

比如说像透明皂、垃圾袋等一些小的生活用品。日常不能缺少，但是质量差别又不会特别大，因为价格高低不会影响生活质量，所以这类商品可以适当考虑买便宜的。

还有速食食品、各种熟食，商场会有打折销售，买一送一等情况。如果正巧赶上家里人口多，需要大量购买，又能很快吃完，那么就赚了大便宜了。

一般来说，购买便宜一点的一次性消费品，并不会给生活带来多大的不方便。这些东西正因为是一次性使用，所以不需要太好的质量。如果是因为大品牌的附加值导致价格上涨，这对我们过日子没有什么意义。所以，我们没必要为这类商品多付出一些品牌附加值，还是选择便宜的比较明智。久而久之，我们会发现，又省下了一大笔钱。而用省下的这些钱，可以在买重要的东西时多投资一点，由此促成家庭消费的良性循环。

3. 个性化的商品可以适度抛开性价比，依据喜好判断

一个人所用的东西会体现其个性，尤其是平日的休闲服、家里的窗帘、软装饰等。这一类物件更加突出的是个人的审美、风格特点，因此在购买时不必参考价格，而是要将个性放在第一位。有些女人为了贪图便宜，买了许多所谓的好看的衣服、装饰，结果风格跟自己很不搭，穿出去丢人，不穿又觉得浪费。所以，只要找准了适合自己的东西，值得去买，不管是便宜的还是昂贵的，都要大胆出手。这些东西毕竟是你在用，自己喜欢就行。

不过，我们还需要提及的一点是，性价比属于感性认识的范畴，在不同人的眼里，同一商品的性价比可能不同。所以，结合的是自己的经验和经济水平，综合考虑物品的性价比，同时，要多和与自己状况相似的人沟通购物经验。如果工薪族和富婆讨论购物,那么永远也无法买到自己中意的东西。

点金术:买东西的艺术在于你能分清物品的重要性,哪些东西应该买便宜的,哪些东西应该买贵一点的,哪些东西应该买价格适中的,应该什么时候买……

掌握讨价还价的购物技巧

讨价还价是一门很高的思辨艺术,不要小瞧对方。进可攻,退可守,如果陷入被动还要及时调整心态,随机应变,必要时能面不改色心不跳地转变立场。

讨价还价这件看起来简单的事情,学问却很深,否则,人人都成为大商人了。下面就教大家讨价还价的几个技巧:

1. 杀价一定要狠

集贸市场的价格特点就是漫天开价,如果遇上了好欺负的顾客,摊主能大赚一笔。通常而言,他们的开价比底价高几倍,甚至高二三十倍。因此,在集贸市场上一定要狠狠杀价。比如,一件连衣裙,卖主要价 898 元,一个懂得狠杀价的消费者给价 228 元,结果成交了。如果您心肠过软,就算打了八折,也会上当受骗。

2. 别对商品表露太多热情

如果你对某一商品表现出热情,那么就处于被动位置了。善于察言观色的店主会为此漫天起价,因为他料定你会购买。所以永远不要暴露你的真实需要,就算是买必需之物,也要表现出漫不经心的样子,如果你可买可不买,那么卖主就会顺着你的意思降价,把物品推销出去。反之,如果你对某种商品赞不绝口,这时卖主就会"乘虚而入"提高价格,等你买了之后才发现根本不划算。只有漫不经心地逛街,货比三家,讨价还价,才能买到价廉且称心如意的商品。

3. 漫不经心

当店主报价后,要扮出漫不经心的样子,说:"这么贵?"之后转身出门,这一招屡见不鲜。当你表现出要走的时候,店主自然不会放过快到口的肥肉,立刻会减价。如果是高手,此时不要回头就买,依然要四处转一圈,然后,再回到店中拿起货品,装傻地问:"刚才你说多少钱?"你说的这个价要比刚才店主挽留你的价格更少一些,只要对方还可接受,一定会说"是"。

4. 对商品评头论足

这非常考验一个人的购物功力。你必须在很快的时间里找出该货品的各种缺点,这样就占据了主动。任何商品都不可能十全十美,卖主向你推销时,总是尽挑好听的说,而你应该针锋相对地指出商品的不足之处,这样才能挡住他的高价,最后一点一点地把价格压下去,以一个双方都满意的价格成交。一般而言,商品的式样、颜色、质地、手工都可以计较一番,总之要让人觉得货品一无是处,从而达到减价的目的。

5. 疲劳战术和最后通牒

在挑选商品时,可以反复地让卖主为你挑选、比试,最后再提出你能接受的价格。尽管此时,你的出价与卖主的开价差距很大,但是他已经为你忙了半天,如果不卖给你,自己又赔上了辛苦,不如向你妥协。有些卖家可能会不依不饶,希望涨一点,你可以发出最后通牒:"我已问过前面几个卖家,都是这个价,看你帮我挑了半天,才决定在你这儿买的。"这种讨价还价的方法非常有效,卖主几乎没有不投降的。这样,你运用你的智慧和应变能力就购到了如意的商品。

点金术:讨价还价中,你的心理素质要绝对稳定,要有在瞬间里掌握对手心态的观察力,然后迅速组织好自己的语言,并在拉锯战中做到进可攻,退可守。

外出旅行,少花钱也能尽兴

旅行是最惬意的事情了,抛开让人发疯的工作,走出憋闷的格子间,让心灵好好地晒晒太阳,享受旅途中的蓝天、绿草、飞鸟、香花,心情绝对舒畅。有时候,旅行并不需要在乎目的地在哪儿,尤其是对女人们来说,只要能随意、随心、随性地走走,放松身心,碰上了好风景就停下来欣赏,然后重新上路,这将是一种享受。

旅行要求人们放下生活的常态,也是一种对自我心灵的放逐。旅行中的你会发现:世界是如此广袤无垠,天宽地阔。

但是,旅行还是有负担的,那就是钱包里的钞票不一定能担负得起如此惬意的行程。如果你是个精细的女人,就会找到非常划算的旅行方式,并不一定非要多花钱才能玩得尽兴。不妨来看看下面的省钱攻略,相信会对你的快乐出行有所帮助:

1. 多参考旅行攻略

平时多上网查找一下旅行攻略,很多有心的驴友都会把自己的旅行经历写成帖子发到网上。在多方对比中,你可以根据他们提供的旅行路线和个人经验制定自己的旅行计划,少走冤枉路,少花冤枉钱。

2. 正确选择交通工具

乘火车是性价比很高的出行方式,只要能在规定的时间内完成你的旅行,就避免乘坐飞机,因为乘一趟飞机的价格够你坐两趟火车。如果是出国旅行,只能选择坐飞机,那就多查询一下机票的价格,挑选在折扣最低的时候订票,有时价格甚至会比火车票更加划算。

3. 计算好时间差

不要小看行程时间,这关系到旅行的质量。计算好行程的时间能够在很大程度上节省你的住宿费用,比如选择晚上乘车白天到达的旅行方式,一晚的住宿费就省下来了,而这也是许多人倾向的旅行方式。

4. 选择淡季出行

淡季出行绝对省钱又舒心,不仅各种票价相对便宜,而且旅游景点绝对没人和你挤在一起,以避免产生看不到"风景",只能看到"看风景的人"的沮丧效果。现在很多单位都有年假,所以不必挤在公休假出行,不妨挑个旅游淡季,请上年假,然后快快乐乐地出行。这样不但节省了大量开支,还可以使心情彻底放松下来,真是一举两得。

5. 争取住宿的价格空间

旅行中的高额消费恐怕就是住宿了,不管你的旅行目的地是景区还是城市,一定要用心挑选住宿的旅馆。旅行住宿其实没必要住最好的,只要达到你的需求,货比三家,选择环境不错、价位较低的旅馆能为你省去不少住宿的费用。如果你在早上到达,不要马上去旅馆投宿,这时大部分旅馆还没到退房时间,你背着旅行包更不容易讨价还价。可以先把行李寄存在火车站,然后一边玩一边寻找合适的旅馆,这样能够更从容一些。住宿时间清楚是否包括电话费,如果包括你就不必自己掏钱打电话了。

6. 学会蹭听

去景点总希望得到相关导游的介绍，可报团出行不自由而且花钱相对较多。如果学会蹭听，那就不一样了。很多地方的建筑或者风俗单凭自己看是看不出什么门道的，你可以跟在一些旅行团的后面，听听人家导游的讲解，既省钱又享受，两全其美。

7. 多种交通工具结合使用

在旅行地的出行比较麻烦，因为道路不熟，往往选择打车。其实，带上一张地图，能坐公交车就坐公交车。即使打车也要先打听好价格，看看有没有压价的空间，很多长途汽车中途上车是可以还价的，可不要为了面子不好意思。

8. 购物也有讲究

购物讲价这谁都知道，而旅行购物就更要有技巧了。不要在有旅行团在场的情况下购物，导游通常收有回扣，在旅行团购物的价格通常要比一般散客高，还是单独出行购买较好。不管你买的东西多么便宜，都不要把大实话挂在嘴边，因为听到的卖家会在你下一次购物时调高价格。

不管你资产多少，想要出门旅游，只要做好预算，精打细算，都能玩得省心又省钱，还高兴。

点金术：如果你是个精细的女人，就会找到非常划算的旅行方式，并不一定非要多花钱才能玩得尽兴。

做时尚“拼客”

“拼客”已经被广大打工一族接受了，这里的“拼”是拼凑、拼合、拼接的意思。尤其是经济紧张的时候，拼房、拼吃、拼车……各种“拼”油然而生。拼的确可以省钱，但也要拼得有层次。尤其是对女人来说，拼也是精打细算的一种。很多姐妹们可能会忍不住要问：“怎么拼才有层次？”别着急，看看下面的建议：

拼房。这是“拼”的鼻祖级方式，通俗的说法就是合租，大家凑在一起过日子，减少开支。刚参加工作，居高不下的房价让年轻人望而却步，有时候甚至连房租都付不起。租不起整栋房子，只好找人合租，这种方式大家已经司空见惯了。

拼吃。物价上涨，许多好吃的东西都吃不着了。可有时想解解馋，那又怎么办呢？不如找上三五个朋友，到一家有共同口味的餐厅，一起美餐一顿，人多菜多口味全，吃完后 AA 制付账，这时会发现，吃了那么多好菜，只花了一份自己的钱。有些吃友还这样，每人每周交 50 元钱作基金，到附近餐馆合伙点菜吃饭，平均下来比周围二三十块的商务套餐要便宜很多，而且还沟通了感情。

拼车。走路太慢，坐地铁公交太挤，打车太贵，买车又没实力，这是上班族早晚高峰最痛苦的事。于是，“拼车”产生了。拼车的好处很多，最关键的是节省费用。几个人顺路搭车，打车费用一起分担，能降低近 60% 以上的车费；由于是拼车，比坐公交地铁省时方便多了，时间长了，与司机约定好接送的时间和地点，可以免除到公交车站等车或路边打车的烦恼；交友结缘，原本不认识的几个人因结伴搭车而结交，一路有聊有说，岂不快哉；节能环保，同路者组合搭车，减少了城市道路车流量，缓解了交通压力，从公益角度看，也节约了宝贵的能源，减少了污染，方便自己，服务社会，何乐而不为！

拼婚。结婚消费可是不小的开支，然而，许多年轻人在结婚时并没有攒够钱，纵然有钱也都搭进房子里去了。为了节省婚礼成本,很多新人决定寻找伙伴一起置办婚礼,即所谓的“拼婚”。集体拍结婚照,团购家具,一起订酒店、租婚车,或者干脆举行集体婚礼。单独行动是不可能有优惠和折扣的,大家一起不但省钱,而且更加热闹。

拼衣服。乍一听很奇怪,但也不足为奇。如果和几个姐妹好友身材差不多,那就把各自的外套、大衣拿出来,大家换着穿,这样不仅省钱,还能让你穿上更多的衣服,同时,也充分发挥了衣服的价值。只要大家把各自的收藏拿出来分享,化零为整,就会发现每个人的衣服量都翻了两番。

拼旅行。出去旅行对收入有限的人而言往往是一件奢侈的事情,有的人存了一年的钱才刚刚够出行一次。报团跟旅行社出游,处处受限制,很麻烦;而个人出行则要考虑路费、酒店、路线、门票,事事操心。所以,不如找几个熟识的人一起出行,交通费、住宿费、门票费可能会因此打折,省下一大笔钱。如果喜欢热闹,大家一起游玩;如果喜欢清静,也可以各自行动,等住宿返程的时候再聚到一起。这样,岂不是最划算的?

拼购。超市里有水果、商品打折了,但常常要大批量购买。想讨便宜,买了却又吃不完、用不完,这时候,就有必要找个人一起拼购了。当然,这种情况也比较少见。有计划的拼购值得提倡,不仅可以享受优惠价格,还能避免形成浪费,而群体出行、集体砍价则正是购物的乐趣所在。

拼卡。健身卡、游泳卡、美容卡、美发卡、购书卡,这些原是为了保证生活品质的,但是如果一个人有一堆卡,而且使用效率不高,无疑是浪费钱。而且,这些卡可以说每一张都价格不菲,要全办了,绝对是一笔不小的开销。所以不如大家合办一张就好,这样不仅什么卡都有了,而且还节约了自己的成本,姐妹们完全可以和好友、同事一起“拼卡”,既省钱又实惠。

点金术:“拼”是没有什么固定形式的,只要你能够想得到,就能“拼”得起来。精于过日子的女人不要不屑这种“拼”,节省开支,赢得生活的快乐,谁不想呢?

储蓄是最安全的理财方式

最基本的理财方式就是把钱储蓄于银行,让它生小钱。管理财富的第一步就是检查自己的收支情况,用你的存折或网络银行的电子账簿让自己的收支状况一目了然。

其实,储蓄说起来好听,每一笔钱存起来,内心总是荡漾着满足感,好像多了几分安全感,但是月底一到,泡沫经济也就随之呈现:存进去的大部分又取出来了,而且不动声色,悄无声息地就不见了,买几件得体的衣服、买几本书抑或是大伙儿聚在一起撮一顿,钱就这样飞跑了。

但是,女士们一定要知道,一定数量的存款起码可以确保接下来的几个月基本生活无忧。如遇经济形势走势不佳,或你所在的公司开始裁人,而你一点储蓄都没有,一旦工作发生变动,你就将非常被动。而一旦有储蓄做保障,你在经济上以及精神上就不会受困于这一次意外事件。另外,如果工作实在干得不开心了,你可以收拾东西走人,懒得理睬老板的嘴脸。所以,储蓄是必要的。无论如何,为自己留一条退路是十分有必要的。

对于还没有养成理财习惯或者不善于自我操持财产的年轻人来说,每个月养成一个习惯,从收入中合理地抽取一部分,让这些钱躺到安全的银行里,这是你“聚沙成塔,集腋成裘”的第一步。一般建议提取10%~20%的收入作为每个月的存款。当然,我们也要考虑到当前的实际情况与收支的浮动,并且根据这个浮动确定该存的钱数,一般是在10%~30%之间浮动。而且一定要养成先存款、后消费的习惯。等到月末消费完毕再把余钱存起来是相当错误的行为,这样很容易让你的储蓄大计泡汤。

小晶刚工作不久，对于理财，她有着自己的一套。虽然月薪只有2500元，但小晶每个月都会细细考虑一下，然后大体按照三部分处理：1000元存入银行，500～1000元投资股票和基金，剩下的用于消费。目前，住在父母家的她不用担心吃和穿，她认为这个阶段是存钱的好时机。

专家分析，小晶的理财观念具有典型的特征：她是家里唯一的孩子，一定程度上还是依靠父母的，尽管她在经济上独立的愿望比较强烈。在理财上，她虽然也开始涉及一些项目的投资，但因资金较少，所以储蓄依然是她理财时的首选。

人民币存取方式有如下几种较为普遍：活期存款、定期存款（不同存期）、零存整取、定活两便、协定存款、通知存款等。每种存款方式长短不同，利息不同，每个人的具体情况不同，我们可以针对自己的情况做一个选择，以求达到方便使用和获取最大收益的目的。

我们以一年定期存款利率（2.52%）和活期存款利率（0.36%）为例，定期的收益大大高于活期。如果把每月用于储蓄的存款用定期存款的方式存起来，几年下来，你的存款利息也将是大大的一笔！

而且，随着存款时间长度的不同，我们还可以发现，活期存款与定期存款的收益差距越来越大。我们每天的工资收入也许只有一两百，而只要花一点点时间到银行改变一下存款方式，这些收益就会轻易地跳进你的口袋！

看到这里，相信你应该已认识到储蓄非小事，合理储蓄不费时，但收益不小。

点金术：管理财富的第一步就是检视自己的收支情况，用你的存折或网络银行的电子账簿让自己的收支状况一目了然。

临时储蓄可以应对突如其来的变化

身为现代女性，必须有面对现实的勇气，必须学会面对突如其来的变化。“天要下雨，娘要嫁人”，很多事情我们都无法预知，当生活变脸时，女性需要有一个“保险柜”做自己的坚强后盾。

年轻的小玲是典型的“月光族”。每个月收入不少，加到一起六千有余，可还房款、吃穿购物、美容减肥，朋友聚会是常事，一个月下来，口袋里只剩下一些零头。年初，小玲单位的一位同事因子宫肌瘤住院，生病开销挺大，再加上耽误上班丢了奖金，平时也不注重保险的购买，最后引起了经济状况的急剧滑坡。于是，小玲从中吸取教训，每个月减免一些可以节约的花销，留下一两千作为保障金，以防不时之需。虽然每个月少花了一千元，但她却心里踏实了很多，也不会被突如其来的状况压垮了。

职业女性的收入一般不成问题，生活可谓“无忧无虑”。这些人钟情于购置产业，车房都需具备，尽情享受，追求高品位生活，却忽视了为自己防范风险。要知道，工作的压力，家庭的压力，社会环境的整个态势等，往往使她们处于亚健康状态。从快乐的单身贵族到日后成家立业，职业女性正处于一个未雨绸缪的阶段，因为在这个阶段她们的人生将充满变数。对她们而言，为自己的关键时刻有所准备，使精神上不至于困窘，是非常有必要的。

1. 准备一个“保险柜”

“女性掌握理财权的时候到了！”这绝对不是妇女节时标榜的理念，更不是意在引起你与丈夫争夺家里的财权的挑拨，而是女性在家庭里的特殊地位所决定的。

那么，可能有人会疑惑，女士们掌管财务权到底基于什么样的理由呢？

（1）女性是家庭日常开支的调控者。一个家庭的正常运转是靠女性维护着，如保姆费、日常开销费用、孩子的教育费、人情往来等。

（2）女性并不一定是家庭收入的主要来源，但善于理财的天性决定了她对家庭里的收支状况一目了然。很多丈夫压根儿就不知道家里有几张银行卡，更别提卡里的具体金额了。

（3）由于生理上的特点和社会就业的现状，使得大部分家庭丈夫的收入高过妻子，这样一来，女性们未来的养老储备就出现了一定危机；女性还经常是公司裁员或者被解聘的对象，因而必须准备自己的不时之需；一旦被解聘，女性很难在职场上找到称心如意的工作，并且本来女人们也需要更多的资金对付不时之需。

一个重要的理财观点是“钱不要放在一个柜子里”，可想而知，女性理财也必须准备好三个柜子，分别装入不同的内容：一个被称为安全柜，家庭的主要经济来源受到影响或是遭遇裁员时，它主要用来保护你的家人和孩子；另一个可以称为投资柜，主要的作用是积累养老时必需的投资资金，你需要估计自己未来所需养老金以此得出目前投资所需要的投资收益率；最后一个是风险柜，可以购买一些股票或者基金等高收益、高风险的产品，从而获取额外的收益。

2. 至少准备 3 ~ 12 个月的生活费

牛萍女士，在外企做销售工作，还是赚得来一些钱的，其丈夫也是外企职员，两人仗着每月一万多的工资进账，买下了一套 100 万的房子，贷款 80 万。这样一来，每月 5000 多的还款雷打不动。他们还喜好交朋结友，往日里应酬不断，年轻气盛的小夫妻少有积蓄。

就在这时，牛萍和老板产生了矛盾，盛怒之下决定走人。当时她认为辞掉工作后还可以另谋高就，根本不发愁工作问题。

可没想到的是，就在辞职的同时，他们的孩子来临了。

所谓生活的一道道坎，说的就是这些突如其来的意外。丈夫的收入不但要养家还要还贷，两人又没有积蓄，养活孩子面临一大笔支出，此刻卖房子的办法充斥着牛萍的脑海。紧急出手，价格上已经没什么优势了，更糟的是，心高气傲的小夫妇不得不另外租房以便安身。

但是，如果未雨绸缪，牛萍就会把以往的开销做一个合理的规划，至少能让他们在一年半载之内无忧，他们也就不至于落魄至此了。

你可以把这笔费用称为“周转资金”，以便在失业的时候派上用场。你需要存储的确切钱数将以每月花销为依据。以牛萍女士为例，她的家庭应该储备 3 万到 10 万左右的资金，当然这其中包括房贷的支出。如果乐观一点，把夫妻同时间失业的可能排除在外，她的储备资金应该是 3 个月到一年的工资收入，只有这样，才能维持自己的财务状况，不至于在失业、怀孕的当口受此一劫。

生活中谁都有可能出现危机，这时，你的财务必将面临巨大的挑战。由此可见，消费之余准备个保险箱以备后患成了投资之余一项不可或缺的内容。

点金术：很多事情我们都无法预知，当生活变脸时，女性需要有一个“保险柜”做自己的坚强后盾。

严格执行储蓄计划

近年来，很多人钟情并践行于“理财投资”，很多人认为只要投资得当，储蓄不储蓄无所谓，这正是忽视了储蓄在理财中的重要性。但是，个人理财的基点应该是合理储蓄，因为每月储蓄才是财富积累的基础，才能给投资提供源源不断的资金。所以，个人理财的基础就是合理地进行储蓄，并且要点点滴滴、持之以恒地贯彻。

张兰喜欢和同事们侃大山，大伙儿都嚷着钱不够花，同事小李也让张兰谈谈她现在的财务状况。张兰有点不好意思，说："我现在存下来的钱，再添一点儿可能也够对付首付房款了。"听完这句话，大家顿时目瞪口呆。

也难怪他们惊讶，张兰家境不算特别好，找了个男友也不算有钱，并且是两年前才入职的，她怎么就能赚下首付的钱呢？张兰的"赚钱秘诀"其实不是什么秘密，就是存钱、存钱、再存钱。每个月发薪之后，张兰都会将其中的2000元存入银行，她想周全了，整存整取收益颇丰一些，所以她摈弃了活期存款，这样利息较高。但存期不长，以一年为限，这样一年下来就有12张存单，她每个月都能取到一笔钱，同时又享受到了比活期高的利息。张兰的计划就是在工作5年之内，让自己首付一套小户型成为可能，这对于工薪阶层来说，并不是个简单的目标，可现在她已经快要完成一半啦！良好的储蓄习惯使她的梦想基本要实现了。

每个人都有过储蓄的经历，但很多人的储蓄方法并不科学。很多女性并无固定储蓄的概念，更别提长期的资金计划了，大多数时候的储蓄办法就是把每月的结余变成储蓄或投资，剩得多就多存，剩得少就少存。这种方式可以说是没有目的的瞎理财，因为该方式缺少了具体的数目与目标。即使是有一定储蓄规律的女性，每个月都存入固定的金额，也仅仅是强制储蓄，目的就是遏制一下自己瞎浪费，缺少了周密的计划和强有力的执行方案。

从专业的角度来说，要想进行科学的储蓄，首先应该制订理财目标，通过对目前收支的准确盘算，知道每个月存下多少钱才能使自己的目标不至于落空；然后是量入为出，在明确的理财目标的指引下，每月都按此金额进行储蓄。至于每月的支出，那就是除掉储蓄，我们每月收入的剩余部分。要按照精心计算出来的金额不折不扣地完成，这样我们的财务目标才能在可操作的时间范围内得以实现。

点金术：个人理财的基础就是合理地进行储蓄，并且要点点滴滴、持之以恒地贯彻。

存下人生的第一桶金

巴菲特曾经在他的书中写道，他的储蓄习惯始于六岁那一年，每个月存30美元，一直存到13岁时，他已经拥有了3000美元。他的第一只股票就是这时购买的，从此他开始了自己的投资之路。在以后的日子里，将近80年来，他持之以恒地储蓄、投资，成为世界闻名的"股神"。因此，说巴菲特的基金积累源于储蓄丝毫不言过其实。

可见，坚持不懈的目标能造就日后的成功，即使拥有绝佳机会的超级富豪，如果没有创业的资本，也不可能有日后辉煌的成就。对于大多数成功人士来说，既没有雄厚的资金后盾也没有显赫的背景，所依赖的只有自身的努力，这样才能取得成功。不管是巴菲特，还是其他白手起家的成功人士，最初的储蓄成为了他们人生的第一桶金。

对于时下年轻的女孩来说，积累人生第一桶金，通常需要下很大的决心，有时即使已经下定了决心，很多时候也会因为忙碌、遗忘、额外支出等原因让强制储蓄的愿望泡了汤。很多时候我们也明白，其实每个月的收入中抛开必要的开支，多一些开销和少一些开销不会从根本上影响到我们的生活。关键就是，如何在我们还没有随意消费之前，及时地将这些可以省下来的钱积累起来。

你一定要记住不要期望存钱致富，但要为致富存钱。消费前先让自己静下心来思考一下，这些花费真的是必要的吗？要学会递延消费，把奢侈品或非必要性的消费延后。

理财计划的重要环节就是储蓄，使储蓄成为一种习惯，将余钱用于投资与消费，不要随便地冒风险乱投资，积累第一桶金所需遵循的原则就是如此。

女士们理财未必是为了以后多么成功，但从根本上来说是为了让一个家体面地运转：房子、车子或者家业、事业。只要对财富动了念头，就应该明白天上没有白白砸下来的馅饼。你可以不投资，但不能不储蓄。想要完成“资本的最原始积累”，就要先学会储蓄，因为积累财富的不二法门仍然是坚持做长期的储蓄。对于我们而言，得到“第一桶金”最靠谱的方式还得是“存”！

点金术：投资理财的最重要的目的无非是追求财物的自由，拥有丰厚的经济基础，在需要用度的时候能支配，使自己的生活无虞，而这一切都始于累积第一桶金。

谨防破财行为

很多人，尤其是很多女性朋友，总是认为把钱存在银行可谓是万事大吉，安全系数极高，它怎么会让利息受损，甚至存款减少呢？但如果你处理不当，现实情况的确存在这种可能性。因此，谨防破财行为是我们储蓄理财过程中应给予关注的。

1. 密码保护意识薄弱

在储蓄卡代替银行存折，网上银行司空见惯的今天，科技的发展给我们的生活带来了便捷，同时随之而来的却是忧患，我们的密码保护意识稍显薄弱。很多人喜欢选用自己记忆最深的生日作为密码，但这样一来就不会有很高的保密性，通常诸如户口本、简历表、身份证等信息很容易被他人破译。有的储户还喜欢选择一些吉祥数字，比如6个6、6个8、6个9之类的特殊数字，这种密码是很容易被破译出来的，一旦被别人盗取，你银行里面的财务就处于危机中了。所以，设置密码时不能过于简单，应尽量使用自己熟悉而别人难于解密的信息才能使你的账户真正安全。同时，银行卡和身份证一起放在一个钱包里也是非常不安全的，如果某一日你的钱包被人偷走或丢失，那么你银行里的钱就任人宰割了，存款也很可能被他人冒领。

2. 存单存折随意乱放

你可能有很多储蓄类型和好多张存款单，这说明多样化的存款方式已经被你所掌握了，这当然值得提倡。但是你最好把这些东西归类，且放在一个自己方便查找的地方，不要随手乱放。最好把存单放在一个比较隐蔽的、不易被鼠虫所咬且干燥的地方，同时，他人容易取得到的地方不适宜放置活期、定期两便之类的存单。同时还应注意，存单一定要与身份证、户口簿等能证明自己身份的证件和印鉴、密码登记簿分开保管，以避免坏人把这些证件、印鉴、密码登记簿一起盗走，恶意领取，令你蒙受不必要的损失。

3. 不注意自身存款的种类和期限

除了上面最直接的破财行为之外，比较常见的是由于自身的疏忽所造成的破财行为。不同种类的储蓄方式具有不同的特点，不同的人群和不同的存取手段之间存在着取舍：活期储蓄存款适用于生活待用款项，灵活方便，适应性强；生活若有结余则适合定期储蓄方式，存款越长，利率越高，计划性较强；零存整取储蓄存款适用于余款存储，积累性较强。利息受损情况的发生往往是由于不注意合理地选择储蓄方式。虽然很多人认为这种破财方式带来的损失实在微不足道，但是从长远的利益来看，选择合理的储蓄方式所带来的收入大大高于随意存取的利息。所以，如果我们能够定期储蓄存款三个月，就不要存活期，能定期储蓄存款超过半年，选择三个月就是不当之举了。与此同时，由于银行的存款利率变动比较频繁，及时调整存储方式是一个好办法，这样才不会让应该到手的财富白白流失。

4. 大额现金一张单

很多白领女性喜欢等到到期日相差时间很近的几张定期储蓄存单全部到期以后，几张同时转存，这样一来手头就有了很大一笔钱的单子，或是拿着大笔的现金，到银行存款时只开一张存单。虽说这样便于保管，但是这样的做法有欠妥当，无形中利息的损失便产生了，对理财很不利。

因为银行规定，提前支取定期储蓄存款，不管时间存了多长也要全部按当日挂牌公告的活期储蓄存款利率计算利息。倘若生活中急需用钱，定期储蓄存单未到期，那么就出现损失了，因为必须动用大存单了。正确的方法是假如有10000元进行存储，可分开四张存单，分别按金额大小排开，如一千元、两千元、三千元、四千元分别一张，这样做的目的就是在困难来临时不至于产生太大的损失。

5. 在存款没有到期时提前提取

生活中往往会有一些突然的变故需要用钱，有人往往会把自己的定期存款提前取出来应急。虽然他们知道这样做会将自己辛苦积攒的、应该得到的定期利息大部分付之东流，但是因为那只是存款的盈余部分，所以很少有人把其中的差额用来进行对比，也因此让自己蒙受了不明不白的损失。所以，在定期储蓄存款提前支取时一定要拿出计算器，仔细算计算计，看看会损失多少。如果损失的数额比较大，那就尝试考虑其他的举措，在支付金额小于你的定存利息的情况下，银行专门设立的定期存单小额抵押贷款业务你也许可以尝试一下，争取将自己的损失降到最低。尽管破财摆在当前，但是破得少毕竟是好事。

6. 存款到期不支取

定期存款到期后，逾期部分计算利息的方式按照当日挂牌公告的活期储蓄计算。这些活期的利率显然要比定期利率低很多，这样一来利息的损失就形成了。很多女士由于对存款日期不甚在意，而让自己本该获得的高利率变成了低利率，因此大家要注意时常翻一翻存单，一旦发现定期存单到期，就要考虑保住利息不损失，尽快取出该笔钱。

这些储蓄中的不当行为所造成的破财其实都是可以避免的，认真地学会这些理财知识对大家很有好处。

点金术：女性朋友在储存理财过程中应理性、慎重，谨防破财行为的发生。

储蓄卡不需要很多

仔细看看你的包包，从你拥有第一张储蓄卡开始，数数看你包里的储蓄卡一共有几张？这些储蓄卡只有为数不多的几张平日里用得到，那些闲置不用的储蓄卡里只有零碎的数百元，却一直在被收取年费和小额管理费，这样一来，有的小钱就不翼而飞了。

那么，一个人持几张卡是比较合理且便捷的呢？一般来说，3张卡就够用了。这3张卡按功能划分，应该是日常消费的、投资的以及积累资金的。

1. 日常消费卡：用贷记卡“先斩后奏”

如果是纯粹用于日常花销，最适合的卡便是贷记卡。特别是手头常常拮据的女性朋友，贷记卡的透支功能使你“先斩后奏”的快意得以实现；另外，经常用贷记卡消费，银行常常会有优惠积分或跟商家合作的优惠促销，这样一来，不用花额外的钱，就能得到可心的小礼品或小回馈。这张卡就拿来透支消费，当然别忘了把钱还给银行的最后期限是免息期结束之前。

2. 投资卡：集中投资、细算收益

投资卡和贷记卡一样有着重要的作用，可以用这张卡购买股票、基金、债券等投资品种。投资卡只用于投资，计算一下自己能够投出去的资金，同时也要对投资品牌做一个了解，按额度转钱到投资卡里即可。这样做使资金不会闲置下来，其较高的利用率会让资金升值。所以一般来说，对于各家银行纷纷推出的人民币理财品种等长期理财项目，你应该在投资进行之前，先把资金注入到投资卡上。

3. 资金积累卡：用它“钱生钱”

出于安全考虑，消费卡、投资卡上留有大量的活动资金是不可行的。所以，最好有一张资金积累卡。如果工资是个人或家庭的主要收入，则可将工资卡默认为资金积累卡。这张卡有两个功能：功能之一是资金的积累，其二是向投资卡或消费卡注入资金。包括划转资金和支付划转水电燃气、按揭等费用。如果工资与奖金由不同的银行发放，最好将资金收拢放在一张资金积累卡上。因为银行开展个人理财业务，一般都设有资金额度的门槛，过于分散的资金使得完全享受银行的服务变得困难。

需要注意的是，资金积累卡一定要开设活期自动转存定期功能，以规避利息的损失，使大钱生小钱。目前，各家银行活期自动转存定期功能已经开通。留出一笔固定活期存款，其余部分按与银行签订的协议自动转存为一年期、半年期、三个月存款或通知存款。这样，银行一旦发现有新款注入就会把钱自动转存起来。这岂不是坐在家里就能让“钱生钱”？

点金术：资金积累卡一定要开设活期自动转存定期功能，以规避利息的损失，使大钱生小钱。

别把信用卡当作储蓄卡

女人要想构筑幸福的生活，在学会赚钱之余，学会如何消费也是很重要的。“双刃剑”可以用来形容手头的信用卡，使用不当，会使你愁眉苦脸；使用得当，却能助你渡过各种财经大关。只要学会巧妙地把信用卡用活，一生就能够幸福安康地度过。

1. 信用卡是不能存钱的

当然，信用卡和储蓄卡之间存在一些区别，除了信用卡可以透支以外，还在于信用卡的功能是进行消费结算，而不是储蓄功能。因此对客户而言，他们在及时还款的前提下可持卡消费，银行的收益只是从商户处收取1% ~2%的结算手续费。每家银行对本行发行的信用卡都有特别的管理标准，即使是存钱进去然后取出，手续费也在所难免。

即使是急需钱，考虑成本也是从信用卡取现时需注意到的。为避免忘记还款而带来的负担，最好与发卡行的借记卡挂钩，可以使用信用卡自动还款功能。

2. 信用卡不是越多越划算

一般来说，两张信用卡就足以使我们生活便捷了。你可以根据自己的实际情况对银行卡进行筛选，即使附加在卡上的功能很诱人，假如我们用不到它，那么我们也没有必要开通。留下两张结账日不同的信用卡，透支额度不必太高，一张日常使用，一张备用，不仅能够使我们的消费欲望得以抑制，还可以拉长还款日期。

没有超强的计算能力的一般女性，平时又不能控制自己的消费欲望，那么还是不办信用卡为好，或者只用老公的附属卡，一则这些麻烦都没有了，更重要的是这些钱总归老公会去还上的。

3. "超长免息期"有陷阱

在正常免息期不收利息是国内银行的规定，但如果超期透支了，即偿还的金额等于或高于当期账单的最低还款额，但仍然低于本期应还金额，那么循环信用余额就是剩余的延后还款金额。而超期的每一笔消费都要按照日息万分之五计算，年息是相当惊人的，高达18%。

4. 信用卡闲置就是丢钱

信用卡激活是一种安全措施，为了防止邮寄卡片过程中被盗用。发卡行在核准发卡后，信用卡所涉及的一系列后台运作随即产生，各家银行针对未激活的信用卡是否会收取年费这一问题的规定有异，一般分为三类：

(1)信用卡只要不激活，就不会产生年费。目前许多银行不会收取年费，条件就是信用卡在有效期内不能被激活。而且，有些银行的信用卡用户如果首年不激活，一年之后，这张信用卡就会被自动注销。

(2)在第一年免年费。目前许多银行都在采用免首年年费的做法，即在第一年免除年费，如果第一年消费了若干笔，那么自动免除第二年的年费。

(3)即使不激活信用卡，第一年也会收取年费。只有少数银行采取这种收费政策，目前只有中信银行规定要在发卡后30天内激活而且必须刷卡消费(或取现)，否则，就将收取首年年费。

所以，在办理信用卡之前，对银行信用卡规定进行详细了解是必要的。因为每个银行的政策都不同，对于信用卡的办理规则也不一样；不同种类的信用卡即使可能出现在同一家银行，具体的使用条例也有差异；对于同一种信用卡的政策，也有可能会进行调整和改变。所以面对繁多的信用卡，一定要详细了解之后再开通：

(1)仔细阅读合约

信用卡领用合约不仅记载着用户和银行之间的权利义务关系，并且因为是正式法律文书，所以，也会详细告知信用卡的年费政策。因此，在申请信用卡之前，一定要仔细阅读领用合约。如果对合约有疑惑，向银行工作人员或者拨打客服电话了解是非常必要的，对于年费的减免年限、年费减免是否与刷卡次数挂钩、激活开卡与年费到底如何规定、除年费之外是否还有其他收费等等，都要做到心中有数。

(2)理性至上，不要盲目办理

女性朋友容易凭感觉收纳很多类似的卡，有些一直闲置不用，时间一长，慢慢淡忘了信用卡的年费规定，甚至因为长期弃之不用而不慎遗失，很可能诸多不必要的麻烦就接踵而来了。所以对于信用卡的办理一定要理性，办信用卡不要贪多，长时间不用的卡，办理停用手续是很有必要的。

点金术：幸福的可持续发展，需要合理使用信用卡。

要想理财有章可循，经济书不可不读

你想投资赚钱吗？答案肯定毫无疑问。赚大钱过梦寐以求的舒坦日子，人人都想。可是，对于大多对投资一窍不通的女性来说，最难达到的就是通过投资赚钱。“还投资呢，能不赔就不错了！”可能很多女性都会这样想。如果你现在还死死抱着这一念头，那你就大错特错了。投资高手的能力不是从娘胎里带来的。只有通过后天的学习，阅读投资理财方面的书籍，梦想的实现才不会遥不可及。

如果银行里存了700万元，用来做啥？“如果有这些钱，就先去买一间房子，如果还有多余的钱，就投资一点股票，好好孝敬长辈，存到银行自然是其他余钱的归宿。”估计这样想的人不在少数。

如果你也是这样想的，则接下来要考虑的可能是房子的购买地段以及房子的大小。买什么样的房子？万一买房子需要贷款，要还多少利息？如何制订还款计划？万一几年之间银行利息上涨，你又如何应对？

当然了，天上没有掉馅饼的好事，就算是偶然遇到了，很多人也不知道如何处置手头的钱。也许你会为了赚更多的钱，反而让手上的钱飞走了。事实上，很多中了彩票的人往往在不久后又回归到了之前的生活状态。

所以，不要抱怨你现在贫穷或不够有钱的状态，你目前的状态肯定有原因的，且主要存在于自身，其他方面不起关键作用。闲下来没事做的时候，为什么即使抱着电视看到眼睛发酸，也不肯拿起经济学的书读一下？为何不愿意把在外游荡逛商场的时间用来看一看书里介绍的投资大师的技巧呢？有限的年华就在电视机前耗费掉了，而看看书，却能够让你学到赚取财富的办法。

一位女性朋友曾经对理财和投资一窍不通，但读书是她的一项爱好并且持之以恒。她曾经把《穷爸爸，富爸爸》等投资理财的书看了很多遍，经济与投资理财的知识丰富了她的脑海之后，她拿出自己的储蓄开始尝试按照书中的方式进行投资。结果通过学习，她对投资有了一定的敏感度，而这一切取决于书中的知识，并且她知道了如何规避风险。几年下来，她的财产翻了一番。现在，她除了坚持投资以外，阅读更多更好的财经书成为了她的业余爱好，这样一来，她就能不断地提高自己的理财能力了。

相反，如果没有足够的经济学知识，没有很好的理财规划，就算你有一天暴富，钱在你手里也待不了多久就会溜走。有这样一则新闻：某年轻人中了500万的彩票，其兄弟姐妹分得了其中的100万，其他400万成了他的创业基金。但是她对理财一窍不通，结果，两年之后，不但400万全部消失了，还欠下了几万元的债，身体状况日衰，甚至连回家都没钱，亲朋只好把她接回了老家。

你不要嘲笑这个人，其实，如果你也总是沉溺于虚假的梦幻中，对经济学书本以及理财常识通通不感兴趣，那么即使你也有她的好运中到头彩，也同样会使手头的钱不知去向。

所以，我们应该明白一个道理，改变命运的密码就隐匿在书本中，而从书中寻得该钥匙的勇气与毅力正是我们所欠缺的。只有敢于一头扎进书里认真学习经济学知识和理财知识的智者，才有收获的一天。

聪明的女人在遭受经济危机后，马上就能够意识到自己潜在的危机，她会明智地重视那些生涩难懂的经济学书籍，并且从中汲取养分。别的女人可能正在为暂时安逸的生活享受，她却提前看到了自己未来的生存危机，及时充电，使自己的人生之路更加广阔。我们不想说“功夫不负有心人”这样的话，它的意思每个人都心里有数，每个人也都听过无数遍。但是，很多女人听多了就不当一回事了，根本不愿意克服自己的弱点正视面前的问题，也意识不到自己在经济、理财方面的短处，因而总是日复一日地处于抱怨、哀求、穷苦的生活状态中。

聪明的、独立的、坚持的、有主见的女人是时代的佼佼者。在投资理财时，如果没有最基本的经济学方面的知识做铺垫，我们怎样发展？随波逐流变得在所难免。可是你要知道，随大流永远赚不到大钱，还很有可能赔大钱……有了基本理财知识的女人，在看待经济问题上很有主见，不后悔于某一次的理财失误，而是从中汲取教训。所以，当我们沉浸在韩剧、日剧中不能自拔时，当我们在家里无聊得只想睡觉时，在墙上贴一张纸是个好办法，提醒自己现在是看书的时光，看书就是挣钱，何乐而不为？

点金术：投资高手的能力不是从娘胎里带来的。只有通过后天的学习，阅读投资理财方面的书籍，梦想的实现才不会遥不可及。

一些必须遵守的投资法则

所有的高深学问中肯定涵括投资理财，不同的投资工具操作起来有不同的逻辑，例如投资股票需要关心的事情绝对与投资黄金不同，不同的对应方法适应不同的投资目标。如果你是个用功的投资人，就一定会接触到许多投资大师的“独家看法”，那么，你需要遵守和铭记其中的一些基本规则。

1. 认清现实，投资不盲目

假设你目前经济上较为窘迫，就更需要做好个人与家庭财务的应变计划，提高家庭的资产净值，也就是资产减负债的数目应该是正的。基本上，个人或家庭可承担的负债水平，应该是先扣除每月固定支出及储蓄所需后剩下的那部分。至于偿债的原则，则应优先偿还利息较高的贷款，接下来就会大大削减一大笔支出。对上班族来说，增加财源比较困难，因此，采用适当的节流计划与偿债计划，就等于你多赚了一些“外快”。

收入增加，手边有闲钱进行投资，更得谨慎小心，因为获利太多的报酬率几乎不光顾盲目投资，若有一点点收获，只能感谢老天眷顾，而要想达到理想效果，规划资产的条理程度很重要。但怎样才不是盲目的投资呢？首先还是那句话，“放在一个篮子里的鸡蛋岌岌可危”，这是长久不变的真理。但是从另一个角度看，如果分散投资的开展是在不了解情况的前提下，那么这样的理财同样是盲目的。因此，首先要全面研究资产负债情况，然后再以保守或稳健的投资组合逐步增加自己的资产。

2. 最有效地利用有限的资本

投资的奥妙之处就在于如何最有效地利用有限的资本。我们很难做出精准的抉择，尤其面对一大堆的投资商品时，类似“到底投资 A 还是投资 B 比较赚钱”之类的问题，总是让我们寝食难安，不知该留该弃。

投资工具并无好坏的分别，只有适不适合自己的问题。比方说，高风险高回报的投资工具当属股票与房地产，如果你问投资房地产到底好不好，首先要问你自己的资产有多少？在房地产上你能注入多少资金？你投资房地产的金额占你投资总额的比例是多少？需不需要借款融资？多少足以进行融资贷款？融资利率又是多少？接下来的问题就是哪一个城市的房地产让你中意？买哪一个区段的房地产？买交通繁忙的市中心还是政府机关与学校集中的地段？买大厦、公寓，还是店铺？房地产目前的涨势对你而言明晰吗？是已经处在景气最热的阶段，还是处于景气的谷底？在投资之前，只有仔细搞清楚这些问题，你才能比较容易获利。

3. 购买理财产品前的三件事

购进理财产品，你依据的信息是什么？是广告宣传、媒体报道、亲友推荐，还是理财经理主动推销？

如果你是一个冲动型的购买者，甚至在涉及重要理财产品时也是如此，那么经过一段时间之后，肯定会因为收益不理想而大呼受骗、捶胸顿足。然而，如果你培养了自己的辨别能力和识别风险的能力，那么你就不会时刻为这一类事情捶胸顿足了。

根据本息相互依存的关系，下列三种可以囊括大部分理财商品：保本保息、保本不保息、不保本不保息。有三件事情投资者在购买前务必搞清：一是这种产品能否确保最低本金不至于丧失；二是收益是否在可接受的波动范围内；三是是否与其他投资标的连动。上述提到的几个方面如果你都能够承受，并且愿意接受可能产生的最大损失的结果，那就可以考虑投资这一类金融产品了。

4. 投资理财要有规划

股票、基金被套牢了怎么办？“当作长期投资”成了很多人的安慰借口。这样的想法反映出他们理财没有统一的目标和理念。投资的前提就是要获利，如果投资发生不久便发生了套牢、赔钱一类的事，有两个问题要仔细想一想：第一个是投资标的有没有选错；第二个问题则是进场时机可能错了。进一步思考如下两个问题是解答的要点：一个是你是依据什么条件选择投资标的与投资时机的；二是是什么媒介成了影响抉择的重要因素。

如果我们根据这个金融商品（譬如股票或基金）过去的报酬率高，投资时机甚至媒体都乐观观望，自己实在是因为众口铄金而乐观地进场投资，那么，当再一次投资冲动时，我们就应该铭记：同一类错误再犯就是愚蠢的。其次，万一投资收益暂时不理想，你要客观地分析错误是源自于接收信息错误，还是市场的波动变化。假定我们的目的是长期投资，那么，中间的暂时涨跌影响不到操作，要避免见风使舵、慌忙卖出。

5. 不可因投资牺牲正常的生活开销

吸引我们的往往是高额报酬的投资，但是不要因为追逐获利而超额借贷，甚至融资。由于我们不可能掌控市场的涨跌，因此总有不测风云存在。所以，不要将生活开销所需的资金放在高风险的投资上，万一事与愿违陷入困顿，周转不灵就变成了现实，连基本生活都会出现问题。

就理财规划来说，最好把相当于一个月生活所需费用的 3 ~ 6 倍的金额，拿出来做应急之用，以防范譬如失业、事故这些突发事件；或者遵循“4321 法则”，收入的 40% 用于各类投资，30% 用于家庭生活开支，20% 用于银行存款以备应急之用，购买保险则占到 10%。只有这样，无忧的生活才能得以实现。

点金术：所有的高深学问中肯定涵括投资理财，不同的投资工具操作起来有不同的逻辑。

改变以往的投资心态

一直以来，女性在理财上给人的印象要么是斤斤计较地攒小钱，要么是大肆消费，不思后果。根据调查，相较男性来讲，女性在投资方面比较保守。多家银行及投资顾问公司的调查也普遍发现，可能是因为女人们事业家庭要两手抓，使用的投资工具多以定期存款、购买保险等为主，而这些投资理财均属较为消极的理财方式。

现代社会的投资方式日趋多样，许多女性认为困难的事情莫过于投资理财，懒得投入心思，但需要提醒你的是：你未来也许不能完全仅凭你那点工作技能，家庭状况可能会面临改变；伴侣可能无法依靠；子女也可能远离你；对你的父母等长辈还得尽到孝道……你的一生都离不开钱，唯有你自己才能真正保障自己的财务安全。而面对自己的钱，如何管理投资较为合理呢？相信很多女性朋友对这个问题都非常感兴趣。

在理财方面，女性容易步入误区，从而阻碍了女性的发财致富之道。以下就是一些常见的女性理财误区：

1. 干得好不如嫁得好

许多女性往往觉得找个有经济实力的老公就万事大吉了，平时把所有精力都用在了穿衣打扮和美容上，却忽视了提高个人创造和积累财富的能力。有些女人时时事事离不开老公的支撑，认为养家糊口是男人天经地义的事情，但日复一日，受制于人的情况总会出现，女性在家里的“半边天”地位也就发生动摇了。所以，一名优秀的女性应该做的是努力上进，掌握理财和生存技能等方式，自尊自强，在立业持家上体现现代女性的风范，让丈夫刮目相看。

2. 理财求稳不看收益

不喜欢冒险是传统女性的一大特点，她们的理财渠道多以银行储蓄为主。这种理财方式虽然相对稳妥，但是现在物价上涨的压力较大，通货膨胀的影响使得银行里的钱贬值了。所以，在新形势下，女性理财应更新观念，只求稳、不看收益的保守观念应该打破了，积极寻求既相对稳妥又多花样、高收益的投资渠道，比如开放式基金、炒汇、各种债券、集合理财等，都能使家庭存折上的数字节节飙升。

3. 盲目随大流造成损失

许多女性在理财和消费上喜欢随大流，常常爱跟风，亲朋如何投资，她们立马步人后尘。比如，听别人说参加某某集资收益高，便弃自己的情况而不顾，赶紧跟风购买，结果造成了家庭资产流失，夫妻感情及生活质量也受到了影响；有的女性见别人都给孩子买钢琴或让孩子参加某某高价培训班，于是不看孩子是否具备潜质和兴趣，硬逼着孩子去学习，结果不但收益甚微，而且孩子也很逆反。

针对以上女性在理财方面容易出现的误区，下面特提供相关的策略，女性朋友们可以从中学到一些知识：

1. 相信自己能做得到

许多女性在自己的领域可谓得心应手，在理财上可能因为不是自己的专业，所以有些不够自信。但是由于关系到自己未来的生活能否过得更惬意，因此女性对理财方面还是需要多一些敏感。不妨考虑交一个会理财的好朋友，也可以通过理财专家得到一些资讯，或者多阅读一些理财方面的报刊、书籍。其实，以女性的敏锐思考能力，假以时日，变成理财高手的目标一定能够得到实现。

2. 广泛涉猎相关知识

有时候，女人比男人更喜欢钱，与其让自己的钱一元、两元地往上累加，何不努力多搜集相关信息，找到一套适合自身的方案让投资代替存钱？

3. 多种投资

女性对于需要冒险精神、判断力和财经知识的理财方向有点望而生畏，认为它太过麻烦。但是当女性简单地将钱存入银行以后，再也不把通货膨胀或回报的问题挂在心头，或太过投机而使自己的财产处于极大的失败危险之中时，她们忽略了更严重的麻烦即将到来。

4. 新女性不握现金新主张

身怀巨款去消费不是现在流行的主潮，用信用卡、电子钱包就可以搞定一切。只需在银行账户里存够半年用的生活费，而把剩下的钱放在获利高的投资工具里会显得比较有眼光。只要对理财有正确地认识，把钱放银行里生小利就是不明智的。

以上提出的几点意见对女性朋友理财是很有帮助的。只要能走出理财误区，并且优化相应的理财策略，那么，可以相信，不久之后你就是理财高手了。

点金术：如果投资环境不好或者处于经济下滑之时，女性保守心态下的投资绩效可能相对较优，但面对瞬息万变的新经济环境，女性假如不优化自己的投资方式与行为，在理财上终将成为弱者。

让风险最小化

存在风险是投资活动的一大特色,但你可以尽可能地让未来的投资在你可以接受的范围内浮动。

比如银行存款和国债,尽管收益只有1%~2%,但资金的安全性却相当有保障,因此风险承受能力较低的人群比较适宜于选择这些产品;而信托收益3%~5%,比较适中,但投资该类产品需要放弃一年到三五年不等的资金变现权利,而且要承担信托公司违规的风险;风险程度较高的投资是股票,但其高收益同样得到大家的认同,如果赶上上升趋势,收益30%甚至50%的投资者不在少数,如果下降的走势不幸被你赶着了,那资金腰斩再腰斩的事情也不是新闻;开放式基金的最终投资目标同样是股票,但它与直接投资股票有所区别,它是借助专家的眼光理财,让理财经理帮你设定投资组合,这样一来面临的风险就会有所下降,但与此同时,你也不得不放弃可能得到的更大收益,随之而来的是下降了一个级别的收益。

同样是股票投资,不同的产品存在很大的差异。大盘股、绩优股的风险比较小,但这些股票由于炒作空间不大,股价相对比较平稳,收益水平属于中等。获益空间比较大的是那些具备一定概念适合短期炒作的品种,但同时也蕴藏着比较大的风险。

由此可见,风险与收益的关系永远让我们困惑。如果你追求安全,你将获得较低的收益,而在长期投资中,由于承担了较高的风险,高补偿也存在很大的可能性。

既然风险无法回避,就不要回避它。如果未来投资的风险全都在你的接受范围内,你就可以通过组合投资来设定一种风险。

如果用打仗来比喻理财投资,就可以依据自己的实际情况将资金分成"守、防、攻、战"四种形式的投资。用作"守"的资金,应主要在储蓄、购置房产、保险等方面有所体现;起"防御"作用的资金则用于购买国债、投资基金、信托产品、企业债券等产品;"进攻"性资金可以用于购买股票,外汇等;炒期货可以看作是"激战"的资金。

掌握一个合理的度对玩转这些钱有好处。一般来说,30%的资金用于"守",30%的资金用于"防",这样,用来自保的资金就达到了60%。另有30%的资金用于"攻",只能把10%左右的资金投资在"激战"上,即拿去绝对投机、短线炒作。

另外,要适时调整、化解风险。影响投资理财活动的因素是千变万化的,那么在合理配置资金的基础上,要想确定理财的目标,就必须根据各种因素的变化,适时地调整资产结构,只有这样,才能达到提高收益、化解风险的目的。比如,你虽然把投资债券与股票的资金比例确定下来了,但死守这个比例是愚蠢的,而要根据各种因素的变化较为灵活地调整这个比例。

当然,说起来容易,做起来比较难。我们需要不断地尝试,不断地吸收知识,听取专家的建议,才能使自己的投资技巧得以提高。

投资无法避免"忧虑",但避免投资冲动的法宝却是"忧虑"。就个性而言,女性天生比男性多一分谨慎。是否进行某项投资,女性往往会小心行事,其风险性也是她们考虑的重点。有的时候,可能显得过于缺乏自信,但"忧虑"确实减少了女性犯错误的机会。女性一个必须谨慎的方面就是要合理调整自己的投资组合。

投资需要丰富的知识。有人把投资当作赌博,运气来了就赚,不走运就赔,这是极其错误的。怀着这样的心态去投资,无异于瞎打瞎撞,很少有成功的案例。投资是智者的游戏,至少必须弄清关于理财的大量术语,并且理解、掌握一些简单的收益计算、风险测评等技巧。如果以投资股票市场为例,如果连一些公司的基本财务状况都不熟悉,怎能作出正确的选择呢?我们无法做到理财专家那么专业化,但至少不能一无所知,盲目进行。

交流与协作是投资所必需的。女性非常乐于沟通和交流,相对于总是摆出一副高深莫测的面孔、把自己当作专家的男人,谦虚与合作的精神在她们身上体现得淋漓尽致。通过开放性的相互交流、相互分析、相互指导,受益匪浅的往往是女性。

投资应注意养老收益。年老力衰并非离我们很遥远、现在无需考虑的事。你的轻率有可能导致多年积蓄在若干年后被疾病和衰老掏空。养老问题是女性考虑的头等大事,在投资组合中必须考虑到,其中一个明智之举便是建立个人的养老账户。“跳槽”,白领丽人们早已司空见惯,但千万要记住:换工作的时候,要将养老基金从原来的账户转入新的账户,而把钱全部取出来的做法则不利于实施完善的养老计划。

还有,投资应该成为一种习惯。投资对于每个女性来说,挑战性极强,也很有必要进行尝试,谁都不可能一蹴而就。但如果投资成了你的一种有意识的理念,你就会慢慢地爱上它。开始,你可能比较保守,只敢涉猎最基本的股票、债券、基金,即便碰到困难也不要泄气,更不要放弃,久而久之,技巧就会得到提高,经验也会随之丰富。你既可以把部分资金投在风险系数较高的领域,也可以在多种投资工具中寻找到一个最佳的平衡。在投资上,女人也可以得心应手,就像打扮自己一样。

郭佳今年27岁,在一家大型物流公司担任部门经理,她的事业正处于上升阶段。

为了职场更加得心应手,在职读MBA成了她的首选,这需要一笔不菲的费用。如何协调收支平衡呢?

通过客观的分析,她认为,自己的事业虽然刚开始起步,但承担风险的能力较强,可以在高风险、高收益的股票上投入较大比例;关于学费,是一笔不小的费用,可以通过贷款的方式解决,只要贷款利息低于投资收益,就是划算的。

郭佳通过听取专家建议,理财方案出炉了:

开通工行“银证通”,运用10万左右的资金投资股票(占到总资产的60%)。在投资时机不明朗时,可以将资金留在工行账户上存1天通知存款,这样,比活期存款高一倍的收益就形成了;根据债券基金的不同,“组合宝”与“财富通”等股票投资咨询服务也可以随之赠送,帮助她提高投资成功率。

将4万元左右(一般是资产的30%)的资金用来对付各种开放式基金也是一个好主意,这样能分散投资风险。

申请工行“幸福贷款”系列的助学、升学贷款8万元,这样一来,在职读MBA的学费就有着落了。

存1年期定期存款2万元,这部分储蓄重点用作应急储备金,以备不时之需,还可以获得定期的利息收益。

5000元是流动现金储备的底线,日常支付多利用工行牡丹贷记卡,最大限度地提高资金运作效率。

事实证明,这个投资组合是安全而有效的,郭佳可以在工作和学习之余更加稳妥安心。

对于女性投资,逃避风险不如适当地承担风险。一味地回避风险,大大贬值的将是自己的资产,稳健保值的初衷根本就得不到实现。有段时间,借股市行情不好的机会,很多债券基金都热炒自己的“安全”概念。可后来债市和债券基金的大跌,说明了根本不存在安全的投资。重点通过股票基金长期系统地投资股市,这种财富积累的方法很适合普通的女性。

将鸡蛋放在不同的篮子里，可以避免使我们的生活遭受重创，一切理财都可以从此发端。

储蓄可以动用35%左右的资金。随时想用的钱存成活期，固定收入除生活费外存成零存整取，有本取息比较适合大笔暂时不用的资金，有计划目标时可以选择三个月、半年、一年、二年、三年、五年期储蓄。

购买国债可以动用30%左右的资金。其优点是免征利息税，收益率比定期储蓄高，兑现容易，只需到银行储蓄网点办理提前支取即可。不到半年就提前支取、不计息是其缺点，超过半年提前支取按各个档次分段计算利息，不便的是会收取0.2%的手续费。

用于投保的资金可以定在10%左右。投保未出"险情"时如同储蓄，出了"险情"受益匪浅。虽说保险好处多，但与银行储蓄比较起来还是有一定差距的，储蓄可以随时支取，保险则是在保值增值的同时，在发生意外事故后才能给予赔偿。虽不能过量保险，但是完全不参保也是不明智的。

购买股票的资金可以占到5%。股票流动性很好，基本可以随时兑现，而且收益率较高，但是出于稳妥心理以及其较大的风险性考虑，可以少买一点，即使损失也很有限，即使上涨也不要狂追资金。在投资问题上，保持平常心是女人的美德，只有不贪心、不急功近利，才能立于不败之地。

此外，日常消费和其他投资占用了剩下的资金，比如购买一些未来可能增值的艺术品等，当然是在自己的能力许可范围之内。这类投资出于爱好的成分较多，可以算作不错的人生投资，还可通过欣赏杰作陶冶情操。

不同的投资策略适应于不同的女人，选择不同的投资组合，在投资理财上走出一条具有自己特点的道路。只要时刻把握流动性、安全性、收益性相结合的原则，就一定能够达到良好的效果。就像李嘉诚的一句名言："根据投资的法则，放在一个篮子里的鸡蛋是安全不保的。"要学会让你的财富在短时间内保值并且增值。

点金术：只要时刻把握流动性、安全性、收益性相结合的原则，就一定能够达到良好的效果。

越早买保险越好

对于保险，很多女人可能会觉得完全没有必要，特别是年轻的女性。80后、90后的年轻人正值壮年期，身强力壮无负担，各种大病、医疗保险看上去对她们并没有太大的意义。至于意外伤害，只要自己小心点就行了，把钱白给保险公司有什么意思呢？而养老保险就更不用说了，等个十年八年再买也不迟。总之，无论怎么看，给保险公司掏出钱来似乎都不是我们年轻人的首选。

话是这么说，可是我们如果留心想一下就会发现，类似一些故事每天都在媒体上上演：

"某某青年因为身患重病，面对高额医疗费，上了年纪的双亲愁眉不展！"

可以说，生活环境的恶化让我们惊恐，各种污染的加剧，工作压力的增大，很多疾病已呈年轻化趋势，这种情形很可能让你辛辛苦苦地花几年时间存下的准备买房的钱打水漂，甚至还有可能牵累着父母与你一起陷入贫困，而一个月投入三五百元的保险则会使这种危机轻而易举地得到解决。

另外，再来看看我们的父母，他们为了孩子花光了毕生的积蓄，年纪越来越大，赚钱的能力越来越弱，往往认为走上工作岗位的孩子是自身的依靠和希冀。所以，从这个角度来说，买保险并不是仅仅为了我们自己，也是为了表达我们对父母的爱心和孝心。

保险种类繁多，不同的保费有不同的计算方式。一般说来，可以用定期寿险搭配终身寿险建构人生保障，再搭配意外险、医疗险及防癌险，基础的保险规划就能够实现了。至于投资型保单与养老保险，可以暂缓考虑，等收入比较稳定时再增加，当然，还要考虑收入能力与理财需求。

选择的险种，可以根据个人的收入、业务性质来定，值得考虑的还有医疗需求和职业生涯规划。至于适当的保费预算与保额需求，“双十策略”是专家建议的重点，也就是保费的支出以年收入的1/10为原则，若超出年收入的1/10，恐怕会造成经济负担，进而无法再续交保费，陷入困顿；至于保额需求，约为年收入的10倍，这样的保障才算得上稳妥。

如果从事危险性较高的工作，适当地提高保额十分必要。而且，当职场工作环境调整或者进行人生的重大计划时，例如逢有重大的财务支出，包括结婚、生子、购房等，你一定要和寿险顾问约时间，至少每年检视保单一次，看看有无必要调整保险。

点金术：买保险是很有必要的，聪明的女人一定会对此做出适当的调整。

购买保险时要做足准备工作

面对各家保险公司推荐的五花八门的产品中，你是否觉得无所适从？当业务员的如簧巧舌极力鼓动你买了保险之后，你是否发现该产品并不像当初想象的有那么大的作用？在众多的保险产品中，你是否能够设计出最优的保险方案？因此，建议女性朋友如果希望购买一款保险，就要做好三大准备工作：

1. 明确需求

购买保险时切忌面面俱到。在购买保险以前，确定自己的保险需求是很有必要的。根据自己的需求大小做一个排列，最需要的险种要优先考虑。一般情况下，保险公司会根据人们日常生活中的几大方面的需求设置保险产品，分别是投资、子女、养老、健康、保障、意外。对处于理财初级阶段的女性朋友，这个序列应该如下排列：意外 > 健康 > 保障 > 养老 > 子女 > 投资（这个排序的前提是按照年龄的特点来做一个对应排序）。以健康需求为最，而购买保险以前，一定要首先确定自己或家人将来面临的医疗费用风险。面临的医疗风险因人而异，不同的保障范围适应不同的人群。影响风险的因素有职业、收入、地域、年龄和家庭等。例如，有的人享有社会医疗保险，在医疗费用支出较大的时候，需要商业保险的保障；而不享受社会医疗保险的人，则需要全面的商业医疗保险；有的家庭经济宽裕，有能力承受生病带来的经济压力；而经济条件一般的人，则可能因一场大病陷入贫困；肩负家庭重担的人，在疾病期间可能需要额外的津贴；而作为单身贵族，这个问题的存在则无足轻重。因此，你应该视自己的相关需求购买必要的保险种类，而不需要面面俱到。另外，除了确定自己的保险赔付需求以外，各保险公司的产品在投保条件、保险期间、缴费方式、除外责任包括理赔方式等方面有自己的特色。消费者可选择与自己的收入特点、支付习惯及品牌偏好相适应的保险。没有稳定工作、对未来茫然的人，可选择短期内缴清或有保单贷款功能的保险，而有的人则希望保险产品能够升级，购买具有可转换功能的产品。

2. 确定方案，注重长远保障

在了解和确定了自己的需求以后，就要比较保险公司和保险产品，以便确定一个方案。对此，业内专家认为，在保险产品的挑选上，重要的位置留给了保险公司。我们平时买东西时，从一开始就会感觉到能从购买的产品上得到什么样的回报,他的厂家服务如何。但与购买商品不同,大家只有等到需要保险的时候才需要进一步接触保险公司。而在购买它的时候以及今后的一段时间内并不能体会到它的好坏,因此最重要的一件事情就是购买前确定保险公司。真正维护你利益的时候,很大程度上取决于该公司提供的服务。我们在选择保险产品的时候,并不是"保险保障范围越大越好,功能越多越好"。保险价格与保障范围成正比是专家的观点,如果保险保障范围超出需要,则意味着支付了额外的价格。例如,很少出现教师发生工伤的事件,如果其购买的保单范围包括工伤医疗费用,则白花了工伤保险的钱。请记住,自己需要的保险产品才是我们真正需要的对象。此外,与其他商品不同,保险商品的价格即保险费率,是精算人员根据保险责任范围科学制定的。较便宜的保险产品意味着其保险责任范围和给付保险金的条件必然受限制。这样一来,我们在作出决策时一定要设计一个能保障长远利益的保险方案,只有物有所值的保险产品才真正能够为生活保驾护航。

3. 学会签单,保你不受骗的五步骤

当我们真正开始选择一份保单时,你还需要做的一份作业就是了解我们填写保单的时候应该注意哪些问题,切忌不要由于自己的粗心,最后影响了保险产品发挥其本身的作用。业内人士称,只要把握好五个关键步骤,就能够顺利签下保险合同。

(1)当业务员拜访你时,你有权要求业务员提供能证明其身份的相关证件。

(2)你应该要求业务员依据保险条款如实讲解险种的有关内容。当你决定投保时,为确保自身权益,仔细阅读条款尤为重要。

(3)在填写保单时,除了如实填写除外,还要亲自签名,被保险人签名一栏应由被保险人亲笔签署(少儿险除外)。

(4)当你付款时,很有必要让业务员开具暂时收据,并在此收据上签署姓名和业务员代码。另外,直接由业务员带你去保险公司付款也是一个好主意。

(5)倘若投保一个月后正式保单还未到你手上,应当向保险公司查询。

点金术:与其他商品不同,保险商品的价格即保险费率,是精算人员根据保险责任范围科学制定的。

买保险要根据年龄和职业

越来越多的女性朋友开始关注保险,尤其是很多女性参加工作后,会有意识地在家人或朋友的建议下购买一定的保险,这样一来,自己今后的生活就多了一些保障。

相对于男性的理性,女性在买保险时往往容易感性冲动,外界的影响打下的烙印较为明显。比如,去医院看望病人,看到人生无常的局面或者下班时看见的一场车祸都容易让女性想到保险。正因为女性的感性、心软、柔弱,使得她们在购买保险时变得盲目,错误也随之出现。

其次,很多女性朋友都有一种盲从的心理。女性买保险时要冷静,要充分听取保险代理人的详细说明,因为只有最适合的保单才是最佳的选择。

还有,很多女性都比较有牺牲精神,自己的需求总是无关紧要,已婚的女性尤其如此。一提到保险,很多年轻女士觉得自己身强体健吃得香,不太愿意为保险买单;随着年龄增大,逐步认识到保险的重要性后,女性投保时又往往会首先考虑到孩子、丈夫和父母。女人总是把他人的事情挂在心上,唯独把自己的安危置之度外。要知道,女人也是家庭中无法缺少的一分子。

所以,为了家人,为了自身的幸福,负责任的女人也应该注意根据自己的具体情况购买适合自己的保险,不但可以让自己放心,也可以让家人真正放心。

女性朋友们在购买保险时,由于不同的年龄以及不同的职业和收入,因此导致投保的种类有所区别,而不能一刀切。下面,就分别根据年龄和职业收入两个方面为女性们量体裁衣,看一看到底她们适合哪些产品:

1. 30 岁之前的女性朋友

事业与生育是女性面临的两大压力,还有常见、高发的女性疾病发病年龄提前、妊娠并发症、新生儿先天疾病等风险的困扰。在这种情况下,可酌情配置意外及医疗保障,比如女性疾病险、妇婴险等,都是这段时间的女性朋友们应该考虑的险种。这一年龄段的女性还可以考虑购买保障型的寿险,因为她也是家庭主要的收入来源。

2. 30 ~ 35 岁的年轻妈妈

这个年龄段的女性朋友大多是初为人母,非常需要保障,由于处在上有老、下有小的阶段,事业家庭都得兼顾,很有必要投保一份寿险,其保额应该为年收入的 5 ~ 10 倍。这样,万一将来出了意外,5 ~ 10 年不变的家庭生活就得到了保障。同时,意外、医疗险也要考虑。

3. 35 ~ 50 岁的能干妈妈

这个时期的女人,事业成熟,家庭稳定,一切安稳,并且孩子处于慢慢长大的过程中。如果说之前妈妈们有结婚生子、买房买车的压力,还没来得及进行养老规划,那么现在可以考虑了。此外,重大疾病险也要购买。疾病高发正是出现在 40 ~ 50 岁,如果条件允许,可以考虑具有理财性质的保险。所以,这个阶段的女性完全可以进行养老金的筹划工作了。

4. 50 岁之后的退休妈妈

50 岁之后,进入退休期的女性居多,这个时候,需要女人们操心的事情慢慢减少,因为子女大多已经成家立业了。所以,使晚年生活无后顾之忧是此时的重点,应考虑购买年金保险、养老险。当然,随着年事渐高,重大疾病、医疗金的保额应该得以提高。

说完各个年龄阶段的女人适合的主要险种之后,接下来,不同职业收入的女性们如何投资理财也是非常重要的。

固定的工作收入使得白领女性对于生活有了更长远的规划和期待,因此在购买保险时有较大的自由度,保险销售人员的主攻对象也正是她们。比较适合她们的是将收益性的险种和保障型的险种相结合来投保。

对于收入一般的已婚女性,因为已经有了医疗保险,购买消费性意外险做补充就可以了。或投保价格较低的女性健康保险,并在此基础上选择获利之类的产品,这些险种拥有理财和疾病、意外、养老等综合预防的功能。

收入较高的已婚女性,由于拥有较多的个人理财支配来源,因此能够承受保险公司推出的价格较高的女性健康保险。另外,也可以考虑适当地购买投连险或万能险,这样回报会更高一些。

至于全职太太,由于其经济来源全部依赖于另一半,因此给先生投保很有必要,自己则需要投保一些重疾险和养老险。在此基础上,一些理财型保险可以配备一些诸如投连险、万能险和分红险之类的保险。

点金术:女性买保险时要冷静,要充分听取保险代理人的详细说明,只有最适合的保单才是最佳的选择。

选择的保险公司要值得信赖

如今的市场上，一家又一家的保险公司相继开张，在价格和业务都相差不大的情况下，决定买保险的女性朋友到底应该选择什么样的保险公司呢？值得信赖的保险公司有哪些特质呢？

首先，在选择保险经纪公司时，以下几个方面值得考虑：

（1）公司依法成立、有齐全的证照。

（2）公司持有何种理念，经营模式与企业文化状况。

（3）公司在市场上的口碑如何，是否存在不良记录。

（4）能否在一定程度上彰显行业的发展优势。

（5）公司的服务模式是否专业，自己的实际需求能否与大环境切合等。

为什么首先要重视的是这几个方面而非价格和险种呢？因为仅仅从各家保险公司的产品的功能和价格上比较，绝对的优势似乎并不存在，否则，如果凭产品和价格就能击败对手，那别的保险公司完全可以以功能更全、价格更低来取胜。

可以说，因为没有专利保护来制约保险行业，一个好产品出来了，其他的保险公司完全可以随时模仿和复制。因此，竞争到最后，在产品和价格上相距不远是各大保险公司的特色。

实际情况是，只要你想购买，任何一家保险公司的任何一位代理人都可以为您提供一份保险合同，但这仅仅是纸面意义上的保险合同！任何一家保险公司或者其代理人都可以提供专业和持续的优质服务吗？

问题的关键就在这里！

保险合同拿到手，才刚刚开始保险的服务，今后的20年或更长的时间才真正考验保险公司和代理人的服务水准，看看能不能让顾客满意。

一般人很难想象，我们投保的保险公司也是可能破产的。如果破产降临到了你投保的公司，那么谁能保证你的利益？所以，在选择保险产品时，一定要考察保险公司的长期战略和稳健的经营能力，考虑保险公司的口碑、信用记录，考虑其发展方向。正因为保险是一项长期投资，所以只顾眼前的利益盲目决定是不保险的。

如果不了解清楚就随意买保险，一旦出现问题，利益受损的就是我们自身。

杨某的妻子2006年怀孕办理准生证时，购买了一份母婴安康保险，向某人寿保险公司交纳了保险金25元。同年，一起交通事故波及了杨某的妻子，导致母婴双亡。出事后，杨某向该人寿保险公司报案。母婴安康保险的相关条款指明，受益人可得到保险金9000元到12000元。但是，经过一系列纠结的理赔过程之后，杨某最终得到的仅有意外保险金4000元，而且费尽周折。本来，杨某已经十分伤心于丧妻失子的悲痛了，但是，最终在理赔的时候，原来的保险代理人的态度与当初办保险时完全是两个模样，杨某更是觉得雪上加霜。如果保险公司连这点最基本的人性关怀观念都没有，谈何得到他人的信任呢？

与杨某妻子的例子相反，刘女士的遭遇也许说明了其他问题。

新婚时，超市员工刘女士购买了某寿险公司的优生优育健康保险，每份保费50元。该险种可对优生优育中可能发生的29种疾患提供风险保障，如可以赔付给确诊为神经管畸形的新生儿家长3万元，患唐氏综合征可给付20万元。经4个月的医学检查，刘女士被迫中止妊娠，因为医生发现了该胎儿肠腔畸形。根据该优生优育险的规定，刘女士按原有保险金额的5倍获得了理赔。

同样是遭遇不幸，蒙受两层创伤的事实打击了杨某。而与杨某一比，刘女士就显得幸运多了，不仅有保险公司的关怀与安慰，而且相应的经济补偿也基本到位，这无疑让刘女士心里宽慰了很多。

可见，最重要的事情是选择一家值得信赖的保险公司。投保之前的慎重选择，就是为自己未来的安心提供更多的保障，让未来的不测有所防范。

没有人愿意遭遇不幸，只是当事情真正发生时，我们才想到去抚慰伤害。因此，慎重选择一家值得信赖的保险公司可以使你避免在不幸发生时陷入无助的状态。希望我们的女性朋友们在选择正确的保险公司后享受到美好的生活！

点金术：慎重选择一家值得信赖的保险公司可以使你避免在不幸发生时陷入无助的状态。